LES TABLES PERPETVELLES DE PHILIPPE LANSBERGVE,

DES *Mouvemens Celestes, Construictes suivant les* OBSERVATIONS *de tous temps.*

ENSEMBLE

Les THEORIES urayes & nouvelles des Mouvemens celestes.

ET

Le THRESOR d'observations ASTRONOMIQVES.

Translaté du Latin par

D. GOUBARD.

A MIDDELBOVRG,
Chez ZACHARIE ROMAN.

cIↃ IↃ CXXXIII.

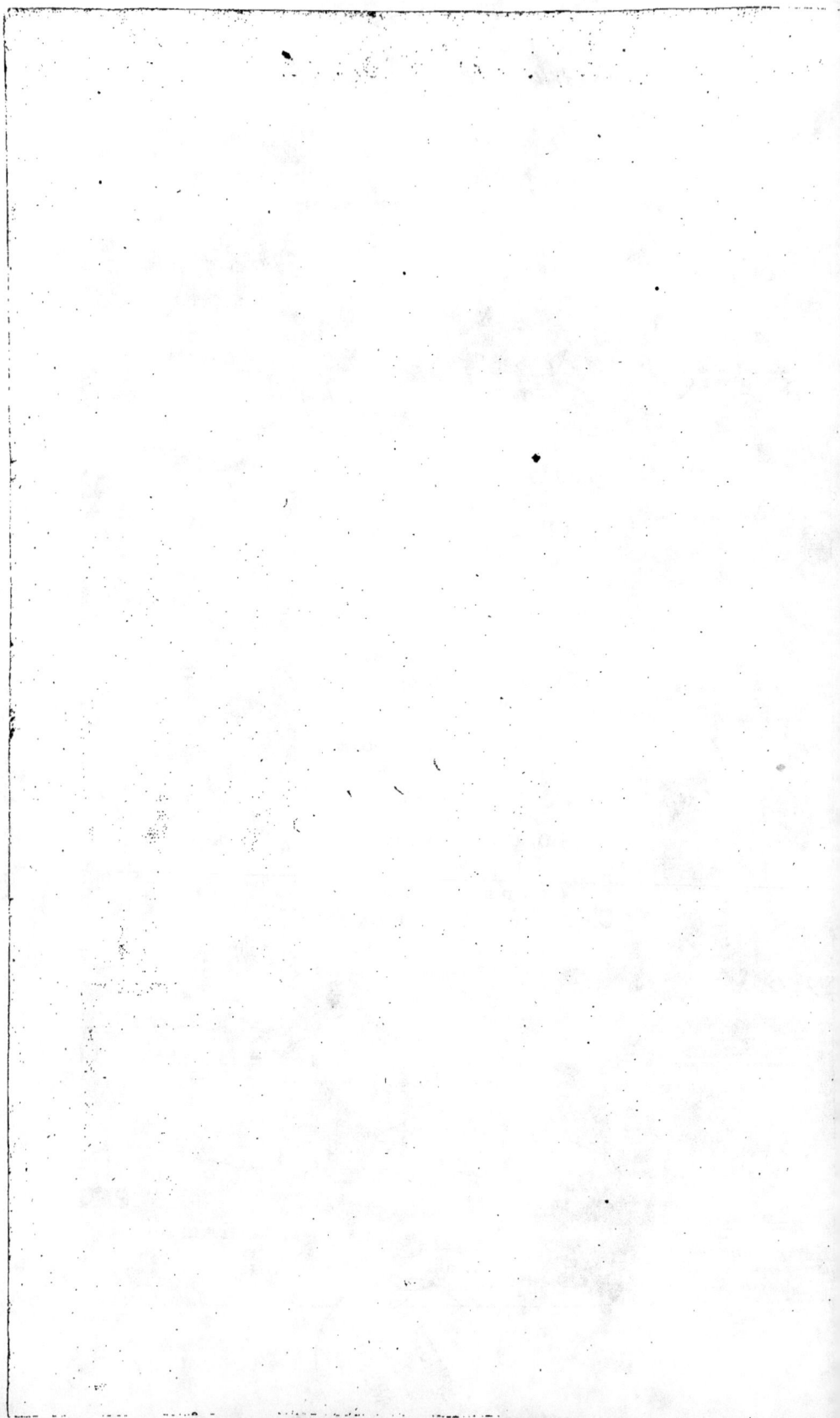

LES TABLES PERPETVELLES DE PHILIPPE LANSBERGVE DES MOVVEMENS CELESTES.

ENSEMBLE

Ses THEORIES *nouvelles d'iceux Mouvemens Celestes.*

ET

Le THRESOR d'OBSERVATIONS ASTRONOMIQVES de tous temps, conferées avec les TABLES.

Translaté du Latin en François

Par

DAVID GOVBARD.

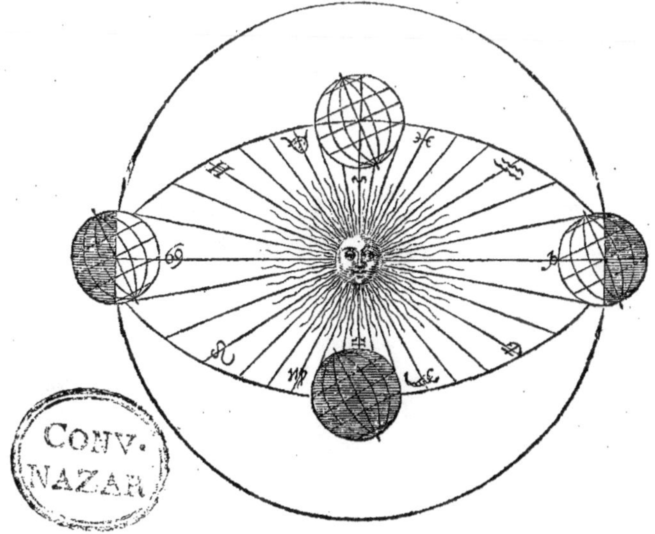

A MIDDELBOVRG EN ZELANDE,

Chez

ZACHARIE ROMAN, Marchant Libraire, sur le Bourg à la Bible dorée. 1634.

Aux Illustres & Puissans,

ESTATS
DE
ZELANDE
Mes honorables Seigneurs & Bienfacteurs.

Illustres & Puissans Estats

CE VOVS SOIT CHOSE HEVREVSE, & GLORIEVSE A VOSTRE ZELANDE, que NOS TABLES PERPETVELLES DES MOVVEMENS CELESTES, sortent à ceste heure en public, soubs la conduite de *Vostre Nom Illustre*, y ayant long temps que les avons commencé, mais au primes à present mis avec l'ayde de Dieu à fin. Nous avons esté occupés en leur construction, environ quarante quatre ans. Vn long temps certes, mais autant bref qu'il se peut en aucune maniere que ce soit. Car la Restauration de l'Astronomie est de si grand poix, & tant difficile, qu'icelle ne peut estre accomplie en moindre espace de temps. Parquoy je n'excuseray une tant longue demeure de temps, ains plustost rendray graces au bon Dieu Auteur & Conservateur de ceste divine Science, de ce qu'il m'a daigné prolonger la vie jusques icy; & donné le moyen de commencer & acheuer un Oeuvre tant laborieux & difficile. Car je recognois d'avoir receu si grand benefice de sa benevolence gratuite. Ie vous rends pareillement graces, *Illustres & Puissans Estats*, de ce qu'avec la Religion, les Loix & la Discipline, vous trouvez aussi bon de deffendre & conserver les bons arts, lesquels seruent à la Religion & societé Civile ; & pour ceste cause, avez jusques icy aydé nos labeurs de vostre liberalité remarquable. Dequoy je confesse *vous* estre beaucoup redevable en particulier comme aussi sont tous ceux qui profiteront par nos Labeurs.

Ie *Vous* ay premierement voulu dire cecy, pour tesmoigner la recognoissance & reverence que *Vous* en porte. Or je traiteray ensuivant quelque peu de l'origine & usage des Tables Astronomiques, afin que par iceux on puisse mieux juger de l'utilité & excellence de nostreOeuvre. Et afin de commencer la chose des son principe, je dis en premier lieu ; que les plus vieux Astronomes, que *Ptolomee* appelle *Anciens*, ne recueilloyent le mouvement des astres par le moyen de Tables, mais ils en tiroyent les lieux du ciel mesme ; comme tesmoignent leurs observations, que *Ptolomee* descrit pesle mesle en son Almageste. Mais cecy estant fort laborieux, & nō moins incommode, les Astronomes suivans se sont servi d'autre voye, beaucoup plus commode, & moins difficile. Car ils ont premierement recogneu les mouvemens de touttes les Spheres du Ciel, & noté diligemment les mouvemens des Astres en icelles. Apres, ils ont subtilement recherché, les loix & causes d'iceux mouvemens. Puis, ils ont reduit iceux mouvemens en nombres Finalement ils ont construyt Tables des mouvemens celestes : par lesquelles les lieux des astres, peuvent estre calculez à quelconque temps sans grand labeur.

Hipparche Rhodien personnage industrieux, diligent, & amateur du vray, est le premier qui a franchi ceste voye. Car iceluy, comme tesmoigne *Ptolomee* au livre IX. chap. 2. de *l'Almageste*, apres s'estre long temps exercé en l'observation des mouvemens du Soleil & de la Lune, demonstra en fin leurs lieux apparens, non par les observations celestes, ainsi que les Astronomes superieurs, mais par des mouvemens circulaires & egaux, c'est, par les Canons des mouvemens egaux du soleil & de la Lune. Or il ne peut demonstrer és autres Planetes, ce qu'il avoit heureusement fait au Soleil & en la Lune ; en partie à cause qu'il estoit destitué d'obd'obſervations convenables, en partie d'autant que celles qu'il avoit en mains, ne s'accordoyent exactement aux ſuppoſitions Mathematiques de ſon temps.

Hipparche Rhodien fut ſuivi de *Ptolomee Alexandrin*, Prince & Pere de l'Aſtronomie; qui 285. ans apres *Hipparche*, ne reduiſit ſeulement les mouvemens du Soleil & de la Lune en nombres & Tables, mais auſſi des autres Aſtres, errans & inerrans. Et ce avec tãt grande certitude, que nulles autres que ſes Tables, furent en uſage beaucoup de ſiecles apres, au moins juſques à l'an de *I. Chriſt* 880. En Syrie fleuriſſoit alors le celebre Mathematicien *Mahomet Albategni* Arabe, qui decouvrit, le premier par ſes aſſiduelles obſervations qu'il faiſoit au Ciel, que les Tables de *Ptolomee* ne s'accordoyent plus au ciel; au moins és Soleil, Lune & Eſtoilles fixes. Ce qui n'eſt merveille. Car le petit erreur au commencement caché és Tables de *Ptolomee*, accreut tellement par trait de temps, qu'il pouvoit facilement eſtre recogneu *d'Albategni*.

Les *Tables Ptolomaïques* furent donc alors abolies, & les *Albategnienes* receuës en leur place. Qui ont par tout eſté environ 200. ans en uſage, ſans ſuſpiciõ d'aucun erreur, aſçavoir juſques au tẽps *d'Arzael*: qui depuis *Albategni*, trouva le premier par ſes obſervatiõs au Soleil, que le mouvement *Albategnien* du Soleil n'eſtoit du tout accordãt avec le ciel. Car l'Apogée du ſoleil, *qu'Albategni* avoit conſtitué par ſes obſervations au 22. degré des Gemeaux, fut demõſtré *d'Arzael* 190. ans apres *Albategni*, par 402. obſervations qu'il eut au Soleil, eſtre au deg. 17. des Gemeaux; differẽce intolerable en l'Aſtronomie. Par ainſi la Sçience ſiderale voguoit en ce tẽps de merveilleuſe façon; tellemẽt qu'õ eſtoit en doute, à quelles obſervations on ſe devoit tenir, à celles d'Albategni, ou d'Arzael: qui eſtoyent Mathematiciẽs pareils en diligence & invention.

Or eſtant l'eſtat de l'Aſtron. tant douteux, qu'il ſembloit en bref devoir advenir l'ẽtiere ruine de tout l'Art, Le *Bon Dieu* ſuſcita par ſa providẽce admirable, & bonté immẽſe, *Alphonſe* x. Roy de Caſtille & d'Eſpagne, pour ſouſtenir l'Art ja tombant. Iceluy ayant

 reſolu,

resolu, d'empescher la ruine de la tres noble Sçience des astres qui en ce temps estoit exilée, & proche d'estre totalement esteinte, pour l'envoyer raccoustrée & couverte aux successeurs, fit assembler de touttes parts, personnes doctes & subtiles en l'Astronomie, Arabes, Maures, Egyptiens, Iuifs, Espagnols & autres, & par leur moyen construit à Tolede nouvelles Tables des mouvemens celestes, environ l'an de salut 1251. ayant depensé, comme on dit, en leur structure quatre cents mille Ducats. Icelles furent appelleés en eternelle memoire, *Tables Alphonsines*: & furent chez un chacun en telle authorité, environ l'espace de de deux siecles durans, qu'on ne doutoit non plus de leur certitude, que du Ciel mesme.

Mais environ l'an de *Christ* 1460. estans alors en vogue en Alemagne *George Purbache*, & *Iean de Mont-Royal*, lesquels vaquoyent journellement aux observations des Estoilles, fut trouvé d'iceux, que les *Tables Alphonsines* s'esloignoyent grandement du ciel: & que partant icelles devoyent estre corrigées ou qu'il en falloit construire d'autres, La correction d'icelles fut commencée de *Iean de Mont-Royal*, mais estant prevenu de mort ne la peut acheuer. Or aucuns ans apres le decés de *Mont-Royal*, commença *Nicolas Copernic* Prussien, personnage de grand entendement, suppair de *Ptolomee* par les observations de tous temps à restaurer l'*Astronomie*, & apres beaucoup d'annees de vigilles acheva heureusement icelle; ayant mis en lumiere son Oeuvre excellent des *Revolutions Celestes*: par lequel puis apres *Erasme Rheinhold* construisit avec grand labeur ses *Tables Pruteniques*; les plus exactes qui furent onques au monde.

Toutes fois icelles ne furent aussi accordantes avec le ciel. Et par ainsi fut necessaire, que les *Pruteniques* fussent corrigées, ou bien d'en construire autres de nouveau. A la composition de nouvelles s'efforça le noble personnage *Tychon Brahe* Danois, tant pource qu'il estoit contraire aux hypotheses de *Copernic*, qu'a cause quil avoit pour suspectes, les observations des Anciens. Iceluy

luy à l'ayde de Frederic II. Roy de Danemarc, digne de magnifence royale, ayant ja vaqué 26. ans entiers à obſerver & recercher le ciel à Huen, mit en lumiere nouvelles *Tables* des Eſtoiles fixes, du Soleil & de la Lune, mais ne publia encore les Tables des cinq Planetes Saturne, Iupiter, Mars, Venus & Mercure, peut eſtre pour n'avoir encore aſſez remarqué leur mouvemens. Il avoit bien reſolu apres eſtre venu en Boheme, & jouiſſant de la liberalité de *Rudolphe* II. Empereur, de conſtruire auſſi leurs Tables, mais ſa mort inopinée empeſcha, quil ne le peut mettre en effect.

Or Apres le decés de *Tychon*, *Iean Keplere* Aleman, Mathematicien de trois Empereurs de ſuite, commença par mandement ſpecial de l'Empereur *Rudolphe* II. à compoſer touttes les Tables des mouvemens celeſtes, par les Obſervations de *Tychon*, & apres 26. ans, aſçavoir en l'an de *Chriſt* 1627. acheva icelles auprimes, & les mit ſoubs la preſſe à Vlme avec titre de *Tables Rudolphines*. Mais celles-cy ne s'accordent auſſi totalement avec le ciel; car *Keplere* meſme teſmoigne, & au Precepte 196. des meſmes Tables, confeſſe, que les lieux des Planetes que *Ptolomee* a obſervé, different des lieux qui ſe ſupputent par les *Tables Rudolphines* environ 1. degré & 3. ſcruples. Finalement il recognoit plus d'une fois és Ephemerides, quil a calculé luy meſme par leſdites Tables, que les Eclipſes des Luminaires que luy meſme a obſervé, apparoiſſent autrement au ciel, que le calcul des Tables ne demonſtre.

Il eſt donc manifeſte, que Tables exactes des mouvemens du ciel, c'eſt, qui s'accordent exactement avec le ciel, ont eſté deſirées de beaucoup & grands perſonnages, mais juſques à preſent n'y a perſonne qui les ayt achevées. Or nous, qui ſommes eſloignez tant de ſçience que d'invention d'iceux grands perſonnages, oſons modeſtement affirmer, qu'icelles ſont au primes à preſent par nous, avec l'ayde & beneficence de Dieu, miſes en lumiere; ſuivant le document manifeſte des Obſervations, eues en tous siecles, lesquelles consentent à merveille avec nos *Tables Perpetuelles.* Et afin que personne n'en doute, nous avons adjoint à nos Tables, *un Thresor d'Observations Astronomiques*, avec le calcul de chacune observation, qui donne evidente preuve de leur accord avec nos Tables.

Or *Illustres & Puissans Estats*, ayant à mettre cest Oeuvre en lumiere, je ne l'ay peu dedier à autre qu'a *Vos Illustres & Puissantes Seigneuries*, tant à cause que par *Vostre liberalité & Magnificence*, il est commencé & acheué; qu'a raison qu'il est nay & nourry soubs les raids de *Vostre Faveur* en Vostre *Province*. Estant donc ceste louange proprement *Vostre* & de *Vostre Province*, je ne *Vous* en puis fruster, sans encourir crime d'injustice & d'ingratitude. Ie *Vous* supplie donc *Illustres & Puissans Estats*, de vouloir accepter de fronts serains, nostre Oeuvre present, qui *Vous* est deu; & de permettre que soubs *Vostre Nom Illustre*, qui est Auguste entre touttes Nations, il vole par l'Vnivres, & raconte vos louanges, & les oeuvres admirables de *Dieu*, à sa gloire, & à lutilité de plusieurs. Ce que *Vous* prie derechef; *Vous* souhaitant & vouant à *Vostre Province* beaucoup d'heur & felicité de *Dieu tout Puissant.* à Dieu

Illustres & Puissans Estats, Mes Seigneurs & Bienfacteurs honorables. De Middelbourg, de ma demeure, en l'an de *Christ* vulgaire M. DC. XXXII. vray M. DC. XXXV. De mon aage l'an LXXI. courant.

De Vos Illustres & Puissantes Seigneuries

Tres obeyssant

P. LANSBERGVE.

PRE-

PREFACE
DE
PHILIPPE LANSBERGVE
AV
LECTEVR DEBONNAIRE.
touchant
Ses Tables Astronomiques.

IE ne feray chose inutile, Lecteur Debonnaire, *en t'advertissant d'aucunes choses touchant nos Tables Astronomiques, qu'il te convient sçavoir.*

La premiere est, que tous les Canons des mouvemens egaux en nos Tables, sont construicts en une seule & mesme forme, asçavoir, Alphonsine. Et ce non sans cause. Car il nous estoit facile, quand nous estions empesché en la structure des Canons de construire à l'exemple d'Erasme Reinhold, *les Canons des mouvemens egaux en forme triple: mais nous avons trouvé plus utile, d'usurper une seule forme de Calcul seulement, que triple; dautant que l'esprit estant distrait par la varieté, s'enuelope facilement d'erreurs, comme tesmoigne le mesme* Reinhold *au Precepte huitiéme de ses Tables. Ceste mesme raison peut aussi avoir induit le noble personage* Tychon Brahe *& aussi ses disciples* Chrestien Longomontan, & Iean Keplere, *à usurper une seule forme de calcul seulement, en leurs Tables, asçavoir la vulgaire, obmettans les autres qui sont és Tables Pruteniques.*

Mais aucun se pourra esmerveiller non sans cause; pourquoy Tychon Brahe, *& avec luy* Longomontan, & Keplere, *ayans usé de la forme vulgaire en leurs Tables; nous au contraire usions de l'Alphonsine? Ie responds, que la forme vulgaire, n'est usurpée de* Tychon, *& de ses Disciples, pour autre raison, que pource qu'elle est la plus simple de touttes, pourtant qu'elle n'a besoing de conversion de temps: mais nous avons, jugé la forme Alphonsine estre à preferer par dessus la vulgaire, pour trois causes d'importance, que j'exposeray brevement. La premiere est que la forme Alphonsine, est la plus courte de touttes. Car elle est tousjours contenue d'un seul Canon, & s'accomplit le plus souvent avec le moins d'entrées, comme* Erasme Reinhold *denote en ses* Pruteniques, *au Precepte huictiéme. Or la forme vulgaire requiert au moins cinq Canons, des ans assemblez, des ans estendus, des mois, des jours, des heures & scruples: parquoy est*

mani-

manifeste, qu'il y a plus d'abbregement en la forme Alphonsine, qu'en la vulgaire.

Secondement, la forme Alphonsine definit les mouvemens egaux plus exactement, que la vulgaire. Car la vulgaire n'outrepasse les scruples secondes: mais l'Alphonsine passe outre jusques aux quintes; & par ainsi la forme Alphonsine est la plus parfecte de touttes. Finalement, l'usage de la forme Alphonsine est plus abondant, que de la vulgaire. Puis que la forme Alphonsine sert, aux ans Iuliens & Egyptiens: mais la vulgaire seulement aux Iuliens. Il est donc evident que la forme Alphonsine antecede la vulgaire, premierement en la breveté du Calcul, secondement en la certitude, tiercement en l'usage: & ainsi que la forme Alphonsine est la seule qu'il faut usurper és Tables des mouvemens egaux.

Voila la premiere chose, que je voulois que le Lecteur Debonnaire *sceust. Je viens à l'autre, qui est de la structure des Canons Prosthapheretiques. Nous avons construits iceux un peu d'une autre forme, que* Erasme Reinhold, *& autres Astronomes. Car nous avons premierement par tout separé le Canon des Prosthaphereses du Centre, du Canon des Prosthapheresses de l'Orbe; afin que le Computeur par mégarde, ne prenne pour les Prosthapheresses du Centre, les Prosthapheresses de l'Orbe, ou au contraire. Ayans nous mesmes failly plus d'une fois en ceste partie, par l'occasion des Tables des Anciens. Davantage nous avons mis les Prosthapheresses du Centre & de l'Orbe en nos Canons, seulement jusques aux scruples primes, non jusqu'aux secondes, comme les autres Astronomes; & ce non à autre fin que pour faire le calcul plus facile. Car il aduient grand breveté au calcul, si en obmettant les scruples secondes, nous usons seulement des scruples primes, en la supputation des Prosthaphareses, comme il est aussi noté* d'Antoine Magin, *en ses seconds* Mobiles, *Canon* 28. *Or il ne faut craindre, que pour cela le calcul Astronomic en soit moins vray; dautant que la curiosité du calcul, ne se doibt chercher és Tables, mais par le calcul des Triangles, comme nous monstrerons en son lieu.*

C'est la la seconde chose dequoy ay voulu advertir le Lecteur Debonnaire. *La tierce est, qu'en toutte l'edition de cest Oeuvre, j'ay usé du labeur du tres docte & honorable* Martin Hortense. *Et non sans cause. Car iceluy entendant totalement nostre Astronomie, il luy à esté facile d'en faire reveuë. Or j'affirme, qu'il la faite tant diligemment, comme si c'eust esté son Oeuvre propre. Et par ainsi je luy rends graces du bon office, & m'esjouis ensemblement, d'avoir trouvé en ceste ma vielesse fascheuse & pleine de maladie, par la providence Divine en iceluy un secours tant diligent, que jadis fut le tres docte* Rhetic *au grand* Copernic. *Dequoy j'ose esperer, qu'apres mon decés, il ne deffendra seule-*

seulement nostre Astronomie, mais aussi qu'il l'amplira de beaucoup; puis qu'il ne cesse de journellement observer les mouvemens celestes en toutte diligence, & de conferer iceux avec nos Tables. Ie vouë seulement, quil soit longuement survivant, afin qu'il puisse communiquer à la posterité ce qu'il a d'excellent en mains.

Finalement, je veux advertir le Lecteur, *que l'insigne logiste* David Goubard *François, est occupé en la supputation des Ephemerides des deux ans prochains par nos Tables Astronomiques, & les mettra bien tost en lumiere. Or il a resolu, avec l'ayde de Dieu, de supputer cy apres les Ephemerides de beaucoup d'années par nos Tables Astronomiques. Lequel oeuvre, pouvant avec l'ayde de Dieu mener afin, il en sera loué d'un chacun, & meritera un nom immortel en la posterité. Voila* Lecteur Debonnaire, *les choses que voulois que tu sceusses; Vueilles les prendre de bon coeur, & use nostre Astronomie à la gloire de* Dieu, *& à ton utilité & celle de ton prochain.* A Dieu. *A Middelbourg, de ma demeure, en l'an de* Christ *vulgaire* M. DC. XXXII. XIII. *Calendes de Iuillet style Iulien.*

In Clarissimi & Reverendi Viri

PHILIPPI LANSBERGII

Tabulas Motuum Cœlestium Perpetuas.

Οὐρανὸς ἔνθα καὶ ἔνθα, θεῶν περικαλλὲς ἔδεθλον,
Ἔμπυρον, αἰθερίοις ὄμμασι λαμπόμενον,
Παῖδ' ἔτ' ἐόντα Φίλοππον ἐδέξατο· νοῦς δέ οἱ αἰεὶ
Γαίης ἐκλελαθὼν, ἄστρασι δ' ἐνδιόων,
Κινυμένῳ κινεῖτο σὺν ἀστερόεντι μελάθρῳ,
Ἀστὴρ αὐτὸς ἐὼν, γαιόθεν ἐξαναδύς.
Νῦν δ' πάλιν, πρὶν Γαῖαν ἀμείβεσθαι Διὸς οἴκου,
Ἄστρον ἐν αἰθερίοις ἄστρασιν ἐσσόμενος,
Οὐρανὸν ἤγαγε δεῦρο καὶ ἀστερόεντα κέλευθα.
Ἀθάνατον θνητοῖς μνῆμα χαρισάμενος.

In

In eundem.

SPECTATE GENTES, QVAS VTROQVE AB LITTORE
TITAN RENATVS OCCIDENSQVE CONSPICIT:
HÆC GANDÆ ALVMNVS PER TROPÆA NOBILIS,
NON VT SVPERBI VICTOR ALCIDES ROGI,
AVT FRVSTRA INIQVVM DIS ALOEVM GENVS,
PER AGGERATA MONTIVM FASTIGIA;
SED EXPLICATO QVICQVID IN TERRIS LATET,
ET DEPREHENSA VERITATE SIDERVM
COELO ANTE CAPTO GENTIBVSQVE DEDITO,
SIBI SVPERSTES, AC FVTVRVS INDIGES,
TERRIS RECLVSA SCANDIT IN COELVM VIA.

DANIEL HEINSIVS.

Avant que le Lecteur se mette à la lecture de cest oeuvre, il luy plaira de corriger les fautes suivantes survenuës en l'impression.

Es Preceptes.

PAge 3. ligne 27. accordé lis. *accomodé*. p. 4. lig. dern. mouvemens du lis. *commencemens de*. p. 7. l. 18. scr. 12'. 40''. lis. 12'. 30''. p. 7. l. 43. 1581. l. 1681. p. 9. l. 22. sens de lis. *sens qui de*. p. 10. l. 8. Resolutions lis. *Revolutions*. l. 22. entre lis. *en tire*. p. 14. l. 6. 333. 54'. lis. 332. 54'. l. 11. 3. 3'. lis. 3. 1'. p. 17. l. 31. 27. 17'. 17''. lis. 27. 11'. 17''. p. 23. l. 42. 10''. lis. 16'. p. 29. l. 15. de 11''. lesquelles je mets, lis. *de 11'. lesquelles je mets à part*. p. 50. l. dern. Lune lis. *Lune veu*. p. 53. l. 3. sex. lis. *scrup*. p. 61. l. 14. Plate lis. *Planete*. p. 62. l. penult. partie lis. *par la partie*.

Es Tables.

Sex. deg. ' '' ''' IV. V VI
p. 10. jour 25. lis. 0. 0. 0. 51. 41. 56. 16. 30.
11. & 16. 3. 0. 0. 0. 3. 33. 2. 27. 57.
7. 0. 0. 0. 8. 17. 5. 45. 13.
32. 0. 0. 0. 37. 52. 26. 18. 6.
13. Sex. 3. deg. 7. lis. 0. 9. 3.
25 56. 12. 20. 50. 36. 52. 43. 23. 4.
91. lig. 3. Scorpius, Sagittarius, lis. *Cancer Leo*.
102. lig. 29. en la longitude de l'inferieure au front Scor. mettez deg. 4. 13'.
105. jour 39. lisez. 0. 1. 18. 22. 59. 48. 16. 6.
113. 39. 0. 3. 14. 31. 20. 36. 8. 57.
44. 0. 3. 39. 27. 40. 10. 0. 52.
121. 54. 0. 28. 17. 59. 31. 24. 0. 0.
143. 33. 1. 42. 31. 18. 36. 37. 27. 18.
34. 1. 45. 37. 42. 48. 38. 35. 24.
35. 1. 48. 44. 7. 0. 39. 43. 30.

Es Theories.

pag. 9. l. 10000. lis. 100000. p. 13. l. 16. lis. *s'estrecit*. p. 24. l. 30. OR. lis. OK.

Es Observations.

p. 14. l. 31. ♍ lis. ♑. p. 25. l. 23. ♌ lis. ♉. p. 27. l. 21. deg. 3. 6'. 30''. lis. *deg.* 3. 7'. 3''. p. 31. l. 30. 39. 41. ♍ lis. ♑. p. 44. l. 16. 25. 20. lis. *oz*. p. 45. l. 41. 42. ♍ lis. ♑. p. 55. l. 35. observation lis. *obscuration*. p. 63. l. 4. vray moins lis. *vray au moins*. p. 65. l. 14. heures apres lis. *heures 8. apres*. p. 79. l. 21. 22. 29. ♍ lis. ♑. p. 80. l. 19. 20. 21. 22. 28. ♍ lis. ♑. p. 81. l. 1. 7. ♍. lis. ♑. p. 86. l. 41. prenant lis. *provenant*. p. 87. l. 32. 34. ♍ lis. *Scor*. p. 88. l. 4. ♍ lis. *Scor*.

PHILIP-

Sidera qui terris, totumq; relinquit Olympum,
Monstrator ætheris novi,
Iam pridem cœli vetus incola, corporis ægri
Pertæsus, et nostri satur,
Umbram animi, cœloq; oculos quos fixit, amicis
Z. Roman exc. *Sic consecrat Lansbergius.* D. Heinsius.

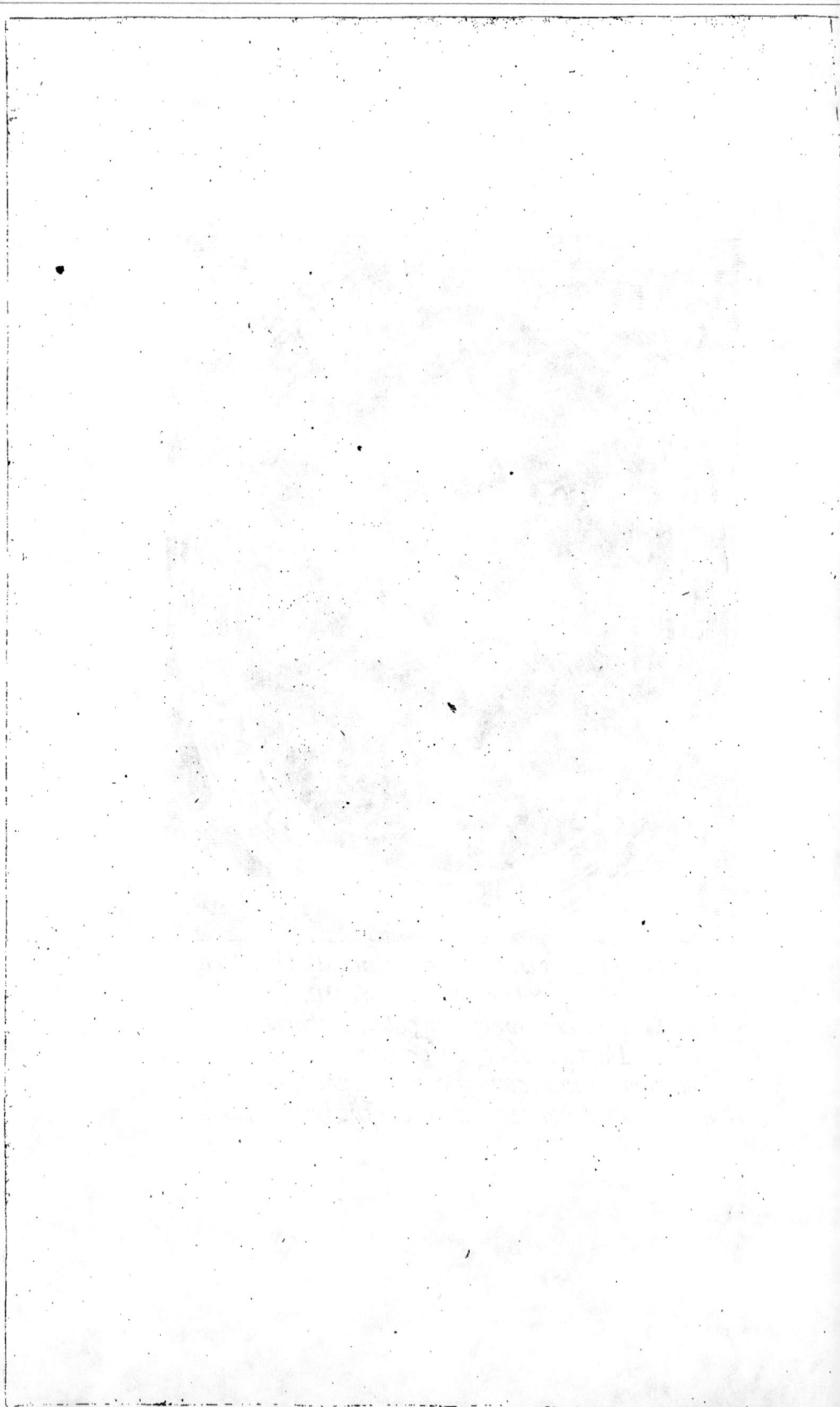

PRECEPTES DE PHILIPPE LANSBERGVE pour calculer les MOVVEMENS CELESTES par ses Tables.

LA Doctrine des mouvemens des Corps Celestes, que les Grecs appellent Αστρονομίαν, *est divisée en Theorie & en Pratique. La Theorie demonstre & explique par vrays principes, fermes & evidentes demonstrations, les mouvemens des Astres, avec les loix & causes d'iceux mouvemens. La Pratique reduit par une admirable sagacité & industrie, les mouvemens Celestes en nombres, afin qu'en tout temps, & sans grande peine, on les puisse transferer au commun usage de la vie humaine. En ce livre je touche seulement la premiere partie au doigt, d'autant qu'avec la faveur de Dieu, je la traiteray plainement au livre suivant. Mais la Pratique sera icy entierement traictée, & enseignée par aucuns Preceptes, desquels le premier est tel.*

PRECEPTE PREMIER.

Pour egaler le temps à cause de la difference des Meridiens.

TOutes les Racines des mouvemens celestes en nos Tables, sont accommodées au Meridien de *Goes* en *Zelande*, sous lequel avons faict nos principales Observations. La longitude de *Goes* estant des *Isles Fortunées* de temps 25 $\frac{1}{2}$. Parquoy quiconque demeure souz iceluy Meridien, comme les *Gantois*, & autres, n'a besoing d'esgaler le temps a cause de la difference des Meridiens. Mais ceux qui habitent soubs autres Meridiens, ne se peuvent bien servir de nos Tables, sans avoir premierement egalé le temps a cause de la difference des Meridiens. Car ceux qui habitent en l'Orient de *Goes*, content d'avantage de temps en l'observation

vation d'une mesme apparence & conjonction, que ceux qui en sont Occidentaux; parquoy il faut icy diminuer le temps, & la l'augmenter. Et on trouve combien de temps il faut adjouter ou diminuer de Goes, à raison des lieux, par la difference des Meridiens ou des longitudes. La difference des Meridiens, ou des longitudes, estant un arc du cercle Æquinoctial compris & borné de deux Meridiens, lequel converti en heures & minutes d'heures (prenant pour chascun degré de l'Equinoctial quatre minutes d'heure, & pour quinze minutes de degré, une minute d'heure) monstre combien de temps on doibt adjouter ou soubstraire du Meridien de Goes. Toutesfois il n'est besoing de ceste conversion de degrez Equinoctiaux en heures & minutes d'heure, quand le Computeur se sert de nostre Table des lieux renommez en diverses Regions, laquelle nous avons construicte avec grand labeur par les observations d'Eclipses. Car nous avons posé en icelle la difference du temps deuë a la difference de la longitude, avec notes d'addition & de substraction. On peut donc avec l'aide d'icelle presque sans travail, egaler le temps a cause de la difference des Meridiens, & ce par deux voyes.

Premierement, estant proposé, de reduire le temps donné soubs le Meridien de Goes, au Meridien d'un autre lieu, cerchez iceluy lieu, ou son plus prochain, au Catalogue des lieux renommez, & la difference de temps escripte jouxte iceluy, soit adjoutée ou soubstraite du temps donné, selon que les notes d'addition ou soubstraction signifient, & ainsi sera le temps reduict a l'autre Meridien.

Par exemple: soit observé le milieu d'une Eclipse Lunaire soubs le Meridien de Goes a huict heures du soir; & je voudroie sçavoir quand le mesme seroit veu a Rome. I'apprens par la Table des lieux renommez en diverses Regions, qu'il faut adjouter a Rome 43′ scrupules d'heure. Ie dy donc que le milieu de l'Eclipse, observé a Goes a huict heures du soir, est veuë a Rome 43′ scrup. d'heure apres les huict heures du soir.

Secondement, si on veut accommoder au Meridien d'autre lieu, les mouvemens moyens deübs ou convenables au Meridien de Goes, cerchez ledit lieu ou son plus prochain au Catalogue des lieux renommez; & la difference de temps que ledit Catalogue enseigne d'adjouter, soubstrayez, & celle qu'il commande de soubstraire, adjoutez au temps donné de l'autre lieu, & adonc on pourra immediatement extraire de nos Tables les mouvemens celestes pour le Meridien de l'autre lieu.

Exemple: soit observé a Rome le milieu d'une Eclipse a heures 8 43′ apres Midy, & je voudroie supputer le milieu d'icelle Eclipse par nos Tables Astronomiques. I'entens par nostre Catalogue des lieux, que la difference des Meridiens de Goes & Rome est de scrupul. 43′ d'heure a adjouter. Parquoy je soubstrais icelle des heures 8 43′, & demeure heures 8; auquel temps, je suppute le milieu de l'Eclipse, d'autant qu'immediatement il correspondra a heures 8 43′ de Rome.

PRE-

PRECEPTE II.

Pour accommoder le temps à l'usage du Calcul des mouvemens egaux par nos Tables.

NOs Canons des mouvemens egaux sont supputez en jours Sexagenes de jours, & scrupules. Parquoy toutesfois & quand quelque temps est offert, ou donné en forme d'ans Juliens, ou en forme d'ans Egyptiens, auquel sommes commandés de supputer les mouvemens celestes par nos Canon il est premierement necessaire de convertir iceluy temps en Sexagenes de jours, jours, & scrup. de jours. Et ainsi sera iceluy accommodé a la forme de nos Canons.

Sache le Computeur, que ceste nostre forme à extraire les moyens mouvemens, est à preferer par dessus la vulgaire, & la *Copernique*; tant à cause que par tout elle est contenuë par un seul Canon, qu'a cause que le plus souvent s'expedie par moindre nombre d'entrées. Parquoy le Computeur fera bien de s'accoustumer à ceste seule, delaissant toutes autres; afin qu'il puisse extraire de nos Tables les lieux des estoilles au ciel, quand il en sera besoing, non seulement viste, mais aussi sans nulle hesitation. Mais la maniere de changer quelconque temps donné, en jours & scrupules de jours, & Sexagenes, est telle.

Premierement, si le temps donné est en forme d'ans Juliens, allez au Canon à convertir les ans Iuliens, & prenez d'iceluy les Sexagenes de jours & jours convenables aux ans donnez. Apres changés les mois & jours, par le Canon à convertir les mois: en fin y ayant des heures & minutes d'heure annexees aux jours, convertissez icelles aussi par le Canon à convertir les heures & minutes. Puis apres, assemblez tous ces nombres en une somme, gardant l'ordre & difference des especes, & proviendra le temps accordé à nos Canons des mouvemens egaux.

Exemple, Soit donné le temps de l'observation de Mars faicte par *Ptolemee* en l'an de Christ 139 le 30 jour de May, à Alexandrie à 9 heures apres midy, lesquelles sont à Goes heures 6 40'. Je desire d'accommoder ce temps à nos Canons. Premierement, d'autant que l'an 139 de Christ donné, n'est complet, ains courant, je prens au lieu de 139 ans imparfects, 138 ans accomplis. Secondement, d'autant que le mois de May est donné imparfect, non entier, je prens pour May Apuril le prochain mois precedent, comme entier. En fin, d'autant que le 30 jour de May est incomplet, je prens 29 jours pleins, & adjoute à iceux heures 6 40' lesquelles sont donnees completes. Parquoy le temps à changer, est de 138 ans Juliens, 4 mois communs, 29 jours, & heures 6 40'. Lequel se change avec l'ayde de nos Canons en ceste sorte.

			Jours	′.	″.
A 100 ans Iuliens Sont duisables Sexagenes de jours	10″	8′	45.		
A 38 ans	3	51	19.		
Au mois d'Apuril complet		2.			
A 29 jours de may			29.		
A 6 heures				15.	
A 40 Scrupules d'heure				1	40.
La somme du tout est de Sexagenes de jours. pour le temps converti.	14	2	33	16	40.

Secondement, le temps donné estant en forme d'ans Egyptiens Servez vous des Canons deüs ou propres aux ans & mois Egyptiens, & au reste procedez comme es ans Juliens, & aurez le temps accommodé à nos Tables.

Exemple, soit donné le temps de l'observation antique de l'estoille de Mars, faicte en l'an 476″. de Nabonnassar, le 20″. jour du mois Athyr, à Alexandrie à 18 heures apres midy, sont à Goes heures 15. 40′. Ce temps pris absolutement est de 475 ans Egyptiens, 2 mois Egyptiens, 19 jours, & heures egales 15. 40′. Ausquels sont convenables en Sexagenes de jours, jours, & Scrupules de jours, comme S'ensuit.

			Iours	′.	″.
A 400 ans Egyptiens sont convenables Sexagenes de jours	40′.	33.	20.		
75 ans		7.	36.	15.	
2 mois Egyptiens			1.		
19 jours			19.		
15 heures				37.	30.
40 minutes d'heure				1.	40.
La Somme est de Sexagenes de jours pour le temps converti.	48.	10.	54.	39.	10.

PRECEPTE III.

Du calcul des mouvemens moyens ou egaux.

TRes veritable est cest Axiome des Astronomes, *que les Mouvemens celestes sont circulaires, ou composez de plusieurs cercles*, & partant perpetuels & egaux. Car encor que quant au centre de la Terre ils Soyent inegaux, ils sont toutesfois egaux en leur propres cercles, comme nous verrons avec l'ayde de Dieu en chacun des mouvemens des Planetes.

Or l'inegal ne pouvant estre cogneu, sinon y intervenant l'egal, la cognoissance des mouvemens egaux nous est donc necessaire, pour trouver auec leur ayde les inegaux.

Davantage les mouvemens egaux ne pouvans estre Supputés, Sans avoir le commencement du mouvement congruant ou accordant au commencement du temps donné, iceluy doit donc estre cogneu, pour dela en deduire les mouvemens egaux. Les Grecs appellent ces mouvemens du temps & mouve-

mouvemens Epochas, les Latins Æras ou Radices, Racines. Deux desquelles tres memorables avons consignées en tous les Canons des mouvemens egaux: l'une de Nabonnassar, de laquelle Ptolomée commence par tout ses mouvemens egaux; l'autre de Iesus-Christ filz de Dieu, de laquelle les Chrestiens commencent à Bon droit tous leurs temps. Et ces deux Racines suffisent, soit que le calcul soit dirigé aux temps antecedens ou devant ou consequens ou apres

Mais la maniere de supputer les mouvemens egaux par nos Canons, est telle.

Allez auquel Canon des mouvemens égaux que voudrés, & notés en premier lieu la Racine, deuë au commencement du temps donné: Secondement prenez les mouvemens égaux convenables aux Sexagenes de jours, commençant tousjours au nombre directement soubs le titre des Sexagenes données au front du Canon. Retenez toutesfois en memoire que si le premier nombre excede 6, qu'il faut jetter 6 tant de fois que pourrez & garder le reste. Tiercement tirez de dessoubs le titre des jours le mouvement egal convenable aux jours donnez, jettant icy aussy 6. du premier nombre tant de fois que pourres, & gardant le reste. Quartement tirez de dessoubs le titre des scrupules les mouvemens egaux, propre aux scrupules données. Finalement adjoutez tous ces nombres ensemble, gardant bien l'ordre & difference des especes, & proviendra le mouvement egal congruant ou accordant au temps donné.

Exemple: soit à trouver le mouvement egal du Soleil pour l'an de Christ 139 courant, le 30″. jour de May, à heures 6. 40′ au Meridien de Goes. Ce temps converti en Sexagenes de jours, jours & scrupules de jours, est de Sexagenes jours de 14″. 2′, jours 33. & scrupules de jours 16′. 40″; ausquelles correspondent au Canon du mouvement egal du Soleil ces mouvemens.

	Sex.	deg.	′	″	
La Racinne de Christ	4	38	36	34.	
Sexagenes de jours 14″	5	56	36	30.	
Sexagenes de jours 2′	1	58	16	39.	
Iours 33	0	32	31	35.	
Scrupules de jours 16′.			15	46.	
Scrupules 40″.				40.	presqu'.
Leur Somme est	1.	6	17	44.	c'est, de

Sexagenes 1. degrez 6, Scruples 17′. 44″ pour le mouvement egal du Soleil. Le Soleil estoit donc distant en ce temps du moyen Equinoxe deg. 66. Scrup. 17′. 44″. Ou bien puis qu'une Sexagene vaut deux Signes du Zodiac, & 30 degrez un signe, le Soleil estoit selon son mouvement egal au deg. 6. 17′. 44″ de Gemeaux, du moyen Equinoxe. Ce qui estoit à trouver.

Et ainsi on calcule selon ceste maniere par nos Canons les mouvemens égaux. Mais comment d'egaux on tire les inegaux ou apparens, nous le demonstrerons ensuivant avec la faveur de Dieu, commençant au mouvement du Soleil, dautant que les mouvemens des autres Astres dependent d'iceluy. Or au mouvement

 du Soleil

du Soleil il y à trois choses à recercher comme principales; la prosthapherese des Equinoxes, l'Obliquité du Zodiac, & la longitude du Soleil du vray Equinoxe. Dequoy nous traiterons en particulier.

PRECEPTE IV.

Pour supputer la Prosthapherese des Equinoxes à quelconque temps donné.

L'Orbe annuel de la Terre est meu par deux mouvemens de libration, l'un en longitude, & l'autre en latitude : de mesme façon que l'orbe des vents en un Compas nautique ou Boussole, est meu par deux mouvemens reciproques, l'un en longueur, & l'autre en langeur. Or la premiere libration de l'Orbe annuël meut continuëllement les vrays equinoxes : les transferant de la section Vernalē tantost en precedence ; & tantost en consequence, jusqu'a certains limites, Sçavoir jusqu'a deg. 1. 14′. 16″; & les reduisant derechef d'iceux limites à la section Vernale. Et la distance du moyen Equinoxe de la section Vernale, est la Prostapherese des Equinoxes. Car par l'addition ou substraction d'icelle se change facilement, le moyen Equinoxe en vray ; comme il apert plainement cy ensuivant.

La maniere de l'œuvre est telle.

Assemblez premierement du Canon *de l'Anomalie des Equinoxes, l'Anomalie des Equinoxes deuë au temps donné. Puis entrez au Canon des Prosthaphereses des Equinoxes, avec les Sexagenes & degrez d'Anomalie trouvez, & tirez de l'angle commun la Prosthaperese des Equinones, & la gardez. Or Si aux degrez d'Anomalie y à aussy des scrupules, prenez la difference des Prosthaphereses deuë à un degré, & la part proportionelle de ceste difference competente aux Scrupules d'Anomalie, adjouterez ou soubstrairez de la Prosthapherese des Equinoxes ja trouvée, suivant qu'icelle croist ou décroist, & ainsy aurez la Prosthapherese des Equinoxes obsolute.*

Adjoutez icelle aux moyens mouvemens donnez du moyen Equinoxe, ou l'en soubstrayez, selon que les titres au front ou au pied du Canon enseignent, & vous aquerrez les mouvemens egaux du vray Equinoxe.

Exemple, Soit donné le mouvement moyen du Soleil du moyen Equinoxe, cy dessus au Precepte III. trouué au deg. 6 17′ 44″ des Gemeaux. Ie desire sçavoir le mouvement moyen du Soleil du vray Equinoxe. Le temps de Christ donné estoit de Sexagenes de jours 14″ 2′ jours 33, Scrupules de jours 16′ 40″. Ausquels est duisable de l'Anomalie des Equinoxes Sexag. o deg. 43 43′ 39″: avec quoy j'entre au Canon des Prosthaphereses des Equinoxes: & je trouve premierement avec Sexag. o. deg. 43, la Prosthapherese de deg. o. 50′ 37″; puis avec Seag. o. deg. 44, la Prosthapherese de deg. o. 51′ 34″ Parquoy la difference competente à un degré d'Anomalie est de Scrup. o. 57″ additiues, d'autant que l'equation croist. Ie prens d'icelle difference la part proportionelle competente à Scrupules 43′ 39″ d'Anomalie, asçavoir

asçavoir multipliant scrupules 43′ 39″ par scrupules 0′ 57″ & divisant le produit par 60′; proviennent Scrupules 0′ 41″ Lesquelles j'adjoute à la Prosthapherese auparavant trouvée de deg. 0 50′ 37″, & provient l'absolute Prosthapherese des Equinoxe de deg. 0 51′ 18″, Substractives. Ie tire donc icelle du mouvement egal du Soleil cy devant trouvé au deg. 6 17′ 44″. des Gemeaux, & demeure le mouvement moyen du Soleil du vray Equinoxe, au deg. 5 26′ 26″ des Gemeaux, differant fort peu de celuy que produict Ptolomée au livre x. de l'Almageste, chap. VIII. Car il escrit que le mouvement moyen du Soleil, asçavoir du vray Equinoxe estoit au temps susmensioné au deg. 5. 27′ des Gemeaux.

Ainsi & en ceste maniere se trouve la Prosthapherese des Equinoxes, tant és ans prochains passez, qu'és deux mille ans d'auparavant. Mais aujourdhuy le Soleil courant par sa moindre Eccentricité, il faut un peu autrement cercher la Prosthapherese des Equinoxes, à cause que la Prosthapherese du Soleil est diminuée és Equinoxes. Car la Prosthapherese du Soleil, laquelle estoit en la plus grande Eccentricité de pres de deg. 2 12′, icelle n'est aujourdhuy que de deg. 1 59′ 30″: tellement que le Soleil parvient à present scrupules 12′ 40″ plus tard en la Section Vernale, qu'en la maxime Eccentricité. Il faut donc recompenser ces scrupules 12, 30″. tellement que le Soleil parvienne au juste temps à la Section Vernale. Et comment cecy se doit faire sera declairé en peu de mots.

Premierement, Si la Prosthapherese des Equinoxes additive est moindre que les scrupules 12′ 30″, il faut prendre au lieu d'icelle la Prosthapherese de scrupules 12′ 30″, & elle sera juste.

Secondement, quand la Prosthapherese des Equinoxes substractiue sera moindre que les Scrupules 12′ 30″, prenez en la difference pour Prosthapherese additive, & icelle sera aussi juste.

Tiercement, quand la Prosthapherese des Equinoxes substractive sera plus grande que les scrupules 12′ 30″. Soubstrayez adoncques les scrupules 12′ 30″. de la Prosthapherese excedente, & le reste sera la juste Prosthapherese des Equinoxes substractive.

Deux exemples suffiront à esclaircir ces regles. Soit donné le mouvement moyen du Soleil du moyen Equinoxe au midy des Calendres de Ianvier en l'An de Christ 1631, de Sexagenes 4 deg. 50 26′ 39″. Et on cerche le mouvement moyen du Soleil du vray Equinoxe. l'Anomalie des Equinoxes se trouve audit temps de Sexag. 5 deg. 56 40′ 51″; & la Prosthapherese des Equinoxes de Scrupules 4′ 20″, additiues, laquelle est moindre que les Scrupules 12′ 30″. Partant par la premier regle, la vraye Prosthapherese fut adonc de Scrupules 12′ 30″. additives. Icelle soit doncques adjoutée au mouvement moyen du moyen Equinoxe, & proviendra le mouvement moyen du vray Equinoxe, de Sexag. 4 Deg. 50 39′ 9″.

Autre exmple. Soit donné le mouvement moyen du Soleil du moyen Equinoxe au midy du premier jour de Ianvier, en l'An de Christ 1581, de Sexag. 4. deg. 50 52′ 4″. Et j'e desire de Sçavoir le mouvement moyen du Soleil du vray Equinoxe. l'Anomalie des Equinoxes est audit temps de Sexag. 0. deg. 8 25′ 49″; & la Prosthapherese des Equinoxes de Scrupules 10′ 53″ à soub-

 straire;

straire; laquelle est Scrupules 1′ 37″. moindre que les Scrup. 12′ 30″. Parquoy par la seconde regle, la vraye Prosthapherese des Equinoxes est de Scrup. 1′ 37″, à adjouter. Adjoutés donc icelle au mouvement moyen du Soleil du moyen Equinoxe, & sera le mouvement moyen du Soleil du vray Equinoxe de Sexag. 4. deg. 50 53′. 41″.

I'adjoute le tiers exemple, afin qu'en chose de grande consequence ne soit laissé aucun doubte. Soit donné le mouvement du Soleil du moyen Equinoxe au midy des Calendres de Ianvier en l'An de Christ 1801, de Sexag. 4 52 13′ 22″. Et veux sçavoir le mouvement moyen du Soleil du vray Equinoxe. l'Anomalie des Equinoxes audit temps est de Sex. 0. deg. 32 20′ 29″; & la Prosthapherese des Equinoxes de Scrupules 39′ 43″ à soubstraire. Laquelle est plus grande que les Scrupl. 12′ 30″. Consequemment par la troisieme regle je tire Scrup. 12′ 30″. de Scrup. 39′ 43″, & demeure Scrup. 27′ 13″, pour la Prosthapherese des Equinoxes à soubstraire. Parquoy je soubstrais Scrup. 27′ 13″, du mouvement moyen du Soleil du moyen Equinoxe, & demeure le mouvement moyen du Soleil du vray Equinoxe de Sexag. 4. deg. 51 46′ 9″.

Ie ne doubte nullement que le Lecteur ingenieux, n'aye assez suffisament entendu par ce qu'avons dit cy dessus, comment il doibt supputer la Prosthapherese des Equinoxes à quelconque temps donné. Parquoy n'y adjouteray rien, Seulement l'Advertiray, que les Scrup. 12′ 30″. que j'ay enseigné de recompenser en la moindre eccentricité, diminuënt peu à peu par l'Accroissement de l'Eccentricité, enfin qu'elles S'esuanouïssent en la maxime Eccentricité. Il est donc necessaire de souvent recercher combien icelles Scrup. 12′ 30″, Sont diminuées par l'Accroissement de l'Eccentricité afin de ne recompenser outre raison. Mais c'est assez sur ce Precepte.

PRECEPTE V.

Du Calcul de l'Obliquité du Zodiac à quelconque temps donné.

LA Libration de l'Orbe annuël en latitude, meüt peu à peu l'Obliquité du Zodiac: Car elle transfere l'Orbe annuël au Colure des Solstices, de la moyenne Obliquité du Zodiac, laquelle est de deg. 23 41′, ou à la maxime, laquelle est de deg. 23 52′; ou à la moindre laquelle est de deg. 23 30′. Desquels limites le reduit derechef à la moyenne. Et la maniere de calculer icelle à quelconque temps donné est telle.

Nota La Periode de cette obliquité ou Libration se fait en 3000 ans Experience.

Trouvez premierement par le Canon du mouvement egal du centre du Soleil, l'Anomalie du centre laquelle est le mesme que l'Anomalie de l'Obliquité du Zodiac. Laquelle trouvée entrez avec les Sexagenes & degrez d'icelle, au Canon des prosthaphereses de l'Obliquité du Zodiac, & tirez sa Prosthapherese, n'oubliant la partie proportionelle, S'il y à des scrupules annexés aux degrez de l'Anomalie. Puis adjoutez icelle à la moindre Obliquité de deg. 23 30′, & vous aurez l'Obliquité du Zodiac desirée.

Par exemple, je veux sçavoir l'Obliquité du Zodiac en l'An de Christ 1070, auquel temps est escrit qu'Arzael Espagnol l'auroit observé de deg. 23 34′. l'Assemble s'assemble du Canon du mouvement egal du centre du Soleil, l'Anomalie de l'Obliquité du Zodiac au temps donné, de Sexag. 2 deg. 8 22′ 4″. Avec laquelle entré au Canon des prosthapheresès de l'Obliquité du Zodiac, je tire la prosthapherese du scrup. 4′ 10″ à adjouter. J'adjoute donc icelle à la moindre Obliquité du Zodiac de deg. 23 30′, & provient l'Obliquite du Zodiac pour l'an de Christ 1070, de deg. 23 34′ 10″, accordant avec l'observation d'*Azzael.*

La maniere n'est autre & quelconque que se soit, partant n'est aussi besoing d'autre exemple.

PRECEPTE VI.

Du Calcul du vray mouvement du Soleil.

J'Appelle mouvement du Soleil, non celuy que fait le Soleil mesme en l'orbe Ecliptic, ains iceluy mouvement lequel y est accomply par la Terre. Car le Soleil suivant l'opinion de *Copernic* & la nostre, occupe le milieu du Monde, & la y demeure ferme & immuable; mais la Terre court par l'Ecliptic ou Orbe annuel autour du Soleil. Dela vient qu'autant que la Terre advance veritablement en l'Orbe Ecliptic, autant aussi il semble que le Soleil se meuve audit Orbe par mouvement contraire. Mais lequel des deux on pose, ou que le Soleil soit meü alentour de la Terre immobile ou bien la Terre alentour du Soleil immobile, des deux positions proviennent tousjours les mesmes apparences. Or dautant que le mouvement de la Terre n'est tant apperceu des Sens de l'esprit, on peut à cause de la commune opinion du mouvemeut du Soleil, considerer le mouvement du Soleil en l'Orbe Ecliptic, & ce seulement en calculant les apparences Solaires. Car és mouvemens des autres Planetes, la position du mouvement de la Terre est tant necessaire, qu'elle ne se peut nullement obmettre.

Et la vraye maniere de calculer le mouvement du Soleil est telle.

Cherchez premierement au temps donné l'Anomalie des Equinoxes avec sa prosthapherese, laquelle gardez. Assemblez aussi les mouvemens egaux, du Soleil, du Centre du Soleil, & de l'Apogée du Soleil. Ayant iceux tirez avec le mouvement du Centre, du Canon des prosthapheresès du Centre, la prosthapherese d'iceluy Centre, ensemble les scrupules proportionelles. Gardez les scrupules proportionelles; mais adjoutez ou tirez la prosthapherese du Centre selon que les titres du Canon enseignent, du moyen Apogée du Soleil, & aurez le vray Apogée du Soleil du moyen Equinoxe. Puis tirez le mouvement du vray Apogée du moyen mouvement du Soleil, en empruntant un cercle s'il en est besoing, & le reste sera la vraye Anomalie de l'Orbe du Soleil. Entrez avec icelle au Canon des Prosthapheresès de l'Orbe, & tirez la prosthapherese de l'Orbe avec son excés: duquel prenez la partie proportionelle competente aux scrupules proportionelles gardées, & adjoutez tousjours icelle à la prosthapherese de l'Orbe, afin quelle soit absolute. En fin tirez ou adjoutes ceste prosthapherese de l'Orbe, selon que les titres monstrent, au moyen mouvement du Soleil donné, & aurez le vray mouvement du Soleil du moyen Equinoxe; & avec la prosthapherese des Equinoxes, du vray Equinoxe.

Vn seul exemple Suffira à esclaircir ce Precepte. *Albategni* Arabe observa le Soleil & la Section Autumnale, en l'an de Christ 882. le 18 jour de Septembre, à heures 13 24′ apres midy, lesquelles furent à Goes heures 9 57′. Voyez *Copernic au livre* III. *des Resolutions chap.* XIII Je desire supputer ce mouvement Solaire au temps donné par nos Tables, afin que leur certitude soit confirmée par experience.

Du commencement donc des ans de Christ jusques a ceste observation *d'Albategni*, Sont contéz ans Juliens pleins 881. mois communs 8, jours 17, heures au Meridien de Goes 9 57′, c'est, Sexagenes de jours 1‴ 29′ 27′, jours 25, Scrup. 24′ 52″½. Ausquels sont convenables ces mouvemens egaux.

	Sex.	deg.	′	″
De l'Anomalie des Equinoxes	3	19	40	54.
La Prosthapherese des Equinoxes, a adjouter			25	2.
Du moyen du Soleil	3	1	42	9.
Centre du Soleil	1	45	52	40.
De l'Apogée du Soleil	1	21	42	14.

J'entre premierement avec le mouvement du Centre du Soleil au Canon des prosthaphereses du Centre, & entre la prosthapherese du Centre de deg. 5 19′ 7″ à soubstraire, ensemble les scrupules proportionelles 23′. Je mets les scrupules proportionelles à part; mais je soubstrais la prosthapherese du Centre du mouvement egal de l'Apogée de Sex. 1 deg. 21 42′ 14″; & le demeurant est le vray mouvement de l'Apogée du moyen Equinoxe de Sex. 1 deg. 16 23′ 7″ Derechef je soubstrais cestuy du mouvement moyen du Soleil de Sex. 3 deg. 1. 42′ 9; & le demeurant est la uraye Anomalie du Soleil de Sex. 1 deg. 45 19′ 2″. J'entre avec icelle au Canon des prosthaphereses de l'Orbe du Soleil, & en tire la prosthapherese de l'Orbe de deg. 1 56′ 46″ à soubstraire, avec son excés de scrup. 25′ 0″. Duquel je pren la partie proportionelle deuë aux Scrupules proportionelles gardées 23′; estant de Scrup. 9′ 35″, & adjoute icelle à la prosthapherese de l'Orbe trouvé de deg. 1 56′ 46″, & me provient pour la prosthapherese absolute de l'Orbe deg. 2 6′ 21″. Je soubstrais icelle du moyen mouvement du Soleil de Sexag. 3 deg. 1 42′ 9″, & demeure le vray mouvement du Soleil du moyen Equinoxe de Sex. 2 deg. 59. 35′ 48″, & avec la prosthapherese des Equinoxes additive de Scrup. 25′ 2″, Sexag. 3 deg. 0 0′ 50″, du, vray Equinoxe, cest presque Sex. 3 deg. 0 0′ 0″ comme *Albategni* a observè.

Par c'est illustre exemple appert, non seulement comme on doibt supputer par nos Tables le vray lieu du Soleil donné, mais aussi principalement comment nos Tables sont vrayes & seures. Car nos Tables monstrent que l'Equinoxe Autumnal qu'*Altegni* observa à Aracte en Syrie à heures 13 24′ fut au mesme temps. Mais les Tables *Prutoniques*, *Daniques* & *Rudolphines*, different beaucoup de mesme temps. Car celles la referent le temps de ceste, Equinoxe à heures 23 40′ apres midy, celles cy à heures 3 55′ apres le midy suivant. Parquoy l'erreur de celles la est de heures 10 16′ & de celles cy d'heures 14½. Lesqueles erreurs intolerables & tous autres, nous avons par la faveur de Dieu chasse de nos Tables.

PRE-

PRECEPTE VII.

Du Calcul du vray mouvement de la LVNE *en longitude.*

LE Calcul du vray mouvement de la Lune en longitude, convient tellement avec le calcul du vray mouvement du Soleil, que celuy qui cognoistra l'un ne sçauroit ignorer l'autre. Le Computeur l'entendra incontinent par la maniere du calcul, lequel je mets cy dessoubs.

Ayant en premier lieu trouvé l'Anomalie des Equinoxes, avec sa prosthapherese, cerchez ces mouvemens egaux; du Soleil, de la Longitude de la Lune du Soleil, & de l'Anomalie de l'Orbe Lunaire. Mettez a part le mouvement Solaire, mais doublez la longitude de la Lune du Soleil, & aurez l'Anomalie du Centre de la Lune: avec lequelle entrez au Canon des prosthaphereses du Centre de la Lune, & en tirez la prosthapherese du Centre, & les scruples proportionelles. Mettez a part les scruples proportionelles, mais adjoutez ou tirez, selon que les titres monstrent, la prosthapherese du Centre de l'Anomalie de l'Orbe Lunaire; & aurez l'Anomalie de l'Orbe egaleé. Entrez avec icelle au Canon des prosthaphereses de l'Orbe, & en tirez la prosthapherese de l'Orbe avec son excés: duquel prenez la partie proportionelle deuë aux minutes proportionelles gardeés, & adjoutez tousjours icelle a la prosthapherese de l'Orbe trouveé afin qu'elle soit absolue. Et adjoutez ou tirez celle cy selon que les titres enseignent du moyen mouvement de la Lune (lequel se compose tousjours du moyen mouvement du Soleil & de la longitude egale de la Lune du Soleil) & aquerrez le vray mouvement de la Lune du moyen Equinoxe, & avec la prosthapherese des Equinoxes, du vray Equinoxe.

Par exemple, je desire sçavoir la vraye place de la Lune en l'an de Christ 1587, le 17 jour d'Aoust, a heures 19 25′ apres midy a Vraniburg, auquel temps la Lune fut observeé au Meriden par les instrumens *Tychonics*. Or la Lune estoit adonc au deg. 27 21′ des Gemeaux, avec latitude australe de deg. 5 13′: & non au deg. 26 23′ ♊, comme *Tychon Brahe* a mal calculé. Car le Soleil selon *Tychon* fut au deg. 4 5′ ♍, & son ascension droite de temps 155 59′; a laquelle adjoutéz temps de l'Equinoctial 291 15′ pour heures apres midy 19 25′, provient l'ascension droite du Milieu du Ciel de temps 87 14′. Allez ores au *Canon de la Mediation du Ciel de Iean de Mont-Royal*, au signe des ♊, & verrez qu'a l'ascension droite de la Lune de temps 87 14′, avec latitude Meridionale de deg. 5 13′, est accordant en l'Ecliptique le deg. 27 21′ ♊. Iceluy fut donc le vray lieu de la Lune observé par *Tychon*, excedant celuy que *Tychon* produict pres d'un degré entier. Parquoy il faut rechercher si nostre calcul s'accorde avec l'observation *Tychonique*.

Ou

On conte du commencement des ans de Christ jusqu'a ce temps, ans Iuliens pleins 1586, mois de l'an commun 7, jours 16, heures apparentes 19 25′ a Vranibourg, a Goes heures 18 40′; car Goes est Occidentale d'Vranibourg de scruples d'heure 45′. Or ce sont Sexagenes de jours 2‴ 40″ 58′ jours 34, scrup. 46′ 40″. Ausquelles sont convenables ces mouvemens.

	Sex.	deg.	′.	″.
l'Anomalie des Equinoxes	5	47	34	50.
La prosthapherese des Equinoxes a adjouter			15	58.
Le moyen mouvement du Soleil	2	35	36	20.
La longitude de la Lune du Soleil	4	55	6	34.
l'Anomalie de l'Orbe Lunaire		47	7	53.

Ie double premierement la longitude de la Lune du Soleil, & en provient l'Anomalie du centre de Sex. 3 deg. 50 13′ 8″. Puis j'entre avec icelle au Canon des prosthaphereses du centre, & je trouve la prosthapherese de deg. 12 13′ 32″ a soubstraire, & les scruples proportionnelles de 51′, lesquelles je garde. Ie tire la prosthapherese du centre de l'Anomalie de l'Orbe Lunaire, & demeure l'Anomalie de l'Orbe Lunaire egalée de Sex. 0 deg. 34 54′ 20″. Avec laquelle j'entre au Canon des prosthapherefes de l'Orbe, & en prens la prosthapherese de deg. 2 37′ 37″ à soubstraire, & son excés de deg. 1 17′ 48″. Duquel je prens la partie proportionelle deuë aux scruples proportionnelles 51′, laquelle est de deg. 1 6′ 7‴ & je l'adjoute a la prosthapherese de l'Orbe trouvée de deg. 2 37′ 36″ & vient pour la prosthapherese absolue de l'Orbe deg. 3 43′ 44″ a soubstraire. Ie soubstrais donc icelle du moyen mouvement de la Lune de Sex. 1 deg. 30 42′ 54″ & le demeurant est le vray mouvement de la Lune du moyen Equinoxe de Sex. 1 deg. 26 59′ 10″, & avec la prosthapherese des Equinoxes de scrup. 15 58″ additives, Sex. 1 deg. 27′ 15 8″, du vray Equinoxe : manquant de celuy que nous avons cy dessus colligé de l'observation de *Tychon*, de scruples primes 6′. Laquelle difference encore qu'elle soit petite, sera neantmoins ostée, si on pose (ce que nostre calcul enseigne) que le centre de la Lune aye occupé le Meridien, non a heures apres midy 19 25′ ains a heures 19 24′. Or le Soleil nous fut au deg. 4 10 ♍, & son ascension droicte de temps 156 3′; a laquelle adjoutez le temps de l'Equinoctial 291, pour heures 19 24′, provient l'ascension droicte de la Lune de temps 87 3′, a laquelle avec la latitude de la Lune Meridionale de deg. 5 13′ est accordant en l'Ecliptique par les Tables de *Mont-Royal* le deg. 27 11$\frac{1}{7}$ ♊ lequel est presque quatre scruples primes moindre que le lieu de la Lune supputé par nos Tables. Ce qui ne provient par la faute de l'observation de *Tycho*, ne aussi de nos Tables, ains par l'inegalité des jours naturels, comme nous verrons au Precepte suivant.

L'indubitable certitude de nos Tables apparoist derechef par cest exemple tres illustre. Car nostre calcul s'accorde totalement avec l'observation de *Tychon*. Mais le calcul de *Tychon* differe de sa propre observation au moins 58 primes, c'est pres d'un degré entier. Dequoy on peut bien entendre que toute la Theorie *Thiconique* de la Lune est alienée du Ciel. Elle est doncq à rejetter, & la nostre laquelle est totalement deduitte du Ciel, & accordante avec le Ciel, doit estre subrogée en sa place.

PRE-

PRECEPTE VIII.

Pour egaler le temps à cause de la difference des jours naturels.

LEs jours naturels Sont considerez en deux façons, ou en egaux, ou en inegaux. Les jours naturels egaux, Sont jours moyens ou mediocres comprenans l'entiere conversion de l'Equateur, & l'addition du mouvement egal du Soleil diaire de Scrup. $59' \ 8'' \ 19''' \ 44'''' \ 59''''' \ 15''''''$. Les jours naturels inegaux sont jours apparens, comprenans le temps de l'entiere conversion del'Equateur, avec l'adition du vray mouvement du Soleil diaire. Laquelle addition estant tousjours inegale, il est aussi necessaire que les jours apparens soyent inegaux. Or les jours inegaux ne pouvans estre mesurés des mouvemens egaux, il est necessaire de convertir les jours apparens en egaux, si souvent qu'il est proposé de supputer les mouvemens egaux par les Tables : & au contraire, que les jours moyens ou egaux soyent convertis en apparens, quand on veut accommoder les mouvemens egaux au temps apparent.

Or la manier de faire l'un & l'autre est telle.

Temps quelconque apparent estant proposé, cerchez au commencement, & à la fin du temps donné, le moyen & vray mouvement solaire, & son ascension droite. Ayant iceux prenez les differences tant des moyens mouvemens, que des ascensions droites, & les conferez ensemble Or si ces differences sont egales, le temps donné n'a besoing d'egalement, estant de soy egal. Mais la difference des ascensions estant majeure que la difference des mouvemens egaux, adjoutez l'excés changé en scrupules d'heure, au temps apparent donné ; & au contraire la difference des mouvemens egaux estant majeure, soubstrayez l'excés l'ayant converti en scrupules d'heure, du temps donné : ainsi sera le temps apparent changé en egal. Il faut proceder au contraire, quand le temps egal est à convertir en apparent.

L'usage de ce Precepte est double. Le premier à poser les Racines des mouvemens egaux, & à corriger les mouvemens des Planetes, estans supputez à temps apparent. Or en tel cas il se faut servir de la premiere partie du Precepte, enseignant à convertir le temps apparent en egal. Par exemple : Soit à poser la Racine du mouvement egal du Soleil, au commencement des ans de Nabonassar, estant donnée auparavant la vraye Racine de Christ de Sexag. 4. deg. 38 36' 34'', & l'intervalle du temps apparent entre Christ & Nabonnassar, des ans Egyptiens 747 & jours 131. Le mouvement egal du Soleil deü à ce temps est de Sexag. 5. deg. 10 41' 59'', Ie soustrais iceluy mouvement de la Racine de Christ de Sex. 4, deg. 48 36' 34'', & demeurent Sex. 5.

deg. 27 54′ 35″, pour la Racine de Nabonassar à corriger. Laquelle ie corrige ainsi. Ie suppute par le moyen mouvement du Soleil au commencement de Nabonassar de Sex. 5. deg. 27 54′ 35″ Selon le 6e Precepte le vray mouvement du Soleil de Sex. 5. deg. 30 53′ 19″; & son ascension droite par le Canon des Ascensions droites de temps 332 54′ Mais le mouvement moyen du Soleil au commencement des ans de Christ est donné Sex. 4. deg. 38 36′ 34″ & Son ascension droite de temps 280 35′. Parquoy la difference des mouvemens egaux est de deg. 310 42′ à peu pres, & la differences des ascensions droites de temps 307 41′. L'excés donc de la difference des moyens mouvemens pardessus la difference des ascensions droictes est de deg. 3 1′ ausquels est deü du Canon à convertir les temps de l'Equinoctial en heures & Scrupules d'heure Scr. d'heure 12′ 4″ à soubstraire du temps apparent pour le faire egal. Le temps egal donc entre Nabonnassar & Christ est d'ans Egyptiens 747. & jours 131 moins Scrupules d'heure 12′ 4″. Auquel temps est deü le mouvement egal du Soleil de Sex. 5. deg. 10 41′ 28″, Parquoy ie soubstrais iceluy de la Racine de Christ de Sex. 4. deg. 38 36′ 34″, & le demeurant est la Racine de Nabonassar corrigée de Sexag. 5. deg. 27 55′ 6″.

Or donc il faut poser selon ceste maniere touttes les Racines des mouvemens egaux, afin quelles S'accordent perpetuellement entrelles. Car en negligeant l'egalement des jours, les mesmes mouvemens seront autrement deduicts de ceste Racine cy, que de celle la; ce qu'a fort bien remarqué *Chrestien Longomontan* au premier livre des Theories page 42. Mais les Racines estans posées à jour egaux, quelconque Racine que vous usiez, vous assemblerez tousjours les mesmes mouvemens egaux.

Davantage ainsi qu'il ne faut negliger l'egalement des jours en posant les Racines, aussi ne faut il és mouvemens des Planetes, quand ils sont supputez à temps apparent. Soit pour exemple le vray mouvement de la Lune, qu'avons trouvé par le precedent Precepte, au temps apparent donné, au deg. 27 15′ ♊. Ie veux corriger ce mouvement tellement qu'il accorde exactement au temps apparent donné. Faisant par la premiere partie du Precepte, ainsi. Le moyen mouvement du Soleil en l'An de Christ 1587 le 17 jour d'Aoust à heures apres midy 19 25′ à Vraniburg, est de Sexag. 2. deg. 35 36′ 27″; & le vray mouvement du Soleil de Sexag. 2. deg. 34 10′ 10″: & son ascension droite de temps 156 3′. Mais le moyen mouvement du Soleil au commencement des ans de Christ est de Sexag. 4. deg. 38 36′ 34″, & son ascension droite de temps 280 35′. La difference donc des moyens mouvemens est de deg. 236 59′, & des ascensions droite de temps 235 28′: & partant l'excés de la difference des moyens mouvemens est de temps 1 31′, c'est, de Scrupules d'heure 6′ 4″, ausquelles est deü du mouvement egal de la Lune du Soleil Scrupules 3′ 5″. Ie soubstrais icelles du vray mouvement de la Lune trouvé cy dessus de Sex. 1. deg. 27 15′ 8″ (dautant que l'excés est de la difference des moyens mouvemens) & demeure le vray mouvement de la Lune corrigé de Sexag. 1. deg. 27 12′ 3″, lequel approche tres fort de celuy que nous avons tiré cy dessus de l'Observation de Tychon.

Voila le premiere usage du Precepte. Le second est quand on cerche le temps apparent, l'egal estant donné. Cestuy à lieu és Eclipses de Soleil & de Lune, & en generale és Nouvelle & Pleine Lunes, comme il sera enseigné en son lieu. La maniere en est telle. Premierement on cerche comme dessus par les moyens mouvemens

mouvemens du Soleil & ses ascensions droites, l'egalement des jours. Puis la difference des moyens mouvemens estant majeure que la difference des ascensions, l'egalement des jours doibt estre adjouté au temps moyen donné, mais estant mineure, en doibt estre soubstrait : & ainsi se composé le temps apparent, lequel convient aux vrais mouvemens tirés des Tables.

Il nous a falu traicter ces choses de l'egalement des jours en ce lieu. Car elles sont fort en usage au calcul des mouvemens celestes, & le plus au calcul du mouvement Lunaire. Mais és autres Planetes, l'egalement des jours se peut bien obmettre sans grand faute au calcul, dautant que si grande diligence y est de peu de valeur.

Neantmoins il ne faut niër, qu'encore que l'egalement des jours, enseigné par ce Precepte, soit tres vray, que toutesfois ne s'accorde tousjous avec les observations. Or la cause du different n'est d'aucun erreur en legalement des jours, ains de la Lune, & icelle encore incogneüe. Parquoy jusqu'a ce qu'icelle soit mise en lumiere, le second egalement de la Lune peut estre constitué par les observations d'Eclipses. Or nous avons observé, que l'un des Luminaires estant Eclipsé au commencement du Belier, qu'il faut adjouter au temps moyen scrupules d'heure 30′ Mais le Soleil occupant la fin du Belier, & les signes entiers du Taureau & des Gemeaux le second egalement de temps n'est necessaire. Secondement nous avons trouvé que le Soleil ou la Lune estans eclipsés environ le 18e deg. de l'Ecrevisse, qu'il faut soubstraire Scrup. d'heure 10′; & environ le 7e deg. du Lion Scrup. 18′; environ le 18e deg. du Lion Scrup. 16′; mais environ le commencement de la Vierge peu ou rien. Tiercement le Soleil estant environ le commencement des Balances, qu'il faut deduire és nouvelles & pleine Lunes ecliptiques Scrup. d'heure 5′; & environ le 18′ deg. des Balances & le 24e deg. du Scorpion Scrupules d'heure 10′ : mais au Sagittaire, Capricorne, Verseau & les vingt premiers degrez des Poissons, le second egal de temps n'est necessaire. C'est ce qu'avons peu trouver par longue observation és Eclipses dés Luminaires : dequoy le prudent Computeur se servant, il egalera le temps dés Eclipses à son vouloir. Or nous donnerons beaucoup de clairs exemples de ces egalemens cy dessous en nostre *Thresor d'Observations.*

PRECEPTE IX.

Du Calcul de la vraye latitude de la Lune.

LEs Orbes Solaire & Lunairè S'entrecoupent l'un lautrè, tout ainsi que l'Ecliptique & l'Equinoctial. Or ces sections s'appellent *συνδεσμοι*, ou Noeuds, desquels celuy qui porte la Lune au Septentrion, est nommé le Noeud ascendant vulgairement le Chef du Dragon ; & l'autre deferant la Lune au Midy, est dit Descendant vulgairement la Queuë du Dragon. Aussi les points distants le quadrant du cercle de l'un ou l'autre Noeud, sont appellés Limittes, & sont distinguez en Limite boreal & austral. Et la Lune acquiert en celuy là sa maxime latitude boreale, & en cestuy cy sa maxime latitude australe.

Davantage ainsi que par le mouvement de libration, l'Angle de l'intersection de l'Orbe du Soleil & de l'Equinoctial, continuellement croist ou décroist à certains limites, comme il est monstré au Ve. Præcepte; ainsi aussi par le mouvement reciproque, est l'Angle de l'intersection des Orbes Solaire & Lunaire, augmenté ou diminué jusqu'a certains limites. Or le maxime angle de ceste intersection est és Quadratures moyennes de deg. 5 16'; & le moindre és Nouvelle & Pleine Lune moyennes de deg. 5 0'. Parquoy le diametre du petit cercle auquel S'accomplit ceste libration est de Scrupules 16'; Six Scrupules moindre que le petit cercle auquel se fait la libration de l'Obliquité du Zodiac.

La maniere de calculer la latitude de la Lune est telle.

Premierement trouvez par le VII *Precepte, au temps donné, l'Anomalie du centre Lunaire, avec sa Prosthapherese, & scrupules proportionelles; ensemble aussi l'Anomalie de l'Orbe egalée, avec sa Prosthapherese absolute. Ayant icelles cerchez le moyen mouvement de latitude de la Lune, auquel adjoustez ou en tirez la Prostapherese de l'Orbe, selon qu'elle est additive ou soubstractive, ainsi vous aurez le vray mouvement de latitude de la Lune. Entrez avec iceluy au Canon de latitude de la Lune entier, & en tirez la latitude de la Lune, avec son excés: duquel prenez la partie proportionelle competente aux Scrupules proportionelles trouvées cy dessus, & adjoutez tousjours icelle à la latitude de la Lune, ainsi vous aurez la vraye latitude de la Lune: & cognoistrez facilement par les titres au haut & au bas du Canon si elle est boreale ou meridionale, & ascendente ou descendente.*

Soit pour exemple repetée, l'observation Lunaire en longitude & latitude faite par Tychon à Vraniburg en l'An de Chist 1587, le 17e jour d'Aoust, à heures apres midy 19 24. l'Anomalie du centre de la Lune est alors trouvée de Sexag. 3. deg. 50 13' 8", & par icelle la Prosthapherese du centre de deg. 12 13' 32", & les Scrupules proportionelles de 51'. Puis l'Anomalie de l'Orbe egalée de Sexag. 0. deg. 34 54' 20" & par ceste cy la Prosthapherese de l'Orbe absolute de deg. 3 43' 44" à soustraire. Ayant ces choses, j'e cerche le moyen mouvement de la Lune en latitude, lequel je trouve par son Canon de Sexag. 3 deg. 0 39 1". Duquel je soubstrais la Prosthapherese absolute de l'Orbe de deg. 3 43' 44", & le demeurant est le vray mouvement de la Lune en latitude de Sexag. 2. deg. 56 55' 17", c'est, de Signes 5 deg. 26 55' 17". Apres j'entre avec ce vray mouvement au Canon de latitude de la Lune entier, & en tire la latitude de la Lune Australe descendente de deg. 4 59' 33", avec l'excés de Scrup. 15' 57". Duquel je prens la partie proportionelle competente aux Scrupules proportionelles 51', cy dessus trouvées, laquelle est de Scrup. 13' 33"; & l'adjoute à la latitude de la Lune de deg. 4 59' 33", & vient la vraye latitude de la Lune de deg. 5 13'. 6" Meridionale, exactement accordante avec celle que Tychon Brahe à observé par ses Instrumens. Parquoy toutte l'observation de Tychon convient justement avec nos Tables.

Or si vous desirez aussi de sçavoir, en quelle partie du Zodiac est le Nœud ascendent de la Lune, c'est le Chef du Dragon, vous le sçaurez facilement par ceste

ceste voye. Adjoutez au vray mouvement de la Lune en latitude du Limite boreal, lequel est de Sexag. 2. deg. 56 54', le quadrant du cercle, c'est, Sexag. 1. deg. 30, & aurez le vray mouvement de la Lune en latitude du Noeud ascendent de Sex. 4. deg. 26 54' Tirez iceluy du vray mouvement de la Lune de Sex. 1 deg. 27 12', & le reste sera le vray mouvement du Chef du Dragon du vray Equinoxe Vernal de Sex. 3 deg. o 18': c'est, que le Chef du Dragon estoit au deg. o 18 ♎, & la Queuë du Dragon au lieu opposite du Zodiac, Sçavoir au deg. o 18'. ♈. Ce qu'ay trouvé bon de monstrer en passant.

PRECEPTE X.

Pour reduire la Lune à l'Ecliptique.

ON considere le mouvement de la Lune en deux façons : en son Orbe propre & en l'Ecliptique. Or ces mouvemens different aucunement entreux, quand la Lune est entre les Noeuds & Limites. Mais és Noeuds mesmes & Limites il n'y à nulle difference. Or quand voudrez reduire à l'Ecliptique le mouvement de la Lune supputé par les Tables, faictes ainsi.

Allez au Canon à reduire la Lune à l'Ecliptique, avec le vray mouvement de latitude, & en prenez les Scrupules Prosthapheretiques, lesquelles selon la note des titres, adjouterez ou soubstrairez du vray mouvement de la Lune supputé par les Tables, & aurez le vray mouvement de la Lune en l'Ecliptique.

Par exemple, soit donné le vray mouvement de la Lune en latitude c'y dessus trouvé de Signes 5 deg. 26 54', avec le vray mouvement de la Lune en son Orbe propre de Sexag. 1. deg. 27 12' 3". Ie veux reduire iceluy à l'Ecliptique. J'entre au Canon à reduire la Lune à l'Ecliptique avec le vray mouvement de la Lune en latitude de Signes 5 deg. 26 54', & je trouue Scrupules Prosthapheretiques o' 46' à soubstraire. Parquoy je les soubstrais du vray mouvement de la Lune en Son Orbe propre de Sex. 1. deg. 27 12' 3" & le demeurant est le vray mouvement de la Lune en l'Ecliptique de Sexagemes 1. deg. 27.11' 17".

PRECEPTE XI.

Du Calcul du vray mouvement des ESTOILLES FIXES *en longitude.*

NIcolas Copernic fait la Sphere des Estoilles fixes immobile: posant les sections de l'Ecliptique & de l'Equinoctial se mouvoir en precedéce par quel que mouvement lent. Dequoy il recueille tresbien que les lieux des Estoilles fixes quand à l'apparence, Sont autant portez en consequence, que les sections de l'Ecliptique & de l'Equinoctial sont meuës en precedence. Mais ceste position de Code Copernic n'eſt pas vray ſemblable, pour deux raiſons. Premierement, l'immobilité de la Sphere des Eſtoilles fixes n'eſt convenable à la nature. Car ainſi que le Cerveau que Dieu à logé en la partie ſupreme du petit Monde, n'eſt immobile, ains ſe meut par un mouvement lent & preſque imperceptible, lequel il communique auſſi par tout le petit Monde; ainſi auſſi eſt il convenable, que la Sphere ſupreme du grand Monde ne ſoit immobile, mais meuë par un mouvement tardif & lent, & qu'elle communique ſon mouvement à touttes les autres Spheres. Secondement, il n'eſt vray ſemblable, que les ſections de l'Ecliptique & de l'Equinoctial ſoyent meuës en precedence. Car çela eſtant, tous & chacuns lieux de la Terre ſeroyent en autres climats & parties du Monde, qu'ils n'eſtoyent au commencement du Monde. Ce qui eſt abſurde.] Or l'opinion de Ptolomée & des anciens Philoſophes eſt meilleure, poſant que toute la Sphere des Eſtoilles fixes, eſt meuë par quelque mouvement lent alentour des poles du Zodiac, & ainſi changeant peu à peu les longitudes des Eſtoilles fixes. Laquelle opinion comme la plus vraye nous aprouvons.

Or la maniere de ſupputer les longitudes des Eſtoilles fixes, à quelconque temps, eſt telle.

Cherchez en premier lieu au temps donné le mouvement egal de la premiere Eſtoille du Belier, & l'Anomalie des Equinoxes, avec ſa Proſthaphereſe. Adjoutez icelle au mouvement egal de la premiere Eſtoille du Belier eſtant additive, ou l'en ſoubſtrayez eſtant ſoubſtractive, & acquerrez le vray mouvement de la premier Eſtoille du Belier. Puis entrez au Canon des Eſtoilles fixes par nous obſervées, & en tirez la diſtance de l'Eſtoille fixe propoſée de la premiere du Belier. Laquelle adjoutez au mouvement vray de la premiere Eſtoille du Belier, & aurez la longitude de ladicte eſtoille du vray Equinoxe vernal.

Exemple, on veut ſçavoir la vraye longitude de l'Eſtoille Royale au Cœur du Lion pour le commencement de l'An 1599. Le mouvement egal de la premiere Eſtoille du Belier ſe trouve à ce temps de Sexag. o. deg. 27 28′ 31″; & l'Anomalie des Equinoxes de Sexag. 5. deg. 49 58′ 1″, & ſa proſthapheréſe de Scrup. 12′ 57″ à adjouter. I'adjoute donc icelle au mouvement egal de la premiere Eſtoille du Belier de Sexag. o. deg. 27 28′ 31″, & en provient le vray mouvement de la premiere Eſtoille du Belier de Sex. o deg. 27 41′ 28″. Puis je tire de noſtre Catologue des Eſtoilles fixes, la diſtance du Baſiliſc de la premiere eſtoille du Belier de Sex. 1 deg. 56 40′, & l'adjoute au vray mouvement de la premiere Eſtoille du Belier de Sex. o. deg. 27 41′ 28″, & en provient la vraye longitude du Baſiliſc de Sex. 2. deg. 24 21′ 28′. Parquoy le lieu du Baſiliſc eſtoit au deg. 24 21′ du Lion, comme auſſi nous l'avons obſervé au meſme temps.

PRE-

PRECEPTE XII.

Pour supputer à quelconque temps la latitude des Estoiles fixes.

LA libration en latitude de l'Orbe annuel, ne change seulement l'Obliquité du Zodiac, mais aussi les latitudes des Estoilles fixes. Car d'autant que l'Obliquité du Zodiac est changée par la libration de l'Orbe annuel, autant aussi sont changées les latitudes des Estoilles fixes. Or la maniere de Supputer icelles est telle, & premierement en la moindre Obliquité du Zodiac.

Prenez en nostre Catologue des Estoilles fixes les longitude & latitude au commencemens des ans de Christ de l'Estoille donnée. Puis entrez avec la longitude de l'Estoille au Canon des Prosthaphereses des Estoilles fixes en latitude, & en tirez la Prosthapherese de latitude deuë à la longitude de l'Estoille; laquelle adjoutez, ou tires de la latitude de l'Estoille donnée, suivant les regles suivantes; & ainsi aurez la vraye latitude de l'Estoille en la moindre Obliquité du Zodiac.

Or les regles Prosthapheretiques sont telles.

1. *L'Estoille donnée occupant au commencement des ans de Christ signe boreal, adjoutez la Prosthapherese de latitude à la latitude boreale de l'Estoille, & la soubstrayez de la latitude australe, & aurez la vraye latitude de l'Estoille en la moindre Obliquité du Zodiac.*
2. *L'Estoille donnée estant au commencement des ans de Christ en signe austral adjoutez la Prosthapherese de latitude à la latitude australe de l'Estoille, & la soubstrayez de la latitude boreale, & ainsi acquerrez la vraye latitude de l'Estoille en la moindre Obliquité du Zodiac.*

Exemple de la premiere regle. Ie desire sçavoir la latitude du Roytelet en la moindre Obliquité du Zodiac. Ie tire premierement de nostre Catologue des Estoilles fixes, la longitude du Roytelet au commencement des ans de Christ de deg. 1. 5′ ♌, avec latitude boreale de Scrup. 12′. Puis j'entre avec ceste longitude de l'Estoille, au Canon des Prosthaphereses des Estoilles fixes en latitude, & en tire la Prosthapherese de latitude de scrup. 18′ 50″, c'est pres de 19′ à adjouter. l'adjoute donc icelle à la latitude du Roytelet boreale de Scrup. 12′ & en provient la latitude de l'estoille en la moindre Obliquité du Zodiac de Scrup. 31′ Boreale

Autre exemple. On cerche la latitude de l'Epi de la Vierge en la moindre Obliquité du Zodiac. Ie prens premierement de nostre Catologue des Estoilles fixes, la longitude de l'Espi de la ♍ au commencement des

 ans

ans de Christ de deg. 25 3′ ♍ avec latitude australe de deg. 2 0′. Puis j'entre au Canon des Prosthapherefes des Estoilles fixes en latitude, & en tire la Prosthapherese de latitude, d'eüe à ladite Estoille de Scrup. 1′ 54″. c'est prés de Scrup. 2′. à soustraire. Ie tire donc icelle de la latitude de l'estoille au commencement des ans de Christ de deg. 2. 0 Meridionale, & le demeurant est la vraye latitude de l'Estoille en la moindre Obliquité du Zodiac de deg. 1 58′ Meridionale.

Exemple de la seconde Regle. On demande la latitude de l'estoille de la premiere grandeur au Cœur du ♏, en la moindre Obliquité du Zodiac. Sa longitude au commencement dés ans de Christ, se trouve par nostre Catalogue dés Estoilles fixes de deg. 11 13′ ♏ & sa latitude de deg. 4 11½ Meridionale. Or la Prosthapherese de latitude d'eüe à la longitude donnée se tire du Canon dés Prosthapherefes dés Estoilles fixes en latitude de Scrup. 14′ 36″ à adjouter. I'adjoute donc icelle à la latitude de deg. 4 11½, & en provient la latitude du Cœur du ♏ en la moindre Obliquité de l'ecliptique de deg. 4 26′ Meridionale.

Autre exemple. Ie veux sçavoir la latitude de la plus haute Estoille au Front du ♏ en la moindre Obliquité de l'Ecliptique. Sa longitude au commencement dés ans de Christ se trouve par nostre Catologue dés Estoilles fixés de deg. 4 53′ ♏, & sa latitude de deg. 1 16½′ Boreale. Or la Prosthapherese de latitude, d'eüe à la longitude donnée se trouve par nostre Canon dés prosthapherefes des Estoilles fixes en latitude de Scrup. 12′ 33″. à soubstraire. Ie soubstrais donc icelle de la latitude de l'Estoile ou commencement dés ans de Christ de deg. 1 16½′. Boreale, & le demeurant est la vraye latitude de l'Estoille en la moindre Obliquité de deg. 14 Boreale.

On suppute par cette maniere les latitudes des Estoilles fixes en la moindre Obliquité du Zodiac. Mais la maniere de supputer icelles en quelconque autre Obliquité du Zodiac est telle.

Trouvez en premier lieu la Prosthapherese de latitude d'eüe à l'Estoille donnée en la moindre Obliquité du Zodiac, selon la maniere enseignée c'y dessus, & le gardez: cerchez puis aprés au temps donné le mouvement du centre du Soleil, & tirez avec iceluy du Canon des Prosthapherefes du centre Solaire les scrupules proportionelles; & prenez de la prosthapherese de latitude gardée la partie proportionelle convenable aux scrupules proportionelles, & soubstrayez tousjours icelle de la prosthapherese de latitude, & le reste sera la prosthapherese de latitude conveniente au temps donné. Laquelle suivant les regles superieures adjouterez à la latitude de l'Estoille au commencement des ans de Christ, ou l'en soubstrairez, & aquerrez la vraye latitude de l'Estoille au temps donné.

Un seul exemple suffira à éclarcir ce Precepte. Il convient sçavoir la vraye latitude du Roytelet 1627 ans Egyptiens apres Nabonnassar, auquel temps Albategni observa les longitudes d'aucunes des Estoilles fixes. Ie cerche premierement la Prosthapherese de latitude du Roytelet en la moindre Obliquité du Zodiac & trouve icelle de scrup. 19′ à adjouter. Ie receuille puis apres le mouvement du centre du Soleil au temps donné de Sexag. 1 deg. 45 33′ 25″, & avec iceluy je tire du Canon des Prosthapherefes du Centre, Scrupules proportionelles

23′ 15″;

25′ 15″; ausquelles convient de la Prosthapherese de latitude du Roytelet Scrup. 7′ 21″; lesquelles je tire de la Prosthapherese de latitude du Roytelet de Scrup. 19′, & demeurent pres de Scrup. 12′ à adjouter. l'adjoute donc icelles à la latitude du Roytelet au commencement des ans de Christ de Scrup. 12′ Boreale, & en provient la vraye latitude du Roytelet 1627 ans apres Nabonnassar de Scrup. 24′ boreale, ce qui estoit requis.

Voyla ce qu'avions à traicter en ce lieu du Calcul des longitude & latitude des Estoilles fixes. A quoy ne se sçauroit peut estre desirer davantage, sinon que nostre Catologue ne donne, les longitudes & latitudes de toutes les Estoilles fixes comme le Catologue Ptolomaïc & Tychonic. Or je les pourray bien donner touttes, Si me vouloy servir du Catologue Tychonic: mais estant certain & ayant experimenté, que les lieux Tychoniques des fixes, desquelles l'altitude Meridienne ne parvient à 35 degrez en l'horizon d'uraniburg, ne sont assez justes, à cause qu'il n'a eu la vraye refraction; laquelle au Soleil & en la Lune apartient à icelle altitude; je n'ay voulu mettre en nostre Catologue, les Estoilles que n'ay bien experimentées, afin de ne donner au Lecteur choses incertaines au lieu de certaines. Toutesfois si quelcun est satisfait des Estoilles observées par Tychon, iceluy pourra facilemement, par les Preceptes precedens, amplier nostre Catologue par celuy de Tychon, & ainsi satisfaire à sa volonté.

PRECEPTE XIII.

Du Calcul du vray mouvement des Planetes superieurs. SATVRNE, IVPITER, & MARS; *en longitude.*

DE telle multitude d'Estoilles fixes en une mesme Sphere, ne se changent jamais les lieux, intervalles, figurations, ne grandeurs, tant seulement il se trouve cinq Estoilles, lesquelles ores on voit en ceste partie du Zodiac, tantost en autre; & maintenant ne bougent, puis vont en avant, & derechef ne bougent, & puis vont en arriere, gardant perpetuellement le mesme tour de progrés, regrés & stations. Lesquelles Estoilles les Anciens ont appellés Planetes, c'est à dire, Estoilles errantes, à cause quelles accomplissent leurs cours comme en errant. Et ont nommé Saturne, Iupiter, & Mars, Planetes Superieurs, ayans remarqué leurs Spheres par dessus celle du Soleil, laquelle nous est la Sphere de la Terre: mais Venus & Mercure ont ils nommés Planetes inferieurs, croyans leurs Spheres estre dessous la Sphere du Soleil, à nous la Sphere de la Terre. Or nous avons à traiter ensuivant du Calcul de ces Planetes; & premierement du calcul du vray mouvement des trois Superieurs en longitude: la maniere en estant telle.

Trouvez premierement au temps donné l'Anomalie des Equinoxes, & la prosthapherese des Equinoxes; puis assemblez le mouvement egal du Soleil; item le mouvement agal de chacun des Planetes Superieurs, ensemble le mouvement de leur apogée. Apres tirez le mouvement de l'Apogée du mouvement de longitude du Planete, & le reste sera l'Anomalie du Centre. Avec laquelle allez au Canon des prosthaphereses du centre du Planete, & en tirez la prosthapherese du centre, avec ses scrupules proportionelles. Mettez apart les Scrupules proportionelles, mais adjoutez la prosthapherese du centre au mouvement egal du Planete, ou l'en soubstrayez, selon que monstrent les titres, & aurez la longitude centrique du Planete. Soubstrayez icelle du moyen mouvement du Soleil, & le reste sera la vraye Anomalie de l'Orbe du Planete. Entrez avec ceste Anomalie au Canon des prosthaphereses de l'Orbe du Planete, & en tirez la prosthapherese de l'Orbe, avec son Excés: duquel prenez la partie proportionelle, convenante aux Scrupules proportionelles mises apart, & adjoutez tousjours icelle à la prosthapherese de l'Orbe, & avez la prosthapherese de l'Orbe absolute. Enfin adjoutez ceste cy à la longitude centrique du Planete, ou l'en soubstrayez selon que les titres monstrent, & aurez la vraye longitude du Planete du moyen Equinoxe; & avec la paosthapherese des Equinoxes du vray Equinoxe.

I.

Premiere exemple en Saturne. l'Estoille de Saturne apparut en l'An de Nabonassar 519, le jour 5e du mois Xantique, lisez le 15e jour du mois Xantique, estant le XXII de Tybi, au soir à Alexandrie, deux doix dessoubs l'espaule australe de la Vierge. *Ptolomée au livre* XI. *chap.* VII. *de l'Almageste.* Je desire d'esprouver si nos Tables donnent la mesme apparence, pour nous asseurer de leur certitude.

Il y à donc du commencement dés ans de Nabonassar jusqu'à ceste observation ans Egyptiens 518, jours 141, heures au Meridien Alexandrin 6, au Goesien 3 40', faisans, Sexagenes de jours 52'' 33', jours 31, Scrup. 9' 10''. Ausquelles sont deüs ces mouvemens.

	Sex.	deg.	'	''
L'Anomalie des Equinoxes	6	26	40	47.
La Prosthapherese des Equinoxes additive			40	47.
Le moyen mouvement du Soleil	5	43	19	17.
Le moyen mouvement de Saturne	2	32	43	57.
Le mouvement de l'Apogée de Saturne	3	46	3	47.
Or tirant le mouvement de l'Apogée, du mouvement de Saturne, le reste sera				
L'Anomalie du Centre	4	46	40	10.

Entrez avec icelle au Canon des Prosthapheresès du Centre de Saturne, & trouverez la prosthapherese du Centre de deg. 6 7' 40'' à adjouter, & les Scrupules proportionnelles de 17'. Mettez celles cy apart, mais adjoutez la prosthapherese du Centre au mouvement de Saturne, & en proviendra la longitude centrique de Saturne de Sexag. 2 deg. 38 51' 37''. Or j'appelle la longitude centrique du Planete, celle qui a l'Angle de vision au centre de l'Orbe du Planete: appellant semblablement la vraye longitude du Planete celle qui a son angle de vision au centre de la Terre. Puis tirez ceste longitude centrique du moyen mouvement du Soleil, & le demeurant sera la vraye Anomalie de l'Orbe de Sex. 3. deg. 4 27' 40''. Avec laquelle allez au Canon des Prosthapheresès de l'Orbe, & trouverez la prosthapherese de l'Orbe de Scr. 28' 46'' substractive; avec l'excés de Scr. 4' 28'': duquel excés prenez la partie proportionelle competente aux Scrupules ptoportionelles 17' mises apart, sçavoir Scr. 1' 16'', & adjoutez icelles à la Prola Prosthapherese de l'Orbe de Scrup. 28' 46", & en proviendra la Prosthapherese absolute de l'Orbe de Scrup. 30' 2" à soubstraire. Soubstrayez donc icelle de la longitude centrique de Saturne de Sexag. 2 deg. 38 51' 37, & le demeurant sera la vraye longitude de Saturne du moyen Equinoxe de Sexag. 21 deg. 38 21' 35", & avec la Prosthapherese des Equinoxes de Scrup. 40' 47" additive, de Sexag. 2. deg. 39 2' 22" du vray Equinoxe. Saturne estoit donc au deg. 9 2' 22" ♍. avec latitude boreale de deg. 2 45, comme nous monstrerons cy dessous.

Or l'Estoille fixe en l'epaule gauche de la Vierge, se trouve adonc par les deux Preceptes precedents, au deg. 9 7' ♍, avec latitude boreale de deg. 2 43'. Parquoy la difference des longitudes de Saturne & de l'Estoille fixe fut de Scrup. 5, & la difference, des latitudes de Scrup. 2'. L'intervalle donc de Saturne & de l'Estoille fixe fut de Scrup. 5', c'est de deux doigts, tout ainsi qu'elle fut observée à Alexandrie. Tellement que nostre Calcul s'accorde exactement avec l'observation des Anciens.

I I.

Second exemple en l'Estoille de Iupiter. En l'An de Nabonnassar 507, le 17e jour d'Epephi, le Soleil estant selon son moyen mouvement au deg. 10' ♍, l'Estoille de Jupiter couvrit au matin à Alexandrie l'Asne austral; Ptolomée au livre XI chap. III. de l'Almageste.

Il y à du commencement des ans de Nabonnassar jusqu'à ceste observation ans Egyptiens 506, jours 316. heures au Meridien Alexandrin 16 40', au Goesien heures 14 20'. Faisans Sexagenes de jours 51' 23, jours 26, Scrup. 35' 50". Ausquelles conviennent ces mouvemens.

	Sex.	deg.	'	"
L'Anomalie des Equinoxes	5	24	15	53.
La Prosthapherese additiue			43	21.
Le moyen mouvement du Soleil	2	39	6	50.
Le moyen mouvement de Iupiter	1	22	46	5.
Le moyen Apogée de Iupiter	2	32	21	26.
En consequence l'Anomalie du Centre	4	50	24	39.

Avec laquelle se tire du Canon des Prosthaphereses du Centre, la Prosthapherese du Centre additive de deg. 4 50' 10"; & les Scrupules proportionelles de 16'. Mettez icelles à part; mais adjoutez la Prosthapherese du Centre de deg. 4 50' 10" au moyen mouvement de Iupiter de Sexag. 1. deg. 22 46' 5", & en proviendra la longitude centrique de Iupiter de Sex. 1. deg. 27 36' 15". Tirez celle cy du moyen mouvement du Soleil de Sexag. 2. deg. 39 6' 50", & demeurera la vraye Anomalie de l'Orbe de Sexag. 1. deg. 11 30' 35": avec laquelle tirez du Canon des Prosthapherese de l'Orbe, la Prosthapherese de l'Orbe additive de deg. 9 2' 2", avec l'excés de Scrup. 47' 30". Duquel prenez la partie proportionelle deuë aux Scrupules proportionelles 10" asçavoir Scrup. 12' 40", & adjoutez icelle à la Prosthapherese de l'Orbe de deg. 9 2' 2", & en proviendra la Prosthapherese absolute de l'Orbe additive de deg. 9 14' 42" Adjoutez icelle à la longitude centrique de Iupiter de Sex. 1. deg. 27 36' 15", & en proviendra la vraye longitude de Iupiter du moyen Equinoxe de Sex. 1 deg. 36 50' 57"; & avec la prosthapherese des Equinoxes additive de Scr. 43' 21" de Sexag.

Sexag. 1. deg. 37 34′ 18″. Le lieu donc de Iupiter estoit au deg. 7 34′ 18″ ♋, avec latitude Meridionale de Scrup. 10′, comme il sera monstré cy ensuivant.

Or suivant la precedente doctrine, l'Asne austral estoit au deg. 7 31′ 32 ♋, avec latitude Meridionale de Scrup. 10. Parquoy la difference des longitudes de l'Estoille & de Iupiter fut de Scrup. 2′ 46″, mais la latitude des deux fut semblable. Iupiter couvrit donc de ses rayons l'Estoille de la quatriesme grandeur tellement qu'on ne la pouvoit veoir. Car le diametre de Iupiter estoit d'environ de Scrup. 2½. Et ainsi S'accorde aussi nostre Calcul avec ceste observation depoint en point.

III.

J'adjoute le tiers exemple en l'Estoille de Mars. En l'An de Nabonnassar 476″. le jour 20″ d'Athyr, le Soleil occupant par son moyen mouvement le 24″ deg. de Capricorne l'Estoille de Mars fut veuë au matim apposée à la boreale au front du Scorpion. Ptolomée au livre x chap. IX. de l'Almageste.

Ie desire de conferer aussi ceste observation avec nos Tables. Or du commencement des ans de Nabonnassar jusqu'a ceste observation il y à ans Egyptiens 475′ jours 79′ heures au Meridien Alexandrin 18 0′, au Goesien heures 15 40′, faisans, Sexagenes de jours 48′ 10′. jours 54, Scruples 39′ 10″, Ausquelles sont convenables à ces mouvemens.

	Sex.	deg.	′	″.
L'Annomalie des Equinoxes	5	17	37	40.
La Prosthapherese des Equinoxes additive			50	2.
Le moyen mouvement du Soleil	4	52	58	29.
Le moyen mouvement de Mars	3	2	32	18.
Le mouvement moyen de l'Apogée de Mars	1	43	51	55.
Partant l'Anomalie du Centre	1	18	40	23.

Avec laquelle tirez du Canon des Prosthaphereses du Centre, la Prosthapherese du Centre de deg. 10 35′ 1″ Substractive, & les Scrupules proportionelles de 16′. Mettez celles-cy apart; mais tirez la Prosthapherese du Centre de deg. 10 35′ 1″, du moyen mouvement de Mars de Sexag. 3. deg. 51 57′ 17″. Puis tirés celle cy du moyen mouvement du Soleil de Sex. 4 deg. 52 58′ 29″, & demeurera la vraye Anomalie de l'Orbe de Sexag. 2 deg. 1 1′ 12″′. Or tirez avec icelle du Canon des Prosthapherese de l'Orbe, la Prosthapherese de l'Orbe de deg. 36 42′ 3″, avec son excés de deg. 8 22 10″: duquel prenez la partie proportionelle competente aux Scrupules proportionelles 16′, estant de deg. 2 13′ 57″; & adjoutez icelle à la Prosthapherese de l'Orbe de deg. 36 42′ 3″, & en proviendra la Prosthapherese absolute de deg. 38 56 0″ additiue. Adjoutez ceste cy à la longitude centrique de Mars de Sexag. 2. deg. 51 57 17′. & aurez la vraye longitude de Mars du moyen Equinoxe de Sex. 3. deg. 30 53′ 17″, & avec la Prosthapherese des Equinoxes additive de Scrup. 50′ 2″, de Sex. 3. deg. 31 43′ 19″. l'Estoille de Mars estoit donc au deg. 1 43′ 19″ ♏, avec latitude boreale de deg. 1 11′, comme il sera monstré cy apres.

Or la supreme au front du Scorpion estoit adonc au deg. 1 42′ 12″ ♏, avec latitude boreal de deg. 1 15′: La difference donc des longitudes de Mars & de la supreme au front du Scorpion estoit de Scrup. 1′ 2″, & la difference des

des latitudes de Scrup. 4 Parquoy l'Estoille de Mars fut apposée à la boreale au front du Scorpion, tout ainsi qu'il fut observé à Alexandrie.

Il appert par ces trois exemples tres illustres, non seulement comment il faut supputer les vrayes longitudes des trois Planetes superieurs, mais aussi combien nos Tables sont vrayes & certaines. Car elles monstrent tant exactement les apparences, observées tant de siecles auparavant nous par les principaux Astronomes, comme si nous les observions nous mesmes maintenant. Nous pouvons donc certainement dire de nos Tables, qu'elles outrepassent autant toutes les autres que les cyprés outrepassent en hauteur les buissons.

Mais je m'advance au Precepte suivant, estant comme dependant de cestuy-cy.

PRECEPTE XIV.

Pour corriger le mouvement de Mars és Acronyches & environ les Acroniches, se faisans au Verseau, Poissons, Belier & Taureau.

LES Orbes de Mars & de la Terre sont tant voysines, és signes du Verseau, Poissons, Belier, & Taureau, que quand la Terre & Mars les occupent ensemble (ce qui se fait és Acronyches, & environ les Acronyches, qui adviennent en ces signes) l'eccentricité du Soleil obtient alors sensible raison au raid de l'Orbe de Mars. Cecy est cause, que le mouvement apparent de Mars, és mesmes Acronyches, discorde perpetuellement du Ciel. Il est donc necessaire de sçavoir comment le mouvement de Mars se doit aussi calculer esdits lieux accordans avec le Ciel. Or la plus commode maniere est telle.

Ayant trouvé par le Precepte precedent la longitude centrique de Mars, & l'Anomalie de son Orbe; entrez premierement avec la longitude centrique au Canon des prosthapheneses de la longitude centrique de Mars, & tirez d'icelluy la prosthapherese competante à la longitude centrique trouvée, & la gardez. Entrez puis apres au Canon des Scrupules proportionelles avec l'Anomalie de l'Orbe, & en tirez les Scrupules proportionelles deuës à l'Anomalie de l'Orbe. Et prenez la partie proportionelle congruante à icelles, de la prosthapherese gardée, & l'adjoutez à la longitude centrique de Mars, ou l'en soubstrayez, suivant les notes au haut & au dessous du Canon, & aurez la longitude centrique de Mars corrigée. Achevez avec icelle le reste du Calcul de Mars, comme avez appris au Precepte precedent, & acquerrez le vray mouvement de Mars, tant du moyen Equinoxe, que du vray Equinoxe.

Exemple. En l'An de Christ 1593, le jour 24e d'Aoust, à heures apres midy 10 30', fut observée à Vranibourg l'estoille de Mars au deg. 12 38' ♓. Voyez le *Commentaire de Cepler du mouvement de Mars*, page 62. Ie desire d'acomparer ceste observation avec nos Tables Astronomiques afin que chacun soit asseuré de leur certitude.

Il y à donc du commencement des ans de Christ jusqu'a ceste observation ans Iuliens pleins 1592, mois communs 7, jours 23, heures au Meridien d'Vranibourg 10 30', au Goesien 9 45'; Faisans, Sexagenes de jours 2''' 41'' 35', jours 13, Scrupules 24' 21''½. Auquelles sont convenables ces mouvemens.

	Sex.	deg.	'	''.
L'Anomalie des Equinoxes	5	48	50	36.
La Prosthapherese des Equinoxes additive			14	23.
Le moyen mouvement du Soleil	2	42	40	36.
Le mouvement moyen de Mars	5	38	45	45.
Le moyen mouvement de l'Apogée de Mars	2	25	22	18.
Consequemment l'Anomalie du Centre	3	13	23	27.

Ie tire avec icelle du Canon des Prosthaphereses du Centre, la Prosthapherese du centre additive de deg. 2 51' 5''; & les Scrupules proportionelles de 59'. Je mets les Scrupules proportionelles apart; mais j'adjoute la prosthapherese du centre au moyen mouvement de Mars de Sex. 5. deg. 38 45' 45'', & en provient la longitude centrique de Mars de Sex. 5 deg. 41 36' 50''. Ie tire ceste-cy du moyen mouvement du Soleil de Sex. 2 deg. 42 40' 36'', & le restant est l'Anomalie de l'Orbe de Sex. 3 deg. 1 3' 46''. Par laquelle Ie tire du Canon des Prosthaphereses de l'Orbe, icelle prosthapherese de l'Orbe de deg. 1 35' 39'' à soubstraire, avec l'excés de deg. 1 15' 27'': duquel je prens la partie proportionelle deuë aux Scrupules proportionelles 59' mises apart, de deg. 1 14' 11''; & l'adjoute à la prosthapherese de l'Orbe de deg. 1 35' 39'', & en provient la prosthapherese absolute de l'Orbe de deg. 2 49' 50'', à soubstraire. Ie la soubstrais donc de la longitude centrique de Mars de Sex. 5. deg: 41 36' 50'', & demeure le mouvement de Mars du moyen Equinoxe de Sex. 5. deg. 38 47' 0''; & avec la prosthapherese des Equinoxes de Scrup. 14' 23'' additive, de Sex. 5. deg. 39 1' 23'', du vray Equinoxe; defaillant du lieu observé de deg' 3 37'.

Il est donc notoire, que ce mouvement de Mars doibt estre corrigé. Or il se corrige suivant nostre Precepte, ainsi. Allez premierement avec la longitude centrique de Mars de Sex. 5 deg. 41 36' 50'', au Canon des prosthaphereses de la longitude centrique de Mars, & en tirez avec icelle, la prosthapherese de Scr. 59' additive: laquelle mettez apart. Puis entrez au Canon des Scrupules proportionelles avec l'Anomalie de l'Orbe de Sex. 3. deg. 1 3' 46'', & en prenez les Scrupules proportionelles competentes à l'Anomalie de l'Orbe de 60': ausquelles toutte la prosthapherese de Scrup. 59' est deuë. Adjoutez donc Scr. 59' à la longitude centrique de Mars de Sex. 5 deg. 41 36' 50'', & en proviendra la longitude centrique de Mars corrigée de Sex. 5. deg. 42 35' 50''. Tirez icelle du moyen mouvement du Soleil de Sex. 2. deg. 42. 40' 36''. & demeurera l'Anomalie de l'Orbe corrigée de Sex. 3 deg. 0 4' 46''. Tirez avec icelle du Canon des prosthaphereses de l'Orbe, la prosthapherese de l'Orbe de deg. 0 7' 9''

à soubstraire

à soustraire; ensemble l'excés de Scrup. 5′ 38″: duquel prenez la partie proportionelle deuë aux Scrupules proportionelles 59′ cy dessus mises à part, estant de Scrup. 5. 32″; & l'adjoutez à la prosthapherese de l'Orbe de Scrup. 7′ 9″, & en proviendra la prosthapherese absolute de l'Orbe de Scrup. 12′ 41″, à soubstraire. Soubstrayez donc icelle de la longitude centrique de Mars corrigée de Sex. 5. deg. 42 35′ 50″, & le reste sera le vray mouvement de Mars du moyen Equinoxe de Sex. 5. deg. 42 23′ 9″, & avec la prosthapherese des Equinoxes de Scrup. 14′ 23″, du vray Equinoxe. Le lieu donc de Mars estoit au deg. 12 37′ 32″ ♓, ne differant nullement du lieu observé.

Or voila la meilleure voye pour corriger le mouvement de Mars, tant esdits Acronyches, que devant & aprés iceux Acroniches. Le computeur s'en serve donc quand il en sera de besoing, & il obtiendra le vray lieu de Mars, avec pareille certitude & briefueté, que les lieux de Iupiter & Saturne.

PRECEPTE XV.

Du Calcul du vray mouvement des deux Planetes inferieurs, VENVS, & MERCVRE, *en longitude.*

AYant achevé le Calcul en longitude, des trois Planetes superieurs, *Saturne*, *Jupiter*, & *Mars*, le plus proche nous est, d'exposer le Calcul en longitude, des deux Planetes inferieurs *Venus* & *Mercure*.

La maniere en est telle.

Trouvez premierement au temps donné, l'Anomalie des Equinoxes, & la prosthapherese des Equinoxes. Recueillez puis apres le mouvement moyen du Soleil, & l'Anomalie moyenne de l'Orbe de chacun des Planetes, ensemble le mouvement moyen de leur Apogée. Or tirez le moyen mouvement de l'Apogée du Planete, du moyen mouvement du Soleil, & le demeurant sera l'Anomalie du Centre. Avec laquelle tirez du Canon des prosthaphereses du Centre, icelle prosthapherese du Centre, & les Scrupules propottionelles. Mettez celles-cy à part; mais adjoutez la prosthapherese du Centre ou la soubstrayez du moyen mouvement du Soleil, selon que les titres enseignent, & acquerrez la longitude centrique du Planete. Apres, adjoutez ou soubstrayez par voye contraire la mesme prosthapherese du Centre de la moyenne Anomalie de l'Orbe, & aurez la vraye Anomalie de l'Orbe. Entrez avec ceste-cy au Canon des prosthaphereses de l'Orbe, & en tirez la prosthapherese de l'Orbe, avec son excés. Duquel prenez la partie proportionelle competante aux Scrupules proportionelles mises apart, & l'adjoutez toujours à la prosthapherese de l'Orbe, afin de l'avoir absolute. Adjoutez en fin, ou tirez icelle de la longitude centrique du Planete, & acquerrez le vray mouvement du Planete du moyen Equinoxe, & avec la prosthapherese des Equinoxes du vray Equinoxe.

I.

Exemple premier en l'estoille de Venus. En l'An de Nabonnassar 476, le 17e jour du mois de Mesori, à heures apres Midy 17, à Alexandrie, *Timochares* observa que l'estoille de Venus obscurcit la precedente des quatres estoilles en l'aile gauche de la Vierge. *Ptolomée au livre* x *chap.* IV *de l'Almageste.*

Il y à du commencement des ans de Nabonnassar jusques à ceste observation ans Egyptiens pleins 475, mois Egygtiens 11, jours 16, heures au Meridien Alexandrin 17, au Goesien 14 40': faisans, Sexagenes de jours 48''. 15' jours 21, Scrup. 36' 40''. Ausquelles sont deüs ces mouvemens.

	Sex.	deg.	'	''.
L'Anomalie des Equinoxes	5	17	46	56.
La prosthapherese additive			49	52.
L'Anomalie egale de l'Orbe de Venus	4	8	10	32.
Le moyen mouvement du Soleil, ou de Venus	3	16	6	5.
Le moyen mouvement de l'Apogée de Venus	o	46	14	40.
Consequemment l'Anomalie du Centre	2	29	51	25.

Avec laquelle ie tire du Canon des prosthaphereses du Centre, icelle prosthapherese du centre de deg. 1 1' 18'' substractive; & les Scrupules proportionelles de 55'. Je mets icelles apart; mais ie soubstrais la prosthapherese du centre du moyen mouvement du Soleil de Sex. 3. deg. 16 6' 5''. & demeure la longitude centrique de Venus de Sex. 3 deg. 15. 4' 47'' Au contraire j'adjoute la prosthapherese du centre de deg. 1 1' 18'', à l'Anomalie egale de l'Orbe de Sex. 4. deg. 8 10' 32'', & en provient la vraye Anomalie de l'Orbe de Sex. 4 deg. 9 11' 50''. Avec laquelle ie tire du Canon des prosthaphereses de l'Orbe, icelle prosthapherese de l'Orbe de deg. 41 33' 3'' substractive; & l'excés de deg. 1 4' 48''. Duquelle ie prens la partie proportionelle deuë aux Scrupules proportionelles 55' mises à part, sçavoir Scrup. 59' 24'; & l'adjoute à la prosthapherese de l'Orbe de deg. 41 33' 3''; & en provient la prosthapherese absolute de deg. 42 32' 27'' substractive. Ie la soubstrais donc de la longitude centrique de Venus de Sex. 3. deg. 15 4' 47'', & le reste est la vraye longitude de Venus du moyen Equinoxe de Sex. 2. deg. 32 32' 20''; & avec la Prosthapherese des Equinoxes additive de Scrup. 49' 52'', de Sex. 2. deg. 33 22' 12'', du vray Equinoxe. Parquoy l'Estoille de Venus estoit au deg. 3 22' 12'' de la Vierge, avec latitude boreale (comme il sera monstré cy dessous) de deg. 1. 23'.

Or l'Estoille fixe fut au deg. 3 21' ♍, avec latitude boreale de deg. 1 21'. La difference donc des longitudes de Venus & de l'Estoille fixe fut de Scrup. 1' & la difference des latitudes de 2'; tellement que l'intervalle de Venus & de la fixe fut pres de Scrup. 3'. Or le Diametre de Venus fut de Scrup. 3'. Venus obscurcissoit donc l'Estoille fixe de la quarte grandeur, tellement quelle ne pouvoit estre veuë: tout ainsi que *Timochare* à remarqué à Alexandrie.

II.

Exemple second en Mercure. En l'An 24e de Ptolomée Philadelphe, de Nabonnassar 486e. le 30e. jour de Pauni, le Soleil estant au deg. 28. du Lion, *Hipparche* remarqua à Alexandrie l'Estoille de Mercure preceder au soir l'Epy de la Vierge quelque peu plus de trois degrez. *Ptolomèe au livre* IX *chap.* VII *de l'Almageste.*

Il y a

Il y à du commencement des ans de Nabonnassar, jusqu'a ceste observation ans Egyptiens pleins 485, mois Egyptiens 9. jours 29, heures 8 29' à Goese 6 0' faisans Sexagenes de jours 49'' 15', jours 24, Scrup. 15 0'' Ausquelles sont convenables ces mouvemens.

	Sex.	deg.	'	''
L'Anomalie des Equinoxes	5	19	51	7.
La Prosthapherese additive			47	51.
L'Anomalie egale de l'Orbe de Mercure	1	54	16	52.
Le moyen mouvement du Soleil ou de Mercure	2	27	1	53.
Le moyen mouvement de l'Apogée de Mercure	2	59	4	59.
Consequemment l'Anomalie du centre	5	27	56	54.

Avec laquelle je tire du Canon des Prosthaphereses du Centre, icelle Prosthapherese du Centre de deg. 1 28' 11'' additive; & les Scrupules proportionelles de 11''; lesquelles ie mets. Mais j'adjoute la prosthapherese du centre de deg. 1 28' 11'', au moyen mouvement de Mercure de Sexag. 2. deg. 27 1' 53'' & en provient la longitude centrique de Mercure de Sexag. 2. deg. 28 30' 4''. Au contraire tirez icelle de la moyenne Anomalie de l'Orbe de Sex. 1. deg. 54 16' 52'', & demeurera la vraye Anomalie de l'Orbe de Sex. 1. deg. 52 48' 41''. Avec laquelle je tire du Canon des Prosthaphereses de l'Orbe, icelle prosthapherese de l'Orbe de deg. 19 0' 23'' additive; & l'excés de deg. 4 50' 37''. Duquel je prens la partie proportionelle deuë aux Scrupules proportionelles 11', mises apart, sçavoir de Scrup. 53' 16'', & l'adjoute à la prosthapherese de l'Orbe de deg. 19 0' 23'', & en provient la prosthapherese absolute de l'Orbe de deg. 19 53' 39''. Laquelle j'adjoute en fin à la longitude centrique de Mercure de Sexag. 2, deg. 28 30' 4'', & en provient la vraye longitude de Mercure du moyen Equinoxe de Sexag. 2, deg. 48 23' 43''; & avec la prosthapherese des Equinoxes de Scrup. 47' 51'', de Sexag. 2. deg. 49 11' 34'' du vray Equinoxe. Mercure estoit donc au deg. 19 11' 34'' ♍. Or l'Epy de la Vierge estoit au deg. 22 26' ♍. Parquoy Mercure precedoit l'Epy de la Vierge deg. 3 14'; tout ainsi que Hipparche observa.

Mais ces exemples suffisent, tant pour éclarcir nostre Precepte, que pour prouver la certitude de nos Tables. Ie passe donc au calcul de latitude des cinq Planetes *Saturne, Iupiter, Mars, Venus & Mercure*, lequel nous expedirons és deux Preceptes suivant avec l'ayde du bon Dieu.

PRECEPTE XVI.

Pour Calculer la latitude des trois superieurs, SATVRNE, IVPIPER & MARS.

AV Calcul de la longitude des cinq Planetes, *Saturne*, I*upiter*, *Mars*, *Venus & Mercure*, s'ofre ou se presente toujours double longitude. L'une ayant l'Angle de Vision au centre de l'Orbe du Planete, laquelle nous appellons centrique: l'autre de laquelle l'Angle de vision est au globe de la Terre estant la vraye longitude du Planete. Et n'est autrement au Calcul de latitude desdits

Planetes. Car premierement s'offre ou se presente la latitude centrique, provenant de l'inclination de l'Orbe du Planete au grand Orbe de la Terre. Secondement provient la latitude veuë, laquelle est la vraye latitude du Planete regardée du globe Terrestre. Car les habitans de la Terre transportez par le grand Orbe de la Terre regardent de jour à autre la latitude centrique du Planete d'un autre angle; tant à cause qu'ils sont perpetuellement dehors le centre de l'Orbe du Planete, qu'a cause que leur distance du Planete se varie de jour à autre. Car la raison Optique demonstre, que la vraye latitude du Planete, à cause des choses susdites, doit tousjours estre autre que la latitude centrique.

Or ainsi estant, j'enseigneray maintenant, comment se doit supputer la vraye latitude des trois Planetes superieurs *Saturne*, *Jupiter*, & *Mars*, à quelconque temps.

Trouvez premierement, par le XIII. *Precepte, la longitude centrique de chacun des Planetes superieurs, & la vraye Anomalie de l'Orbe. Recueillez puis apres du Canon de chacun Planete, le mouvement egal du Noeud boreal, & le tirez de la longitude centrique du Planete, & demeurera la vray distance du Planete du Noeud boreal. Entrez avec ceste-cy au Canon des Scrupules proportionelles, & en tirez les Scrupules proportionelles, competente à ladicte distance; & les gardez. Apres entrez au Canon de latitude du Planete, avec la vraye Anomalie de l'Orbe, & en tirez sa latitude; de laquelle prenez la partie proportionelle congruente ou accordante aux Scrupules proportionelles gardées, & aurez la vraye latitude du Planete; boreale sçavoir si la distance du Planete du Noeud boreal, est moindre que trois Sexagenes; mais austral si elle est plus grande que trois Sexagenes.*

I.

Premier exemple en l'Estoille de Saturne. En l'An de Nabonnassar 519, le 22 jour de Tybi, l'Estoille de Saturne eut au soir pres de la mesme latitude, que l'Estoille fixe en l'espaule gauche de la Vierge; laquelle estoit de deg. 2 43′ boreale. *Voyez Ptolomée au Livre* XI *chap.* XII *de l'Almageste.*

Or à ce temps a esté trouvée, par le 13e. Precepte la longitude centrique de Saturne de Sexag. 2 deg. 38 51′. 37″; & la vraye Anomalie de l'Orbe de Sexag. 3. deg. 4 27′ 40″. Et le mouvement egal du Noeud boreal de Saturne, se recueille à ce temps de son Canon de Sexag. 1. 21 0′ 0″. Soubstrayez iceluy de la longitude centrique de Saturne de Sexag. 2. deg. 38 51′ 37″, & demeurera la distance de Saturne du Noeud boreal de Sexag. 1. deg. 17 51′ 37″. Entrez avec icelle au Canon des Scrupules proportionelles, & trouverez les Scrupules proportionelles de 59′; lesquelles mettez apart. Apres entrez au Canon de latitude de Saturne, avec la vraye Anomalie de l'Orbe de Sexag. 3. deg. 4 27′ 40″; & trouverez la latitude de Saturne boreale de deg. 2 48′: de laquelle prenez la partie proportionelle deuë aux Scrupules proportioportionelles 59′ mises à part, & acquerrez la vraye latitude de Saturne de deg. 2 45′ boreale, pres la mesme que la latitude de la fixe en l'epaule gauche de la Vierge de deg. 2 43′. Nostre Calcul s'accorde donc justement avec lobservation.

I I.

Second exemple en l'Estoille de Iupiter. En l'An de Nabonnassar 507, le 17ᵉ. jour d'Epephi, l'Estoille de Iupiter, eut au matin apeu pres la mesme latitude que l'Asne austral. *Ptolomée au livre* XI *chap.* III *de l'Almageste.*

Or nous avons demonstre au 13ᵉ Precepte, que la longitude centrique de Iupiter estoit audit temps de Sexag. 1. deg. 27 36′ 15″, & la vraye Anomalie de l'Orbe de Sexag. 1. deg. 11 30′ 35″. Mais le Noeud boreal de Iupiter est perpetuellement distant du moyen Equinoxe de Sexag. 1. deg. 35 30′ 0″. Soustrayant donc sa longitude de la longitude centrique, demeure la distance de Iupiter du Noeud boreal de Sexag. 5. deg. 52 6′ 15″. Allez avec icelle au Canon des Scrupules proportionelles & en tirez len Scrupules proportionelles 8′; lesquelles mettez à part. Entrez puis apres avec la vraye Anomalie de l'Orbe de Sexag. 1. deg. 11 30′ 35″, au Canon de latitude de Iupiter, & en tirez la latitude de Iupiter australe de pres de deg. 1 15′: de laquelle prenez la partie proportionelle deuë aux Scrupules proportionelles 8′ mises à part, & donnera la vraye latitude de Iupiter de Scrup. 10′ meridionale, la mesme que la latitude de l'Asne austral de Scrup. 10′. Nos Tables donc s'accordent aussi exactement avec ceste observation.

III.

Exemple troisieme en l'Estoille de Mars. En l'An de Nabonnassar 476, le 20ᵉ. jour d'Athyr, l'Estoille de Mars eut au matin presque la mesme latitude que l'Estoille boreale au front du Scorpion. *Ptolomée au livre* X *chap.* IX *de l'Almageste.*

Or nous avons aussi monstré au 13ᵉ Precepte, que la longitude centrique de Mars fut au mesme temps de Sexag. 2. deg. 51 57′ 17″; & la vraye Anomalie de l'Orbe de Sexag. 2. deg. 1 1′ 12. Puis le mouvement egal du Noeud boreal de Mars se recuille de son propre Canon au mesme temps de Sexag. 0. deg. 26 28′ 35″. Lequel soubstrait de la longitude centrique de Sexag. 2. deg. 51 57′ 17″ demeure la distance de Mars du Noeud boreal de Sexag. 2. deg. 25 28′ 42″ Entrez avec icelle au Canon des Scrupules proportionelles, & trouverez les Scrupules proportionelles deuës à la dicte distance de 33′, lesquelles gardez. Puis allez au Canon de latitude de Mars boreale, dautant que la distance de Mars du Noeud boreal estoit moindre que trois Sexagenes, & en tirez avec la vraye Anomalie de l'Orbe de Sexag. 2. deg. 1 1′ 12″, la latitude de Mars boreale de deg. 2 8′ 30″: de laquelle prenez la partie proportionelle deuë aux Scrupules proportionelles gardées 33′, & acquerrez la vraye latitude de Mars boreale de deg. 1 11′ apeu prés, pres que la mesme que la latitude de la supreme au front du Scorpion de deg. 1 15′. Nostre Calcul donc s'accorde aussi totalement avec ceste observation.

Or ainsi se doibuent Supputer les latitudes des trois superieurs, Saturne, Iupiter & Mars, à quelconque temps. I'exposeray maintenant pour faire fin comme il faut ſupputer les latitudes des deux Planetes inferieurs. *Venus & Mercure.*

PRECEPTE XVII.

Pour Calculer la latitude des deux Planetes Inferieurs VENVS & MERCVRE.

COmbien que les latitudes de *Venus & Mercure*, ne ſoyent moins uni formes que les latitudes de *Saturne Iupiter & Mars*; elles ne peuvent neantmoins, eſtre ſupputées par les Tables avec l'ayde des Scrupules proportionelles, ſuivant la methode des Anciens, ſinon en les diſtinguant en latitude de Declination & de Reflexion. Or on ſe ſert de celle-cy environ les Abſides du Planete; & de celle-la environ les quadrans de l'Eccentrique.

Et la maniere de ſupputer la latitude de *Venus* & de *Mercure*, à quelconque temps donné eſt telle.

Trouvez premierement au temps donné, la longitude centrique de Venus ou de Mercure, & la vraye Anomalie de l'Orbe. Puis aſſemblez le mouvement egal du Noeud boreal de Venus, ou du Noeud auſtral de Mercure, chacun de ſon Canon; & ſoubſtrayez iceluy de la longitude centriqne du Planete, & le demeurant ſera la diſtance de Venus du Noeud boreal ou de Mercure du Noeud auſtral. Allez aprés au Canon des Scrupules proportionélles de la Declination du Planete: premierement avec les Signes de la dicte diſtance, leſquels monſtreront ſi devez entrer au premier ou Second Canon de Declination; apres avec les degrez & Scrupules, leſquelles donneront les Scrupules proportionelles, à mettre apart. Eſtant entré puis apres au Canon de Declination deu, tirez avec la vraye Anomalie de l'Orbe du Planete, la Declination d'iceluy Planete, & prenez d'icelle la partie paoportionelle conveniente aux Scrupules proportionelles gardées, & aurez la latitude de Declination du Planete, boreale ou auſtrale, ſelon que monſtrent les titres au haut & bas du Canon. Tirez en la meſme maniere avec la diſtance de Venus du Noeud boreal, ou de Mercure du Noeud auſtral, les Scrupules proportionelles de Reflection du Planete; & avec la vraye Anomalie de l'Orbe, la latitude de Reflexion du Planete, boreale ou auſtrale, ſuivant la note des titres. Or ayant les deux latitudes du Planete, icelles eſtans d'une meſme denomination ſçavoir boreale ou auſtrale, adjoutez len enſemble, & aurez la vraye latitude du Planete boréale ou auſtrale. Mais icelles eſtans de diverſes denominations, tirez la moinde de la maieure, & le demeurant ſera la vraye latitude du Planete, boreale, ou auſtrale ſuivant la denomination de la majeure.

I. Ex-

I.

Exemple premier en l'estoille de Venus. En l'An de Nabonnassar 476, le 17e jour de Mesori, l'Estoille de Venus eut au matin à peu pres la mesme latitude que la precedente des quatres estoilles en l'aile senestre de la Vierge. *Ptolomée au livre* X *chap.* IV *de l'Almageste.*

Or la longitude centrique de Venus estoit adonc de Sexag. 3. deg. 15 4′ 47″ & la vraye Anomalie de l'Orbe de Sexag. 4 deg. 9 11 50″, comme nous avons demonstré au Precepte 15. Audit temps se recueille aussi le mouvement du Noeud boreal de Venus de Sexag. 0. deg. 50 55′ 16″. Tirez iceluy de la longitude centrique de Venus de Sexag. 3. deg. 15 4′, 47″ & le demeurant sera la distance de Venus du Noeud boreal de Sex. 2. deg. 24 9′ 31″. Allez avec ceste-cy au Canon des Scrupules proportionelles de Declination de Venus, & en tirez les Scrupules proportionelles 35′ & les mettez apart. Entrez apres avec la vraye Anomalie de l'Orbe de Sexag. 4. deg. 9 11′ 50″, au premier Canon de Declination; & en tirez la Declination de Venus de Scrup. 52, australe : de laquelle prenez les Scrupules proportionelles competentes aux Scrupules proportionelles 35′ mises à part, & obtiendrez la vraye Declination de Venus de Scrup. 30′ 20″ australe. Allez en la mesme maniere au Canon des Scrupules proportionelles de Reflexion de Venus, & avec la distance de Venus du Noeud boreal de Sexag. 2. deg. 24 9′ 31″, prenez en les Scrup. proportionelles 48′, lesquelles mettez apart. Apres entrez au, second Canon de Reflexion de Venus avec la vraye Anomalie de l'Orbe de Sex. 4. deg. 9 11′ 50″; & en prenez la Reflection de Venus boreale de deg. 2 22′, de laquelle prenez la partie proportionelle competente aux Scrupules proportionelles 48′, & en proviendra la vraye Reflection de Venus de deg. 1 53′ 36″ boreale. Puis les Declination & Reflexion de Venus estans de diverse denomination, tirez la moindre de la majeure, & le reste sera la latitude de Venus boreale de deg. 1 23′ 16″ à peu pres la mesme que celle de l'estoille fixe de deg. 1 20′ boreale. Nostre calcul donc s'accorde tres bien avec l'observation.

I I.

I'Adjoute le second exemple en l'estoille de Mercure. En l'An de Ptolomée Philadelphe XXI, de Nabonnassar 484, le 18e jour de Thoth, apparut au matin Mercure separé de la supreme au front du Scorpion, par deux Lunes, c'est d'environ un degré vers Septentrion. *Ptolomée au livre* IX *chap.* X *de l'Almageste.* La latitude de la supreme au front du Scorpion estoit adonc de deg. 1 15′ boreale : parquoy la latitude de Mercure fut de deg. 2 15′ boreale.

Or on trouve au temps donné la longitude centrique de Mercure de Sex. 3. deg. 47 44′ 15″ & la vraye Anomalie de l'Orbe de Sex. 3. deg. 33 36′ 46″. Item le mouvement egal du Noeud austral de Mercure de Sex. 3. deg. 37 0′ 2″. Or tirez iceluy de la longitude centrique de Mercure de Sex. 3. deg. 47 44′ 15″ & le reste sera la distance de Mercure du Neoud austral de Sex. 0 deg. 10 44′ 13″. Entrez avec ceste-cy au Canon des Scrupules proportionelles de Declination de Mercure, & en tirez les Scrupules proportionelles 11′; lesquelles mettez à part. Apres entrez avec la vraye Anomalie de l'Orbe de Sexag. 3. deg. 33 36′ 46″, au premier Canon de Declination & en tirez la Declination de Mercure boreale de deg. 2 55′: de laquelle prenez la partie proportionelle à

Scrup. 11' mises à part, & obtiendrez la vraye Declination de Mercure de Scr. 32' 5'' boreale. Allez puis apres au Canon des Scrupules proportionelles de Reflection, avec la distance de Mercure du Noeud austral de Sex. 0. deg. 10 44' 13'', & en tirez les Scrupules de Reflection 59'; lesquelles mettrez apart. Puis entrez davantage au premier Canon de Reflection de Mercure, avec la vraye Anomalie de l'Orbe de Sex. 3. deg. 33 36' 46'', & en tirez la Reflection de Mercure de deg. 1' 43'' boreale: de laquelle prenez la partie proportionelle à Scrup. 59' mises apart, & acquerrez la vraye Reflection de Mercure de deg. 1' 41' 17'' boreale. Adjoutez icelle à la vraye Declination de Mercure de Scrup. 32' 5'' boreale, d'autant qu'elles ont mesme denomination, & aurez la vraye latitude de Mercure de deg. 2 13' 22'' boreale, à peu pres la mesme que la latitude observée de deg. 2 15'. Nostre calcul s'accorde donc aussi avec ceste observation.

I'ay enseigné jusqu'icy par Preceptes le Calcul des mouvemens, du Soleil, de la Lune & des Estoillez inerrantes & errantes, tant en longitude qu'en latitude. Ie passe maintenant aux affections des Planetes, que Purbache appelle Passions; & premierement aux Eclipses du Soleil & de la Lune, la tractation desquelles est pardessus tout plaisante, dautant qu'icelle seule ravit les vrays hommes en son admiration, & afferme seule la certitude de l'Astronomie à l'ignorant vulgaire.

PRECEPTE XVIII.

Pour trouver le temps des moyennes Syzygies à quelconque temps donné.

LE trouvement de cecy est en grand usage, tant en la demonstration des temps qu'au calcul des Eclipses. C'est donc chose digne destre bien entenduë. La maniere du calcul en est telle.

Estant donné an & mois quelconque, Egyptien, ou Julien, auquel il faut definir le temps de la moyenne Nouvelle Lune, cherchez la longitude de la Lune du Soleil au commencement du mois donné; laquelle estant precisément de Sexagenes 6, la moyenne Nouvelle lune adviendra au midi du premier jour du mois donné. Mais estant moindre que 6 Sexagenes, tirez icelle de Sexagenes 6, c'est de tout le cercle, & ce qui reste, convertirez par le Canon de longitude de la Lune du Soleil, en jours & Scrupules de jours; lesquels adjoutez au commencement du mois, & acquerrez le vray temps de la moyenne Lune en l'An & mois donné.

Exemple; je desire sçavoir le temps de la moyenne Nouvelle Lune du mois de Tybi, en l'An 519, de Nabonnassar. Il y à du commencement des ans de Nabonnassar jusqu'au midy du premier jour du mois de Tybi, ans Egyptiens 518, jours 120; faisans Sexagenes de jour 52'' 33', jours 10. Ausquelles est deuë l'egale longitude de la Lune du Soleil de Sex. 4. deg. 39 9' 48''. Tirez icelle de Sex. 6, dautant d'autant quelle est moindre que 6 Sexagenes, & demeurent Sex. 1. deg. 20 50′ 12″. Or la Lune parcourt cet arc en jours 6, Scrup. 37′ 51″ 40‴, c'est heures 15 Scrup. 8′ 40″. La moyenne Nouvelle Lune estoit donc, en l'An 519 de Nabonnassar le septieme jour du mois de Tybi, à heures apres midy 15, Scrup. 8′ 40″: & partant iceluy jour fut le premier jour de Xantique. Mais le douzieme jour de Tybi fut le cinquiesme jour de Xantique, & le 22 jour de Tybi fut le quinziesme jour de Xantique, un peu autrement que *Ptolomée* produit en *L'Almageste au livre* IX *chap.* VII.

Autre exemple en an & mois Iulien. Ie desirerois sçavoir la moyenne Nouvelle Lune du mois de Septembre en l'An de Christ 1624. Il y à du commencement des ans de Christ jusqu'au midy du premier jour du mois de Septembre, ans Iuliens pleins 1623. jours 244; faisans Sexagenes de jours 2‴ 44″ 44′ jours 4: ausquelles convient la longitude egale de la Lune du Soleil de Sex. 5. deg. 46 26′ 28″, laquelle, estant moindre que 6 Sex. je tire de 6 Sexagenes, & demeurent Sex. 0. deg. 13 33′ 32″. Ie converti cecy en jours & Scrupules de jours, avec l'ayde du Canon de la longitude de la Lune du Soleil, & en provient jour 1, Scrup. 6′ 44″ 10‴, c'est, heures 2 Scrup. 41′ 40″: lequel temps j'adjoute au commencement du premier jour de Septembre, & acquiers le vray temps de la moyenne Nouvelle Lune, le 2e jour de Septembre à heures apres midy 2 41′ 40″.

Or si desirez aussi de sçavoir le vray temps de la moyenne Pleine Lune au mesme mois, adjoutez au temps donné de la Nouvelle Lune, le temps de demi Syzygie, de 14 jours heures 18 Scr. 22′ 2″, & aurez le vray temps de la moyenne Pleine Lune, le jour 16e de Septembre, à heures apres midy 21 Scrup. 3′ 42″.

Finalement si desirez encore de sçavoir aussi és mois suivans les temps des Nouvelle ou pleine Lune, adjoutez au temps donné de la Nouvelle ou pleine lune, demi Syzygie Synodique de jours 14 heures 18 Scrup. 22′ 2″, & poursuivrez les temps des Nouvelle & Pleine Lune à vostre volonté. Par exemple, le temps de la moyenne Pleine Lune en l'An de Christ 1624 au mois de Septembre, est trouvé le jour 16e de Septembre à heures apres midy 21, Scrup. 3′ 42″. Adjoutez à ce temps demi Syzygie de jours 14 heures 18. Scrup. 22′ 2″, & acquerrez jours 31, heures 15, Scrup. 25 44. Dequoy jetté les 30 jours entiers de Septembre est donné la moyenne Nouvelle Lune suivante au premier jour d'Octobre à heures apres midy 15 Scrup. 25′ 44″. Et ainsi pourrez ensuivant consecutivement acquerir les temps des Nouvelle & Pleine Lunes suivantes.

PRECEPTE XIX.

Du mouvement horaire de la Lune du Soleil és Nouvelle & Pleine Lunes.

L'Vsage de ce Precepte est grand quand il faut definir le temps de la vraye Syzygie par le temps donné de la moyenne Syzygie. Il est donc necessaire de sçavoir, comment il faut recueillir le mouvement horaire de la Lune du Soleil, és Nouvelle & Pleine Lunes.

La maniere en est telle.

Entrez au Canon du mouvement horaire de la Lune du Soleil és Nouvelle & Pleine Lunes, avec les Sexagenes & degrez de l'Anomalie egalée de la Lune, & tirez d'iceluy le mouvement horaire de la Lune du Soleil, congruant au accordant aux Sexagenes & degrez donnez.

Exemple; Ie voudrois sçavoir le mouvement horaire de la Lune du Soleil en la moyenne Pleine Lune en l'An 1624, le 16e jour de Septembre, à heures apres midy 21 3′ 42″. l'Anomalie egalée de la Lune estoit alors de Sexag. 4. deg. 13 41′ 13″: avec laquelle j'entre au Canon du mouvement horaire de la Lune du Soleil és Nouvelle & Pleine Lunes, & en tire le mouvement horaire de la Lune du Soleil de Scrup. 31′ 13″, ce que je cerchois.

PRECEPTE XX.

Pour definir le temps de la vraye Syzygie, par le temps donné de la moyenne Syzygie.

LA voye la plus facile & brefue est celle-cy.

Supputez au temps donné de la moyenne Syzygie, le vray mouvement du Soleil & de la Lune, & assemblez en une somme les prosthaphereses de l'Orbe des deux Luminaires, si l'une est additive & l'autre substractive; ou si elles sont touttes deux additive ou soubstractive, prenez leur difference; & aurez la distance de la vraye & moyenne Syzgie. Divisez icelle par le vray mouvement horaire de la Lune du Soleil, & acquerrez à peu pres les heures & Scrupules d'heure, intercedantes entre la moyenne & vraye Syzygie. Adjoutez icelles au temps de la moyenne Syzygie, si le lieu de la Lune precede le lieu du Soleil; ou au contraire, tirez icelles du temps de la moyenne Syzygie, si le lieu de la Lune suit le lieu du Soleil; & aurez à peu pres le temps de la vraye Syzygie. Or supputez à ce temps les vrays mouvemens du Soleil & de la Lune: lesquels s'accordans aux degrez & Scrupules, sera le temps de la vraye Syzygie bien constitué; mais y ayant difference d'aucunes Scrupules, ce qui advient le plus souvent, divisez icelle par le vray mouvement horaire de la Lune du Soleil, & les Scrupules horaires en provenantes, adjoutez ou soustrayez du temps apeu pres de la vraye Syzygie trouvé, & acquerrez le temps exact de la vraye Syzygie.

Soit par exemple donné la moyenne Pleine Lune en l'An de Christ 1624, le 16e jour de Septembre à heures apres midy 21, Scrup. 3′ 42″. Ie desire sçavoir le temps de la vraye Pleine Lune à peu pres. Je suppute premierement au temps de la de la moyenne Pleine Lune, les vrays mouvemens du Soleil & de la Lune, & trouve le Soleil au deg. 4 29′ 37″ ♎, & la Lune au deg. 11 19′ 33″ ♈. Item la prosthapherese de l'Orbe solaire de deg. 2 0′ 25″ substractive & celle de l'Orbe Lunaire de deg. 4 49′ 31″ additive. Je les adjoute donc ensemble (dautant quelles sont de diverses affections, sçavoir celle-cy additive, & celle-la substractive) & acquiers la distance de la vraye Pleine Lune de la moyenne de deg. 6 49′ 56″. Ie la divise par le mouvement horaire de la Lune du Soleil de Scrup. 31′ 13″, deuës à la vraye Anomalie de la Lune de Sex. 4. deg. 13 41′ 13″, & en provient heures 13, Scrup. 7′ 16″: lesquelles je soubstrais des heures de la moyenne Pleine Lune 21 Scrup. 3′ 42″ (dautant que la Lune suit le Soleil) & demeurent heures apres midy 7 Scrup. 56′ 26″ lesquelles sont deuës apeu pres à la vraye Pleine Lune. Or je suppute derechef à ce temps les vrays mouvemens du Soleil & de la Lune, & trouve le Soleil au deg. 3 57′ 18″ ♎, & la Lune au deg. 3 57′ 16″ ♈, lesquels lieux different fort peu l'un de l'autre. En l'An donc de Christ 1624, le 16e jour de Septembre, à heures apres midy 7 56′ 26″ fut la vraye Pleine Lune au Meridien de Goes en temps egal. Ce que je desirois de Sçavoir.

PRECEPTE XXI.

Des demi-Diametres apparens, du SOLEIL, *de la* LUNE *& de* L'OMBRE, *à quelconque temps donné.*

IE parleray premierement du demi-diametre du Soleil, puis des demi-diametres de la Lune & de l'Ombre.

Ayant premierement trouvé au temps donné, l'Anomalie du Soleil egalée; tirez avec icelle du Canon des demi-diametres du Soleil, iceluy demi-diametre du Soleil. Tirez en la mesme maniere avec l'Anomalie egalée de la Lune nouvelle & pleine, le demi-diametre apparent de la Lune; & le demi-diametre de l'Ombre au lieu du passage de la Lune. Apres, avec l'Anomalie egalée du Soleil, tirez la Variation de l'Ombre, laquelle tirez tousjours du demi-diametre de l'Ombre au lieu du passage de la Lune, & aurez le juste demi-diametre de l'Ombre.

Exemple premiere au Soleil. En l'An de Christ 1624, le 16e, jour de Septembre, à heures apres midy 7 56½′. l'Anomalie egalée du Soleil fut de Sex. 1 deg. 28 35′, parquoy donc son demi-diametre apparent fut de Scrup. 17′ 20″.

Secondement, l'Anomalie egalée de la Lune fut de Sex. 4. deg. 4 45′; parquoy le demi-diametre de la Lune apparent fut de Scrup. 16′ 51″; & le demi-diametre apparent de l'Ombre au lieu du passage de la Lune de Scrup. 43′ 47″.

Tiercement, je tire avec l'Anomalie du Soleil egalée de Sexag. 1. deg. 28

35′, la

35′, la Variation de l'Ombre de Scrup. 0′ 27″; laquelle je soubstrais du demi-diametre de l'Ombre de Scrup. 43′ 47″, & demeure le juste demi-diametre de l'Ombre de Scrup. 43′ 20″.

Or il merite d'estre consideré, que non seulement, nostre Canon des demi-diametres de la Lune donne les demi-diametres de la Lune apparans és Nouvelle & Pleine Lunes, mais aussi en tous autres lieux de l'Eccentrique de la Lune. Car à telle fin sert la Variation, descripte en nostre Canon jouxte les demi-diametres de la Lune. De laquelle l'usage en est tel.

Receuillez l'Anomalie egalée de l'Orbe de la Lune hors les Nouvelle & Pleine Lunes, en quelconque lieu de l'Eccentrique de la Lune, & les Scrupules proportionelles du Centre. Mettez celles-cy apart; mais avec l'Anomalie de l'Orbe egalée, tirez du Canon, le demi-diametre de la Lune, & sa Variation; & prenez de ceste-cy la partie proportionelle congruante aux Scrupules proportionelles mises à part; laquelle adjoutez ou tirez du demi-diametre de la Lune, suivant les notes escriptes au Canon, & aurez le demi-diametre apparant de la Lune, hors les Nouvelle & Pleine Lunes cherchée.

Ie n'adjoute icy aucun exemple, dautant qu'il se fera plus commodement és ensuivans.

PRECEPTE XXII.

Quelles Pleine Lunes sont Ecliptiques.

I'Ay jusques icy traité des choses communes aux Eclipses de Soleil & de Lune. Ie poursuivray ensuivant des choses appartenantes aux Eclipses de Lune; & icelles achevées j'exposeray les choses propres aux Eclipses de Soleil. Quand aux Eclipses de Lune, il convient en premier lieu recercher quelles Pleine Lunes sont Ecliptiques; afin de ne faire le calcul d'Eclipse en vain. Or il y a deux regles touchant cecy; l'une de *Ptolomée*, l'autre de *Nicolas Copernic*. *Ptolomée* pose c'est argument de la Pleine Lune Ecliptique.

En la moyenne Pleine Lune, y intercedant entre le lieu egal de la Lune, & l'un ou l'autre des Noeuds degrez 15 12′, Soit que contiez en avant ou en arriere, icelle Pleine Lune sera Ecliptique.

Exemple, en la moyenne Pleine Lune du mois de Septembre en l'An 1624, le moyen mouvement de latitude fut de Sex. 1 deg. 33 30′ 35″, tellement qu'entre le Noeud deferant & le Lieu de la Lune intercederent seulement deg. 3 30′ 35″. Ie dis donc suivant *Ptolomée*, que ceste Pleine Lune fut Ecliptique.

La regle de *Nicolas Copernic* est telle.

En

En la vraye Pleine Lune, la latitude de la Lune estant moindre que la somme des demi-Diametres de la Lune & de l'Ombre ; la Lune souffrira Eclipse ; mais estant majeure, il n'y aura Eclipse.

Comme au mesme exemple, le vray mouvement de latitude en icelle vraye Pleine Lune fut de Sex. 1. deg. 30 56′ 8″, & partant la latitude de la Lune de Scrup. 4′ 54″ australe. Or la somme des demi-Diametres de la Lune & de la Lune & de l'Ombre fut de Scrup. 60 11″ Il n'y à donc nul doute que la Lune ne face perte de sa lumiere qu'elle reçoit du Soleil, & icelle tresgrande.

PRECEPTE XXIII.

De quelle grandeur sera l'Eclipse de Lune, ou de combien de Doigts la Lune sera Eclipsée.

LA grandeur de l'Eclipse Lunaire, se juge commodement par les parties Eclipsées du diametre de la Lune, lesquelles on appelle communement Doitgs, desquels les Astronomes en posent 12 au Soleil & en la Lune, dautant que le diametre tant du Soleil que de la Lune, semble d'egaler environ trois paumes.

Or la maniere de definir les Doigts Ecliptiques en l'Eclipse Lunaire est telle

Ayez par les precedens le demi-diametre apparent de la Lune & de l'Ombre, lesquels assemblez en une somme, & tirez d'icelle les Scrupules de la latitude de la Lune, & les demeurantes seront les Scrupules deficiantes : Entrez avec icelles, & avec le diametre apparant de la Lune au Canon des Doigts Ecliptiques, & en tirez d'une ou plusieurs entrées les Doigts Ecliptiques & leurs Scrupules.

Soit repetée l'exemple de ladicte Pleine Lune, auquel est trouvé le demi-diametre de la Lune apparant de Scrup. 16′ 51″, & le demi-diametre apparant de l'Ombre de Scrup. 43′ 20″ ; item la latitude de la Lune australe de Scrup. 4′ 54″. Soit assemblé premierement en une somme le demi-diametre de la Lune & de l'Ombre, & sera icelle de Scrup. 60′ 11″. Puis soit tiré d'icelle la latitude de la Lune de Scrup. 4′ 54″, & les restantes seront les Scrupules deficiantes 55′ 17″. Entrez avec celles-cy & avec le diametre de la Lune apparant de Scrup. 33′ 42″, au Canon des Doigts Ecliptiques, & trouverez en deux ou trois entrées, Doigts Ecliptiques 19 40′. Dequoy est manifeste, que la Lune fut toutte plongée en l'Ombre & ne recouvra que tard sa lumiere. Car sa latitude estant petite, elle passa à peu pres par my le Diametre de l'Ombre, ainsi comme par le plan de l'Orbe Solaire.

PRECEPTE XXIV.

Du temps de l'Incidence, & de la demi-Demeure.

QVand il s'eclipse moins de 12 Doigts Ecliptiques, alors est seulement la partie du corps Lunaire entrant en l'ombre de la Terre obscurcie. Mais quand 12 Doigts sont totalement eclipsés, toute la Lune est alors eclipsée, sans Demeure. Et s'eclipsant davantage que 12 Doigts, toute la Lune est alors ecclipsée, mais avec Demeure, laquelle est dautant plus longue, qu'il s'eclipse davantage de Doigts par dessus 12.

Or il faut encore observer, qu'en l'Eclipse partiale de la Lune, ou totale sans Demeure, il convient seulement de rechercher les Scrupules d'Incidence; mais en l'Eclipse totale avec Demeure, il faut premier cercher les Scrupules d'Incidence & demi-Demeure ensemble; puis apres les Scrupules de demi-Demeure à part; lesquelles tirées des Scrupules d'Incidence, & demi-Demeure ensemble, il y demeure les Scrupules d'Incidence.

Et la maniere de supputer tant les Scrupules, que le temps d'Incidence, & demi-Demeure est telle.

Allez au Canon des Scrupules d'Incidence & demi-Demeure ensemble, & en tirez avec la somme des deux demi-diametres, de la Lune & de l'Ombre, & les Scrupules de la vraye latitude de la Lune, icelles Scrupules d'Incidence & demi-Demeure ensemble. Icelles seront en l'Eclipse de Lune partiale, & en la totale sans Demeure, seulement les Scrupules d'Incidence: mais en l'Eclipse totale avec Demeure, les Scrupules d'Incidence & demi-Demeure ensemble. Entrez donc apres, en l'Eclipse totale avec Demeure au Canon des Scrupules de la demi-Demeure, & tirez en avec la difference des demi-diametres de la Lune & de l'Ombre, & les Scrupules de latitude de la Lune, les Scrupules d'icelle demi-Demeure: puis partissez icelles, & aussi les Scrupules d'Incidence & demi-Demeure ensemble, par le mouvement horaire de la Lune; & acquerrez le temps de l'Incidence & demi-Demeure ensemble, avec le temps de la seule demi-Demeure; lequel tiré de cestuy-la demeurera le temps d'Incidence.

Ie baille un exemple pour éclarcir nostre Precepte. Ie veux sçavoir le temps d'Incidence & demi-Demeure ensemble, avec le temps de la seule demi-Demeure en l'Eclipse de Lune en l'An 1624. au mois de Septembre, laquelle fut totale avec Demeure. Cy dessus est trouvé la somme des demi-diametres de la Lune & de l'Ombre de Scrup. 60′ 11″, & la latitude de la Lune de Scrup. 4′ 54″. Avec lesquelles je tire du Canon des Scrupules d'Incidence & demi-Demeure ensemble, icelles Scrupules d'Incidence & demi-Demeure ensemble 59′ 58″. Apres, je tire du Canon des Scrupules de la demi-Demeure, avec la difference des demi-diametres de la Lune & de l'Ombre de Scrup. 26′ 29″, & les Scrupules de latitude de Lune de Lune 4′ 54″, icelles Scrupules de demi-Demeure 25′ 59″. Ie divise celles-cy comme aussi les Scrupules d'Incidence & demi-Demeure ensemble, par le mouvement horaire de la Lune de Scrup. 31′ 45″; & acquiers le temps de l'Incidence & demi-Demeure ensemble, de heures 1 53′; & le temps de la demi-Demeure de Scrupules d'heure 49′; lequel tiré de cestuy-la, demeure le temps d'Incidence d'heure 1 4′. Toutte l'Eclipse donc dura heures 3 46′; & la Lune demeura en l'Ombre heure 1 38′.

Mais Keplere escript d'avoir observé à Lints l'entiere durée de l'Eclipse d'heures 3 38′, & la Demeure en l'Ombre d'heure 1 45′, celle la 8′ Scrupules moindre que la nostre, & celle-cy Scrupules 7′ majeure. Or dautant qu'il est difficile d'observer le temps juste, de l'entrée de la Lune en l'Ombre, & sa sortie d'icelle, ce n'est merveille que Keplere ayt failly Scrupules d'heure 3½′ au commencement & autant en la fin de la Demeure. Parquoy ayant corrigé l'un & l'autre erreur, nostre calcul s'accorde joliment avec l'Observation de Keplere.

Le calcul *Tychonic* differe beaucoup de l'observation de Keplere. Car l'entiere durée de l'Eclipse est suivant *Thychon* d'heures 3 52′, & la Demeure en l'Ombre d'heure 1 55′, ceste-cy 10′ & celle-la 14′ Scrupules d'heure majeure que la *Kepleriene*. Davantage le milieu de l'Eclipse, suivant le calcul *Thyconic* est à Vranibourg à heures apres midy 8 45′, & à Lints à heures 8 47′ au plus (car Apian faits Lints plus occidental qu'Vranibourg d'un Scrupule d'heure) la difference donc du temps est de Scrupules d'heure 8′. Or suivant nostre calcul le milieu de l'Eclipse fut à Goes heures 7 56½′, en temps egal, mais en apparent à heures apres midy 8 8′. Le milieu donc de l'Eclipse fut à Vranibourg à heures apres midy 8 53′, & à Lints à heures 8 55′, tout ainsi que Keplere à observé.

Ie soubmets icy davantage l'entier calcul de la mesme Eclipse de Lune pour servir comme de patron à calculer les autres Eclipses de Lune.

Calcul de la Pleine Lune Ecliptique en l'An de Christ 1624 le 16 Septembre à heures apres midy 7 56½′ au Meridien de Goes, en temps egal.

On conte depuis le commencement des ans de Christ jusqu'a ceste Pleine Lune Ecliptique, ans Iuliens entiers 1623, mois Bissextes 8, jours 15 heures 7 56½ faisans; Sexagenes de jours 2‴ 44″ 44′, jours 19, Scrupules 19′ 51½″. Ausquelles sont propres ces mouvemens.

Des Equinoxes.		Sex.	deg.	′	″
L'Anomalie des Equinoxes		5	55	21	39.
La Prosthapherese additive				12	30.
Du Solei.		Sex.	deg.	′	″.
Le moyen du Soleil du moyen Equinoxe.		3	5	45	13.
L'anomalie du Centre		3	14	58	40.
La prosthapherese du Centre additive			1	31	52.
Les Scrupules proportionelles	1′				
Le moyen d'Apogée		1	35	37	41.
Le moyen d'Apogée egalé		1	37	9	33.
La vraye Anomalie de l'Orbe		1	28	35	39.

Sex.

	Sex.	deg.	′	″.
La Prosthapherese de l'Orbe substractive		2	0	25.
Le moyen du Soleil du vray Equinoxe	3	5	57	42.
Le Soleil estoit donc au deg.		3	57	18 ♎.

L'Ascension droite du Soleil de temps 183 37′.

De La Lvne.	Sex.	deg.	′	″.
Le moyen de la Lune du Soleil	2	53	20	7.
L'Anomalie du Centre	5	46	40	14.
La prosthapherese du Centre substractive		1	47	38.
Les Scrupules proportionelles. 1′.				
La moyenne Anomalie de l'Orbe	4	6	32	49.
L'Anomalie de l'Orbe egalée	4	4	45	2.
La prosthapherese de l'Orbe additive		4	39	26.
Le moyen de la Lune du vray Equinoxe	5	59	17	50.
La Lune estoit donc au deg.		3	57	16 ♈.
Le moyen mouvement de latitude	1	26	16	42.
Le vray mouvement de latitude	1	30	56	8.
Parquoy la latitude de la Lune australe croissante			4	54.
Le demi-diametre de la Lune			16	51.
Le demi-diametre de l'Ombre			43	20.
La somme des demi-diametres			60	11.
Les Scrupules deficientes			55	17.
Les Doigts Ecliptiques donc 19 40′.			′	″
Les Scrupules d'Incidence & demi demeure emsemble			59	58.
Les Scrupules de demi-demeure			25	59.
Le mouvement horaire de la Lune			31	45.

Parquoy le temps d'Incidence & demi-Demeure ensemble d'heures 1 53′.

Le temps de la demi-Demeure	d'heures	0	49′.
Le temps de l'Incidence	d'heures	1	4′.
La durée de l'Eclipse	heure	3	46.
La demeure de la Lune en l'Ombre	heure	1	38.

Il faut adjouter à cause de l'equation des jours naturels au temps moyen Scrupules d'heure 16½; & à cause de lequation du temps en la Lune, en tirer Scrupules d'heure 5′. Parquoy le milieu de l'Eclipse fut à Goes apparent à heures apres midy 8 8′. Le commencement à heures 6 15′; la fin à heures 10 1′. Le commencement de la Demeure à heures à pres midy 7 19′. La fin de la Demeure à heures 8 57′.

PRE-

PRECEPTE XXV.

Comment se trouve la vraye latitude de la Lune au commencement & à la fin de l'Eclipse.

LE principal usage de ce Precepte sert en descrivant les figures des Eclipses Lunaires en plan, ainsi que nous demonstrerons, avec layde de Dieu cy ensuivant. Or la maniere de trouver le vray mouvement de latitude, aux temps extremes de l'Eclipse, laquelle est enseignée par ce Precepte, est beaucoup plus brefue que celle la, qu'avons enseignée au IX Precepte, & partant ne se doit oublier en ce lieu.

Assemblez en une somme le moyen mouvement du Soleil competant à la demi durée de l'Eclipse, & les Scrupules de l'Incidence & demi-Demeure ensemble: & tirez icelle premierement du vray mouvement de latitude au temps de la vraye Pleine Lune, & aurez le mesme vray au commencement de l'Eclipse: puis adjoutez icelle au vray mouvement de latitude au temps de la vraye Pleine Lune, & acquerrez le mesme vray à la fin de l'Eclipse.

Comme en l'Eclipse de Lune, en l'An 1624, & au mois de Septembre, le moyen mouvement du Soleil competant à la demi-durée de l'Eclipse de heure 1 53' est de Scrup. 4' 33'', lequel adjouté à Scrupules d'Incidence & demi-Demeure ensemble 59' 58'', en provient Scrup. 64' 31'' ou deg. 1 4' 31''. Tirez celles-cy du vray mouvement de latitude au temps de la vraye Pleine Lune de Sexag. 1. deg. 30 56' 8'', & demeure le vray mouvement de latitude au commencement de l'Eclipse de Sex 1. deg. 29 51' 37''. Adjoutez au contraire icelle au temps de la vraye Pleine Lune, & aurez le vray mouvement de latitude de la Lune à la fin de l'Eclipse de Sex. 1. deg. 32 0 39''. Or par les vrays mouvemens de latitude trouvez, se donne suivant le 9e Precepte, icelle vraye latitude de la Lune au commencement de l'Eclipse de Scrup. 0' 44'' boreale, & à la fin de Scrup. 10' 30'' australe.

I'ay jusques icy exposé avec le bon Dieu, tout ce qui appartient à la Supputation des Eclipses Lunaires. Ie passe maintenant au calcul des Eclipses Solaires.

PRECEPTE XXVI.

Assçavoir si la Conjonction apparente des Luminaires est Ecliptique.

IL y à deux regles de cecy, l'une de *Ptolomée*. L'autre de *Nicolas Copernic*. La regle de *Ptolomée* est telle.

Si la moyenne latitude de la Lune, en la moyenne Conjonction, est distante du Noeud boreal 20 degrez & deux tiers, & du Noeud austral degrez 11 22', icelle Conjonction pourra estre Ecliptique.

Par exemple, en la Conjonction moyenne des Luminaires qui escheut à Goes en l'An de Christ 1630: le 30e jour de May, à heures apres midy 18 Scrup. 49 27'', le moyen mouvement de latitude de la Lune fut de signes 9 deg 5 47', & estoit distant du Noeud boreal deg 5 47'. Ie conclus donc par la regle de *Ptolomee*, icelle estre Conjonction Ecliptique. Et à bon droit. Car le Soleil fut Eclipsé en l'apparente Conjonction à Dordrecht Doigts 10 43' Ie conseille donc d'user de ceste regle, devant que venir à la supputation des Parallaxes. Car le calcul des Parallaxes sera en vain, si premierement on ne sçait si la conjonction des Luminaires doibt estre Ecliptique.

Sensuit la regle de Copernic, laquelle est telle.

La latitude apparente de la Lune estant en une apparente Conjonction majeure que la somme des demi-Diametres du Soleil & de la Lune, le Soleil ne patira Eclipse; mais en estant moindre, il souffrira sans doubte Eclipse.

Comme au mesme exemple, la latitude apparente de la Lune en la Conjonction apparente fut de Scrup. 3' 21'' australe. Or la somme des demi-diametres des Luminaires fut de Scrup. 33' 19''. Sans doubte donc le Soleil souffrit Eclipse.

Mais ceste regle n'est tant en usage que la precedente. La cause en est, dautant qu'on ne s'en peut servir jusques à ce que tout le calcul de la Conjonction Ecliptique soit achevé. Parquoy il vaut mieux de se tenir à la premiere regle.

PRECEPTE XXVII.

L'anomalie egalée de la Lune estant donnée, definir le Parallaxe Horizontal de la Lune, tant és Syzygies, que hors les Syzygies.

LA plus certaine & facile maniere à calculer les Parallaxes de la Lune, est celle qui commence par la supputation des Parallaxes Horizontaux. Car de ceux-cy dependent tous les autres, asçavoir les Parallaxes d'altitude, longitude & latitude, comme nous demonstrerons avec la faveur de Dieu és ensuivans.

Or la maniere à trouver les Parallaxes Horizontaux, tant és Syzygies, que dehors les Syzygies, est telle.

Allez au Canon des Parallaxes Horizontaux de la Lune, & en tirez avec les Signes & degrez de l'Anomalie egalée de la Lune, le Parallaxe Horizontal de tal de la Lune, lequel egalerez par la partie proportionelle s'il adhere des Scrupules aux degrez, & aurez le Parallaxe Horizontal de la Lune competant aux Syzygies. Mais dehors les Syzygies vous acquerrez le mesme, si en la mesme maniere vous tirez la Difference posée à costé des Parallaxes, & qu'adjoutiez ou tiriez selon que les titres au front du Canon monstrent, sa partie proportionelle congruante aux Scrupules proportionelles de l'Anomalie du Centre de la Lune, du Parallaxe Horizontal de la Lune.

Exemple; en l'An de Christ 1630. le 31e. jour de May, à heures apres midy 5 58', fut faite vraye Conjonction des Luminaires au Meridien de Goes: & l'Anomalie egalée de la Lune estoit alors de Signes 3 deg. 11 16'. Je desire de sçavoir le Parallaxe Horizontal de la Lune en la dicte Conjonction: J'entre donc au Canon des Parallaxes Horizontaux de la Lune, & en tire avec les Signes, degrez & Scrupules de l'Anomalie egalée de la Lune, le Parallaxe Horizontal de la Lune de Scrup. 58' 56'' lesquelles sont competantes à ladicte Conjonction. Apres, je prens la difference des Parallaxes Horizontaux posée à costé de Scrup. 0' 13'', & la partie proportionelle d'icelle, qui est deuë aux Scrupules proportionelles du Centre de la Lune, adjoutée au Parallaxe Horizontal de la Lune cy dessus trouvé de Scrup. 58' 56''; en provient iceluy Parallaxe Horizontal dehors les Syzygies, de Scrup. 58' 57'' le moindre, & de Scrup. 59' 9'' le plus grand.

PRECEPTE XXVIII.

Comme du Parallaxe Horizontal de la Lune & de son altitude desus l'Horizon, se recueille son Parallaxe au cercle vertical.

LEs Parallaxes de la Lune au cercle vertical, sont par dessus tout fort en usage en la supputation des Eclipses solaires. Il est donc necessaire de sçavoir, comment en quelconque latitude de la Lune dessus l'Horizont donnée, on les receuille du Parallaxe Horizontal de la Lune. La plus briefue & plus certaine voye est celle-cy.

Entrez au Canon des Parallaxes de la Lune au cercle vertical, avec le Parallaxe Horizontal de la Lune au front, & son altitude dessus l'Horizon à costé gauche, ne negligeant la partie proportionelle de l'un & l'autre, quand il y à des Scrupules annexes, & trouverez en l'Angle commun, iceluy Parallaxe de la Lune au cercle vertical cerché.

Exemple, soit donné en la vraye Conjonction du Soleil & de la Lune en l'an

1630 le 31e jour de May, à heures apres midy 5 58', au Meridien de Goes, le Parallaxe Horizontal de la Lune de Scrup. 58' 56'', & son altitude dessus l'Horizon de deg. 17 32'. Ie voudrois sçavoir le Parallaxe de la Lune au cercle vertical. I'entre au Canon des Parallaxes de la Lune au cercle vertical, avec les Scrupules du Parallaxe Horizontal de la Lune au front, & avec l'altitude de deg. 17 32' costé gauche, & je trouve en l'angle commun, y ayant adjouté des deux costés la partie proportionelle, le Parallaxe de la Lune au cercle vertical, de Scrup. 56' 28'' cerché.

PRECEPTE XXIX.

Estant donné le lieu d'un Luminaire en l'Ecliptique, & les heures qu'il est distant du Midy, comment on trouvera la distance dudit Luminaire du point Vertical & le costé de longitude & latitude, en la latitude de la Region donnée.

CE Precepte est comme couronné, de tous les Preceptes appartenans au calcul des Eclipses Solaires. Car quand on à trouvé les trois choses, proposées à trouver en ce Precepte, le calcul des Eclipses solaires s'acheve sans grand travail. Or ces trois choses se trouvent avec admirable abregement par les *Canons du Triangle Rectangle des Parallaxes*, lesquels le tres-docte *Erasme Reinhold* à Supputé avec grand industrie, & non moindre travail, aux latitudes de 14 *Regions*. Lesquels à cause de leur insigne usage, nous avons emprunté d'iceluy, & inseré en nos Tables Astronomiques; & avons exposé leur usage un peu plus soigneusement, que nul de nos Antecesseurs; tellement que les Parallaxes Lunaires se peuvent maintenant Supputer avec plus de facilité & d'abregement que par cy devant.

Or la maniere de trouver la distance d'un Luminaire du point Vertical, & le costé tant de longitude que de latitude, à la latitude de la Region, & au temps donné, est ceste-cy.

Entrez au Canon du Triangle Rectangle des Parallaxes servant à la latitude de la Region donnée, & le Soleil tenant le commencement d'un Signe, tirez avec le Signe, & les heures données, ces trois, la Distance du Luminaire du point Vertical, le costé de longitude, & le costé de latitude; lesquels trois ainsi tirez seront du tout justes, & vrays.

Mais le Soleil ne tenant le commencement d'un Signe, ains aucune de ses parties, cerchez ces trois avec les heures données, premierement au commencement du Signe donné, puis à sa fin, ou au commencement du suivant; & prenez

prenez les differences des premiers & derniers tirez, laquelle gardez. Apres choisissez la singuliere partie proportionelle, congruante ou accordante au nombre doublé des degrez du Soleil, laquelle adjoutez ou soubstrayez des premiers tirez, selon que les differences croissent ou décroissent, & aurez la vraye distance du Luminaire du point Vertical, & ses vrays costez de longitude & latitude.

La premiere partie du Precepte est de soy manifeste, & partant n'a besoing d'exemple.

Mais il faut eclarcir la seconde par exemples, dautant que continuellement icelle est en usage és Eclipses Solaires. Soit donc repeté l'exemple de la Conjonction Ecliptique des Luminaires, faite à Goes en l'an de Christ 1630, le 31e jour de May, à heures apres midy 5 58'. Mais à Dordrect à heures apres midy 6 2'. Auquel temps le Soleil fut au deg. 19 37' 32'' ♊. Ie desire de sçavoir la distance du Soleil du point vertical à Dordrect à heures apres midy 6 completes; item les costez de longitude & latitude, en la latitude boreale de deg. 52. Ie vay au Canon destiné à la latitude boreale de deg. 52, avec le commencement du Signe de ♊, & aux 6 heures apres midy; & en tire la distance du Soleil du point vertical de deg. 74 6', & le costé de longitude de deg. 47 24', & le costé de latitude de deg. 36 48. Lesquelles choses je mets à part. Puis j'entre au mesme Canon, avec la fin des ♊, ou avec le commencement de ♋, & les 6 heures à pres midy: & en tire la distance du Soleil du point Vertical de deg. 71 34', & le costé de longitude de deg. 38 56, & le costé de latitude de deg. 45 39 Ayant iceux, je recueille la difference de chacun deux en ceste maniere.

La distance du Soleil du point Vertical au commencement des ♊ est de deg.	74	6'.
Et au commencement de l'Eccrevisse de deg.	71	34.
La difference desquels est de deg.	2	32: à soubstraire.

La partie proportionelle d'icelle competante au nombre doublé des degrez du Soleil 39, est de deg. 1 38', laquelle je tire de la distance du point vertical premiérement tirée de deg. 74 6', & demeure la vraye distance du Soleil du point Vertical de deg. 72 28'.

Ie prens en la mesme maniere la difference du costé de longitudes au commencement des ♊ de deg. 47 24', & au commencement de ♋ de deg. 38 56' laquelle est de deg. 8 28' à soubstraire. Sa partie proportionelle, congruante au nombre doublé des degrez du Soleil 39, est de deg. 5 30', laquelle je tire du costé de longitude premier tiré, & demeure le vray costé de longitude cerché de deg. 41 54'. Finalement je prens la difference du costé de latitude au commencement de ♋ de deg. 45 39', & au commencement des ♊ de deg. 36 48', laquelle est de deg. 8 51' à adjouter. Sa partie proportionelle, competante au nombre doublé des degrez du Soleil 39, est de deg. 5 45'; laquelle j'adjoute au costé de latitude premier tiré de deg. 36 48', & en provient le vray costé de latitude de deg. 42 33'. Partant en l'an de Christ 1630, le 31 jour de May, à 6 heures apres midy, en la latitude de 52 deg. boreale, fut la distance du Soleil du point Vertical de deg. 72 28', le costé de longitude de deg. 41 54'; & le costé de latitude de deg. 42 33'; ce que je desirois sçavoir.

Ces

Ces trois ne sont calculez autrement, à quelconques autres heures, tant à ceste qu'a autre latitude; pourveu que le calcul se face aux heures, exprimées aux *Canons du Triangle Rectangle*; ce qu'il faut tousjours faire.

Voila la vraye intention de nostre Precepte, j'adjoute maintenant son usage. Toutesfois & quantes qu'il faut supputer une Conjonction Ecliptique, observez premierement si elle chet au *Quadrant Oriental*, lequel est du Leuer du Soleil jusqu'a deg. 90, de l'Ascendant; ou au *Quadrant Occidental*, qui est du degré 90e de l'Ascendant jusqu'au coucher du Soleil; ou en fin au degré 90e de l'Ascendant. Car au *Quadrant Oriental* la Conjonction apparente antecede la vraye; au contraire au *Quadrant Occidental*, la Conjonction apparente suit la vraye. Mais au degré 90e de l'Ascendant, l'apparente & vraye Conjonction se font en un mesme temps.

Par exemple; la vraye Conjonction Ecliptique qui fut faite à Dordrect en l'An de Christ 1630, le 31e jour de May, à heures apres midy 6 2' eschet au *Quadrant Occidental*; la Conjonction apparente suivit donc la vraye. Or je desire par la vraye Conjonction de trouver l'apparente à la latitude de deg. 52.

J'entre donc premierement au *Canon du Triangle Rectangle des Parallaxes*, destiné à la latitude de deg. 52, avec le deg. du Soleil 19½ & avec heures apres midy 6 & trouve la distance du Soleil du point vertical de deg. 72 28' le costé de longitude de deg. 41 54' & le costé de latitude de deg. 42 33, tout ainsi qu'avons demonstré peu auparavant.

Secondement avec les mesmes degrez du Soleil, & heures 7, apres midy, je recueille la distance du Soleil du point Vertical de deg. 81. 8', le costé de longitude de deg. 39 26' & le costé de latitude de deg. 44 49.

Tiercement avec les mesmes degrez du Soleil, & heures 8, apres midy, je recueille la distance du Soleil du point vertical de deg. 88 44', le costé de longitude de deg. 35 43'; & le costé de latitude de deg. 47 47.

Lesquels ayant ainsi acquis, je cerche avec le Parallaxe Horizontal de la Lune, & avec l'altitude de la Lune dessus l'horizon à heures apres midy 6, de deg. 17 32', iceluy Parallaxe de la Lune en altitude; & trouve iceluy par le Precepte precedent de Scrup. 56' 28''; mais je tire le Parallaxe du Soleil en altitude, de sa Tablette, de Scrup. 2' 11'' Je soubstrais iceluy du Parallaxe de la Lune en altitude, & demeure le Parallaxe de la Lune du Soleil en altitude, de Scrupules 54' 17''.

Secondement avec le mesme Parallaxe Horizontal de la Lune de Scrup. 58' 56'', & l'altitude de la Lune dessus l'horizon à heures 7, apres midy, de deg. 8 52'; je recueille le Parallaxe de la Lune en altitude de Scrup. 58' 23''; & le Parallaxe du Soleil en altitude, de sa Tablette, de Scrup. 2' 17''. Lesquelles tirées du Parallaxe de la Lune en altitude, demeure le Parallaxe de la Lune du Soleil en altitude de Scrup. 56' 6''.

Apres avec le mesme Parallaxe horizontal de la Lune, de Scrup. 58' 56'', & l'altitude de la Lune dessus l'horizon, à heures 8, apres midy de deg. 1 16', je tire le Parallaxe de la Lune en altitude de Scrup. 58' 55'', & le Parallaxe du Soleil en altitude de sa propre Tablette, de Scrup. 2' 18'' Lesquelles tirées du Parallaxe de la Lune en altitude de Scrup. 58' 55'', le reste est le Parallaxe de la Lune du Soleil en altitude de Scrup. 56' 37''.

Finalement dautant que la base du *Triangle Rectangle des Parallaxes* de 60 parties, respond au Parallaxe de la Lune en altitude, je multiplie les Parallaxes de la de la Lune du Soleil en altitude ja trouvez, par les costez de longitude & de latitude trouvez peu auparavant ; & acquiers, premierement à heures 6 apres midy, le Parallaxe de longitude de la Lune du Soleil de Scrup. 37′ 54″, & le Parallaxe de latitude de la Lune du Soleil de Scrup. 38′ 29″. Secondement à heures 7 apres midy, le Parallaxe de longitude de la Lune du Soleil de Scrup. 36′ 52″, & le Parallaxe de latitude de la Lune du Soleil de Scrup. 41′ 54″. Dernierement à heures 8 apres midy, le Parallaxe de longitude de la Lune du Soleil de Scrup. 33′ 42″, & de latitude de la Lune du Soleil de Scrup. 45′ 5″.

Voila ce qu'il nous falloit trouver tant par ce Precepte, que par le precedent, pour Supputer l'Eclipse Solaire de l'An 1630 ; la somme dequoy je pose devant les yeux du lecteur en la Table suivante : dautant qu'il faut supputer toutes les Eclipses solaires suivant ce patron.

A la latitude de degrez 52 boreale se trouve				
A Heures apres Midy	VI,	VII,	VIII,	
La distance du Soleil du point Vertical	72 28′	81 8′	88 48′	par le 29e Precepte.
Le costé de longitude de deg.	41 54	39 26	35 43	
Le costé de latitude de deg.	42 33	44 49	47 47	
Le Parallaxe de la Lune du Soleil en altitude	54′ 17″	56′ 6″	56′ 37″	par le 28 Precepte.
Le Parallaxe de longitude de la Lune du Soleil	37′ 54″	36′ 52″	33′ 42″	par le 29 Precepte.
Le Parallaxe de latitude de la Lune du Soleil	38′ 29″	41′ 54″	45′ 5″	

PRECEPTE XXX.

Estant donné le vray mouvement horaire de la Lune du Soleil, & ses Parallaxes en longitude, definir au commencement d'aucunes heures, son mouvement horaire du Soleil veu.

CE Precepte est gouverné de trois reglès, desquelles la premiere est.

Si le Soleil demeure tout le temps donné au Quadrant Signifere oriental, & que le Parallaxe soit majeur au commencement qu'a la fin, tirez la difference des Parallaxes, du vray mouvement horaire de la Lune ; mais estant au commencement moindre qu'a la fin, adjoutez la mesme. En longitude

2. *Mais si le Soleil demeure tout le temps donné au Quadrant Occidental, & que le Parallaxe au commencement du temps soit majeur qu'a la fin, adjoutez la difference des Parallaxes au vray mouvement horaire de la Lune du Soleil; autrement l'en tirez si le Parallaxe au commencement du temps est moindre qu'a la fin.*
3. *En fin le Soleil estant distraict és deux Quadrans, tellement que la premiere partie se face au Quadrant Oriental, la derniere au Quadrant occidental, tirez la difference des Parallaxes du vray mouvement horaire de la Lune.*

Il faut suivant ces regles receuillir le mouvement horaire apparant de la Lune du Soleil. Par exemple, soit donné par le 19e Precepte, le vray mouvement horaire de la Lune du Soleil, en l'An de Christ 1630, le 31e jour de May à heures 6 apres midy, au Meridien de Dordrect de Scr. 30' 51''; & le Parallaxe de la Lune du Soleil en longitude à 6 heures completes apres midy, de Scrup. 37' 54''; à heures 7 apres midy de Scrup. 36' 52''; & à heures 8 apres midy de Scrup. 33'' 42''. Il est proposé de trouver par ces-cy le mouvement de la Lune du Soleil veu. Dautant que le Soleil demeure tout le temps donné au *Quadrant* Signifere *Occidental*; & les Parallaxes sont majeures aux commencemens des heures qu'es fins; il faut adjouter, par la Regle seconde, les differences des Parallaxes au vray mouvement horaire de la Lune, afin d'obtenir le mouvement horaire veu. Or la difference des Parallaxes entre heure 6 & 7, est de Scrup. 1' 2''; & entre 7 & 8 de Scrup. 3' 10''. I'adjoute donc chacune au vray mouvement de la Lune de Scrup. 30' 51'', & en provient le mouvement horaire de la Lune veu, entre heure 6 & 7, de Scrup. 31' 53''; & entre heure 7 & 8, de Scrup. 34' 1''.

PRECEPTE XXXI.

De l'intervalle de temps entre la vraye Conjonction des Luminaires & l'apparente: & aussi du temps de la Conjonction apparente.

Soit donné le temps de la vraye Conjonction des Luminaires, par le Precepte 20e, & les Parallaxes de la Lune en longitude aux commencemens d'aucunes heures, precedans ou suivans prochainement le temps de la vraye Conjonction selon la maniere qu'avons enseigné au Precepte 29. Soit davantage trouvé, par le Precepte precedant, le mouvement horaire veu de la Lune du Soleil.

Ayans iceux.

Cerchez le Parallaxe en longitude de la Lune du Soleil, au mesme temps de la vraye Conjonction; & le Parallaxe de la Lune estant moindre que le mouvement horaire de la Lune partissez iceluy par le mouvement horaire de la Lune la Lune veuë en proviendra l'intervalle de temps entre la Conjonction vraye & apparante qu'il faut tirer du temps de la vraye Conjonction au Quadrant Oriental, & adjouter au Quadrant Occidental. Mais le Parallaxe de la Lune estant majeur que le mouvement horaire de la Lune veuë, tirez premierement cestuy-cy de cestuy-là, & divisez le reste par le mouvement horaire de la Lune veuë, & en proviendra l'intervalle de temps, par dessus une heure, entre la Conjonction vraye & apparante, additif ou subtractif du temps de la vraye Conjonction comme dessus.

Soit repeté l'exemple de la Conjonction des Luminaires, duquel nous sommes servi jusques-icy. Le temps de la vraye Conjonction est trouvé par le 20e Precepte, d'heures 5 58 apres midy à Goes, mais à Dordrect à heures 6 2', apres midy. Le Parallaxe en longitude de la Lune fut à heures apres midy 6, de Scrup. 37' 54''; & à heures 7, apres midy de Scrup. 36' 52''; & à heures 8 apres midy de Scrupules 33' 42'' Partant à heures 6 2', apres midy, le Parallaxe de la Lune en longitude fut de Scrupules 37' 52''. Or le mouvement horaire de la Lune veuë fut entre heure 6, & 7, de Scrup. 31' 53', & entre 7 & 8 de Scrup. 34' 1''. Ie soubstrais davange le mouvement horaire de la Lune entre 6 & 7 de Scrup. 31' 53'', du Parallaxe de la Lune en longitude de Scrup. 37' 52'', & y demeure Scrup. 5' 59''. Lesquelles dautant qu'appartiennent à l'intervalle de temps entre heure 7 & 8, je les divise par le mouvement horaire de la Lune veuë entre 7 & 8, de Scrup. 34' 1'', & en provient Scrup. d'heure 10' 33''. L'intervalle de temps donc entre la Conjonction vraye & apparante, fut d'une heure, & Scr. 10' 33'', à adjouter au temps de la vraye Conjonction. Et partant la Copulation des Luminaires fut veuë à Dordrect à heures apres midy 7 Scrup. 12' 33''.

Or si desirez d'experimenter si nous avons bien trouvé ce temps ou non; cerchez premierement le parallaxe de la Lune en longitude à hères apres midy 7 12', lesquelles sont deuës au temps de la Copulation veuë, puis cerchez la vraye distance de la Lune & du Soleil, par le vray mouvement horaire de la Lune du Soleil. Lesquels estans apeu pres egaux, il est certain que le temps de la Conjonction apparante est bien trouvé. Autrement, il faut repeter le calcul & corriger l'erreur. Comme en l'exemple antecedant; le temps de la Copulation veuë des Luminaires à Dordrect, est trouvé à heures aprés midy 7 12'. Auquel temps le Parallaxe de la Lune du Soleil en longitude fut de Scrup. 36' 14'', & la distance des Luminaires de Scrup. 36 0'', lesquels different fort peu entreux. Nous avons donc bien trouvé le temps de la Conjonction apparante.

PRECEPTE XXXII.

De la vraye latitude de la Lune en la Conjonction apparante.

Prenez le Parallaxe en longitude de la Lune du Soleil au temps de la Conjonction apparante, & l'adjoutez, ou soubstrayez du vray mouvement de la Lune

Lune en la vraye Conjonction, selon que la Conjonction apparante suit, ou antecede la vraye: & acquerrez le vray mouvement de latitude de la Lune en la Conjonction apparante, & par le neufvieme Precepte icelle latitude de la Lune.

Comme en nostre exemple, le vray mouvement de latitude de la Lune fut en la vraye Copulation des Luminaires, de Signes 9 deg. 6 54′ 19″. Mais en la Conjonction, apparante laquelle fut à heures apres midy 7 12′, est trouvé le Parallaxe de la Lune du Soleil en longitude de Scrup. 36′ 14″ Ie l'adjoute au mouvement de latitude de la Lune de Signes 9 deg. 6 54′ 19″, & en provient le vray mouvement de latitude de la Lune en la Conjonction apparante de la Lune de Signes 9 deg. 7 30′ 33″; tellement que la vraye latitude mesme de la Lune fut de Scrup. 39′ 10″ boreale.

PRECEPTE XXXIII.

De la latitude apparante de la Lune, en la Conjonction apparante.

TRouvez en la Conjonction apparante, tant le Parallaxe de latitude de la Lune du Soleil, par le 29 Precepte, que la vraye Latitude de la Lune par le precedant. Puis s'il sont d'une mesme affection, adjoutez les ensemble; mais estans de diverse, tirez le moindre du majeur. Car l'aggregat, ou le residu monstrera, la latitude veuë de la Lune, boreale ou australe, suivant la proprieté du nombre majeur. Sachez toutesfois qu'outre le second Climat, vers nos lieux boreaux, le Parallaxe de latitude de la Lune est tousjours austral.

Par exemple, le Parallaxe de latitude de la Lune du Soleil est trouvé en la Conjonction apparante par le 29ᵉ, Precepte de Scrup. 42′ 26″, & la vraye latitude de la Lune par le Precepte antecedant de Scrup. 39′ 10″. Ie tire cestecy de cestuy-là, & le reste est la latitude de la Lune du Soleil veuë de Scrup. 3′ 16″ australe.

PRECEPTE XXXIV.

Des Doigts Ecliptiques en l'Eclipse de Soleil.

SOubstrayez la latitude de la Lune veuë de la somme des demi-diametres du Soleil & de la Lune, & demeureront les Scrupules deficiantes. Entrez avec celles-cy, & avec le diametre du Soleil, au Canon des Doigts Ecliptiques, par une, ou deux fois en estant besoing, & aurez les Doigts deficians.

Par exemple, le demi-diametre du Soleil en nostre Eclipse est de Scr. 16′ 50″ & le

& le demi-diametre de la Lune de Scrup. 16′ 29″: parquoy la somme des demi-diametres est de Sex. 33′ 19″. Tirez de celle-cy la latitude de la Lune veuë de Scr. 3 16″, & Demeureront les Scrupules deficiantes 30′ 3″. Entrez avec celles, & avec le diamerre du Soleil de Scrup. 33′ 40″, au Canon des Doigts Ecliptiques, & en tirerez par double entrée les Doigts Ecliptiques 10 43′; & à peu pres autant en observa Martin Hortense à Dordrect.

PRECEPTE XXXV.

Des Scrupules & temps d'Incidence.

QVand aux Scrupules d'Incidence, on les trouve en ceste maniere.

Entrez au Canon des Scrupules d'Incidence, avec la Somme des demi-diametres du Soleil & de la Lune, & avec la latitude veuë de la Lune en la Conjonction apparante; ayant fait correction par la partie proportionelle, s'il en est besoing, tirez en les Scrupules d'Incidence.

Vous trouverrez par ceste maniere en nostre exemple Scrupules d'Incidence 33′ 9″. Mais le temps d'Incidence & de Repletion se calcule ainsi.

Trouvez le mouvement veu de la Lune du Soleil par le 30 Precepte, d'une heure, tant avant qu'apres la Conjonction apparante: & divisez premierement les Scrupules d'Incidence par le mouvement de la Lune veu convenant à une heure devant la Conjonction apparante, & aurez le temps d'Incidence; apres divisez icelles par le mouvement horaire de la Lune veu competant à une heure apres la Conjonction apparante, & ainsi aurez le temps de Repletion.

Par exemple, le mouvement horaire de la Lune du Soleil, est trouvé cy dessus une heure devant la Conjonction apparante de Scrup. 31′ 53″, & une heure apres la Conjonction apparante de Scrup. 34′ 1″. Divisez donc les Scrupules d'Incidence 33′·9″ par le mouvement horaire veu de Scrup. 31′ 53″, & aurez le temps d'Incidence de heure 1 2′. Puis, partissez les mesmes Scrupules par le mouvement horaire de la Lune veu de Scrup. 34′ 1″, & aurez le temps de Repletion d'heure 0 59′. Parquoy l'Eclipse commença à Dordrect à heures apres midy 6 10′, & finit à heures apres midy 8 11′, un Scrupule d'heure devant le coucher du Soleil, tout ainsi qu'il fut observé par le tres Docte *Hortense* à Dordrect. Et toutte l'Eclipse dura heures 2 1′.

Ie mets cy dessus le calcul de la dicte Eclipse, pour le pouvoir conferer avec les precedans.

Calcul de la Nouvelle Lune Ecliptique, faicte à Goees en l'An de CHRIST *1630, le 31, jour de May, à heures apres midy 5 50′ en temps egal.*

Il y à du commencement des ans de Christ Iusqu'a ceste Nouvelle Lune Ecliptique ans Juliens pleins *1629*, mois de l'An commun 4, jours 30, heures au Meridien de Goes 5 50′. Ausquels sont appertenans ces mouvemens.

DES EQVINOXES.	Sex.	deg.	′	″.
L'Anomalie des Equinoxes	5	56	33	26.
La prosthapherese des Equinoxes additive			12	30.

DV SOLEIL.	Sex.	deg.	′	″.
Le mouvement egal du Soleil du moyen Equinoxe	1	18	46	10.
L'Anomalie du Centre	3	15	39	46.
La prosthapherese du Centre additive			1	36.
Les Scrupules proportionelles 1′.				
Le moyen mouvement d'Apogée	1	35	44	6.
Le mouvement d'Apogée egalé	1	37	20	6.
La vraye Anomalie de l'Orbe	5	41	26	4.
La prosthapherese de l'Orbe additive			38	52.
Le mouvement egal du Soleil du vray Equinoxe	1	18	58	40.
Le Soleil estoit donc au deg.		19	37	32. ♊
L'Ascension droicte du Soleil de temps 78 41′.				

DE LA LVNE.	Sex.	deg.	′	″
Le moyen mouvement de la Lune du Soleil	0	5	35	31.
L'Anomalie du Centre	0	11	11	2.
La prosthapherese du Centre additive		1	30	28.
Les Scrupules proportionelles 1′				
La moyenne Anomalie de l'Orbe	1	39	45	55.
L'Anomalie egalée de l'Orbe	1	41	16	23.
La prosthapherese de l'Orbe substractive		4	56	45.
Le moyen mouvement de la Lune du vray Equinoxe	1	24	34	11.
La Lune estoit donc au deg.		19	37	26. ♊
Le moyen mouvement de latitude de la Lune	4	41	51	4.
Le vray mouvement de latitude de la Lune	4	36	54	19.

Il faut à cause de l'egalement des jours naturels adjouter au temps moyen Scrupules d'heure 8′. Parquoy la vraye Conjonction des Luminaires à esté faicte à Goes à heures apres midy 5 58′ Mais à Dordrect estant Scrup. d'heure 4 plus Orientale, à heures apres midy 6 2′. Le Parallaxe de la Lune du Soleil en longitude estoit alors de Scrup. 37′ 52″. Le vray mouvement horaire de la Lune du Soleil de Scrup. 30′ 51″. Le veu de Scrup. 31′ 53″. Le Soleil estoit au Quadrant Occidental; Parquoy la Copulation veuë fut à Dordrect à heures apres midy 7 12′, heure 1 10′ apres la vraye. Alors se donne.

Le

Le Parallaxe en longitude de la Lune du Soleil de Scrup.	36′	14″.
Le parallaxe en latitude de la Lune du Soleil	42	26.
La vraye latitude de la Lune boreale	39	10.
Partant la latitude veuë de la Lune australe.	3	16.
Le demi-diametre du Soleil	16	50.
Le demi-diametre de la Lune	16	29.
La Somme des demi-diametres	33	19.
Les Scrupules deficiantes	30	3.
Parquoy Doigts Ecliptiques 10 43′.		
Les Scrupules d'Incidence.	33	9.

Le mouvement horaire veu de la Lune du Soleil entre heure 6 & 7 de Scr. 31′ 53″. Le temps donc d'Incidence d'heure 1 2′: & le commencement de l'Eclipse à Dordrect à heures apres midy 6 10′. Le mouvement horaire veu de la Lune du Soleil entre heure 7 & 8 de Scrup. 34′ 1″. Partant le temps de Repletion d'heure 0 59′, à peu pres: & la fin de l'Eclipse à Dordrect à heures apres midy 8 11′, un ou deux Scrupules avant le vray coucher de du Soleil.

PRECEPTE XXXVI.

De la latitude veuë de la Lune, au commencement & à la fin de l'Eclipse Solaire.

Soit premierement trouvé le vray mouvement de latitude de la Lune en la Conjonction apparente, par le Precepte 32. Duquel tirant les Scrupules d'Incidence, & le mouvement du Soleil competant au temps d'Incidence, vous aurez le vray mouvement de latitude de la Lune au commencement de l'Eclipse, & par le 9 Precepte icelle vraye latitude de la Lune. Mais adjoutant à iceluy les Scrupules d'Incidence avec le mouvement du Soleil, en proviendra le vray mouvement de latitude à la fin de l'Eclipse, & par cestuy-cy se donne la vraye latitude de la Lune. Or cerchez au commencement & à la fin de l'Eclipse, le Parallaxe de latitude de la Lune, par le 29e Precepte, & acquerrez par iceluy, & par la vraye latitude de la Lune, la dicte latitude veuë de la Lune tant au commencement qu'a la fin de l'Eclipse Solaire.

Par exemple: le vray mouvement de latitude de la Lune en la Conjonction apparente, est trouvé cy dessus de Signes 9 deg. 7 30′ 33″. Tirez d'iceluy les Scrupules d'Incidence 33′ 9″, & le mouvement du Soleil competent au temps d'incidence de Scrupules 2′ 30″, & le reste sera le vray mouvement de latitude de la Lune au commencement de l'Eclipse, de Signes 9 degrez 6 54′ 54″; & partant la vraye latitude de la Lune boreale de Scrupules 36′ 5″. Puis adjoutez les mesmes Scrupules d'Incidence & mouvement du Soleil deu au temps de Repletion de Scrupules 2′ 12″,

 à Signes

à Signes 9 deg. 7 39' 33'', & aurez le vray mouvement de latitude de la Lune à la fin de l'Eclipse de Signes 9, deg. 8 5' 54''; & par cestuy la la vraye latitude de la Lune de Scrup. 42' 12'' boreale. Or le Parallaxe, de latitude de la Lune se trouve par le 29ᵉ Precepte, au commencement de l'Eclipse de Scrup. 39' 3'', & à la fin de Scrup. 45' 36''. Parquoy la latitude veuë de la Lune au commencement de l'Eclipse fut de Scrup. 2' 58'' australe, & à la fin de Scrup. 3' 24'' australe.

PRECEPTE XXXVII.

Pour descrire en plan les Figures des Eclipses.

QVand on veut depindre l'Eclipse Lunaire en plan, ces choses doivent estre données : le demi-diametre de la Lune, le demi-diametre de l'Ombre, & la latitude de la Lune tant au commencement qu'a la fin de l'Eclipse. Il est aussi necessaire d'avoir, selon la grandeur de la Figure concipie, une ligne droicte, divisée en 70 parties egales. Ayant les choses susdites, on depeindra l'Eclipse Lunaire en ceste maniere.

Par exemple soit à depeindre l'Eclipse de Lune en l'An 1624, observée par *Keplere* à Lints, l'entier calcul de laquelle avons proposé cy dessus. Le demi-diametre de la Lune estoit en icelle de Scrup. 16' 51''. le demi-diametre de l'Ombre de Scrup. 43' 20''; & par ainsi la somme des demi-diametres de 60' 11''. La vraye latitude de la Lune au commencement de l'Eclipse de Scrup. 0' 44'' boreale, & à la fin de Scrup. 10' 30'' australe.

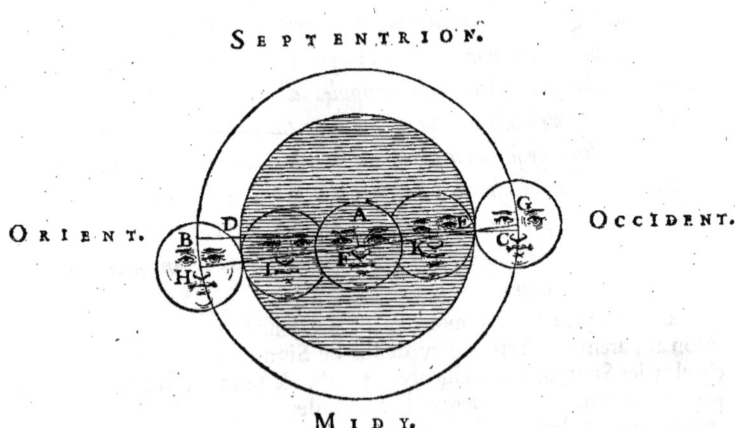

A l'intervalle AB la somme des deux demi-diametres de la Lune & de l'Ombre de Scrup. 60' 11'', & du centre A, soit descript le cercle C B C, & son diametre B A C, lequel sera partie de l'Ecliptique, ou voye du Soleil. Pareille-

Pareillement du mesme centre & à l'intervalle A D demi-diametre de l'Ombre de la Terre de Scr. 43' 20'', soit compassé un autre cercle E D E, lequel sera l'Ombre de la Terre. Soit aussi noté la latitude de la Lune au commencement de l'Eclipse de Scrup. 0' 44'' boreale, de C en G; item la latitude de la Lune en la fin de l'Eclipse de Scrup. 19' 30'', australe, de B en H; & les points G & H soyent liez ensemble d'une ligne droite, laquelle sera la voye de la Lune. Soit icelle couppée en deux en F, & sera le Commencement de l'Eclipse en G, le Milieu en F, & la Fin en H. Finalement soyent descrites cinq Lunes, la premiere en G, la seconde en K, la tierce en F, la quarte en I, la quinte en H. La premiere monstrera le commencement de l'Eclipse, la seconde le commencement de la Demeure en l'Ombre, la tierce le milieu de la Demeure, la quarte la fin de la Demeure, & la derniere la fin de l'Eclipse. Et ainsi sera la Figure de l'Eclipse proposée depeinte au vif.

En l'Eclipse solaire doivent estre données ces choses, le demi-diametre apparant du Soleil & de la Lune, & la latitude veuë de la Lune au commencement & à la fin de l'Eclipse. Par exemple; le demi-diametre apparant du Soleil, en l'Eclipse solaire de l'An 1630, au mois de May, est trouvé de Scrup. 16' 50'', le demi-diametre apparant de la Lune de Scrup. 16' 29'' & partant la somme des demi-diametres de Scrup. 33' 19''. La latitude aussi de la Lune veuë au commencement de l'Eclipse est trouvé de Scrup. 2' 58'' australe, & à la fin de Scrup. 3' 24'' australe.

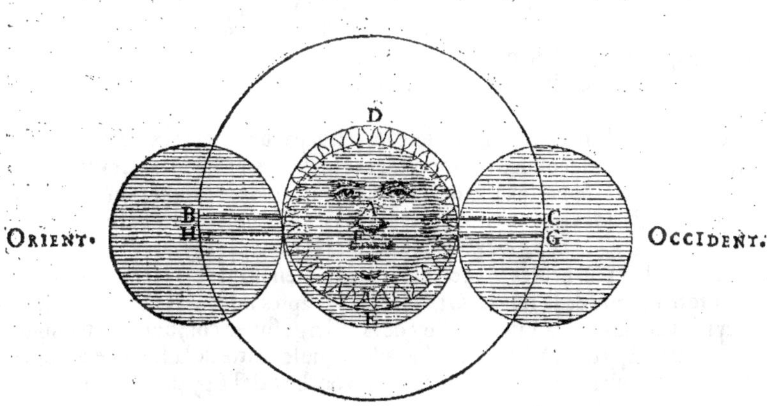

Ces choses données, soit premierement descrit du centre A, & à l'intervalle A B somme des deux demi-diametres du Soleil & de la Lune de Scrup. 33' 19'', le cercle B C B, & son diametre B C, lequel sera la voye du Soleil. Item du mesme centre & à l'intervalle A D, demi-diametre du Soleil de Scrup. 16' 50'', soit descript un autre cercle E D E, lequel sera le cercle du Soleil. Puis de C à G soit marqué la latitude veuë de la Lune au commencement de l'Eclipse de Scrup. 2′ 58″ australe, & de B en H la latitude veuë de la Lune en la fin de l'Eclipse de Scrup. 3′ 24″ aussi australe. Finalement soit G H couppé en deux en F, & soit descrit de l'intervalle du demi-diametre de la Lune de Scrupules 16′ 29″ trois Lunes; la premiere en G, la seconde en F, la tierce en H: & sera le commencement de l'Eclipse en G, le Milieu en F, & la fin en H: & ainsi sera toutte la Figure de l'Eclipse proposée accomplie.

Voila ce qu'avions à traicter touchant les Eclipses solaires & Lunaires: lesquelles ayant accomplies, l'enseigneray ensuivant comment on doit Supputer *Lappulsement* de la Lune aux Estoilles fixes.

PRECEPTE XXXVIII.

Du Calcul des appulsemens de la Lune aux Estoilles fixes.

L'Appulsement de la Lune aux Estoilles fixes, se suppute en la mesme maniere que les Eclipses Solaires; sinon que leur calcul s'expedie plus que le calcul des Eclipses Solaires. Or ils sont fort en usage pour trouver la longitude & latitude des Fixes, comme on peut voir chez *Ptolomée* au livre VII de *l'Almageste* chap. III, où il produit beaucoup de remarquables exemples d'iceux appulsemens, pour demonstrer les vrays lieux des Fixes, tant en longitude que latitude.

Or il suffira de monstrer la maniere du calcul par un Exemple, dautant qu'iceluy est assez & suffisamment demonstré és Preceptes precedens. L'exemple sera, de l'observation remarquable de *Timochare* que *Ptolomée* produit au livre VII chap. III de *l'Almageste*, en telles parolles: *En l'An*, dit il, *trente Sixieme de la premiere periode de Calippe, qui estoit l'An de Nabonnassar* 454, ✠

Cecy advint à heures 7 30′ apres midy, environ le commencement de l'heure troisiéme de la nuict. Or à heures 8 apres midy, le deg. 15, de l'Escrevisse culminant, la Lune & l'Epy de la Vierge furent conjoinctes en longitude, mais l'Epy de la Vierge fut plus austral que le centre de la Lune de Scrup. 5′. On veut calculer par ceste observation le vray lieu de l'Epy de la Vierge tant en longitude quen latitude.

Il y à du commencement des ans de Nabonnassar jusqu'a ceste conjonction de la Lune & de l'Epy de la Vierge, ans Egyptiens pleins 453, mois Egyptiens 4, heures au Meridien Alexandrin 8 0′, au Goesien 5 40′, exactement 5 38′: faisans Sexagenes de jours 45″ 57′, jours 49, Scrupules 14′ 5″. Ausquelles sont appartenans ces mouvemens.

✠ Le 5ᵉ. jour du mois de Tybi, au commencement de la tierce heure de la nuict, Timochare observa, que la Lune estoit parvenuë de son bord qui estoit vers le leuer vernal, jusques à l'Epi de la Vierge, & que l'Epy de la Vierge auroit passé par le tiers du Diametre Lunaire vers septentrion, lisez vers midi.

DES EQVINOXES.

	Sex.	deg.	′	″.
L'Anomalie des Equinoxes	5	13	2	31.
La prosthapherese des Equinoxes additive			54	17.
Le mouvement egal de la premiere estoille du Belier			32	21.
Le vray mouvement de la premiere du Belier		1	26	38.
L'Epy de la Vierge est distante de la premiere du Belier	2	50	38.	
L'Epy de la Vierge estoit donc au deg.		22	4	38. ♍.

Avec latitude australe de deg. 2 0′.

DV SOLEIL.

	Sex.	deg.	′	″.
Le mouvement egal du Soleil du moyen Equinoxe	5	42	10	16.
Du vray Equinoxe	5	43	4	33.

L'Ascension droicte du Soleil de tem 346 37′.

DE LA LVNE.

	Sex.	deg.	′	″.
Le mouvement egal de la Lune du Soleil	3	5	18	15.
L'Anomalie du Centre		10	36	30.
La prosthapherese du Centre additive		1	25	52.
Les Scrupules proportionelles 1′.				
La moyenne Anomalie de l'Orbe	5	21	54	11.
L'Anomalie egalée de l'Orbe	5	23	20	3.
La prosthapherese de l'Orbe additive		2	46	3.
Le mouvement egal de la Lune du vray Equinoxe	2	48	22	48.
La Lune estoit donc en son Orbe au deg.		21	8	51. ♍.
Mais en l'Ecliptique au deg.		21	13	31 ♍.
Le moyen mouvement de latitude de la Lune	4	6	9	48.
Le vray mouvement de latitude de la Lune	4	8	55	51.
Parquoy la latitude de la Lune australe		1	47	43.

L'Ascension droicte du lieu de la Lune de temps 171 57′.

L'Ascension droite du Milieu du Ciel, de temps 106 37′. Parquoy le lieu de la Lune estoit distant du Meridien vers levant de temps 65 20′, faisans heures 4 21′.

Ces choses données entrez au *Canon du Triangle Rectangle des Parallaxes*, destiné à la latitude Boreale de degrez 31, & en tirez par le 29e Precepte, à heures 4 & 5 avant midy.

	Heur. IIII.		Heur. V.	
L'altitude de la Lune sur l'horizon	27	14	14	35.
Le costé de longitude	59	1	59	22.
Le costé de latitude	10	46	8	36.
	′.	″.	′.	″.
Le Parallaxe horizontal de la Lune par le 27e Precepte	54	18.	le mesme	
Le Parallaxe d'altitude de la Lune par le 28e Precepte	48	37.	52	46.
Le Parallaxe de longitude de la Lune	47	48.	52	12.
Le Parallaxe de latitude de la Lune	8	43.	7	34.

Parquoy à heures apres midy 8 0′, le lieu de la Lune estant esloigné du Meridien vers levant d'heures 4 21′, le Parallaxe de longitude de la Lune fut de Scrupules 49′ 20″ additif, & le Parallaxe de latitude de Scruples 8′ 19″, aussi additif. Adjoutez donc Scrup. 49′ 20″ au vray lieu de la Lune en l'Ecliptique de deg. 21 13′ 31″ ♍, & aurez le lieu de la Lune veu au deg. 22 2′ 51″ ♍, defaillant seulement Scrup. 1′ 47″, du vray lieu de l'Epy ♍. Item adjoutez Scrup. 8′ 19″ à la vraye latitude de la Lune de deg. 1 47′ 43″ australe, & aurez la latitude veuë de la Lune de deg. 1 56′ australe. Mais l'Epy de la Vierge estoit Scrup. 5′ plus australe que le centre de la Lune, dautant que l'Epy passoit par le tiers du Diametre de la Lune vers midy. Dequoy se donne donc la latitude de l'Epy de deg. 2 1′ australe, seulement un Scrupule majeure que la vraye. Parquoy nos Tables s'accordent à fort peu pres avec l'Observation de *Timochare*.

PRECEPTE XXXIX.

Assçavoir si le Planete va en avant au Cercle des Signes, ou en arriere, ou s'il est stationaire, au temps donné.

ENtre les diverses affections des Planetes, n'est la moindre qu'on les voit aucunefois aller en avant, aucunefois en arriere, & aucunefois ne se bouger comme si leur cours estoit empesché. Dequoy on les appelle *Directs, Retrogardes, & Sationaires.* Or ils sont Directs suivant *Ptolomée*, quand ils vont suivant les Signes, c'est, du couchant au levant. Mais Retrogardes quand ils vont en precedence, c'est du levant au couchant. Puis stationaires, quand on les voit demeurer soubs un mesme point du Zodiac, ainsi que les estoilles fixes sans se bouger.

Maintenant pour cognoistre si le Planete va en avant, ou en arriere, ou bien est stationaire faictes en ceste maniere.

Trouvez

Trouvez au temps donné l'Anomalie egalée du Centre & de l'Orbe du Planete, & estant entré au Canon des stations avec l'Anomalie du Centre, tirez en les nombres de la premiere & seconde station. Conferez iceux avec l'Anomalie de l'Orbe egalée, laquelle estant egale au nombre de la premiere station, le Planete sera stationaire au demi-cercle de son Orbe, où il descend d'Apogée en Perigée, & commence à aller en arriere. Mais estant egale au nombre de la seconde station, le Planete sera stationaire en l'autre demi-cercle de son Orbe, où il monte de Perigée en Apogée, & recommence à aller en avant, ayant auparavant allé quelque espace en arriere. Or l'Anomalie egalée de l'Orbe estant majeure que le nombre de la premiere station, & moindre que le nombre de la seconde station, le Planete sera Retrogarde; au contraire estant moindre que le nombre de la premiere station, & majeure que le nombre de la seconde station, le Plate sera Direct.

Exemple en l'estoille de Saturne. En l'An de Nabonnassar 519, le 22 jour de Tybi, à heures apres midy 6, au Meridien Alexandrin, au Goësien à heures 3 40', est trouvé cy dessus l'Anomalie egalée du Centre de Saturne de deg. 292 48', & l'Anomalie egalée de l'Orbe de deg. 184 28'. Or jentre au Canon des cinq Planetes avec l'Anomalie egalée du Centre, & en tire le nombre de la premiere station de Saturne de deg. 113 30', & de la seconde station de deg. 246 30': avec lesquels je confere l'Anomalie egalée de l'Orbe de Saturne de degrez 184 28', laquelle est majeure que le nombre de la premiere station, & moindre que le nombre de la seconde station. Ie dis doncque Saturne estoit alors Retrograde, & ce au milieu entre la premiere station & la seconde, c'est, environ la place des Acroniches.

Il n'y a autre façon au Calcul des autres Planetes.

PRECEPTE XL.

Du temps des stations.

ON l'acquiert facilement par ceste voye.

Soit donné l'Anomalie egalée du Centre & de l'Orbe du Planete, avec les nombres de la station premiere & seconde. Ayant iceux, voyez si l'Anomalie egalée de l'Orbe est majeure ou moindre que le nombre de la premiere station. Estant moindre, tirez l'Anomalie de l'Orbe egalée du nombre de la premiere station, & partissez les degrez restans par le mouvement diurne egal de commutation du Planete, & aurez les jours apres lesquels le Planete sera stationaire, & commencera

cera à retourner en arriere. Mais l'Anomalie egalée de l'Orbe estant majeure que le nombre de premiere station, & moindre que le nombre de la seconde station, soubstrayez l'Anomalie egalée de l'Orbe du nombre de la seconde station, & divisez les degrez restans par le mouvement diurne egal de Commutation du Planete, & en proviendront les jours, esquels le Planete sera exactement stationaire pour la seconde fois, & commencera à aller en avant. Ou si desirez sçavoir le temps de la premiere station, tirez le nombre de la premiere station de l'Anomalie egalée de l'Orbe, & divisez le reste, par le mouvement diurne egal de Commutation du Planete, & en proviendra les jours devant lesquels le Planete estoit stationaire, quand il commença à aller en arriere. Finalement l'Anomalie egalée estant majeure que le nombre de la station seconde, tirez iceluy de celle-la, & partissez le reste par le mouvement diurne egal de Commutation du Planete, & acquerrez les jours devant lesquels le Planete estoit stationaire, quand il commença à aller en avant. Et desirant icy aussi trouver le temps de la premiere station, tirez le nombre de la premiere station de l'Anomalie egalée de l'Orbe, & partissez le nombre demeurant comme dessus, & en proviendra les jours écoulez depuis le temps de la premiere station.

Comme en l'exemple precedent, l'Anomalie egalée de l'Orbe de Saturne fut de degrez 184 28', majeure que le nombre de la premiere station de deg. 113 30', & moindre que le nombre de la seconde station de deg. 246 30'. Tirez donc celle-là de cestuy-cy, & divisez les degrez 62 2', restans par le mouvement diurne egal de Commutation de Saturne lequel est de Scrup. 57' 8'', & acquerrez jours 65, apres lesquels lestoille de Saturne est faite stationaire, la regression estant j'a finie. Ou si tirez le nombre de la premiere station de deg. 113 30', de l'Anomalie egalée de l'Orbe de degrez 184 28', & divisez les degrez 70 58' restans comme dessus, proviendra jours 74 & demi, avant lesquels le Planete estoit stationaire, quand il commença à aller en arriere. Or estant cogneu tant le commencement que la fin du regrez de Saturne, tout le temps du regrez de Saturne sera aussi cogneu asçavoir de jours 139½. Et on apprendra par la mesme maniere tout le temps du progrez de l'Estoille, partie superieure de son Orbe.

Le Mou-

Le Mouvement Diurne de COMMVTATION.

	deg.	′	″.
De Saturne	0	57	8.
De Iupiter	0	54	9.
De Mars	0	27	42.
De Venus	0	36	59.
De Mercure	3	6	24.

Il faut toutesfois obſerver, que les temps des Stations trouvez en ceſte maniere, ne ſont du tout juſtes, mais ſeulement approchants du vray; ſpecialement en l'eſtoille de Mars, à cauſe de la perpetuelle inſtabilité provenant de la variation des proſthapherеſes du Centre & de l'Orbe. Il eſt donc neceſſaire de recercher au temps trouvé par la maniere ſuſdite l'Anomalie du Centre & de l'Orbe, & par l'Anomalie du Centre extraire l'arc tant de la premiere, que de la ſeconde Station: avec l'un deſquels, congruant l'Anomalie egalée de l'Orbe, le Calcul ſuperieur ſera bien fait; ne s'accordant, il faudra tant reïterer qu'il correſponde bien.

I'ay juſques icy expoſé, avec le bon Dieu, tout ce qui appartient au Calcul des mouvemens Celeſtes par nos Tables; & ce compris en peu de Preceptes, aſçavoir en quarante. Le Lecteur amateur de l'Aſtronomie s'exerce donc en iceux, & ayant trouvé noſtre Calcul eſtre tres exact prenne noſtre labeur de bon coeur, & en attribue la gloire à Dieu ſeul.

PHILIP-

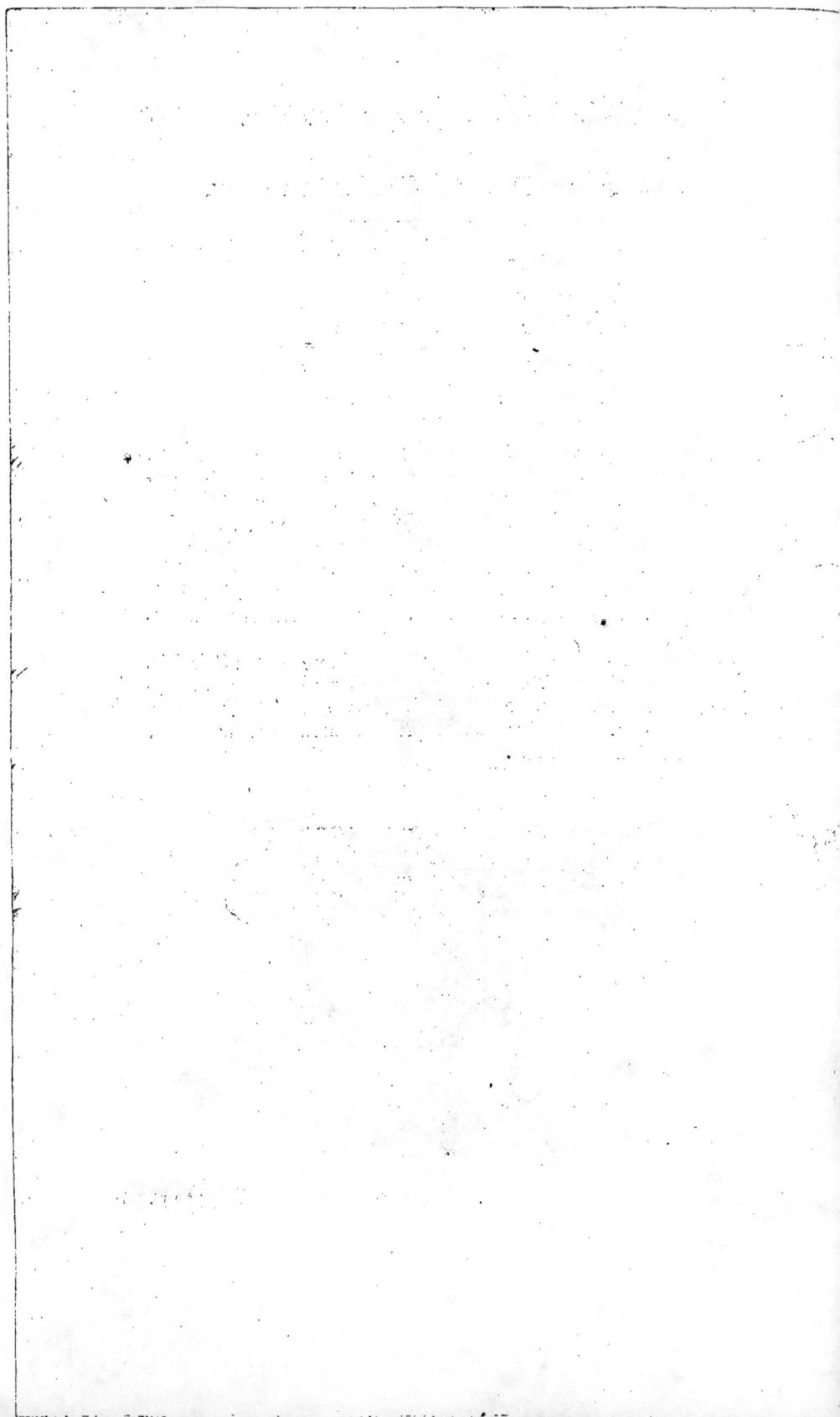

SIGNIFICATION
des Titres & mots Latins
ES
TABLES PERPETVELLES
DE
PHILIPPE LANSBERGVE,
lesquels n'ont peu estre imprimez en ceste edition en François.

Premierement au fueillet 9e.

ANONES Anomaliæ Æquinoctiorum & Obliquitatis Zodiaci.
Canons de l'Anomalie des Equinoxes & de l'Obliquité du Zodiac.
Item Prosthaphæresium Æquinoctiorum & Obliquitatis Zodiaci.
Item des Prosthaphereses des Equinoxes & de l'Obliquité du Zodiac.

Au fueillet 10e.

Æqualis motus Anomaliæ Æquinoctiorum. In diebus & sexagenis dierum, & scrupulis.
Mouvement egal de l'Anomalie des Equinoxes. En jours & Sexagenes de jours, & en scruples.

Sexagenæ, 1æ. 2æ. 3æ. Sex. gr. ′. ″. ‴. 3æ. 2æ. 1æ. dies. scr. 2a. 3a. 4a.
Sexagenes, 1es. 2es. 3es. Sexag. deg. ′. ″. ‴. 3es. 2es. 1es. jours. scr. 2e. 3e. 4e.

Epocha Nabonnassaris. Epocha Christi.
Racine de Nabonnassar. Racine de Christ.

Au fueillet 11e.

Æqualis motus Obliquitatis Zodiaci.
Mouvement egal de l'Obliquité du Zodiac. le reste comme au f. 10.

Aux fueillets 12e. & 13e.

Prosthaphæreses Æquinoctiorum & Obliquitatis Zodiaci. Sexag. gradus. Æquinoctiorum Obliquitatis Zodiaci. Aufer. Adde. gr. ′. ″.
Prosthapheresés des Equinoxes & de l'Obliquité du Zodiac. Sexagenes. degrez. des Equinoxes De l'Obliquité du Zodiac. Soubstrayez. Adjoutez. degr. ′. ″.

Au fueillet 14e.

Canones Æqualium motuum & Prosthaphæresium Solis.
Canons de Mouvemens egaux & des Prosthapheresés du Soleil.

Au 15e.

Æqualis motus Solis. Ascens. recta temp.
La mouvement egal du Soleil. l'Ascension droite de temps. Le reste comme au f. 10e.

Signification des Titres

Aux 16. & 17e.

Æqualis motus Centri Solis. Æqualis motus Apogæi Solis.
Mouvement egal du Centre du Soleil. Mouvement egal de l'Apogee du Soleil. le reste comme au 10e.

Aux 18. & 19e.

Prosthaphæreses Centri Solis. Centri. scrup. proport.
Prosthaphereses du Centre du Soleil. du Centre. scr. proportionelles. le reste comme aux 12. & 13e.

Aux 20. & 21e.

Prosthaphæreses Orbis Solis. Orbis. Exces.
Prosthaphereses de l'Orbe du Soleil. de l'Orbe. l'Exces. le reste comme aux 12. & 13e.

Au 22e.

Canones Æqualium motuum & Prosthaphæresium Lunæ.
Canons des Mouvemens egaux & des Prosthaphereses de la Lune.

Au 23e.

Æqualis motus Lunæ à Sole.
Mouvement egal de la Lune du Soleil. le reste comme au 10e.

Au 24e.

Æqualis motus Anomaliæ Orbis Lunæ.
Mouvement egal de l'Anomalie de l'Orbe de la Lune. le reste comme au 10e.

Au 25e.

Æqualis motus Latitudinis Lunæ.
Mouvement egal de latitude de la Lune. le reste comme au 10e.

Aux 26. & 27e.

Prosthaphæreses Centri Lunæ. Centri. scr. propor.
Prosthaphereses du Centre de la Lune. du Centre. scr. proportion. le reste comme aux 12. & 13e.

Aux 28. & 29e.

Prosthaphæreses Orbis Lunæ. Orbis. Exces.
Prosthaphereses de l'Orbe de la Lune. de l'Orbe. Exces. le reste comme aux 12. & 13e.

Au 30e.

Canon reducendi Lunam ad Eclipticam. Adde. Aufer. Dodec. gr. '. ''.
Canon à reduire la Lune en l'Ecliptique. Adjoustez. Soubstrayez. Signes. deg. '. ''.

Au fueillet 31e.

Canones latitudinis Lunæ.
Canons de latitude de la Lune.

Au 32e.

Canon integer latitudinis Lunæ. Dodecatemoria motus latitudinis Lunæ. Austr.
Canon entier de la latitude de la Lune. Signes du mouvement de latitude de la Lune. Austraux.
Bor. Desc. Asc. Latitudo. Exces. gradus. '. ''.
Boreaux. Descendans. Ascendans. Latitude. Exces. degrez. '. ''.

Au

Au 33e.

Canon latitudinis Lunæ in Novilunijs & Plenilunijs. diff. Adde. Aufer.
Canon de latitude de la Lune es Nouvelle & Pleine-lunes. difference. Adjoutez. Soubstrayez.
le reste comme au f. 32e.

Au 34. & 35e.

Canon latitudinis Lunæ in Eclipsibus.
Canon de latitude de la Lune es Eclipses. le reste comme au 32.e.

Au 36e.

Canon motus horarij Lunæ à Sole, in Novilunijs & Plenilunijs. Sexagenæ Anomaliæ Lunæ coæquatæ. Canon Conjunctionum & Oppositionum Solis & Lunæ. Menses anni Iuliani. Communis. Bissextilis. Tempora Lunationum. Anomalia Solis. Anomalia Lunæ.
Canon du mouvement horaire de la Lune du Soleil, es Nouvelle & Pleine Lunes. Sexagenes de l'Anomalie de la Lune egalée. Canon des Conjunctions & Oppositions du Soleil & de la Lune. Mois de l'an Iulien. Commun. Bissextil. Temps des Lunations. Anomalie du Soleil. Anomalie de la Lune.

Motus latitudinis Lunæ. dies. sexag. grad. '. ''. Ianuarius. Februarius. Martius. Aprilis. Majus. Iunius. Iulius. Augustus. September. October. November. December. Tempus dimidiæ Lunationis.
Mouvement de latitude de la Lune. jours. sexag. degr. '. ''. Ianuier. Feburier. Mars. Apuril. May Iuin. Iuillet. Aoust. Septembre. Octobre. Novembre. Decembre. Temps de demi Lunations.

Au 37e.

Canon Semi-diametrorum apparentium Solis, Lunæ, & Vmbræ. Anomalia Solis & Lunæ coæquata. Semi-diamet. Solis. Lunæ. Vmbræ. Variatio. aufer. Dodecatemoria.
Canon des Demi-diametres apparens du Soleil, de la Lune, & de l'Ombre. Anomalie du Soleil & de la Lune egalée. Demi-diametre. du Soleil. de la Lune. de l'Ombre. Variation. substrayez. Signes.

Au 38. & 39e.

Canon Digitorum Eclipticorum. Scrupula deficientia. Diameter apparens. dig.
Canon des Doigts Ecliptiques Scruples defaillantes. Diametre apparent. doigts.

Aux 40. & 41e.

Canon scrupulorum Incidentiæ in Eclipsi Solis, & scrupul. moræ dimidiatæ in Eclipsi Lunæ. Eclipsis ☉. Summa scrupulorum semidiamet. Solis & Lunæ. Eclipsis ☽.
Canon des scruples d'Incidence en l'Eclipse de Soleil, & des scruples de demi-demeure en l'Eclipse de Lune. Eclipse de Soleil. Somme des scruples des demi-diametres du Soleil & de la Lune. Eclipse de Lune.

 Diffe-

Differentia scrupulorum semidiam. Lunæ & Vmbræ. scrupula Veræ vel
Difference des scruples des demi-diametres. de la Lune & de l'Ombre. scruples de la vraye ou
apparentis Latitudinis Lunæ.
apparente Latitude de la Lune.

Aux 42. 43. 44. & 45e :

Canon scrupulorum Incidentiæ & moræ demidiatæ simul in Eclipsi Lunæ.
Canon de scruples d'Incidence & demi-demeure ensemble en l'Eclipse de Lune.
Eclipsis Lunæ. Summa scrupulorum utriusque semi Diametri, Lunæ & Vmbræ.
Eclipse de Lune. Sommes des scruples des deux demidiametres, de la Lune & de l'Ombre.
Scrupula vera latitudinis Lunæ.
Scruples de la vraye latitude de la Lune.

Au 46e.

Canones Parallaxium ☉. in circulo altitudinis, in media distantia. Canon Refra-
Canon des Parallaxes du Soleil au cercle de hauteur, en la moyenne distance. Canon des Refra-
ctionum ☉. & ☽. altit. Solis. Parallaxis. altitudo. Refractio.
ctions du Soleil & de la Lune. Hauteur du Soleil. Parallaxe. Hauteur. Refraction.

Au 47e.

Canon Parallaxeon Lunæ in Horizonte, Dodecatemoria anomaliæ Lunę coæquatę.
Canon des Parallaxes de la Lune en l'Horizon. Signes de l'anomalie egalée de la Lune.
Parallaxis. diff. Aufer. Adde.
Parallaxe. difference. Soubstrayez. Adjoutez.

Aux 48. 49. 50e.

Canon Parallaxeon Lunæ in Circulo Altitudinis. Pallaxes Lunæ Horizontales.
Canon des Parallaxes de la Lune au Cercle de Hauteur. Parallaxes Horizontales de la Lune.
Grad. Altit.
Degr. de Hauteur.

Au fueillet 51e.

Canones Trianguli Rectanguli Parallaxeon Solis & Lunæ: in quo latus Paral-
Canons du Triangle Rectangle des Parallaxes du Soleil & de la Lune: auquel le coste de Paral-
laxeos in circulo altitudinis subtendens rectum angulum adsumitur partium 60.
laxe au cercle de hauteur opposite à l'angle droit, & pris de 60. parties.
Ad latitudines Regionum. graduum.
Aux latitudes des Regions. degrez.

Aux 52. 53. & 54e.

16. Grad. Latitudinis regionis seu primi Climatis Parallaxes. Cancer. Leo.
Parallaxes de la Region de 16. deg. de latitude ou du premier Climat. l'Escreuisse. Lion.
Virgo. Libra. Scorpius. Sagittarius. Capricornus. Aquarius. Pisces.
Vierge. Balance. Scorpion. Sagittaire. Capricorne. Verseau. Poissons.
Aries. Taurus. Gemini.
Belier. Taureau. Gemeaux.

Horæ. Ho. scr. Distan. à Vert. Latus longit. Latus latitud. ortus. Occasus.
Heures. scrup. d'heur. Distance du point Vertical. Coste de longitude, Costé de latitude. lever. Coucher.
No. Merid. grad. Par. scr. A. B. Ante merid.
Le deg. 90e. depuis l'ascendant, Midy. degr. Parties scruples Austral. Boreal. avant midi.

Post

Post merid. Adde. Substrahe.
Apres midi. Adjoutez. Soubstrayez.

Aux 55. 56. 57. jusqu'au 90ᵉ. tout ainsi qu'aux 52. & 53ᵉ.

Au 91ᵉ.

In his duobus Dodecatemorijs, ♋. & initio ♌. Sol non occidit, ideoque hora 12.
En ces deux signes de ♋. & commencement du ♌. le Soleil ne se couche, & ainsi à 12. heures.
à meridie rursum in Meridiano imus adparet. In his duobus dodecatemorijs ♑,
apres midi apparoit il derechef au bas du Meridien. En ces deux signes du ♑.
& initio ♒. Sol non oritur.
& commencement du Verseau ne se leve le Soleil. le reste comme aux 52. & 53ᵉ.

Au 92. & 93ᵉ.

In ♊. Sol non occidit, sed loco ortus & occasus iterum Meridianum transit imus
Es ♊. ne se couche le Soleil, mais au lieu de lever & coucher il passe derechef le Meridien en bas
ac terræ proximus.
& le plus proche de la Terre. le reste comme aux 52. & 53ᵉ.

Aux 94. & 95. 96ᵉ.

Canon declinationum graduum Signiferi. Signa. gr. exc.
Canon des declinaisons de l'Ecliptique. Signes. degr. exces.

Au 97. & 98ᵉ.

Canon Ascensionum rectarum. Sig. gr. dif. auf. ad. temp.
Canon des Ascensions droites. Signes. degr. difference. soubstrayez. adjoutez. temps.

Au 99ᵉ.

Canon Angulorum Meridianorum. Sig. gr. diff. auf. Angulus.
Canon des Angles Meridiens. Signes. degr. difference. soubstrayez. Angle.

Au 100ᵉ.

Canones Æqualium motuum Stellarum Fixarum.
Canons des Mouvemens egaux des Estoilles Fixes.

Au 101ᵉ.

Motus Æqualis primæ Stellæ Arietis.
Mouvement egal de la premiere Estoille du Belier. le reste comme au 10ᵉ.

Au 102ᵉ.

Catologus xxv. Stellarum Fixarum summa cura à nobis observatarum;
Catalogue de xxv. Estoilles Fixes que nous avons observées avec grand soing;
earum longitudine & latitudine ad initium annorum Christi. Distant
leur longitude & latitude au commencement des ans de Christ. Distance
à prim. Arietis.
de la premiere du Belier.

 Lon-

Signification des Titres

Longitudo in principio ann. Christi. Latitudo initio ann. Christi.
Longitude au commencement des ans de Christ. Latitude au commencement des ans de Christ.

Magnitudo.
Grandeur.

Denominatio stellarum. Prima stella Arietis. Occidentalior Plejadum. Borealissima extra Plej.. Quæ juxta hanc. Australior Plejadum. Media & lucida Plejad.
Noms des Estoilles. La premiere estoille du Belier. La plus Occidentale des Plejades. La plus boreale sous les Plejades. Celle d'aupres icelle. La plus australe des Plejades. La moyenne & luisante des Plejades.

Orientalior Plejadum. Palilicium, Oculus Tauri. In ventre Meridion. ♊. Caput ♊. præcedens.
La plus Orientale des Plejades. L'oeil du Taureau, Palilice. Au ventre du Meridional. ♊. Le chef precedent ♊.

Caput ♊. sequens. Canis Minor Asellus austrinus. Cor Leonis, Basiliscus.
Le chef suivant ♊. Le petit Chien. l'Asnon austral. Le coeur du Lion Basilisc.

Præced. 4. stell. in sin. ala ♍. Sequens sub aust. ♍. hum. Spica Virginis.
La precedente des 4. en l'aile senestre ♍. La suivante soubs l'epaule australe ♍. L'epy de la Vierge.

Lanx austrina. Lanx borea. Suprema in fronte Scor. Media in fronte Scor.
La balance australe. La balance boreale. La plus haute au front du Scor. La moyenne au front du Scor.

Australior trium. Cor Scorpij. Borealior in præceden. cornu ♑. Australior.
La plus australe des trois. Le coeur du Scorpion. La plus boreale en la corne precedente ♑. La plus australe.

Au 103e.

Canon Prosthaphæresium Stellarum fixarum in latitudine. Sig. gr.
Canon des Prosthaphereses des Estoilles fixes en latitude. Signes. degrez.

Au 104e.

Canones Æqualium motuum Saturni.
Canons des mouvemens egaux de Saturne.

Au 105e.

Æqualis motus Saturni.
Mouvement egal de Saturne. Le reste comme au 10e.

Au 106e.

Æqualis motus Apogæi Saturni.
Mouvement egal de l'Apogée de Saturne. Le reste comme au 10e.

Au 107e.

Canones Prosthaphæresium Centri & Orbis Saturni.
Canons des Prosthaphereses du Centre & de l'Orbe de Saturne.

Aux

Aux 108. 109e.

Prosthaphæreses Centri Saturni. Centri. scr. propor.
Prosthaphereses du Centre de Saturne. du Centre. scrup. proportionelles. Le reste comme au 12. 13e.

Aux 110. 111e.

Prosthaphæreses Orbis Saturni. Orbis. Exces.
Prosthaphereses de l'Orbe de Saturne. de l'Orbe. Exces. Le reste comme aux 12. & 13e.

Au 112e.

Canones Æqualium motuum Iovis.
Canons des Mouvemens egaux de Iupiter.

Au 113e.

Æqualis motus Iovis.
Mouvement egal de Iupiter. Le reste comme au 10e.

Au 114e.

Æqualis motus Apogæi Iovis.
Mouvement egal de l'Apogée de Iupiter. Le reste comme au 10e.

Au 115e.

Canones Prosthaphæresium Centri & Orbis Iovis.
Canons des Prosthaphereses du Centre & de l'Orbe de Iupiter.

Aux 116. 117e.

Prosthaphæreses Centri Iovis. Centri. scr. prop.
Prosthaphereses du Centre de Iupiter. du Centre. scrup. proport. Le reste comme aux 12. & 13e.

Aux 118. 119e.

Prosthaphæreses Orbis Iovis. Orbis. Exces.
Prosthaphereses de l'Orbe de Iupiter. de l'Orbe Exces. Le reste comme aux 12. & 13e.

Au 120e.

Canones mediorum motuum Martis.
Canons des mouvemens moyens de Mars.

Au 121e.

Æqualis motus Martis.
Mouvement egal de Mars. Le reste comme au 10e.

Au 122e.

Æqualis motus Apogæi Martis.
Mouvement egal de l'Apogée de Mars. Le reste comme au 10e.

Signification des Titres

Au 123e.

Canones Æquationum Centri & Orbis.
Canons des Prosthaphereses du Centre & de l'Orbe.

Aux 124. 125e.

Prosthaphæreses Centri Martis. Centri. scr. propor.
ProsthapherESES du Centre de Mars. du Centre. scrup. proportion. le reste comme aux 12. & 13e.

Aux 126. 127e.

Prosthaphæreses Orbis Martis. Orbis. Exces.
ProsthapherESES de l'Orbe de Mars. de l'Orbe. Exces. Le reste comme aux 12. & 13e.

Au 128e.

Prosthaphæreses longitudinis Centricæ Martis in Acronychijs. scrupula proportionalia competentia Anomaliæ Orbis. Sig. gr. '. adde. Anom. Orbis. scr. propor.
ProsthapherESES de longitude Centrique de Mars es Acronyches. scruples proportionelles duës à l'Anomalie de l'Orbe. Signes. degr. '. adjoutez. Anomalie de l'Orbe. scrup. proportion.

Loca apparentia Martis; quando motu Excentrico in Leone versatur, à sexto gradu, in Virginis initium, sunt anteriora scrupulis primis 9'. in principio Scorpij, scrupulis 12'. & in principio Sagittarij scrupulis 8'.
Les lieux apparens de Mars; quand il est de son mouvement Excentric au Lion, du sixieme degré, au commencement de la Vierge; sont anterieurs de 9' scruples primes: au commencement du Scorpion de scruples 12'. & au commencement du Sagittaire de scrup. 8'.

Au 129e.

Canones Motuum Nodorum & Latitudinum Trium superiorum.
Canons des mouvemens des Noeuds & des Latitudes des Trois superieurs.

Au 130e.

Æqualis motus Nodi Borei Saturni. Nodus Boreus Iovis perpetuo distat ab Aequinoctio medio sexag. 1. grad. 35. 30'. 0''.
Mouvement egal du Noeud Boreal de Saturne. Le Noeud Boreal de Iupiter est tousjours distant du moyen Equinoxe sexag. 1. degrez. 35. 30'. 0''. Le reste comme au 10e.

Au 131e.

Æqualis motus Nodi Borei Martis.
Mouvement egal du Noeud Boreal de Mars. Le reste comme au 10e.

Au

Au 132e.

Scrupula proportionalia Canon latitudinis Saturni. Signa Anomalia Orbis
Scruples proportionelles Canon de latitude de Saturne. Signes d'Anomalie de l'Orbe
æquatæ. Canon latitudinis Iovis. Signa. grad. ſcrup.
egalée. Canon de latitude de Iupiter. Signes. degrez. ſcruples.

Au 133e.

Canon latitudinis Martis Boreæ. Signa Anomaliæ Orbis coæquatæ. Ca-
Canon de latitude de Mars Boreale. Signes d'Anomalie de l'Orbe egalée. Ca-
non latitudinis Martis Auſtrinæ.
non de latitude de Mars Auſtrale.

Au 134e.

Canones Æqualium motuum Veneris.
Canons des Mouvemens egaux de Venus.

Au 135e.

Æqualis motus Anomaliæ Orbis Veneris.
Mouvement egal de l'Anomalie de l'Orbe de Venus. Le reſte comme au 10e à

Au 136e.

Æqualis motus Apogæi Veneris.
Mouvement egal de l'Apogee de Venus. Le reſte comme au 10e.

Au 137e.

Canones Prosthaphæreſium Centri & Orbis Veneris.
Canons des Proſthapherefes du Centre & de l'Orbe de Venus

Aux 138. 139e.

Proſthaphæreſes Centri Veneris. Centri. ſcr. propor.
Proſthapherefes du Centre de Venus. du Centre. ſcrup. proportion. le reſte comme aux 12. & 13e.

Aux 140. 141e.

Proſthaphæreſes Orbis Veneris. Orbis. Exceſ.
Proſthapherefes de l'Orbe de Venus. de l'Orbe. Exces. Le reſte comme aux 12. & 13e.

Au 142e.

Canones mediorum motuum Mercurij.
Canons des moyens mouvemens de Mercure.

Signification des Titres

Au 143ᵉ.

Æqualis motus Anomaliæ Orbis Mercurij.
Mouvement egal de l'Anomalie de l'Orbe de Mercure.

Au 144ᵉ.

Æqualis motus Apogæi Mercurij.
Mouvement egal de l'Apogée de Mercure. le reste comme au 10ᵉ.

Au 145ᵉ.

Canones Æquationum Centri & Orbis Mercurij.
Canon des Prosthaphereses du Centre & de l'Orbe de Mercure.

Au 146. 147ᵉ.

Prosthaphæreses centri Mercurij. centri. scrup. propor.
Prosthaphereses du centre de Mercure. du centre. scrup. proportion. le reste comme aux 12. 13ᵉ.

Aux 148 149ᵉ.

Prosthaphæreses Orbis Mercurij. Orbis. Exces.
Prosthaphereses de l'Orbe de Mercure. de l'Orbe. Exces. le reste comme aux 12. & 13ᵉ.

Au 150ᵉ.

Canones Æqualium motuum Nodorum Veneris & Mercurij.
Canons des mouvemens egaux des Noeuds de Venus & Mercure.

Au 151ᵉ.

Æqualis motus Nodi Borei Veneris.
Mouvement egal du Noeud Boreal de Venus. le reste comme au 10ᵉ.

Au 152ᵉ.

Æqualis motus Nodi Austrini Mercurij.
Mouvement egal du Noeud Austral de Mercure. le reste comme au 10ᵉ.

Au 153ᵉ.

Canones latitudinum Veneris & Mercurij.
Canons de latitude de Venus & Mercure.

154ᵉ.

Scrupula proportionalia. Can. pri. sec. Canon Declinationis Veneris primus.
Scruples proportionelles. Canon. premier. second. Canon premier de Declinaison de Venus.
Declin. Borea. Austrina. Secundus.
Declinaison Boreale. Australe. Second.

Au

An 155e.

Scrupula proportionalia. Can. pri. fec. Canon Reflexionis Veneris primus.
Scruples proportionelles. Canon. premier. fecond. Canon premier de Reflexion de Venus.
Secundus. Reflexio Borea. Auftrina.
Second. Reflexion Boreale. Auftrale.

An 156e.

Scrupula proportionalia. Can. pri. fec. Canon Declinationis Mercurij primus.
Scruples proportionelles. Canon. premier. fecond. Canon premier de Declinaifon de Mercure.
Secundus. Declinatio Auftrina. Borea.
Second. Declinaifon Auftrale. Boreale.

An 157e.

Scrupula proportionalia. Can. pri. fec. Canon Reflexionis Mercurij primus.
Scruples proportionelles. Canon. premier. fecond. Canon premier de Reflexion de Mercure.
Secundus. Reflexio Auftrina. Borea.
Second. Reflexion Auftrale. Boreale.

An 158e.

Canon ftationum trium fuperiorum Planetarum. Saturnus. Iupiter. Mars.
Canon des ftations des trois Planetes fuperieurs. Saturne. Iupiter. Mars.
Prima. Secunda. Grad. Statio.
Premiere. Seconde. degrez. Station.

An 159e.

Canon ftationum duorum inferiorum Planetarum. Venus. Mercurius.
Canon des ftations des deux Planetes inferieurs. Venus. Mercure.
Statio. prima. fecunda.
Station. premiere. feconde.

An 160e.

Canon de l'Emerfion & Occultation des cinq Planetes.
Canon Emerfionis & Occultationis quinque Planetarum.

2 [illegible]

[illegible]

[illegible]

[illegible]

[illegible]

[illegible]

LES TABLES PERPETVELLES
DE
PHILLIPPE LANSBERGVE
DES
MOVVEMENS CELESTES.

Construictes & accordantes avec les Observations de tous temps.

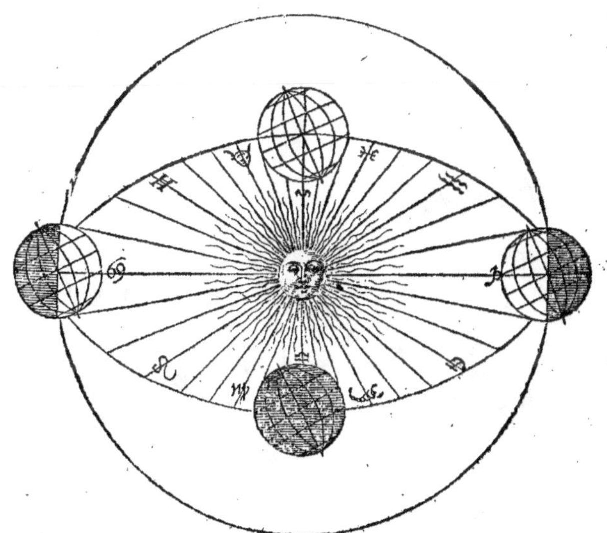

A MIDDELBOVRG EN ZELANDE,
Chez
ZACHARIE ROMAN.

en l'an MDC XXXIII.

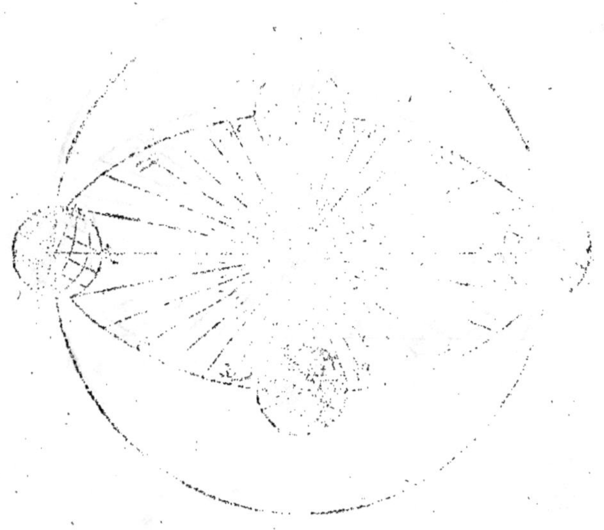

Le Commencement des *Canons Aſtronomiques*, & premierement de *ceux qui appartiennent au changement du temps*,

Que les intervalles des Racines juſtement precedent.

DEPVIS LES OLYMPIADES										
Iuſqu'au commencement des Ans	*Ans Ægypt.*	*jours*		*Ans Iuliens*	*jours*		*Sexag. de jours* '''	''	'	jours
De Nabonnaſſar	27	247		27	241		0	2	48	22
De la mort d'Alexandre	451	247		451	135		0	45	47	42
De C. Iule Ceſar	730	1		729	184		1	14	0	51
De CHRIST DIEV	775	13		774	185		1	18	34	48
DEPVIS NABONNASSAR										
Iuſqu'au commencement des ans	*Ans Ægypt.*	*jours*		*Ans Iuliens*	*jours*		*Sexag. de jours* '''	''	'	jours
De la mort d'Alexandre	424	0		423	260		0	42	59	20
De C. Iule Ceſar	702	119		701	309		1	11	12	29
De CHRIST DIEV	747	131		746	310		1	15	46	26
DE LA MORT D'ALEXANDRE										
Iuſqu'au commencement des ans	*Ans Egypt.*	*jours*		*Ans Iuliens*	*jours*		*Sexag. de jours* '''	''	'	jours
De C. Iule Ceſar	278	119		278	50		0	28	13	9
De CHRIST DIEV	323	131		323	51		0	32	47	6
DEPVIS C. IVLE CESAR										
Iuſqu'au commencement des ans	*Ans Egypt.*	*jours*		*Ans Iuliens*	*jours*		*Sexag. de jours* '''	''	'	jours
De CHRIST DIEV	45	12		45	1		0	4	33	57

Le commencement des ans de CHRIST, & de C. Iule depend du midi des Calendes de Ianuier.

 Canon

Canon à convertir les heures & ſcruples d'heures, en temps & ſcruples Equinoctiaux; & au contraire.

Heur	Temps.
1	15
2	30
3	45
4	60
5	75
6	90
7	105
8	120
9	135
10	150
11	165
12	180
13	195
14	210
15	225
16	240
17	255
18	270
19	285
20	300
21	315
12	330
23	345
24	360
Scr.	/

Sex	Temps	/
1	4	15
2		30
3		45
4	1	0
5		15
6		30
7		45
8	2	0
9		15
10		30
11		45
12	3	0
13		15
14		30
15		45
16	4	0
17		15
18		30
19		45
20	5	0
21		15
22		30
23		45
24	6	0
25		15
26		30
27		45
28	7	0
29		15
30		30
2e	/	//

Scr	Temps	/
31		45
32	8	0
33		15
34		30
35		45
36	9	0
37		15
38		30
39		45
40	10	0
41		15
42		30
43		45
44	11	0
45		15
46		30
47		45
48	12	0
49		15
50		30
51		45
52	13	0
53		15
54		30
55		45
56	14	0
57		15
58		30
59		45
60	15	0
2e	/	//

Canon à convertir les Ans & Mois Egyptiens en Sexagenes de jours, & jours.

Ans Egypt. assemblez.	*Sexagenes de jours* 3es	2es	1es	jours	*Ans esten dus*	*Sexagenes de jours* 2es	1es	jours	*Ans esten dus*	*Sexagenes de jours* 2es	1es	jours	*Ans estendus.*	*Sexagenes de jours* 2es	1es	jours
100	0	10	8	20	1	0	6	5	35	3	32	55	69	6	59	45
200	0	20	16	40	2	0	12	10	36	3	39	0	70	7	5	50
300	0	30	25	0	3	0	18	15	37	3	45	5	71	7	11	55
400	0	40	33	20	4	0	24	20	38	3	51	10	72	7	18	0
500	0	50	41	40	5	0	30	25	39	3	57	15	73	7	24	5
600	1	0	50	0	6	0	36	30	40	4	5	20	74	7	30	10
700	1	10	58	20	7	0	42	35	41	4	9	25	75	7	36	15
800	1	21	6	40	8	0	48	40	42	4	15	30	76	7	42	20
900	1	31	15	0	9	0	54	45	43	4	21	35	77	7	48	25
1000	1	41	23	20	10	1	0	50	44	4	27	40	78	7	54	30
1100	1	51	31	40	11	1	6	55	45	4	33	45	79	8	0	35
1200	2	1	40	0	12	1	13	0	46	4	39	50	80	8	6	40
1300	2	11	48	20	13	1	19	5	47	4	45	55	81	8	12	45
1400	2	21	56	40	14	1	25	10	48	4	52	0	82	8	18	50
1500	2	32	5	0	15	1	31	15	49	4	58	5	83	8	24	55
1600	2	42	13	20	16	1	37	20	50	5	4	10	84	8	31	0
1700	2	52	21	40	17	1	43	25	51	5	10	15	85	8	37	5
1800	3	2	30	0	18	1	49	30	52	5	16	20	86	8	43	10
1900	3	12	38	20	19	1	55	35	53	5	22	25	87	8	49	15
2000	3	22	46	40	20	2	1	40	54	5	28	30	88	8	55	20
2100	3	32	55	0	21	2	7	45	55	5	34	35	89	9	1	25
2200	3	43	3	20	22	2	13	50	56	5	40	40	90	9	7	30
2300	3	53	11	40	23	2	19	55	57	5	46	45	91	9	13	35
2400	4	3	20	0	24	2	26	0	58	5	52	50	92	9	19	40
2500	4	13	28	20	25	2	32	5	59	5	58	55	93	9	25	45
2600	4	23	36	40	26	2	38	10	60	6	5	0	94	9	31	50
2700	4	33	45	0	27	2	44	15	61	6	1	5	95	9	37	55
2800	4	43	53	20	28	2	50	20	62	6	17	10	96	9	44	0
2900	4	54	1	40	29	2	56	25	63	6	23	15	97	9	50	5
3000	5	4	10	0	30	3	2	30	64	6	29	20	98	9	56	10
4000	6	45	33	20	31	3	8	35	65	6	35	25	99	10	2	15
5000	8	26	56	40	32	3	14	40	66	6	41	30	100	10	8	20
6000	10	8	20	0	33	3	20	45	67	6	47	35				
7000	11	49	43	20	[illegible]	3	26	50	68	6	53	40				

34

Mois de l'an Egyptien.

		Sex	jours
1	*Thoth*	0	30
2	*Phaophi*	1	0
3	*Athyr*	1	30
4	*Cheac*	2	0
5	*Tybi*	2	30
6	*Mechir*	3	0
7	*Phamenot*	3	30
8	*Pharmut*	4	0
9	*Pachon*	4	30
10	*Payri*	5	0
11	*Epephi*	5	30
12	*Mesori*	6	0
les cinq Epactes		6	5

Canon

Canon à convertir les Ans & Mois Iuliens en Sexagenes de jours, & jours.

Ans Iuliens assemblez.	*Sexagenes de jours* 3es	2es	1es	jours	*Ans estendus*	*Sexagenes de jours* 2es	1es	jours	*Ans estendus*	*Sexagenes de jours* 2es	1es	jours	*Ans Iuliens estendus.*	*Sexagenes de jours* 2es	1es	jours
100	0	10	8	45	1	0	6	5	35	3	33	3	69	7	0	2
200	0	20	17	30	2	0	12	10	36	3	39	9	70	7	6	7
300	0	30	26	15	3	0	18	15	37	3	45	14	71	7	12	12
400	0	40	35	0	4	0	24	21	38	3	51	19	72	7	18	18
500	0	50	43	45	5	0	30	26	39	3	57	24	73	7	24	23
600	1	0	52	30	6	0	36	31	40	4	3	30	74	7	30	28
700	1	11	1	15	7	0	42	36	41	4	9	35	75	7	36	33
800	1	21	10	0	8	0	48	42	42	4	15	40	76	7	42	39
900	1	31	18	45	9	0	54	47	43	4	21	45	77	7	48	44
1000	1	41	27	30	10	1	0	52	44	4	27	51	78	7	54	49
1100	1	51	36	15	11	1	6	57	45	4	33	56	79	8	0	54
1200	2	1	45	0	12	1	13	3	46	4	40	1	80	8	7	0
1300	2	11	53	45	13	1	19	8	47	4	46	6	81	8	13	5
1400	2	22	2	30	14	1	25	13	48	4	52	12	82	8	19	10
1500	2	32	11	15	15	1	31	18	49	4	58	17	83	8	25	15
1600	2	42	20	0	16	1	37	24	50	5	4	22	84	8	31	21
1700	2	52	28	45	17	1	43	29	51	5	10	27	85	8	37	26
1800	3	2	37	30	18	1	49	34	52	5	16	33	86	8	43	31
1900	3	12	46	15	19	1	55	39	53	5	22	38	87	8	49	36
2000	3	22	55	0	20	2	1	45	54	5	28	43	88	8	55	42
2100	3	33	3	45	21	2	7	50	55	5	34	48	89	9	1	47
2200	3	43	12	30	22	2	13	55	56	5	40	54	90	9	7	52
2300	3	53	21	15	23	2	20	0	57	5	46	59	91	9	13	57
2400	4	3	30	0	24	2	26	6	58	5	53	4	92	9	20	3
2500	4	13	38	45	25	2	32	11	59	5	59	9	93	9	26	8
2600	4	23	47	30	26	2	38	16	60	6	5	15	94	9	32	13
2700	4	33	56	15	27	2	44	21	61	6	11	20	95	9	38	18
2800	4	44	5	0	28	2	50	27	62	6	17	25	96	9	44	24
2900	4	54	13	45	29	2	56	32	63	6	23	30	97	9	50	29
3000	5	4	22	30	30	3	2	37	64	6	29	36	98	9	56	34
4000	6	45	50	0	31	3	8	42	65	6	35	41	99	10	2	39
5000	8	27	17	30	32	3	14	48	66	6	41	46	100	10	8	45
6000	10	8	45	0	33	3	20	53	67	6	47	51				
7000	11	50	12	30	34	3	26	58	68	6	53	57				

Mois de l'an Commun.

		Sex	jour
1	*Ianuier*	0	31
2	*Feburier*	0	59
3	*Mars*	1	30
4	*Apuril*	2	0
5	*May*	2	31
6	*Iuin*	3	1
7	*Iuillet*	3	32
8	*Aoust*	4	3
9	*Septembre*	4	33
10	*Octobre*	5	4
11	*Novembre*	5	34
12	*Decembre*	6	5

Mois de l'an Bissextil.

		Sex	jours
1	*Ianuier*	0	31
2	*Feburier*	1	0
3	*Mars*	1	31
4	*Apuril*	2	1
5	*May*	2	32
6	*Iuin*	3	2
7	*Iuillet*	3	33
8	*Aoust*	4	4
9	*Septembre*	4	34
10	*Octobre*	5	5
11	*Novembre*	5	35
12	*Decembre*	6	6

Canon à convertir les heures & ſcruples d'heure, en ſcruples de jour.

Heures				*Heures*			
heur.	*jour*	1^{e}	2^{e}	*heur*	*jour*	1^{e}	2^{e}
1^{e}	1^{e}	2^{e}	3^{e}	1^{e}	1^{e}	2^{e}	3^{e}
2.	2^{e}	3^{e}	4^{e}	2^{e}	2^{e}	3^{e}	4^{e}
1	0	2	30	31	1	17	30
2	0	5	0	32	1	20	0
3	0	7	30	33	1	22	30
4	0	10	0	34	1	25	0
5	0	12	30	35	1	27	30
6	0	15	0	36	1	30	0
7	0	17	30	37	1	32	30
8	0	20	0	38	1	35	0
9	0	22	30	39	1	37	30
10	0	25	0	40	1	40	0
11	0	27	30	41	1	42	30
12	0	30	0	42	1	45	0
13	0	32	30	43	1	47	30
14	0	35	0	44	1	50	0
15	0	37	30	45	1	52	30
16	0	40	0	46	1	55	0
17	0	42	30	47	1	57	30
18	0	45	0	48	2	0	0
19	0	47	30	49	2	2	30
20	0	50	0	50	2	5	0
21	0	52	30	51	2	7	30
22	0	55	0	52	2	10	0
23	0	57	30	53	2	12	30
24	1	0	0	54	2	15	0
25	1	2	30	55	2	17	30
26	1	5	0	56	2	20	0
27	1	7	30	57	2	22	30
28	1	10	0	58	2	25	0
29	1	12	30	59	2	27	30
30	1	15	0	60	2	30	0

Canon à convertir les ſcruples de jour, en heures & ſcruples d'heure.

Scr. de jour			*Scr. de jour*		
1^{e}	*heur*	1^{e}	1^{e}	*heur*	1^{e}
2^{e}	1^{e}	2^{e}	2^{e}	1^{e}	2^{e}
3^{e}	2^{e}	3^{e}	3^{e}	2^{e}	3^{e}
1	0	24	31	12	24
2	0	48	32	12	48
3	1	12	33	13	12
4	1	36	34	13	36
5	2	0	35	14	0
6	2	24	36	14	24
7	2	48	37	14	48
8	3	12	38	15	12
9	3	36	39	15	36
10	4	0	40	16	0
11	4	24	41	16	24
22	4	48	42	16	48
13	5	12	43	17	12
14	5	36	44	17	36
15	6	0	45	18	0
16	6	24	46	18	24
17	6	48	47	18	48
18	7	12	48	19	12
19	7	36	49	19	36
20	8	0	50	20	0
21	8	24	51	20	24
22	8	48	52	20	48
23	9	12	53	21	12
24	9	36	54	21	36
25	10	0	55	22	0
25	10	24	56	22	24
27	10	48	57	22	48
28	11	12	58	23	12
29	11	36	59	23	36
30	12	0	60	24	0

Catalogue d'aucuns lieux renommez en diverses Regions desquels les Meridiens sont divers.

		Temps		Pole	
		heur.	scr.	Deg.	Scr.
Alexandrie en Egypte	A	2	20	30	58
Alcmar en Hollande	A	0	3	52	41
Amsterdam en Hollande	A	0	4	52	26
Antioche en Syrie	A	3	17	37	0
Anvers en Brabant	A	0	2	51	16
Aix en Province	A	0	6	43	33
Aix la Chapelle	A	0	8	50	48
Aracte en Syrie	A	3	27	36	4
Arnhem en Geldre	A	0	9	52	7
Athene en Grece	A	1	50	37	15
Augsbourg	A	0	31	48	21
Babylon en Chaldeé	A	3	12	35	0
Bajonne	S	0	22	43	30
Barcelone	S	0	28	41	24
Basle en Suisse	A	0	12	47	3
Bergue en Norvvegue	A	0	8	60	30
Bergue op Zom	A	0	1	51	30
Bithynie	A	2	40	43	0
Bologne en Italie	A	0	36	43	54
Breme	A	0	19	53	10
Briga en Slesie	A	1	4	51	0
Bruge en Flandre	S	0	3	51	19
Bruxelle en Brabant	A	0	2	50	48
Les Isles de Canarie	S	1	42	28	0
Calicut es Indes	A	5	14	11	0
Campen	A	0	7	52	40
Cassel en Hesse	A	0	19	51	19
Cologne Agrippine	A	0	11	50	56
Compostelles S. Iaques	S	1	1	42	30
Conimbre en Portugal	S	0	59	40	0
Constance en Suisse	A	0	26	47	30
Cracau en Pologne	A	1	22	50	0
Danzig	A	1	16	54	20
Delf en Hollande	A	0	2	52	0
Dordrect en Hollande	A	0	4	51	51
Dusbourg en Cleve	A	0	10	51	30
Dyrrachium en Macedone	A	1	22	41	27
Edinbourg en Ecosse	S	0	26	56	10
Emde en Frise	A	0	10	53	32
Francfort au Mayn	A	0	16	50	8
Francfort sur l'Odre	A	0	56	52	20
Franequre en Frise	A	0	7	53	12
Fruenbourg en Prusse	A	1	22	54	19
GAND *en Flandre*		0	0	51	8
GOES *en Zelande*		0	0	51	31
Goa es Indes	A	5	22	18	30
Goude en Hollande	A	0	3	52	2
Gratz en Stirie	A	0	55	47	2
Groeningue en Frise	A	0	10	53	12
Hafne, Coppenhague	A	0	45	55	43
Harlem en Hollande	A	0	3	52	27
La Haye des Comtes	A	0	2	52	5
Hambourg en Holsats	A	0	22	53	44
Heydelberg	A	0	25	49	22
Hierusalem	A	3	0	31	55
Hispale, Seville	S	0	49	38	5
Ingelstad en Baviere	A	0	34	48	30
Leyde en Hollande	A	0	3	52	11
Levvarde en Frise	A	0	8	53	13
Lipse en Misnie	A	0	36	51	17
Lisbonne en Portugal	S	0	56	39	0
Londres en Angleterre	S	0	20	51	32
Louvain en Brabant	A	0	4	50	50
Lyon en France	A	0	3	45	0
Lutece Paris	S	0	9	48	52
Maroque en Maurit	S	0	54	31	0
Marseille en Provence	A	0	5	42	20
Milan	A	0	22	44	35
Mellicum en Austriche	A	0	55	48	10
Mets en Lorraine	A	0	8	49	12
Middelbourg en Zelande	S	0	1	51	31
Mayence, Mentz	A	0	16	49	50
Montpellier	S	0	2	42	40
Mont Royal en Prusse	A	1	25	54	20
Naples en Italie	A	0	51	40	50
Nidrosie en Norvvegue	A	0	17	63	12
Norimberg en Alemagne	A	0	33	49	24
Ostende en Flandre	S	0	5	51	20
Les Isles Orcades	S	0	36	61	0
Oxford en Angleterre	S	0	24	51	50
Padouë en Italie	A	0	34	45	15
Palerme en Sicile	A	0	47	37	30
Prague en Boheme	A	0	44	50	6
Regensbourg en Baviere	A	0	37	49	0
Riga en Livonie	A	1	25	58	30
Rhode	A	2	10	36	0
Rome	A	0	43	42	2
Rotterdam en Hollande	A	0	3	51	56
Rostoch	A	0	37	54	0
Rouen en Normandie	S	0	14	49	15
Salamanque en Espagne	S	0	42	41	12
Sardes en Lydie	A	2	14	38	0
Siracuse en Sicile	A	0	32	36	20
Strigonie en Hongrie	A	1	5	47	20
Stetin en Pomeren	A	0	45	53	36
Stockholm en Suede	A	0	46	58	50
Zurich en Suisse	A	0	20	47	0
Tolose en France	S	0	14	43	25
Tolede en Espagne	S	0	42	39	30
Tole en Zelande	A	0	1	51	30
Torgau en Misnie	A	0	38	51	30
Tubinge en Suabe	A	0	22	48	24
Valence en Espagne	S	0	26	39	30
Venize	A	0	37	45	20
Vienne en Austriche	A	0	54	48	22
Viterbe en Italie	A	0	40	42	12
Vlme en Suabe	A	0	25	48	24
Vtrect	A	0	6	52	7
Vranibourg en Danemarc	A	0	45	55	55
Vratislavie en Slesie	A	0	56	51	10
Witebergue en Saxe	A	0	38	51	54
Ziriczé en Zelande		0	0	51	42

Aux lieux orientaux de Goes est adjoint la lettre A Aux lieux occidentaux la lettre S.

Canon

CANONES ANOMALIAE AEQUINOCTIORUM ET OBLIQUITATIS ZODIACI.

ITEM

PROSTHAPHÆRESIUM Æquinoctiorum & Obliquitatis Zodiaci.

Æqualis motus Anomaliæ Æquinoctiorum.

In diebus & Sexagenis dierum, & scrupulis.

Sexagenæ		*1ª*	*2ª*	*3ª*				
3ª				*Sex*	*gr.*	′	″	‴
2ª			*Sex.*	*gr.*	′	″	‴	
1ª		*Sex.*	*gr.*	′	″	‴		
Dies	*Sex.*	*gr*	′	″	‴			
1	0	0	0	2	4	4	39	3
2	0	0	0	4	8	9	18	7
3	0	0	0	6	12	13	57	10
4	0	0	0	8	16	18	36	14
5	0	0	0	10	20	23	15	18
6	0	0	0	12	24	27	54	22
7	0	0	0	14	28	32	33	25
8	0	0	0	16	32	37	12	29
9	0	0	0	18	36	41	51	33
10	0	0	0	20	40	46	30	36
11	0	0	0	22	44	51	9	40
12	0	0	0	24	48	55	48	43
13	0	0	0	26	53	0	27	47
14	0	0	0	28	57	5	6	51
15	0	0	0	31	1	9	45	54
16	0	0	0	33	5	14	24	58
17	0	0	0	35	9	19	4	1
18	0	0	0	37	13	23	43	5
19	0	0	0	39	17	28	22	9
20	0	0	0	41	21	33	1	12
21	0	0	0	43	25	37	40	16
22	0	0	0	45	29	42	19	20
23	0	0	0	47	33	46	58	23
24	0	0	0	49	37	51	37	27
25	0	0	0	51	41	56	16	30
26	0	0	0	53	46	0	55	34
27	0	0	0	55	50	5	34	38
28	0	0	0	57	54	10	13	41
29	0	0	0	59	58	14	52	45
30	0	0	1	2	2	19	31	48
scr.	*gr.*	′	″	‴				
2ª	′	″	‴					
3ª	″	‴						
4ª	‴							

Epocha
Nabonnassaris
Sex. gr. ′. ″.
3. 37. 59. 28.

Sexagenæ		*1ª*	*2ª*	*3ª*				
3ª				*Sex.*	*gr.*	′	″	‴
2ª			*Sex.*	*gr.*	′	″	‴	
1ª		*Sex.*	*gr.*	′	″	‴		
Dies	*Sex.*	*gr.*	′	″	‴			
31	0	0	1	4	6	24	10	52
32	0	0	1	6	10	28	49	56
33	0	0	1	8	14	33	28	59
34	0	0	1	10	18	38	8	3
35	0	0	1	12	22	42	47	7
36	0	0	1	14	26	47	26	10
37	0	0	1	16	30	52	5	14
38	0	0	1	18	34	56	44	17
39	0	0	1	20	39	1	23	21
40	0	0	1	22	43	6	2	25
41	0	0	1	24	47	10	41	28
42	0	0	1	26	51	15	20	32
43	0	0	1	28	55	19	59	35
44	0	0	1	30	59	24	38	39
45	0	0	1	33	3	29	17	43
46	0	0	1	35	7	33	56	46
47	0	0	1	37	11	38	35	50
48	0	0	1	39	15	43	14	54
49	0	0	1	41	19	47	53	57
50	0	0	1	43	23	52	33	1
51	0	0	1	45	27	57	12	4
52	0	0	1	47	32	1	51	8
53	0	0	1	49	36	6	30	12
54	0	0	1	51	40	11	9	15
55	0	0	1	53	44	15	48	19
56	0	0	1	55	48	20	27	22
57	0	0	1	57	52	25	6	26
58	0	0	1	59	56	29	45	30
59	0	0	2	2	0	34	25	33
60	0	0	2	4	4	39	3	37
scr.	*gr.*	′	″	‴				
2ª	′	″	‴					
3ª	″	‴						
4ª	‴							

Epocha
CHRISTI
Sex. gr. ′. ″.
0. 14. 41. 18.

Æqua-

Æqualis motus Obliquitatis Zodiaci.

In diebus & Sexagenis dierum, & scrupulis.

Sexagenæ		1æ	2æ	3æ				
3æ				Sex	gr.	'	''	'''
2æ			Sex.	gr.	'	''	'''	
1æ		Sex.	gr.	'	''	'''		
Dies	Sex.	gr.	'	''	'''			
1	0	0	0	1	11	0	49	19
2	0	0	0	2	22	1	38	38
3	0	0	0	3	32	2	27	57
4	0	0	0	4	44	3	17	16
5	0	0	0	5	55	4	6	35
6	0	0	0	7	6	4	55	53
7	0	0	0	8	17	5	45	13
8	0	0	0	9	28	6	34	31
9	0	0	0	10	39	7	23	50
10	0	0	0	11	50	8	13	9
11	0	0	0	13	1	9	2	28
12	0	0	0	14	12	9	51	47
13	0	0	0	15	23	10	41	6
14	0	0	0	16	34	11	30	25
15	0	0	0	17	45	12	19	44
16	0	0	0	18	56	13	9	3
17	0	0	0	20	7	13	58	22
18	0	0	0	21	18	14	47	40
19	0	0	0	22	29	15	36	59
20	0	0	0	23	40	16	26	19
21	0	0	0	24	51	17	15	37
22	0	0	0	26	2	18	4	56
23	0	0	0	27	13	18	54	15
24	0	0	0	28	24	19	43	34
25	0	0	0	29	35	20	32	53
26	0	0	0	30	46	21	22	12
27	0	0	0	31	57	22	11	31
28	0	0	0	33	8	23	0	50
29	0	0	0	34	19	23	50	9
30	0	0	0	35	30	24	39	28
scr.	gr.	'	''	'''				
2a	'	''	'''					
3a	''	'''						
4a	'''							

Epocha
Nabonnassaris
Sex. gr. ' ''
4. 30. 19. 1.

Sexagenæ		1æ	2æ	3æ				
3æ				Sex.	gr	'	''	'''
2æ			Sex.	gr.	'	''	'''	
1æ		Sex.	gr.	'	''	'''		
Dies	Sex.	gr.	'	''	'''			
31	0	0	0	36	41	25	28	46
32	0	0	0	37	52	16	18	6
33	0	0	0	39	3	27	7	24
34	0	0	0	40	14	27	56	43
35	0	0	0	41	25	28	46	2
36	0	0	0	42	36	29	35	21
37	0	0	0	43	47	30	24	40
38	0	0	0	44	58	31	13	59
39	0	0	0	46	9	32	3	18
40	0	0	0	47	20	32	52	37
41	0	0	0	48	31	33	41	56
42	0	0	0	49	42	34	31	14
43	0	0	0	50	53	35	20	34
44	0	0	0	52	4	36	9	52
45	0	0	0	53	15	36	59	11
46	0	0	0	54	26	37	48	30
47	0	0	0	55	37	38	37	49
48	0	0	0	56	48	39	27	8
49	0	0	0	57	59	40	16	27
50	0	0	0	59	10	41	5	46
51	0	0	1	0	21	41	55	5
52	0	0	1	1	32	42	44	24
53	0	0	1	2	43	43	33	43
54	0	0	1	3	54	44	23	2
55	0	0	1	5	5	45	12	20
56	0	0	1	6	16	46	1	40
57	0	0	1	7	27	46	50	58
58	0	0	1	8	38	47	40	17
59	0	0	1	9	49	48	29	36
60	0	0	1	11	0	49	18	55
scr.	gr.	'	''	'''				
2a	'	''	'''					
3a	''	'''						
4a	'''							

Epocha
CHRISTI
Sex. gr. ' ''
0. 0. 0. 0.

Prostha-

Prosthaphæreses Æquinoctiorum,

Sexag.	0					1					2					Sexag.
gradus.	Æquinoctiorum Aufer			Obliq. Zodia. Adde		Æquinoctiorum Aufer			Obliq. Zodia. Adde		Æquinoctiorum Aufer			Obliq. Zodia. Adde		gradus.
	gr.	'	''	'	''	gr.	'	''	'	''	gr.	'	''	'	''	
0	0	0	0	22	0	1	4	18	16	30	1	4	18	5	30	60
1	0	1	18	22	0	1	4	56	16	19	1	3	38	5	21	59
2	0	2	36	21	59	1	5	33	16	9	1	2	57	5	11	58
3	0	3	54	21	59	1	6	9	15	59	1	2	15	5	1	57
4	0	5	12	21	58	1	6	44	15	49	1	1	32	4	51	56
5	0	6	29	21	57	1	7	17	15	38	1	0	48	4	42	55
6	0	7	46	21	56	1	7	49	15	28	1	0	3	4	33	54
7	0	9	3	21	55	1	8	20	15	17	0	59	17	4	23	53
8	0	10	20	21	53	1	8	50	15	7	0	58	30	4	14	52
9	0	11	37	21	51	1	9	19	14	56	0	57	42	4	5	51
10	0	12	54	21	9	1	9	46	14	45	0	56	53	3	56	50
11	0	14	10	21	47	1	10	12	14	34	0	56	3	3	48	49
12	0	15	26	21	45	1	10	37	14	23	0	55	12	3	39	48
13	0	16	42	21	43	1	11	0	14	12	0	54	19	3	30	47
14	0	17	57	21	40	1	11	22	14	1	0	53	25	3	22	46
15	0	19	12	21	37	1	11	43	13	50	0	52	30	3	14	45
16	0	20	28	21	34	1	12	2	13	39	0	51	34	3	6	44
17	0	21	42	21	31	1	12	20	13	28	0	50	37	2	58	43
18	0	22	56	21	27	1	12	37	13	17	0	49	39	2	50	42
19	0	24	10	21	24	1	12	53	13	5	0	48	41	2	42	41
20	0	25	23	21	20	1	13	8	12	54	0	47	42	2	35	40
21	0	26	36	21	16	1	13	21	12	43	0	46	42	2	28	39
22	0	27	48	21	11	1	13	33	12	31	0	45	41	2	20	38
23	0	29	0	21	7	1	13	43	12	20	0	44	40	2	13	37
24	0	30	11	21	2	1	13	52	12	8	0	43	38	2	7	36
25	0	31	22	20	58	1	13	59	11	57	0	42	35	2	0	35
26	0	32	32	20	53	1	14	5	11	46	0	41	31	1	53	34
27	0	33	42	20	48	1	14	10	11	34	0	40	26	1	47	33
28	0	34	51	20	42	1	14	13	11	23	0	39	21	1	41	32
29	0	36	0	20	37	1	14	15	11	11	0	38	15	1	35	31
30	0	37	8	20	31	1	14	16	11	0	0	37	8	1	29	30
gr.	Adde			Adde		Adde			Adde		Adde			Adde		gr.
Sexag.	5					4					3					Sexag.

& Obli-

& Obliquitatis Zodiaci.

Sexag. 0						Sexag. 1					Sexag. 2					
gradus.	Æquinoctiorum Aufer			Obliq. Zodia. Adde		Æquinoctiorum Aufer			Obliq. Zodia. Adde		Æquinoctiorum Aufer			Obliq. Zodia. Adde		gradus.
	gr.	′	″	′	″	gr.	′	″	′	″	gr.	′	″	′	″	
30	0	37	8	20	31	1	14	16	11	0	0	37	8	1	29	30
31	0	38	15	20	25	1	14	15	10	49	0	36	0	1	23	29
32	0	39	21	20	19	1	14	13	10	37	0	34	51	1	18	28
33	0	40	26	20	13	1	14	10	10	26	0	33	42	1	12	27
34	0	41	31	20	7	1	14	5	10	14	0	32	32	1	7	26
35	0	42	35	20	0	1	13	59	10	3	0	31	22	1	2	25
36	0	43	38	19	53	1	13	52	9	52	0	30	11	0	58	24
37	0	44	40	19	47	1	13	43	9	40	0	29	0	0	53	23
38	0	45	41	19	40	1	13	33	9	29	0	27	48	0	49	22
39	0	46	42	19	32	1	13	21	9	17	0	26	36	0	44	21
40	0	47	42	19	25	1	13	8	9	6	0	25	23	0	40	20
41	0	48	41	19	18	1	12	53	8	55	0	24	11	0	36	19
42	0	49	39	19	10	1	12	37	8	43	0	22	57	0	33	18
43	0	50	37	19	2	1	12	20	8	32	0	21	42	0	29	17
44	0	51	34	18	54	1	12	2	8	21	0	20	27	0	26	16
45	0	52	30	18	46	1	11	43	8	10	0	19	12	0	23	15
46	0	53	25	18	38	1	11	22	7	59	0	17	57	0	20	14
47	0	54	19	18	30	1	11	0	7	48	0	16	42	0	17	13
48	0	55	12	18	21	1	10	37	7	37	0	15	26	0	15	12
49	0	56	3	18	12	1	10	12	7	26	0	14	10	0	13	11
50	0	56	53	18	4	1	9	46	7	15	0	12	54	0	11	10
51	0	57	42	17	55	1	9	19	7	4	0	11	37	0	9	9
52	0	58	30	17	46	1	8	50	6	53	0	10	20	0	7	8
53	0	59	17	17	37	1	8	20	6	43	0	8	3	0	5	7
54	1	0	3	17	27	1	7	49	6	32	0	7	46	0	4	6
55	1	0	48	17	18	1	7	17	6	22	0	6	29	0	3	5
56	1	1	32	17	9	1	6	44	6	11	0	5	12	0	2	4
57	1	2	15	16	59	1	6	9	6	1	0	3	54	0	1	3
58	1	2	57	16	49	1	5	33	5	51	0	2	36	0	1	2
59	1	3	38	16	39	1	4	56	5	41	0	1	18	0	0	1
60	1	4	18	16	30	1	4	18	5	30	0	0	0	0	0	0
gr.	Adde			Adde		Adde			Adde		Adde			Adde		gr.
Sexag. 5						Sexag. 4					Sexag. 3					

CANONES AEQVALIVM MOTVVM *ET* PROSTHAPHAERESIVM SOLIS.

Æqualis motus SOLIS.

In diebus & Sexagenis dierum, & scrupulis.

Sexagenæ		1æ	2æ	3æ				
3æ				Sex	gr.	'	''	'''
2æ			Sex.	gr.	'	''	'''	
1æ		Sex.	gr.	'	''	'''		
Dies	Sex.	gr.	'	''	'''			
1	0	0	59	8	19	44	59	15
2	0	1	58	16	39	29	58	32
3	0	2	57	24	59	14	57	48
4	0	3	56	33	18	59	57	3
5	0	4	55	41	38	44	56	18
6	0	5	54	49	58	29	55	34
7	0	6	53	58	18	14	54	50
8	0	7	53	6	37	59	54	5
9	0	8	52	14	57	44	53	21
10	0	9	51	23	17	29	52	37
11	0	10	50	31	37	14	51	53
12	0	11	49	39	56	59	51	8
13	0	12	48	48	16	44	50	24
14	0	13	47	56	36	29	49	40
15	0	14	47	4	56	14	48	56
16	0	15	46	13	15	59	48	11
17	0	16	45	21	35	44	47	27
18	0	17	44	29	55	29	46	43
19	0	18	43	38	15	14	45	59
20	0	19	42	46	34	59	45	14
21	0	20	41	54	54	44	44	30
22	0	21	41	3	14	29	43	46
23	0	22	40	11	34	14	43	2
24	0	23	39	19	53	59	42	17
25	0	24	38	28	13	44	41	33
26	0	25	37	36	33	29	40	49
27	0	26	36	44	53	14	40	5
28	0	27	35	53	12	59	39	20
29	0	28	35	1	32	44	38	36
30	0	29	34	9	52	29	37	52
scr.	gr.	'	''	'''				
2a	'	''	'''					
3a	''	'''						
4a	'''							

Epocha Nabonnassaris
Sex. gr. ' ''
5. 27. 55. 6.
Ascens. recta temp. 333. 0.

Paris 5 27. 53. 28

Sexagenæ		1æ	2æ	3æ				
3æ				Sex.	gr.	'	''	'''
2æ			Sex.	gr.	'	''	'''	
1æ		Sex.	gr.	'	''	'''		
Dies	Sex.	gr.	'	''	'''			
31	0	30	33	18	12	14	37	8
32	0	31	32	26	31	59	36	23
33	0	32	31	34	51	44	35	39
34	0	33	30	43	11	29	34	55
35	0	34	29	51	31	14	34	11
36	0	35	28	59	50	59	33	26
37	0	36	28	8	10	44	32	42
38	0	37	27	16	30	29	31	58
39	0	38	26	24	50	14	31	14
40	0	39	25	33	9	59	30	29
41	0	40	24	41	29	44	29	45
42	0	41	23	49	49	29	29	1
43	0	42	22	58	9	14	28	17
44	0	43	22	6	28	59	27	32
45	0	44	21	14	48	44	26	48
46	0	45	20	23	8	29	26	4
47	0	46	19	31	28	14	25	20
48	0	47	18	39	47	59	24	35
49	0	48	17	48	7	44	23	51
50	0	49	16	56	27	29	23	7
51	0	50	16	4	47	14	22	23
52	0	51	15	13	6	59	21	38
53	0	52	14	21	26	44	20	54
54	0	53	13	29	46	29	20	10
55	0	54	12	38	6	14	19	26
56	0	55	11	46	25	59	18	41
57	0	56	10	54	45	44	17	57
58	0	57	10	3	5	29	17	13
59	0	58	9	11	25	14	16	29
60	0	59	8	19	44	59	15	44
scr.	gr.	'	''	'''				
2a	'	''	'''					
3a	''	'''						
4a	'''							

Epocha CHRISTI
Sex. gr. ' ''
4. 38. 36. 34.
Ascens. recta temp. 280. 35.

Paris 4 38 36.55

Æqualis motus Centri Solis.

In diebus & Sexagenis dierum, & scrupulis.

Sexagenæ		1æ	2æ	3æ				
3æ				Sex.	gr.	′	″	‴
2æ			Sex.	gr.	′	″	‴	
1æ		Sex.	gr.	′	″	‴		
Dies	Sex.	gr.	′	″	‴			
1	0	0	0	1	11	0	49	19
2	0	0	0	2	22	1	38	38
3	0	0	0	3	32	2	27	57
4	0	0	0	4	44	3	17	16
5	0	0	0	5	55	4	6	35
6	0	0	0	7	6	4	55	53
7	0	0	0	8	17	5	45	13
8	0	0	0	9	28	6	34	31
9	0	0	0	10	39	7	23	50
10	0	0	0	11	50	8	13	9
11	0	0	0	13	1	9	2	28
12	0	0	0	14	12	9	51	47
13	0	0	0	15	23	10	41	6
14	0	0	0	16	34	11	30	25
15	0	0	0	17	45	12	19	44
16	0	0	0	18	56	13	9	3
17	0	0	0	20	7	13	58	22
18	0	0	0	21	18	14	47	40
19	0	0	0	22	29	15	36	59
20	0	0	0	23	40	16	26	19
21	0	0	0	24	51	17	15	37
22	0	0	0	26	2	18	4	56
23	0	0	0	27	13	18	54	15
24	0	0	0	28	24	19	43	34
25	0	0	0	29	35	20	32	53
26	0	0	0	30	46	21	22	12
27	0	0	0	31	57	22	11	31
28	0	0	0	33	8	23	0	50
29	0	0	0	34	19	23	50	9
30	0	0	0	35	30	24	39	28
scr.	gr.	′	″	‴				
2a	′	″	‴					
3a	″	‴						
4a	‴							

Epocha Nabonassaris
Sex. gr. ′. ″.
4. 30. 19. 1.

Sexagenæ		1æ	2æ	3æ				
3æ				Sex.	gr.	′	″	‴
2æ			Sex.	gr.	′	″	‴	
1æ		Sex.	gr.	′	″	‴		
Dies	Sex.	gr.	′	″	‴			
31	0	0	0	36	41	25	28	46
32	0	0	0	37	52	16	18	6
33	0	0	0	39	3	27	7	24
34	0	0	0	40	14	27	56	43
35	0	0	0	41	25	28	46	2
36	0	0	0	42	36	29	35	21
37	0	0	0	43	47	30	24	40
38	0	0	0	44	58	31	13	59
39	0	0	0	46	9	32	3	18
40	0	0	0	47	20	32	52	37
41	0	0	0	48	31	33	41	56
42	0	0	0	49	42	34	31	14
43	0	0	0	50	53	35	20	34
44	0	0	0	52	4	36	9	52
45	0	0	0	53	15	36	59	11
46	0	0	0	54	26	37	48	30
47	0	0	0	55	37	38	37	49
48	0	0	0	56	48	39	27	8
49	0	0	0	57	59	40	16	27
50	0	0	0	59	10	41	5	46
51	0	0	1	0	21	41	55	5
52	0	0	1	1	32	42	44	24
53	0	0	1	2	43	43	33	43
54	0	0	1	3	54	44	23	2
55	0	0	1	5	5	45	12	20
56	0	0	1	6	16	46	1	40
57	0	0	1	7	27	46	50	58
58	0	0	1	8	38	47	40	17
59	0	0	1	9	49	48	29	36
60	0	0	1	11	0	49	18	55
scr.	gr.	′	″	‴				
2a	′	″	‴					
3a	″	‴						
4a	‴							

Epocha CHRISTI
Sex. gr. ′. ″.
0. 0. 0. 0.

Æqua-

Æqualis motus APOGÆI Solis.

In diebus & Sexagenis dierum, & scrupulis.

Sexagenæ		1ª	2ª	3ª				
3ª				Sex.	gr.	'	''	'''
2ª			Sex.	gr.	'	''	'''	
1ª		Sex.	gr.	'	''	'''		
Dies	Sex.	gr.	'	''	'''			
1	0	0	0	0	11	5	51	30
2	0	0	0	0	22	11	43	0
3	0	0	0	0	33	17	34	30
4	0	0	0	0	44	23	26	0
5	0	0	0	0	55	29	17	30
6	0	0	0	1	6	35	9	0
7	0	0	0	1	17	41	0	30
8	0	0	0	1	28	46	52	0
9	0	0	0	1	39	52	43	30
10	0	0	0	1	50	58	35	0
11	0	0	0	2	2	4	26	30
12	0	0	0	2	13	10	18	0
13	0	0	0	2	24	16	9	30
14	0	0	0	2	35	22	1	0
15	0	0	0	2	46	27	52	30
16	0	0	0	2	57	33	44	0
17	0	0	0	3	8	39	35	30
18	0	0	0	3	19	45	27	0
19	0	0	0	3	30	51	18	30
20	0	0	0	3	41	57	10	0
21	0	0	0	3	53	3	0	30
22	0	0	0	4	4	8	53	0
23	0	0	0	4	15	14	44	30
24	0	0	0	4	26	20	36	0
25	0	0	0	4	37	26	27	30
26	0	0	0	4	48	32	19	0
27	0	0	0	4	59	38	10	30
28	0	0	0	5	10	44	2	0
29	0	0	0	5	21	49	53	30
30	0	0	0	5	32	55	45	0
scr.	gr.	'	''	'''				
2ª	'	''	'''					
3ª	''	'''						
4ª	'''							

Epocha
Nabonnassaris
Sex. gr. '. ''.
0. 51. 8. 36.

Sexagenæ		1ª	2ª	3ª				
3ª				Sex.	gr.	'	''	'''
2ª			Sex.	gr.	'	''	'''	
1ª		Sex.	gr.	'	''	'''		
Dies	Sex.	gr.	'	''	'''			
31	0	0	0	5	44	1	36	30
32	0	0	0	5	55	7	28	0
33	0	0	0	6	6	13	19	30
34	0	0	0	6	17	19	11	0
35	0	0	0	6	28	25	2	30
36	0	0	0	6	39	30	54	0
37	0	0	0	6	50	36	45	30
38	0	0	0	7	1	42	37	0
39	0	0	0	7	2	48	28	30
40	0	0	0	7	23	54	20	0
41	0	0	0	7	35	0	11	30
42	0	0	0	7	46	6	3	0
43	0	0	0	7	57	11	54	30
44	0	0	0	8	8	17	46	0
45	0	0	0	8	19	23	37	30
46	0	0	0	8	30	29	29	0
47	0	0	0	8	41	35	20	30
48	0	0	0	8	52	41	12	0
49	0	0	0	9	3	47	3	30
50	0	0	0	9	14	52	55	0
51	0	0	0	9	25	58	46	30
52	0	0	0	9	37	4	38	0
53	0	0	0	9	48	10	29	30
54	0	0	0	9	59	16	21	0
55	0	0	0	10	10	22	12	30
56	0	0	0	10	21	28	4	0
57	0	0	0	10	32	33	55	30
58	0	0	0	10	43	39	47	0
59	0	0	0	10	54	45	38	30
60	0	0	0	11	5	51	30	0
scr.	gr.	'	''	'''				
2ª	'	''	'''					
3ª	''	'''						
4ª	'''							

Epocha
CHRISTI
Sex. gr. '. ''.
1. 5. 9. 30.

Prosthaphæreses Centri Solis.

Sex.	0				1				2				Sex.
gradus.	Centri. Aufer.			scr. propor.	Centri. Aufer.			scr. propor.	Centri. Aufer.			scr. propor.	gradus.
	gr.	'		'	gr.	'		'	gr.	'		'	
0	0	0		60	4	27		46	4	54		16	60
1	0	5		60	4	30		46	4	51		16	59
2	0	10		60	4	33		45	4	48		15	58
3	0	15		60	4	36		45	4	46		15	57
4	0	20		60	4	39		44	4	43		14	56
5	0	26		60	4	42		44	4	40		14	55
6	0	31		60	4	45		43	4	37		13	54
7	0	36		60	4	48		43	4	34		13	53
8	0	41		60	4	50		42	4	31		12	52
9	0	46		60	4	52		42	4	28		12	51
10	0	51		60	4	54		41	4	24		12	50
11	0	56		60	4	57		41	4	21		11	49
12	1	2		59	4	59		41	4	17		11	48
13	1	7		59	5	1		40	4	13		10	47
14	1	12		59	5	3		40	4	9		10	46
15	1	17		59	5	5		39	4	5		9	45
16	1	22		59	5	7		39	4	1		9	44
17	1	27		59	5	8		38	3	57		9	43
18	1	32		59	5	10		38	3	53		8	42
19	1	37		58	5	11		37	3	49		8	41
20	1	42		58	5	13		37	3	44		8	40
21	1	47		58	5	14		36	3	40		7	39
22	1	52		58	5	16		35	3	36		7	38
23	1	57		58	5	17		35	3	31		7	37
24	2	2		58	5	18		34	3	26		6	36
25	2	7		57	5	19		34	3	21		6	35
26	2	11		57	5	20		33	3	16		6	34
27	2	16		57	5	21		33	3	11		5	33
28	2	21		57	5	22		32	3	6		5	32
29	2	26		57	5	23		32	3	1		5	31
30	2	30		56	5	23		31	2	56		4	30
gr.	Adde.			'	Adde.			'	Adde.			'	gr.
Sex.	5				4				3				Sex.

CANO-

Prosthaphæreses Centri Solis.

Sex.	0			1			2			Sex.
gradus.	Centri. Aufer.		scr. propor.	Centri. Aufer.		scr. propor.	Centri. Aufer.		scr. propor.	gradus.
	gr.	'	'	gr.	'	'	gr.	'	'	
30	2	30	56	5	23	31	2	56	4	30
31	2	35	56	5	24	31	2	51	4	29
32	2	39	56	5	24	30	2	46	4	28
33	2	44	56	5	24	30	2	41	4	27
34	2	48	55	5	24	29	2	36	3	26
35	2	52	55	5	24	29	2	30	3	25
36	2	57	55	5	24	28	2	25	3	24
37	3	2	54	5	24	28	2	19	3	23
38	3	6	54	5	23	27	2	13	2	22
39	3	10	54	5	23	27	2	7	2	21
40	3	14	53	5	23	26	2	1	2	20
41	3	18	53	5	22	26	1	56	2	19
42	3	22	53	5	22	25	1	50	2	18
43	3	26	52	5	21	25	1	44	1	17
44	3	30	52	5	21	24	1	38	1	16
45	3	34	52	5	20	24	1	32	1	15
46	3	38	51	5	19	23	1	26	1	14
47	3	42	51	5	18	23	1	20	1	13
48	3	46	51	5	17	22	1	14	1	12
49	3	50	50	5	15	22	1	8	1	11
50	3	54	50	5	14	21	1	2	1	10
51	3	58	50	5	12	21	0	56	1	9
52	4	1	49	5	10	20	0	50	0	8
53	4	4	49	5	8	20	0	44	0	7
54	4	7	48	5	6	19	0	38	0	6
55	4	11	48	5	4	19	0	31	0	5
56	4	14	48	5	2	18	0	25	0	4
57	4	17	47	5	0	18	0	19	0	3
58	4	20	47	4	58	17	0	13	0	2
59	4	23	46	4	56	17	0	6	0	1
60	4	27	46	4	54	16	0	0	0	0
gr.	Adde.		'	Adde.		'	Adde.		'	gr.
Sex.	5			4			3			Sex.

Prosthaphæreses Orbis Solis.

Sex.	0				1				2				Sex.
gradus.	Orbis. Aufer.		Exces. Adde.		Orbis. Aufer.		Exces. Adde.		Orbis. Aufer.		Exces. Adde.		gradus.
	gr.	'	gr.	'	gr.	'	gr.	'	gr.	'	gr.	'	
0	0	0	0	0	1	42	0	21	1	46	0	22	60
1	0	2	0	0	1	43	0	21	1	45	0	22	59
2	0	4	0	1	1	44	0	21	1	44	0	22	58
3	0	6	0	1	1	45	0	22	1	43	0	22	57
4	0	8	0	2	1	46	0	22	1	41	0	22	56
5	0	10	0	2	1	47	0	22	1	40	0	21	55
6	0	12	0	2	1	48	0	22	1	39	0	21	54
7	0	14	0	3	1	49	0	22	1	38	0	21	53
8	0	16	0	3	1	50	0	23	1	37	0	21	52
9	0	18	0	4	1	51	0	23	1	35	0	20	51
10	0	20	0	4	1	51	0	23	1	34	0	20	50
11	0	22	0	4	1	52	0	23	1	33	0	20	49
12	0	24	0	5	1	53	0	23	1	31	0	20	48
13	0	26	0	5	1	54	0	23	1	30	0	19	47
14	0	28	0	6	1	54	0	24	1	28	0	19	46
15	0	30	0	6	1	55	0	24	1	27	0	19	45
16	0	32	0	6	1	55	0	24	1	26	0	18	44
17	0	34	0	7	1	56	0	24	1	24	0	18	43
18	0	36	0	7	1	56	0	24	1	22	0	18	42
19	0	38	0	8	1	57	0	24	1	21	0	17	41
20	0	40	0	8	1	57	0	24	1	19	0	17	40
21	0	42	0	8	1	58	0	24	1	18	0	17	39
22	0	44	0	9	1	58	0	24	1	16	0	16	38
23	0	45	0	9	1	59	0	25	1	14	0	16	37
24	0	47	0	9	1	59	0	25	1	13	0	16	36
25	0	49	0	10	1	59	0	25	1	11	0	15	35
26	0	51	0	10	1	59	0	25	1	9	0	15	34
27	0	53	0	11	2	0	0	25	1	7	0	15	33
28	0	55	0	11	2	0	0	25	1	6	0	14	32
29	0	56	0	11	2	0	0	25	1	4	0	14	31
30	0	58	0	12	2	0	0	25	1	2	0	14	30
gr.	Adde.		Adde.		Adde.		Adde.		Adde.		Adde.		gr.
Sex.	5				4				3				Sex.

Prostha-

Prosthaphæreses Orbis Solis.

Sex.	0				1				2			Sex.
gradus.	Orbis. Aufer.		Exces. Adde.		Orbis. Aufer.		Exces. Adde.		Orbis. Aufer.		Exces. Adde.		gradus.
	gr.	'	gr.	'	gr.	'	gr.	'	gr.	'	gr.	'	
30	0	58	0	12	2	0	0	25	1	2	0	13	30
31	1	0	0	12	2	0	0	25	1	0	0	13	29
32	1	2	0	12	2	0	0	25	0	58	0	13	28
33	1	3	0	13	2	0	0	25	0	56	0	12	27
34	1	5	0	13	2	0	0	25	0	54	0	12	26
35	1	7	0	14	2	0	0	25	0	52	0	11	25
36	1	9	0	14	2	0	0	25	0	50	0	11	24
37	1	10	0	14	1	59	0	25	0	48	0	11	23
38	1	12	0	15	1	59	0	25	0	46	0	10	22
39	1	14	0	15	1	59	0	25	0	44	0	10	21
40	1	15	0	15	1	59	0	25	0	42	0	9	20
41	1	17	0	16	1	59	0	25	0	40	0	9	19
42	1	18	0	16	1	58	0	25	0	38	0	8	18
43	1	20	0	16	1	58	0	25	0	36	0	8	17
44	1	21	0	17	1	57	0	25	0	34	0	7	16
45	1	23	0	17	1	57	0	25	0	32	0	7	15
46	1	24	0	17	1	56	0	25	0	30	0	7	14
47	1	26	0	17	1	56	0	24	0	28	0	6	13
48	1	27	0	18	1	55	0	24	0	26	0	6	12
49	1	29	0	18	1	55	0	24	0	24	0	5	11
50	1	30	0	18	1	54	0	24	0	22	0	5	10
51	1	31	0	19	1	53	0	24	0	19	0	4	9
52	1	33	0	19	1	53	0	24	0	17	0	4	8
53	1	34	0	19	1	52	0	24	0	15	0	3	7
54	1	35	0	19	1	51	0	24	0	13	0	3	6
55	1	36	0	20	1	50	0	23	0	11	0	2	5
56	1	38	0	20	1	49	0	23	0	9	0	2	4
57	1	39	0	20	1	49	0	23	0	7	0	1	3
58	1	40	0	20	1	48	0	23	0	4	0	1	2
59	1	41	0	21	1	47	0	23	0	2	0	0	1
60	1	42	0	21	1	46	0	22	0	0	0	0	0
gr.	Adde.		Adde.		Adde.		Adde.		Adde.		Adde.		gr.
Sex.	5				4				3			Sex.

CANO-

CANONES AEQVALIVM MOTVVM *ET* PROSTHAPHAERESIVM LVNÆ.

Æqualis motus LUNÆ à Sole.

In diebus & Sexagenis dierum, & scrupulis.

Sexagenæ		1ª	2ª	3ª				
3ª				Sex.	gr.	'	''	'''
2ª			Sex.	gr.	'	''	'''	
1ª		Sex.	gr.	'	''	'''		
Dies	Sex.	gr.	'	''	'''			
1	0	12	11	26	41	27	30	10
2	0	24	22	53	22	55	0	20
3	0	36	34	20	4	22	30	30
4	0	48	45	46	45	50	0	40
5	1	0	57	13	27	17	30	50
6	1	13	8	40	8	45	1	0
7	1	25	20	6	50	12	31	10
8	1	37	31	33	31	40	1	20
9	1	49	43	0	13	7	31	30
10	2	1	54	26	54	35	1	40
11	2	14	5	53	36	2	31	50
12	2	26	17	20	17	30	2	0
13	2	38	28	46	58	57	32	10
14	2	50	40	13	40	25	2	20
15	3	2	51	40	21	52	32	30
16	3	15	3	7	3	20	2	40
17	3	27	14	33	44	47	32	50
18	3	39	26	0	26	15	3	0
19	3	51	37	27	7	42	33	10
20	4	3	48	53	49	10	3	20
21	4	16	0	20	30	37	33	30
22	4	28	11	47	12	5	3	40
23	4	40	23	13	53	32	33	50
24	4	52	34	40	35	0	4	0
25	5	4	46	7	16	27	34	10
26	5	16	57	33	57	55	4	20
27	5	29	9	0	39	22	34	30
28	5	41	20	27	20	50	4	40
29	5	53	31	54	2	17	34	50
30	6	5	43	20	43	45	5	0
scr.	gr.	'	''	'''				
2ª	'	''	'''					
3ª	''	'''	Gouë					
4ª	'''	Paris						

Epocha Nabonnassaris
Sex. gr. ' ''
1. 11. 38. 43.
1. 11. 43'. 17''

Sexagenæ		1ª	2ª	3ª				
3ª				Sex.	gr.	'	''	'''
2ª			Sex.	gr.	'	''	'''	
1ª		Sex	gr.	'	''	'''		
Dies	Sex.	gr.	'	''	'''			
31	6	17	54	47	25	12	35	10
32	6	30	6	14	6	40	5	20
33	6	42	17	40	48	7	35	30
34	6	54	29	7	29	35	5	40
35	7	6	40	34	11	2	35	50
36	7	18	52	0	52	30	6	0
37	7	31	3	27	33	57	36	10
38	7	43	14	54	15	25	6	20
39	7	55	26	20	56	52	36	30
40	8	7	37	47	38	20	6	40
41	8	19	49	14	19	47	36	50
42	8	32	0	41	1	15	7	0
43	8	44	12	7	42	42	37	10
44	8	56	23	34	24	10	7	20
45	9	8	35	1	5	37	37	30
46	9	20	46	27	47	5	7	40
47	9	32	57	54	28	32	37	50
48	9	45	9	21	10	0	8	0
49	9	57	20	47	51	27	38	10
50	10	9	32	14	32	55	8	20
51	10	21	43	41	14	22	38	30
52	10	33	55	7	55	50	8	40
53	10	46	6	34	37	17	38	50
54	10	58	18	1	18	45	9	0
55	11	10	29	28	0	12	39	10
56	11	22	40	54	41	40	9	20
57	11	34	52	21	23	7	39	30
58	11	47	3	48	4	35	9	40
59	11	59	15	14	46	2	39	50
60	12	11	26	41	27	30	10	0
scr.	gr.	'	''	'''				
2ª	'	''	'''					
3ª	''	'''	Gouë					
4ª	'''	Pariis						

Epocha CHRISTI
Sex. gr. ' ''
3. 36. 47. 8.
3. 36. 51. 42''

Æqua-

Æqualis motus ANOMALIÆ Orbis Lunæ.

In diebus & Sexagenis dierum, & scrupulis.

Sexagenæ	1æ	2æ	3æ					
3æ				Sex.	gr.	'	''	'''
2æ			Sex.	gr.	'	''	'''	
1æ		Sex.	gr.	'	''	'''		
Dies	Sex.	gr.	'	''	'''			
1	0	13	3	53	57	14	33	1
2	0	26	7	47	54	29	6	2
3	0	39	11	41	51	43	39	3
4	0	52	15	35	48	58	12	4
5	1	5	19	29	46	12	45	5
6	1	18	23	23	43	27	18	6
7	1	31	27	17	40	41	51	7
8	1	44	31	11	37	56	24	8
9	1	57	35	5	35	10	57	9
10	2	10	38	59	32	25	30	10
11	2	23	42	53	29	40	3	11
12	2	36	46	47	26	54	36	12
13	2	49	50	41	24	9	9	13
14	3	2	54	35	21	23	42	14
15	3	15	58	29	18	38	15	15
16	3	29	2	23	15	52	48	16
17	3	42	6	17	13	7	21	17
18	3	55	10	11	10	21	54	18
19	4	8	14	5	7	36	27	19
20	4	21	17	59	4	51	0	20
21	4	34	21	53	2	5	33	21
22	4	47	25	46	59	20	6	22
23	5	0	29	40	56	34	39	23
24	5	13	33	34	53	49	12	24
25	5	26	37	28	51	3	45	25
26	5	39	41	22	48	18	18	26
27	5	52	45	16	45	32	51	27
28	6	5	49	10	42	47	24	28
29	6	18	53	4	40	1	57	29
30	6	31	56	58	37	16	30	30
scr.	gr.	'	''	'''				
2a	'	''	'''					
3a	''	'''						
4a	'''							

Epocha Nabonassaris
Sex. gr. '. ''.
4. 28. 27. 43.
Paris . . . 4 28 32 37

Sexagenæ	1æ	2æ	3æ					
3æ				Sex.	gr.	'	''	'''
2æ			Sex.	gr.	'	''	'''	
1æ		Sex.	gr.	'	''	'''		
Dies	Sex.	gr.	'	''	'''			
31	6	45	0	52	34	31	3	31
32	6	58	4	46	31	45	36	32
33	7	11	8	40	29	0	9	33
34	7	24	12	34	26	14	42	34
35	7	37	16	28	23	29	15	35
36	7	50	20	22	20	43	48	36
37	8	3	24	16	17	58	21	37
38	8	16	28	10	15	12	54	38
39	8	29	32	4	12	27	27	39
40	8	42	35	58	9	42	0	40
41	8	55	39	52	6	56	33	41
42	9	8	43	46	4	11	6	42
43	9	21	47	40	1	25	39	43
44	9	34	51	33	58	40	12	44
45	9	47	55	27	55	54	45	45
46	10	0	59	21	53	9	18	46
47	10	14	3	15	50	23	51	47
48	10	27	7	9	47	38	24	48
49	10	40	11	3	44	52	57	49
50	10	53	14	57	42	7	30	50
51	11	6	18	51	39	22	3	51
52	11	19	22	45	36	36	36	52
53	11	32	26	39	33	51	9	53
54	11	45	30	33	31	5	42	54
55	11	58	34	27	28	20	15	55
56	12	11	38	21	25	34	48	56
57	12	24	42	15	22	49	21	57
58	12	37	46	9	20	3	54	58
59	12	50	50	3	17	18	27	59
60	13	3	53	57	14	33	1	0
scr.	gr.	'	''	'''				
2a	'	''	'''					
3a	''	'''						
4a	'''							

Epocha CHRISTI
Sex. gr. '. ''.
3. 33. 57. 29.
Paris 3 34 2 29.

Æqua-

Æqualis motus Latitudinis LVNÆ.

In diebus, & Sexagenis dierum, & scrupulis.

Sexagenæ		1æ	2æ	3æ				
3æ	—	—	—	Sex.	gr.	'	''	'''
2æ	—	—	Sex.	gr.	'	''	'''	—
1æ	—	Sex.	gr.	'	''	'''	—	—
Dies	Sex.	gr.	'	''	'''	—	—	—
1	0	13	13	45	39	30	46	29
2	0	26	27	31	19	1	32	58
3	0	39	41	16	58	32	19	27
4	0	52	55	2	38	3	5	56
5	1	6	8	48	17	33	52	25
6	1	19	22	33	57	4	38	54
7	1	32	36	19	36	35	25	23
8	1	45	50	5	16	6	11	52
9	1	59	3	50	55	36	58	21
10	2	12	17	36	35	7	44	50
11	2	25	31	22	14	38	31	19
12	2	38	45	7	54	9	17	48
13	2	51	58	53	33	40	4	17
14	3	5	12	39	13	10	50	46
15	3	18	26	24	52	41	37	15
16	3	31	40	10	32	12	23	44
17	3	44	53	56	11	43	10	13
18	3	58	7	41	51	13	56	42
19	4	11	21	27	30	44	43	11
20	4	24	35	13	10	15	29	40
21	4	37	48	58	49	46	16	9
22	4	51	2	44	29	17	2	38
23	5	4	16	30	8	47	49	7
24	5	17	30	15	48	18	35	36
25	5	30	44	1	27	49	22	5
26	5	43	57	47	7	20	8	34
27	5	57	11	32	46	50	56	3
28	6	10	25	18	26	21	42	32
29	6	23	39	4	5	52	28	1
30	6	36	52	49	45	23	14	30
scr.	gr.	'	''	'''	Epocha			
2a	'	''	'''		Nabonnassaris			
3a	''	'''	Goue'		Sex. gr. ' ''. 5. 55. 48. 49.			
4a	'''	Pariz			5. 55. 53. 47			

Sexagenæ		1æ	2æ	3æ				
3æ	—	—	—	Sex.	gr.	'	''	'''
2æ	—	—	Sex.	gr.	'	''	'''	—
1æ	—	Sex.	gr.	'	''	'''	—	—
Dies	Sex.	gr.	'	''	'''	—	—	—
31	6	50	6	35	24	54	0	59
32	7	3	20	21	4	24	47	28
33	7	16	34	6	43	55	33	57
34	7	29	47	52	23	26	20	26
35	7	43	1	38	2	57	6	55
36	7	56	15	23	42	27	53	24
37	8	9	29	9	21	58	39	53
38	8	22	42	55	1	29	26	22
39	8	35	56	40	41	0	12	51
40	8	49	10	26	20	30	59	20
41	9	2	24	12	0	1	45	49
42	9	15	37	57	39	32	32	18
43	9	28	51	43	19	3	18	47
44	9	42	5	28	58	34	5	16
45	9	55	19	14	38	4	51	45
46	10	8	33	0	17	35	38	14
47	10	21	46	45	57	6	24	43
48	10	35	0	31	36	37	11	12
49	10	48	14	17	16	7	57	41
50	11	1	28	2	55	38	44	10
51	11	14	41	48	35	9	30	39
52	11	27	55	34	14	40	17	8
53	11	41	9	19	54	11	3	37
54	11	54	23	5	33	41	50	6
55	12	7	36	51	13	12	36	35
56	12	20	50	36	52	43	23	4
57	12	34	4	22	32	14	9	33
58	12	47	18	8	11	44	56	2
59	13	0	31	53	51	15	41	31
60	13	13	45	39	30	46	29	0
scr.	gr.	'	''	'''	Epocha			
2a	'	''	'''		CHRISTI			
3a	''	'''	Goue'		Sex. gr. ' ''. 2. 17. 3. 31.			
4a	'''	Pariz			2 17 8 29''			

Prostha-

Prosthaphæreses Centri Lunæ.

Sex.	0			1			2			Sex.
gradus.	Centri. Adde.		scr. pro por.	Centri. Adde.		scr. pro por.	Centri. Adde.		scr. pro por.	gradus.
	gr.	′	′	gr.	′	′	gr.	′	′	
0	0	0	0	8	21	18	13	2	47	60
1	0	8	0	8	29	18	12	59	48	59
2	0	16	0	8	38	19	12	55	48	58
3	0	24	0	8	46	19	12	51	48	57
4	0	32	0	8	55	20	12	47	49	56
5	0	40	0	9	4	20	12	42	49	55
6	0	49	0	9	12	21	12	37	49	54
7	0	57	0	9	20	21	12	31	50	53
8	1	5	0	9	29	22	12	25	50	52
9	1	13	0	9	37	22	12	19	51	51
10	1	21	1	9	45	23	12	12	51	50
11	1	29	1	9	54	23	12	5	51	49
12	1	37	1	10	2	24	11	58	52	48
13	1	45	1	10	10	24	11	50	52	47
14	1	53	1	10	18	25	11	42	52	46
15	2	1	1	10	26	25	11	33	53	45
16	2	10	1	10	34	26	11	24	53	44
17	2	18	2	10	41	26	11	15	53	43
18	2	26	2	10	49	27	11	5	54	42
19	2	34	2	10	57	27	10	55	54	41
20	2	42	2	11	4	28	10	44	54	40
21	2	50	3	11	11	28	10	33	54	39
22	2	59	3	11	18	29	10	22	55	38
23	3	7	3	11	25	30	10	10	55	37
24	3	15	3	11	32	30	9	59	55	36
25	3	23	4	11	39	31	9	46	55	35
26	3	31	4	11	45	31	9	34	56	34
27	3	40	4	11	52	32	9	21	56	33
28	3	48	4	11	58	32	9	7	56	32
29	3	56	5	12	4	32	8	54	56	31
30	4	4	5	12	11	33	8	40	57	30
gr.	Aufer.		′	Aufer.		′	Aufer.		′	gr.
Sex.	5			4			3			Sex.

Prostha-

Prosthaphæreses Centri Lunæ.

Sex. 0				Sex. 1			Sex. 2			Sex.
gradus.	Centri. Adde.		scr. propor.	Centri. Adde.		scr. propor.	Centri. Adde.		scr. propor.	gradus.
	gr.	'	'	gr.	'	'	gr.	'	'	
30	4	4	5	12	11	33	8	40	57	30
31	4	13	5	12	17	34	8	26	57	29
32	4	21	6	12	21	34	8	11	57	28
33	4	29	6	12	26	35	7	56	57	27
34	4	38	6	12	31	35	7	41	57	26
35	4	46	7	12	36	36	7	26	58	25
36	4	55	7	12	41	36	7	10	58	24
37	5	3	7	12	45	37	6	54	58	23
38	5	12	8	12	49	37	6	38	58	22
39	5	20	8	12	53	38	6	22	58	21
40	5	28	9	12	56	38	6	5	59	20
41	5	37	9	13	0	39	5	48	59	19
42	5	45	9	13	3	39	5	31	59	18
43	5	54	10	13	5	40	5	14	59	17
44	6	2	10	13	8	40	4	57	59	16
45	6	11	11	13	10	41	4	39	59	15
46	6	20	11	13	12	41	4	21	59	14
47	6	28	12	13	13	41	4	3	59	13
48	6	37	12	13	14	42	3	45	59	12
49	6	45	12	13	15	42	3	27	60	11
50	6	54	13	13	16	43	3	8	60	10
51	7	3	13	13	16	43	2	50	60	9
52	7	12	14	13	16	44	2	31	60	8
53	7	20	14	13	15	44	2	13	60	7
54	7	29	15	13	15	45	1	54	60	6
55	7	37	15	13	14	45	1	35	60	5
56	7	46	16	13	12	45	1	16	60	4
57	7	55	16	13	10	46	0	57	60	3
58	8	3	17	13	8	46	0	38	60	2
59	8	12	17	13	5	47	0	19	60	1
60	8	21	18	13	2	47	0	0	60	0
gr.	Aufer.		'	Aufer.		'	Aufer.		'	gr.
Sex. 5				Sex. 4			Sex. 3			Sex.

Prosthaphæreses Orbis Lunæ.

Sex.	0				1				2				Sex.
gradus.	Orbis. Aufer.		Excess. Adde.		Orbis. Aufer.		Excess. Adde.		Orbis. Aufer.		Excess. Adde.		gradus.
	gr.	′	gr.	′	gr.	′	gr.	′	gr.	′	gr.	′	
0	0	0	0	0	4	5	2	6	4	27	2	36	60
1	0	5	0	2	4	8	2	7	4	25	2	35	59
2	0	10	0	5	4	10	2	9	4	22	2	34	58
3	0	14	0	7	4	13	2	11	4	20	2	33	57
4	0	19	0	9	4	16	2	12	4	17	2	32	56
5	0	24	0	12	4	18	2	14	4	14	2	31	55
6	0	28	0	14	4	20	2	15	4	11	2	29	54
7	0	33	0	16	4	23	2	17	4	8	2	28	53
8	0	38	0	18	4	25	2	18	4	6	2	26	52
9	0	43	0	21	4	27	2	20	4	3	2	25	51
10	0	47	0	23	4	29	2	21	3	59	2	23	50
11	0	52	0	25	4	31	2	21	3	56	2	22	49
12	0	57	0	28	4	33	2	23	3	53	2	20	48
13	1	1	0	30	4	35	2	25	3	49	2	18	47
14	1	6	0	32	4	37	2	26	3	46	2	16	46
15	1	11	0	34	4	39	2	27	3	42	2	14	45
16	1	15	0	37	4	40	2	28	3	39	2	13	44
17	1	20	0	39	4	42	2	30	3	35	2	11	43
18	1	24	0	41	4	43	2	31	3	31	2	8	42
19	1	29	0	44	4	45	2	32	3	27	2	6	41
20	1	34	0	46	4	46	2	33	3	23	2	4	40
21	1	38	0	48	4	47	2	34	3	19	2	2	39
22	1	43	0	50	4	49	2	35	3	15	2	0	38
23	1	47	0	52	4	50	2	36	3	11	1	57	37
24	1	51	0	55	4	51	2	37	3	7	1	55	36
25	1	56	0	57	4	52	2	37	3	2	1	52	35
26	2	0	0	59	4	52	2	38	2	58	1	50	34
27	2	5	1	1	4	53	2	39	2	53	1	47	33
28	2	9	1	3	4	54	2	40	2	49	1	45	32
29	2	13	1	6	4	54	2	40	2	44	1	42	31
30	2	17	1	8	4	55	2	41	2	40	1	39	30
gr.	Adde.		Adde.		Adde.		Adde.		Adde.		Adde.		gr.
Sex.	5				4				3				Sex.

Prostha-

Prosthaphæreses Orbis Lunæ.

Sex.	0				1				2				Sex.
gradus.	Orbis. Aufer.		Exces. Adde.		Orbis. Aufer.		Exces. Adde.		Orbis. Aufer.		Exces. Adde.		gradus.
	gr.	'	gr	'	gr.	'	gr.	'	gr.	'	gr.	'	
30	2	17	1	8	4	55	2	41	2	40	1	39	30
31	2	22	1	10	4	55	2	42	2	35	1	36	29
32	2	26	1	12	4	56	2	42	2	30	1	34	28
33	2	30	1	14	4	56	2	43	2	25	1	31	27
34	2	34	1	16	4	56	2	43	2	20	1	28	26
35	2	38	1	18	4	56	2	44	2	15	1	25	25
36	2	42	1	21	4	56	2	44	2	10	1	22	24
37	2	46	1	23	4	56	2	44	2	5	1	19	23
38	2	50	1	25	4	56	2	44	2	0	1	16	22
39	2	54	1	27	4	55	2	45	1	55	1	12	21
40	2	58	1	29	4	55	2	45	1	50	1	9	20
41	3	2	1	31	4	54	2	45	1	45	1	6	19
42	3	6	1	33	4	54	2	45	1	39	1	3	18
43	3	10	1	35	4	53	2	45	1	34	0	59	17
44	3	13	1	37	4	51	2	45	1	29	0	56	16
45	3	17	1	39	4	51	2	45	1	23	0	53	15
46	3	20	1	41	4	50	2	45	1	18	0	49	14
47	3	24	1	43	4	49	2	44	1	13	0	46	13
48	3	28	1	45	4	48	2	44	1	7	0	42	12
49	3	31	1	46	4	47	2	44	1	2	0	39	11
50	3	34	1	48	4	46	2	43	0	56	0	36	10
51	3	38	1	50	4	44	2	43	0	51	0	32	9
52	3	41	1	52	4	43	2	42	0	45	0	29	8
53	3	44	1	54	4	41	2	42	0	39	0	25	7
54	3	47	1	56	4	39	2	41	0	34	0	21	6
55	3	50	1	58	4	37	2	41	0	28	0	18	5
56	3	53	1	59	4	36	2	40	0	23	0	15	4
57	3	57	2	1	4	34	2	39	0	17	0	11	3
58	3	59	2	3	4	32	2	38	0	11	0	7	2
59	4	2	2	4	4	29	2	37	0	6	0	3	1
60	4	5	2	6	4	27	2	36	0	0	0	0	0
gr.	Adde.		Adde.		Adde.		Adde.		Adde.		Adde.		gr.
Sex.	5				4				3				Sex.

Canon reducendi *Lunam* ad Eclipticam.

ADDE.							
Dodec.	6		7		8		Dodec.
	0		1		2		
gr.	′	″	′	″	′	″	gr.
0	0	0	6	6	6	5	30
1	0	15	6	12	5	57	29
2	0	30	6	18	5	48	28
3	0	45	6	24	5	39	27
4	0	59	6	29	5	30	26
5	1	13	6	35	5	21	25
6	1	27	6	40	5	12	24
7	1	42	6	44	5	1	23
8	1	56	6	47	4	51	22
9	2	10	6	51	4	40	21
10	2	24	6	54	4	29	20
11	2	38	6	56	4	18	19
12	2	52	6	57	4	7	18
13	3	6	6	58	3	55	17
14	3	19	6	59	3	42	16
15	3	32	7	0	3	31	15
16	3	43	6	59	3	18	14
17	3	56	6	58	3	5	13
18	4	8	6	57	2	51	12
19	4	19	6	56	2	38	11
20	4	30	6	54	2	23	10
21	4	41	6	51	2	9	9
22	4	52	6	47	1	55	8
23	5	2	6	44	1	41	7
24	5	13	6	40	1	26	6
25	5	22	6	35	1	12	5
26	5	31	6	28	0	58	4
27	5	40	6	23	0	45	3
28	5	49	6	17	0	30	2
29	5	58	6	11	0	15	1
30	6	6	6	5	0	0	0
Dodec.	5		4		3		Dodec.
	11		10		9		
AVFER.							

CANO-

CANONES LATITVDINIS LVNÆ.

Canon integer Latitudinis *Lunæ.*

Dodecatemoria motus Latitudinis Lunæ.

Aust.	3					4					5					*desc.*
Bor.	9					10					11					*asc.*
gradus	*Latitudo.*			*Exces.*		*Latitudo.*			*Exces.*		*Latitudo.*			*Exces.*		*gradus.*
	gr.	′	″	′	″	*gr.*	′	″	′	″	*gr.*	′	″	′	″	
0	0	0	0	0	0	2	29	52	7	58	4	19	43	13	52	30
1	0	5	14	0	17	2	34	22	8	13	4	22	18	14	0	29
2	0	10	27	0	34	2	38	50	8	27	4	24	49	14	7	28
3	0	15	41	0	50	2	43	15	8	41	4	27	14	14	14	27
4	0	20	54	1	7	2	47	37	8	55	4	29	34	14	21	26
5	0	26	7	1	23	2	51	56	9	9	4	31	50	14	28	25
6	0	31	19	1	40	2	56	11	9	23	4	34	0	14	35	24
7	0	36	31	1	57	3	0	24	9	37	4	36	6	14	42	23
8	0	41	42	2	13	3	4	33	9	51	4	38	6	14	49	22
9	0	46	52	2	30	3	8	39	10	4	4	40	2	14	56	21
10	0	52	2	2	46	3	12	42	10	17	4	41	52	15	2	20
11	0	57	10	3	3	3	16	41	10	29	4	43	37	15	8	19
12	1	2	18	3	19	3	20	36	10	41	4	45	17	15	13	18
13	1	7	24	3	35	3	24	28	10	53	4	46	52	15	18	17
14	1	12	29	3	52	3	28	16	11	5	4	48	21	15	23	16
15	1	17	33	4	8	3	32	0	11	16	4	49	45	15	27	15
16	1	22	36	4	24	3	35	40	11	28	4	51	4	15	31	14
17	1	27	37	4	40	3	39	17	11	40	4	52	17	15	35	13
18	1	32	36	4	56	3	42	49	11	52	4	53	26	15	38	12
19	1	37	34	5	12	3	46	17	12	3	4	54	29	15	41	11
20	1	42	30	5	28	3	49	42	12	14	4	55	26	15	44	10
21	1	47	24	5	43	3	53	2	12	25	4	56	18	15	47	9
22	1	52	16	5	59	3	56	17	12	36	4	57	4	15	49	8
23	1	57	6	6	14	3	59	29	12	47	4	57	45	15	51	7
24	2	1	54	6	30	4	2	36	12	57	4	58	21	15	53	6
25	2	6	39	6	45	4	5	38	13	7	4	58	51	15	55	5
26	2	11	23	7	0	4	8	37	13	17	4	59	16	15	56	4
27	2	16	4	7	15	4	11	30	13	26	4	59	35	15	57	3
28	2	20	42	7	29	4	14	19	13	35	4	59	49	15	58	2
29	2	25	18	7	44	4	17	4	13	44	4	59	57	15	59	1
30	2	29	52	7	58	4	19	43	13	52	5	0	0	16	0	0
Aust.	8					7.					6					*asc.*
Bor.	2					1					0					*desc.*

Dodecatemoria motus Latitudinis Lunæ.

Canon

Canon Latitudinis *Lunæ*

in Noviluniis & Pleniluniis.

Aust.	3		4		5		desc.
Bor.	9		10		11		asc.
gradus.	Latitudo.	Diff.	Latitudo.	Diff.	Latitudo.	Diff.	gradus.
	gr. ' ''	Adde.	gr. ' ''	Adde.	gr. ' ''	Adde.	
0	0 0 0	' ''	2 29 52	' ''	4 19 43	' ''	30
1	0 5 14	5 14	2 34 22	4 30	4 22 18	2 35	29
2	0 10 27	5 13	2 38 50	4 28	4 24 49	2 31	28
3	0 15 41	5 14	2 43 15	4 25	4 27 14	2 25	27
4	0 20 54	5 13	2 47 37	4 22	4 29 34	2 20	26
5	0 26 7	5 13	2 51 56	4 19	4 31 50	2 16	25
6	0 31 19	5 12	2 56 11	4 15	4 34 0	2 10	24
7	0 36 31	5 12	3 0 24	4 13	4 36 6	2 6	23
8	0 41 42	5 11	3 4 33	4 9	4 38 6	2 0	22
9	0 46 52	5 10	3 8 39	4 6	4 40 2	1 56	21
10	0 52 2	5 10	3 12 42	4 3	4 41 52	1 50	20
11	0 57 10	5 8	3 16 41	3 59	4 43 37	1 45	19
12	1 2 18	5 8	3 20 36	3 55	4 45 17	1 40	18
13	1 7 24	5 6	3 24 28	3 52	4 46 52	1 35	17
14	1 12 29	5 5	3 28 16	3 48	4 48 21	1 29	16
15	1 17 33	5 4	3 32 0	3 44	4 49 45	1 24	15
16	1 22 36	5 3	3 35 40	3 40	4 51 4	1 19	14
17	1 27 37	5 1	3 39 17	3 37	4 52 17	1 13	13
18	1 32 36	4 59	3 42 49	3 32	4 53 26	1 9	12
19	1 37 34	4 58	3 46 17	3 28	4 54 29	1 3	11
20	1 42 30	4 54	3 49 42	3 25	4 55 26	0 57	10
21	1 47 24	4 54	3 53 2	3 20	4 56 18	0 52	9
22	1 52 16	4 52	3 56 17	3 15	4 57 4	0 46	8
23	1 57 6	4 50	3 59 29	3 12	4 57 45	0 41	7
24	2 1 54	4 48	4 2 36	3 7	4 58 21	0 36	6
25	2 6 39	4 45	4 5 38	3 2	4 58 51	0 30	5
26	2 11 23	4 44	4 8 37	2 59	4 59 16	0 25	4
27	2 16 4	4 41	4 11 30	2 53	4 59 35	0 19	3
28	2 20 42	4 38	4 14 19	2 49	4 59 49	0 14	2
29	2 25 18	4 36	4 17 4	2 45	4 59 57	0 8	1
30	2 29 52	4 34	4 19 43	2 39	5 0 0	0 3	0
		Aufer.		Aufer.		Aufer.	
Aust.	8		7		6		asc.
Bor.	2		1		0		desc.

Canon Latitudinis

Dodec.	9	Bo-					9		RE-					9		A-				
	3	Av-					3		St-					3		RA-				
gr.	scr.	gr.	′	″	scr	gr.	gr.	scr.	gr.	′	″	scr.	gr.	gr.	scr.	gr.	′	″	scr.	gr.
0	0	0	0	0	0	30	5	0	0	26	7	0	25	10	0	0	52	1	0	20
	10	0	0	52	50			10	0	26	59	50			10	0	52	53	50	
	20	0	1	44	40			20	0	27	51	40			20	0	53	44	40	
	30	0	2	37	30			30	0	28	43	30			30	0	54	36	30	
	40	0	3	29	20			40	0	29	35	20			40	0	55	27	20	
	50	0	4	21	10			50	0	30	27	10			50	0	56	19	10	
1	0	0	5	14	0	29	6	0	0	31	19	0	24	11	0	0	57	10	0	19
	10	0	6	6	50			10	0	32	11	50			10	0	58	2	50	
	20	0	6	58	40			20	0	33	3	40			20	0	58	53	40	
	30	0	7	50	30			30	0	33	55	30			30	0	59	44	30	
	40	0	8	43	20			40	0	34	47	20			40	1	0	36	20	
	50	0	9	35	10			50	0	35	39	10			50	1	1	27	10	
2	0	0	10	27	0	28	7	0	0	36	31	0	23	12	0	1	2	18	0	18
	10	0	11	20	50			10	0	37	23	50			10	1	3	9	50	
	20	0	12	12	40			20	0	38	15	40			20	1	4	0	40	
	30	0	13	4	30			30	0	39	7	30			30	1	4	51	30	
	40	0	13	56	20			40	0	39	58	20			40	1	5	42	20	
	50	0	14	49	10			50	0	40	50	10			50	1	6	33	10	
3	0	0	15	41	0	27	8	0	0	41	42	0	22	13	0	1	7	24	0	17
	10	0	16	33	50			10	0	42	34	50			10	1	8	15	50	
	20	0	17	25	40			20	0	43	25	40			20	1	9	6	40	
	30	0	18	18	30			30	0	44	17	30			30	1	9	57	30	
	40	0	19	10	20			40	0	45	9	20			40	1	10	48	20	
	50	0	20	2	10			50	0	46	1	10			50	1	11	38	10	
4	0	0	20	54	0	26	9	0	0	46	52	0	21	14	0	1	12	29	0	16
	10	0	21	46	50			10	0	47	44	50			10	1	13	20	50	
	20	0	22	39	40			20	0	48	35	40			20	1	14	10	40	
	30	0	23	31	30			30	0	49	27	30			30	1	15	1	30	
	40	0	24	23	20			40	0	50	18	20			40	1	15	52	20	
	50	0	25	15	10			50	0	51	10	10			50	1	16	42	10	
5	0	0	26	7	0	25	10	0	0	52	1	0	20	15	0	1	17	33	0	15
Dodec.		LATI-			8		TV-					8		DO					8	Dodec.
		LATI-			2		TV-					2		DO					2	

In

LVNÆ in Eclipsibus.

Dodec.	9 / 3	LIS / LIS					9 / 3		LATIT. / LATIT.				
gr.	scr.	gr.	′	″	scr.	gr.	gr.	scr.	gr.	′	″	scr.	gr.
15	0	1	17	33	0	15	20	0	1	42	30	0	10
	10	1	18	23	50			10	1	43	19	50	
	20	1	19	14	40			20	1	44	8	40	
	30	1	20	4	30			30	1	44	57	30	
	40	1	20	55	20			40	1	45	46	20	
	50	1	21	45	10			50	1	46	35	10	
16	0	1	22	36	0	14	21	0	1	47	24	0	9
	10	1	23	26	50			10	1	48	13	50	
	20	1	24	16	40			20	1	49	1	40	
	30	1	25	7	30			30	1	49	50	30	
	40	1	25	57	20			40	1	50	39	20	
	50	1	26	47	10			50	1	51	27	10	
17	0	1	27	37	0	13	22	0	1	52	16	0	8
	10	1	28	27	50			10	1	53	4	50	
	20	1	29	17	40			20	1	53	53	40	
	30	1	30	6	30			30	1	54	41	30	
	40	1	30	56	20			40	1	55	29	20	
	50	1	31	46	10			50	1	56	18	10	
18	0	1	32	36	0	12	23	0	1	57	6	0	7
	10	1	33	25	50			10	1	57	54	50	
	20	1	34	15	40			20	1	58	42	40	
	30	1	35	5	30			30	1	59	30	30	
	40	1	35	54	20			40	2	0	18	20	
	50	1	36	44	10			50	2	1	6	10	
19	0	1	37	34	0	11	24	0	2	1	54	0	6
	10	1	38	23	50			10	2	2	42	50	
	20	1	39	13	40			20	2	3	29	40	
	30	1	40	2	30			30	2	4	17	30	
	40	1	40	51	20			40	2	5	4	20	
	50	1	41	41	10			50	2	5	52	10	
20	0	1	42	30	0	10	25	0	2	6	39	0	5
Dodec.		AVST- / BORE-			8 / 2		RALIS / ALIS					8 / 2	Dodec.

Canon

Canon motus horarij *Lunæ* à *Sole*, in Noviluniis & Pleniluniis.

gradus	Sexagenæ *Anomaliæ Lunæ coæquatæ.* 0		1		2		3		4		5	
	′	″	′	″	′	″	′	″	′	″	′	″
0	27	15	28	37	32	4	34	18	32	4	28	37
3	27	15	28	45	32	16	34	17	31	54	28	29
6	27	16	28	53	32	26	34	16	31	39	28	22
9	27	17	29	3	32	36	34	14	31	31	28	14
12	27	19	29	12	32	46	34	12	31	16	28	8
15	27	20	29	21	32	57	34	8	31	9	28	2
18	27	22	29	31	33	6	34	4	30	54	27	56
21	27	25	29	41	33	15	33	59	30	44	27	51
24	27	28	29	51	33	24	33	54	30	35	27	45
27	27	32	30	2	33	32	33	45	30	24	27	41
30	27	36	30	12	33	39	33	39	30	12	27	36
33	27	41	30	24	33	45	33	32	30	2	27	32
36	27	45	30	35	33	54	33	24	29	51	27	28
39	27	51	30	44	33	59	33	15	29	41	27	25
42	27	56	30	54	34	4	33	6	29	31	27	23
45	28	2	31	9	34	8	32	57	29	21	27	20
48	28	8	31	16	34	12	32	46	29	12	27	19
51	28	14	31	31	34	14	32	36	29	3	27	17
54	28	22	31	39	34	16	32	26	28	53	27	16
57	28	29	31	54	34	17	32	16	28	45	27	15
60	28	37	32	4	34	18	32	4	28	37	27	15

Canon Conjunctionum & Oppositionum *Solis* & *Lunæ*.

Menses Anni Iuliani.	*Communis.*	*Bissextilis.*	*Tempora Lunationum.*				*Anomalia* SOLIS.				*Anomalia* LUNÆ.				*Motus Latitudinis* LUNÆ.			
	Dies.	Dies.	Dies.	′	″	‴	Sex.	gr.	′	″	Sex.	gr.	′	″	Sex.	gr.	′	″
Ianuarius.	31	31	29	31	50	8	0	29	6	19	0	25	49	0	0	30	40	14
Februarius.	59	60	59	3	40	16	0	58	12	38	0	51	38	1	1	1	20	28
Martius.	90	91	88	35	30	24	1	27	18	56	1	17	27	2	1	32	0	42
Aprilis.	120	121	118	7	20	32	1	56	25	15	1	43	16	2	2	2	40	56
Majus.	151	152	147	39	10	40	2	25	31	34	2	9	5	3	2	33	21	10
Iunius.	181	182	177	11	0	48	2	54	37	53	2	34	54	3	3	4	1	23
Iulius.	212	213	206	42	50	56	3	23	44	12	3	0	43	4	3	34	41	37
Augustus.	243	244	236	14	41	4	3	52	50	30	3	26	32	4	4	5	21	51
September.	273	274	265	46	31	12	4	21	56	49	3	52	21	5	4	36	2	5
October.	304	305	295	18	21	20	4	51	3	8	4	18	10	5	5	6	42	19
November.	334	335	324	50	11	28	5	20	9	27	4	43	59	6	5	37	22	33
December.	365	366	354	22	1	36	5	49	15	46	5	9	48	6	0	8	2	47
Tẽpus dimidiæ Lunation.			14	45	55	4	0	14	33	9½	3	12	54	30	3	15	20	7

Canon

Canon Semidiametrorum apparentium *Solis, Lunæ, & Vmbræ.*

Anomalia Solis & Lunæ coæquata.				*Semidiamet.* SOLIS		*Semidiamet.* LVNÆ		*Variat. Aug.*	*Semidiamet.* VMBR.		*Variat. Aug.*
Dod.	gr.	gr.	Dod.	'	"	'	"	"	'	"	"
0	0	30	0	16	47	15	0	38	39	0	0
	5	25		16	47	15	0	38	39	0	0
	10	20		16	48	15	1	38	39	2	1
	15	15		16	49	15	2	37	39	5	1
	20	10		16	50	15	3	37	39	8	2
	25	5		16	51	15	6	37	39	13	3
	30	0	11	16	52	15	9	36	39	19	4
1	5	25		16	53	15	12	34	39	31	5
	10	20		16	55	15	16	32	39	41	6
	15	15		16	57	15	20	31	39	52	8
	20	10		16	59	15	24	29	40	2	10
	25	5		17	1	15	29	27	40	15	12
	30	0	10	17	4	15	35	25	40	31	14
2	5	25		17	7	15	41	23	40	46	16
	10	20		17	10	15	47	20	41	2	19
	15	15		17	13	15	53	16	41	19	22
	20	10		17	16	16	0	12	41	36	24
	25	5		17	19	16	7	7	41	54	26
	30	0	9	17	21	16	14	3	42	12	28
3	5	25		17	25	16	21	0	42	30	30
	10	20		17	27	16	28	Adde 1	42	49	32
	15	15		17	30	16	36	6	43	8	35
	20	10		17	33	16	44	11	43	27	37
	25	5		17	36	16	51	16	43	46	40
	30	0	8	17	39	16	58	20	44	5	42
4	5	25		17	42	17	6	25	44	24	45
	10	20		17	45	17	12	30	44	43	47
	15	15		17	48	17	19	34	45	1	49
	20	10		17	50	17	25	39	45	17	50
	25	5		17	52	17	30	44	45	30	52
	30	0	7	17	54	17	35	47	45	43	53
5	5	25		17	55	17	39	50	45	53	54
	10	20		17	56	17	43	53	46	4	55
	15	15		17	57	17	46	55	46	11	56
	20	10		17	58	17	48	56	46	16	57
	25	5		17	59	17	49	57	46	19	58
	30	0	6	17	59	17	49	58	46	19	58

Canon

Canon Digitorum Eclipticorum.

Diameter Apparens.		*Scrupula deficientia.*															
		1		2		3		4		5		6		7		8	
'	''	Dig.	'	Dig.	'	Dig.	'	Dig.	'	Dig.	'	Dig.	'	Dig.	'	Dig.	'
36	0	0	20	0	40	1	0	1	20	1	40	2	0	2	20	2	40
35	50	0	20	0	40	1	0	1	20	1	40	2	1	2	21	2	41
35	40	0	20	0	40	1	1	1	21	1	41	2	1	2	21	2	41
35	30	0	20	0	41	1	1	1	21	1	41	2	2	2	22	2	42
35	20	0	20	0	41	1	1	1	22	1	42	2	2	2	23	2	43
35	10	0	20	0	41	1	1	1	22	1	42	2	3	2	23	2	44
35	0	0	21	0	41	1	2	1	22	1	43	2	3	2	24	2	45
34	50	0	21	0	41	1	2	1	23	1	43	2	4	2	25	2	45
34	40	0	21	0	42	1	2	1	23	1	44	2	4	2	25	2	46
34	30	0	21	0	42	1	3	1	23	1	44	2	5	2	26	2	47
34	20	0	21	0	42	1	3	1	24	1	45	2	6	2	27	2	48
34	10	0	21	0	42	1	3	1	24	1	45	2	6	2	28	2	49
34	0	0	21	0	42	1	4	1	25	1	46	2	7	2	28	2	49
33	50	0	21	0	43	1	4	1	25	1	46	2	8	2	29	2	50
33	40	0	21	0	43	1	4	1	26	1	47	2	8	2	30	2	51
33	30	0	22	0	43	1	4	1	26	1	47	2	9	2	30	2	52
33	20	0	22	0	43	1	5	1	26	1	48	2	10	2	31	2	53
33	10	0	22	0	43	1	5	1	27	1	49	2	10	2	32	2	54
33	0	0	22	0	44	1	5	1	27	1	49	2	11	2	33	2	55
32	50	0	22	0	44	1	6	1	28	1	50	2	12	2	34	2	55
32	40	0	22	0	44	1	6	1	28	1	50	2	12	2	34	2	56
32	30	0	22	0	44	1	6	1	29	1	51	2	13	2	35	2	57
32	20	0	22	0	45	1	7	1	29	1	51	2	14	2	36	2	58
32	10	0	22	0	45	1	7	1	30	1	52	2	14	2	37	2	59
32	0	0	23	0	45	1	8	1	30	1	53	2	15	2	38	3	0
31	50	0	23	0	45	1	8	1	30	1	53	2	16	2	38	3	1
31	40	0	23	0	45	1	8	1	31	1	54	2	16	2	39	3	2
31	30	0	23	0	46	1	9	1	31	1	54	2	17	2	40	3	3
31	20	0	23	0	46	1	9	1	32	1	55	2	18	2	41	3	4
31	10	0	23	0	46	1	9	1	32	1	56	2	19	2	42	3	5
31	0	0	23	0	47	1	10	1	33	1	56	2	19	2	43	3	6
30	50	0	23	0	47	1	10	1	33	1	57	2	20	2	43	3	7
30	40	0	23	0	47	1	10	1	34	1	57	2	21	2	44	3	8
30	30	0	24	0	47	1	11	1	34	1	58	2	22	2	45	3	9
30	20	0	24	0	47	1	11	1	35	1	59	2	22	2	46	3	10
30	10	0	24	0	48	1	12	1	35	1	59	2	23	2	47	3	11
30	0	0	24	0	48	1	12	1	36	2	0	2	24	2	48	3	12

Canon Digitorum Eclipticorum.

Diameter Apparens.		Scrupula deficientia.															
		9		10		20		30		40		50		60		70	
′	″	Dig.	′	Dig.	′	Dig.	′	Dig.	′	Dig.	′	Dig.	′	Dig.	′	Dig.	′
36	0	3	0	3	20	6	40	10	0	13	20	16	40	20	0	23	20
35	50	3	1	3	21	6	42	10	3	13	23	16	44	20	5	23	26
35	40	3	2	3	22	6	44	10	6	13	27	16	49	20	11	23	33
35	30	3	3	3	23	6	46	10	8	13	31	16	54	20	17	23	40
35	20	3	3	3	24	6	47	10	11	13	35	16	59	20	23	23	46
35	10	3	4	3	25	6	49	10	14	13	39	17	4	20	28	23	53
35	0	3	5	3	26	6	51	10	17	13	43	17	9	20	34	24	0
34	50	3	6	3	27	6	53	10	20	13	47	17	14	20	40	24	7
34	40	3	7	3	28	6	55	10	23	13	51	17	19	20	46	24	14
34	30	3	8	3	29	6	57	10	26	13	55	17	24	20	52	24	21
34	20	3	9	3	30	6	59	10	29	13	59	17	29	20	58	24	28
34	10	3	10	3	31	7	2	10	32	14	3	17	34	21	4	24	35
34	0	3	11	3	32	7	4	10	35	14	7	17	39	21	11	24	42
33	50	3	12	3	33	7	6	10	38	14	11	17	44	21	17	24	50
33	40	3	12	3	34	7	8	10	42	14	15	17	49	21	23	24	57
33	30	3	13	3	35	7	10	10	45	14	20	17	55	21	30	25	5
33	20	3	14	3	36	7	12	10	48	14	24	18	0	21	36	25	12
33	10	3	15	3	37	7	14	10	52	14	28	18	6	21	43	25	20
33	0	3	16	3	38	7	16	10	55	14	33	18	11	21	49	25	27
32	50	3	17	3	39	7	19	10	58	14	37	18	17	21	56	25	35
32	40	3	18	3	40	7	21	11	1	14	42	18	22	22	2	25	43
32	30	3	19	3	42	7	23	11	5	14	46	18	28	22	9	25	51
32	20	3	20	3	43	7	25	11	8	14	51	18	34	22	16	25	59
32	10	3	21	3	44	7	28	11	12	14	55	18	39	22	23	26	7
32	0	3	23	3	45	7	30	11	15	15	0	18	45	22	30	26	15
31	50	3	24	3	46	7	32	11	18	15	4	18	51	22	37	26	23
31	40	3	25	3	47	7	35	11	22	15	9	18	57	22	44	26	32
31	30	3	26	3	49	7	37	11	26	15	14	19	3	22	51	26	40
31	20	3	27	3	50	7	40	11	29	15	19	19	9	22	59	26	48
31	10	3	28	3	51	7	42	11	33	15	24	19	15	23	6	26	57
31	0	3	29	3	52	7	45	11	37	15	29	19	21	23	14	27	6
30	50	3	30	3	53	7	47	11	40	15	34	19	27	23	21	27	15
30	40	3	31	3	55	7	50	11	44	15	39	19	34	23	29	27	23
30	30	3	32	3	56	7	52	11	48	15	44	19	40	23	36	27	32
30	20	3	34	3	57	7	55	11	52	15	49	19	47	23	44	27	42
30	10	3	35	3	59	7	57	11	56	15	55	19	53	23	52	27	51
30	0	3	36	4	0	8	0	12	0	16	0	20	0	24	0	28	0

Canon Scrupulorum incidentiæ in Eclipsi SOLIS, & scrupul. moræ dimidiatæ in Eclipsi LVNÆ.

Eclipsis ☉ — Summa Scrupulorum semid. Solis & Lunæ.

Eclipsis ☾ — *Differentia Scrupulorum Semidiam. Lunæ & Vmbræ.*

Scrupula veræ vel apparentis Latitudinis Lunæ.

	21		22		23		24		25		26		27		28	
′	′	″	′	″	′	″	′	″	′	″	′	″	′	″	′	″
0	21	0	22	0	23	0	24	0	25	0	26	0	27	0	28	0
1	20	59	21	59	22	59	23	59	24	59	25	59	26	59	27	59
2	20	54	21	55	22	55	23	55	24	55	25	55	26	56	27	56
3	20	47	21	48	22	48	23	49	24	49	25	50	26	50	27	50
4	20	37	21	38	22	39	23	40	24	41	25	41	26	42	27	43
5	20	24	21	25	22	27	23	28	24	30	25	31	26	32	27	33
6	20	7	21	10	22	12	23	14	24	16	25	18	26	20	27	21
7	19	48	20	51	21	55	22	57	24	0	25	2	26	5	27	7
8	19	25	20	30	21	34	22	38	23	41	24	44	25	47	26	50
9	18	58	20	4	21	10	22	15	23	19	24	24	25	28	26	31
10	18	28	19	36	20	43	21	49	22	55	24	0	25	5	26	9
11	17	53	19	3	20	12	21	20	22	27	23	34	24	39	25	45
12	17	40	18	26	19	37	20	47	21	56	23	4	24	11	25	18
13	16	30	17	45	18	58	20	10	21	21	22	31	23	40	24	48
14	15	39	16	58	18	15	19	30	20	43	21	55	23	6	24	15
15	14	42	16	6	17	26	18	44	20	0	21	14	22	27	23	39
16	13	36	15	6	16	31	17	53	19	13	20	30	21	45	22	59
17	12	20	13	58	15	30	16	56	18	20	19	40	20	59	22	15
18	10	49	12	39	14	19	15	52	17	21	18	46	20	7	21	27
19	8	57	11	5	12	58	14	40	16	15	17	45	19	11	20	34
20	6	24	9	10	11	21	13	16	15	0	16	37	18	8	19	36
21	0	0	6	33	9	23	11	37	13	34	15	20	16	59	18	32
22			0	0	6	43	9	36	11	52	13	51	15	39	17	19
23					0	0	6	51	9	48	12	7	14	9	15	59
24							0	0	7	0	10	0	12	22	14	25
25									0	0	7	9	10	12	12	37
26											0	0	7	17	10	24
27													0	0	7	26
28															0	0
29																
30																
31																
32																
33																
34																
35																
36																

Canon Scrupulorum incidentiæ in Eclipsi Solis, & scrupul. moræ dimidiatæ in Eclipsi Lvnæ.

Eclipsis ☉ / Eclipsis ☾	Summa Scrupulorum semid. Solis & Lunæ. / *Differentia Scrupulorum Semidiam. Lunæ & Vmbræ.*															
	29		30		31		32		33		34		35		36	
Scrupula veræ vel apparentis Latitudinis Lunæ. ′	′	″	′	″	′	″	′	″	′	″	′	″	′	″	′	″
0	29	0	30	0	31	0	32	0	33	0	34	0	35	0	36	0
1	28	59	29	59	30	59	31	59	32	59	33	59	34	59	35	59
2	28	56	29	56	30	56	31	56	32	56	33	56	34	56	35	57
3	28	51	29	51	30	51	31	51	32	51	33	52	34	52	35	53
4	28	44	29	44	30	44	31	45	32	45	33	46	34	46	35	47
5	28	34	29	35	30	35	31	36	32	37	33	38	34	38	35	39
6	28	22	29	24	30	25	31	26	32	27	33	28	34	29	35	30
7	28	8	29	11	30	12	31	14	32	15	33	16	34	17	35	19
8	27	52	28	55	29	57	30	59	32	1	33	3	34	4	35	6
9	27	34	28	37	29	40	30	42	31	45	32	48	33	49	34	51
10	27	13	28	17	29	21	30	24	31	27	32	30	33	33	34	35
11	26	50	27	55	28	59	30	3	31	7	32	10	33	14	34	17
12	26	24	27	30	28	35	29	40	30	44	31	49	32	53	33	57
13	25	55	27	2	28	9	29	14	30	20	31	25	32	30	33	34
14	25	24	26	32	27	40	28	46	29	53	30	59	32	5	33	10
15	24	50	25	59	27	8	28	16	29	23	30	31	31	37	32	44
16	24	11	25	23	26	33	27	43	28	52	30	0	31	8	32	15
17	23	30	24	43	25	56	27	7	28	17	29	27	30	36	31	44
18	22	44	24	0	25	15	26	27	27	40	28	51	30	2	31	11
19	21	55	23	13	24	30	25	45	26	59	28	12	29	24	30	35
20	21	0	22	22	23	41	24	59	26	15	27	30	28	43	29	56
21	20	0	21	25	22	48	24	9	25	27	26	44	28	0	29	14
22	18	54	20	23	21	51	23	14	24	36	25	55	27	13	28	30
23	17	40	19	16	20	47	22	15	23	40	25	2	26	23	27	42
24	16	17	18	0	19	37	21	10	22	39	24	5	25	29	26	50
25	14	42	16	35	18	20	19	59	21	33	23	3	24	30	25	54
26	12	51	14	58	16	53	18	39	20	19	21	55	23	26	24	54
27	10	35	13	4	15	14	17	11	18	59	20	41	22	16	23	59
28	7	34	10	46	13	18	15	30	17	28	19	17	21	0	22	38
29	0	0	7	41	10	57	13	32	15	45	17	46	19	36	21	20
30			0	0	7	49	11	8	13	45	16	0	18	2	19	54
31					0	0	7	56	11	19	13	58	16	15	18	18
32							0	0	8	4	11	30	14	11	16	30
33									0	0	8	11	11	41	14	23
34											0	0	8	19	11	50
35													0	0	8	26
36															0	0

Canon Scrupulorum incidentiæ & moræ dimidiatæ ſimul, in Eclipſi LVNÆ.

Eclipſis LVNÆ.	*Summa Scrupulorum utriuſque ſemidiametri, Lunæ & Vmbræ.*															
	54		55		56		57		58		59		60		61	
Scrupula veræ Latitudinis Lunæ.	′	″	′	″	′	″	′	″	′	″	′	″	′	″	′	″
0	54	0	55	0	56	0	57	0	58	0	59	0	60	0	61	0
1	53	59	54	59	55	59	56	59	57	59	58	59	59	59	60	59
2	53	58	54	58	55	58	56	57	57	57	58	57	59	58	60	58
3	53	55	54	55	55	55	56	55	57	55	58	55	59	56	60	56
4	53	51	54	51	55	51	56	52	57	52	58	52	59	53	60	53
5	53	46	54	46	55	46	56	47	57	47	58	48	59	48	60	48
6	53	40	54	40	55	40	56	41	57	41	58	42	59	42	60	42
7	53	33	54	33	55	33	56	34	57	34	58	35	59	35	60	35
8	53	25	54	25	55	25	56	26	57	26	58	27	59	27	60	28
9	53	15	54	16	55	16	56	17	57	18	58	19	59	19	60	20
10	53	4	54	6	55	6	56	7	57	8	58	9	59	10	60	11
11	52	52	53	54	54	55	55	56	56	57	57	58	59	0	60	1
12	52	39	53	41	54	42	55	44	56	45	57	46	58	48	59	49
13	52	25	53	27	54	28	55	30	56	32	57	33	58	35	59	36
14	52	9	53	12	54	23	55	15	56	18	57	19	58	21	59	22
15	51	52	52	55	53	57	54	59	56	2	57	4	58	6	59	8
16	51	34	52	37	53	40	54	42	55	45	56	48	57	50	58	52
17	51	15	52	18	53	22	54	24	55	27	56	30	57	33	58	35
18	50	55	51	58	53	2	54	5	55	8	56	11	57	14	58	17
19	50	33	51	37	52	41	53	44	54	48	55	51	56	54	57	57
20	50	10	51	14	52	19	53	22	54	27	55	30	56	33	57	37
21	49	45	50	50	51	55	52	59	54	4	55	8	56	12	57	16
22	49	19	50	24	51	30	52	35	53	40	54	45	55	49	56	54
23	48	51	49	57	51	4	52	9	53	15	54	20	55	25	56	30
24	48	22	49	29	50	36	51	42	52	48	53	54	54	59	56	5
25	47	52	48	59	50	7	51	14	52	20	53	27	54	32	55	39
26	47	20	48	28	49	36	50	44	51	51	52	58	54	4	55	11
27	46	46	47	55	49	4	50	12	51	20	52	28	53	35	54	42
28	46	20	47	20	48	30	49	39	50	48	51	56	53	4	54	12
29	45	33	46	44	47	55	49	5	50	14	51	23	52	32	53	40
30	44	54	46	6	47	18	48	29	49	39	50	48	51	58	53	7
31	44	13	45	26	46	39	47	51	49	2	50	12	51	23	52	32
32	43	30	44	44	45	58	47	11	48	23	49	34	50	46	51	56
33	42	45	44	0	45	15	46	29	47	43	48	55	50	7	51	18
34	41	57	43	14	44	30	45	45	47	1	48	14	49	26	50	39
35	41	7	42	26	43	43	44	59	46	16	47	31	48	44	49	58

Canon Scrupulorum incidentiæ & moræ dimidiatæ simul in Eclipsi LVNÆ.

Eclipsis LVNÆ.	*Summa Scrupulorum utriusque semidiametri Lunæ & Vmbræ.*													
	62		63		64		65		66		67		68	
Scrupula veræ Latitudinis Lunæ. ′	′	″	′	″	′	″	′	″	′	″	′	″	′	″
0	62	0	63	0	64	0	65	0	66	0	67	0	68	0
1	61	59	62	59	63	59	64	59	65	59	66	59	67	59
2	61	58	62	58	63	58	64	58	65	65	66	58	67	58
3	61	56	62	56	63	56	64	56	65	56	66	56	67	56
4	61	53	62	53	63	53	64	53	65	58	66	53	67	53
5	61	48	62	49	63	49	64	49	65	49	66	49	67	49
6	61	42	62	43	63	43	64	43	65	44	66	44	67	44
7	61	35	62	36	63	36	64	37	65	38	66	38	67	38
8	61	28	62	29	63	29	64	30	65	31	66	31	67	31
9	61	20	62	21	63	21	64	22	65	23	66	24	67	24
10	61	11	62	12	63	12	64	13	65	14	66	15	67	16
11	61	1	62	2	63	2	64	3	65	4	66	5	67	6
12	60	50	61	51	62	52	63	53	64	54	65	55	66	56
13	60	37	61	38	62	40	63	41	64	43	65	44	66	45
14	60	23	61	25	62	27	63	28	64	30	65	32	66	33
15	60	9	61	11	62	13	63	14	64	16	65	18	66	20
16	59	54	60	56	61	58	62	59	64	1	65	3	66	5
17	59	38	60	40	61	42	62	44	63	46	64	48	65	50
18	59	20	60	23	61	25	62	28	63	30	64	32	65	34
19	59	1	60	5	61	7	62	10	63	13	64	15	65	18
20	58	41	59	45	60	48	61	51	62	54	63	57	65	0
21	58	20	59	24	60	28	61	31	62	34	63	37	64	41
22	57	58	59	2	60	7	61	10	62	13	63	16	64	21
23	57	35	58	39	59	44	60	48	61	51	62	55	64	0
24	57	10	58	15	59	20	60	25	61	29	62	33	63	38
25	56	44	57	50	58	55	60	1	61	5	62	10	63	15
26	56	17	57	24	58	29	59	35	60	40	61	45	62	51
27	55	49	56	56	58	2	59	8	60	14	61	19	62	25
28	55	19	56	27	57	33	58	40	59	47	60	52	61	58
29	54	48	55	56	57	3	58	11	59	18	60	24	61	30
30	54	16	55	24	56	32	57	40	58	48	59	55	61	1
31	53	42	54	51	55	59	57	8	58	17	59	24	60	31
32	53	6	54	16	55	25	56	35	57	44	58	52	60	0
33	52	29	53	40	54	50	56	0	57	10	58	19	59	27
34	51	51	53	2	54	13	55	24	56	34	57	44	58	53
35	51	11	52	23	53	35	54	46	55	57	57	8	58	18

Canon Scrupulorum incidentiæ, & moræ dimidiatæ simul, in Eclipsi LVNÆ.

Eclipsis LVNÆ.	54 ′	54 ″	55 ′	55 ″	56 ′	56 ″	57 ′	57 ″	58 ′	58 ″	59 ′	59 ″	60 ′	60 ″	61 ′	61 ″
Scrupula veræ Latitudinis Lunæ.	*Summa Scrupulorum utriusque semidiametri Lunæ, & Vmbræ.*															
35	41	7	42	26	43	43	44	59	46	16	47	31	48	44	49	58
36	40	15	41	35	42	54	44	12	45	29	46	45	48	0	49	15
37	39	20	40	42	42	2	43	22	44	40	45	58	47	14	48	30
38	38	22	39	46	41	8	42	29	43	49	45	9	47	26	47	43
39	37	21	38	47	40	11	41	34	42	56	44	17	45	36	46	55
40	36	17	37	45	39	11	40	37	42	0	43	23	44	44	46	4
41	35	9	36	40	38	8	39	36	41	1	42	26	43	49	45	10
42	33	57	35	31	37	2	38	32	40	0	41	26	42	51	44	14
43	32	40	34	18	35	52	37	24	38	55	40	24	41	52	43	16
44	31	18	33	0	34	38	36	14	37	48	39	18	40	48	42	15
45	29	51	31	37	33	19	34	59	36	36	38	9	39	42	41	11
46	28	17	30	9	31	56	33	40	35	20	36	57	38	31	40	4
47	26	35	28	34	30	27	32	15	33	59	35	40	37	18	38	53
48	24	44	26	51	28	51	30	45	32	34	34	18	36	0	37	39
49	22	4	24	59	27	7	29	7	31	2	32	52	34	38	36	20
50	20	24	22	55	25	13	27	22	29	24	31	19	33	10	34	57
51	17	46	20	35	23	8	25	27	27	37	29	40	31	37	33	28
52	14	34	17	57	20	47	23	21	25	41	27	53	29	56	31	53
53	10	21	14	42	18	5	20	58	23	46	25	56	28	7	30	12
54	0	0	10	27	14	51	18	15	21	13	23	46	26	9	28	22
55			0	0	10	33	14	58	18	25	21	21	23	59	26	23
56					0	0	10	38	15	6	18	34	21	32	24	11
57							0	0	10	43	15	14	18	44	21	44
58									0	0	10	49	15	22	18	54
59											0	0	10	55	15	30
60													0	0	11	0
61															0	0
62																
63																
64																
65																
66																
67																
68																

Canon

Canon Scrupulorum incidentiæ, & moræ dimidiatæ simul, in Eclipsi LVNÆ.

Eclipsis e. Scrupula veræ Latitudinis Lunæ.	Summa Scrupulorum utriusque semidiametri Lunæ, & Vmbræ. 62 ′	62 ″	63 ′	63 ″	64 ′	64 ″	65 ′	65 ″	66 ′	66 ″	67 ′	67 ″	68 ′	68 ″
35	51	11	52	23	53	35	54	46	55	57	57	8	58	18
36	50	29	51	42	52	55	54	7	55	19	56	30	57	42
37	49	45	50	59	52	13	53	26	54	39	55	51	57	4
38	48	59	50	15	51	30	52	44	53	58	55	11	56	24
39	48	12	49	29	50	45	52	0	53	15	54	29	55	43
40	47	23	48	41	49	58	51	14	52	30	53	45	55	0
41	46	31	47	51	49	9	50	26	51	43	52	59	54	15
42	45	36	46	58	48	18	49	37	50	55	52	12	53	29
43	44	39	46	3	47	25	48	46	50	5	51	23	52	41
44	43	40	45	6	46	29	47	52	49	12	50	32	51	51
45	42	39	44	6	45	31	46	55	48	17	49	38	50	59
46	41	34	43	3	44	31	45	56	47	20	48	42	50	5
47	40	26	41	57	43	27	44	54	46	20	47	44	49	9
48	39	15	40	48	42	20	43	50	45	18	46	44	48	10
49	37	59	39	36	41	10	42	43	44	12	45	41	47	9
50	36	39	38	20	39	57	41	32	43	4	44	35	46	5
51	35	15	36	59	38	40	40	18	41	53	43	27	44	59
52	33	46	35	34	37	19	39	1	40	39	42	15	43	50
53	32	11	34	4	35	53	37	39	39	21	41	0	42	37
54	30	28	32	27	34	21	36	11	37	57	39	40	41	20
55	28	37	30	43	32	44	34	38	36	29	38	16	39	59
56	26	37	28	52	30	59	33	0	34	56	36	47	38	35
57	24	24	26	50	29	6	31	15	33	16	35	13	37	5
58	21	55	24	36	27	3	29	21	31	30	33	32	35	30
59	19	3	22	6	24	48	27	17	29	35	31	45	33	49
60	15	37	19	13	22	16	25	0	27	30	29	49	32	0
61	11	6	15	45	19	22	22	27	25	12	27	43	30	3
62	0	0	11	11	15	53	19	32	22	38	25	24	27	56
63			0	0	11	16	16	0	19	40	22	48	25	35
64					0	0	11	22	16	8	19	49	22	59
65							0	0	11	27	16	15	19	59
66									0	0	11	32	16	22
67											0	0	11	37
68													0	0

Canon

Canon Refractionum. ☉ & ☾.

Altitudo. grad.	Refractio. ′	″
0	34	0
1	26	0
2	21	0
3	18	0
4	15	45
5	14	0
6	12	30
7	11	15
8	10	5
9	9	5
10	8	15
11	7	35
12	7	5
13	6	40
14	6	19
15	6	0
16	5	42
17	5	24
18	5	7
19	4	50
20	4	33
21	4	16
22	4	0
23	3	44
24	3	28
25	3	12
26	2	56
27	2	40
28	2	24
29	2	9
30	1	54
31	1	39
32	1	24
33	1	9
34	0	55
35	0	41
36	0	27
37	0	13
38	0	0

Canon Parallaxium ☉ in circulo altitudinis,
In media distantia.

Altit. Solis grad.	Parallaxis ′	″	Altit. Solis grad.	Parallaxis ′	″	Altit. Solis grad.	Parallaxis ′	″
1	2	18	31	1	58	61	1	6
2	2	18	32	1	57	62	1	4
3	2	18	33	1	56	63	1	2
4	2	18	34	1	54	64	1	0
5	2	18	35	1	53	65	0	58
6	2	17	36	1	52	66	0	56
7	2	17	37	1	50	67	0	54
8	2	17	38	1	49	68	0	52
9	2	17	39	1	47	69	0	49
10	2	16	40	1	46	70	0	47
11	2	16	41	1	44	71	0	45
12	2	15	42	1	42	72	0	43
13	2	14	43	1	41	73	0	40
14	2	14	44	1	39	74	0	38
15	2	13	45	1	38	75	0	36
16	2	12	46	1	36	76	0	33
17	2	12	47	1	34	77	0	31
18	2	11	48	1	32	78	0	29
19	2	10	49	1	31	79	0	26
20	2	10	50	1	29	80	0	24
21	2	9	51	1	27	81	0	22
22	2	8	52	1	25	82	0	19
23	2	7	53	1	23	83	0	17
24	2	6	54	1	22	84	0	15
25	2	5	55	1	19	85	0	12
26	2	4	56	1	17	86	0	9
27	2	3	57	1	15	87	0	7
28	2	2	58	1	13	88	0	5
29	2	1	59	1	11	89	0	2
30	2	0	60	1	9	90	0	0

Canon parallaxeon LVNÆ in Horizonte.

	Dodeca temoria Anom aliæ Lunæ *coæquatæ.*													
	0		1		2		3		4		5		
gradus.	*Paral-laxis.*	*Diff. Auf.*	*Paral-laxis.*	*Diff. Auf.*	*Paral-laxis.*	*Diff. Auf.*	*Paral-laxis.*	*Diff. Auf.*	*Paral-laxis.*	*Diff. Adde.*	*Paral-laxis.*	*Diff. Adde.*	gradus.
	′ ″	′ ″	′ ″	′ ″	′ ″	′ ″	′ ″	′ ″	′ ″	′ ″	′ ″	′ ″	
1	53 33	2 13	54 8	2 2	55 43	1 24	58 2	0 12	60 40	1 19	62 48	2 54	29
2	53 33	2 13	54 10	2 0	55 47	1 22	58 7	0 10	60 45	1 22	62 52	2 57	28
3	53 34	2 13	54 12	1 58	55 51	1 20	58 12	0 8	60 50	1 25	62 55	3 0	27
4	53 34	2 13	54 14	1 57	55 55	1 18	58 18	0 5	60 55	1 28	62 58	3 3	26
5	53 35	2 13	54 16	1 56	55 59	1 16	58 23	0 3	61 0	1 32	63 1	3 5	25
6	53 35	2 13	54 18	1 54	56 3	1 14	58 29	0 0	61 5	1 35	63 4	3 7	24
7	53 36	2 13	54 21	1 53	56 8	1 12	58 34	Adde 0 3	61 10	1 39	63 6	3 8	23
8	53 36	2 13	54 24	1 52	56 12	1 10	58 39	0 5	61 15	1 42	63 9	3 10	22
9	53 37	2 13	54 27	1 51	56 17	1 8	58 45	0 8	61 20	1 45	63 11	3 11	21
10	53 37	2 13	54 30	1 50	56 21	1 6	58 50	0 10	61 25	1 48	63 14	3 12	20
11	53 38	2 13	54 32	1 49	56 28	1 4	58 55	0 13	61 29	1 51	63 17	3 13	19
12	53 39	2 13	54 35	1 48	56 30	1 1	59 0	0 16	61 33	1 55	63 19	3 14	18
13	53 40	2 13	54 38	1 47	56 35	0 59	59 5	0 19	61 38	1 58	63 21	3 15	17
14	53 41	2 13	54 41	1 46	56 39	0 57	59 10	0 22	61 43	2 1	63 23	3 16	16
15	53 42	2 13	54 44	1 45	56 43	0 55	59 16	0 26	61 47	2 4	63 25	3 17	15
16	53 43	2 13	54 48	1 44	56 48	0 52	59 21	0 29	61 52	2 8	63 27	3 18	14
17	53 44	2 12	54 51	1 43	56 52	0 49	59 27	0 33	61 56	2 11	63 29	3 19	13
18	53 45	2 12	54 55	1 41	56 57	0 47	59 33	0 36	62 0	2 14	63 31	3 20	12
19	53 46	2 11	54 58	1 40	57 1	0 44	59 38	0 40	62 4	2 17	63 32	3 21	11
20	53 48	2 11	55 1	1 39	57 6	0 42	59 44	0 43	62 8	2 20	63 33	3 22	10
21	53 49	2 10	55 4	1 37	57 11	0 39	59 49	0 47	62 12	2 23	63 34	3 23	9
22	53 51	2 10	55 8	1 36	57 16	0 37	59 54	0 50	62 15	2 26	63 35	3 23	8
23	53 52	2 9	55 12	1 34	57 21	0 34	60 0	0 54	62 19	2 29	63 36	3 24	7
24	53 54	2 8	55 16	1 33	57 27	0 31	60 5	0 57	62 22	2 33	63 37	3 24	6
25	53 56	2 8	55 20	1 32	57 32	0 28	60 10	1 0	62 26	2 36	63 38	3 25	5
26	53 58	2 7	55 24	1 30	57 37	0 25	60 15	1 4	62 30	2 39	63 38	3 25	4
27	54 0	2 6	55 27	1 29	57 42	0 23	60 20	1 7	62 34	2 42	63 39	3 26	3
28	54 2	2 5	55 31	1 28	57 47	0 20	60 25	1 10	62 38	2 45	63 39	3 26	2
29	54 4	2 4	55 35	1 26	57 52	0 18	60 30	1 13	62 41	2 48	63 39	3 27	1
30	54 6	2 3	55 39	1 25	57 57	0 15	60 35	1 16	62 45	2 51	63 39	3 27	0
gr.	11		10		9		8		7		6		gr.

Canon

Canon parallaxeon LUNÆ in circulo altitudinis.

grad. altitud.	*Parallaxes Lunæ Horizontales.*																			
	51	0	52	0	54	0	56	0	58	0	60	0	62	0	64	0	66	0	68	0
	′	″	′	″	′	″	′	″	′	″	′	″	′	″	′	″	′	″	′	″
1	50	59	51	59	53	59	55	59	57	59	59	59	61	59	63	59	65	59	67	59
2	50	59	51	59	53	59	55	59	57	59	59	59	61	59	63	59	65	59	67	59
3	50	57	51	57	53	57	55	57	57	58	59	57	61	57	63	57	65	57	67	57
4	50	55	51	54	53	54	55	54	57	55	59	54	61	54	63	54	65	54	67	54
5	50	52	51	51	53	51	55	51	57	51	59	50	61	50	63	50	65	50	67	50
6	50	48	51	47	53	47	55	47	57	47	59	46	61	45	63	45	65	45	67	45
7	50	42	51	42	53	42	55	42	57	42	59	40	61	39	63	39	65	39	67	39
8	50	36	51	36	53	36	55	35	57	35	59	33	61	32	63	32	65	32	67	32
9	50	29	51	28	53	28	55	27	57	27	59	24	61	24	63	24	65	23	67	24
10	50	21	51	19	53	19	55	18	57	18	59	14	61	14	63	14	65	13	67	14
11	50	12	51	10	53	9	55	9	57	9	59	4	61	3	63	3	65	2	67	3
12	50	2	51	0	52	58	54	59	56	58	58	53	60	51	62	51	64	50	66	51
13	49	51	50	49	52	47	54	47	56	46	58	41	60	38	62	38	64	37	66	37
14	49	40	50	38	52	35	54	34	56	32	58	28	60	24	62	24	64	21	66	21
15	49	28	50	25	52	22	54	20	56	17	58	14	60	10	62	8	64	5	66	4
16	49	15	50	12	52	7	54	5	56	1	57	58	59	54	61	51	63	48	65	46
17	49	0	49	57	51	52	53	49	55	45	57	41	59	37	61	33	63	30	65	27
18	49	42	49	41	51	36	53	33	55	28	57	23	59	18	61	14	63	10	65	7
19	48	28	49	26	51	19	53	16	55	10	57	3	58	58	60	54	62	49	64	46
20	48	11	49	8	51	1	52	57	54	49	56	43	58	38	60	32	62	27	64	24
21	47	53	48	49	50	41	52	37	54	28	56	22	58	17	60	9	62	3	64	1
22	47	34	48	29	50	21	52	16	54	7	56	0	57	54	59	45	61	39	63	36
23	47	14	48	9	50	0	51	55	53	45	55	36	57	29	59	21	61	14	63	9
24	46	53	47	47	49	38	51	33	53	20	55	11	57	3	58	55	60	47	62	41
25	46	31	47	25	49	15	51	10	52	55	54	46	56	36	58	28	60	19	62	12
26	46	8	47	2	48	51	50	45	52	30	54	20	56	9	58	0	59	50	61	43
27	45	45	46	38	48	26	50	18	52	4	53	53	55	41	57	31	59	20	61	12
28	45	21	46	14	48	1	49	51	51	37	53	25	55	12	57	1	58	49	60	39
29	44	56	45	49	47	35	49	23	51	9	52	56	54	42	56	30	58	17	60	4
30	44	31	45	23	47	8	48	55	50	40	52	25	54	11	55	58	57	43	59	29

Canon

Canon Parallaxium LVNÆ in Circulo altitudinis.

grad. altitud.	*Parallaxes Lunæ Horizontales.*																			
	51	0	52	0	54	0	56	0	58	0	60	0	62	0	64	0	66	0	68	0
	′	″	′	″	′	″	′	″	′	″	′	″	′	″	′	″	′	″	′	″
31	44	4	44	55	46	38	48	25	50	10	51	53	53	39	55	25	57	8	58	54
32	43	36	44	27	46	9	47	54	49	38	51	21	53	6	54	50	56	33	58	18
33	43	7	43	57	45	39	47	22	49	5	50	48	52	32	54	14	55	57	57	41
34	42	38	43	27	45	9	46	50	48	32	50	14	51	56	53	38	55	20	57	3
35	42	9	42	56	44	37	46	17	47	58	49	40	51	19	53	0	54	41	56	23
36	41	38	42	26	44	4	45	43	47	23	49	4	50	41	52	21	54	0	55	42
37	41	6	41	53	43	31	45	8	46	48	48	27	50	2	51	41	53	19	55	0
38	40	33	41	20	42	57	44	32	46	12	47	49	49	23	51	1	52	37	54	17
39	40	0	40	47	42	22	43	56	45	34	47	10	48	43	50	20	51	55	53	33
40	39	27	40	13	41	47	43	20	44	56	46	31	48	2	49	38	51	12	52	49
41	38	52	39	38	41	10	42	43	44	17	45	51	47	20	48	55	50	27	52	3
42	38	17	39	2	40	33	42	5	43	36	45	9	46	37	48	10	49	41	51	16
43	37	41	38	26	39	56	41	26	42	54	44	26	45	53	47	24	48	54	50	28
44	37	4	37	49	39	17	40	46	42	12	43	42	45	8	46	38	48	7	49	39
45	36	27	37	10	38	38	40	5	41	30	42	58	44	23	45	51	47	19	48	49
46	35	50	36	30	37	56	39	23	40	48	42	13	43	37	45	3	46	30	47	58
47	35	11	35	50	37	15	38	40	40	4	41	27	42	50	44	14	45	40	47	6
48	34	32	35	19	36	32	37	57	39	19	40	37	42	2	43	25	44	49	46	13
49	33	51	34	29	35	50	37	13	38	34	39	54	41	13	42	35	43	57	45	19
50	33	10	33	48	35	8	36	28	37	48	39	7	40	25	41	44	43	4	44	24
51	32	29	33	6	34	25	35	42	37	2	38	18	39	35	40	53	42	10	43	28
52	31	47	32	23	33	41	34	56	36	14	37	28	38	44	40	1	41	16	42	32
53	31	4	31	40	32	56	34	10	35	25	36	37	37	52	39	7	40	21	41	35
54	30	21	30	56	32	10	33	23	34	35	35	46	37	0	38	12	39	25	40	37
55	29	37	30	12	31	23	32	35	33	45	34	55	36	7	37	16	38	28	39	39
56	28	53	29	27	30	35	31	46	32	55	34	3	35	13	36	20	37	30	38	40
57	28	8	28	41	29	47	30	56	32	5	33	10	34	19	35	24	36	32	37	40
58	27	22	27	55	28	59	30	6	31	13	32	16	33	24	34	27	35	33	36	40
59	26	36	27	8	28	11	29	16	30	26	31	22	32	28	33	29	34	34	35	39
60	25	50	26	21	27	22	28	25	29	27	30	28	31	31	32	31	33	34	34	37

Canon Parallaxium LUNÆ in Circulo altitudinis.

grad. altitud.	*Parallaxes Lunæ Horizontales.*																			
	51	0	52	0	54	0	56	0	58	0	60	0	62	0	64	0	66	0	68	0
	′	″	′	″	′	″	′	″	′	″	′	″	′	″	′	″	′	″	′	″
61	25	3	25	33	26	33	27	33	28	34	29	33	30	33	31	33	32	33	33	34
62	24	16	24	45	25	42	26	40	27	40	28	37	29	35	30	33	31	31	32	31
63	23	28	23	56	24	51	25	47	26	45	27	41	28	37	29	32	30	28	31	27
64	22	40	23	7	24	0	24	54	25	49	26	44	27	38	28	32	29	26	30	22
65	21	52	22	17	23	8	24	1	24	54	25	47	26	39	27	31	28	23	29	17
66	21	3	21	27	22	16	23	7	23	58	24	49	25	38	26	30	27	19	28	11
67	20	13	20	36	21	24	22	12	23	1	23	50	24	37	25	28	26	15	27	5
68	19	23	19	45	20	31	21	17	22	4	22	51	23	36	24	25	25	10	25	58
69	18	33	18	54	19	38	20	22	21	7	21	52	22	35	23	22	24	5	24	51
70	17	42	18	2	18	44	19	26	20	10	20	52	21	34	22	18	23	0	23	43
71	16	51	17	10	17	50	18	30	19	12	19	51	20	32	21	14	21	54	22	35
72	16	0	16	18	16	56	17	34	18	14	18	50	19	30	20	9	20	47	21	26
73	15	8	15	26	16	2	16	37	17	15	17	49	18	27	19	4	19	39	20	17
74	14	16	14	33	15	7	15	40	16	16	16	48	17	24	18	0	18	31	19	7
75	13	24	13	40	14	12	14	43	15	16	15	47	16	21	16	55	17	22	17	58
76	12	31	12	46	13	16	13	46	14	16	14	45	15	17	15	49	16	14	16	48
77	11	39	11	52	12	20	12	48	13	16	13	43	14	13	14	42	15	6	15	37
78	10	46	10	58	11	24	11	50	12	16	12	40	13	8	13	35	13	58	14	26
79	9	52	10	4	10	27	10	51	11	16	11	37	12	3	12	28	12	50	13	14
80	8	59	9	10	9	31	9	52	10	15	10	34	10	58	11	20	11	42	12	2
81	8	6	8	16	8	35	8	53	9	13	9	31	9	53	10	12	10	33	10	50
82	7	13	7	21	7	38	7	54	8	12	8	28	8	48	9	4	9	23	9	38
83	6	19	6	26	6	41	6	55	7	10	7	25	7	42	7	56	8	13	8	26
84	5	25	5	31	5	44	5	56	6	8	6	22	6	36	6	48	7	3	7	14
85	4	31	4	36	4	46	4	57	5	7	5	19	5	30	5	40	5	52	6	2
86	3	36	3	41	3	49	3	58	4	6	4	16	4	24	4	32	4	42	4	49
87	2	43	2	46	2	52	2	59	3	4	3	12	3	18	3	24	3	32	3	37
88	1	49	1	51	1	55	2	0	2	3	2	8	2	12	2	16	2	21	2	25
89	0	55	0	56	0	58	1	0	1	2	1	4	1	6	1	8	1	10	1	12
90	0	0	0	0	0	0	0	0	0	0	0	0	0	0	0	0	0	0	0	0

CANONES
TRIANGVLI RECTANGVLI
Parallaxeon SOLIS & LVNÆ:

In quo latus Parallaxeos in circulo altitudinis ſubtendens rectum angulum, adſumitur partium 60.

Ad Latitudines Regionum

Graduum { 16, 24, 31, 36, 41, 45, 49, 52, 54, 57, 60, 63, 66, 70 }

16 Grad. Latitudinis regionis seu *primi*

CANCER.

		Horæ ho.	scr	*Distan. à Vert.* gra.	′	*Latus longit.* Par.	scr.	*Latus latitud.* Par.	scr.	
Ortus		6	29	90	0	57	13	18	4	A
Ante merid.	SVBTR.	6		83	39	58	2	15	14	A
		5		70	13	59	12	9	44	A
		4		56	35	59	51	4	18	A
		3		42	51	59	58	1	55	B
		2		29	11	59	9	10	5	B
		1		15	48	54	50	24	21	B
	NO	Meri,		7	40	0	0	60	0	B
Post merid.	ADDE.	1		15	48	54	50	24	21	B
		2		29	11	59	9	10	5	B
		3		42	51	59	58	1	55	B
		4		56	35	59	51	4	18	A
		5		70	13	59	12	9	44	A
		6		83	39	58	2	15	14	A
Occa.		6	29	90	0	57	13	18	4	A

LEO.

		Horæ hor.	scr	*Distan. à Vert.* gra.	′	*Latus longit.* Par.	scr.	*Latus latitud.* Par.	scr.	
Or		6	24	90	0	59	48	4	57	A
	SVBTRA.	6		84	30	59	56	2	48	A
		5		70	47	59	58	1	57	B
		4		56	53	59	37	6	21	B
		3		42	51	59	1	10	51	B
		2		28	48	53	39	16	37	B
		1		14	54	53	29	27	12	B
	NO	0	4	4	27	0	0	60	0	B
		Meri.		4	21	12	51	58	37	B
	ADDE.	1		14	54	59	57	2	21	B
		2		28	48	59	19	9	0	A
		3		42	51	58	8	14	49	A
		4		56	53	56	51	19	11	A
		5		70	47	55	17	23	18	A
Oc.		6		84	30	53	16	27	36	A
		6	24	90	0	52	15	29	30	A

CAPRICORNVS.

		Horæ	scr	gra.	′	Par.	scr.	Par.	scr.	
Ortus		5	31	90	0	57	13	18	4	A
Ante	SVBTR.	5		83	20	56	5	21	18	A
		4		70	46	52	54	28	19	A
		3		59	13	47	28	36	42	A
		2		49	19	38	2	46	24	A
		1		42	18	22	11	55	45	A
	NO	Meri.		39	40	0	0	60	0	A
Post	ADD.	1		42	18	22	11	55	45	A
		2		49	19	38	2	46	24	A
		3		59	13	47	28	36	42	A
		4		70	46	52	54	28	19	A
		5		83	20	56	5	21	18	A
Occa.		5	31	90	0	57	13	18	4	A
										A

AQVARIVS.

		Horæ	scr	gra.	′	Par.	scr.	Par.	scr.	
Or		5	36	90	0	52	15	29	30	A
	SVBTR.	5		82	7	50	28	32	27	A
		4		69	3	46	26	38	0	A
		3		57	13	39	50	44	52	A
		2		46	47	29	0	52	31	A
		1		39	13	11	15	58	56	A
	NO	0	31	37	8	0	0	60	0	A
		Meri.		36	21	12	51	58	37	A
	ADD.	1		39	13	34	52	48	50	A
		2		46	47	48	18	35	35	A
		3		57	13	54	57	24	6	A
		4		69	3	58	4	15	6	A
		5		82	7	59	25	8	22	A
Oc		5	36	90	0	59	48	4	57	A

Clima-

Climatis Parallaxes.

VIRGO.

	Horæ		Distan. à Vert.		Latus longit.		Latus latitud.		
	ho.	scr	gra.	'	Par.	scr.	Par.	scr.	
Ortus	6	14	90	0	59	49	4	38	B
Ante merid.	6		86	50	59	46	5	19	B
Subtr.	5		72	36	59	30	7	46	B
	4		58	15	59	16	9	22	B
	3		43	51	59	9	10	3	B
	2		29	27	59	19	9	2	B
	1		15	13	59	57	2	15	B
	Meri.		4	25	21	17	56	6	A
Post merid. NO	0	7	4	47	0	0	60	0	A
Adde.	1		15	13	46	22	38	5	A
	2		29	27	50	23	32	35	A
	3		43	51	50	55	31	44	A
	4		58	15	50	34	32	18	A
	5		72	36	49	41	33	40	A
	6		86	50	48	15	35	40	A
Occa.	6	14	90	0	47	50	36	13	A

LIBRA.

	Horæ		Distan. à Vert.		Latus longit.		Latus latitud.		
	hor.	scr	gra.	'	Par.	scr.	Par.	scr.	
Or.	6	0	90	0	59	28	8	0	B
	5		75	36	59	31	7	35	B
Subtra.	4		61	16	59	44	5	38	B
	3		47	11	59	59	1	41	B
	2		33	39	59	42	5	57	A
	1		21	48	54	43	24	38	A
	Meri.		16	0	24	5	54	57	A
NO	0	29	17	31	0	0	60	0	A
Adde.	1		21	48	18	58	56	55	A
	2		33	39	36	6	47	56	A
	3		47	11	41	54	42	58	A
	4		61	16	44	37	40	7	A
	5		75	36	45	55	38	38	A
Oc.	6	0	90	0	46	11	38	18	A

PISCES.

	ho.	scr	gra.	'	Par.	scr.	Par.	scr.	
Ortus	5	46	90	0	47	50	36	13	A
	5		79	9	46	6	38	24	A
Ante Subtr.	4		65	27	42	46	42	46	A
	3		52	22	37	15	47	25	A
	2		40	31	27	12	53	29	A
	1		31	21	8	9	59	27	A
NO	0	42	27	35	0	0	60	0	A
	Meri.		29	29	21	17	56	6	A
Add.	1		31	21	45	31	39	5	A
	2		40	31	55	50	21	59	A
	3		52	22	59	4	10	30	A
	4		65	27	59	55	3	6	A
Post	5		79	9	59	58	1	51	B
Oc.	5	46	90	0	59	49	4	38	B

ARIES.

	ho.	scr	gra.	'	Par.	scr.	Par.	scr.	
Or	6	0	90	0	46	11	38	18	A
	5		75	36	45	5	38	38	A
Subtr.	4		61	16	44	37	40	7	A
	3		47	11	41	54	42	58	A
	2		33	39	36	6	47	56	A
	1		21	48	18	58	56	55	A
NO	0	29	16	0	0	0	60	0	A
	Meri.		17	31	24	5	54	57	A
	1		21	48	54	43	24	38	A
	2		33	39	59	42	5	57	A
Add.	3		47	11	59	59	1	41	B
	4		61	16	59	44	5	38	B
	5		75	36	59	31	7	35	B
Oc	6	0	90	0	59	28	8	0	B

16. Grad. Latitud. Parallaxes.

		SCORPIVS.											SAGITTARIVS.								
		Horæ		Distan. à Vert.		Latus longit.		Latus latitud.					Horæ		Distan. à Vert		Latus longit.		Latus latitud.		
		ho.	scr	gra.	′	Par.	scr.	Par.	scr.				hor.	scr	gra.	′	Par.	scr.	Par.	scr.	
Ortus		5	46	90	0	59	49	4	38	B	Or		5	36	90	0	59	48	4	57	A
Ante merid.		5		79	9	59	58	1	51	B			5		82	7	59	25	8	22	A
	Svbtr.	4		65	27	59	55	3	6	A		Svbtra.	4		69	3	58	4	15	6	A
		3		52	22	59	4	10	30	A			3		57	13	54	57	24	6	A
		2		40	31	55	50	21	59	A			2		46	47	48	18	35	35	A
		1		31	21	45	31	39	5	A			1		39	13	34	52	48	50	A
		Meri.		27	35	21	17	56	6	A			Meri.		36	21	12	51	58	37	A
	NO	0	42	29	29	0	0	60	0	A		NO	0	31	37	8	0	0	60	0	A
Post merid.	Adde.	1		31	21	8	9	59	27	A		Adde.	1		39	13	11	15	58	56	A
		2		40	31	27	12	53	29	A			2		46	47	29	0	52	31	A
		3		52	22	37	15	47	2	A			3		57	13	39	50	44	52	A
		4		65	27	42	46	42	4	A			4		69	3	46	26	38	0	A
		5		79	9	46	6	38	24	A			5		82	7	50	28	32	27	A
Occa.		5	46	90	0	47	50	36	13	A	Oc.		5	36	90	0	52	15	29	30	A

		TAVRVS.											GEMINI.								
Ortus		6	14	90	0	47	50	36	13	A	Or		6	24	90	0	52	15	29	30	A
		6		86	50	48	15	35	40	A			6		84	30	53	16	27	36	A
Ante	Svbtr.	5		72	36	49	41	33	40	A		Svbtr.	5		70	47	55	17	23	18	A
		4		58	15	50	34	32	18	A			4		56	53	56	51	19	11	A
		3		43	51	50	55	31	44	A			3		42	51	58	8	14	49	A
		2		29	27	50	23	32	35	A			2		28	48	59	19	9	0	A
		1		15	13	46	22	38	5	A			1		14	54	59	57	2	21	B
	NO	0	7	4	47	0	0	60	0	A			Meri.		4	21	12	51	58	37	B
		Meri.		4	25	21	17	56	6	A		NO	0	4	4	27	0	0	60	0	B
		1	4	15	13	59	57	2	15	B			1		14	54	53	29	27	12	B
Post	Adde	2		29	27	59	19	9	2	B		Adde	2		28	48	57	39	16	37	B
		3		43	51	59	9	10	3	B			3		42	51	59	39	10	51	B
		4		58	15	59	16	9	22	B			4		56	53	59	37	6	21	B
		5		72	36	59	30	7	46	B			5		70	47	59	58	1	57	B
		6		86	50	59	46	5	19	B			6		84	30	59	56	2	48	A
	Oc.	6	14	90	0	59	49	4	38	B	Oc		6	24	90	0	59	48	4	57	A

24. Grad.

24. Grad. Latitudinis,

CANCER.

		Horæ	Distan. à Vert.	Latus longit.	Latus latitud.
		ho. scr	gra. '	Par. scr.	Par. scr.
Ortus		6 45	90 0	53 45	26 39
Ante merid.		6	80 36	55 34	22 38
	Subtr.	5	67 41	57 14	18 0
		4	54 26	58 21	13 57
		3	40 59	59 6	10 23
		2	27 24	59 33	6 16
		1	13 43	59 48	4 54
	NO	Meri.	0 20	0 0	60 0
Post merid.	Adde.	1	13 43	59 48	4 54
		2	27 24	59 33	6 16
		3	40 59	59 6	10 23
		4	54 26	58 21	13 57
		5	67 41	57 14	18 0
		6	80 36	55 34	22 38
Occa.		6 45	90 0	53 45	26 39

LEO.

	Horæ	Distan. à Vert.	Latus longit.	Latus latitud.
	hor. scr.	gra. '	Par. scr.	Par. scr.
Or	6 38	90 0	58 23	13 51
	6	81 52	59 2	10 43
Subtra.	5	68 43	59 38	6 39
	4	55 17	59 54	3 33
	3	41 40	59 56	1 20
	2	27 58	60 0	0 49
	1	14 22	59 45	5 33
	Meri.	3 39	12 51	58 37
NO	0 4	3 46	0 0	60 0
	1	14 22	51 57	30 1
Adde.	2	27 58	54 10	25 49
	3	41 40	53 56	26 18
	4	55 17	52 55	28 16
Oc	5	68 43	51 23	30 58
	6	81 52	49 9	34 25
	6 38	90 0	47 14	37 0

CAPICORNVS.

		Horæ	Distan. à Vert.	Latus longit.	Latus latitud.
Ortus		5 15	90 0	53 45	26 39
		5	86 57	53 1	28 5
Ante	Subtr.	4	75 14	49 6	34 30
		3	64 38	42 54	41 57
		2	55 51	33 7	50 2
		1	49 51	18 34	57 3
	NO	Meri.	47 40	0 0	60 0
		1	49 51	18 34	57 3
Post	Adde.	2	55 51	33 7	50 2
		3	64 38	42 54	41 57
		4	75 14	49 6	34 30
		5	86 57	53 1	28 5
Occa.		5 15	90 0	53 45	26 39

AQVARIVS.

	Horæ	Distan. à Vert.	Latus longit.	Latus latitud.
Or	5 22	90 0	47 14	37 0
	5	85 24	45 55	38 37
	4	73 20	41 10	43 39
Subtr.	3	62 21	33 58	49 28
	2	53 6	22 57	55 26
	1	46 42	6 54	59 36
NO	0 38	45 19	0 0	60 0
	Meri.	44 21	12 51	58 37
	1	46 42	31 11	51 16
Adde.	2	53 6	44 1	40 46
	3	62 21	51 32	30 44
	4	73 20	55 39	22 27
	5	85 24	57 52	15 53
Oc	5 22	90 0	58 23	13 51

vel *secundi*

VIRGO.

	Horæ ho.	scr	*Distan. à Vert.* gra.	′	*Latus longit.* Par.	scr.	*Latus latitud.* Par.	scr.
Ortus	6	21	90	0	59	52	3	56
Ante merid.	6		85	18	59	56	2	55
SUBTR.	5		71	45	60	0	0	58
	4		58	3	60	0	0	26
	3		44	24	59	58	1	52
	2		31	4	59	34	7	13
	1		18	55	55	29	22	50
	Meri.		12	25	21	17	56	6
NO	0	21	13	22	0	0	60	0
Post merid.	1		18	55	26	22	53	54
ADDE.	2		31	4	39	47	44	55
	3		44	24	43	39	41	10
	4		58	3	44	37	40	7
	5		71	45	44	16	40	31
	6		85	18	42	55	41	56
Occa.	6	21	90	0	42	12	42	39

LIBRA.

	Horæ hor.	scr.	*Distan. à Vert.* gra.	′	*Latus longit.* Par.	scr.	*Latus latitud.* Par.	scr.
Or	6	0	90	0	60	0	0	21
	5		76	19	59	59	1	7
SUBTRA.	4		62	49	59	53	3	41
	3		49	46	59	20	8	52
	2		37	42	57	4	18	32
	1		28	4	48	27	35	24
	Meri.		24	0	24	5	54	57
NO	0	45	26	22	0	0	60	0
ADDE.	1		28	4	6	48	59	37
	2		37	42	25	2	54	32
	3		49	46	33	42	49	39
	4		62	49	37	53	46	32
	5		76	19	39	50	44	52
Oc	6	0	90	0	40	24	44	21

PISCES.

	Horæ ho.	scr	*Distan. à Vert.* gra.	′	*Latus longit.* Par.	scr.	*Latus latitud.* Par.	scr.
Ortus	5	39	90	0	42	12	42	39
Ante	5		81	22	40	29	44	18
SUBTR.	4		68	33	36	29	47	38
	3		56	33	29	58	51	59
	2		46	6	19	7	56	53
	1		38	29	1	38	59	59
NO	0	55	38	4	0	0	60	0
	Meri.		35	35	21	17	56	6
Post	1		38	29	41	0	43	48
ADDE.	2		46	6	52	2	29	53
	3		56	33	56	54	19	2
	4		68	33	58	54	11	27
	5		81	22	59	40	6	18
Occa.	5	39	90	0	59	52	3	56

ARIES.

	Horæ hor.	scr.	*Distan. à Vert.* gra.	′	*Latus longit.* Par.	scr.	*Latus latitud.* Par.	scr.
Or	6	0	90	0	40	24	44	21
	5		76	19	39	50	44	52
SUBTR.	4		62	49	37	53	46	32
	3		49	46	33	42	49	39
	2		37	42	25	2	54	32
	1		28	4	6	48	59	37
NO	0	45	26	22	0	0	60	0
	Meri.		24	0	24	5	54	57
ADDE.	1		28	4	48	27	35	24
	2		37	42	57	4	18	32
	3		49	46	59	20	8	52
	4		62	49	59	53	3	41
	5		76	19	59	59	1	7
Oc	6	0	90	0	60	0	0	21

Clima-

Climatis Parallaxes.

SCORPIVS.

		Horæ ho.	scr	*Distan. à Vert.* gra.	'	*Latus longit.* Par.	scr.	*Latus latitud.* Par.	scr.
Ortus		5	39	90	0	59	52	3	56
Ante merid.	SVBTR.	5		81	22	59	40	6	18
		4		68	33	50	54	11	27
		3		56	33	56	54	19	2
		2		46	6	52	2	29	53
		1		38	29	41	0	43	48
		Meri.		35	35	21	17	56	6
	NO	0	55	38	4	0	0	60	0
Post merid.	ADDE.	1		38	29	1	38	59	59
		2		46	6	19	7	56	53
		3		56	33	29	58	51	59
		4		68	33	36	29	47	38
		5		81	22	40	29	44	18
Occa.		5	39	90	0	42	12	42	39

SAGITTARIVS.

		Horæ hor.	scr.	*Distan. à Vert.* gra.	'	*Latus longit.* Par.	scr.	*Latus latitud.* Par.	scr.
Or		5	22	90	0	58	23	13	51
	SVBTRA.	5		85	24	57	52	15	53
		4		73	20	55	39	22	27
		3		62	21	51	32	30	44
		2		53	6	44	1	40	46
		1		46	42	31	11	51	16
		Meri.		44	21	12	51	58	37
	NO	0	38	45	19	0	0	60	0
	ADDE.	1		46	42	6	54	59	36
		2		53	6	22	57	55	26
		3		62	21	33	58	49	28
		4		73	20	41	10	43	39
		5		85	24	45	55	38	37
Oc		5	22	90	0	47	14	37	0

TAVRVS.

		Horæ	scr	gra.	'	Par.	scr.	Par.	scr.
Ortus		6	21	90	0	42	12	42	39
Ante	SVBTR.	6		85	18	42	55	41	56
		5		71	45	44	16	40	31
		4		58	3	44	37	40	7
		3		44	24	43	39	41	10
		2		31	4	39	47	44	55
		1		18	55	26	22	53	54
	NO	0	21	13	22	0	0	60	0
		Meri.		12	25	21	17	56	6
Post	ADDE.	1		18	55	55	29	22	50
		2		31	4	59	34	7	13
		3		44	24	59	58	1	52
		4		58	3	60	0	0	26
		5		71	45	60	0	0	58
		6		85	18	59	56	2	55
Occa.		6	21	90	0	59	52	3	56

GEMINI.

		Horæ	scr	gra.	'	Par.	scr.	Par.	scr.
Or		6	38	90	0	47	14	37	0
	SVBTR.	6		81	52	49	9	34	25
		5		68	43	51	23	30	58
		4		55	17	52	55	28	16
		3		41	40	53	56	26	18
		2		27	58	54	10	25	49
		1		14	22	51	57	30	1
	NO	0	4	3	46	0	0	60	0
		Meri.		3	39	12	51	58	37
	ADDE.	1		14	22	59	45	5	33
		2		27	58	60	0	0	49
		3		41	40	59	56	1	20
		4		55	17	59	54	3	33
		5		68	43	59	38	6	39
		6		81	52	59	2	10	43
Oc		6	38	90	0	58	23	13	51

31 Grad. Latitudinis regionis vel tertij

CANCER.

	Horæ		Distan. à Vert.		Latus longit.		Latus latitud.	
	ho.	scr	gra.	′	Par.	scr.	Par.	scr.
Ortus	7	1	90	0	49	37	33	44
Ante merid. Subtr.	7		89	48	49	41	33	38
	6		78	4	52	34	28	56
	5		65	48	54	28	25	10
	4		53	11	55	39	22	27
	3		40	23	56	8	21	10
	2		27	34	55	35	22	37
	1		15	12	50	46	31	58
NO	Meri.		7	20	0	0	60	0
Post merid. Adde.	1		15	12	50	46	31	58
	2		27	34	55	35	22	37
	3		40	23	56	8	21	10
	4		53	11	55	39	22	27
	5		65	48	54	28	25	10
	6		78	4	52	34	28	56
	7		89	48	49	41	33	38
Occa.	7	1	90	0	49	37	33	44

LEO.

	Horæ		Distan. à Vert.		Latus longit.		Latus latitud.	
	hor.	scr.	gra.	′	Par.	scr.	Par.	scr.
Or	6	52	90	0	56	2	21	28
Subtra.	6		79	41	57	22	17	35
	5		67	13	58	17	14	16
	4		54	29	58	43	12	19
	3		41	40	58	43	12	19
	2		28	57	57	52	15	52
	1		17	12	52	29	29	5
	Meri.		10	39	12	51	58	37
NO	0	11	10	58	0	0	60	0
	1		17	12	35	31	48	22
	2		28	57	45	55	38	37
Adde.	3		41	40	48	12	35	44
	4		54	29	48	12	35	44
	5		67	13	46	58	37	20
	6		79	41	44	45	39	58
Oc.	6	52	90	0	41	55	42	55

CAPRICORNVS.

	Horæ		Distan. à Vert.		Latus longit.		Latus latitud.	
Ortus	4	59	90	0	49	37	33	44
Ante Subtr.	4		79	18	45	20	39	18
	3		69	37	38	48	45	46
	2		61	46	29	11	52	25
	1		56	32	15	58	57	50
NO	Meri.		54	40	0	0	60	0
Post Add.	1		56	32	15	58	57	50
	2		61	46	29	11	52	25
	3		69	37	38	48	45	46
	4		79	18	45	20	39	18
Occa.	5	59	90	0	49	37	33	44

AQVARIVS.

	Horæ		Distan. à Vert.		Latus longit.		Latus latitud.	
Or	5	9	90	0	41	55	42	55
	5		88	21	41	21	43	29
	4		77	7	36	18	47	46
Subtr.	3		67	6	28	54	52	35
	2		58	53	18	14	57	10
	1		53	20	3	52	59	52
	0	46	52	30	0	0	60	0
NO	Meri.		51	21	12	51	58	37
	1		53	20	28	33	52	46
Add.	2		58	53	40	28	44	18
	3		67	6	55	16	35	42
	4		77	7	52	57	28	13
Oc	5		88	21	55	44	22	12
	5	9	90	0	56	2	21	28

Clima-

Climatis Parallaxes.

VIRGO.

	Horæ ho. scr	*Distan. à Vert.* gra. '	*Latus longit.* Par. scr.	*Latus latitud.* Par. scr.
Ortus	6 28	90 0	58 54	11 24
Antemerid.	6	84 4	59 8	10 7
	5	71 18	59 22	8 39
Sub tr.	4	58 27	59 19	9 0
	3	45 48	58 48	11 58
	2	33 51	56 46	19 27
	1	23 53	48 33	35 16
	Meri.	19 25	21 17	56 6
NO	0 34	20 58	0 0	60 0
Postmerid.	1	23 53	12 57	58 35
	2	33 51	29 35	52 12
Adde.	3	45 48	36 4	47 57
	4	58 27	38 26	46 5
	5	71 18	38 42	45 51
	6	84 4	37 33	46 48
Occa.	6 28	90 0	36 32	47 36

LIBRA.

	Horæ hor. scr.	*Distan. à Vert.* gra. '	*Latus longit.* Par. scr.	*Latus latitud.* Par. scr.
Or	6 0	90 0	59 31	7 40
	5	77 11	59 23	8 34
Sub tr.	4	64 37	58 53	11 32
	3	52 41	57 28	17 14
	2	42 4	53 40	26 50
	1	34 7	43 51	40 57
	Meri.	31 0	24 5	54 58
	1	34 7	0 23	60 0
NO	1 1	34 13	0 0	60 0
Adde.	2	42 4	16 38	57 39
	3	52 41	26 17	53 56
	4	64 37	31 25	51 7
	5	77 11	33 57	49 29
Oc	6 0	90 0	34 42	48 57

PISCES.

	Horæ	Distan.	Latus longit.	Latus latitud.
Ortus	5 32	90 0	36 32	47 36
	5	83 27	34 59	48 44
Ante Sub	4	71 33	30 39	51 35
	3	60 38	23 43	55 6
	2	51 24	12 58	58 35
NO	1 9	45 42	0 0	60 0
	1	44 58	2 35	59 57
	Meri.	42 35	21 17	56 6
Post Adde.	1	44 58	37 49	46 35
	2	51 24	48 34	35 14
	3	60 38	54 18	25 30
	4	71 33	57 9	18 16
	5	83 27	58 31	13 16
Occa.	5 32	90 0	58 55	11 23

ARIES.

	Horæ	Distan.	Latus longit.	Latus latitud.
Or	6 0	90 0	34 42	48 57
	5	77 11	33 57	49 29
Sub	4	64 37	31 25	51 7
	3	52 41	26 17	53 56
	2	42 4	16 38	57 39
NO	1 1	34 13	0 0	60 0
	1	34 7	0 23	60 0
	Meri.	31 0	24 5	54 58
Adde.	1	34 7	43 51	40 57
	2	42 4	53 40	26 50
	3	52 41	57 28	17 14
	4	64 37	58 53	11 32
	5	77 11	59 23	8 34
Oc	6 0	90 0	59 31	7 40

31. Grad.

32. Grad. Latitudinis Parallaxes.

		Scorpivs.							
		Horæ		Distan. à Vert.		Latus longit.		Latus latitud.	
		ho.	scr	gra.	'	Par.	scr.	Par.	scr.
Ortus		5	32	90	0	58	55	11	23
Antemerid.		5		83	27	58	31	13	16
	Svbtr.	4		71	33	57	9	18	16
		3		60	38	54	18	25	30
		2		51	24	48	34	35	14
		1		44	58	37	49	46	35
		Meri.		42	35	21	17	56	6
Postmerid.		1		44	58	2	35	59	57
	NO	1	9	45	42	0	0	60	0
		2		51	24	12	58	58	35
	Add.	3		60	38	23	43	55	6
		4		71	33	30	39	51	35
		5		83	27	34	59	48	44
Occa.		5	32	90	0	36	32	47	36

		Sagittarivs.							
		Horæ		Distan. à Vert.		Latus longit.		Latus latitud.	
		hor.	scr	gra.	'	Par.	scr.	Par.	scr.
Or		5	9	90	0	56	2	21	28
		5		88	21	55	44	22	12
	Svbtr.	4		77	7	52	57	28	13
		3		67	6	45	16	35	42
		2		58	53	40	28	44	18
		1		53	20	28	33	52	46
		Meri.		51	21	12	51	58	37
	NO	0	46	52	30	0	0	60	0
	Adde.	1		53	20	3	52	59	52
		2		58	53	18	14	57	10
		3		67	6	28	54	52	35
		4		77	7	36	18	47	46
		5		88	21	41	21	43	29
Oc		5	9	90	0	41	55	42	55

		Tavrvs.							
Ortus		6	28	90	0	36	32	47	36
		6		84	4	37	33	46	48
Ante	Svbtr.	5		71	18	38	42	45	51
		4		58	27	38	26	46	5
		3		45	48	36	4	47	57
		2		33	51	29	35	52	12
		1		23	53	12	57	58	35
	NO	0	34	20	58	0	0	60	0
Post	Adde.	Meri.		19	25	21	17	56	6
		1		23	53	48	33	39	16
		2		33	51	56	46	19	27
		3		45	48	58	48	11	58
		4		58	27	59	19	9	0
		5		71	18	59	22	8	39
		6		84	4	59	8	10	7
Occa.		6	28	90	0	58	54	11	24

		Gemini.							
Or		6	52	90	0	41	55	42	55
		6		79	41	44	45	39	58
	Svbtr.	5		67	13	46	58	37	20
		4		54	29	48	12	35	44
		3		41	40	48	12	35	44
		2		28	57	45	55	38	37
		1		17	12	35	31	48	22
	NO	0	11	10	58	0	0	60	0
		Meri.		10	39	12	51	58	37
		1		17	12	52	29	29	5
	Adde.	2		28	57	57	52	15	52
		3		41	40	58	43	12	19
		4		54	29	58	43	12	19
		5		67	13	58	17	14	16
		6		79	41	57	22	17	35
Oc		6	52	90	0	56	2	21	28

36. Graduum Latitudinis

CANCER.

		Horæ		Distan. à Vert.		Latus longit.		Latus latitud.	
		ho.	scr	gra.	'	Par.	scr.	Par.	scr.
Ortus		7	14	90	0	45	25	39	12
		7		87	28	46	56	37	23
Ante merid.	SVBTR.	6		76	21	49	57	33	14
		5		64	41	51	53	30	8
		4		52	40	52	53	28	21
		3		40	33	52	49	28	29
		2		28	39	50	40	32	9
		1		17	54	40	52	43	56
	NO	Meri.		12	20	0	0	60	0
Post merid.	ADDE.	1		17	54	40	52	43	56
		2		28	39	50	40	32	9
		3		40	33	52	49	28	29
		4		52	40	52	53	28	21
		5		64	41	51	53	30	8
		6		76	21	49	57	33	14
		7		87	28	46	56	37	23
Occa.		7	14	90	0	45	25	39	12

LEO.

	Horæ		Distan. à Vert.		Latus longit.		Latus latitud.	
	hor.	scr.	gra.	'	Par.	scr.	Par.	scr.
Or	7	2	90	0	53	43	26	44
	7		89	32	53	49	26	32
SVBTRA.	6		78	13	55	40	22	23
	5		66	23	56	42	19	38
	4		54	18	57	4	18	33
	3		42	13	56	39	19	46
	2		30	33	54	26	25	13
	1		20	27	45	25	39	13
	Meri.		15	39	12	51	58	37
NO	0	17	16	6	0	0	60	0
	1		20	27	24	52	54	37
	2		30	33	38	54	45	41
ADDE.	3		42	13	43	11	41	39
	4		54	18	44	5	40	43
	5		66	23	43	17	41	33
	6		78	13	41	12	43	37
	7		89	32	37	48	46	36
Oc	7	2	90	0	37	37	46	45

CAPRICORNVS.

		Horæ		Distan. à Vert.		Latus longit.		Latus latitud.	
Ortus		4	46	90	0	46	1	37	30
Ante	SVBTR.	4		82	16	42	26	42	26
		3		73	16	35	51	48	7
		2		66	4	26	33	53	48
		1		61	20	14	19	58	16
	NO	Meri.		59	40	0	0	60	0
Post	ADDE	1		61	20	14	19	58	16
		2		66	4	26	33	53	48
		3		73	16	35	51	48	7
		4		82	16	42	26	42	26
Occa.		4	46	90	0	46	1	37	30

AQVARIVS.

	Horæ		Distan. à Vert.		Latus longit.		Latus latitud.	
Or	4	58	90	0	37	37	46	45
	4		79	56	32	41	50	19
SVB.	3		70	37	25	20	54	23
	2		63	5	15	9	58	3
	1		58	6	2	1	59	58
NO	0	52	57	40	0	0	60	0
	Meri.		56	21	12	51	56	37
	1		58	6	26	54	53	38
ADDE	2		63	5	38	2	46	24
	3		70	37	45	45	38	49
	4		79	56	50	44	32	2
Oc	4	58	90	0	53	43	26	44

vel *quarti*

		Horæ		*Distan. à Vert.*		*Latus longit.*		*Latus latitud.*	
		ho.	scr	*gra.*	'	*Par.*	*scr.*	*Par.*	*scr.*
VIRGO.									
Ortus		6	34	90	0	57	39	16	39
Ante merid.		6		83	14	58	3	15	11
Ante merid.		5		71	9	58	20	14	4
Ante merid.	SVBTR.	4		59	3	58	6	14	59
Ante merid.	SVBTR.	3		47	17	57	2	18	37
Ante merid.	SVBTR.	2		36	27	53	19	27	32
Ante merid.	SVBTR.	1		27	57	44	6	40	41
		Meri.		24	25	21	17	56	6
	NO	0	45	26	28	0	0	60	0
Post merid.		1		27	57	6	1	59	42
Post merid.		2		36	27	22	37	55	35
Post merid.	ADDE.	3		47	17	30	20	51	46
Post merid.	ADDE.	4		59	3	33	33	49	45
Post merid.	ADDE.	5		71	9	34	19	49	13
Post merid.	ADDE.	6		83	14	33	22	49	52
Occa.		6	34	90	0	32	7	50	41

		Horæ		*Distan. à Vert.*		*Latus longit.*		*Latus latitud.*	
		hor.	scr.	*gra.*	'	*Par.*	*scr.*	*Par.*	*scr.*
LIBRA.									
Or		6	0	90	0	58	37	12	49
		5		77	55	58	24	13	47
	SVBTRA.	4		66	8	57	35	16	51
	SVBTRA.	3		55	6	55	36	22	34
	SVBTRA.	2		45	31	51	0	31	36
	SVBTRA.	1		38	36	41	8	43	41
		Meri.		36	0	24	5	54	57
		1		38	36	4	14	59	51
NO		1	14	39	55	0	0	60	0
		2		45	31	11	19	58	55
	ADDE	3		55	6	21	5	56	11
	ADDE	4		66	8	26	38	53	46
	ADDE	5		77	55	29	26	52	17
Oc		6	0	90	0	30	18	51	47

		Horæ		*Distan. à Vert.*		*Latus longit.*		*Latus latitud.*	
PISCES.									
Ortus		5	26	90	0	327		50	41
		5		85	0	30	48	51	29
Ante	SVB.	4		73	51	26	22	53	54
Ante	SVB.	3		63	44	19	24	56	47
Ante		2		55	22	9	3	59	19
Ante	NO	1	20	51	14	0	0	60	0
Ante		1		49	39	5	2	59	47
		Meri.		47	35	21	17	56	6
Post	ADDE.	1		49	39	35	53	48	5
Post	ADDE.	2		55	22	46	7	38	23
Post	ADDE.	3		63	44	52	11	29	37
Post	ADDE.	4		73	51	55	29	22	51
		5		85	0	57	12	18	6
Occa.		5	26	90	0	57	39	16	38

		Horæ		*Distan. à Vert.*		*Latus longit.*		*Latus latitud.*	
ARIES.									
Or		6	0	90	0	30	18	51	47
		5		77	55	29	26	52	17
	SVB.	4		66	8	26	38	53	46
	SVB.	3		55	6	21	5	56	11
		2		45	31	11	19	58	55
NO		1	14	39	55	0	0	60	0
		1		38	36	4	14	59	51
		Meri.		36	0	24	5	54	57
	ADDE	1		38	36	41	8	43	41
	ADDE	2		45	31	51	0	31	36
		3		55	6	55	36	22	34
		4		66	8	57	35	16	51
		5		77	55	58	24	13	47
Oc		6	0	90	0	58	37	12	49

Clima-

Climatis Parallaxes.

SCORPIVS.

		Horæ		*Distan. à Vert.*		*Latus longit.*		*Latus latitud.*	
		ho.	scr	*gra.*	*'*	*Par.*	*scr.*	*Par.*	*scr.*
Ortus		5	26	90	0	57	39	16	38
Ante merid.		5		85	0	57	12	18	6
	SVBTR.	4		73	51	55	29	22	51
		3		63	44	52	11	29	37
		2		55	22	46	7	38	23
		1		49	39	35	53	48	5
		Meri.		47	35	21	17	56	6
		1		49	39	5	2	59	47
Post merid.	NO	1	20	51	14	0	0	60	0
		2		55	22	9	3	59	19
	ADD.	3		63	44	19	24	56	47
		4		73	51	26	22	53	54
		5		85	0	30	48	51	29
Occa.		5	26	90	0	32	7	50	41

SAGITTARIVS.

		Horæ		*Distan. à Vert.*		*Latus longit.*		*Latus latitud.*	
		hor.	scr.	*gra.*	*'*	*Par.*	*scr.*	*Par.*	*scr.*
Or		4	58	90	0	53	43	26	44
	SVBTRA.	4		79	56	50	44	32	2
		3		70	37	45	45	38	49
		2		63	5	38	2	46	24
		1		58	6	26	54	53	38
		Meri.		56	21	12	51	56	37
NO		0	52	57	40	0	0	60	0
	ADDE.	1		58	6	2	1	59	58
		2		63	5	15	9	58	3
		3		70	37	25	20	54	23
		4		79	56	32	41	50	19
Oc		4	58	90	0	37	37	46	45

TAVRVS.

Ortus		6	34	90	0	32	7	50	41
Ante		6		83	14	33	22	49	52
		5		71	9	34	19	49	13
	SVBT.	4		59	3	33	33	49	45
		3		47	17	30	20	51	46
		2		36	27	22	37	55	35
		1		27	57	6	1	59	42
	NO	0	45	26	28	0	0	60	0
		Meri.		24	25	21	17	56	6
Post	ADDE.	1		27	57	44	6	40	41
		2		36	27	53	19	27	32
		3		47	17	57	2	18	37
		4		59	3	58	6	14	59
		5		71	9	58	20	14	4
		6		83	14	58	3	15	11
Occa.		6	34	90	0	57	39	16	39

GEMINI.

Or		7	2	90	0	37	37	46	45
		7		89	32	37	48	46	36
	SVE TRA.	6		78	13	41	12	43	37
		5		66	23	43	17	41	33
		4		54	18	44	5	40	43
		3		42	13	43	11	41	39
		2		30	33	38	54	45	41
		1		20	27	24	52	54	37
NO		0	17	16	6	0	0	60	0
		Meri.		15	39	12	51	58	37
	ADDE.	1		20	27	45	25	39	13
		2		30	33	54	26	25	13
		3		42	13	56	39	19	46
		4		54	18	57	4	18	33
		5		66	23	56	42	19	38
		6		78	13	55	40	22	23
		7		89	32	53	49	26	32
Oc		7	2	90	0	53	43	26	44

41. Graduum Latitudinis

CANCER.

		Horæ		Distan. à Vert.		Latus longit.		Latus latitud.	
		ho.	scr	gra.	′	Par.	scr.	Par.	scr.
Ortus		7	30	90	0	41	52	42	59
Ante merid.	SVBTR.	7		85	10	43	54	40	54
		6		74	44	46	57	37	22
		5		63	45	48	46	34	57
		4		52	30	49	26	34	0
		3		41	14	48	35	35	13
		2		30	28	44	40	40	4
		1		21	25	32	6	50	41
	NO	Meri.		17	20	0	0	60	0
Post merid.	ADDE.	1		21	25	32	6	50	41
		2		30	28	44	40	40	4
		3		41	14	48	35	35	13
		4		52	30	49	26	34	0
		5		63	45	48	46	34	57
		6		74	44	46	57	37	22
		7		85	10	43	54	40	54
Occa.		7	30	90	0	41	52	42	59

LEO.

	Horæ		Distan. à Vert.		Latus longit.		Latus latitud.	
	hor.	scr.	gra.	′	Par.	scr.	Par.	scr.
Or	7	15	90	0	50	51	31	50
SVBTRA.	7		87	26	51	33	30	42
	6		76	49	53	33	27	4
	5		65	43	54	35	24	54
	4		54	25	54	45	24	33
	3		43	15	53	42	26	45
	2		32	46	50	4	33	4
	1		24	17	39	9	45	28
	Meri.		20	39	12	51	58	37
NO	0	24	21	16	0	0	60	0
ADDE.	1		24	17	16	33	57	40
	2		32	46	31	39	50	58
	3		43	15	37	36	46	45
	4		54	25	39	28	45	12
	5		65	43	39	10	45	27
	6		76	49	37	20	46	58
	7		87	26	34	0	49	27
Oc	7	15	90	0	32	53	49	11

CAPRICORNVS.

		Horæ		Distan. à Vert.		Latus longit.		Latus latitud.	
Ortus		4	30	90	0	41	52	42	59
Ante	SVBTR.	4		85	17	39	22	45	17
		3		76	59	32	52	50	12
		2		70	25	24	2	54	59
		1		66	9	12	49	58	37
	NO	Meri.		64	40	0	0	60	0
Post	ADDE	1		66	9	12	49	58	37
		2		70	25	24	2	54	59
		3		76	59	32	52	50	12
		4		85	17	39	22	45	17
Occa.		4	30	90	0	41	52	42	59

AQVARIVS.

	Horæ		Distan. à Vert.		Latus longit.		Latus latitud.	
Or	4	45	90	0	32	53	50	11
SVB.	4		82	47	28	57	52	33
	3		74	12	21	49	55	54
	2		67	24	12	14	58	44
	1		62	55	0	21	60	0
NO	0	59	62	50	0	0	60	0
	Meri.		61	21	12	51	58	37
ADDE	1		62	55	25	24	54	22
	2		67	24	35	41	48	14
	3		74	12	43	11	41	39
	4		82	47	48	16	35	38
Oc	4	45	90	0	50	51	31	53

seu

seu *quinti Climatis*.

VIRGO.

	Horæ		*Distan. à Vert.*		*Latus longit.*		*Latus latitud.*	
	ho.	scr	*gra.*	'	*Par.*	*scr.*	*Par.*	*scr.*
Ortus	6	41	90	0	55	55	21	49
Ante merid. SVBTR.	6		82	26	56	31	20	10
	5		71	9	56	47	19	23
	4		59	55	56	19	20	42
	3		49	8	54	40	24	43
	2		39	29	50	25	32	31
	1		32	15	40	21	44	24
	Meri.		29	25	21	17	56	6
NO	0	58	32	3	0	0	60	0
Post merid. ADDE.	1		32	15	0	44	60	0
	2		39	29	16	10	57	47
	3		49	8	24	31	54	46
	4		59	55	28	25	52	50
	5		71	9	29	38	52	10
	6		82	26	28	55	52	34
Occa.	6	41	90	0	27	24	53	23

LIBRA.

	Horæ		*Distan. à Vert.*		*Latus longit.*		*Latus latitud.*	
	hor.	scr.	*gra.*	'	*Par.*	*scr.*	*Par.*	*scr.*
O	6		90	0	57	17	17	53
SVBTRA.	5		78	44	56	58	18	51
	4		67	50	55	51	21	55
	3		57	45	53	22	27	26
	2		49	11	48	17	35	37
	1		43	12	38	46	45	48
	Meri.		41	0	24	5	54	57
	1		43	12	7	24	59	33
NO	1	30	45	45	0	0	60	0
ADDE.	2		49	11	6	32	59	39
	3		57	45	16	0	57	50
	4		67	50	21	44	55	55
	5		78	44	24	44	54	40
Oc	6		90	0	25	40	54	14

PISCES.

	Horæ		*Distan. à Vert.*		*Latus longit.*		*Latus latitud.*	
Ortus	5	19	90	0	27	24	53	23
Ante SVBT.	5		86	35	26	26	53	52
	4		76	14	22	1	55	49
	3		66	59	15	12	58	3
	2		59	26	5	27	59	45
NO	1	33	56	46	0	0	60	0
	1		54	23	7	11	59	34
	Meri.		52	35	21	17	56	6
Post ADDE.	1		54	23	34	8	49	21
	2		59	26	34	43	41	6
	3		66	59	49	52	33	22
	4		76	14	53	30	27	10
	5		86	35	55	30	22	47
Occa.	5	19	90	0	55	55	21	46

ARIES.

	Horæ		*Distan. à Vert.*		*Latus longit.*		*Latus latitud.*	
Or	6	0	90	0	25	40	54	14
	5		78	44	24	44	54	40
SVB.	4		67	50	21	44	55	55
	3		57	45	16	0	57	50
	2		49	11	6	32	59	39
NO	1	30	45	45	0	0	60	0
	1		43	12	7	24	59	33
	Meri.		41	0	24	5	54	57
ADDE.	1		43	12	38	46	45	48
	2		49	11	48	17	35	37
	3		57	45	53	22	27	26
	4		67	50	55	51	21	55
	5		78	44	56	58	18	51
Oc	6	0	90	0	57	17	17	53

Parallaxes.

SCORPIVS.

		Horæ ho.	scr	Distan. à Vert. gra.	′	Latus longit. Par.	scr.	Latus latitud. Par.	scr.
Ortus		5	19	90	0	55	55	21	46
Ante merid.		5		86	35	55	30	21	47
	SVBTR.	4		76	14	53	30	27	10
		3		66	59	49	52	33	22
		2		59	26	43	43	41	6
		1		54	23	34	8	49	21
		Meri.		52	35	21	17	56	6
Post merid.		1		54	23	7	11	59	34
	NO	1	33	56	46	0	0	60	0
		2		59	26	5	27	59	45
	ADDE.	3		66	59	15	12	58	3
		4		76	14	22	1	55	49
		5		86	35	26	26	53	52
Occa.		5	19	90	0	27	24	53	23

SAGITTARIVS.

	Horæ hor.	scr.	Distan. à Vert. gra.	′	Latus longit. Par.	scr.	Latus latitud. Par.	scr.
Or	4	45	90	0	50	51	31	53
SVBTRA.	4		82	47	48	16	35	38
	3		74	12	43	11	41	39
	2		67	24	35	41	48	14
	1		62	55	25	24	54	22
	Meri.		61	21	12	51	58	37
NO	0	59	62	50	0	0	60	0
ADDE.	1		62	55	0	21	60	0
	2		67	24	12	14	58	44
	3		74	12	21	49	55	54
	4		82	47	28	57	52	33
Oc	4	45	90	0	32	53	50	11

TAVRVS.

		Horæ							
Ortus		6	41	90	0	27	24	53	23
Ante		6		82	26	28	55	52	34
		5		71	9	29	38	52	10
	SVBT.	4		59	55	28	25	52	50
		3		49	8	24	31	54	46
		2		39	29	16	10	57	47
		1		32	15	0	44	60	0
	NO	0	58	32	3	0	0	60	0
		Meri.		29	25	21	17	56	6
Post	ADDE.	1		32	15	40	21	44	24
		2		39	29	50	25	32	31
		3		49	8	54	40	24	43
		4		59	55	56	19	20	42
		5		71	9	56	47	19	23
		6		82	26	56	31	20	10
Occa.		6	41	90	0	55	55	21	46

GEMINI.

	Horæ							
Or	7	15	90	0	32	53	49	11
	7		87	26	34	0	49	27
SVBTRA.	6		76	49	37	20	46	58
	5		65	43	39	10	45	27
	4		54	25	39	28	45	12
	3		43	15	37	36	46	45
	2		32	46	31	39	50	58
	1		24	17	16	33	57	40
NO	0	24	21	16	0	0	60	0
	Meri.		20	39	12	51	58	37
ADDE.	1		24	17	39	9	45	28
	2		32	46	50	4	33	4
	3		43	15	53	42	26	45
	4		54	25	54	45	24	33
	5		65	43	54	35	24	54
	6		76	49	53	33	27	4
	7		87	26	51	33	30	42
Oc	7	15	90	0	50	51	31	50

45. Graduum Latitu-

		Horæ		Distan. à Vert.	Latus longit.	Latus latitud.
CANCER.		ho.	scr.	gra. ′	Par. scr.	Par. scr.
Ortus		7	44	90 0	38 8	46 19
Ante merid.	Svbtra.	7		83 20	41 16	43 34
		6		73 31	44 14	40 32
		5		63 10	45 56	38 36
		4		52 35	46 16	38 12
		3		42 7	44 44	39 59
		2		32 22	39 38	45 2
		1		24 35	26 25	53 52
	NO	Meri.		21 20	0 0	60 0
Post merid.	Adde.	1		24 35	26 25	53 52
		2		32 22	39 38	45 2
		3		42 7	44 44	39 59
		4		52 35	46 16	38 12
		5		63 10	45 56	38 36
		6		73 31	44 14	40 32
		7		83 20	41 16	43 34
Occa.		7	44	90 0	38 8	46 19

		Horæ		Distan. à Vert.	Latus longit.	Latus latitud.
LEO.		hor.	scr.	gra. ′	Par. scr.	Par. scr.
Or		7	27	90 0	48 10	35 46
	Svbtra.	7		85 45	49 30	33 54
		6		75 46	51 33	30 43
		5		65 21	52 31	29 1
		4		54 45	52 27	29 9
		3		44 23	50 53	31 47
		2		34 55	46 18	38 9
		1		27 36	34 59	48 45
		Meri.		24 39	12 51	58 37
	NO	0	30	25 26	0 0	60 0
	Adde.	1		27 36	11 23	58 55
		2		34 55	26 6	54 1
		3		44 23	32 56	50 9
		4		54 45	35 27	48 24
		5		65 21	35 34	48 19
		6		75 46	33 59	49 27
		7		85 45	30 47	51 30
Oc.		7	27	90 0	28 48	52 38

CAPRICORNVS.						
Ortus		4	16	90 0	43 49	40 59
Ante	Svbt.	4		87 43	36 47	47 25
		3		79 58	30 28	51 42
		2		73 55	22 5	55 47
		1		70 1	11 41	58 51
	NO	Meri.		68 40	0 0	60 0
Post	Adde	1		70 1	11 41	58 51
		2		73 55	22 5	55 47
		3		79 58	30 28	51 42
		4		87 43	36 47	47 25
	Oc.	4	16	90 0	43 49	40 59

AQVARIVS.						
Or		4	33	90 0	28 48	52 38
		4		85 5	25 53	54 8
	Svb.	3		77 7	19 2	56 54
		2		70 50	10 2	59 9
	NO	1	5	67 0	0 0	60 0
		1		66 46	0 54	60 0
		Meri.		65 21	12 51	58 37
		1		66 46	24 16	54 53
	Adde	2		70 50	33 51	49 33
		3		77 7	41 5	43 44
		4		85 5	46 10	38 20
	Oc	4	33	90 0	48 10	35 46

dinis, vel *sexti*

VIRGO.

		Horæ ho.	Horæ scr	*Distan. à Vert.* gra.	′	*Latus longit.* Par.	scr.	*Latus latitud.* Par.	scr.
Ortus		6	47	90	0	54	11	25	46
Ante merid.		6		81	51	54	58	24	3
Ante merid.	SVBTR.	5		71	16	55	12	23	30
Ante merid.	SVBTR.	4		60	46	54	32	25	1
Ante merid.	SVBTR.	3		50	49	52	27	29	9
Ante merid.	SVBTR.	2		42	6	47	40	36	27
Ante merid.		1		35	48	37	46	46	37
		Meri.		33	25	21	17	56	6
Post merid.		1		35	48	2	39	59	56
Post merid.	NO	1	10	36	34	0	0	60	0
Post merid.	ADDE.	2		42	6	11	29	58	53
Post merid.	ADDE.	3		50	49	19	56	56	36
Post merid.	ADDE.	4		60	46	24	13	54	54
Post merid.	ADDE.	5		71	16	25	43	54	12
Post merid.		6		81	51	25	11	54	28
Occa.		6	47	90	0	23	28	55	13

LIBRA.

	Horæ hor.	Horæ scr	*Distan. à Vert.* gra.	′	*Latus longit.* Par.	scr.	*Latus latitud.* Par.	scr.
Or	6	0	90	0	55	53	21	50
SVBTRA.	5		79	27	55	30	22	49
SVBTRA.	4		69	18	54	11	25	47
SVBTRA.	3		60	0	51	24	30	58
SVBTRA.	2		52	14	46	7	38	23
	1		46	55	37	5	47	10
	Meri.		45	0	24	5	54	57
	1		46	55	9	32	59	14
NO	1	44	50	32	0	0	60	0
ADDE.	2		52	14	3	2	59	55
ADDE.	3		60	0	12	4	58	46
ADDE.	4		69	18	17	46	57	19
ADDE.	5		79	27	20	50	56	16
Oc.	6	0	90	0	21	50	55	53

PISCES.

		ho.	scr	gra.	′	Par.	scr.	Par.	scr.
Ortus		5	13	90	0	23	28	55	13
		5		87	52	22	49	55	30
Ante	SVBT.	4		78	12	18	30	57	5
Ante	SVBT.	3		69	38	11	55	58	48
Ante	SVBT.	2		62	45	2	47	59	56
Ante	NO	1	45	61	19	0	0	60	0
Ante		1		58	11	8	42	59	22
		Meri.		56	35	21	17	56	6
Post		1		58	11	32	52	50	12
Post		2		62	45	41	50	43	0
Post	ADDE	3		69	38	47	55	36	6
Post	ADDE	4		78	12	51	42	30	27
Post		5		87	52	53	53	26	24
	Oc.	5	13	90	0	54	11	25	46

ARIES.

	ho.	scr	gra.	′	Par.	scr.	Par.	scr.
Or	6	0	90	0	21	50	55	53
	5		79	27	20	50	56	16
SVBT.	4		69	18	17	46	57	19
SVBT.	3		60	0	12	4	58	46
SVBT.	2		52	14	3	2	59	55
NO	1	44	50	32	0	0	60	0
	1		46	55	9	32	59	14
	Meri.		45	0	24	5	54	57
	1		46	55	37	5	47	10
	2		52	14	46	7	38	23
ADDE	3		60	0	51	24	30	58
ADDE	4		69	18	54	11	25	47
	5		79	27	55	30	22	49
Oc	6	0	90	0	55	53	21	50

Climatis

Climatis Parallaxes.

SCORPIVS.

		Horæ ho.	scr	Distan. à Vert. gra.	'	Latus longit. Par.	scr.	Latus latitud. Par.	scr.
Ortus		5	13	90	0	54	11	25	46
Ante merid.		5		87	52	53	53	26	24
	Svbtr.	4		78	12	51	42	30	27
		3		69	38	47	55	36	6
		2		62	45	41	50	43	0
		1		58	11	32	52	50	12
		Meri.		56	35	21	17	56	6
		1		58	11	8	42	59	22
Post merid.	NO	1	45	61	19	0	0	60	0
		2		62	45	2	47	59	56
	Add.	3		69	38	11	55	58	48
		4		78	12	18	30	57	5
		5		87	52	22	49	55	30
Occa.		5	13	90	0	23	28	55	13

SAGITTARIVS.

	Horæ hor.	scr.	Distan. à Vert. gra.	'	Latus longit. Par.	scr.	Latus latitud. Par.	scr.
Or	4	33	90	0	48	10	35	46
Svbtra.	4		85	5	46	10	38	20
	3		77	7	41	5	43	44
	2		70	50	33	51	49	33
	1		66	46	24	16	54	53
	Meri.		65	21	12	51	58	37
	1		66	46	0	54	60	0
NO	1	5	67	0	0	0	60	0
	2		70	50	19	2	59	9
Adde	3		77	7	19	2	56	54
	4		85	5	25	53	54	8
Oc	4	33	90	0	28	48	52	38

TAVRVS.

		ho.	scr	gra.	'	Par.	scr.	Par.	scr.
Ortus		6	47	90	0	23	28	55	13
Ante	Svbt.	6		81	51	25	11	54	28
		5		71	16	25	43	54	12
		4		60	46	24	13	54	54
		3		50	49	19	56	56	36
		2		42	6	11	29	58	53
	NO	1	10	36	34	0	0	60	0
		1		35	48	2	39	59	56
		Meri.		33	25	21	17	56	6
Post	Adde.	1		35	48	37	46	46	37
		2		42	6	47	40	36	27
		3		50	49	52	27	29	9
		4		60	46	54	32	25	1
		5		71	16	55	12	23	30
		6		81	51	54	58	24	3
Occa.		6	47	90	0	54	11	25	46

GEMINI.

	hor.	scr.	gra.	'	Par.	scr.	Par.	scr.
Or	7	27	90	0	28	48	52	38
	7		85	45	30	47	51	30
Svbtra.	6		75	46	33	59	49	27
	5		65	21	35	34	48	19
	4		54	45	35	27	48	24
	3		44	23	32	56	50	9
	2		34	55	26	6	54	1
	1		27	36	11	23	58	55
NO	0	30	25	26	0	0	60	0
	Meri.		24	39	12	51	58	37
	1		27	36	34	59	48	45
	2		34	55	46	18	38	47
Adde.	3		44	23	50	53	31	47
	4		54	45	52	27	29	9
	5		65	21	52	31	29	1
	6		75	46	51	33	30	43
	7		85	45	49	30	33	54
Oc	7	27	90	0	48	10	35	46

49.Gra-

49. Graduum

CANCER.

		Horæ ho.	scr	Distan. à Vert. gra.	′	Latus longit. Par.	scr.	Latus latitud. Par.	scr.
Ortus		8	1	90	0	33	59	49	27
Ante merid.	Subtr.	8		89	51	34	6	49	22
		7		81	32	38	26	46	4
		6		72	22	41	19	43	31
		5		62	43	42	47	42	4
		4		52	53	42	45	42	6
		3		43	20	40	34	44	13
		2		34	36	34	40	48	58
		1		27	57	21	44	55	56
	No	Meri.		25	20	0	0	60	0
Post merid.	Adde.	1		27	57	21	44	55	56
		2		34	36	34	40	48	58
		3		43	20	40	34	44	13
		4		52	53	42	45	42	6
		5		62	43	42	47	42	4
		6		72	22	41	19	43	31
		7		81	32	38	26	46	4
		8		89	51	34	6	49	22
Occa.		8	1	90	0	33	59	49	27

LEO.

	Horæ hor.	scr.	Distan. à Vert. gra.	′	Latus longit. Par.	scr.	Latus latitud. Par.	scr.
Or	7	41	90	0	45	6	39	34
Subtra.	7		84	5	47	14	37	0
	6		74	47	49	16	34	15
	5		65	4	50	9	32	57
	4		55	16	49	48	33	27
	3		45	47	47	44	36	21
	2		37	21	42	30	42	21
	1		31	4	31	25	51	7
	Meri.		28	39	12	51	58	37
No	0	37	29	36	0	0	60	0
	1		31	4	7	10	59	34
Adde.	2		37	21	20	54	56	14
	3		45	47	28	10	52	59
	4		55	16	31	15	51	13
	5		65	4	31	46	50	54
	6		74	47	30	26	51	43
	7		84	5	27	26	53	21
Oc	7	41	90	0	24	26	54	48

CAPRICORNVS.

		Horæ	scr	Distan.	′	Latus longit.	scr.	Latus latitud.	scr.
Ortus		3	59	90	0	33	59	49	27
Ante	Subtr.	3		83	0	28	2	53	3
		2		77	27	20	10	56	31
		1		73	54	10	36	59	3
	No	Meri.		72	40	0	0	60	0
Post	Adde	1		73	54	10	36	59	3
		2		77	27	20	10	56	31
		3		83	0	28	2	53	3
Occa.		3	59	90	0	33	59	49	27

AQVARIVS.

	Horæ	scr	Distan.	′	Latus longit.	scr.	Latus latitud.	scr.
Or	4	19	90	0	24	26	54	48
	4		87	25	22	47	55	31
Sub.	3		80	4	16	17	57	45
	2		74	19	7	54	59	29
No	1	12	71	11	0	0	60	0
	1		70	37	2	5	59	58
	Meri.		69	21	12	51	58	37
	1		70	37	23	11	55	20
Adde	2		74	19	32	3	50	43
	3		80	4	38	55	45	39
	4		87	25	43	54	40	54
Oc	4	19	90	0	45	7	39	33

Latitudinis, vel *septimi*

VIRGO.

		Horæ		*Distan. à Vert.*		*Latus longit.*		*Latus latitud.*	
		ho.	scr	*gra.*	'	*Par.*	*scr.*	*Par.*	*scr.*
Ortus		6	55	90	0	52	10	29	39
		6		81	17	53	9	27	50
Ante merid.	SVBTR.	5		71	28	53	20	27	30
		4		61	47	52	26	29	9
		3		52	42	50	1	33	9
		2		44	56	44	54	39	48
		1		39	27	35	30	48	22
		Meri.		37	25	21	17	56	6
Post merid.		1		39	27	5	31	59	45
	NO	1	24	41	15	0	0	60	0
	ADDE	2		44	56	7	12	59	34
		3		52	42	15	26	57	59
		4		61	47	19	54	56	36
		5		71	28	21	40	55	57
		6		81	17	21	19	56	5
Occa.		6	55	90	0	19	22	56	47

LIBRA.

	Horæ		*Distan. à Vert.*		*Latus longit.*		*Latus latitud.*	
	hor.	scr.	*gra.*	'	*Par.*	*scr.*	*Par.*	*scr.*
Or	6	0	90	0	54	14	25	40
SVBTRA.	5		80	13	53	47	26	36
	4		70	51	52	18	29	25
	3		62	22	49	18	34	12
	2		55	23	44	0	40	48
	1		50	41	35	34	48	19
	Meri.		49	0	24	5	54	57
	1		50	41	11	26	58	54
	2		55	23	0	11	60	0
NO	2	1	55	30	0	0	60	0
	3		62	22	8	16	59	26
ADDE	4		70	51	13	49	58	23
	5		80	13	16	54	57	34
Oc	6	0	90	0	17	53	57	17

PISCES.

		Horæ		*Distan. à Vert.*		*Latus longit.*		*Latus latitud.*	
Ortus		5	5	90	0	19	22	56	47
		5		89	9	19	6	56	53
Ante	SVB	4		80	13	14	57	58	6
		3		72	22	8	43	59	22
		2		66	6	0	16	60	0
	NO	1	58	65	59	0	0	60	0
		1		62	1	10	6	59	9
		Meri.		60	35	21	17	56	6
Post	ADDE.	1		62	1	31	40	50	58
		2		66	6	39	59	44	44
		3		72	22	45	54	38	38
		4		80	13	49	44	33	34
		5		89	9	52	1	29	54
Occa.		5	5	90	0	52	10	29	39

ARIES.

	Horæ		*Distan. à Vert.*		*Latus longit.*		*Latus latitud.*	
Or	6	0	90	0	17	53	57	17
	5		80	13	16	54	57	34
SVB	4		70	51	13	49	58	23
	3		62	22	8	16	59	26
NO	2	1	55	30	0	0	60	0
	2		55	23	0	11	60	0
	1		50	41	11	26	58	54
	Meri.		49	0	24	5	54	57
ADDE.	1		50	41	35	34	48	19
	2		55	23	44	0	40	48
	3		62	22	49	18	34	12
	4		70	51	52	18	29	25
	5		80	13	53	47	26	36
Oc	6	0	90	0	54	14	25	40

Clima-

Climatis Parallaxes.

SCORPIVS.

		Horæ		Distan. à Vert.		Latus longit.		Latus latitud.	
		ho.	scr.	gra.	′	Par.	scr.	Par.	scr.
Ortus		5	5	90	0	52	10	29	39
Ante merid.		5		89	9	52	1	29	54
	SVBTR.	4		80	13	49	44	33	34
		3		72	22	45	54	38	38
		2		66	6	39	59	44	44
		1		62	1	31	40	50	58
		Meri.		60	35	21	17	56	6
Post merid.		1		62	1	10	6	59	9
	NO	1	58	65	59	0	0	60	0
		2		66	6	0	16	60	0
	ADD.	3		72	22	8	43	59	22
		4		80	13	14	57	58	6
		5		89	9	19	6	56	53
Occa.		5	5	90	0	19	22	56	47

SAGITTARIVS.

	Horæ		Distan. à Vert.		Latus longit.		Latus latitud.	
	hor.	scr.	gra.	′	Par.	scr.	Par.	scr.
Or	4	19	90	0	45	7	39	33
SVBTRA.	4		87	25	43	54	40	54
	3		80	4	38	55	45	39
	2		74	19	32	3	50	43
	1		70	37	23	11	55	20
	Meri.		69	21	12	51	58	37
	1		70	37	2	5	59	58
NO	1	12	71	11	0	0	60	0
	2		74	19	7	54	59	29
ADDE	3		80	4	16	17	57	45
	4		87	25	22	47	55	31
Oc	4	19	90	0	24	26	54	48

TAVRVS.

		Horæ		Distan. à Vert.		Latus longit.		Latus latitud.	
Ortus		6	55	90	0	19	22	56	47
		6		81	17	21	19	56	5
Ante	SVBT.	5		71	28	21	40	55	57
		4		61	47	19	54	56	36
		3		52	42	15	26	57	59
		2		44	56	7	12	59	34
	NO	1	24	41	15	0	0	60	0
		1		39	27	5	31	59	45
		Meri.		37	25	21	17	56	6
Post		1		39	27	35	30	48	22
	ADDE.	2		44	56	44	54	39	48
		3		52	42	50	1	33	9
		4		61	47	52	26	29	9
		5		71	28	53	20	27	30
		6		81	17	53	9	27	50
Occa.		6	55	90	0	52	10	29	39

GEMINI.

	Horæ		Distan. à Vert.		Latus longit.		Latus latitud.	
Or	7	41	90	0	24	26	54	48
	7		84	5	27	26	53	21
	6		74	47	30	26	51	43
SVBTRA.	5		65	4	31	46	50	54
	4		55	16	31	15	51	13
	3		45	47	28	10	52	59
	2		37	21	20	54	56	14
	1		31	4	7	10	59	34
NO	0	37	29	36	0	0	60	0
	Meri.		28	39	12	51	58	37
	1		31	4	31	25	51	7
ADDE.	2		37	21	42	30	42	21
	3		45	47	47	44	36	21
	4		55	16	49	48	33	27
	5		65	4	50	9	32	57
	6		74	47	49	16	34	15
	7		84	5	47	14	37	0
Oc	7	41	90	0	45	6	39	34

52. Gra-

52. Graduum

CANCER.

		Horæ		Distan. à Vert.		Latus longit.		Latus latitud.	
		ho.	scr	gra.	'	Par.	scr.	Par.	scr.
Ortus		8	17	90	0	30	35	51	37
		8		88	2	32	1	50	45
Ante merid.	SVBTR.	7		80	12	36	13	47	50
		6		71	34	38	56	45	39
		5		62	28	40	14	44	30
		4		53	15	39	56	44	47
		3		44	22	37	22	46	57
		2		36	26	31	7	51	18
		1		30	35	18	48	56	59
	NO	Meri.		28	20	0	0	60	0
Post merid.	ADDE.	1		30	35	18	48	56	59
		2		36	26	31	7	51	18
		3		44	22	37	22	46	57
		4		53	15	39	56	44	47
		5		62	28	40	14	44	30
		6		71	34	38	56	45	39
		7		80	12	36	13	47	50
		8		88	2	32	1	50	45
Occa.		8	17	90	0	30	35	51	37

LEO.

	Horæ		Distan. à Vert.		Latus longit.		Latus latitud.	
	hor.	scr.	gra.	'	Par.	scr.	Par.	scr.
Or	7	53	90	0	42	33	42	18
SVBTR.	7		82	51	45	24	39	14
	6		74	6	47	24	36	48
	5		64	58	48	9	35	48
	4		55	46	47	37	36	30
	3		47	0	45	12	39	27
	2		39	18	39	43	44	59
	1		33	45	29	7	52	28
	Meri.		31	39	12	51	58	37
NO	0	43	32	46	0	0	60	0
	1		33	45	4	30	59	50
ADDE.	2		39	18	17	16	57	28
	3		47	0	24	34	54	44
	4		55	46	27	59	53	4
	5		64	58	28	47	52	39
	6		74	6	27	40	53	14
	7		82	51	24	51	54	37
Oc	7	53	90	0	20	58	56	13

CAPRICORNVS.

Ortus		3	43	90	0	30	35	51	37
		3		85	17	26	13	53	58
Ante	SVB.	2		80	25	18	44	57	0
		1		76	48	9	50	59	11
	NO	Meri.		75	40	0	0	60	0
Post	AD.	1		76	48	9	50	59	11
		2		80	25	18	44	57	0
		3		85	17	26	13	53	58
Occa.		3	43	90	0	30	35	51	37

AQVARIVS.

Or	4	7	90	0	20	58	56	13
	4		89	9	20	23	56	26
SVB.	3		82	17	14	13	58	17
	2		76	56	6	20	59	40
NO	1	18	74	20	0	0	60	0
	1		73	31	2	55	59	56
	Meri.		72	21	12	51	58	37
ADDE.	1		73	31	22	24	55	40
	2		76	56	30	42	51	33
	3		82	17	37	17	47	0
	4		89	9	42	7	42	44
Oc	4	7	90	0	42	33	42	18

Latitudinis Parallaxes.

VIRGO.

	Horæ		Distan. à Vert.		Latus longit.		Latus latitud.	
	ho.	scr	gra.	'	Par.	scr.	Par.	scr.
Ortus	7	1	90	0	50	27	32	29
	7		89	53	50	29	32	26
Ante merid. Subtr.	6		80	54	51	37	30	35
	5		71	41	51	44	30	23
	4		62	39	50	42	32	5
	3		54	14	48	4	35	55
	2		47	7	42	52	41	58
	1		42	13	33	59	49	27
	Meri.		40	25	21	17	56	6
	1		42	13	7	22	59	33
NO	1	36	44	50	0	0	60	0
	2		47	7	4	15	59	50
Post merid. Adde.	3		54	14	12	9	58	45
	4		62	39	16	59	57	39
	5		71	41	18	34	57	3
	6		80	54	18	21	57	8
	7		89	53	16	16	57	45
Occa.	7	1	90	0	16	13	57	46

LIBRA.

	Horæ		Distan. à Vert.		Latus longit.		Latus latitud.	
	hor.	scr.	gra.	'	Par.	scr.	Par.	scr.
Or	6	0	90	0	52	49	28	29
	5		80	50	52	20	29	21
Subtr.	4		72	4	50	45	32	1
	3		64	12	47	39	36	27
	2		57	47	42	26	42	25
	1		53	31	34	30	49	5
	Meri.		52	0	24	5	54	57
	1		53	31	12	43	58	38
	2		57	47	2	26	59	57
NO	2	17	59	22	0	0	60	0
Adde	3		64	12	5	30	59	45
	4		72	4	10	51	59	1
	5		80	50	13	53	58	22
Oc	6	0	90	0	14	51	58	8

PISCES.

Ortus	4	59	90	0	16	13	57	46
Ante Sub.	4		81	46	12	18	58	44
	3		74	26	6	23	59	40
NO	2	11	69	34	0	0	60	0
Adde.	2		68	39	1	32	59	59
	1		64	53	11	5	58	58
	Meri.		63	35	21	17	56	6
Post	1		64	53	30	49	51	29
	2		68	39	38	38	45	54
	3		74	26	44	21	40	25
	4		81	46	48	9	35	48
Occa.	4	59	90	0	50	27	32	29

ARIES.

Or	6	0	90	0	14	51	58	8
	5		80	50	13	53	58	22
Sub.	4		72	4	10	51	59	1
	3		64	12	5	30	59	45
NO	2	17	59	22	0	0	60	0
	2		57	47	2	26	59	57
	1		53	31	12	43	58	38
	Meri.		52	0	24	5	54	57
Adde.	1		53	31	34	30	49	5
	2		57	47	42	26	42	25
	3		64	12	47	39	36	27
	4		72	4	50	45	32	1
	5		80	50	52	20	29	21
Oc	6	0	90	0	52	49	28	29

52. Grad.

52. Graduum Parallaxes.

SCORPIVS.

		Horæ		*Distan. à Vert.*		*Latus longit.*		*Latus latitud.*	
		ho.	scr	*gra.*	'	*Par.*	*scr.*	*Par.*	*scr.*
Ortus		4	59	90	0	50	27	32	29
Ante merid.		4		81	46	48	9	35	48
	SVBTR.	3		74	26	44	21	40	25
		2		68	39	38	38	45	54
		1		64	53	30	49	51	29
		Meri.		63	35	21	17	56	6
Post merid.		1		64	53	11	5	58	58
		2		68	39	1	32	59	59
	NO	2	11	69	34	0	0	60	0
	AD.	3		74	26	6	23	59	40
		4		81	46	12	18	58	44
Occa.		4	59	90	0	16	13	57	46

SAGITTARIVS.

		Horæ		*Distan. à Vert.*		*Latus longit.*		*Latus latitud.*	
		hor.	scr.	*gra.*	'	*Par.*	*scr.*	*Par.*	*scr.*
Or		4	7	90	0	42	33	42	18
		4		89	9	42	7	42	44
	SVBTRA.	3		82	17	37	17	47	0
		2		76	56	30	42	51	33
		1		73	31	22	24	55	40
		Meri.		72	21	12	51	58	37
		1		73	31	2	55	59	56
	NO	1	18	74	20	0	0	60	0
	ADDE	2		76	56	6	20	59	40
		3		82	17	14	13	58	17
		4		89	9	20	23	56	26
Oc		4	7	90	0	20	58	56	13

TAVRVS.

		Horæ		Distan.		Long.		Lat.	
Ortus		7	1	90	0	16	13	57	46
Ante		7		89	53	16	16	57	45
		6		80	54	18	21	57	8
	SVBTR.	5		71	41	18	34	57	3
		4		62	39	16	39	57	39
		3		54	14	12	9	58	45
		2		47	7	4	15	59	50
	NO	1	36	44	50	0	0	60	0
		1		42	13	7	22	59	33
		Meri.		40	25	21	17	56	6
Post		1		42	13	33	59	49	27
	ADDE.	2		47	7	42	52	41	58
		3		54	14	48	4	35	55
		4		62	39	50	42	32	5
		5		71	41	51	44	30	23
		6		80	54	51	37	30	35
		7		89	53	50	29	32	26
Occa.		7	1	90	0	50	27	32	29

GEMINI.

		Horæ		Distan.		Long.		Lat.	
Or		7	53	90	0	20	58	56	13
		7		82	51	24	51	54	37
		6		74	6	27	40	53	14
	SVBTR.	5		64	58	28	47	52	39
		4		55	46	27	59	53	4
		3		47	0	24	34	54	44
		2		39	18	17	16	57	28
		1		33	45	4	30	59	50
	NO	0	43	32	46	0	0	60	0
		Meri.		31	39	12	51	58	37
		1		33	45	29	7	52	28
	ADDE.	2		39	18	39	43	44	59
		3		47	0	45	12	39	27
		4		55	46	47	37	36	30
		5		64	58	48	9	35	48
		6		74	6	47	24	36	48
		7		82	51	45	24	39	14
Oc		7	53	90	0	42	33	42	18

54. Grad. Latitudinis

CANCER.

		Horæ ho.	scr.	Distan. à Vert. gra.	′	Latus longit. Par.	scr.	Latus latitud. Par.	scr.
Ortus		8	28	90	0	28	7	53	0
		8		86	49	30	35	51	37
Ante merid.		7		79	19	34	40	48	58
		6		71	3	37	17	47	1
	SVBTR.	5		62	21	38	28	46	3
		4		53	34	37	58	46	28
		3		45	9	35	11	48	36
		2		37	44	28	52	52	36
		1		32	22	17	3	57	31
	NO	Meri.		30	20	0	0	60	0
Post merid.		1		32	22	17	3	57	31
		2		37	44	28	52	52	36
	ADDE.	3		45	9	35	11	48	36
		4		53	34	37	58	46	28
		5		62	21	38	28	46	3
		6		71	3	37	17	47	1
		7		79	19	34	40	48	58
		8		86	49	30	35	51	37
Occa.		8	28	90	0	28	7	53	0

LEO.

		Horæ hor.	scr.	Distan. à Vert. gra.	′	Latus longit. Par.	scr.	Latus latitud. Par.	scr.
Or		8	3	90	0	40	42	44	5
		8		89	40	40	53	43	55
		7		82	2	44	7	40	39
		6		73	40	46	3	38	28
	SVBTRA.	5		64	57	46	44	37	38
		4		56	10	46	3	38	27
		3		47	52	43	29	41	21
		2		40	40	37	54	46	31
		1		35	34	27	44	53	13
		Meri.		33	39	12	51	58	37
	NO	0	48	34	54	0	0	60	0
		1		35	34	2	56	59	56
		2		40	40	14	59	58	6
		3		47	52	22	13	55	44
	ADDE	4		56	10	25	46	54	11
		5		64	57	26	43	53	43
		6		73	40	25	45	54	12
		7		82	2	23	5	55	23
		8		89	40	18	47	56	59
Oc		8	3	90	0	18	32	57	4

CAPRICORNVS.

		ho.	scr.	gra.	′	Par.	scr.	Par.	scr.
Ortus		3	31	90	0	28	7	53	0
		3		86	48	24	58	54	33
Ante	SVB.	2		81	53	17	49	57	18
		1		78	44	9	19	59	16
	NO	Meri.		77	40	0	0	60	0
Post		1		78	44	9	19	59	16
	ADD	2		81	53	17	49	57	18
		3		86	48	24	58	54	33
Occa.		3	31	90	0	28	7	53	0

AQVARIVS.

		ho.	scr.	gra.	′	Par.	scr.	Par.	scr.
Or		3	57	90	0	18	32	57	4
	SVB.	3		83	47	12	50	58	37
		2		78	42	5	19	59	46
	NO	1	23	76	31	0	0	60	0
		1		75	27	3	28	59	54
		Meri.		74	20	12	51	58	37
		1		75	27	21	54	55	52
	ADDE	2		78	42	29	49	52	4
		3		83	47	36	10	47	52
Oc		3	57	90	0	40	43	44	5

Paral-

Parallaxes.

VIRGO.

		Horæ ho.	scr	Distan. à Vert. gra.	'	Latus longit. Par.	scr.	Latus latitud. Par.	scr.
Ortus		7	5	90	0	49	13	34	20
Antemerid.		7		89	14	49	22	34	6
Antemerid.		6		80	39	50	30	32	23
Antemerid.		5		71	51	50	35	32	16
Antemerid.		4		63	15	49	28	33	57
Antemerid.	SVBTR.	3		55	17	46	43	37	39
Antemerid.	SVBTR.	2		48	38	41	34	43	17
Antemerid.	SVBTR.	1		44	4	33	2	50	5
		Meri.		42	25	21	17	56	6
Postmerid.		1		44	4	8	30	59	24
Postmerid.	NO	1	45	47	18	0	0	60	0
Postmerid.	ADDE.	2		48	38	2	24	59	57
Postmerid.	ADDE.	3		55	17	10	0	59	10
Postmerid.	ADDE.	4		63	15	14	30	58	13
Postmerid.	ADDE.	5		71	51	16	27	57	42
Postmerid.		6		80	39	16	20	57	44
Postmerid.		7		89	14	14	20	58	16
Occa.		7	5	90	0	14	4	58	20

LIBRA.

	Horæ hor.	scr.	Distan. à Vert. gra.	'	Latus longit. Par.	scr.	Latus latitud. Par.	scr.
Or	6	0	90	0	51	47	30	18
	5		81	15	51	17	31	9
	4		72	55	49	39	33	41
SVBTR.	3		65	26	46	32	37	52
SVBTR.	2		59	24	41	24	43	26
SVBTR.	1		55	24	33	50	49	33
	Meri.		54	0	24	5	54	57
	1		55	24	13	51	58	28
	2		59	24	3	52	59	52
NO	2	28	62	3	0	0	60	0
	3		65	26	3	42	59	53
AD.	4		72	55	8	53	59	20
AD.	5		81	15	11	51	58	49
Oc	6	0	90	0	12	49	58	37

PISCES.

		Horæ		Distan.		Latus longit.		Latus latitud.	
Ortus		4	55	90	0	14	4	58	20
Ante	SVB.	4		82	47	10	31	59	4
Ante	SVB.	3		75	50	4	49	59	49
Ante	NO	2	20	72	0	0	0	60	0
Ante		2		70	21	2	43	59	57
Ante	ADDE	1		66	48	11	42	58	51
	ADDE	Meri.		65	35	21	17	56	6
Post	ADDE	1		66	48	30	17	51	48
Post	ADDE	2		70	21	37	44	46	39
Post		3		75	50	43	17	41	33
Post		4		82	47	46	24	38	3
Occa.		4	55	90	0	49	13	34	20

ARIES.

	Horæ		Distan.		Latus longit.		Latus latitud.	
Or	6	0	90	0	12	49	58	37
	5		81	15	11	51	58	49
SVB.	4		72	55	8	53	59	20
SVB.	3		65	26	3	42	59	53
NO	2	28	62	3	0	0	60	0
	2		59	24	3	52	59	52
ADDE.	1		55	24	13	51	58	28
ADDE.	Meri.		54	0	24	5	54	57
ADDE.	1		55	24	33	50	49	33
ADDE.	2		59	24	41	24	43	26
	3		65	26	46	32	37	52
	4		72	55	49	39	33	41
	5		81	15	51	17	31	9
Oc	6	0	90	0	51	47	30	18

54. Graduum Parallaxes.

SCORPIUS.

	Horæ ho.	ſcr	Diſtan. à Vert. gra.	'	Latus longit. Par.	ſcr.	Latus latitud. Par.	ſcr.
Ortus	4	55	90	0	49	13	34	20
	4		82	47	46	24	38	3
Ante merid. Subtr.	3		75	50	43	17	41	33
	2		70	21	37	44	46	39
	1		66	48	30	17	51	48
	Meri.		65	35	21	17	56	6
Post merid.	1		66	48	11	42	58	51
	2		70	21	2	43	59	57
NO	2	20	72	0	0	0	60	0
Adde	3		75	50	4	49	59	49
	4		82	47	10	31	59	4
Occa.	4	55	90	0	14	4	58	20

SAGITTARIUS.

	Horæ hor.	ſcr.	Diſtan. à Vert. gra.	'	Latus longit. Par.	ſcr.	Latus latitud. Par.	ſcr.
Or	3	57	90	0	40	43	44	5
Subtra.	3		83	47	36	10	47	52
	2		78	42	29	49	52	4
	1		75	27	21	54	55	52
	Meri.		74	20	12	51	58	37
	1		75	27	3	28	59	54
NO	1	23	76	31	0	0	60	0
Adde	2		78	42	5	19	59	46
	3		83	47	12	50	58	37
Oc	3	57	90	0	18	32	57	4

TAURUS.

	Horæ ho.	ſcr	Diſtan. à Vert. gra.	'	Latus longit. Par.	ſcr.	Latus latitud. Par.	ſcr.
Ortus	7	5	90	0	14	4	58	20
Ante Subtr.	7		89	14	14	20	58	16
	6		80	39	16	20	57	44
	5		71	51	16	27	57	42
	4		63	15	14	30	58	13
	3		55	17	10	0	59	10
	2		48	38	2	24	59	57
NO	1	45	47	18	0	0	60	0
	1		44	4	8	30	59	24
	Meri.		42	25	21	17	56	6
	1		44	4	33	2	50	5
Poſt Adde	2		48	38	41	34	43	17
	3		55	17	46	43	37	39
	4		63	15	49	28	33	57
	5		71	51	50	35	32	16
	6		80	39	50	30	32	23
	7		89	14	49	22	34	6
Occa.	7	5	90	0	49	13	34	20

GEMINI.

	Horæ hor.	ſcr.	Diſtan. à Vert. gra.	'	Latus longit. Par.	ſcr.	Latus latitud. Par.	ſcr.
Or	8	3	90	0	18	32	57	4
	8		89	40	18	47	56	59
Subtr.	7		82	2	23	5	55	23
	6		73	40	25	45	54	12
	5		64	57	26	43	53	43
	4		56	10	25	46	54	11
	3		47	52	22	13	55	44
	2		40	40	14	59	58	6
	1		35	34	2	56	59	56
NO	0	48	34	54	0	0	60	0
	Meri.		33	39	12	51	58	37
	1		35	34	27	44	53	13
Adde	2		40	40	37	54	46	31
	3		47	52	43	29	41	21
	4		56	10	46	3	38	27
	5		64	57	46	44	37	38
	6		73	40	46	3	38	28
	7		82	2	44	7	40	39
	8		89	40	40	53	43	55
Oc	8	3	90	0	40	42	44	5

57. Grad.

57. Grad. Latitu-

CANCER.

		Horæ	Distan. à Vert.	Latus longit.	Latus latitud.
		ho. scr	gra. '	Par. scr.	Par. scr.
Ortus		8 50	90 0	24 7	54 57
		8	85 0	28 25	58 51
Ante merid.		7	78 1	32 16	50 35
		6	70 20	34 42	48 57
	SVBTR.	5	62 14	35 41	48 15
		4	54 8	34 56	48 47
		3	46 25	31 53	50 49
		2	39 46	25 33	54 17
		1	35 4	14 42	58 10
	NO	Meri.	33 20	0 0	60 0
Post merid.		1	35 4	14 42	58 10
		2	39 46	25 33	54 17
	ADDE.	3	46 25	31 53	50 49
		4	54 8	34 56	48 47
		5	62 14	35 41	48 15
		6	70 20	34 42	48 57
		7	78 1	32 16	50 35
		8	85 0	28 25	58 51
Occa.		8 50	90 0	24 7	54 57

LEO.

	Horæ	Distan. à Vert.	Latus longit.	Latus latitud.
	hor. scr.	gra. '	Par. scr.	Par. scr.
Or	8 19	90 0	37 42	46 41
	8	87 56	38 59	45 36
	7	80 50	42 6	42 45
	6	73 3	43 56	40 52
SVBTRA.	5	64 56	44 29	40 15
	4	56 51	43 37	41 12
	3	49 16	40 51	43 57
	2	42 48	35 16	48 33
	1	38 18	25 50	54 9
	Meri.	36 39	12 51	58 37
NO	0 56	38 7	0 0	60 0
	1	38 18	0 50	60 0
	2	42 48	11 44	58 51
	3	49 16	18 44	57 0
ADDE	4	56 51	22 24	55 40
	5	64 56	23 35	55 10
	6	73 3	22 49	55 30
	7	80 50	20 22	56 26
	8	87 56	16 21	57 44
Oc	8 19	90 0	14 44	58 10

CAPRICORNVS.

		Horæ	Distan. à Vert.	Latus longit.	Latus latitud.
Ortus		3 10	90 0	24 7	54 57
		3	89 5	23 7	55 22
Ante	SVB.	2	84 31	16 24	57 43
		1	81 39	8 33	59 23
	NO	Meri.	80 40	0 0	60 0
Post	ADD	1	81 39	8 33	59 23
		2	84 31	16 24	57 43
		3	89 5	23 7	55 22
Occa.		3 10	90 0	24 7	54 57

AQVARIVS.

	Horæ	Distan. à Vert.	Latus longit.	Latus latitud.
Or	3 41	90 0	14 43	58 10
SVB.	3	86 6	10 47	59 1
	2	81 20	3 48	59 53
NO	1 31	79 41	0 0	60 0
	1	78 22	4 17	59 51
	Meri.	77 21	12 51	58 37
	1	78 22	21 8	56 9
ADDE	2	81 20	28 30	52 48
	3	86 6	34 28	49 7
Oc	3 41	90 0	37 42	46 41

dinis Parallaxes.

VIRGO.

	Horæ ho.	scr	Distan. à Vert. gra.	′	Latus longit. Par.	scr.	Latus latitud. Par.	scr.
Ortus	7	14	90	0	47	13	47	13
	7		88	16	47	38	36	29
Ante merid.	6		80	19	48	45	34	59
	5		72	9	48	45	34	59
SVBTR.	4		64	13	47	30	36	54
	3		56	56	44	41	40	3
	2		50	55	39	37	45	4
	1		46	52	31	43	50	50
	Meri.		45	25	21	17	56	6
	1		46	52	10	2	59	9
	2		50	55	0	15	60	0
NO	2	2	51	5	0	0	60	0
Post merid. ADDE.	3		56	56	6	53	59	36
	4		64	13	11	16	58	56
	5		72	9	13	17	58	31
	6		80	19	13	16	58	31
Occa.	7		88	16	11	26	58	54
	7	14	90	0	10	46	59	2

LIBRA.

	Horæ hor.	scr.	Distan. à Vert. gra.	′	Latus longit. Par.	scr.	Latus latitud. Par.	scr.
Or	6	0	90	0	50	8	32	58
	5		81	54	49	36	33	45
SVBTR.	4		74	12	47	56	36	6
	3		67	21	44	49	39	53
	2		61	51	39	53	44	49
	1		58	16	32	52	50	12
	Meri.		57	0	24	5	54	57
	1		58	16	14	39	58	11
	2		61	51	5	55	59	42
NO	2	50	66	18	0	0	60	0
ADDE	3		67	21	1	4	59	59
	4		74	12	5	57	59	42
	5		81	54	8	48	59	21
Oc	6	0	90	0	9	44	59	12

PISCES.

	Horæ ho.	scr	Distan. à Vert. gra.	′	Latus longit. Par.	scr.	Latus latitud. Par.	scr.
Ortus	4	46	90	0	10	46	59	2
Ante SVB.	4		84	21	7	51	59	29
	3		77	56	2	32	59	57
NO	2	37	75	49	0	0	60	0
	2		72	55	4	25	59	50
	1		69	42	12	36	58	40
	Meri.		68	35	21	17	56	6
Post AD.	1		69	42	29	29	52	16
	2		72	55	36	33	47	16
	3		77	56	41	39	43	11
	4		84	21	45	20	39	19
Occa.	4	46	90	0	47	13	37	2

ARIES.

	Horæ hor.	scr.	Distan. à Vert. gra.	′	Latus longit. Par.	scr.	Latus latitud. Par.	scr.
Or	6	0	90	0	9	44	59	12
	5		81	54	8	48	59	21
SVB.	4		74	12	5	57	59	42
	3		67	21	1	4	59	59
NO	2	50	66	18	0	0	60	0
	2		61	51	5	55	59	42
ADDE.	1		58	16	14	39	58	11
	Meri.		57	0	24	5	54	57
	1		58	16	32	52	50	12
	2		61	51	39	53	44	49
	3		67	21	44	49	39	53
	4		74	12	47	56	36	6
	5		81	54	49	36	33	45
Oc	6	0	90	0	50	8	32	58

57. Grad.

57. Graduum Parallaxes.

SCORPIVS.

		Horæ		Distan. à Vert.		Latus longit.		Latus latitud.	
		ho.	scr	gra.	'	Par.	scr.	Par.	scr.
	Ortus	4	46	90	0	47	13	37	2
Ante merid.		4		84	21	45	20	39	19
Ante merid.	Svbtr.	3		77	56	41	39	43	11
Ante merid.	Svbtr.	2		72	55	36	33	47	43
Ante merid.	Svbtr.	1		69	42	29	29	52	16
	Meri.			68	35	21	17	56	6
Post merid.		1		69	42	12	36	58	40
Post merid.		2		72	55	4	25	59	50
Post merid.	NO	2	37	75	49	0	0	60	0
Post merid.	Ad	3		77	56	2	32	59	57
Post merid.	Ad	4		84	21	7	51	59	29
	Occa.	4	46	90	0	10	46	59	2

SAGITTARIVS.

	Horæ		Distan. à Vert.		Latus longit.		Latus latitud.	
	hor.	scr.	gra.	'	Par.	scr.	Par.	scr.
Or	3	41	90	0	37	42	46	41
Svbtra.	3		86	6	34	28	49	7
Svbtra.	2		81	20	28	30	52	48
Svbtra.	1		78	22	21	8	56	9
	Meri.		77	21	12	51	58	37
	1		78	22	4	17	59	51
NO	1	31	79	41	0	0	60	0
Adde	2		81	20	3	48	59	53
Adde	3		86	6	10	47	59	1
Oc	3	41	90	0	14	43	58	10

TAVRVS.

		ho.	scr	gra.	'	Par.	scr.	Par.	scr.
	Ortus	7	14	90	0	10	46	59	2
Ante	Svbtr.	7		88	16	11	26	58	54
Ante	Svbtr.	6		80	19	13	16	58	31
Ante	Svbtr.	5		72	9	13	17	58	31
Ante	Svbtr.	4		64	13	11	16	58	56
Ante		3		56	56	6	53	59	36
Ante	NO	2	2	51	5	0	0	60	0
Ante		2		50	55	0	15	60	0
Ante		1		46	52	10	2	59	9
	Meri.			45	25	21	17	56	6
Post		1		46	52	31	43	50	56
Post	Adde.	2		50	55	39	37	45	4
Post	Adde.	3		56	56	44	41	40	3
Post	Adde.	4		64	13	47	30	36	54
Post	Adde.	5		72	9	48	45	34	59
Post		6		80	19	48	45	34	59
Post		7		88	16	47	38	36	29
	Occa.	7	14	90	0	47	13	47	13

GEMINI.

	hor.	scr.	gra.	'	Par.	scr.	Par.	scr.
Or	8	19	90	0	14	44	58	10
	8		87	56	16	21	57	44
Svbtr.	7		80	50	20	22	56	26
Svbtr.	6		73	3	22	49	55	30
Svbtr.	5		64	56	23	35	55	10
Svbtr.	4		56	51	22	24	55	40
	3		49	16	18	44	57	0
	2		42	48	11	44	58	51
	1		38	18	0	50	60	0
NO	0	56	38	7	0	0	60	0
	Meri.		36	39	12	51	58	37
	1		38	18	25	50	54	9
Adde.	2		42	48	35	16	48	33
Adde.	3		49	16	40	51	43	57
Adde.	4		56	51	43	37	41	12
Adde.	5		64	56	44	29	40	15
	6		73	3	43	56	40	52
	7		80	50	42	6	42	45
	8		87	56	38	59	45	36
O.	8	19	90	0	37	42	46	41

60. Grad. Latitu-

CANCER.

	Horæ ho.	scr	Distan. à Vert. gra.	'	Latus longit. Par.	scr.	Latus latitud. Par.	scr.
Ortus	9	18	90	0	19	31	56	44
	9		88	38	21	13	56	7
Antemerid. Subtr.	8		83	11	26	9	54	0
	7		76	45	29	46	52	6
	6		69	39	32	0	50	45
	5		62	13	32	46	50	16
	4		54	48	31	49	50	52
	3		47	50	28	38	52	44
	2		41	55	22	28	55	38
	1		37	49	12	40	58	39
NO	Meri.		36	20	0	0	60	0
Postmerid. Adde.	1		37	49	12	40	58	39
	2		41	55	22	28	55	38
	3		47	50	28	38	52	44
	4		54	48	31	49	50	52
	5		62	13	32	46	50	16
	6		69	39	32	0	50	45
	7		76	45	29	46	52	6
	8		83	11	26	9	54	0
	9		88	38	21	13	56	7
Occa.	9	18	90	0	19	31	56	44

LEO.

	Horæ hor.	scr.	Distan. à Vert. gra.	'	Latus longit. Par.	scr.	Latus latitud. Par.	scr.
Or	8	40	90	0	34	19	49	13
Subtr.	8		86	11	37	0	47	14
	7		79	39	39	58	44	45
	6		72	29	41	40	43	10
	5		65	1	42	6	42	46
	4		57	38	41	4	43	45
	3		50	46	38	11	46	17
	2		45	1	32	44	50	17
	1		41	5	24	8	54	56
	Meri.		39	39	12	51	58	37
	1		41	5	1	2	59	59
NO	1	6	41	22	0	0	60	0
Adde.	2		45	1	8	42	59	22
	3		50	46	15	20	58	0
	4		57	38	19	1	56	54
	5		65	1	20	22	56	26
	6		72	29	19	48	56	38
	7		79	39	17	35	57	22
	8		86	11	13	52	58	23
	8	40	90	0	10	36	59	3

CAPRICORNVS.

	Horæ		Distan.		Latus longit.		Latus latitud.	
Ortus	2	42	90	0	19	31	56	44
Ante Sub.	2		87	12	15	1	58	5
	1		84	35	7	48	59	29
NO	Meri.		83	40	0	0	60	0
Post Adde	1		84	35	7	48	59	29
	2		87	12	15	1	58	5
Occa.	2	42	90	0	19	31	56	44

AQVARIVS.

	Horæ		Distan.		Latus longit.		Latus latitud.	
Or	3	20	90	0	10	36	59	3
Sub.	3		88	15	8	43	59	22
	2		83	59	2	18	59	57
NO	1	41	82	55	0	0	60	0
Adde	1		81	16	5	3	59	47
	Meri.		80	21	12	51	58	37
	1		81	16	20	24	56	25
	2		83	59	27	10	53	30
	3		88	15	32	45	50	17
Oc	3	20	90	0	33	19	49	13

dinis Parallaxes.

VIRGO.

	Horæ ho.	scr	Distan. à Vert. gra.	′	Latus longit. Par.	scr.	Latus latitud. Par.	scr.
Ortus	7	27	90	0	44	54	39	48
	7		87	18	45	45	38	49
Ante merid. Svbtr.	6		79	59	46	49	37	32
	5		72	31	46	46	37	36
	4		65	15	45	27	39	10
	3		58	40	42	36	42	15
	2		53	16	37	43	46	40
	1		49	42	30	29	51	41
	Meri.		48	25	21	17	56	6
	1		49	42	11	27	58	54
	2		53	16	2	43	59	56
NO	2	22	55	6	0	0	60	0
Post merid. Adde.	3		58	40	3	52	59	53
	4		65	15	8	2	59	28
	5		72	31	10	3	59	9
	6		79	59	10	9	59	8
	7		87	18	8	29	59	24
Occa.	7	27	90	0	7	12	59	34

LIBRA.

	Horæ hor.	scr.	Distan. à Vert. gra.	′	Latus longit. Par.	scr.	Latus latitud. Par.	scr.
Or	6	0	90	0	48	20	35	33
	5		82	34	47	48	36	16
Svbtr.	4		75	31	46	7	38	23
	3		69	18	43	4	41	46
	2		64	20	38	23	46	7
	1		61	7	31	57	50	47
	Meri.		60	0	24	5	54	57
	1		61	7	15	42	57	55
	2		64	20	7	54	59	29
	3		69	18	1	31	59	59
NO	3	18	71	1	0	0	60	0
Ad.	4		75	31	3	2	59	55
	5		82	34	5	44	59	44
Oc	6	0	90	0	6	37	59	38

PISCES.

	Horæ		Distan.		Latus longit.		Latus latitud.	
Ortus	4	37	90	0	7	24	59	32
Ante Svb.	4		85	55	5	11	59	47
	3		80	4	0	16	60	0
NO	2	57	79	51	0	0	60	0
Adde	2		75	30	6	4	59	42
	1		72	35	13	18	58	28
	Meri.		71	35	21	17	56	6
Post	1		72	35	28	42	52	41
	2		75	30	35	3	48	42
	3		80	4	40	0	44	43
	4		85	55	43	31	41	18
Occa.	4	37	90	0	45	2	39	39

ARIES.

	Horæ		Distan.		Latus longit.		Latus latitud.	
Or	6	0	90	0	6	37	59	38
Sv	5		82	34	5	44	59	49
	4		75	31	3	2	59	55
NO	3	18	71	1	0	0	60	0
	3		69	18	1	31	59	59
	2		64	20	7	54	59	29
	1		61	7	15	42	57	55
	Meri.		60	0	24	5	54	57
Adde.	1		61	7	31	57	50	47
	2		64	20	38	23	46	7
	3		69	18	43	4	41	46
	4		75	31	46	7	38	23
	5		82	34	47	48	36	16
Oc	6	0	90	0	48	20	35	33

60. Grad.

60. Graduum Parallaxes.

SCORPIVS.

		Horæ ho.	scr	Distan. à Vert. gra.	′	Latus longit. Par.	scr.	Latus latitud. Par.	scr.
Ortus		4	37	90	0	45	2	39	39
		4		85	55	43	31	41	18
Ante	SVBTRA.	3		80	4	40	0	44	43
		2		75	30	35	3	48	42
		1		72	35	28	42	52	41
		Meri.		71	35	21	17	56	6
Post		1		72	35	13	18	58	28
		2		75	30	6	4	59	42
	NO	2	57	79	51	0	0	60	0
		3		80	4	0	16	60	0
	AD	4		85	55	5	11	59	47
Occa.		4	37	90	0	7	24	59	32

SAGITTARIVS.

	Horæ hor.	scr.	Distan. à Vert. gra.	′	Latus longit. Par.	scr.	Latus latitud. Par.	scr.
Or	3	20	90	0	33	19	49	13
SVBTR.	3		88	15	32	45	50	17
	2		83	59	27	10	53	30
	1		81	16	20	24	56	25
	Meri.		80	21	12	51	58	37
	1		81	16	5	3	59	47
NO	1	41	82	55	0	0	60	0
AD.	2		83	59	2	18	59	57
	3		88	15	8	43	59	22
Oc	3	20	90	0	10	36	59	3

TAVRVS.

		Horæ	scr	gra.	′	Par.	scr.	Par.	scr.
Ortus		7	27	90	0	7	12	59	34
Ante merid.	SVBTRA.	7		87	18	8	29	59	24
		6		79	59	10	9	59	8
		5		72	31	10	3	59	9
		4		65	15	8	2	59	28
		3		58	40	3	52	59	53
	NO	2	22	55	6	0	0	60	0
		2		53	16	2	43	59	56
		1		49	42	11	27	58	54
		Meri.		48	25	21	17	56	6
		1		49	42	30	29	51	41
Post merid.	ADDE.	2		53	16	37	43	46	40
		3		58	40	42	36	42	15
		4		65	15	45	27	39	10
		5		72	31	46	46	37	36
		6		79	59	46	49	37	32
		7		87	18	45	45	38	49
Occa.		7	27	90	0	44	54	39	48

GEMINI.

	Horæ	scr	gra.	′	Par.	scr.	Par.	scr.
Or	8	40	90	0	10	36	59	3
	8		86	11	13	52	58	23
SVBTRA.	7		79	39	17	35	57	22
	6		72	29	19	48	56	38
	5		65	1	20	22	56	26
	4		57	38	19	1	56	54
	3		50	46	15	20	58	0
	2		45	1	8	42	59	22
NO	1	6	41	22	0	0	60	0
	1		41	5	1	2	59	59
	Meri.		39	39	12	51	58	37
	1		41	5	24	8	54	56
ADDE.	2		45	1	32	44	50	17
	3		50	46	38	11	46	17
	4		57	38	41	4	43	45
	5		65	1	42	6	42	46
	6		72	29	41	40	43	10
	7		79	39	39	58	44	45
	8		86	11	37	0	47	14
Oc	8	40	90	0	34	19	49	13

63. Grad. Latitu-

CANCER.

		Horæ ho.	scr.	Distan. à Vert. gra.	′	Latus longit. Par.	scr.	Latus latitud. Par.	scr.
Ortus		9	58	90	0	13	52	58	23
Antemerid.		9		86	21	19	18	56	49
		8		81	23	23	51	55	3
		7		75	31	27	11	53	30
	SVB TR.	6		69	3	29	10	52	26
		5		62	16	29	44	52	7
		4		55	34	28	36	52	45
		3		49	20	25	23	54	22
		2		44	8	19	33	56	44
		1		40	36	10	50	59	1
	NO	Meri.		39	20	0	0	60	0
Post merid.		1		40	36	10	50	59	1
		2		44	8	19	33	56	44
		3		49	20	25	23	54	22
		4		55	34	28	36	52	45
		5		62	16	29	44	52	7
	AD DE.	6		69	3	29	10	52	26
		7		75	31	27	11	53	30
		8		81	23	23	51	55	3
		9		86	21	19	18	56	49
Occa.		9	58	90	0	13	52	58	23

LEO.

	Horæ hor.	scr.	Distan. à Vert. gra.	′	Latus longit. Par.	scr.	Latus latitud. Par.	scr.
Or	9	7	90	0	30	27	51	42
	9		89	30	30	59	51	23
	8		84	26	34	57	48	46
	7		78	30	37	43	46	40
SVB TR.	6		71	57	39	17	45	21
	5		65	11	39	33	45	7
	4		58	33	38	25	46	6
	3		52	22	35	30	48	22
	2		47	17	30	19	51	46
	1		43	52	22	36	55	35
	Meri.		42	39	12	51	58	37
	1		43	52	2	43	59	56
NO	1	17	44	40	0	0	60	0
	2		47	17	5	54	59	43
	3		52	22	12	1	58	47
	4		58	33	15	37	57	58
AD DE.	5		65	11	17	4	57	31
	6		71	57	16	43	57	38
	7		78	30	14	45	58	10
	8		84	26	11	22	58	55
	9		89	30	6	40	59	38
O.	9	7	90	0	6	2	59	42

CAPRICORNVS.

		Horæ	scr.	gra.	′	Par.	scr.	Par.	scr.
Ortus		2	2	90	0	13	52	58	23
Ante	SVB	2		89	51	13	37	58	26
		1		87	29	7	3	59	35
	NO	Meri.		86	40	0	0	60	0
Post	AD	1		87	29	7	3	59	35
		2		89	51	13	37	58	26
	Oc	2	2	90	0	13	52	58	23

AQVARIVS.

	Horæ	scr.	gra.	′	Par.	scr.	Par.	scr.
Or	2	53	90	0	6	2	59	42
SV	2		86	37	0	49	60	0
NO	1	52	86	15	0	0	60	0
	1		84	11	5	50	59	43
	Meri.		83	21	12	51	58	37
	1		84	11	19	40	56	41
AD	2		86	37	25	50	54	9
Oc	2	53	90	0	30	27	51	42

dinis Parallaxes.

VIRGO.

	Horæ		Distan. à Vert.		Latus longit.		Latus latitud.	
	ho.	scr	gra.	′	Par.	scr.	Par.	scr.
Ortus	7	35	90	0	42	40	42	11
	7		86	21	43	47	41	2
Ante merid.	6		79	52	44	46	39	57
	5		72	55	44	39	40	5
Subtr.	4		66	21	43	18	41	32
	3		60	27	40	29	44	17
	2		55	40	35	54	48	5
	1		52	32	29	22	52	19
	Meri.		51	25	21	17	56	6
	1		52	32	12	44	58	38
Post merid.	2		55	40	5	2	59	47
NO	2	49	59	31	0	0	60	0
Adde.	3		60	27	0	55	60	0
	4		66	21	4	51	59	38
	5		72	55	6	49	59	37
	6		79	52	7	0	59	35
	7		86	21	5	33	59	45
Occa.	7	35	90	0	3	57	59	52

LIBRA.

	Horæ		Distan. à Vert.		Latus longit.		Latus latitud.	
	hor.	scr.	gra.	′	Par.	scr.	Par.	scr.
Or	6	0	90	0	46	25	38	2
	5		83	15	45	53	38	40
Subtra.	4		76	53	44	14	40	33
	3		71	17	41	17	43	32
	2		66	51	36	54	47	19
	1		63	59	31	4	51	20
	Meri.		63	0	24	5	54	57
	1		63	59	16	41	57	38
	2		66	51	9	47	59	12
	3		71	17	4	2	59	52
NO	3	58	76	38	0	0	60	0
	4		76	53	0	9	60	0
Ad	5		83	15	2	40	59	56
Oc	6	0	90	0	3	29	59	54

PISCES.

	Horæ		Distan. à Vert.		Latus longit.		Latus latitud.	
Ortus	4	25	90	0	3	57	59	52
Ante Su	4		87	30	2	31	59	57
NO	3	24	84	15	0	0	60	0
	3		82	12	1	57	59	58
	2		78	6	7	41	59	30
	1		75	29	14	19	58	16
	Meri.		74	35	21	17	56	6
Post Adde.	1		75	29	27	56	53	6
	2		78	6	33	43	49	38
	3		82	12	38	19	46	10
	4		87	30	41	39	43	12
Occa.	4	25	90	0	42	40	42	11

ARIES.

	Horæ		Distan. à Vert.		Latus longit.		Latus latitud.	
Or	6	0	90	0	3	29	59	54
	5		83	15	2	40	59	56
Su	4		76	53	0	9	60	0
NO	3	58	76	38	0	0	60	0
	3		71	17	4	2	59	52
	2		66	51	9	47	59	12
	1		63	59	16	41	57	38
	Meri.		63	0	24	5	54	57
	1		63	59	31	4	51	20
	2		66	51	36	54	47	19
Adde	3		71	17	41	17	43	32
	4		76	53	44	14	40	33
	5		83	15	45	53	38	40
Oc	6	0	90	0	46	25	38	2

63.Grad. Parallaxes.

SCORPIVS.

		Horæ		Distan. à Vert.		Latus longit.		Latus latitud.	
		ho.	scr	gra.	'	Par.	scr.	Par.	scr.
Ortus		4	25	90	0	42	40	42	11
		4		87	30	41	39	43	12
Ante	SVB	3		82	12	38	19	46	10
		2		78	6	33	43	49	38
		1		75	29	27	56	53	6
		Meri.		74	35	21	17	56	6
Post		1		75	29	14	19	58	16
		2		78	6	7	41	59	30
		3		82	12	1	57	59	58
	NO	3	24	84	15	0	0	60	0
	AD	4		87	30	2	31	59	57
Occa.		4	25	90	0	3	57	59	52

SAGITTARIVS.

	Horæ		Distan. à Vert.		Latus longit.		Latus latitud.	
	hor.	scr.	gra.	'	Par.	scr.	Par.	scr.
Or	2	53	90	0	30	27	51	42
SVB	2		86	37	25	50	54	9
	1		84	11	19	40	56	41
	Meri.		83	21	12	51	58	37
	1		84	11	5	50	59	43
NO	1	52	86	15	0	0	60	0
AD	2		86	37	0	49	60	0
Oc	2	53	90	0	6	2	59	42

TAVRVS.

		Horæ		Distan. à Vert.		Latus longit.		Latus latitud.	
Ortus		7	35	90	0	3	57	59	52
Antemerid.		7		86	21	5	33	59	45
	SVBTR.	6		79	52	7	0	59	35
		5		72	55	6	49	59	37
		4		66	21	4	51	59	38
		3		60	27	0	55	60	0
	NO	2	49	59	31	0	0	60	0
		2		55	40	5	2	59	47
		1		52	32	12	44	58	38
		Meri.		51	25	21	17	56	6
Postmerid.	ADDE.	1		52	32	29	22	52	19
		2		55	40	33	54	48	5
		3		60	27	40	29	44	17
		4		66	21	43	18	41	32
		5		72	55	44	39	40	5
		6		79	52	44	46	39	57
		7		86	21	43	47	41	2
Occa.		7	35	90	0	42	40	42	11

GEMINI.

	Horæ		Distan. à Vert.		Latus longit.		Latus latitud.	
Or	9	7	90	0	6	2	59	42
	9		89	30	6	40	59	38
SVBTR.	8		84	26	11	22	58	55
	7		78	30	14	45	58	10
	6		71	57	16	43	57	38
	5		65	11	17	4	57	31
	4		58	33	15	37	57	58
	3		52	22	12	1	58	47
	2		47	17	5	54	59	43
NO	1	17	44	40	0	0	60	0
	1		43	52	2	43	59	56
	Meri.		42	39	12	51	58	37
ADDE.	1		43	52	22	36	55	35
	2		47	17	30	19	51	46
	3		52	22	35	30	48	22
	4		58	33	38	25	46	6
	5		65	11	39	33	45	7
	6		71	57	39	17	45	21
	7		78	30	37	43	46	40
	8		84	26	34	57	48	46
	9		89	30	30	59	51	23
Oc	9	7	90	0	30	27	51	42

66. Grad. Latitu-

CANCER.

		Horæ ho.	scr	Distan. à Vert. gra.	'	Latus longit. Par.	scr.	Latus latitud. Par.	scr.
Ortus		11	19	90	0	4	18	59	51
		11		89	36	6	19	59	40
Antemerid.	SVBTR.	10		87	28	12	13	58	45
		9		83	26	17	23	57	26
		8		79	36	21	29	56	1
		7		74	19	24	29	54	47
		6		68	29	26	14	53	38
		5		62	25	26	36	53	47
		4		56	26	25	22	54	22
		3		50	57	22	14	55	44
		2		46	26	16	51	57	35
		1		43	24	9	12	59	17
	NO	Meri.		42	20	0	0	60	0
Postmerid.		1		43	24	9	12	59	17
		2		46	26	16	51	57	35
		3		50	57	22	14	55	44
	ADDE.	4		56	26	25	22	54	22
		5		62	25	26	36	53	47
		6		68	29	26	14	53	38
		7		74	19	24	29	54	47
		8		79	36	21	29	56	1
		9		83	26	17	23	57	26
		10		87	28	12	13	58	45
		11		89	36	6	19	59	40
Occa.		11	19	90	0	4	18	59	51

LEO.

	Horæ hor.	scr.	Distan. à Vert. gra.	'	Latus longit. Par.	scr.	Latus latitud. Par.	scr.
Or	9	45	90	0	25	43	54	12
	9		87	15	29	10	52	26
SVBTR.	8		82	44	32	49	49	14
	7		77	22	35	22	48	28
	6		71	29	36	44	47	26
	5		65	25	36	54	47	18
	4		59	28	35	41	48	14
	3		54	3	32	50	50	13
	2		49	37	28	1	53	3
	1		46	42	21	11	56	8
	Meri.		45	39	12	51	58	37
	1		46	42	4	14	59	55
NO	1	32	48	3	0	0	60	0
	2		49	37	3	16	59	55
ADDE.	3		54	3	8	50	59	21
	4		59	28	12	15	58	44
	5		65	25	13	45	58	24
	6		71	29	13	31	58	27
	7		77	22	11	51	58	49
	8		82	44	8	48	59	21
	9		87	15	4	34	59	50
	9	45	90	0	0	42	59	45

CAPRICORNVS.

		Horæ	scr	gra.	'	Par.	scr.	Par.	scr.
Or	SVB	0	41	90	0	4	18	59	51
	NO	Meri.		89	40	0	0	60	0
Oc	AD	0	41	90	0	4	18	59	51

AQVARIVS.

	Horæ	scr	gra.	'	Par.	scr.	Par.	scr.
Or	2	15	90	0	0	42	60	0
NO	2	7	89	38	0	0	60	0
SVB	2		89	16	0	39	60	0
	1		87	5	6	36	59	38
	Meri.		86	21	12	51	58	37
AD	1		87	5	18	57	56	56
	2		89	16	24	30	54	46
Oc	2	15	90	0	25	43	54	12

dinis

dinis Parallaxes.

VIRGO.

		Horæ ho.	Horæ scr.	Distan. à Vert. gra.	'	Latus longit. Par.	scr.	Latus latitud. Par.	scr.
Ortus		7	50	90	0	40	6	44	38
		7		85	24	41	40	43	10
Ante merid.	SVBTR.	6		79	26	42	36	42	16
		5		73	21	42	25	42	26
		4		67	30	41	4	43	45
		3		62	17	38	22	46	8
		2		58	6	34	6	49	22
		1		55	23	28	17	52	55
		Meri.		54	25	21	17	56	6
Post merid.		1		55	23	13	56	58	22
		2		58	6	7	14	59	34
		3		62	17	1	54	59	58
	NO	3	28	64	38	0	0	60	0
	ADD.	4		67	30	1	43	59	59
		5		73	21	3	36	59	53
		6		79	26	3	51	59	53
		7		85	24	2	33	59	59
Occa.		7	50	90	0	0	25	60	0

LIBRA.

	Horæ hor.	Horæ scr.	Distan. à Vert. gra.	'	Latus longit. Par.	scr.	Latus latitud. Par.	scr.
Or	6	0	90	0	44	21	40	24
	5		83	57	43	50	40	58
SVBTRAHE.	4		78	16	42	15	42	37
	3		73	17	39	29	45	11
	2		69	23	35	27	48	24
	1		66	52	30	13	51	50
	Meri.		66	0	24	5	54	57
	1		66	52	15	38	57	21
	2		69	23	11	34	58	52
	3		73	17	6	28	59	39
	4		78	16	2	42	59	56
	5		83	57	0	25	60	0
NO	5	20	85	54	0	0	60	0
Oc	6	0	90	0	0	21	60	0

PISCES.

		Horæ	scr.	gra.	'	Par.	scr.	Par.	scr.
Ortus		4	10	90	0	0	0	60	0
Ante	NO	4	3	89	22	0	0	60	0
		4		89	6	0	9	60	0
	ADDE.	3		84	21	4	10	59	51
		2		80	43	9	16	59	17
		1		78	22	15	8	58	4
		Meri.		77	35	21	17	56	6
Post		1		78	22	27	11	53	29
		2		80	43	32	23	50	30
		3		84	21	36	35	47	33
		4		89	6	39	41	45	0
Occa.		4	10	90	0	40	6	44	38

ARIES.

	Horæ	scr.	gra.	'	Par.	scr.	Par.	scr.
Or	6	0	90	0	0	21	60	0
NO	5	20	85	54	0	0	60	0
	5		83	57	0	25	60	0
	4		78	16	2	42	59	56
ADDE.	3		73	17	6	28	59	39
	2		69	23	11	34	58	52
	1		66	52	15	38	57	21
	Meri.		66	0	24	5	54	57
	1		66	52	30	13	51	50
	2		69	23	35	27	48	24
	3		73	17	39	29	45	11
	4		78	16	42	15	42	37
	5		83	57	43	50	40	58
Oc	6	0	90	0	44	21	40	24

66. Graduum Parallaxes.

SCORPIVS.

		Horæ		Distan. à Vert.		Latus longit.		Latus latitud.	
		ho.	scr	gra.	'	Par.	scr.	Par.	scr.
Ortus		4	10	90	0	40	6	44	38
		4		89	6	39	41	45	0
Ante	SVBTRAHE.	3		84	21	36	35	47	33
		2		80	43	32	23	50	30
		1		78	22	27	11	53	29
		Meri.		77	35	21	17	56	6
Post		1		78	22	15	8	58	4
		2		80	43	9	16	59	17
		3		84	21	4	10	59	51
		4		89	6	0	9	60	0
	NO	4	3	89	22	0	0	60	0
Occa.		4	10	90	0	0	0	60	0

SAGITTARIVS.

		Horæ		Distan. à Vert.		Latus longit.		Latus latitud.	
		hor.	scr.	gra.	'	Par.	scr.	Par.	scr.
Or		2	15	90	0	25	43	54	12
		2		89	16	24	30	54	46
	SVBTR.	1		87	5	18	57	56	56
		Meri.		86	21	12	51	58	37
		1		87	5	6	36	59	38
		2		89	16	0	39	60	0
NO		2	7	89	38	0	0	60	0
Oc		2	15	90	0	0	42	60	0

TAVRVS.

		Horæ		Distan. à Vert.		Latus longit.		Latus latitud.	
Ortus		7	50	90	0	0	25	60	0
		7		85	24	2	33	59	59
Ante merid.	SVB	6		79	26	3	51	59	53
		5		73	21	3	36	59	53
		4		67	30	1	43	59	59
	NO	3	28	64	38	0	0	60	0
		3		62	17	1	54	59	58
		2		58	6	7	14	59	34
		1		55	23	13	56	58	22
		Meri.		54	25	21	17	56	6
Post merid.	ADDE.	1		55	23	28	17	52	55
		2		58	6	34	6	49	22
		3		62	17	38	22	46	8
		4		67	30	41	4	43	45
		5		73	21	42	25	42	26
		6		79	26	42	36	42	16
		7		85	24	41	40	43	10
Occa.		7	50	90	0	40	6	44	38

GEMINI.

		Horæ		Distan. à Vert.		Latus longit.		Latus latitud.	
Or		9	45	90	0	0	42	59	45
		9		87	15	4	34	59	50
	SVBTRA.	8		82	44	8	48	59	21
		7		77	22	11	51	58	49
		6		71	29	13	32	58	27
		5		65	25	13	45	58	24
		4		59	28	12	15	58	44
		3		54	3	8	50	59	21
		2		49	37	3	16	59	55
NO		1	32	48	3	0	0	60	0
		1		46	42	4	14	59	55
		Meri.		45	39	12	51	58	37
	ADDE.	1		46	42	21	11	56	8
		2		49	37	28	1	53	3
		3		54	3	32	50	50	13
		4		59	28	35	41	48	14
		5		65	25	36	54	47	18
		6		71	29	36	44	47	26
		7		77	22	35	22	48	28
		8		82	44	32	49	49	14
		9		87	15	29	10	52	26
Oc		9	45	90	0	25	43	54	1

70. Graduum Latitu-

Cancer
~~Scorpius.~~

	Horæ		Distan. à Vert.		Latus longit.		Latus latitud.	
	ho.	scr	gra.	'	par.	scr.	Par.	scr.
	12	0	86	20	0	0	60	0
	11		85	44	5	20	59	46
Ante merid. Svbtrahe.	10		83	55	10	19	59	6
	9		81	2	14	41	58	11
	8		77	16	18	41	57	10
	7		72	47	20	45	56	18
	6		67	51	22	9	55	46
	5		62	44	22	19	55	42
	4		57	45	21	1	56	12
	3		53	13	18	8	57	12
	2		49	35	13	39	58	28
	1		47	10	7	15	59	34
NO	Meri.		46	20	0	0	60	0
Post merid. Adde.	1		47	10	7	15	59	34
	2		49	35	13	39	58	28
	3		53	13	18	8	57	12
	4		57	45	21	1	56	12
	5		62	44	22	19	55	42
	6		67	51	22	9	55	46
	7		72	47	20	45	56	18
	8		77	16	18	41	57	10
	9		81	2	14	41	58	11
	10		83	55	10	19	59	6
	11		85	44	5	20	59	46
	12	0	86	20	0	0	60	0

Leo
~~Sagittarius.~~

	Horæ		Distan. à Vert.		Latus longit.		Latus latitu.	
	ho.	scr	gra.	'	Par.	scr.	Par.	scr.
	12	0	89	39	12	51	58	37
	11		89	2	17	59	57	14
Svbtrahe.	10		87	12	22	41	55	33
	9		84	16	26	42	53	44
	8		80	26	29	51	52	3
	7		75	54	32	2	50	44
	6		70	56	33	12	49	59
	5		65	49	33	12	49	59
	4		60	52	31	58	50	47
	3		56	24	29	18	52	22
	2		52	49	25	8	54	29
	1		50	29	19	29	56	45
	Meri.		49	39	12	51	58	37
	1		50	29	6	2	59	42
NO	1	59	52	47	0	0	60	0
	2		52	49	0	3	60	0
Adde.	3		56	24	4	43	59	49
	4		60	52	7	48	59	29
	5		65	49	9	15	59	17
	6		70	56	9	15	59	17
	7		75	54	7	54	59	29
	8		80	26	5	21	59	46
	9		84	16	1	47	59	58
NO	9	26	85	38	0	0	60	0
Svbtra	10		87	12	2	37	59	57
	11		89	2	7	36	59	31
	12		89	39	12	51	58	37

In his duobus Dodecatemoriis, ♋ & initio ♌ Sol non occidit, ideoque horâ 12 à meridie rursum in Meridiano imus adparet.

CAPRICORNVS. AQVARIVS.

In his duobus dodecatemoriis, ♑ & initio ♒ Sol non oritur.

dinis Parallaxes.

VIRGO.

	Horæ ho.	scr	Distan. à Vert. gra.	'	Latus longit. Par.	scr.	Latus latitud. Par.	scr.
Ortus	8	17	90	0	36	17	47	47
	8		88	48	36	57	47	16
Ante merid.	7		84	9	38	42	45	51
	6		79	8	39	29	45	10
SVBTRAHE.	5		74	1	39	16	45	22
	4		69	9	37	57	46	28
	3		64	49	35	30	48	22
	2		61	19	31	49	50	52
	1		59	13	26	56	53	37
	Meri.		58	25	21	17	56	6
Post merid.	1		59	13	15	24	57	59
	2		61	19	9	56	59	10
	3		64	49	5	31	59	45
	4		69	9	2	25	59	57
	5		74	1	0	42	60	0
	6		79	8	0	25	60	0
	7		84	9	1	25	59	59
	8		88	48	3	42	59	53
Occa.	8	17	90	0	4	32	59	50

LIBRA.

	Horæ hor.	scr.	Distan. à Vert. gra.	'	Latus longit. Par.	scr.	Latus latitud. Par.	scr.
Or	6	0	90	0	41	26	43	24
SVBTRAHE.	5		84	55	40	57	43	51
	4		80	9	39	30	45	10
	3		76	0	37	1	47	13
	2		72	46	33	32	49	45
	1		70	43	29	8	52	27
	Meri.		70	0	24	5	54	57
	1		70	43	18	50	56	58
	2		72	46	13	51	58	23
	3		76	0	9	38	59	13
	4		80	9	6	27	59	39
	5		84	55	4	30	59	50
Oc	6	0	90	0	3	50	59	53

PISCES.

	Horæ ho.	scr.	Distan. à Vert. gra.	'	Latus longit. Par.	scr.	Latus latitud. Par.	scr.
Ortus	3	43	90	0	4	32	59	50
Ante	3		87	14	7	4	59	35
	2		84	10	11	19	58	55
	1		82	14	16	11	57	47
	Meri.		81	35	21	17	56	6
Post	1		82	14	28	5	53	2
	2		84	10	30	36	51	36
	3		87	14	34	14	49	16
Occa.	3	43	90	0	36	17	47	47

ARIES.

	Horæ ho.	scr.	Distan. à Vert. gra.	'	Latus longit. Par.	scr.	Latus latitud. Par.	scr.
Or	6	0	90	0	3	50	59	53
	5		84	55	4	30	59	50
	4		80	9	6	27	59	39
	3		76	0	9	38	59	13
	2		72	46	13	51	58	23
ADDE.	1		70	43	18	50	56	58
	Meri.		70	0	24	5	54	57
	1		70	43	29	8	52	27
	2		72	46	33	32	49	45
	3		76	0	37	1	47	13
	4		80	9	39	30	45	10
	5		84	55	40	57	43	51
Oc	6	0	90	0	41	26	43	24

70.Grad.

70. Graduum Parallaxes.

SCORPIVS.

	Horæ		*Distan. à Vert.*		*Latus longit.*		*Latus latitud.*	
	ho.	scr	*gra.*	'	*par.*	*scr.*	*Par.*	*scr.*
Ortus	3	43	90	0	36	17	47	47
	3		87	14	34	14	49	16
Ante SVBTRAHE.	2		84	10	30	36	51	36
Ante SVBTRAHE.	1		82	14	28	5	53	2
	Meri		81	35	21	17	56	6
Post SVBTRAHE.	1		82	14	16	11	57	47
Post SVBTRAHE.	2		84	10	11	19	58	55
Post SVBTRAHE.	3		87	14	7	4	59	35
Occa.	3	43	90	0	4	32	59	50

SAGITTARIVS.

	Horæ		*Distan. à Vert.*		*Latus longit.*		*Latus latitu.*	
	ho.	scr	*gra.*	'	*Par.*	*scr.*	*Par.*	*scr.*

In ♊ Sol non occidit, sed loco ortus & occasus iterum Meridianum transit imus ac terræ proximus.

TAVRVS.

	Horæ		Distan. à Vert.		Latus longit.		Latus latitud.	
Ortus	8	17	90	0	4	32	59	50
	8		88	48	3	42	59	53
Ante merid. ADDE.	7		84	9	1	25	59	59
Ante merid. ADDE.	6		79	8	0	25	60	0
Ante merid. ADDE.	5		74	1	0	42	60	0
Ante merid. ADDE.	4		69	9	2	25	59	57
Ante merid. ADDE.	3		64	49	5	31	59	45
Ante merid. ADDE.	2		61	19	9	56	59	10
Ante merid.	1		59	13	15	24	57	59
	Meri.		58	25	21	17	56	6
Post merid. DE.	1		59	13	26	56	53	37
Post merid. DE.	2		61	19	31	49	50	52
Post merid. DE.	3		64	49	35	30	48	22
Post merid. DE.	4		69	9	37	57	46	28
Post merid.	5		74	1	39	16	45	22
Post merid.	6		79	8	39	26	45	10
Post merid.	7		84	9	38	42	45	51
Post merid.	8		88	48	36	57	47	16
Occa.	8	17	90	0	36	17	47	47

GEMINI.

	Horæ		Distan. à Vert.		Latus longit.		Latus latitu.	
ADDE.	12		89	39	12	51	58	37
ADDE.	11		89	2	7	36	59	31
ADDE.	10		87	12	2	37	59	57
NO	9	26	85	38	0	0	60	0
	9		84	16	1	47	59	58
SVBTRAHE.	8		80	26	5	21	59	46
SVBTRAHE.	7		75	54	7	54	59	29
SVBTRAHE.	6		70	56	9	15	59	17
SVBTRAHE.	5		65	49	9	15	59	17
SVBTRAHE.	4		60	52	7	48	59	29
SVBTRAHE.	3		56	24	4	43	59	49
	2		52	49	0	3	60	0
NO	1	59	52	47	0	0	60	0
	1		50	29	6	2	59	42
	Meri.		49	39	12	51	58	37
	1		50	29	19	29	56	45
	2		52	49	25	8	54	29
ADDE.	3		56	24	29	18	52	22
ADDE.	4		60	52	31	58	50	47
ADDE.	5		65	49	33	12	49	59
ADDE.	6		70	56	33	12	49	59
ADDE.	7		75	54	32	2	50	44
ADDE.	8		80	26	29	51	52	3
	9		84	16	26	42	53	44
	10		87	12	22	41	55	33
	11		89	2	17	59	57	14
	12		89	39	12	51	58	37

Canon

Canon Declinationum graduum Signiferi.

Signa gr.	′	♈ ♎ gr.	′	Exc. ′	♉ ♏ gr.	′	Exc ′	♊ ♐ gr.	′	Exc ′	′	Signa gr.
0	0	0	0	0	11	30	10	20	12	19	0	30
	10	0	4	0	11	34	10	20	14	19	50	
	20	0	8	0	11	37	10	20	16	19	40	
	30	0	12	0	11	41	10	20	18	17	30	
	40	0	16	0	11	44	10	20	20	19	20	
	50	0	20	0	11	48	11	20	23	19	10	
1	0	0	24	0	11	51	11	20	25	19	0	29
	10	0	28	0	11	55	11	20	27	19	50	
	20	0	32	0	11	58	11	20	29	19	40	
	30	0	36	1	12	2	11	20	31	19	30	
	40	0	40	1	12	5	11	20	33	19	20	
	50	0	44	1	12	8	11	26	35	19	10	
2	0	0	48	1	12	12	11	20	37	19	0	28
	10	0	52	1	12	15	11	20	39	19	50	
	20	0	56	1	12	19	11	20	41	19	40	
	30	1	0	1	12	22	11	20	43	19	30	
	40	1	4	1	12	26	11	20	45	19	20	
	50	1	8	1	12	29	11	20	47	19	10	
3	0	1	12	1	12	33	11	20	49	19	0	27
	10	1	16	1	12	36	11	20	51	19	50	
	20	1	20	1	12	39	11	20	53	19	40	
	30	1	24	1	12	43	11	20	54	19	30	
	40	1	28	1	12	46	11	20	56	19	20	
	50	1	32	1	12	50	12	20	58	19	10	
4	0	1	36	1	12	53	12	21	0	19	0	26
	10	1	40	1	12	56	12	21	2	19	50	
	20	1	44	2	13	0	12	21	4	19	40	
	30	1	48	2	13	3	12	21	6	20	30	
	40	1	52	2	13	7	12	21	8	20	20	
	50	1	56	2	13	10	12	21	9	20	10	
5	0	2	0	2	13	13	12	21	11	20	0	25
	10	2	3	2	13	17	12	21	13	20	50	
	20	2	7	2	13	20	12	21	15	20	40	
	30	2	11	2	13	23	12	21	17	20	30	
	40	2	15	2	13	27	12	21	18	20	20	
	50	2	19	2	13	30	12	21	20	20	10	
6	0	2	23	2	13	33	12	21	22	20	0	24
	10	2	27	2	13	37	12	21	24	20	50	
	20	2	31	2	13	40	12	21	25	20	40	
	30	2	35	2	13	43	12	21	27	20	30	
	40	2	39	2	13	47	12	21	29	20	20	
	50	2	43	2	13	50	12	21	30	20	10	
7	0	2	47	2	13	53	12	21	32	20	0	23
	10	2	51	3	13	56	13	21	34	20	50	
	20	2	55	3	14	0	13	21	35	20	40	
	30	2	59	3	14	3	13	21	37	20	30	
	40	3	3	3	14	6	13	21	39	20	20	
	50	3	7	3	14	9	13	21	40	20	10	
8	0	3	11	3	14	13	13	21	42	20	0	22
	10	3	15	3	14	16	13	21	43	20	50	
	20	3	19	3	14	19	13	21	45	20	40	
	30	3	23	3	14	22	13	21	47	20	30	
	40	3	27	3	14	26	13	21	48	20	20	
	50	3	31	3	14	29	13	21	50	20	10	
9	0	3	35	3	14	32	13	21	51	20	0	21
	10	3	39	3	14	35	13	21	53	20	50	
	20	3	42	3	14	38	13	21	54	20	40	
	30	3	46	3	14	42	13	21	56	20	30	
	40	3	50	3	14	45	13	21	57	20	20	
	50	3	54	3	14	48	13	21	59	20	10	
10	0	3	58	4	14	51	13	22	0	0	0	20
gr.	′	gr.	′	′	gr.	′	′	gr.	′	′	′	gr.
Signa		♍ ♓		Exc.	♌ ♒		Exc	♋ ♑		Exc		Signa

Canon

Canon Declinationum graduum Signiferi.

Signa		♈ ♎		Exc.	♉ ♏		Exc	♊ ♐		Exc	Signa	
gr.	'	gr.	'	'	gr.	'	'	gr.	'	'	'	gr.
10	0	3	58	4	14	51	13	22	0	20	0	20
	10	4	2	4	14	54	13	22	2	20	50	
	20	4	6	4	14	57	13	22	3	20	40	
	30	4	10	4	15	0	14	22	5	20	30	
	40	4	14	4	15	4	14	22	6	21	20	
	50	4	18	4	15	7	14	22	8	21	10	
11	0	4	22	4	15	10	14	22	9	21	0	19
	10	4	26	4	15	13	14	22	10	21	50	
	20	4	30	4	15	16	14	22	12	21	40	
	30	4	34	4	15	19	14	22	13	21	30	
	40	4	37	4	15	22	14	22	14	21	20	
	50	4	41	4	15	25	14	22	16	21	10	
12	0	4	45	4	15	28	14	22	17	21	0	18
	10	4	49	4	15	32	14	22	18	21	50	
	20	4	53	4	15	35	14	22	20	21	40	
	30	4	57	4	15	38	14	22	21	21	30	
	40	5	1	4	15	41	14	22	22	21	20	
	50	5	5	4	15	44	14	22	24	21	10	
13	0	5	9	5	15	47	14	22	25	21	0	17
	10	5	13	5	15	50	14	22	26	21	50	
	20	5	17	5	15	53	14	22	27	21	40	
	30	5	20	5	15	56	14	22	29	21	30	
	40	5	24	5	15	59	14	22	30	21	20	
	50	5	28	5	16	2	15	22	31	21	10	
14	0	5	32	5	16	5	15	22	32	21	0	16
	10	5	36	5	16	8	15	22	33	21	50	
	20	5	40	5	16	11	15	22	35	21	40	
	30	5	44	5	16	14	15	22	36	21	30	
	40	5	48	5	16	17	15	22	37	21	20	
	50	5	52	5	16	20	15	22	38	21	10	
15	0	5	55	5	16	23	15	22	39	21	0	15
	10	5	59	5	16	26	15	22	40	21	50	
	20	6	3	5	16	28	15	22	41	21	40	
	30	6	7	5	16	31	15	22	43	21	30	
	40	6	11	5	16	34	15	22	44	21	20	
	50	6	15	6	16	37	15	22	45	21	10	
16	0	6	19	6	16	40	15	22	46	21	0	14
	10	6	22	6	16	43	15	22	47	21	50	
	20	6	26	6	16	46	15	22	48	21	40	
	30	6	30	6	16	49	15	22	49	21	30	
	40	6	34	6	16	52	15	22	50	21	20	
	50	6	38	6	16	54	15	22	51	21	10	
17	0	6	42	6	16	57	15	22	52	21	0	13
	10	6	46	6	17	0	15	22	53	21	50	
	20	6	49	6	17	3	15	22	54	21	40	
	30	6	53	6	17	6	16	22	55	21	30	
	40	6	57	6	17	9	16	22	56	21	20	
	50	7	1	6	17	11	16	22	56	21	10	
18	0	7	4	6	17	14	16	22	57	21	0	12
	10	7	8	6	17	17	16	22	58	21	50	
	20	7	12	6	17	20	16	22	59	21	40	
	30	7	16	6	17	23	16	23	0	21	30	
	40	7	20	7	17	25	16	23	1	21	20	
	50	7	24	7	17	28	16	23	2	22	10	
19	0	7	28	7	17	31	16	23	3	22	0	11
	10	7	31	7	17	34	16	23	3	22	50	
	20	7	35	7	17	36	16	23	4	22	40	
	30	7	39	7	17	39	16	23	5	22	30	
	40	7	43	7	17	42	16	23	6	22	20	
	50	7	47	7	17	44	16	23	7	22	10	
20	0	7	50	7	17	47	16	23	7	22	0	10
gr.	'	gr.	'	'	gr.	'	'	gr.	'	'	'	gr.
Signa		♍ ♓		Exc.	♌ ♒		Exc	♋ ♑		Exc	Signa	

Canon

Canon Declinationum graduum Signiferi.

Signa		♈ ♎		Exc.	♉ ♏		Exc	♊ ♐		Exc	Signa	
gr.	'	gr.	'	'	gr.	'	'	gr.	'	'	'	gr.
20	0	7	50	7	17	47	16	23	7	22	0	10
	10	7	54	7	17	50	16	23	8	22	50	
	20	7	58	7	17	52	16	23	9	22	40	
	30	8	2	7	17	55	16	23	10	22	30	
	40	8	5	7	17	58	16	23	10	22	20	
	50	8	9	7	18	0	16	23	11	22	10	
21	0	8	13	7	18	3	16	23	12	22	0	9
	10	8	17	7	18	6	17	23	12	22	50	
	20	8	20	7	18	8	17	23	13	22	40	
	30	8	24	7	18	11	17	23	14	22	30	
	40	8	28	8	18	14	17	23	14	22	20	
	50	8	32	8	18	16	17	23	15	22	10	
22	0	8	35	8	18	19	17	23	15	22	0	8
	10	8	39	8	18	21	17	23	16	22	50	
	20	8	43	8	18	24	17	23	17	22	40	
	30	8	47	8	18	27	17	23	17	22	30	
	40	8	50	8	18	29	17	23	18	22	20	
	50	8	54	8	18	32	17	23	18	22	10	
23	0	8	58	8	18	34	17	23	19	22	0	7
	10	9	2	8	18	37	17	23	19	22	50	
	20	9	5	8	18	39	17	23	20	22	40	
	30	9	9	8	18	42	17	23	20	22	30	
	40	9	13	8	18	44	17	23	21	22	20	
	50	9	16	8	18	47	17	23	21	22	10	
24	0	9	20	8	18	49	17	23	22	22	0	6
	10	9	24	8	18	53	17	23	22	22	50	
	20	9	27	8	18	54	17	23	23	22	40	
	30	9	31	8	18	57	17	23	23	22	30	
	40	9	35	9	18	59	17	23	24	22	20	
	50	9	38	9	19	1	17	23	24	22	10	
25	0	9	42	9	19	4	17	23	24	22	0	5
	10	9	46	9	19	6	17	23	25	22	50	
	20	9	49	9	19	9	18	23	25	22	40	
	30	9	53	9	19	11	18	23	25	22	30	
	40	9	57	9	19	13	18	23	26	22	20	
	50	10	0	9	19	16	18	23	26	22	10	
26	0	10	4	9	19	18	18	23	26	22	0	4
	10	10	8	9	19	21	18	23	27	22	50	
	20	10	11	9	19	23	18	23	27	22	40	
	30	10	15	9	19	25	18	23	27	22	30	
	40	10	19	9	19	28	18	23	27	22	20	
	50	10	22	9	19	30	18	23	28	22	10	
27	0	10	26	9	19	32	18	23	28	22	0	3
	10	10	29	9	19	35	18	23	28	22	50	
	20	10	33	9	19	37	18	23	28	22	40	
	30	10	37	9	19	39	18	23	29	22	30	
	40	10	40	9	19	41	18	23	29	22	20	
	50	10	44	10	19	44	18	23	29	22	10	
28	0	10	47	10	19	46	18	23	29	22	0	2
	10	10	51	10	19	48	18	23	29	22	50	
	20	10	55	10	19	50	18	23	29	22	40	
	30	10	58	10	19	53	18	23	29	22	30	
	40	11	2	10	19	55	18	23	30	22	20	
	50	11	5	10	19	57	18	23	30	22	10	
29	0	11	9	10	19	59	18	23	30	22	0	1
	10	11	12	10	20	1	18	23	30	22	50	
	20	11	16	10	20	4	18	23	30	22	40	
	30	11	19	10	20	6	18	23	30	22	30	
	40	11	23	10	20	8	19	23	30	22	20	
	50	11	26	10	20	10	19	23	30	22	10	
30	0	11	30	10	20	12	19	23	30	22	0	0
gr.	'	gr.	'	'	gr.	'	'	gr.	'	'	'	gr.
Signa		♍ ♓		Exc.	♌ ♒		Exc	♋ ♑		Exc	Signa	

Canon

Canon Ascensionum rectarum.

Sig	♈		Dif. auf.	♉		Dif. auf.	♊		Dif. auf.	♋		Dif. Ad.	♌		Dif. Ad.	♍		Dif. Ad.
gr.	temp.	′	′	temp.	′	′	temp.	′	′	temp.	′	′	temp.	′	′	temp.	′	′
1	0	55	0	28	51	4	58	51	5	91	6	0	123	14	5	153	3	4
2	1	50	0	29	49	4	59	54	5	92	12	0	124	16	5	154	0	4
3	2	45	0	30	46	4	60	57	4	93	17	0	125	18	5	154	57	4
4	3	40	1	31	44	5	62	0	4	94	22	1	126	20	5	155	54	4
5	4	35	1	32	42	5	63	3	4	95	27	1	127	22	5	156	51	4
6	5	30	1	33	40	5	64	6	4	96	33	1	128	24	5	157	48	4
7	6	25	1	34	39	5	65	9	4	97	38	1	129	25	5	158	45	4
8	7	20	1	35	37	5	66	13	4	98	43	1	130	26	5	159	41	4
9	8	15	1	36	36	5	67	17	4	99	48	2	131	27	5	160	37	3
10	9	11	2	37	35	5	68	21	4	100	53	2	132	27	5	161	33	3
11	10	6	2	38	34	5	69	25	3	101	58	2	133	28	5	162	29	3
12	11	1	2	39	33	5	70	29	3	103	3	2	134	29	5	163	25	3
13	11	57	2	40	32	5	71	33	3	104	8	2	135	29	5	164	21	3
14	12	52	2	41	31	5	72	38	3	105	13	2	136	29	5	165	17	3
15	13	48	2	42	31	5	73	43	3	106	17	3	137	29	5	166	12	2
16	14	43	2	43	31	5	74	47	3	107	22	3	138	29	5	167	8	2
17	15	39	3	44	31	5	75	52	2	108	27	3	139	28	5	168	3	2
18	16	35	3	45	31	5	76	57	2	109	31	3	140	27	5	168	59	2
19	17	31	3	46	32	5	78	2	2	110	35	3	141	26	5	169	54	2
20	18	27	3	47	33	5	79	7	2	111	39	3	142	25	5	170	49	2
21	19	23	3	48	33	5	80	12	2	112	43	4	143	24	5	171	45	2
22	20	19	3	49	34	5	81	17	2	113	47	4	144	23	5	172	40	1
23	21	15	4	50	35	5	82	22	1	114	51	4	145	21	5	173	35	1
24	22	12	4	51	36	5	83	27	1	115	54	4	146	20	5	174	30	1
25	23	9	4	52	38	5	84	33	1	116	57	4	147	18	5	175	25	1
26	24	6	4	53	40	5	85	38	1	118	0	4	148	16	5	176	20	1
27	25	3	4	54	42	5	86	43	1	119	3	4	149	14	5	177	15	1
28	26	0	4	55	44	5	87	48	0	120	6	4	150	11	4	178	10	0
29	26	57	4	56	46	5	88	54	0	121	9	5	151	9	4	179	5	0
30	27	54	4	57	48	5	90	0	0	122	12	5	152	6	4	180	0	0

Canon Ascensionum rectarum.

Sig	♎	Dif. auf.	♏	Dif. auf.	♐	Dif. auf.	♑	Dif Ad.	♒	Dif. Ad.	♓	Dif. Ad.
gr.	temp. '	'	temp. '	'	temp. '	'	temp. '	'	temp. '	'	temp. '	'
1	180 55	0	208 51	4	238 51	5	271 6	0	303 14	5	333 3	4
2	181 50	0	209 49	4	239 54	5	272 12	0	304 16	5	334 0	4
3	182 45	0	210 46	4	240 57	4	273 17	0	305 18	5	334 57	4
4	183 40	1	211 44	5	242 0	4	274 22	1	306 20	5	335 54	4
5	184 35	1	212 42	5	243 3	4	275 27	1	307 22	5	336 51	4
6	185 30	1	213 40	5	244 6	4	276 33	1	308 24	5	337 48	4
7	186 25	1	214 39	5	245 9	4	277 38	1	309 25	5	338 45	4
8	187 20	1	215 37	5	246 13	4	278 43	1	310 26	5	339 41	4
9	188 15	1	216 36	5	247 17	4	279 48	2	311 27	5	340 37	3
10	189 11	2	217 35	5	248 21	4	280 53	2	312 27	5	341 33	3
11	190 6	2	218 34	5	249 25	3	281 58	2	313 28	5	342 29	3
12	191 1	2	219 33	5	250 29	3	283 3	2	314 29	5	343 25	3
13	191 57	2	220 32	5	251 33	3	284 8	2	315 29	5	344 21	3
14	192 52	2	221 31	5	252 38	3	285 13	2	316 29	5	345 17	3
15	193 48	2	222 31	5	253 43	3	286 17	3	317 29	5	346 12	2
16	194 43	2	223 31	5	254 47	3	287 22	3	318 29	5	347 8	2
17	195 39	3	224 31	5	255 52	2	288 27	3	319 28	5	348 3	2
18	196 35	3	225 31	5	256 57	2	289 31	3	320 27	5	348 59	2
19	197 31	3	226 32	5	258 2	2	290 35	3	321 26	5	349 54	2
20	198 27	3	227 33	5	259 7	2	291 39	3	322 25	5	350 49	2
21	199 23	3	228 33	5	260 12	2	292 43	4	323 24	5	351 45	2
22	200 19	3	229 34	5	261 17	2	293 47	4	324 23	5	352 40	1
23	201 15	4	230 35	5	262 22	1	294 51	4	325 21	5	353 35	1
24	202 12	4	231 36	5	263 27	1	295 54	4	326 20	5	354 30	1
25	203 9	4	232 38	5	264 33	1	296 57	4	327 18	5	355 25	1
26	204 6	4	233 40	5	265 38	1	298 0	4	328 16	5	356 20	1
27	205 3	4	234 42	5	266 43	1	299 3	4	329 14	5	357 15	1
28	206 0	4	235 44	5	267 48	0	300 6	4	330 11	4	358 10	0
29	206 57	4	236 46	5	268 54	0	301 9	5	331 9	4	359 5	0
30	207 54	4	237 48	5	270 0	0	302 12	5	332 6	4	360 0	0

Canon angulorum Meridianorum.

Sig. grad.	♈ ♎ Angulus gr	'	Dif. auf. '	♉ ♏ Angulus gr	'	Dif auf. '	♊ ♐ Angulus gr	'	Dif. auf. '	Sig. grad.
1	66	30	22	69	33	18	78	6	10	29
2	66	31	22	69	45	18	78	28	10	28
3	66	32	22	69	57	18	78	50	9	27
4	66	33	22	70	10	18	79	13	9	26
5	66	35	22	70	23	17	79	35	9	25
6	66	37	22	70	37	17	79	58	8	24
7	66	40	22	70	51	17	80	21	8	23
8	66	42	22	71	5	17	80	44	8	22
9	66	46	22	71	20	16	81	8	7	21
10	66	49	22	71	35	16	81	32	7	20
11	66	53	22	71	50	16	81	56	7	19
12	66	57	21	72	6	16	82	20	6	18
13	67	2	21	72	22	15	82	45	6	17
14	67	6	21	72	38	15	83	10	6	16
15	67	13	21	72	55	15	83	35	5	15
16	67	19	21	73	12	15	84	0	5	14
17	67	26	21	73	29	14	84	25	5	13
18	67	33	21	73	47	14	84	50	4	12
19	67	40	21	74	5	14	85	15	4	11
20	67	47	20	74	23	13	85	40	4	10
21	67	55	20	74	42	13	86	6	3	9
22	68	3	20	75	1	13	86	32	3	8
23	68	11	20	75	20	13	86	58	3	7
24	68	20	20	75	40	12	87	24	2	6
25	68	30	20	76	0	12	87	50	2	5
26	68	40	19	76	20	12	88	16	2	4
27	68	50	19	76	41	11	88	42	1	3
28	69	0	19	77	2	11	89	8	1	2
29	69	11	19	77	23	11	89	34	0	1
30	69	22	19	77	44	10	90	0	0	0
Sig.	♓ ♍		auf.	♒ ♌		auf.	♑ ♋		auf.	Sig.

Ab initio ♋ ad initium ♑, angulus Meridiani & Eclipticæ exterior, *Ortum* versus est major recto; *occasum* versus est recto minor. Contra à ♑ initio ad initium ♋ idem angulus *ortum* versus est recto minor; & *occasum* versus recto major.

CANONES AEQVALIVM MOTVVM STELLARVM FIXARVM.

Motus

Motus æqualis primæ ſtellæ Arietis.

In diebus, & Sexagenis, dierum & ſcrupulis.

Sexagenæ		1æ	2æ	3æ				
3æ				Sex.	gr.	'	''	'''
2æ			Sex.	gr.	'	''	'''	
1æ		Sex.	gr.	'	''	'''		
Dies	Sex.	gr.	'	''	'''			
1	0	0	0	0	8	25	12	32
2	0	0	0	0	16	50	25	4
3	0	0	0	0	25	15	37	36
4	0	0	0	0	33	40	50	8
5	0	0	0	0	42	6	2	40
6	0	0	0	0	50	31	15	12
7	0	0	0	0	58	56	27	44
8	0	0	0	1	7	21	40	16
9	0	0	0	1	15	46	52	48
10	0	0	0	1	24	12	5	20
11	0	0	0	1	32	37	17	52
12	0	0	0	1	41	2	30	24
13	0	0	0	1	49	27	42	26
14	0	0	0	1	57	52	55	28
15	0	0	0	2	6	18	8	0
16	0	0	0	2	14	43	20	32
17	0	0	0	2	23	8	33	4
18	0	0	0	2	31	33	45	36
19	0	0	0	2	39	58	58	8
20	0	0	0	2	48	24	10	40
21	0	0	0	2	56	49	23	12
22	0	0	0	3	5	14	35	44
23	0	0	0	3	13	39	48	16
24	0	0	0	3	22	5	0	48
25	0	0	0	3	30	30	13	20
26	0	0	0	3	38	55	25	52
27	0	0	0	3	47	20	38	24
28	0	0	0	3	55	45	50	56
29	0	0	0	4	4	11	3	28
30	0	0	0	4	12	36	16	0
ſcr.	gr.	'	''	'''				
2a	'	''	'''					
3a	''	'''						
4a	'''							

Epocha
Nabonnaſſaris
Sex. gr. '. ''.
5. 54. 5. 29.

Sexagenæ		1æ	2æ	3æ				
3æ				Sex.	gr.	'	''	'''
2æ			Sex.	gr.	'	''	'''	
1æ		Sex.	gr.	'	''	'''		
Dies	Sex.	gr.	'	''	'''			
31	0	0	0	4	21	1	28	32
32	0	0	0	4	29	26	41	4
33	0	0	0	4	37	51	53	36
34	0	0	0	4	46	17	6	8
35	0	0	0	4	54	42	18	40
36	0	0	0	5	3	7	31	12
37	0	0	0	5	11	32	43	44
38	0	0	0	5	19	57	56	16
39	0	0	0	5	28	23	8	48
40	0	0	0	5	36	48	21	20
41	0	0	0	5	45	13	33	52
42	0	0	0	5	53	38	46	24
43	0	0	0	6	2	3	58	56
44	0	0	0	6	10	29	11	28
45	0	0	0	6	18	54	24	0
46	0	0	0	6	27	19	36	32
47	0	0	0	6	35	44	49	4
48	0	0	0	6	44	10	1	36
49	0	0	0	6	52	35	14	8
50	0	0	0	7	1	0	26	40
51	0	0	0	7	9	25	39	12
52	0	0	0	7	17	50	51	44
53	0	0	0	7	26	16	4	16
54	0	0	0	7	34	41	16	48
55	0	0	0	7	43	6	29	20
56	0	0	0	7	51	31	41	52
57	0	0	0	7	59	56	54	24
58	0	0	0	8	8	22	6	56
59	0	0	0	8	16	47	19	28
60	0	0	0	8	25	12	32	0
ſcr.	gr.	'	''	'''				
2a	'	''	'''					
3a	''	'''						
4a	'''							

Epocha
CHRISTI
Sex. gr. '. ''.
0. 4. 43. 22.

Catalogus XXV Stellarum fixarum summâ curâ à Nobis observatarum; unà cum earum *Longitudine* & *Latitudine* ad initium annorum CHRISTI.

Denominatio Stellarum.	*Distant. à prim. Arietis.*		*Longitudo in principio ann.* CHRISTI.			*Latitudo initio ann.* CHRISTI.			*Magnitudo.*
	gr.	*'*	*Sig.*	*gr.*	*'*	*gr.*	*'*		
Prima stella Arietis.	0	0	♈	4	25	7	7	B.	4
Occidentalior Plejadum.	25	54	♈	29	49	4	12	B.	5
Borealissima extrà Plej.	26	13	♉	0	38	4	36	B.	6
Quæ juxtà hanc.	26	21	♉	0	46	4	29	B.	6
Australior Plejadum.	26	18	♉	0	39	3	55	B.	5
Media & lucida Plejad.	26	42	♉	1	7	4	6	B.	3
Orientalior Plejadum.	27	19	♉	1	44	4	2	B.	5
Palilicium, oculus Tauri.	36	35	♉	11	0	5	44	A.	1
In ventre Meridion. ♊.	75	18	♊	19	43	0	33	A.	3
Caput ♊ *præcedens.*	77	3	♊	21	28	9	40	B.	2
Caput ♊ *sequens.*	80	8	♊	24	33	6	16	B.	2
Canis minor.	82	41	♊	27	6	16	16	A.	1
Asellus austrinus.	95	30	♋	9	55	0	12	A.	4
Cor Leonis. Basiliscus.	116	40	♌	1	5	0	12	B.	1
Præced. 4 stell. in sin. ala ♍.	151	39	♍	6	4	1	21	B.	3
Sequens sub aust. ♍ *hum.*	156	58	♍	11	23	2	43	B.	3
Spica virginis.	170	38	♍	25	2	2	0	B.	1
Lanx austrina.	192	0	♎	16	25	0	32	B.	2
Lanx borea.	196	6	♎	20	31	8	43	B.	2
Suprema in fronte ♏.	210	1	♏	4	13	1	16½	B.	3
Media in fronte ♏.	209	23	♏	3	48	1	45	A.	3
Australior trium.	209	48	♏	3	13	5	10	A.	3
Cor Scorpij.	216	48	♏	11	13	4	11½	A.	1
Borealior in præc. cornu ♑.	271	29	♑	5	54	7	20	B.	3
Australior.	271	42	♑	6	7	5	0	B.	3

Canon

Canon Prosthaphæresium Stellarum fixarum in *Latitudine*.

Sig.	♈	♎	♉	♏	♊	♐	Sig.
gr.	′	″	′	″	′	″	gr.
1	0	23	11	20	19	14	29
2	0	46	11	39	19	25	28
3	1	9	11	59	19	36	27
4	1	32	12	18	19	46	26
5	1	55	12	37	19	56	25
6	2	18	12	56	20	5	24
7	2	41	13	14	20	14	23
8	3	3	13	32	20	23	22
9	3	26	13	50	20	32	21
10	3	49	14	8	20	40	20
11	4	12	14	26	20	48	19
12	4	34	14	43	20	55	18
13	4	57	15	0	21	2	17
14	5	19	15	16	21	8	16
15	5	42	15	33	21	14	15
16	6	4	15	49	21	20	14
17	6	26	16	5	21	26	13
18	6	48	16	20	21	31	12
19	7	10	16	36	21	36	11
20	7	31	16	51	21	40	10
21	7	53	17	6	21	44	9
22	8	14	17	20	21	47	8
23	8	36	17	34	21	50	7
24	8	57	17	48	21	52	6
25	9	18	18	1	21	54	5
26	9	39	18	14	21	56	4
27	10	0	18	26	21	58	3
28	10	20	18	38	21	59	2
29	10	40	18	51	22	0	1
30	11	0	19	3	22	0	0
gr.	′	″	′	″	′	″	gr.
Sig.	♍	♓	♌	♒	♋	♑	Sig.

CANONES
AEQVALIVM
MOTVVM
SATVRNI.

Æqua-

Æqualis motus SATVRNI.

In diebus, & dierum Sexagenis, & scrupulis.

Sexagenæ		1ª	2ª	3ª				
3ª				Sex.	gr.	'	''	'''
2ª			Sex.	gr.	'	''	'''	
1ª		Sex.	gr.	'	''	'''		
Dies	Sex.	gr.	'	''	'''			
1	0	0	2	0	35	22	46	34
2	0	0	4	1	10	45	33	8
3	0	0	6	1	46	8	19	42
4	0	0	8	2	21	31	6	16
5	0	0	10	2	56	53	52	50
6	0	0	12	3	32	16	39	24
7	0	0	14	4	7	39	25	58
8	0	0	16	4	43	2	12	32
9	0	0	18	5	18	24	59	6
10	0	0	20	5	53	47	45	40
11	0	0	22	6	29	10	32	14
12	0	0	24	7	4	33	18	48
13	0	0	26	7	39	56	5	22
14	0	0	28	8	15	18	51	56
15	0	0	30	8	50	41	38	30
16	0	0	32	9	26	4	25	4
17	0	0	34	10	1	27	11	38
18	0	0	36	10	36	49	58	12
19	0	0	38	11	12	12	44	46
20	0	0	40	11	47	35	31	20
21	0	0	42	12	22	58	17	54
22	0	0	44	12	58	21	4	28
23	0	0	46	13	33	43	51	2
24	0	0	48	14	9	6	37	36
25	0	0	50	14	44	29	24	10
26	0	0	52	15	19	52	10	44
27	0	0	54	15	55	14	57	18
28	0	0	56	16	30	37	43	52
29	0	0	58	17	6	0	30	26
30	0	1	0	17	41	23	17	0

scr.	gr.	'	''	'''
2ª	'	''	'''	
3ª	''	'''		
4ª	'''			

Epocha
Nabonnassaris
Sex. gr. ' ''.
4. 54. 42. 9.

Sexagenæ		1ª	2ª	3ª				
3ª				Sex.	gr.	'	''	'''
2ª			Sex.	gr.	'	''	'''	
1ª		Sex.	gr.	'	''	'''		
Dies	Sex.	gr.	'	''	'''			
31	0	1	2	18	16	46	3	34
32	0	1	4	18	52	8	50	8
33	0	1	6	19	27	31	36	42
34	0	1	8	20	2	54	23	16
35	0	1	10	20	38	17	9	50
36	0	1	12	21	13	39	56	24
37	0	1	14	21	49	2	42	58
38	0	1	16	22	24	25	29	32
39	0	1	18	23	59	48	16	6
40	0	1	20	23	35	11	2	40
41	0	1	22	24	10	33	49	14
42	0	1	24	24	45	56	35	48
43	0	1	26	25	21	19	22	22
44	0	1	28	25	56	42	8	56
45	0	1	30	26	32	4	55	30
46	0	1	32	27	7	27	42	4
47	0	1	34	27	42	50	28	38
48	0	1	36	28	18	13	15	52
49	0	1	38	28	53	36	1	46
50	0	1	40	29	28	58	48	20
51	0	1	42	30	4	21	34	54
52	0	1	44	30	39	44	21	28
53	0	1	46	31	15	7	8	2
54	0	1	48	31	50	29	54	36
55	0	1	50	32	25	52	41	10
56	0	1	52	33	1	15	27	44
57	0	1	54	33	36	38	14	18
58	0	1	56	34	12	1	0	52
59	0	1	58	34	47	23	47	26
60	0	2	0	35	22	46	34	0

scr.	gr.	'	''	'''
2ª	'	''	'''	
3ª	''	'''		
4ª	'''			

Epocha
CHRISTI
Sex. gr. ' ''.
1. 12. 15. 0.

Æqua-

Æqualis motus Apogæi SATVRNI.

In diebus, & dierum Sexagenis, & scrupulis.

Sexagenæ		1æ	2æ	3æ				
3æ				Sex.	gr.	'	''	'''
2æ			Sex.	gr.	'	''	'''	
1æ		Sex.	gr.	'	''	'''		
Dies	Sex.	gr.	'	''	'''			
1	0	0	0	0	12	53	18	50
2	0	0	0	0	25	46	37	40
3	0	0	0	0	38	39	56	30
4	0	0	0	0	51	33	15	20
5	0	0	0	1	4	26	34	10
6	0	0	0	1	17	19	53	0
7	0	0	0	1	30	13	11	50
8	0	0	0	1	43	6	30	40
9	0	0	0	1	55	59	49	30
10	0	0	0	2	8	53	8	20
11	0	0	0	2	21	46	27	10
12	0	0	0	2	34	39	46	0
13	0	0	0	2	47	33	4	50
14	0	0	0	3	0	26	23	40
15	0	0	0	3	13	19	42	30
16	0	0	0	3	26	13	1	20
17	0	0	0	3	39	6	20	10
18	0	0	0	3	51	59	39	0
19	0	0	0	4	4	52	57	50
20	0	0	0	4	17	46	16	40
21	0	0	0	4	30	39	35	30
22	0	0	0	4	43	32	54	20
23	0	0	0	4	56	26	13	10
24	0	0	0	5	9	19	32	0
25	0	0	0	5	22	12	50	50
26	0	0	0	5	35	6	9	40
27	0	0	0	5	47	59	28	30
28	0	0	0	6	0	52	47	20
29	0	0	0	6	13	46	6	10
30	0	0	0	6	26	39	25	0
scr	gr.	'	''	'''	Epocha Nabonnassaris			
2a	'	''	'''		Sex. gr. ' ''			
3a	''	'''			3. 34. 46. 23.			
4a	'''							

Sexagenæ		1æ	2æ	3æ				
3æ				Sex.	gr.	'	''	'''
2æ			Sex.	gr.	'	''	'''	
1æ		Sex.	gr.	'	''	'''		
Dies	Sex.	gr.	'	''	'''			
31	0	0	0	6	39	32	43	50
32	0	0	0	6	52	26	2	40
33	0	0	0	7	5	19	21	30
34	0	0	0	7	18	12	40	20
35	0	0	0	7	31	5	59	10
36	0	0	0	7	43	59	18	0
37	0	0	0	7	56	52	36	50
38	0	0	0	8	9	45	55	40
39	0	0	0	8	22	39	14	30
40	0	0	0	8	35	32	33	20
41	0	0	0	8	48	25	52	10
42	0	0	0	9	1	19	11	0
43	0	0	0	9	14	12	29	50
44	0	0	0	9	27	5	48	40
45	0	0	0	9	39	59	7	30
46	0	0	0	9	52	52	26	20
47	0	0	0	10	5	45	45	10
48	0	0	0	10	18	39	4	0
49	0	0	0	10	31	32	22	50
50	0	0	0	10	44	25	41	40
51	0	0	0	10	57	19	0	30
52	0	0	0	11	10	12	19	20
53	0	0	0	11	23	5	38	10
54	0	0	0	11	35	58	57	0
55	0	0	0	11	48	52	15	50
56	0	0	0	12	1	45	34	40
57	0	0	0	12	14	38	53	30
58	0	0	0	12	27	32	12	20
59	0	0	0	12	40	25	31	10
60	0	0	0	12	53	18	50	0
scr.	gr.	'	''	'''	Epocha CHRISTI			
2a	'	''	'''		Sex. gr. ' ''			
3a	''	'''			3. 51. 3. 0.			
4a	'''							

CANO-

CANONES PROSTHAPHAERESIVM CENTRI ET ORBIS SATVRNI.

Prosthaphæreses Centri Saturni.

Sex.	0				1				2				Sex.
gradus.	Centri. Aufer.		—	scr. propor.	Centri. Aufer.		—	scr. propor.	Centri. Aufer.		—	scr. propor.	gradus.
	gr.	'	—	'	gr.	'	—	'	gr.	'	—	'	
0	0	0	—	0	5	29	—	11	5	48	—	41	60
1	0	6	—	0	5	32	—	12	5	45	—	41	59
2	0	13	—	0	5	36	—	12	5	41	—	42	58
3	0	19	—	0	5	39	—	13	5	38	—	42	57
4	0	26	—	0	5	42	—	13	5	34	—	43	56
5	0	32	—	0	5	45	—	13	5	31	—	44	55
6	0	39	—	0	5	48	—	14	5	27	—	44	54
7	0	45	—	0	5	51	—	14	5	23	—	45	53
8	0	52	—	0	5	54	—	15	5	19	—	45	52
9	0	58	—	0	5	57	—	15	5	15	—	46	51
10	1	4	—	0	6	0	—	15	5	10	—	46	50
11	1	11	—	0	6	2	—	16	5	6	—	47	49
12	1	17	—	0	6	5	—	16	5	2	—	47	48
13	1	23	—	1	6	7	—	17	4	57	—	47	47
14	1	30	—	1	6	9	—	17	4	53	—	48	46
15	1	36	—	1	6	11	—	18	4	48	—	48	45
16	1	42	—	1	6	13	—	18	4	43	—	49	44
17	1	49	—	1	6	15	—	19	4	38	—	49	43
18	1	55	—	1	6	17	—	19	4	33	—	50	42
19	2	1	—	1	6	19	—	19	4	28	—	50	41
20	2	7	—	1	6	20	—	20	4	23	—	51	40
21	2	13	—	1	6	22	—	20	4	17	—	51	39
22	2	19	—	2	6	23	—	21	4	12	—	51	38
23	2	25	—	2	6	24	—	21	4	6	—	52	37
24	2	31	—	2	6	25	—	22	4	1	—	52	36
25	2	37	—	2	6	26	—	22	3	55	—	53	35
26	2	43	—	2	6	27	—	23	3	49	—	53	34
27	2	49	—	2	6	28	—	23	3	44	—	53	33
28	2	55	—	2	6	29	—	24	3	38	—	54	32
29	3	1	—	3	6	29	—	24	3	32	—	54	31
30	3	6	—	3	6	30	—	25	3	26	—	55	30
gr.	Adde.			'	Adde.			'	Adde.			'	gr.
Sex.	5				4				3				Sex.

Prostha-

Prosthaphæreses Centri Saturni.

Sex.	0			1			2			Sex.
gradus.	Centri. Aufer.		scr. propor.	Centri. Aufer.		scr. propor.	Centri. Aufer.		scr. propor.	gradus.
	gr.	'	'	gr.	'	'	gr.	'	'	
30	3	6	3	6	30	25	3	26	55	30
31	3	12	3	6	30	25	3	20	55	29
32	3	18	3	6	30	26	3	13	55	28
33	3	23	3	6	31	26	3	7	56	27
34	3	29	4	6	31	27	3	1	56	26
35	3	34	4	6	30	27	2	54	56	25
36	3	40	4	6	30	28	2	48	56	24
37	3	45	4	6	30	29	2	41	57	23
38	3	50	5	6	29	29	2	35	57	22
39	3	56	5	6	29	30	2	28	57	21
40	4	1	5	6	28	30	2	21	58	20
41	4	6	5	6	27	31	2	14	58	19
42	4	11	6	6	26	31	2	8	58	18
43	4	16	6	6	25	32	2	1	58	17
44	4	21	6	6	24	32	1	54	58	16
45	4	26	6	6	22	33	1	47	58	15
46	4	30	7	6	21	33	1	40	59	14
47	4	35	7	6	19	34	1	33	59	13
48	4	40	7	6	17	34	1	26	59	12
49	4	44	8	6	16	35	1	19	59	11
50	4	49	8	6	14	36	1	12	59	10
51	4	53	8	6	12	36	1	5	59	9
52	4	57	9	6	10	37	0	58	60	8
53	5	2	9	6	7	37	0	51	60	7
54	5	6	9	6	5	38	0	43	60	6
55	5	10	10	6	2	38	0	36	60	5
56	5	14	10	6	0	39	0	29	60	4
57	5	18	10	5	57	39	0	22	60	3
58	5	21	11	5	54	40	0	14	60	2
59	5	25	11	5	51	40	0	7	60	1
60	5	29	11	5	48	41	0	0	60	0
gr.	Adde.		'	Adde.		'	Adde.		'	gr.
Sex.	5			4			3			Sex.

Prosthaphæreses Orbis Saturni.

Sex.	0				1				2				Sex.
gradus.	Orbis. Adde.		Exces. Add.		Orbis. Adde.		Exces. Adde.		Orbis. Adde.		Exces. Adde.		gradus.
	gr.	'	gr.	'	gr.	'	gr.	'	gr.	'	gr.	'	
0	0	0	0	0	4	30	0	31	4	58	0	38	60
1	0	6	0	1	4	33	0	31	4	56	0	37	59
2	0	11	0	1	4	36	0	32	4	53	0	37	58
3	0	16	0	2	4	39	0	32	4	50	0	37	57
4	0	21	0	2	4	42	0	33	4	47	0	36	56
5	0	26	0	3	4	45	0	33	4	44	0	36	55
6	0	31	0	3	4	48	0	34	4	41	0	35	54
7	0	36	0	4	4	51	0	34	4	38	0	35	53
8	0	41	0	4	4	53	0	34	4	35	0	34	52
9	0	47	0	5	4	55	0	35	4	31	0	34	51
10	0	52	0	6	4	57	0	35	4	27	0	33	50
11	0	57	0	6	4	59	0	35	4	23	0	33	49
12	1	2	0	7	5	1	0	35	4	19	0	32	48
13	1	7	0	7	5	3	0	36	4	15	0	32	47
14	1	12	0	8	5	5	0	36	4	11	0	31	46
15	1	17	0	8	5	7	0	36	4	7	0	31	45
16	1	22	0	9	5	9	0	36	4	3	0	31	44
17	1	27	0	9	5	11	0	37	3	59	0	30	43
18	1	33	0	10	5	13	0	37	3	55	0	30	42
19	1	38	0	10	5	15	0	37	3	51	0	29	41
20	1	43	0	11	5	16	0	37	3	47	0	29	40
21	1	48	0	12	5	18	0	37	3	43	0	28	39
22	1	53	0	12	5	20	0	37	3	38	0	28	38
23	1	58	0	13	5	21	0	38	3	33	0	27	37
24	2	3	0	13	5	22	0	38	3	28	0	27	36
25	2	8	0	14	5	23	0	38	3	23	0	26	35
26	2	13	0	14	5	24	0	38	3	18	0	26	34
27	2	17	0	15	5	25	0	38	3	13	0	25	33
28	2	22	0	16	5	26	0	39	3	8	0	25	32
29	2	27	0	16	5	27	0	39	3	3	0	24	31
30	2	31	0	17	5	27	0	39	2	58	0	24	30
gr.	Aufer.		Adde		Aufer.		Adde.		Aufer.		Adde.		gr.
Sex.	5				4				3				Sex.

Prostha-

Prosthaphæreses Orbis Saturni.

Sex.	0				1				2				Sex.
gradus.	Orbis. Adde.		Exces. Adde.		Orbis. Adde.		Exces. Adde.		Orbis. Adde.		Exces. Adde.		gradus.
	gr.	′	gr.	′	gr.	′	gr.	′	gr.	′	gr.	′	
30	2	31	0	17	5	27	0	39	2	58	0	24	30
31	2	36	0	17	5	28	0	39	2	53	0	23	29
32	2	41	0	18	5	28	0	39	2	48	0	23	28
33	2	46	0	18	5	28	0	39	2	43	0	22	27
34	2	51	0	19	5	28	0	40	2	38	0	22	26
35	2	55	0	19	5	28	0	40	2	32	0	21	25
36	2	59	0	20	5	28	0	40	2	26	0	21	24
37	3	3	0	21	5	28	0	40	2	20	0	20	23
38	3	7	0	21	5	28	0	40	2	14	0	20	22
39	3	12	0	22	5	27	0	40	2	8	0	19	21
40	3	16	0	22	5	27	0	40	2	2	0	19	20
41	3	20	0	23	5	26	0	40	1	57	0	18	19
42	3	24	0	23	5	26	0	40	1	51	0	17	18
43	3	28	0	24	5	25	0	40	1	45	0	16	17
44	3	32	0	24	5	24	0	40	1	39	0	15	16
45	3	36	0	25	5	23	0	40	1	33	0	14	15
46	3	40	0	25	5	22	0	40	1	27	0	13	14
47	3	44	0	26	5	21	0	40	1	21	0	12	13
48	3	48	0	26	5	19	0	40	1	15	0	11	12
49	3	52	0	27	5	18	0	40	1	9	0	10	11
50	3	56	0	27	5	17	0	40	1	3	0	9	10
51	4	0	0	27	5	16	0	39	0	56	0	9	9
52	4	4	0	28	5	14	0	39	0	50	0	8	8
53	4	8	0	28	5	12	0	39	0	44	0	7	7
54	4	12	0	28	5	10	0	39	0	38	0	6	6
55	4	15	0	29	5	8	0	39	0	32	0	5	5
56	4	18	0	29	5	6	0	38	0	26	0	4	4
57	4	21	0	30	5	4	0	38	0	19	0	3	3
58	4	24	0	30	5	2	0	38	0	13	0	2	2
59	4	27	0	30	5	0	0	38	0	6	0	1	1
60	4	30	0	31	4	58	0	38	0	0	0	0	0
gr.	Aufer.		Adde.		Aufer.		Adde.		Aufer.		Adde.		gr.
Sex.	5				4				3				Sex.

CANONES AEQVALIVM MOTVVM IOVIS.

Æqualis motus IOVIS.

In diebus, & Sexagenis dierum, & scrupulis.

Sexagenæ		1æ	2æ	3æ				
3æ				Sex.	gr.	'	''	'''
2æ			Sex.	gr.	'	''	'''	
1æ		Sex.	gr.	'	''	'''		
Dies	Sex.	gr.	'	''	'''			
1	0	0	4	59	15	54	46	23
2	0	0	9	58	31	49	32	46
3	0	0	14	57	47	44	19	9
4	0	0	19	57	3	39	5	32
5	0	0	24	56	19	33	51	55
6	0	0	29	55	35	28	38	18
7	0	0	34	54	51	23	24	41
8	0	0	39	54	7	18	11	4
9	0	0	44	53	23	12	57	27
10	0	0	49	52	39	7	43	50
11	0	0	54	51	55	2	30	13
12	0	0	59	51	10	57	16	36
13	0	1	4	50	26	52	2	59
14	0	1	9	49	42	46	49	22
15	0	1	14	48	58	41	35	45
16	0	1	19	48	14	36	22	8
17	0	1	24	47	30	31	8	31
18	0	1	29	46	46	25	54	54
19	0	1	34	46	2	20	41	17
20	0	1	39	45	18	15	27	40
21	0	1	44	44	34	10	14	3
22	0	1	49	43	50	5	0	26
23	0	1	54	43	5	59	46	49
24	0	1	59	42	21	54	33	12
25	0	2	4	41	37	49	19	35
26	0	2	9	40	53	44	5	58
27	0	2	14	40	9	38	52	21
28	0	2	19	39	25	33	38	44
29	0	2	24	38	41	28	25	7
30	0	2	29	37	57	23	11	30
scr.	gr.	'	''	'''	Epocha Nabonnassaris			
2a	'	''	'''		Sex. gr. ' ''			
3a	''	'''			3. 3. 18. 47.			
4a	'''							

Sexagenæ		1æ	2æ	3æ				
3æ				Sex.	gr.	'	''	'''
2æ			Sex.	gr.	'	''	'''	
1æ		Sex.	gr.	'	''	'''		
Dies	Sex.	gr.	'	''	'''			
31	0	2	34	37	13	17	57	53
32	0	2	39	36	29	12	44	16
33	0	2	44	35	45	7	30	39
34	0	2	49	35	1	2	17	2
35	0	2	54	34	16	57	3	25
36	0	2	59	33	32	51	49	48
37	0	3	4	32	48	46	36	11
38	0	3	9	32	4	41	22	34
39	0	3	14	31	26	36	8	57
40	0	3	19	30	36	30	55	20
41	0	3	24	29	52	25	41	43
42	0	3	29	29	8	20	28	6
43	0	3	34	28	24	15	14	29
44	0	3	39	27	40	10	0	52
45	0	3	44	26	56	4	47	15
46	0	3	49	26	11	59	33	38
47	0	3	54	25	27	54	20	1
48	0	3	59	24	43	49	6	24
49	0	4	4	23	59	43	52	47
50	0	4	9	23	15	38	39	10
51	0	4	14	22	31	33	25	33
52	0	4	19	21	47	28	11	56
53	0	4	24	21	3	22	58	19
54	0	4	29	20	19	17	44	42
55	0	4	34	19	35	12	31	5
56	0	4	39	18	51	7	17	28
57	0	4	44	18	7	2	3	51
58	0	4	49	17	22	56	50	14
59	0	4	54	16	38	51	36	37
60	0	4	59	15	54	46	23	0
scr.	gr.	'	''	'''	Epocha CHRISTI			
2a	'	''	'''		Sex. gr. ' ''			
3a	''	'''			2. 59. 48. 2.			
4a	'''							

Æqualis motus Apogæi Iovis.

In diebus, & dierum Sexagenis, & scrupulis.

Sexagenæ		1æ	2æ	3æ				
3æ				Sex.	gr.	'	''	'''
2æ			Sex.	gr.	'	''	'''	
1æ		Sex.	gr.	'	''	'''		
Dies	Sex.	gr.	'	''	'''			
1	0	0	0	0	9	53	41	3
2	0	0	0	0	19	47	22	6
3	0	0	0	0	29	41	3	9
4	0	0	0	0	39	34	44	12
5	0	0	0	0	49	28	25	15
6	0	0	0	0	59	22	6	18
7	0	0	0	1	9	15	47	21
8	0	0	0	1	19	9	28	24
9	0	0	0	1	29	3	9	27
10	0	0	0	1	38	56	50	30
11	0	0	0	1	48	50	31	33
12	0	0	0	1	58	44	12	36
13	0	0	0	2	8	37	53	39
14	0	0	0	2	18	31	34	42
15	0	0	0	2	28	25	15	45
16	0	0	0	2	38	18	56	48
17	0	0	0	2	48	12	37	51
18	0	0	0	2	58	6	18	54
19	0	0	0	3	7	59	59	57
20	0	0	0	3	17	53	41	0
21	0	0	0	3	27	47	22	3
22	0	0	0	3	37	41	3	6
23	0	0	0	3	47	34	44	9
24	0	0	0	3	57	28	25	12
25	0	0	0	4	7	22	6	15
26	0	0	0	4	17	15	47	18
27	0	0	0	4	27	9	28	21
28	0	0	0	4	37	3	9	24
29	0	0	0	4	46	56	50	27
30	0	0	0	4	56	50	31	30
scr.	gr.	'	''	'''				
2a	'	''	'''					
3a	''	'''						
4a	'''							

Epocha Nabonnassaris *Sex. gr. ' ''*. 2. 23.52.56.

Sexagenæ		1æ	2æ	3æ				
3æ				Sex.	gr.	'	''	'''
2æ			Sex.	gr.	'	''	'''	
1æ		Sex.	gr.	'	''	'''		
Dies	Sex.	gr.	'	''	'''			
31	0	0	0	5	6	44	12	33
32	0	0	0	5	16	37	53	36
33	0	0	0	5	26	31	34	39
34	0	0	0	5	36	25	15	42
35	0	0	0	5	46	18	56	45
36	0	0	0	5	56	12	37	48
37	0	0	0	6	6	6	18	51
38	0	0	0	6	15	59	59	54
39	0	0	0	6	25	53	40	57
40	0	0	0	6	35	47	22	0
41	0	0	0	6	45	41	3	3
42	0	0	0	6	55	34	44	6
43	0	0	0	7	5	28	25	9
44	0	0	0	7	15	22	6	12
45	0	0	0	7	25	15	47	15
46	0	0	0	7	35	9	28	18
47	0	0	0	7	45	3	9	21
48	0	0	0	7	54	56	50	24
49	0	0	0	8	4	50	31	27
50	0	0	0	8	14	44	12	30
51	0	0	0	8	24	37	53	33
52	0	0	0	8	34	31	34	36
53	0	0	0	8	44	25	15	39
54	0	0	0	8	54	18	56	42
55	0	0	0	9	4	12	37	45
56	0	0	0	9	14	6	18	48
57	0	0	0	9	23	59	59	51
58	0	0	0	9	33	53	40	54
59	0	0	0	9	43	47	21	57
60	0	0	0	9	53	41	3	0
scr.	gr.	'	''	'''				
2a	'	''	'''					
3a	''	'''						
4a	'''							

Epocha CHRISTI *Sex. gr. ' ''*. 2. 36. 22. 42.

CANO-

CANONES PROSTHAPHAERESIVM CENTRI ET ORBIS IOVIS.

Prosthaphæreses Centri IOVIS.

Sex.	0			1			2			Sex.
gradus.	Centri. Aufer.		scr. propor.	Centri. Aufer.		scr. propor.	Centri. Aufer.		scr. pro por.	gradus.
	gr.	'	'	gr.	'	'	gr.	'	'	
0	0	0	0	4	26	12	4	41	42	60
1	0	5	0	4	29	12	4	39	42	59
2	0	10	0	4	32	13	4	36	43	58
3	0	16	0	4	35	13	4	33	43	57
4	0	21	0	4	38	14	4	30	44	56
5	0	26	0	4	40	14	4	27	44	55
6	0	31	0	4	42	15	4	23	45	54
7	0	37	1	4	44	15	4	20	45	53
8	0	42	1	4	47	15	4	17	46	52
9	0	47	1	4	49	16	4	13	46	51
10	0	52	1	4	51	16	4	9	47	50
11	0	57	1	4	53	17	4	5	47	49
12	1	3	1	4	55	17	4	1	48	48
13	1	8	1	4	57	18	3	58	48	47
14	1	13	1	4	59	18	3	54	49	46
15	1	18	1	5	0	19	3	50	49	45
16	1	23	1	5	2	19	3	46	49	44
17	1	28	1	5	3	19	3	42	50	43
18	1	33	2	5	5	20	3	38	50	42
19	1	38	2	5	6	20	3	33	51	41
20	1	43	2	5	7	21	3	29	51	40
21	1	48	2	5	9	21	3	25	52	39
22	1	53	2	5	10	22	3	21	52	38
23	1	58	2	5	11	22	3	16	52	37
24	2	3	2	5	11	23	3	12	53	36
25	2	8	2	5	12	23	3	7	53	35
26	2	12	2	5	12	24	3	3	53	34
27	2	17	2	5	13	24	2	58	54	33
28	2	22	2	5	13	25	2	53	54	32
29	2	27	2	5	14	25	2	48	55	31
30	2	32	3	5	14	26	2	44	55	30
gr.	Adde.		'	Adde.		'	Adde.	'		gr.
Sex.	5			4			3			Sex.

Prostha-

Prosthaphæreses Centri Iovis.

Sex.	0			1			2			Sex.
gradus.	Centri. Aufer.		scr. propor.	Centri. Aufer.		scr. propor.	Centri. Aufer.		scr. propor.	gradus.
	gr.	′	′	gr.	′	′	gr.	′	′	
30	2	32	3	5	15	26	2	44	55	30
31	2	36	3	5	15	26	2	39	55	29
32	2	40	3	5	15	27	2	34	56	28
33	2	45	4	5	15	27	2	29	56	27
34	2	49	4	5	15	28	2	24	56	26
35	2	54	4	5	15	29	2	19	56	25
36	2	58	4	5	15	29	2	13	57	24
37	3	2	5	5	14	30	2	8	57	23
38	3	7	5	5	14	30	2	3	57	22
39	3	11	5	5	14	31	1	58	57	21
40	3	15	5	5	13	31	1	52	58	20
41	3	19	6	5	12	32	1	47	58	19
42	3	23	6	5	12	32	1	42	58	18
43	3	27	6	5	11	33	1	36	58	17
44	3	31	7	5	10	33	1	31	59	16
45	3	35	7	5	10	34	1	25	59	15
46	3	39	7	5	9	34	1	20	59	14
47	3	43	8	5	8	35	1	14	59	13
48	3	46	8	5	6	35	1	8	59	12
49	3	50	8	5	4	36	1	3	59	11
50	3	54	8	5	2	36	0	57	59	10
51	3	57	9	5	1	37	0	52	60	9
52	4	1	9	4	59	38	0	46	60	8
53	4	4	9	4	57	38	0	40	60	7
54	4	7	10	4	55	39	0	34	60	6
55	4	11	10	4	53	39	0	29	60	5
56	4	14	11	4	51	40	0	23	60	4
57	4	17	11	4	49	40	0	17	60	3
58	4	20	11	4	47	41	0	12	60	2
59	4	23	12	4	44	42	0	6	60	1
60	4	26	12	4	41	42	0	0	60	0
gr.	Adde.		′	Adde.		′	Adde.		′	gr.
Sex.	5			4			3			Sex.

Prostha-

Prosthaphæreses Orbis IOVIS.

Sex.	0				1				2				Sex.
gradus.	Orbis. Adde.		Exces. Add.		Orbis. Adde.		Exces. Adde.		Orbis. Adde.		Exces. Adde.		gradus.
	gr.	'	gr.	'	gr.	'	gr.	'	gr.	'	gr.	'	
0	0	0	0	0	8	1	0	41	9	33	1	0	60
1	0	9	0	1	8	7	0	42	9	29	0	59	59
2	0	18	0	1	8	13	0	42	9	25	0	59	58
3	0	27	0	2	8	19	0	43	9	21	0	59	57
4	0	36	0	3	8	25	0	43	9	16	0	58	56
5	0	45	0	4	8	30	0	44	9	11	0	58	55
6	0	54	0	4	8	35	0	44	9	6	0	58	54
7	1	3	0	5	8	40	0	45	9	0	0	57	53
8	1	12	0	6	8	45	0	45	8	54	0	57	52
9	1	21	0	7	8	50	0	46	8	48	0	56	51
10	1	30	0	7	8	55	0	47	8	42	0	56	50
11	1	39	0	8	9	0	0	47	8	36	0	55	49
12	1	48	0	9	9	4	0	48	8	30	0	55	48
13	1	57	0	10	9	9	0	48	8	23	0	54	47
14	2	6	0	10	9	13	0	49	8	16	0	54	46
15	2	14	0	11	9	17	0	50	8	9	0	53	45
16	2	23	0	12	9	21	0	50	8	1	0	53	44
17	2	32	0	12	9	25	0	51	7	54	0	52	43
18	2	41	0	13	9	29	0	51	7	46	0	52	42
19	2	49	0	14	9	32	0	52	7	38	0	51	41
20	2	58	0	14	9	36	0	53	7	30	0	51	40
21	3	7	0	15	9	39	0	53	7	22	0	50	39
22	3	16	0	15	9	42	0	54	7	13	0	49	38
23	3	25	0	16	9	45	0	54	7	4	0	48	37
24	3	34	0	16	9	48	0	54	6	55	0	47	36
25	3	42	0	17	9	51	0	55	6	46	0	46	35
26	3	51	0	18	9	54	0	55	6	37	0	45	34
27	3	59	0	19	9	57	0	55	6	28	0	44	33
28	4	7	0	20	9	59	0	56	6	18	0	43	32
29	4	15	0	21	10	1	0	56	6	8	0	42	31
30	4	23	0	22	10	3	0	56	5	58	0	41	30
gr.	Aufer.		Adde.		Aufer.		Adde.		Aufer.		Adde.		gr.
Sex.	5				4				3				Sex.

Prostha-

Prosthaphæreses Orbis IOVIS.

Sex.	0				1				2				Sex.
gradus.	Orbis. Adde.		Exces. Adde.		Orbis. Adde.		Exces. Adde.		Orbis. Adde.		Exces. Adde.		gradus.
	gr.	'	gr.	'	gr.	'	gr.	'	gr.	'	gr.	'	
30	4	23	0	22	10	3	0	56	5	58	0	41	30
31	4	31	0	23	10	4	0	57	5	48	0	40	29
32	4	40	0	23	10	6	0	57	5	38	0	39	28
33	4	48	0	24	10	7	0	57	5	28	0	38	27
34	4	56	0	25	10	8	0	58	5	17	0	37	26
35	5	4	0	25	10	9	0	58	5	6	0	35	25
36	5	12	0	26	10	10	0	58	4	55	0	34	24
37	5	20	0	27	10	11	0	59	4	44	0	32	23
38	5	28	0	27	10	12	0	59	4	33	0	31	22
39	5	36	0	28	10	12	0	59	4	21	0	30	21
40	5	43	0	29	10	12	0	59	4	9	0	28	20
41	5	51	0	29	10	12	0	59	3	58	0	27	19
42	5	59	0	30	10	12	0	59	3	46	0	26	18
43	6	7	0	31	10	12	0	59	3	35	0	24	17
44	6	14	0	31	10	11	1	0	3	23	0	23	16
45	6	21	0	32	10	10	1	0	3	11	0	21	15
46	6	29	0	33	10	9	1	0	2	59	0	20	14
47	6	36	0	33	10	8	1	0	2	46	0	19	13
48	6	43	0	34	10	7	1	0	2	34	0	18	12
49	6	50	0	35	10	5	1	0	2	21	0	17	11
50	6	57	0	35	10	3	1	0	2	8	0	15	10
51	7	4	0	36	10	1	1	0	1	56	0	14	9
52	7	11	0	37	10	0	1	0	1	43	0	12	8
53	7	18	0	37	9	56	1	0	1	30	0	11	7
54	7	24	0	38	9	54	1	0	1	17	0	9	6
55	7	30	0	39	9	51	1	0	1	4	0	8	5
56	7	36	0	39	9	48	1	0	0	52	0	6	4
57	7	42	0	40	9	45	1	0	0	39	0	5	3
58	7	49	0	40	9	41	1	0	0	26	0	3	2
59	7	55	0	41	9	37	1	0	0	13	0	1	1
60	8	1	0	41	9	33	1	0	0	0	0	0	0
gr.	Aufer.		Adde.		Aufer.		Adde.		Aufer.		Adde.		gr.
Sex.	5				4				3				Sex.

CANO-

CANONES MEDIORVM MOTVVM MARTIS.

Æqualis motus MARTIS.

In diebus, & Sexagenis, dierum & scrupulis.

Sexagenæ		1æ	2æ	3æ				
3æ				Sex.	gr.	'	''	'''
2æ			Sex.	gr.	'	''	'''	
1æ		Sex.	gr.	'	''	'''		
Dies	Sex.	gr.	'	''	'''			
1	0	0	31	26	39	28	13	20
2	0	1	2	53	18	56	26	40
3	0	1	34	19	58	24	40	0
4	0	2	5	46	37	52	53	20
5	0	2	37	13	17	21	6	40
6	0	3	8	39	56	49	20	0
7	0	3	40	6	36	17	33	20
8	0	4	11	33	15	45	46	40
9	0	4	42	59	55	14	0	0
10	0	5	14	26	34	42	13	20
11	0	5	45	53	14	10	26	40
12	0	6	17	19	53	38	40	0
13	0	6	48	46	33	6	53	20
14	0	7	20	13	12	35	6	40
15	0	7	51	39	52	3	20	0
16	0	8	23	6	31	31	33	20
17	0	8	54	33	10	59	46	40
18	0	9	25	59	50	28	0	0
19	0	9	57	26	29	56	13	20
20	0	10	28	53	9	24	26	40
21	0	11	0	19	48	52	40	0
22	0	11	31	46	28	20	53	20
23	0	12	3	13	7	49	6	40
24	0	12	34	39	47	17	20	0
25	0	13	6	6	26	45	33	20
26	0	13	37	33	6	13	46	40
27	0	14	8	59	45	42	0	0
28	0	14	40	26	25	10	13	20
29	0	15	11	53	4	38	26	40
30	0	15	43	19	44	6	40	0

scr.	gr.	'	''	'''
2a	'	''	'''	
3a	''	'''		
4a	'''			

Epocha Nabonnassaris
Sex. gr. ' ''
Gouë 5. 59. 52. 38.
Paris . . . 5 59 52 56

Sexagenæ		1æ	2æ	3æ				
3æ				Sex.	gr.	'	''	'''
2æ			Sex.	gr.	'	''	'''	
1æ		Sex.	gr.	'	''	'''		
Dies	Sex.	gr.	'	''	'''			
31	0	16	14	46	23	34	53	20
32	0	16	46	13	3	3	6	40
33	0	17	17	39	42	31	20	0
34	0	17	49	6	21	59	33	20
35	0	18	20	33	1	27	46	40
36	0	18	51	59	40	56	0	0
37	0	19	23	26	20	24	13	20
38	0	19	54	52	59	52	26	40
39	0	20	26	19	39	20	40	0
40	0	20	57	46	18	48	53	20
41	0	21	29	12	58	17	6	40
42	0	22	0	39	37	45	20	0
43	0	22	32	6	17	13	33	20
44	0	23	3	32	56	41	46	40
45	0	23	34	59	36	10	0	0
46	0	24	6	26	15	38	13	20
47	0	24	37	52	55	6	26	40
48	0	25	9	19	34	34	40	0
49	0	25	40	46	14	2	53	20
50	0	26	12	12	53	31	6	40
51	0	26	43	39	32	59	20	0
52	0	27	15	6	12	27	33	20
53	0	27	46	32	51	55	46	40
54	0	28	17	54	31	24	0	0
55	0	28	49	26	10	52	13	20
56	0	29	20	52	50	20	26	40
57	0	29	52	19	29	48	40	0
58	0	30	23	46	9	16	53	20
59	0	30	55	12	48	45	6	40
60	0	31	26	39	28	13	20	0

+ 59 dubito

scr.	gr.	'	''	'''
2a	'	''	'''	
3a	''	'''		
4a	'''			

Epocha CHRISTI
Sex. gr. ' ''
Gouë 0. 39. 16. 27.
Paris 0 39 16 39

Æqualis motus Apogæi MARTIS.

In diebus, & dierum Sexagenis, & ſcrupulis.

Sexagenæ		1ª	2ª	3ª				
3ª	—	—		Sex.	gr.	′	″	‴
2ª	—	—	Sex.	gr	′	″	‴	—
1ª	—	Sex.	gr.	′	″	‴	—	—
Dies	Sex.	gr.	′	″	‴	—	—	—
1	0	0	0	0	13	9	51	4
2	0	0	0	0	26	19	42	8
3	0	0	0	0	39	29	33	12
4	0	0	0	0	52	39	24	16
5	0	0	0	1	5	49	15	20
6	0	0	0	1	18	59	6	24
7	0	0	0	1	32	8	57	28
8	0	0	0	1	45	18	48	32
9	0	0	0	1	58	28	39	36
10	0	0	0	2	11	38	30	40
11	0	0	0	2	24	48	21	44
12	0	0	0	2	37	58	12	48
13	0	0	0	2	51	8	3	52
14	0	0	0	3	4	17	54	56
15	0	0	0	3	17	27	46	0
16	0	0	0	3	30	37	37	4
17	0	0	0	3	43	47	28	8
18	0	0	0	3	56	57	19	12
19	0	0	0	4	10	7	10	16
20	0	0	0	4	23	17	1	20
21	0	0	0	4	36	26	52	24
22	0	0	0	4	49	36	43	28
23	0	0	0	5	2	46	34	32
24	0	0	0	5	15	56	25	36
25	0	0	0	5	29	6	16	40
26	0	0	0	5	42	16	7	44
27	0	0	0	5	55	25	58	48
28	0	0	0	6	8	35	49	52
29	0	0	0	6	21	45	40	56
30	0	0	0	6	34	55	32	0
ſcr	gr	′	″	‴				
2ª	′	″	‴					
3ª	″	‴						
4ª	‴							

Epocha Nabonnaſſaris
Sex. gr. ′. ″.
1. 33. 17. 39.

Sexagenæ		1ª	2ª	3ª				
3ª	—	—		Sex.	gr	′	″	‴
2ª	—	—	Sex.	gr.	′	″	‴	—
1ª	—	Sex.	gr	′	″	‴	—	—
Dies	Sex.	gr.	′	″	‴	—	—	—
31	0	0	0	6	48	5	23	4
32	0	0	0	7	1	15	14	8
33	0	0	0	7	14	25	5	12
34	0	0	0	7	27	34	56	16
35	0	0	0	7	40	44	47	20
36	0	0	0	7	53	54	38	24
37	0	0	0	8	7	4	29	28
38	0	0	0	8	20	14	20	32
39	0	0	0	8	33	24	11	36
40	0	0	0	8	46	34	2	40
41	0	0	0	8	59	43	53	44
42	0	0	0	9	12	53	44	48
43	0	0	0	9	26	3	35	52
44	0	0	0	9	39	13	26	56
45	0	0	0	9	52	23	18	0
46	0	0	0	10	5	33	9	4
47	0	0	0	10	18	43	0	8
48	0	0	0	10	31	52	51	12
49	0	0	0	10	45	2	42	16
50	0	0	0	10	58	12	33	20
51	0	0	0	11	11	22	24	24
52	0	0	0	11	24	32	15	28
53	0	0	0	11	37	42	6	32
54	0	0	0	11	50	51	57	36
55	0	0	0	12	4	1	48	40
56	0	0	0	12	17	11	39	44
57	0	0	0	12	30	21	30	48
58	0	0	0	12	43	31	21	52
59	0	0	0	12	56	41	12	56
60	0	0	0	13	9	51	4	0
ſcr.	gr.	′	″	‴				
2ª	′	″	‴					
3ª	″	‴						
4ª	‴							

Epocha CHRISTI
Sex. gr. ′. ″.
1. 49. 55. 9.

CANO-

CANONES
AEQVATIONVM
CENTRI ET ORBIS
MARTIS.

Prosthaphæreses Centri Martis.

Sex. 0				Sex. 1			Sex. 2			Sex.
gradus.	Centri. Aufer.		scr. propor.	Centri. Aufer.		scr. propor.	Centri. Aufer.		scr. propor.	gradus.
	gr.	'	'	gr.	'	'	gr.	'	'	
0	0	0	0	9	7	9	10	0	37	60
1	0	11	0	9	13	9	9	55	37	59
2	0	21	0	9	19	9	9	50	38	58
3	0	32	0	9	25	10	9	44	38	57
4	0	43	0	9	31	10	9	39	39	56
5	0	53	0	9	36	10	9	33	39	55
6	1	4	0	9	41	11	9	27	40	54
7	1	15	0	9	46	11	9	21	41	53
8	1	25	0	9	51	11	9	14	41	52
9	1	35	0	9	56	12	9	7	42	51
10	1	46	0	10	1	12	9	0	42	50
11	1	56	0	10	5	12	8	53	43	49
12	2	7	0	10	10	13	8	46	44	48
13	2	18	0	10	14	13	8	38	44	47
14	2	28	0	10	18	13	8	30	45	46
15	2	38	0	10	22	14	8	22	45	45
16	2	48	1	10	26	14	8	14	46	44
17	2	59	1	10	29	15	8	6	46	43
18	3	9	1	10	33	15	7	57	47	42
19	3	19	1	10	36	16	7	49	47	41
20	3	29	1	10	39	16	7	40	48	40
21	3	40	1	10	42	16	7	31	48	39
22	3	50	1	10	44	17	7	21	49	38
23	4	0	1	10	47	17	7	12	49	37
24	4	10	1	10	49	18	7	2	50	36
25	4	19	1	10	51	18	6	53	50	35
26	4	29	2	10	53	19	6	43	51	34
27	4	38	2	10	55	19	6	33	51	33
28	4	48	2	10	57	19	6	23	52	32
29	4	58	2	10	58	20	6	13	52	31
30	5	7	2	10	59	20	6	3	53	30
gr.	Adde.		'	Adde.		'	Adde.		'	gr.
Sex. 5				Sex. 4			Sex. 3			Sex.

Prostha-

Prosthaphæreses Centri Martis.

Sex.	0			1			2			Sex.
gradus.	*Centri. Aufer.*		*scr. propor.*	*Centri. Aufer.*		*scr. propor.*	*Centri. Aufer.*		*scr. propor.*	gradus.
	gr.	*′*	*′*	*gr.*	*′*	*′*	*gr.*	*′*	*′*	
30	5	7	2	10	59	20	6	3	53	30
31	5	17	2	11	0	21	5	52	53	29
32	5	26	2	11	1	21	5	41	54	28
33	5	36	2	11	1	22	5	30	54	27
34	5	45	3	11	2	22	5	19	54	26
35	5	54	3	11	2	23	5	8	55	25
36	6	3	3	11	2	23	4	56	55	24
37	6	12	3	11	2	24	4	45	56	23
38	6	21	3	11	1	24	4	33	56	22
39	6	30	4	11	1	25	4	22	56	21
40	6	38	4	11	0	25	4	10	57	20
41	6	47	4	10	59	26	3	59	57	19
42	6	55	4	10	58	26	3	48	57	18
43	7	3	4	10	56	27	3	36	58	17
44	7	11	5	10	55	28	3	23	58	16
45	7	19	5	10	53	28	3	11	58	15
46	7	27	5	10	51	29	2	59	58	14
47	7	35	5	10	49	29	2	46	59	13
48	7	43	5	10	46	30	2	34	59	12
49	7	51	6	10	43	30	2	21	59	11
50	7	58	6	10	40	31	2	9	59	10
51	8	6	6	10	37	31	1	56	59	9
52	8	13	6	10	34	32	1	43	59	8
53	8	20	7	10	31	33	1	30	60	7
54	8	28	7	10	27	33	1	18	60	6
55	8	35	7	10	23	34	1	5	60	5
56	8	41	7	10	19	34	0	52	60	4
57	8	48	8	10	15	35	0	39	60	3
58	8	55	8	10	10	35	0	26	60	2
59	9	1	8	10	5	36	0	13	60	1
60	9	7	9	10	0	37	0	0	60	0
gr.	*Adde.*		*′*	*Adde.*		*′*	*Adde.*		*′*	gr.
Sex.	5			4			3			Sex.

Prosthaphæreses Orbis Martis.

Sex. 0					1				2				Sex.
gradus.	Orbis. Adde.		Exces. Adde.		Orbis. Adde.		Exces. Adde.		Orbis. Adde.		Exces. Adde.		gradus.
	gr.	′	gr.	′	gr.	′	gr.	′	gr.	′	gr.	′	
0	0	0	0	0	21	48	3	2	36	37	8	14	60
1	0	23	0	3	22	8	3	6	36	42	8	22	59
2	0	45	0	6	22	28	3	9	36	45	8	30	58
3	1	8	0	8	22	48	3	13	36	49	8	38	57
4	1	30	0	11	23	8	3	17	36	51	8	46	56
5	1	53	0	14	23	28	3	21	36	53	8	54	55
6	2	15	0	16	23	48	3	25	36	54	9	3	54
7	2	38	0	19	24	7	3	29	36	54	9	12	53
8	3	0	0	22	24	27	3	32	36	54	9	21	52
9	3	22	0	24	24	46	3	36	36	53	9	30	51
10	3	45	0	28	25	5	3	41	36	50	9	39	50
11	4	7	0	30	25	24	3	45	36	47	9	48	49
12	4	30	0	33	25	43	3	49	36	43	9	57	48
13	4	52	0	36	26	2	3	53	36	38	10	6	47
14	5	15	0	39	26	21	3	57	36	32	10	15	46
15	5	37	0	41	26	39	4	1	36	26	10	24	45
16	5	59	0	44	26	58	4	5	36	17	10	33	44
17	6	22	0	47	27	16	4	9	36	8	10	42	43
18	6	44	0	50	27	34	4	13	35	58	10	51	42
19	7	6	0	53	27	52	4	17	35	46	11	0	41
20	7	29	0	56	28	10	4	21	35	33	11	9	40
21	7	51	0	59	28	28	4	26	35	19	11	19	39
22	8	13	1	2	28	45	4	30	35	4	11	29	38
23	8	36	1	5	29	3	4	35	34	47	11	39	37
24	8	58	1	8	29	20	4	39	34	28	11	49	36
25	9	20	1	11	29	37	4	44	34	8	11	58	35
26	9	42	1	14	29	54	4	48	33	46	12	7	34
27	10	4	1	17	30	10	4	53	33	23	12	16	33
28	10	26	1	20	30	27	4	57	32	58	12	25	32
29	10	48	1	23	30	43	5	2	32	31	12	33	31
30	11	10	1	26	30	59	5	7	32	2	12	41	30
gr.	Aufer.		Adde.		Aufer.		Adde.		Aufer.		Adde.		gr.
Sex. 5					4				3				Sex.

Prostha-

Prosthaphæreses Orbis Martis.

Sex. 0					1				2				Sex.
gradus.	*Orbis.*		*Exces.*		*Orbis.*		*Exces.*		*Orbis.*		*Exces.*		gradus.
	Adde.		*Adde.*		*Adde.*		*Adde.*		*Adde.*		*Adde.*		
	gr.	′	*gr.*	′	*gr.*	′	*gr.*	′	*gr.*	′	*gr.*	′	
30	11	10	1	26	30	59	5	7	32	2	12	41	30
31	11	32	1	28	31	15	5	12	31	31	12	49	29
32	11	54	1	31	31	30	5	17	30	58	12	56	28
33	12	16	1	34	31	46	5	22	30	23	13	2	27
34	12	38	1	37	32	1	5	27	29	46	13	7	26
35	13	0	1	40	32	16	5	33	29	7	13	11	25
36	13	22	1	43	32	30	5	38	28	25	13	14	24
37	13	44	1	46	32	45	5	44	27	41	13	16	23
38	14	5	1	49	32	59	5	49	26	55	13	16	22
39	14	27	1	52	33	12	5	54	26	6	13	14	21
40	14	49	1	55	33	26	6	0	25	14	13	11	20
41	15	10	1	58	33	39	6	5	24	20	13	5	19
42	15	32	2	1	33	52	6	11	23	24	12	57	18
43	15	53	2	4	34	5	6	17	22	25	12	47	17
44	16	14	2	7	34	17	6	23	21	23	12	34	16
45	16	36	2	10	34	29	6	29	20	18	12	17	15
46	16	57	2	14	34	40	6	36	19	12	11	56	14
47	17	18	2	18	34	52	6	42	18	2	11	31	13
48	17	39	2	21	35	2	6	48	16	50	11	2	12
49	18	1	2	25	35	13	6	54	15	36	10	29	11
50	18	22	2	28	35	23	7	1	14	19	9	54	10
51	18	43	2	32	35	32	7	8	13	0	9	12	9
52	19	4	2	35	35	41	7	15	11	39	8	26	8
53	19	24	2	39	35	50	7	22	10	16	7	35	7
54	19	45	2	42	35	58	7	29	8	51	6	41	6
55	20	6	2	45	36	6	7	36	7	25	5	41	5
56	20	26	2	48	36	13	7	43	5	58	4	37	4
57	20	47	2	52	36	20	7	50	4	29	3	31	3
58	21	7	2	55	36	26	7	58	3	0	2	22	2
59	21	28	2	59	36	32	8	6	1	30	1	11	1
60	21	48	3	2	36	37	8	14	0	0	0	0	0
gr.	*Aufer.*		*Adde*		*Aufer.*		*Adde.*		*Aufer.*		*Adde.*		gr.
Sex. 5					4				3				Sex.

Prosthaphæreses Longitudinis Centricæ Martis in Acronychiis.

Sig.	♑ Adde.		♒ Adde.		♓ Adde.		♈ Adde.		♉ Adde.		♊ Adde.	
grad.	gr.	'	gr.	'	gr.	'	gr.	'	gr.	'	gr.	'
0	0	0	0	27	0	53	1	7	1	1	0	38
1	0	0	0	28	0	54	1	7	1	0	0	36
2	0	0	0	29	0	54	1	7	1	0	0	35
3	0	0	0	30	0	55	1	7	0	59	0	34
4	0	0	0	31	0	55	1	7	0	59	0	33
5	0	0	0	33	0	56	1	7	0	58	0	32
6	0	0	0	34	0	56	1	7	0	57	0	31
7	0	1	0	35	0	57	1	7	0	56	0	30
8	0	2	0	36	0	57	1	7	0	56	0	29
9	0	3	0	37	0	58	1	7	0	55	0	28
10	0	4	0	38	0	58	1	6	0	55	0	27
11	0	5	0	39	0	59	1	6	0	54	0	26
12	0	6	0	40	0	59	1	6	0	53	0	25
13	0	7	0	41	1	0	1	6	0	53	0	24
14	0	8	0	42	1	0	1	6	0	52	0	23
15	0	9	0	42	1	1	1	6	0	52	0	22
16	0	11	0	43	1	1	1	6	0	51	0	21
17	0	12	0	43	1	2	1	6	0	51	0	20
18	0	13	0	44	1	2	1	6	0	50	0	19
19	0	14	0	44	1	3	1	5	0	50	0	18
20	0	15	0	45	1	3	1	5	0	49	0	17
21	0	16	0	46	1	4	1	5	0	48	0	16
22	0	17	0	47	1	4	1	4	0	47	0	15
23	0	18	0	47	1	5	1	4	0	45	0	14
24	0	19	0	48	1	5	1	4	0	44	0	12
25	0	20	0	49	1	6	1	3	0	43	0	10
26	0	22	0	50	1	6	1	3	0	42	0	8
27	0	23	0	51	1	7	1	3	0	41	0	6
28	0	24	0	52	1	7	1	2	0	40	0	4
29	0	25	0	53	1	7	1	2	0	39	0	2
30	0	27	0	53	1	7	1	1	0	38	0	0

Scrupula proportionalia competentia Anomaliæ Orbis.

Anom. Orbis.		scr. prop.	Anom. Orbis.		Anom. Orbis.		scr. prop.	Anom. Orbis.	
Sex.	gr.	'	Sex.	gr.	Sex.	gr.	'	Sex.	gr.
2	15	0	3	45	2	45	52	3	15
2	16	2	3	44	2	46	53	3	14
2	17	4	3	43	2	47	54	3	13
2	18	6	3	42	2	48	55	3	12
2	19	8	3	41	2	49	55	3	11
2	20	10	3	40	2	50	56	3	10
2	21	12	3	39	2	51	57	3	9
2	22	14	3	38	2	52	58	3	8
2	23	16	3	37	2	53	58	3	7
2	24	18	3	36	2	54	59	3	6
2	25	20	3	35	2	55	59	3	5
2	26	22	3	34	2	56	59	3	4
2	27	24	3	33	2	57	59	3	3
2	28	26	3	32	2	58	60	3	2
2	29	28	3	31	2	59	60	3	1
2	30	30	3	30	3	0	60	3	0
2	31	32	3	29					
2	32	33	3	28					
2	33	35	3	27					
2	34	37	3	26					
2	35	39	3	25					
2	36	40	3	24					
2	37	41	3	23					
2	38	43	3	22					
2	39	44	3	21					
2	40	45	3	20					
2	41	46	3	19					
2	42	48	3	18					
2	43	50	3	17					
2	44	51	3	16					

Loca apparentia Martis; quando motu eccentrico in Leone versatur, à sexto gradu, in Virginis initium, sunt anteriora scrupulis primis 9′: in principio Scorpij, scrupulis 12′; & in principio Sagittarij scrupulis 8′.

CANO-

CANONES MOTVVM NODORVM ET LATITVDINVM

Trium SVPERIORVM.

Æqua-

Æqualis motus NODI borei Saturni.

In diebus, & Sexagenis dierum, & scrupulis.

Sexagenæ								
3a				Sex.	gr.	'	''	'''
2a			Sex.	gr.	'	''	'''	
1a		Sex.	gr.	'	''	'''		
Dies	Sex.	gr.	'	''	'''			
1	0	0	0	0	11	0	24	20
2	0	0	0	0	22	0	48	40
3	0	0	0	0	33	1	13	0
4	0	0	0	0	44	1	37	20
5	0	0	0	0	55	2	1	40
6	0	0	0	1	6	2	26	0
7	0	0	0	1	17	2	50	20
8	0	0	0	1	28	3	14	40
9	0	0	0	1	39	3	39	0
10	0	0	0	1	50	4	3	20
11	0	0	0	2	1	4	27	40
12	0	0	0	2	12	4	52	0
13	0	0	0	2	23	5	16	20
14	0	0	0	2	34	5	40	40
15	0	0	0	2	45	6	5	0
16	0	0	0	2	56	6	29	20
17	0	0	0	3	7	6	53	40
18	0	0	0	3	18	7	18	0
19	0	0	0	3	29	7	42	20
20	0	0	0	3	40	8	6	40
21	0	0	0	3	51	8	31	0
22	0	0	0	4	2	8	55	20
23	0	0	0	4	13	9	19	40
24	0	0	0	4	24	9	44	0
25	0	0	0	4	35	10	8	20
26	0	0	0	4	46	10	32	40
27	0	0	0	4	57	10	57	0
28	0	0	0	5	8	11	21	20
29	0	0	0	5	19	11	45	40
30	0	0	0	5	30	12	10	0

scr.	gr.	'	''	'''
2a	'	''	'''	
3a	''	'''		
4a	'''			

Epocha Nabonnassaris
Sex. gr. ' . ''.
1. 11. 21. 30.

Sexagenæ								
3a				Sex.	gr.	'	''	'''
2a			Sex.	gr.	'	''	'''	
1a		Sex.	gr.	'	''	'''	''''	
Dies	Sex.	gr.	'	''	'''			
31	0	0	0	5	41	12	34	20
32	0	0	0	5	52	12	58	40
33	0	0	0	6	3	13	23	0
34	0	0	0	6	14	13	47	20
35	0	0	0	6	25	14	11	40
36	0	0	0	6	36	14	36	0
37	0	0	0	6	47	15	0	20
38	0	0	0	6	58	15	24	40
39	0	0	0	7	9	15	49	0
40	0	0	0	7	20	16	13	20
41	0	0	0	7	31	16	37	40
42	0	0	0	7	42	17	2	0
43	0	0	0	7	53	17	26	20
44	0	0	0	8	4	17	50	40
45	0	0	0	8	15	18	15	0
46	0	0	0	8	26	18	39	20
47	0	0	0	8	37	19	3	40
48	0	0	0	8	48	19	28	0
49	0	0	0	8	59	19	52	20
50	0	0	0	9	10	20	16	40
51	0	0	0	9	21	20	41	0
52	0	0	0	9	32	21	5	20
53	0	0	0	9	43	21	29	40
54	0	0	0	9	54	21	54	0
55	0	0	0	10	5	22	18	20
56	0	0	0	10	16	22	42	40
57	0	0	0	10	27	23	7	0
58	0	0	0	10	38	23	31	20
59	0	0	0	10	49	23	55	40
60	0	0	0	11	0	24	20	0

scr.	gr.	'	''	'''
2a	'	''	'''	
3a	''	'''		
4a	'''			

Epocha CHRISTI
Sex. gr. ' . ''.
1. 25. 15. 32.

Nodus Boreus IOVIS *perpetuò distat ab Æquinoctio medio Sexagen.* 1 *grad.* 35. 30'. 0''.

Æqua-

Æqualis motus NODI borei MARTIS.

In diebus, & Sexagenis, dierum & scrupulis.

Sexagenæ		1ᵃ	2ᵃ	3ᵃ				
3ᵃ				Sex.	gr.	'	''	'''
2ᵃ			Sex.	gr.	'	''	'''	
1ᵃ		Sex.	gr.	'	''	'''		
Dies	Sex.	gr.	'	''	'''			
1	0	0	0	0	6	34	31	14
2	0	0	0	0	13	9	2	28
3	0	0	0	0	19	43	33	42
4	0	0	0	0	26	18	4	56
5	0	0	0	0	32	52	36	10
6	0	0	0	0	39	27	7	24
7	0	0	0	0	46	1	38	38
8	0	0	0	0	52	36	9	52
9	0	0	0	0	59	10	41	6
10	0	0	0	1	5	45	12	20
11	0	0	0	1	12	19	43	34
12	0	0	0	1	18	54	14	48
13	0	0	0	1	25	28	46	2
14	0	0	0	1	32	3	17	16
15	0	0	0	1	38	37	48	30
16	0	0	0	1	45	12	19	44
17	0	0	0	1	51	46	50	58
18	0	0	0	1	58	21	22	12
19	0	0	0	2	4	55	53	26
20	0	0	0	2	11	30	24	40
21	0	0	0	2	18	4	55	54
22	0	0	0	2	24	39	27	8
23	0	0	0	2	31	13	58	22
24	0	0	0	2	37	48	29	36
25	0	0	0	2	44	23	0	50
26	0	0	0	2	50	57	32	4
27	0	0	0	2	57	32	3	18
28	0	0	0	3	4	6	34	32
29	0	0	0	3	10	41	5	46
30	0	1	0	3	17	15	37	0
scr.	gr.	'	''	'''				
2ᵃ	'	''	'''					
3ᵃ	''	'''						
4ᵃ	'''							

Epocha Nabonnassaris
Sex. gr. ' ''.
0. 21. 11. 46.

Sexagenæ		1ᵃ	2ᵃ	3ᵃ				
3ᵃ				Sex.	gr.	'	''	'''
2ᵃ			Sex.	gr.	'	''	'''	
1ᵃ		Sex.	gr.	'	''	'''		
Dies	Sex.	gr.	'	''	'''			
31	0	0	0	3	23	50	8	14
32	0	0	0	3	30	24	39	28
33	0	0	0	3	36	59	10	42
34	0	0	0	3	43	33	41	56
35	0	0	0	3	50	8	13	10
36	0	0	0	3	56	42	44	24
37	0	0	0	4	3	17	15	38
38	0	0	0	4	9	51	46	52
39	0	0	0	4	16	26	18	6
40	0	0	0	4	23	0	49	20
41	0	0	0	4	29	35	20	34
42	0	0	0	4	36	9	51	48
43	0	0	0	4	42	44	23	2
44	0	0	0	4	49	18	54	16
45	0	0	0	4	55	53	25	30
46	0	0	0	5	2	27	56	44
47	0	0	0	5	9	2	27	58
48	0	0	0	5	15	36	59	12
49	0	0	0	5	22	11	30	26
50	0	0	0	5	28	46	1	40
51	0	0	0	5	35	20	32	54
52	0	0	0	5	41	55	4	8
53	0	0	0	5	48	29	35	22
54	0	0	0	5	55	4	6	36
55	0	0	0	6	1	38	37	50
56	0	0	0	6	8	13	9	4
57	0	0	0	6	14	47	40	18
58	0	0	0	6	21	22	11	32
59	0	0	0	6	27	56	42	46
60	0	0	0	6	34	31	14	0
scr.	gr.	'	''	'''				
2ᵃ	'	''	'''					
3ᵃ	''	'''						
4ᵃ	'''							

Epocha CHRISTI
Sex. gr. ' ''.
0. 29. 30. 30.

Scru-

Scrupula proportionalia.

Sig	6	7	8	Sig
Sig	0	1	2	Sig
gra.	scr.	scr.	scr.	gra.
0	0	30	52	30
1	1	31	52	29
2	2	32	53	28
3	3	33	53	27
4	4	33	54	26
5	5	34	54	25
6	6	35	55	24
7	7	36	55	23
8	8	37	55	22
9	9	38	56	21
10	10	39	56	20
11	11	39	57	19
12	12	40	57	18
13	13	41	57	17
14	14	41	58	16
15	15	42	58	15
16	16	43	58	14
17	17	44	58	13
18	18	44	59	12
19	19	45	59	11
20	20	46	59	10
21	21	46	59	9
22	22	46	59	8
23	23	48	59	7
24	24	48	60	6
25	25	49	60	5
26	26	50	60	4
27	27	50	60	3
28	28	51	60	2
29	29	51	60	1
30	30	52	60	0
Sig	5	4	3	Sig
Sig	11	10	9	Sig

Canon Latitudinis SATVRNI.

Signa Anomaliæ Orbis æquatæ.

grad.	0		1		2		3		4		5		grad.
	gr.	'	gr.	'	gr.	'	gr.	'	gr.	'	gr.	'	
0	2	17	2	18	2	23	2	30	2	38	2	45	30
3	2	17	2	18	2	23	2	30	2	39	2	45	27
6	2	17	2	19	2	24	2	31	2	40	2	46	24
9	2	17	2	19	2	24	2	32	2	40	2	46	21
12	2	17	2	20	2	25	2	33	2	41	2	47	18
15	2	17	2	21	2	25	2	34	2	42	2	47	15
18	2	18	2	21	2	26	2	35	2	42	2	47	12
21	2	18	2	21	2	27	2	36	2	43	2	48	9
24	2	18	2	22	2	28	2	37	2	44	2	48	6
27	2	18	2	22	2	29	2	37	2	44	2	48	3
30	2	18	2	23	2	30	2	38	2	45	2	48	0
grad.	gr.	'	gr.	'	gr.	'	gr.	'	gr.	'	gr.	'	grad.
	11		10		9		8		7		6		

Signa Anomaliæ Orbis.

Canon Latitudinis IOVIS.

Signa Anomaliæ Orbis æquatæ.

grad.	0		1		2		3		4		5		grad.
	gr.	'	gr.	'	gr.	'	gr.	'	gr.	'	gr.	'	
0	1	7	1	9	1	12	1	18	1	26	1	34	30
3	1	7	1	9	1	13	1	19	1	27	1	35	27
6	1	7	1	9	1	14	1	20	1	28	1	35	24
9	1	7	1	10	1	14	1	21	1	29	1	36	21
12	1	7	1	10	1	15	1	22	1	30	1	36	18
15	1	8	1	10	1	16	1	22	1	30	1	37	15
18	1	8	1	11	1	16	1	23	1	31	1	37	12
21	1	8	1	11	1	17	1	24	1	32	1	37	9
24	1	8	1	11	1	17	1	24	1	33	1	38	6
27	1	9	1	12	1	18	1	25	1	33	1	38	3
30	1	9	1	12	1	18	1	26	1	34	1	38	0
gr.	11		10		9		8		7		6		gr.

Signa Anomaliæ Orbis æquatæ.

Canon

Canon Latitudinis MARTIS Boreæ.

	Signa Anomaliæ Orbis coæquatæ.												
grad.	0		1		2		3		4		5		*grad.*
	gr.	'	*gr.*	'	*gr.*	'	*gr.*	'	*gr.*	'	*gr.*	'	
0	1	9	1	12	1	19	1	34	2	7	3	14	30
2	1	9	1	12	1	19	1	36	2	10	3	20	28
4	1	9	1	12	1	20	1	37	2	12	3	25	26
6	1	9	1	13	1	21	1	39	2	15	3	31	24
8	1	9	1	13	1	21	1	40	2	19	3	38	22
10	1	9	1	13	1	22	1	42	2	23	3	46	20
12	1	9	1	14	1	23	1	44	2	27	3	54	18
14	1	10	1	14	1	24	1	46	2	31	4	2	16
16	1	10	1	15	1	25	1	48	2	35	4	9	14
18	1	10	1	15	1	26	1	50	2	40	4	15	12
20	1	10	1	16	1	27	1	53	2	45	4	20	10
22	1	11	1	16	1	28	1	56	2	50	4	24	8
24	1	11	1	17	1	29	1	59	2	55	4	28	6
26	1	11	1	17	1	31	2	1	3	0	4	30	4
28	1	12	1	18	1	33	2	4	3	7	4	32	2
30	1	12	1	19	1	34	2	7	3	14	4	34	0
gr.	11		10		9		8		7		6		*gr.*
	Signa Anomaliæ Orbis.												

Canon Latitudinis MARTIS Auſtrinæ.

	Signa Anomaliæ Orbis coæquatæ.												
grad.	0		1		2		3		4		5		*grad.*
	gr.	'	*gr.*	'	*gr.*	'	*gr.*	'	*gr.*	'	*gr.*	'	
0	1	4	1	10	1	17	1	29	2	3	3	32	30
2	1	4	1	10	1	18	1	30	2	7	3	44	28
4	1	4	1	11	1	18	1	31	2	11	3	55	26
6	1	5	1	11	1	19	1	33	2	15	4	7	24
8	1	5	1	12	1	20	1	35	2	19	4	19	22
10	1	5	1	12	1	20	1	37	2	23	4	33	20
12	1	6	1	12	1	21	1	39	2	28	4	48	18
14	1	6	1	13	1	22	1	41	2	32	5	4	16
16	1	7	1	13	1	23	1	43	2	37	5	20	14
18	1	7	1	14	1	23	1	45	2	43	5	37	12
20	1	7	1	14	1	24	1	47	2	48	5	53	10
22	1	8	1	15	1	25	1	50	2	56	6	9	8
24	1	8	1	15	1	26	1	52	3	4	6	22	6
26	1	9	1	16	1	27	1	56	3	12	6	32	4
28	1	9	1	16	1	28	1	59	3	21	6	40	2
30	1	10	1	17	1	29	2	3	3	32	6	45	0
gr.	11		10		9		8		7		6		*gr.*
	Signa Anomaliæ Orbis coæquatæ.												

CANONES AEQVALIVM MOTVVM VENERIS.

Æqualis motus Anomaliæ Orbis VENERIS.

In diebus & Sexagenis dierum, & scrupulis.

Sexagenæ		1æ	2æ	3æ				
3æ				Sex.	gr.	'	''	'''
2æ			Sex.	gr.	'	''	'''	
1æ		Sex.	gr.	'	''	'''		
Dies	Sex.	gr.	'	''	'''			
1	0	0	36	59	29	29	11	6
2	0	1	13	58	58	58	22	12
3	0	1	50	58	28	27	33	18
4	0	2	27	57	57	56	44	24
5	0	3	4	57	27	25	55	30
6	0	3	41	56	56	55	6	36
7	0	4	18	56	26	24	17	42
8	0	4	55	55	55	53	28	48
9	0	5	32	55	25	22	39	54
10	0	6	9	54	54	51	51	0
11	0	6	46	54	24	21	2	6
12	0	7	23	53	53	50	13	12
13	0	8	0	53	23	19	24	18
14	0	8	37	52	52	48	35	24
15	0	9	14	52	22	17	46	30
16	0	9	51	51	51	46	57	36
17	0	10	28	51	21	16	8	42
18	0	11	5	50	50	45	19	48
19	0	11	42	50	20	14	30	54
20	0	12	19	49	49	43	42	0
21	0	12	56	49	19	12	53	6
22	0	13	33	48	48	42	4	12
23	0	14	10	48	18	11	15	18
24	0	14	47	47	47	40	26	24
25	0	15	24	47	17	9	37	30
26	0	16	1	46	46	38	48	36
27	0	16	38	46	16	7	59	42
28	0	17	15	45	45	37	10	48
29	0	17	52	45	15	6	21	54
30	0	18	29	44	44	35	33	0
scr.	gr.	'	''	'''				
2a	'	''	'''					
3a	''	'''	Gouc'					
4a	'''	Pariet						

Epocha Nabonnassaris
Sex. gr. ' ''.
1. 4. 23. 24.
1 4 23 38

Sexagenæ		1æ	2æ	3æ				
3æ				Sex.	gr.	'	''	'''
2æ			Sex.	gr.	'	''	'''	
1æ		Sex.	gr.	'	''	'''		
Dies	Sex.	gr.	'	''	'''			
31	0	19	6	44	14	4	44	6
32	0	19	43	43	43	33	55	12
33	0	20	20	43	13	3	6	18
34	0	20	57	42	42	32	17	24
35	0	21	34	42	12	1	28	30
36	0	22	11	41	41	30	39	36
37	0	22	48	41	10	59	50	42
38	0	23	25	40	40	29	1	48
39	0	24	2	40	9	58	12	54
40	0	24	39	39	39	27	24	0
41	0	25	16	39	8	56	35	6
42	0	25	53	38	38	25	46	12
43	0	26	30	38	7	54	57	18
44	0	27	7	37	37	24	8	24
45	0	27	44	37	6	53	19	30
46	0	28	21	36	36	22	30	36
47	0	28	58	36	5	51	41	42
48	0	29	35	35	35	20	52	48
49	0	30	12	35	4	50	3	54
50	0	30	49	34	34	19	14	0
51	0	31	26	34	3	48	25	6
52	0	32	3	33	33	17	36	12
53	0	32	40	33	2	46	47	18
54	0	33	17	32	32	15	58	24
55	0	33	54	32	1	45	10	30
56	0	34	31	31	31	14	21	36
57	0	35	8	31	0	43	32	42
58	0	35	45	30	30	12	43	48
59	0	36	22	29	59	41	54	54
60	0	36	59	29	29	11	6	0
scr.	gr.	'	''	'''				
2a	'	''	'''					
3a	''	'''	Gouc'					
4a	'''	Pariet						

Epocha CHRISTI
Sex. gr. ' ''.
2. 3. 52. 56.
2 3 53 10''

Æqualis motus Apogæi VENERIS.

In diebus & Sexagenis dierum, & scrupulis.

Sexagenæ		1æ	2æ	3æ				
3æ				Sex.	gr.	/	//	///
2æ			Sex.	gr.	/	//	///	
1æ		Sex.	gr.	/	//	///		
Dies	Sex.	gr.	/	//	///			
1	0	0	0	0	14	5	59	30
2	0	0	0	0	28	11	59	0
3	0	0	0	0	42	17	58	30
4	0	0	0	0	56	23	58	0
5	0	0	0	1	10	29	57	30
6	0	0	0	1	24	35	57	0
7	0	0	0	1	38	41	56	30
8	0	0	0	1	52	47	56	0
9	0	0	0	2	6	53	55	30
10	0	0	0	2	20	59	55	0
11	0	0	0	2	35	5	54	30
12	0	0	0	2	49	11	54	0
13	0	0	0	3	3	17	53	30
14	0	0	0	3	17	23	53	0
15	0	0	0	3	31	29	52	30
16	0	0	0	3	45	35	52	0
17	0	0	0	3	59	41	51	30
18	0	0	0	4	13	47	51	0
19	0	0	0	4	27	53	50	30
20	0	0	0	4	41	59	50	0
21	0	0	0	4	56	5	49	30
22	0	0	0	5	10	11	49	0
23	0	0	0	5	24	17	48	30
24	0	0	0	5	38	23	48	0
25	0	0	0	5	52	29	47	30
26	0	0	0	6	6	35	47	0
27	0	0	0	6	20	41	46	30
28	0	0	0	6	34	47	46	0
29	0	0	0	6	48	53	45	30
30	0	0	0	7	2	59	45	0
scr.	gr.	/	//	///				
2a	/	//	///					
3a	//	///						
4a	///							

Epocha
Nabonnassaris
Sex. gr. /. //.
0. 34. 54. 16.

Sexagenæ		1æ	2æ	3æ				
3æ				Sex.	gr.	/	//	///
2æ			Sex.	gr.	/	//	///	
1æ		Sex.	gr.	/	//	///		
Dies	Sex.	gr.	/	//	///			
31	0	0	0	7	17	5	44	30
32	0	0	0	7	31	11	44	0
33	0	0	0	7	45	17	43	30
34	0	0	0	7	59	23	43	0
35	0	0	0	8	13	29	42	30
36	0	0	0	8	27	35	42	0
37	0	0	0	8	41	41	41	30
38	0	0	0	8	55	47	41	0
39	0	0	0	9	9	53	40	30
40	0	0	0	9	23	59	40	0
41	0	0	0	9	38	5	39	30
42	0	0	0	9	52	11	39	0
43	0	0	0	10	6	17	38	30
44	0	0	0	10	20	23	38	0
45	0	0	0	10	34	29	37	30
46	0	0	0	10	48	35	37	0
47	0	0	0	11	2	41	36	30
48	0	0	0	11	16	47	36	0
49	0	0	0	11	30	53	35	30
50	0	0	0	11	44	59	35	0
51	0	0	0	11	59	5	34	30
52	0	0	0	12	13	11	34	0
53	0	0	0	12	27	17	33	30
54	0	0	0	12	41	23	33	0
55	0	0	0	12	55	29	32	30
56	0	0	0	13	9	35	32	0
57	0	0	0	13	23	41	31	30
58	0	0	0	13	37	47	31	0
59	0	0	0	13	51	53	30	30
60	0	0	0	14	5	59	30	0
scr.	gr.	/	//	///				
2a	/	//	///					
3a	//	///						
4a	///							

Epocha
CHRISTI
Sex. gr. /. //.
0. 52. 42. 40.

CANO-

CANONES PROSTHAPHAERESIVM CENTRI ET ORBIS VENERIS.

Prosthaphæreses Centri Veneris.

Sex. 0				Sex. 1			Sex. 2			Sex.
gradus.	Centri. Aufer.		scr. propor.	Centri. Aufer.		scr. propor.	Centri. Aufer.		scr. propor.	gradus.
	gr.	'	'	gr.	'	'	gr.	'	'	
0	0	0	0	1	43	14	1	45	44	60
1	0	2	0	1	44	14	1	44	44	59
2	0	4	0	1	45	14	1	43	44	58
3	0	6	0	1	46	15	1	42	45	57
4	0	8	0	1	47	15	1	41	45	56
5	0	10	0	1	48	16	1	39	46	55
6	0	12	0	1	49	16	1	38	46	54
7	0	15	0	1	50	17	1	37	47	53
8	0	17	0	1	51	17	1	36	47	52
9	0	19	0	1	52	18	1	34	48	51
10	0	21	0	1	52	18	1	33	48	50
11	0	23	0	1	53	19	1	32	49	49
12	0	25	1	1	54	19	1	30	49	48
13	0	27	1	1	55	19	1	29	49	47
14	0	29	1	1	55	20	1	27	50	46
15	0	31	1	1	56	20	1	26	50	45
16	0	33	1	1	56	21	1	24	51	44
17	0	35	1	1	57	21	1	23	51	43
18	0	37	1	1	57	22	1	21	51	42
19	0	39	1	1	58	22	1	20	52	41
20	0	41	1	1	58	23	1	18	52	40
21	0	43	2	1	59	23	1	17	53	39
22	0	44	2	1	59	24	1	15	53	38
23	0	46	2	1	59	24	1	13	53	37
24	0	48	2	1	59	25	1	12	54	36
25	0	50	2	2	0	25	1	10	54	35
26	0	52	3	2	0	26	1	8	54	34
27	0	54	3	2	0	26	1	6	55	33
28	0	56	3	2	0	27	1	5	55	32
29	0	58	3	2	0	28	1	3	55	31
30	0	59	4	2	0	28	1	1	56	30
gr.	Adde.		'	Adde.		'	Adde.		'	gr.
Sex. 5				Sex. 4			Sex. 3			Sex.

Prostha-

Prosthaphæreses Centri Veneris.

Sex.	0			1			2			Sex.
gradus.	Centri. Aufer.		scr. pro-por.	Centri. Aufer.		scr. pro por.	Centri. Aufer.		scr. pro por.	gradus.
	gr.	'	'	gr.	'	'	gr.	'	'	
30	0	59	4	2	0	28	1	1	56	30
31	1	1	4	2	0	29	0	59	56	29
32	1	3	4	2	0	29	0	57	56	28
33	1	5	4	2	0	30	0	55	56	27
34	1	6	5	2	0	30	0	53	57	26
35	1	8	5	2	0	31	0	52	57	25
36	1	10	5	2	0	31	0	50	57	24
37	1	12	5	2	0	32	0	48	57	23
38	1	13	6	1	59	32	0	46	58	22
39	1	15	6	1	59	33	0	44	58	21
40	1	16	6	1	59	33	0	42	58	20
41	1	18	7	1	58	34	0	40	58	19
42	1	20	7	1	58	34	0	38	58	18
43	1	21	7	1	57	35	0	36	59	17
44	1	23	8	1	57	35	0	34	59	16
45	1	24	8	1	57	36	0	32	59	15
46	1	26	8	1	56	36	0	30	59	14
47	1	27	9	1	56	37	0	27	59	13
48	1	29	9	1	55	37	0	25	59	12
49	1	30	9	1	54	38	0	23	59	11
50	1	31	10	1	54	39	0	21	59	10
51	1	33	10	1	53	39	0	19	59	9
52	1	34	10	1	52	40	0	17	60	8
53	1	35	11	1	51	40	0	15	60	7
54	1	37	11	1	51	41	0	13	60	6
55	1	38	12	1	50	41	0	11	60	5
56	1	39	12	1	49	42	0	9	60	4
57	1	40	12	1	48	42	0	6	60	3
58	1	41	13	1	47	43	0	4	60	2
59	1	42	13	1	46	43	0	2	60	1
60	1	43	14	1	45	44	0	0	60	0
gr.	Adde.		'	Adde.		'	Adde.		'	gr.
Sex.	5			4			3			Sex.

Prosthaphæreses Orbis Veneris.

Sex.	0				1				2				Sex.
gradus.	*Orbis.* *Adde.*		*Exces.* *Adde.*		*Orbis.* *Adde.*		*Exces.* *Adde.*		*Orbis.* *Adde.*		*Exces.* *Adde.*		gradus.
	gr.	′	*gr.*	′	*gr.*	′	*gr.*	′	*gr.*	′	*gr.*	′	
0	0	0	0	0	24	23	0	27	43	35	1	16	60
1	0	25	0	0	24	47	0	28	43	46	1	18	59
2	0	50	0	1	25	10	0	28	43	56	1	19	58
3	1	15	0	1	25	33	0	29	44	6	1	20	57
4	1	40	0	2	25	56	0	29	44	16	1	22	56
5	2	4	0	2	26	19	0	30	44	24	1	23	55
6	2	29	0	2	26	42	0	31	44	32	1	25	54
7	2	54	0	3	27	5	0	31	44	40	1	26	53
8	3	19	0	3	27	27	0	32	44	46	1	28	52
9	3	44	0	4	27	50	0	32	44	52	1	29	51
10	4	9	0	4	28	12	0	33	44	57	1	31	50
11	4	34	0	5	28	35	0	33	45	2	1	32	49
12	4	59	0	5	28	57	0	34	45	5	1	34	48
13	5	23	0	5	29	20	0	35	45	8	1	36	47
14	5	48	0	6	29	42	0	35	45	10	1	38	46
15	6	13	0	6	30	4	0	36	45	10	1	39	45
16	6	38	0	7	30	26	0	37	45	10	1	41	44
17	7	3	0	7	30	48	0	37	45	9	1	43	43
18	7	27	0	8	31	9	0	38	45	6	1	45	42
19	7	52	0	8	31	31	0	38	45	2	1	47	41
20	8	16	0	8	31	53	0	39	44	57	1	49	40
21	8	42	0	9	32	14	0	40	44	50	1	51	39
22	9	6	0	9	32	35	0	41	44	42	1	53	38
23	9	31	0	10	32	56	0	41	44	33	1	55	37
24	9	56	0	10	33	17	0	42	44	22	1	57	36
25	10	20	0	11	33	38	0	43	44	9	1	59	35
26	10	45	0	11	33	59	0	43	43	54	2	1	34
27	11	10	0	11	34	20	0	44	43	38	2	3	33
28	11	34	0	12	34	40	0	45	43	19	2	5	32
29	11	59	0	12	35	1	0	46	42	58	2	7	31
30	12	23	0	13	35	21	0	46	42	35	2	9	30
gr.	*Aufer.*		*Adde.*		*Aufer.*		*Adde.*		*Aufer.*		*Adde.*		*gr.*
Sex.	5				4				3				Sex.

Prostha-

Prosthaphæreses Orbis Veneris.

Sex.	0				1				2			Sex.
gradus.	Orbis.		Exces.		Orbis.		Exces.		Orbis.		Exces.	gradus.
	Adde.		Adde.		Adde.		Adde.		Adde.		Adde.	
	gr.	'	gr.	'	gr.	'	gr.	'	gr.	'	gr.	'	
30	12	23	0	13	35	21	0	46	42	35	2	9	30
31	12	48	0	13	35	41	0	47	42	10	2	11	29
32	13	12	0	14	36	1	0	48	41	42	2	13	28
33	13	37	0	14	36	20	0	49	41	11	2	15	27
34	14	1	0	14	36	40	0	49	40	37	2	17	26
35	14	26	0	15	36	59	0	50	40	0	2	19	25
36	14	50	0	15	37	18	0	51	39	20	2	21	24
37	15	15	0	16	37	37	0	52	38	36	2	22	23
38	15	39	0	16	37	57	0	53	37	48	2	23	22
39	16	3	0	17	38	14	0	54	36	57	2	24	21
40	16	27	0	17	38	32	0	55	36	2	2	25	20
41	16	52	0	18	38	50	0	55	35	2	2	26	19
42	17	16	0	18	39	8	0	56	33	57	2	26	18
43	17	40	0	19	39	26	0	57	32	48	2	25	17
44	18	4	0	19	39	43	0	58	31	34	2	24	16
45	18	28	0	20	40	0	0	59	30	14	2	22	15
46	18	52	0	20	40	17	1	0	28	49	2	20	14
47	19	16	0	21	40	33	1	1	27	19	2	17	13
48	19	40	0	21	40	49	1	2	25	43	2	13	12
49	20	4	0	22	41	5	1	3	24	1	2	8	11
50	20	28	0	22	41	21	1	4	22	13	2	1	10
51	20	52	0	23	41	36	1	5	20	20	1	54	9
52	21	15	0	23	41	51	1	7	18	21	1	46	8
53	21	39	0	24	42	5	1	8	16	17	1	36	7
54	22	3	0	24	42	19	1	9	14	7	1	25	6
55	22	26	0	25	42	33	1	10	11	54	1	13	5
56	22	50	0	25	42	46	1	11	9	36	1	0	4
57	23	13	0	26	42	59	1	12	7	15	0	46	3
58	23	37	0	26	43	12	1	14	4	51	0	31	2
59	24	0	0	27	43	23	1	15	2	26	0	16	1
60	24	23	0	27	43	35	1	16	0	0	0	0	0
gr.	Aufer.		Adde.		Aufer.		Adde.		Aufer.		Adde.		gr.
Sex.	5				4				3			Sex.

CANO-

CANONES MEDIORVM MOTVVM MERCVRII.

Æqualis motus Anomaliæ Orbis MERCVRII.

In diebus, & Sexagenis, & scrupulis dierum.

Sexagenæ		1æ	2æ	3æ				
3æ				Sex.	gr.	'	''	'''
2æ			Sex.	gr.	'	''	'''	
1æ		Sex.	gr.	'	''	'''		
Dies	Sex.	gr.	'	''	'''			
1	0	3	6	24	12	1	8	6
2	0	6	12	48	24	2	16	12
3	0	9	19	12	36	3	24	18
4	0	12	25	36	48	4	32	24
5	0	15	32	1	0	5	40	30
6	0	18	38	25	12	6	48	36
7	0	21	44	49	24	7	56	42
8	0	24	51	13	36	9	4	48
9	0	27	57	37	48	10	12	54
10	0	31	4	2	0	11	21	0
11	0	34	10	26	12	12	29	6
12	0	37	16	50	24	13	37	12
13	0	40	23	14	36	14	45	18
14	0	43	29	38	48	15	53	24
15	0	46	36	3	0	17	1	30
16	0	49	42	27	12	18	9	36
17	0	52	48	51	24	19	17	42
18	0	55	55	15	36	20	25	48
19	0	59	1	39	48	21	33	54
20	1	2	8	4	0	22	42	0
21	1	5	14	28	12	23	50	6
22	1	8	20	52	24	24	58	12
23	1	11	27	16	36	26	6	18
24	1	14	33	40	48	27	14	24
25	1	17	40	5	0	28	22	30
26	1	20	46	29	12	29	30	36
27	1	23	52	53	24	30	38	42
28	1	26	59	17	36	31	46	48
29	1	30	5	41	48	32	54	54
30	1	33	12	6	0	34	3	0
scr.	gr.	'	''	'''	Epocha Nabonnassaris			
2a	'	''	'''		Sex. gr. ' ''			
3a	''	'''	Gouc		0. 17. 4. 40.			
4a	'''	Paris			0 17 5 50			

Sexagenæ		1æ	2æ	3æ				
3æ				Sex.	gr.	'	''	'''
2æ			Sex.	gr.	'	''	'''	
1æ		Sex.	gr.	'	''	'''		
Dies	Sex.	gr.	'	''	'''			
31	1	36	18	30	12	35	11	6
32	1	39	24	54	24	36	19	12
33	1	42	30	18	36	37	27	18
34	1	45	36	42	48	38	35	24
35	1	48	43	7	0	39	43	30
36	1	51	50	31	12	40	51	36
37	1	54	56	55	24	41	59	42
38	1	58	3	19	36	43	7	48
39	2	1	9	43	48	44	15	54
40	2	4	16	8	0	45	24	0
41	2	7	22	32	12	46	32	6
42	2	10	28	56	24	47	40	12
43	2	13	35	20	36	48	48	18
44	2	16	41	44	48	49	56	24
45	2	19	48	9	0	51	4	30
46	2	22	54	33	12	52	12	36
47	2	26	0	57	24	53	20	42
48	2	29	7	21	36	54	28	48
49	2	32	13	45	48	55	36	54
50	2	35	20	10	0	56	45	0
51	2	38	26	34	12	57	53	6
52	2	41	32	58	24	59	1	12
53	2	44	39	22	37	0	9	18
54	2	47	45	46	49	1	17	24
55	2	50	52	11	1	2	25	30
56	2	53	58	35	13	3	33	36
57	2	57	4	59	25	4	41	42
58	3	0	11	23	37	5	49	48
59	3	3	17	47	49	6	57	54
60	3	6	24	12	1	8	6	0
scr.	gr.	'	''	'''	Epocha CHRISTI			
2a	'	''	'''		Sex. gr. ' ''			
3a	''	'''	Youc		0. 47. 24. 11.			
4a	'''	Paris			0 47. 25. 21			

Æqua-

Æqualis motus Apogæi MERCVRII.

In diebus, & Sexagenis, & ſcrupulis dierum.

Sexagenæ		1ª	2ª	3ª				
3ª				Sex.	gr.	'	''	'''
2ª			Sex.	gr.	'	''	'''	
1ª		Sex.	gr.	'	''	'''		
Dies	Sex.	gr.	'	''	'''			
1	0	0	0	0	18	51	36	20
2	0	0	0	0	37	43	12	40
3	0	0	0	0	56	34	49	0
4	0	0	0	1	15	26	25	20
5	0	0	0	1	34	18	1	40
6	0	0	0	1	53	9	38	0
7	0	0	0	2	12	1	14	20
8	0	0	0	2	30	52	50	40
9	0	0	0	2	49	44	27	0
10	0	0	0	3	8	36	3	20
11	0	0	0	3	27	27	39	40
12	0	0	0	3	46	19	16	0
13	0	0	0	4	5	10	52	20
14	0	0	0	4	24	2	28	40
15	0	0	0	4	42	54	5	0
16	0	0	0	5	1	45	41	20
17	0	0	0	5	20	37	17	40
18	0	0	0	5	39	28	54	0
19	0	0	0	5	58	20	30	20
20	0	0	0	6	17	12	6	40
21	0	0	0	6	36	3	43	0
22	0	0	0	6	54	55	19	20
23	0	0	0	7	13	46	55	40
24	0	0	0	7	32	38	33	0
25	0	0	0	7	51	30	8	20
26	0	0	0	8	10	21	44	40
27	0	0	0	8	29	13	21	0
28	0	0	0	8	48	4	57	20
29	0	0	0	9	6	56	33	40
30	0	0	0	9	25	48	10	0
ſcr.	gr.	'	''	'''				
2ª	'	''	'''					
3ª	''	'''						
4ª	'''							

Epocha Nabonnaſſaris
Sex. gr. I. II.
2. 43. 36. 0.

Sexagenæ		1ª	2ª	3ª				
3ª				Sex.	gr.	'	''	'''
2ª			Sex.	gr.	'	''	'''	
1ª		Sex.	gr.	'	''	'''		
Dies	Sex.	gr.	'	''	'''			
31	0	0	0	9	44	39	46	20
32	0	0	0	10	3	31	22	40
33	0	0	0	10	22	22	59	0
34	0	0	0	10	41	14	35	20
35	0	0	0	11	0	6	11	40
36	0	0	0	11	18	57	48	0
37	0	0	0	11	37	49	24	20
38	0	0	0	11	56	41	0	40
39	0	0	0	12	15	32	37	0
40	0	0	0	12	34	24	13	20
41	0	0	0	12	53	15	49	40
42	0	0	0	13	12	7	26	0
43	0	0	0	13	30	59	2	20
44	0	0	0	13	49	50	38	40
45	0	0	0	14	8	42	15	0
46	0	0	0	14	27	33	51	20
47	0	0	0	14	46	25	27	40
48	0	0	0	15	5	17	4	0
49	0	0	0	15	24	8	40	20
50	0	0	0	15	43	0	16	40
51	0	0	0	16	1	51	53	0
52	0	0	0	16	20	43	29	20
53	0	0	0	16	39	35	5	40
54	0	0	0	16	58	26	42	0
55	0	0	0	17	17	18	18	20
56	0	0	0	17	36	9	54	40
57	0	0	0	17	55	1	31	0
58	0	0	0	18	13	53	7	20
59	0	0	0	18	32	44	43	40
60	0	0	0	18	51	36	20	0
ſcr.	gr.	'	''	'''				
2ª	'	''	'''					
3ª	''	'''						
4ª	'''							

Epocha CHRISTI
Sex. gr. I. II.
3. 7. 25. 6.

CANO-

CANONES AEQVATIONVM CENTRI ET ORBIS MERCVRII.

Prosthaphæreses Centri Mercurij.

Sex.	0			1			2			Sex.
gradus.	Centri. Aufer.		scr. propor.	Centri. Aufer.		scr. propor.	Centri. Aufer.		scr. propor.	gradus.
	gr.	'	'	gr.	'	'	gr.	'	'	
0	0	0	0	2	29	32	2	43	60	60
1	0	3	0	2	30	33	2	42	60	59
2	0	6	0	2	32	33	2	40	60	58
3	0	9	0	2	34	34	2	39	60	57
4	0	11	0	2	35	35	2	37	60	56
5	0	13	0	2	37	36	2	36	60	55
6	0	17	0	2	38	36	2	34	60	54
7	0	20	1	2	40	37	2	32	60	53
8	0	23	1	2	41	38	2	30	60	52
9	0	26	1	2	42	39	2	29	60	51
10	0	29	1	2	44	40	2	27	59	50
11	0	31	1	2	44	40	2	25	59	49
12	0	34	2	2	46	41	2	23	59	48
13	0	37	2	2	47	42	2	21	59	47
14	0	40	2	2	48	42	2	18	59	46
15	0	43	2	2	49	43	2	16	59	45
16	0	45	3	2	50	44	2	14	59	44
17	0	48	3	2	51	45	2	12	59	43
18	0	51	4	2	52	45	2	9	58	42
19	0	54	4	2	53	46	2	7	58	41
20	0	56	4	2	54	47	2	5	58	40
21	0	59	5	2	55	47	2	2	58	39
22	1	2	5	2	56	48	2	0	58	38
23	1	5	6	2	56	48	1	57	57	37
24	1	7	6	2	57	49	1	54	57	36
25	1	10	7	2	58	50	1	52	57	35
26	1	13	7	2	58	50	1	49	57	34
27	1	15	8	2	59	51	1	46	57	33
28	1	18	8	2	59	51	1	44	56	32
29	1	20	9	2	59	52	1	41	56	31
30	1	23	9	3	0	52	1	38	56	30
gr.	Adde.		'	Adde.		'	Adde.		'	gr.
Sex.	5			4			3			Sex.

Prostha-

Prosthaphæreses Centri Mercurij.

Sex.	0			1			2			Sex.
gradus.	Centri. Aufer.		scr. propor.	Centri. Aufer.		scr. propor.	Centri. Aufer.		scr. propor.	gradus.
	gr.	'	'	gr.	'	'	gr.	'	'	
30	1	23	9	3	0	52	1	38	56	30
31	1	26	10	3	0	53	1	35	56	29
32	1	28	11	3	0	53	1	32	56	28
33	1	31	11	3	0	54	1	29	55	27
34	1	33	12	3	0	54	1	26	55	26
35	1	36	13	3	0	55	1	23	55	25
36	1	38	13	3	0	55	1	20	55	24
37	1	41	14	3	0	56	1	17	55	23
38	1	43	15	3	0	56	1	14	54	22
39	1	45	15	3	0	56	1	11	54	21
40	1	48	16	3	0	57	1	7	54	20
41	1	50	17	2	59	57	1	4	54	19
42	1	52	18	2	59	57	1	1	54	18
43	1	55	18	2	59	58	0	58	54	17
44	1	57	19	2	58	58	0	55	54	16
45	1	59	20	2	58	58	0	51	53	15
46	2	1	21	2	57	58	0	48	53	14
47	2	3	21	2	57	59	0	45	53	13
48	2	6	22	2	56	59	0	41	53	12
49	2	8	23	2	55	59	0	38	53	11
50	2	10	24	2	54	59	0	34	53	10
51	2	12	24	2	54	59	0	31	53	9
52	2	14	25	2	53	59	0	28	53	8
53	2	16	26	2	52	60	0	24	53	7
54	2	18	27	2	51	60	0	21	53	6
55	2	20	28	2	50	60	0	17	52	5
56	2	21	29	2	48	60	0	14	52	4
57	2	23	29	2	47	60	0	10	52	3
58	2	25	30	2	46	60	0	7	52	2
59	2	27	31	2	45	60	0	3	52	1
60	2	29	32	2	43	60	0	0	52	0
gr.	Adde.		'	Adde.		'	Adde.		'	gr.
Sex.	5			4			3			Sex.

Prosthaphæreses Orbis Mercurij.

Sex.	0				1				2				Sex.
gradus.	Orbis. Adde.		Exces. Adde.		Orbis. Adde.		Exces. Adde.		Orbis. Adde.		Exces. Adde.		gradus.
	gr.	'	gr.	'	gr.	'	gr.	'	gr.	'	gr.	'	
0	0	0	0	0	13	40	2	35	18	40	5	2	60
1	0	15	0	3	13	51	2	38	18	35	5	4	59
2	0	30	0	5	14	2	2	41	18	30	5	5	58
3	0	44	0	8	14	13	2	43	18	25	5	6	57
4	0	59	0	10	14	24	2	46	18	19	5	7	56
5	1	14	0	13	14	34	2	49	18	13	5	7	55
6	1	29	0	15	14	45	2	51	18	6	5	8	54
7	1	43	0	18	14	55	2	54	17	58	5	9	53
8	1	58	0	20	15	6	2	57	17	51	5	9	52
9	2	13	0	23	15	16	3	0	17	42	5	10	51
10	2	27	0	25	15	26	3	2	17	34	5	10	50
11	2	42	0	28	15	35	3	5	17	24	5	10	49
12	2	57	0	30	15	45	3	8	17	15	5	9	48
13	3	11	0	33	15	54	3	11	17	4	5	9	47
14	3	26	0	35	16	4	3	13	16	53	5	8	46
15	3	40	0	38	16	13	3	16	16	42	5	8	45
16	3	55	0	40	16	22	3	19	16	30	5	7	44
17	4	10	0	43	16	30	3	22	16	18	5	6	43
18	4	24	0	45	16	39	3	24	16	5	5	4	42
19	4	39	0	48	16	47	3	27	15	52	5	3	41
20	4	53	0	50	16	55	3	30	15	38	5	1	40
21	5	7	0	53	17	3	3	32	15	23	4	59	39
22	5	22	0	56	17	11	3	35	15	8	4	56	38
23	5	36	0	58	17	18	3	38	14	53	4	54	37
24	5	50	1	1	17	26	3	41	14	37	4	51	36
25	6	5	1	3	17	33	3	43	14	20	4	48	35
26	6	19	1	6	17	40	3	46	14	3	4	45	34
27	6	33	1	8	17	46	3	49	13	35	4	41	33
28	6	47	1	11	17	53	3	51	13	27	4	37	32
29	7	1	1	13	17	59	3	54	13	8	4	33	31
30	7	15	1	16	18	5	3	57	12	49	4	28	30
gr.	Aufer.		Adde.		Aufer.		Adde.		Aufer.		Adde.		gr.
Sex.	5				4				3				Sex.

Prostha-

Prosthaphæreses Orbis Mercurij.

Sex.	0				1				2				Sex.
gradus.	*Orbis.*		*Exces.*		*Orbis.*		*Exces.*		*Orbis.*		*Exces.*		gradus.
	Adde.		*Adde.*		*Adde.*		*Adde.*		*Adde.*		*Adde.*		
	gr.	′	*gr.*	′	*gr.*	′	*gr.*	′	*gr.*	′	*gr.*	′	
30	7	15	1	16	18	5	3	57	12	49	4	28	30
31	7	29	1	19	18	10	3	59	12	29	4	24	29
32	7	43	1	21	18	16	4	2	12	9	4	18	28
33	7	57	1	24	18	21	4	5	11	48	4	13	27
34	8	10	1	26	18	26	4	7	11	27	4	7	26
35	8	24	1	29	18	30	4	10	11	5	4	1	25
36	8	38	1	32	18	35	4	12	10	43	3	55	24
37	8	51	1	34	18	39	4	15	10	20	3	48	23
38	9	5	1	37	18	42	4	17	9	57	3	41	22
39	9	18	1	39	18	46	4	20	9	33	3	34	21
40	9	32	1	42	18	49	4	22	9	9	3	26	20
41	9	45	1	45	18	52	4	25	8	44	3	18	19
42	9	58	1	47	18	54	4	27	8	19	3	10	18
43	10	11	1	50	18	57	4	30	7	54	3	1	17
44	10	24	1	52	18	59	4	32	7	28	2	52	16
45	10	37	1	55	19	0	4	34	7	2	2	43	15
46	10	50	1	58	19	1	4	37	6	36	2	33	14
47	11	3	2	0	19	2	4	39	6	9	2	24	13
48	11	16	2	3	19	3	4	41	5	42	2	14	12
49	11	28	2	6	19	3	4	43	5	14	2	4	11
50	11	41	2	8	19	3	4	45	4	46	1	53	10
51	11	53	2	11	19	2	4	47	4	19	1	42	9
52	12	5	2	14	19	2	4	49	3	50	1	31	8
53	12	18	2	16	19	0	4	51	3	22	1	20	7
54	12	30	2	19	18	59	4	53	2	54	1	9	6
55	12	42	2	22	18	56	4	55	2	25	0	58	5
56	12	53	2	24	18	54	4	57	1	56	0	46	4
57	13	5	2	27	18	51	4	58	1	27	0	35	3
58	13	17	2	30	18	48	5	0	0	58	0	23	2
59	13	28	2	32	18	44	5	1	0	29	0	12	1
60	13	40	2	35	18	40	5	2	0	0	0	0	0
gr.	*Aufer.*		*Adde.*		*Aufer.*		*Adde.*		*Aufer.*		*Adde.*		*gr.*
Sex.	5				4				3				Sex.

CANONES AEQVALIVM MOTVVM NODORVM VENERIS ET MERCVRII.

Æqualis motus Nodi borei VENERIS.

In diebus & Sexagenis dierum, & scrupulis.

Sexagenæ	1æ	2æ	3æ					
3æ	—	—	—	Sex.	gr.	'	''	'''
2æ	—	—	Sex.	gr.	'	''	'''	—
1æ	—	Sex.	gr.	'	''	'''	—	—
Dies	Sex.	gr.	'	''	'''	—	—	—
1	0	0	0	0	6	26	28	28
2	0	0	0	0	12	52	56	56
3	0	0	0	0	19	19	25	24
4	0	0	0	0	25	45	53	52
5	0	0	0	0	32	12	22	20
6	0	0	0	0	38	38	50	48
7	0	0	0	0	45	5	19	16
8	0	0	0	0	51	31	47	44
9	0	0	0	0	57	58	16	12
10	0	0	0	1	4	24	44	40
11	0	0	0	1	10	51	13	8
12	0	0	0	1	17	17	41	36
13	0	0	0	1	23	44	10	4
14	0	0	0	1	30	10	38	32
15	0	0	0	1	36	37	7	0
16	0	0	0	1	43	3	35	28
17	0	0	0	1	49	30	3	56
18	0	0	0	1	55	56	32	24
19	0	0	0	2	2	23	0	52
20	0	0	0	2	8	49	29	20
21	0	0	0	2	15	15	57	48
22	0	0	0	2	21	42	26	16
23	0	0	0	2	28	8	54	44
24	0	0	0	2	34	35	23	12
25	0	0	0	2	41	1	51	40
26	0	0	0	2	47	28	20	8
27	0	0	0	2	53	54	48	36
28	0	0	0	3	0	21	17	4
29	0	0	0	3	6	47	45	32
30	0	0	0	3	13	14	14	0
scr.	gr.	'	''	'''	Epocha Nabonnassaris			
2a	'	''	'''		Sex. gr. ' ''.			
3a	''	'''			0.45.44.27.			
4a	'''							

Sexagenæ	1æ	2æ	3æ					
3æ	—	—	—	Sex.	gr.	'	''	'''
2æ	—	—	Sex.	gr.	'	''	'''	—
1æ	—	Sex.	gr.	'	''	'''	—	—
Dies	Sex.	gr.	'	''	'''	—	—	—
31	0	0	0	3	19	40	42	28
32	0	0	0	3	26	7	10	56
33	0	0	0	3	32	33	39	24
34	0	0	0	3	39	0	7	52
35	0	0	0	3	45	26	36	20
36	0	0	0	3	51	53	4	48
37	0	0	0	3	58	19	33	16
38	0	0	0	4	4	46	1	44
39	0	0	0	4	11	12	30	12
40	0	0	0	4	17	38	58	40
41	0	0	0	4	24	5	27	8
42	0	0	0	4	30	31	55	36
43	0	0	0	4	36	58	24	4
44	0	0	0	4	43	24	52	32
45	0	0	0	4	49	51	21	0
46	0	0	0	4	56	17	49	28
47	0	0	0	5	2	44	17	56
48	0	0	0	5	9	10	46	24
49	0	0	0	5	15	37	14	52
50	0	0	0	5	22	3	43	20
51	0	0	0	5	28	30	11	48
52	0	0	0	5	34	56	40	16
53	0	0	0	5	41	23	8	44
54	0	0	0	5	47	49	37	12
55	0	0	0	5	54	16	5	40
56	0	0	0	6	0	42	34	8
57	0	0	0	6	7	9	2	36
58	0	0	0	6	13	35	31	4
59	0	0	0	6	20	1	59	32
60	0	0	0	6	26	28	28	0
scr.	gr.	'	''	'''	Epocha CHRISTI			
2a	'	''	'''		Sex. gr. ' ''.			
3a	''	'''			0. 53. 52. 31.			
4a	'''							

Æqualis motus Nodi austrini MERCVRII.

In diebus, & Sexagenis, & scrupulis dierum.

Sexagenæ	1ª	2ª	3ª					
3ª				Sex.	gr.	'	''	'''
2ª			Sex.	gr.	'	''	'''	
1ª		Sex.	gr.	'	''	'''		
Dies	Sex.	gr.	'	''	'''			
1	0	0	0	0	2	14	16	39
2	0	0	0	0	4	28	33	18
3	0	0	0	0	6	42	49	57
4	0	0	0	0	8	57	6	36
5	0	0	0	0	11	11	23	15
6	0	0	0	0	13	25	39	54
7	0	0	0	0	15	39	56	33
8	0	0	0	0	17	54	13	12
9	0	0	0	0	20	8	29	51
10	0	0	0	0	22	22	46	30
11	0	0	0	0	24	37	3	9
12	0	0	0	0	26	51	19	48
13	0	0	0	0	29	5	36	27
14	0	0	0	0	31	19	53	6
15	0	0	0	0	33	34	9	45
16	0	0	0	0	35	48	26	24
17	0	0	0	0	38	2	43	3
18	0	0	0	0	40	16	59	42
19	0	0	0	0	42	31	16	21
20	0	0	0	0	44	45	33	0
21	0	0	0	0	46	59	49	39
22	0	0	0	0	49	14	6	18
23	0	0	0	0	51	28	22	57
24	0	0	0	0	53	42	39	36
25	0	0	0	0	55	56	56	15
26	0	0	0	0	58	11	12	54
27	0	0	0	1	0	25	29	33
28	0	0	0	1	2	39	46	12
29	0	0	0	1	4	54	2	51
30	0	0	0	1	7	8	19	30
scr.	gr.	'	''	'''				
2ª	'	''	'''					
3ª	''	'''						
4ª	'''							

Epocha Nabonnassaris
Sex. gr. ' ''
3. 35. 10. 26.

Sexagenæ	1ª	2ª	3ª					
3ª				Sex.	gr.	'	''	'''
2ª			Sex.	gr.	'	''	'''	
1ª		Sex.	gr.	'	''	'''		
Dies	Sex.	gr.	'	''	'''			
31	0	0	0	1	9	22	36	9
32	0	0	0	1	11	36	52	48
33	0	0	0	1	13	51	9	27
34	0	0	0	1	16	5	26	6
35	0	0	0	1	18	19	42	45
36	0	0	0	1	20	33	59	24
37	0	0	0	1	22	48	16	3
38	0	0	0	1	25	2	32	42
39	0	0	0	1	27	16	49	21
40	0	0	0	1	29	31	6	0
41	0	0	0	1	31	45	22	39
42	0	0	0	1	33	59	39	18
43	0	0	0	1	36	13	55	57
44	0	0	0	1	38	28	12	36
45	0	0	0	1	40	42	29	15
46	0	0	0	1	42	56	45	54
47	0	0	0	1	45	11	2	33
48	0	0	0	1	47	25	19	12
49	0	0	0	1	49	39	35	51
50	0	0	0	1	51	53	52	30
51	0	0	0	1	54	8	9	9
52	0	0	0	1	56	22	25	48
53	0	0	0	1	58	36	42	27
54	0	0	0	2	0	50	59	6
55	0	0	0	2	3	5	15	45
56	0	0	0	2	5	19	32	24
57	0	0	0	2	7	33	49	3
58	0	0	0	2	9	48	5	42
59	0	0	0	2	12	2	22	21
60	0	0	0	2	14	16	39	0
scr.	gr.	'	''	'''				
2ª	'	''	'''					
3ª	''	'''						
4ª	'''							

Epocha CHRISTI
Sex. gr. ' ''
3. 38. 0. 0.

CANO-

CANONES
LATITVDINVM
VENERIS ET MERCVRII.

Scrupula proportionalia.

CA.	0	1	2	pri
CA.	6	7	8	sec
gra.	scr.	scr.	scr.	gr.
0	0	30	52	30
1	1	31	52	29
2	2	32	53	28
3	3	33	53	27
4	4	33	54	26
5	5	34	54	25
6	6	35	55	24
7	7	36	55	23
8	8	37	55	22
9	9	38	56	21
10	10	39	56	20
11	11	39	57	19
12	12	40	57	18
13	13	41	57	17
14	14	41	58	16
15	15	42	58	15
16	16	43	58	14
17	17	44	58	13
18	18	44	59	12
19	19	45	59	11
20	20	46	59	10
21	21	46	59	9
22	22	47	59	8
23	23	48	59	7
24	24	48	60	6
25	25	49	60	5
26	26	50	60	4
27	27	50	60	3
28	28	51	60	2
29	29	51	60	1
30	30	52	60	0
CA.	5	4	3	pri
CA.	11	10	9	sec

Canon Declinationis VENERIS
Primus.

	Declin. Borea.						*Declin. Austrina.*						
grad.	0		1		2		3		4		5		*grad.*
	gr.	′	*gr.*	′	*gr.*	′	*gr.*	′	*gr.*	′	*gr.*	′	
0	1	25	1	16	0	49	0	0	1	22	4	4	30
2	1	25	1	15	0	46	0	3	1	30	4	20	28
4	1	25	1	14	0	43	0	8	1	37	4	38	26
6	1	24	1	13	0	40	0	13	1	45	4	56	24
8	1	24	1	12	0	38	0	18	1	53	5	14	22
10	1	24	1	10	0	35	0	23	2	2	5	34	20
12	1	23	1	8	0	32	0	28	2	12	5	55	18
14	1	23	1	6	0	29	0	33	2	22	6	17	16
16	1	22	1	4	0	26	0	39	2	32	6	40	14
18	1	21	1	2	0	23	0	44	2	43	7	4	12
20	1	21	1	0	0	20	0	49	2	54	7	24	10
22	1	20	0	58	0	16	0	55	3	6	7	42	8
24	1	19	0	56	0	12	1	2	3	19	7	58	6
26	1	18	0	54	0	8	1	8	3	33	8	12	4
28	1	17	0	52	0	4	1	15	3	47	8	25	2
30	1	16	0	49	0	0	1	22	4	4	8	36	0
gr.	11		10		9		8		7		6		*gr.*
	Declin. Borea.						*Declin. Austrina.*						

Secundus.

	Declin. Austrina.						*Declin. Borea.*						
grad.	0		1		2		3		4		5		*grad.*
	gr.	′	*gr.*	′	*gr.*	′	*gr.*	′	*gr.*	′	*gr.*	′	
0	1	28	1	19	0	51	0	0	1	25	4	12	30
2	1	28	1	18	0	48	0	3	1	33	4	29	28
4	1	28	1	17	0	45	0	8	1	40	4	47	26
6	1	27	1	15	0	42	0	13	1	48	5	6	24
8	1	27	1	14	0	40	0	18	1	56	5	25	22
10	1	27	1	12	0	36	0	24	2	6	5	45	20
12	1	26	1	10	0	33	0	29	2	16	6	6	18
14	1	26	1	8	0	30	0	34	2	26	6	30	16
16	1	25	1	6	0	27	0	40	2	36	6	54	14
18	1	24	1	4	0	24	0	46	2	48	7	18	12
20	1	24	1	2	0	20	0	51	3	0	7	39	10
22	1	23	1	0	0	16	0	57	3	12	7	58	8
24	1	22	0	58	0	12	1	4	3	26	8	14	6
26	1	21	0	56	0	8	1	10	3	40	8	29	4
28	1	20	0	54	0	4	1	17	3	55	8	42	2
30	1	19	0	51	0	0	1	25	4	12	8	54	0
gr.	11		10		9		8		7		6		*gr.*
	Declin. Austrina.						*Declin. Borea.*						

Scrupula proportionalia.

CA.	0	1	2	*pri*
CA.	6	7	8	*sec*
gra:	*scr.*	*scr.*	*scr.*	*gra.*
0	60	52	30	30
1	60	51	29	29
2	60	51	28	28
3	60	50	27	27
4	60	50	26	26
5	60	49	25	25
6	60	48	24	24
7	59	48	23	23
8	59	47	22	22
9	59	46	21	21
10	59	46	20	20
11	59	45	19	19
12	59	44	18	18
13	58	44	17	17
14	58	43	16	16
15	58	42	15	15
16	58	41	14	14
17	57	41	13	13
18	57	40	12	12
19	57	39	11	11
20	56	39	10	10
21	56	38	9	9
22	55	37	8	8
23	55	36	7	7
24	55	35	6	6
25	54	34	5	5
26	54	33	4	4
27	53	33	3	3
28	53	32	2	2
29	52	31	1	1
30	52	30	0	0
CA.	11	10	9	*pri*
CA.	5	4	3	*sec*

Canon Reflexionis VENERIS
Primus.

Reflexio Borea.

grad.	0		1		2		3		4		5		*grad.*
	gr.	'	*gr.*	'	*gr.*	'	*gr.*	'	*gr.*	'	*gr.*	'	
0	0	0	0	44	1	25	1	59	2	22	2	20	30
2	0	3	0	47	1	27	2	1	2	23	2	19	28
4	0	6	0	50	1	30	2	3	2	23	2	16	26
6	0	9	0	53	1	32	2	5	2	24	2	13	24
8	0	12	0	56	1	35	2	7	2	24	2	10	22
10	0	15	0	59	1	37	2	8	2	25	2	3	20
12	0	18	1	1	1	40	2	10	2	25	1	56	18
14	0	21	1	5	1	42	2	11	2	26	1	49	16
16	0	24	1	7	1	45	2	13	2	26	1	40	14
18	0	26	1	10	1	47	2	15	2	26	1	30	12
20	0	29	1	12	1	49	2	17	2	26	1	19	10
22	0	32	1	15	1	51	2	18	2	25	1	7	8
24	0	35	1	18	1	53	2	19	2	24	0	52	6
26	0	38	1	21	1	55	2	20	2	23	0	36	4
28	0	41	1	23	1	57	2	21	2	22	0	18	2
30	0	44	1	25	1	59	2	22	2	20	0	0	0
gr.	11		10		9		8		7		6		*gr.*

Reflexio Auſtrina.

Secundus.

Reflexio Auſtrina.

grad.	0		1		2		3		4		5		*grad.*
	gr.	'	*gr.*	'	*gr.*	'	*gr.*	'	*gr.*	'	*gr.*	'	
0	0	0	0	45	1	28	2	3	2	27	2	25	30
2	0	3	0	48	1	30	2	5	2	28	2	23	28
4	0	6	0	51	1	33	2	7	2	28	2	20	26
6	0	9	0	54	1	35	2	9	2	29	2	17	24
8	0	12	0	58	1	38	2	11	2	29	2	13	22
10	0	15	1	0	1	40	2	12	2	30	2	7	20
12	0	19	1	3	1	43	2	14	2	30	2	0	18
14	0	22	1	6	1	45	2	15	2	31	1	52	16
16	0	25	1	9	1	48	2	17	2	31	1	43	14
18	0	27	1	12	1	50	2	19	2	31	1	33	12
20	0	30	1	14	1	52	2	21	2	30	1	22	10
22	0	33	1	17	1	54	2	22	2	30	1	9	8
24	0	36	1	20	1	57	2	23	2	29	0	54	6
26	0	39	1	23	1	59	2	25	2	28	0	37	4
28	0	42	1	25	2	1	2	26	2	27	0	19	2
30	0	45	1	28	2	3	2	27	2	25	0	0	0
gr.	11		10		9		8		7		6		*gr.*

Reflexio Borea.

Scru-

Scrupula proportion.

CA.	0	1	2	pri
CA.	6	7	8	sec
gra.	scr.	scr.	scr.	gr.
0	0	30	52	30
1	1	31	52	29
2	2	32	53	28
3	3	33	53	27
4	4	33	54	26
5	5	34	54	25
6	6	35	55	24
7	7	36	55	23
8	8	37	55	22
9	9	38	56	21
10	10	39	56	20
11	11	39	57	19
12	12	40	57	18
13	13	41	57	17
14	14	41	58	16
15	15	42	58	15
16	16	43	58	14
17	17	44	58	13
18	18	44	59	12
19	19	45	59	11
20	20	46	59	10
21	21	46	59	9
22	22	47	59	8
23	23	48	59	7
24	24	48	60	6
25	25	49	60	5
26	26	50	60	4
27	27	50	60	3
28	28	51	60	2
29	29	51	60	1
30	30	52	60	0
CA.	5	4	3	pri
CA.	11	10	9	sec

Canon Declinationis MERCVRII Primus.

	Declin. Austrina.						*Declin. Borea.*						
grad.	0		1		2		3		4		5		grad.
	gr.	'	gr.	'	gr.	'	gr.	'	gr.	'	gr.	'	
0	1	32	1	24	0	51	0	0	1	25	3	7	30
2	1	32	1	22	0	49	0	5	1	32	3	14	28
4	1	32	1	21	0	46	0	10	1	38	3	20	26
6	1	32	1	19	0	43	0	15	1	45	3	26	24
8	1	31	1	17	0	40	0	20	1	52	3	31	22
10	1	31	1	15	0	37	0	26	1	59	3	37	20
12	1	31	1	13	0	34	0	31	2	6	3	42	18
14	1	31	1	10	0	30	0	37	2	13	3	46	16
16	1	30	1	8	0	26	0	42	2	20	3	50	14
18	1	30	1	6	0	23	0	48	2	27	3	54	12
20	1	29	1	3	0	20	0	54	2	34	3	57	10
22	1	29	1	1	0	16	1	0	2	40	3	59	8
24	1	28	0	59	0	12	1	6	2	47	4	2	6
26	1	27	0	57	0	8	1	13	2	54	4	4	4
28	1	26	0	54	0	4	1	19	3	0	4	5	2
30	1	24	0	51	0	0	1	25	3	7	4	5	0
gr.	11		10		9		8		7		6		gr.
	Declin. Austrina.						*Declin. Borea.*						

Secundus.

	Declin. Borea.						*Declin. Austrina.*						
grad.	0		1		2		3		4		5		grad.
	gr.	'	gr.	'	gr.	'	gr.	'	gr.	'	gr.	'	
0	1	32	1	24	0	51	0	0	1	25	3	7	30
2	1	32	1	22	0	49	0	5	1	32	3	14	28
4	1	32	1	21	0	46	0	10	1	38	3	20	26
6	1	32	1	19	0	43	0	15	1	45	3	26	24
8	1	31	1	17	0	40	0	20	1	52	3	31	22
10	1	31	1	15	0	37	0	26	1	59	3	37	20
12	1	31	1	13	0	34	0	31	2	6	3	42	18
14	1	31	1	10	0	30	0	37	2	13	3	46	16
16	1	30	1	8	0	26	0	42	2	20	3	50	14
18	1	30	1	6	0	23	0	48	2	27	3	54	12
20	1	29	1	3	0	20	0	54	2	34	3	57	10
22	1	29	1	1	0	16	1	0	2	40	3	59	8
24	1	28	0	59	0	12	1	6	2	47	4	2	6
26	1	27	0	57	0	8	1	13	2	54	4	4	4
28	1	26	0	54	0	4	1	19	3	0	4	5	2
30	1	24	0	51	0	0	1	25	3	7	4	5	0
gr.	11		10		9		8		7		6		gr
	Declin. Borea.						*Declin. Austrina.*						

Scrupula proportionalia.

CA	0	1	2	pri
CA	6	7	8	sec
gra.	scr.	scr.	scr.	gra.
0	60	52	30	30
1	60	51	29	29
2	60	51	28	28
3	60	50	27	27
4	60	50	26	26
5	60	49	25	25
6	60	48	24	24
7	59	48	23	23
8	59	47	22	22
9	59	46	21	21
10	59	46	20	20
11	59	45	19	19
12	59	44	18	18
13	59	44	17	17
14	58	43	16	16
15	58	42	15	15
16	58	41	14	14
17	58	41	13	13
18	57	40	12	12
19	57	39	11	11
20	56	39	10	10
21	56	38	9	9
22	55	37	8	8
23	55	36	7	7
24	55	35	6	6
25	54	34	5	5
26	54	33	4	4
27	53	33	3	3
28	53	32	2	2
29	52	31	1	1
30	52	30	0	0
CA	11	10	9	pri
CA	5	4	3	sec

Canon Reflexionis MERCVRII Primus.

Reflexio Austrina.

grad.	0		1		2		3		4		5		grad.
	gr.	'	gr.	'	gr.	'	gr.	'	gr.	'	gr.	'	
0	0	0	0	50	1	34	2	6	2	13	1	35	30
2	0	3	0	53	1	36	2	8	2	13	1	30	28
4	0	6	0	57	1	38	2	10	2	13	1	26	26
6	0	10	1	0	1	41	2	11	2	12	1	20	24
8	0	13	1	3	1	43	2	12	2	10	1	15	22
10	0	16	1	6	1	45	2	12	2	8	1	9	20
12	0	20	1	9	1	48	2	13	2	6	1	3	18
14	0	23	1	12	1	50	2	13	2	4	0	56	16
16	0	26	1	15	1	52	2	14	2	1	0	50	14
18	0	30	1	18	1	54	2	14	1	58	0	43	12
20	0	33	1	21	1	55	2	14	1	55	0	36	10
22	0	36	1	24	1	56	2	14	1	52	0	29	8
24	0	40	1	26	1	58	2	14	1	48	0	22	6
26	0	43	1	29	2	0	2	14	1	44	0	15	4
28	0	46	1	31	2	2	2	14	1	40	0	7	2
30	0	50	1	34	2	6	2	13	1	35	0	0	0
gr.	11		10		9		8		7		6		gr.

Reflexio Borea

Canon Secundus.

Reflexio Borea.

grad.	0		1		2		3		4		5		grad.
	gr.	'	gr.	'	gr.	'	gr.	'	gr.	'	gr.	'	
0	0	0	0	50	1	34	2	6	2	13	1	35	30
2	0	3	0	53	1	36	2	8	2	13	1	30	28
4	0	6	0	57	1	38	2	10	2	13	1	26	26
6	0	10	1	0	1	41	2	11	2	12	1	20	24
8	0	13	1	3	1	43	2	12	2	10	1	15	22
10	0	16	1	6	1	45	2	12	2	8	1	9	20
12	0	20	1	9	1	48	2	13	2	6	1	3	18
14	0	23	1	12	1	50	2	13	2	4	0	56	16
16	0	26	1	15	1	52	2	14	2	1	0	50	14
18	0	30	1	18	1	54	2	14	1	58	0	43	12
20	0	33	1	21	1	55	2	14	1	55	0	36	10
22	0	36	1	24	1	56	2	14	1	52	0	29	8
24	0	40	1	26	1	58	2	14	1	48	0	22	6
26	0	43	1	29	2	0	2	14	1	44	0	15	4
28	0	46	1	31	2	2	2	14	1	40	0	7	2
30	0	50	1	34	2	6	2	13	1	35	0	0	0
gr.	11		10		9		8		7		6		gr.

Reflexio Austrina.

Canon Stationum trium superiorum Planetarum.

Statio		Satvrnvs. Prima.		Satvrnvs. Secund.		Iupiter. Prima.		Iupiter. Secund.		Mars. Prima.		Mars. Secund.	
grad.	grad.	gr.	′	gr.	′	gr.	′	gr.	′	gr.	′	gr.	′
0	360	112	38	247	22	124	8	235	52	157	33	202	27
6	354	112	39	247	21	124	9	235	51	157	35	202	25
12	348	112	40	247	20	124	11	235	49	157	40	202	20
18	342	112	42	247	18	124	13	235	47	157	48	202	12
24	336	112	45	247	15	124	17	235	43	157	59	202	1
30	330	112	49	247	11	124	22	235	38	158	14	201	46
36	324	112	53	247	7	124	27	235	33	158	31	201	29
42	318	112	58	247	2	124	33	235	27	158	53	201	7
48	312	113	4	246	56	124	39	235	21	159	16	200	44
54	306	113	11	246	49	124	46	235	14	159	42	200	18
60	300	113	18	246	42	124	54	235	6	160	9	199	51
66	294	113	25	246	35	125	3	234	57	160	39	199	21
72	288	113	33	246	27	125	12	234	48	161	10	198	50
78	282	113	41	246	19	125	21	234	39	161	42	198	18
84	276	113	49	246	11	125	30	234	30	162	16	197	44
90	270	113	58	246	2	125	40	234	20	162	51	197	9
96	264	114	6	245	54	125	51	234	9	163	25	196	35
102	258	114	14	245	46	126	1	233	59	164	0	196	0
108	252	114	22	245	38	126	11	233	49	164	34	195	26
114	246	114	30	245	30	126	20	233	40	164	9	194	51
120	240	114	37	245	23	126	29	233	31	165	44	194	16
126	234	114	44	245	16	126	38	233	22	166	16	193	44
132	228	114	51	245	9	126	46	233	14	166	47	193	13
138	222	114	57	245	3	126	53	233	7	167	16	192	44
144	216	115	3	244	57	126	59	233	1	167	42	192	18
150	210	115	8	244	52	127	5	232	55	168	4	191	56
156	204	115	12	244	48	127	10	232	50	168	24	191	36
162	198	115	15	244	45	127	14	232	46	168	39	191	21
168	192	115	18	244	42	127	17	232	43	168	50	191	10
174	186	115	20	244	40	127	18	232	42	168	56	191	4
180	180	115	21	244	39	127	19	232	41	168	56	191	4

Canon

Canon Stationum duorum inferiorum Planetarum.

Statio		VENVS. Prima		VENVS. Secund.		MERCVRIVS. Prima		MERCVRIVS. Secund.	
grad.	grad.	gr.	′	gr.	′	gr.	′	gr.	′
0	360	166	1	193	59	146	50	213	10
6	354	166	1	193	59	146	47	213	13
12	348	166	2	193	58	146	40	213	20
18	342	166	4	193	56	146	28	213	32
24	336	166	6	193	54	146	12	213	48
30	330	166	9	193	51	145	54	214	6
36	324	166	13	193	47	145	36	214	24
42	318	166	17	193	43	145	16	214	44
48	312	166	22	193	38	144	58	215	2
54	306	166	28	193	32	144	41	215	19
60	300	166	34	193	26	144	26	215	34
66	294	166	40	193	20	144	15	215	45
72	288	166	47	193	13	144	6	215	54
78	282	166	53	193	7	143	59	216	4
84	276	167	0	193	0	143	56	216	4
90	270	167	7	192	53	143	55	216	5
96	264	167	14	192	46	143	57	216	3
102	258	167	21	192	39	144	0	216	0
108	252	167	28	192	32	144	7	215	53
114	246	167	35	192	25	144	15	215	45
120	240	167	41	192	19	144	25	215	35
126	234	167	47	192	13	144	36	215	24
132	228	167	53	192	7	144	48	215	12
138	222	167	58	192	2	145	1	214	49
144	216	168	2	191	58	145	14	214	46
150	210	168	6	191	54	145	26	214	34
156	204	168	9	191	51	145	37	214	23
162	198	168	12	191	48	145	47	214	13
168	192	168	14	191	46	145	54	214	6
174	186	168	15	191	45	145	58	214	2
180	180	168	15	191	45	146	0	214	0

Canon Emersionis & Occultationis quinque Planetarum.

EMERSIO.														
EXORTVS MATVTINVS.							Venus				Mercurus			
	Saturnus		Iupiter		Mars		Exortus Vesperti		Occasus matuti.		Exortus Vesper.		Occasus matuti.	
	gr.	scr	gr.	scr	gr.	scr	gr.	scr	gr.	scr	gr.	scr	gr.	scr
Aries	29	28	19	33	29	0	15	31	4	25	24	10	12	24
Taurus	26	26	18	21	27	11	13	48	4	29	21	15	12	18
Gemini	22	10	14	15	22	14	10	39	7	38	17	10	13	37
Cancer	17	18	11	44	18	15	8	38	8	58	14	9	14	9
Leo	14	8	9	44	16	7	7	5	8	59	12	53	16	39
Virgo	13	8	9	7	15	8	6	53	10	46	12	8	20	23
Libra	12	15	9	0	14	12	6	57	11	9	12	10	23	50
Scorpius	13	1	9	7	15	8	7	11	11	26	12	41	23	49
Sagittarius	13	47	9	44	16	7	7	56	12	27	14	3	20	44
Capricornus	16	36	11	44	18	15	9	18	9	28	16	19	16	19
Aquarius	21	16	14	14	22	14	12	47	8	29	20	15	14	7
Pisces	26	46	18	11	27	11	15	28	7	43	24	38	12	14

OCCVLTATIO.														
OCCVLTATIO VESPERTINA.							Exort. matut.		Occasus Vesper.		Exort. matut.		Occasus Vesper.	
Aries	13	46	9	28	14	12	3	36	2	27	22	43	12	9
Taurus	14	7	9	38	15	8	4	9	3	30	21	23	12	12
Gemini	15	5	10	16	16	7	5	14	8	47	22	28	14	44
Cancer	17	9	11	44	18	15	10	12	10	44	18	48	19	48
Leo	14	48	13	32	22	14	17	45	11	30	15	18	23	25
Virgo	22	0	15	23	27	11	23	40	7	43	13	18	26	37
Libra	22	32	16	7	29	0	22	27	6	40	12	29	25	38
Scorpius	21	20	15	23	27	11	15	14	6	17	12	10	20	35
Sagittarius	18	35	13	32	22	14	7	1	5	12	12	16	17	41
Capricornus	16	36	11	44	18	15	2	18	2	18	12	15	12	30
Aquarius	14	40	10	16	16	7	1	36	1	14	14	25	11	32
Pisces	14	0	9	38	15	12	2	43	1	31	18	22	11	47

Catalo-

CATALOGVE DES ESTOILLES FIXES DE TYCHON BRAHE DANOIS. ET Premierement de celles du Zodiac.

ARIES, *Le* Belier.

Denomination des Estoilles.	Longitude S	Longitude Deg.	Longitude Mi.		Latitude Deg.	Latitude Mi.		Grandeur.
L'Australe en la corne senestre	♈	27	37		7	8½	B	4
La boreale & suivante en la mesme corne	♈	28	23		8	29	B	4
La luisante au sommet du chef: la principale	♉	2	6		9	57	B	3
Des en l'ouverture de la gueule, la boreale	♉	2	14		7	23	B	6
La plus australe	♉	3	20		5	42½	B	6
Celle du col	♈	27	57		5	24	B	5
Celle des reins	♉	8	36		6	7	B	6
Celle du croupion	♉	12	57		4	8½	B	5
La premiere des trois en la queue	♉	15	15		1	46½	B	4
La mitoyenne	♉	16	24		1	50	B	5
La derniere	♉	17	50½		2	36	B	6
En la cuisse	♉	11	12		1	12	B	6
Au jarret	♉	9	35		1	7	B	6
Au genouïl senestre	♉	9	23	*	1	30	A	6
Au genouïl dextre	♉	7	52	*	0	39	A	6
La petite au ventre	♉	8	46	*	4	1	B	6
Celle dessoubs la luisante du chef	♉	1	41	*	9	13	B	6
La premiere des 4 informes sur le dos	♉	10	35		10	50½	B	5
La suivante sçavoir, l'occidentale de la base du △ des sui-vantes	♉	11	23		11	16	B	4
l'Orientale en la base du triangle	♉	12	40		10	24	B	3
Au sommet du mesme triangle vers le septentrion.	♉	12	51		12	25½	B	4

TAVRVS, *Le* Taureau.

Denomination des Estoilles.	Longitude S	Longitude Deg.	Longitude Mi.		Latitude Deg.	Latitude Mi.		Grandeur.
La plus haute en la section	♉	18	0		5	57	A	5
La suivante	♉	17	30		7	29	A	6
La tierce	♉	16	18		8	49½	A	4
La quarte, la plus australe	♉	15	35½		9	22½	A	4
En l'epaule dextre	♉	21	40		8	41	A	5
En la poictrine	♉	25	1		8	3	A	4
Au genouïl dextre	♉	27	59		12	13½	A	4
Au jarret droit	♉	24	19		14	30½	A	4
Au genouïl gauche	♊	4	9		9	32	A	5
Au jarret gauche	♊	3	11		11	48	A	5
En la face; la premiere des Hyades es naseaux	♊	0	12		5	46½	A	3
Entre icelle & l'œil boreal	♊	1	16½		4	2	A	3
Entre icelle & l'œil austral	♊	2	22		5	53	A	4
En l'œil austral, Aldebaran, Palilice	♊	4	12½		5	31	A	1
En l'œil boreal	♊	2	53		2	36½	A	3
Au commencement de la corne australe	♊	8	12		3	40	A	6

Denomination des Estoilles.	Longitude S	Deg.	Mi.		Latitude Deg.	Mi.		Grandeur.
La plus australe des deux en la mesme corne	♊	12	13½		2	30½	A	6
La plus boreale	♊	11	4		1	49½	A	4
En l'extremité d'icelle	♊	19	12		2	14	A	3
Au commencement de la corne boreale	♊	6	35		0	40	B	5
Au bout d'icelle commune au pied du Chartier	♊	16	59½		5	20	B	2
La plus boreale des deux en l'oreille	♊	2	54		1	4	B	5
La plus australe	♊	2	38		0	35	B	4
La premiere des deux au col	♉	27	51		1	12	B	5
La suivante	♊	0	28½		0	46½	A	6
Au chaignon du col, la plus australe des precedentes du quarré	♊	0	4		5	16	B	6
La boreale du mesme costé	♉	29	49½		7	55	B	5
L'australe du costé suivant	π	2	34		3	57	B	5
La boreale d'iceluy costé	♊	2	25½		5	45½	B	5
La plus occidentale des trois plus luisantes es Plejades	♉	23	50		4	11	B	5
La plus basse & plus prochaine de l'occidentale	♉	24	3		4	2	B	6
La mitoyenne & luisante des Plejades	♉	24	24		4	0	B	3
Celle de la pointe orientale	♉	24	47		3	55	B	5
En l'ongle du pied senestre	♉	19	57	*	13	30	A	6
La petite au talon du pied suivant	♊	0	10	*	12	2	A	6
Celle de l'espaule dextre	♊	1	58½	*	8	41	A	5
La premiere des 3 dessoubs les Hyades ou Sucules	♊	1	42	*	6	56½	A	5
La moyenne d'icelles	♊	3	28	*	7	4½	A	5
La suivante	♊	4	55	*	6	17½	A	5
La petite en la corne australe	♊	15	2½		1	4	A	6
La suivante en la mesme corne	♊	16	55½		1	20	A	6
La petite suivant les quatre en la section	♉	17	33	*	9	34½	A	6
Celle qui est entre les 2 premieres au □ du col	♉	29	22½	*	6	33	B	5
GEMINI, *Les Gemeaux*.								
Au chef superieur, Castor, Apollo	♋	14	41		10	2	B	2
Au chef inferieur, Pollux, Hercules	♋	17	43		6	38	B	2
En la main senestre du premier des Gemeaux	♋	5	32		10	58	B	5
Au bras senestre	♋	9	54		7	43	B	4
En l'espaule du mesme bras	♋	13	24		5	42½	B	4
En l'espaule dextre	♋	15	47		5	10	B	5
En l'espaule senestre du suivant des Gemeaux	♋	18	6		3	3	B	4
Au costé dextre du premier des Gemeaux	♋	13	18		2	56	B	6
La petite estoille au coude senestre du superieur des Gemeaux	♋	14	10		6	0½	B	6
Au genouïl supreme & boreal	♋	4	22		2	11	B	3
Au senestre genouïl du suivant	♋	9	26		2	6½	A	3
Celle qui est au ventre du meridional des Gemeaux	♋	12	56		0	13½	A	3
Au jarret de l'inferieur des Gemeaux	♋	13	13		5	41	A	4
Au pied precedent du premier des Gemeaux	♊	27	58		0	58	A	4
La suivante audict pied dicte le talon	♊	29	44		0	53	A	3
Au bout du pied dextre du premier des Gemeaux	♋	1	14		0	8	A	4
La luisante du pied	♋	3	31		6	48½	A	2
Au pied de dessoubs du suivant des Gemeaux	♋	5	29½		10	9	A	4
Au talon du mesme pied	♋	7	56	*	9	41	A	6
Celle sur le genouïl de l'inferieur des Gemeaux	♋	6	23½		1	12	A	6
En la cuisse du superieur des Gemeaux	♋	8	37½	*	1	31	B	6
Celle dessoubs le chef inferieur en la main	♋	19	42	*	5	44	B	6
La petite entre les deux testes	♋	17	4½	*	7	24	B	5
En l'oreille du superieur des Gemeaux	♋	13	29	*	9	42	B	5
Au sommet du pied precedent du premier des Gemeaux	♊	25	22		0	13	A	4
INFORMES ALENTOVR DES ♊								
Des 5 dessous les ♊, la plus basse & premiere	♋	17	2½		5	52	A	6
La suivante dessus icelle	♋	18	6		3	48½	A	6

La

Denomination des Estoilles.	Longitude				Latitude			Grandeur.
	S	*Deg.*	*Mi.*		*Deg.*	*Mi.*		
La tierce	♋	19	30½		2	42	A	6
La quarte	♋	12	28		0	57½	A	6
La derniere & plus boreale	♋	23	54		1	18½	B	6
CANCER, l'Ecreviſſe.								
La nebuleuſe au pectoral appellée la creche	♌	1	46½		1	14	B	*neb.*
La boreale des precedentes au ☐ de l'ecreviſſe	♋	29	49		1	31½	B	5
La plus auſtrale	♌	0	9½		0	47½	A	5
l'Aſnon boreal	♌	1	57		3	8½	B	4
l'Aſnon auſtral	♌	3	8		0	4	B	4
En la patte auſtrale	♌	8	3½		5	8	A	3
En la patte boreale	♌	0	44		10	23	B	5
Au bout du pied boreal	♋	23	56		1	15½	B	5
Au bout du pied auſtral	♋	25	4½		7	5	A	5
La plus luiſante au commencement de la queuë	♋	25	45½		2	18½	A	4
La prochaine ſuivante ſur le dos	♋	28	12½		1	4	A	6
La boreale des trois en la patte auſtrale	♌	6	47½		1	54	A	6
l'Auſtrale en la meſme	♌	10	36		5	36	A	5
La boreale des deux ſur le dos	♌	5	27		7	14	B	6
l'Inferieure & auſtrale	♌	7	36½		5	20	B	6
LEO, *Le* Lion.								
Es naſeaux	♌	9	41½		10	23	B	4
En la fonte de la gueule	♌	12	16½		7	52	B	4
Des deux au chef la plus boreale	♌	15	51		12	21	B	4
La plus auſtrale	♌	15	5		9	40	B	3
Des trois au col la boreale	♌	21	57½		11	50	B	3
La moyenne & luiſante du col	♌	23	59		8	47	B	2
l'Auſtrale	♌	22	20		4	52	B	3
Le cœur: Baſiliſque, Roytelet	♌	24	17		0	26½	B	1
La plus auſtrale au poictral	♌	24	50½		1	25½	A	5
l'Antecedente le Baſiliſque	♌	21	43½		0	0½	B	4
Celle qui precede celle-cy au genouïl dextre	♌	17	54½		0	16½	B	5
En la patte dextre	♌	16	7½		3	10	A	4
La ſuivante en l'autre pied	♌	18	40		3	47	A	4
En la patte ſeneſtre	♌	23	46		3	55	A	4
En l'aixelle ſeneſtre	♍	0	48		0	8	B	4
La premiere des deux au ventre	♌	22	24		2	10	B	6
La plus boreale des ſuivantes	♍	2	6		5	56	B	6
La plus auſtrale	♍	4	5		2	49½	B	6
La premiere des deux au rable	♍	3	14		12	53	B	5
La ſuivante claire	♍	5	41		14	20	B	2
La premiere & boreale des deux en la feſſe	♍	7	50		9	41½	B	3
La ſuivante & auſtrale	♍	9	8		7	50½	B	6
Eu la cuiſſe	♍	11	58½		6	7½	B	3
Au genouïl de derriere	♍	13	8½		1	40	B	4
La moyenne au pied	♍	15	57		0	33	A	4
La plus baſſe au pied	♍	19	27		3	2½	A	4
La luiſante au bout de la queuë	♍	16	3		12	18	B	1
l'Extreme en l'ongle du pied ſeneſtre de devant	♌	16	32	*	4	48	A	6
En l'ongle de l'autre pied de devant	♌	16	1½	*	5	43	A	5
Celle preſqu'au milieu du corps	♍	0	14	*	10	17	B	6
La petite en la teſte	♌	16	13		10	47½	B	6
La premiere des deux au ſeneſtre pied de derriere	♍	15	53½		7	39	A	4
La ſuivante	♍	18	50		5	41	A	5
La premiere des deux informes ſur le dos	♌	26	22½		17	40	B	5
La ſuivante	♌	29	57		16	30	B	5

Denomination des Estoilles.	Longitude S	Deg.	Mi.		Latitude Deg.	Mi.		Grandeur.
Celle de dessus la luisante au dos	♍	4	54½		16	47	B	5
Dessus la queüe du ♌, ou plustost de la main dextre de la ♍	♍	13	22		17	19	B	4
La boreale des trois soubs le ventre	♍	8	58		1	20½	B	4
La moyenne	♍	8	30		0	9½	A	5
l'Australe des trois	♍	9	20		2	29	A	5

VIRGO, *La* Vierge.

Denomination des Estoilles.	S	Deg.	Mi.		Deg.	Mi.		Grandeur.
La boreale des precedentes au □ du chef	♍	17	44		6	6½	B	5
l'Australe	♍	18	33		4	37	B	5
La boreale des deux suivantes au visage	♍	22	7		8	33½	B	5
l'Australe	♍	21	58		6	10	B	5
Au bout de l'aile australe & senestre	♍	21	32		0	43	B	3
La premiere des 4 en l'aile senestre	♍	29	16½		1	25	B	4
l'Autre suivante	♎	4	35½		2	50	B	3
La troisieme petite	♎	9	28½		2	23½	B	6
La derniere	♎	12	37		1	45	B	4
Au costé dextre soubs la ceinture	♎	5	55		8	41	B	3
La premiere des trois en l'aile dextre & boreale	♍	29	53		13	36½	B	5
l'Australe des deux autres	♎	1	52		11	37	B	6
La boreale appellée Vendangere	♎	4	23		16	15½	B	3
En la main senestre, L'EPY	♎	18	16		1	59	A	1
Soubs la cote en la fesse dextre	♎	15	22½		8	10	B	3
La plus boreale en la main senestre	♎	17	58½		3	11	B	6
La boreale des deux suivantes	♎	21	9½		1	45½	B	6
l'Australe	♎	19	44		0	19½	A	6
Au genoüil senestre	♎	24	44		2	24½	B	6
La boreale des deux superieures en la frange	♎	27	49		11	2½	B	5
La moyenne des trois en la frange	♎	28	9		7	18½	B	4
La plus basse & australe	♎	28	51		2	57½	B	4
l'Australe des deux superieures en la frange	♎	29	51½	*	11	48½	B	4
Au pied austral	♏	1	22	*	0	31½	B	4
Au pied boreal ou dextre	♏	4	30		9	49	B	4
La plus basse des deux entre la Vendangere & la ceinture	♎	1	21½	*	10	26	B	6
Celle suivant l'estoille en la fesse dextre	♎	21	37½	*	9	40½	B	6
Celle qui est au chaignon du col	♏	27	45½	*	4	59½	B	6
La petite suivant la Vendangere	♎	8	25	*	16	14½	B	6
La premiere des trois en ligne droite en l'aile boreale	♎	10	11	*	12	40½	B	5
La moyenne d'icelles	♎	14	46	*	12	34½	B	6
La suivante	♎	22	11	*	13	7½	B	5
Celle qui est entre la quarte & quinte	♍	22	56½	*	3	32½	B	6
La premiere des trois informes soubs le bras gauche en ligne droite	♎	6	38		3	25½	A	5
La moyenne	♎	10	39		3	23	A	5
La suivante	♎	14	8½		3	13½	A	5
La premiere des 3 soubs l'Epy de la Vierge	♎	17	13		7	51	A	5
La moyenne & australe	♎	19	35		9	16	A	5
La suivante plus orientale	♎	20	35½		6	16½	A	5

LIBRA, *Les* Balances.

Denomination des Estoilles.	S	Deg.	Mi.		Deg.	Mi.		Grandeur.
La balance australe	♏	9	31		0	26	B	2
Celle de dessus la balance australe	♏	8	42		1	55	B	5
La balance boreale	♏	13	48		8	35	B	2
Celle de dessus la balance boreale vers l'occident	♏	9	40½		8	18½	B	4
La premiere suivant la balance australe vers le levant	♏	12	26½		1	14	B	5
La seconde de la mesme balance vers levant	♏	16	19		2	58½	B	6
La tierce de la mesme balance vers levant	♏	19	33		4	28	B	3
Celle qui est soubs icelle vers levant	♏	21	48½		4	4	B	4
Celle qui est soubs la mesme vers couchant	♏	19	27		2	21	B	4

Celle

Denomination des Estoilles.	Longitude S	Deg.	Mi.	Latitude Deg.	Mi.		Grandeur.
Celle qui est soubs la balance boreale vers levant	♏	15	46	8	7	B	4
La superieure des deux informes soubs la balance australe	♏	24	11	0	2½	B	4
L'inferieure des mesmes	♏	25	3½	0	7	B	4
La premiere des 3 en droite ligne apres celle-cy	♏	24	16	3	33	B	
La moyenne	♏	24	48	6	10	B	4
La superieure & plus orientale	♏	25	41½	9	19	B	4
Celle qui suit icelle (la ♍	♏	27	19	10	57	B	5
Dessoubs la balance boreale, ou mieux au bras senestre de	♏	15	8	7	37	A	3
Celle qui suit icelle	♏	15	27	1	48	A	3
SCORPIO, *Le* Scorpion.							
La plus haute au front	♏	27	36	1	5	B	3
La moyenne au front	♏	26	59	1	54½	A	3
L'australe des trois claires au front	♏	27	25½	5	22½	A	3
Celle qui est au pied vers le midy	♏	27	43½	8	27½	A	4
La plus boreale du front	♏	29	3½	1	42	B	4
La petite en △ avec la luisante au front & la quinte	♏	28	7	0	14	B	5
Celle qui precede le cœur vers le septentrion	♐	2	11	3	55	A	4
Au milieu la rutilante, le cœur, Antares	♐	4	13	4	27	A	1
Celle qui suit le cœur vers le midy	♐	5	53	5	50	A	4
Aux premiers pieds inferieurs	♐	0	46½	6	37½	A	5
SAGITTARIVS, *Le* Sagittaire.							
L'australe des deux en la partie boreale de l'arc	♑	0	47½	2	0	A	4
La boreale en la mesme partie de l'arc	♐	27	41½	2	27½	B	4
En l'espaule senestre	♑	6	51½	3	31	A	4
Celle devant celle-cy en la fleche	♑	4	40	3	50	A	5
La premiere des trois en la teste	♑	7	56½	1	44½	B	4
La moyenne	♑	9	28	0	59	B	4
La derniere	♑	10	43	1	31	B	4
La premiere en la prise	♑	12	44	3	6½	B	6
La moyenne en la prise boreale	♑	13	54½	4	17	B	4
La suivante & superieure (de △	♑	14	11	6	9½	B	5
L'orientale à icelle, faisant avec les 2 obscures, la forme	♑	19	8½	5	8	B	6
L'orientale & derniere en la prise superieure	♑	22	53½	5	12	B	6
L'obscure en la prise inferieure vers levant	♑	19	24	1	25	B	6
L'obscure au coude dextre	♑	16	26	3	8	A	6
CAPRICORNVS, *Le* Capricorne.							
La boreale des 3 en la premiere corne	♑	28	18	7	2½	B	3
La moyenne	♑	28	51	6	53	B	6
L'australe	♑	28	31	4	41	B	3
La nebuleuse au bout de l'autre corne	♑	27	8	7	16	B	6
La nebuleuse occidentale de la base du △ au front	♑	28	57	0	48½	B	*neb.*
La nebuleuse orientale	♑	29	41	0	28	B	*neb.*
La plus haute au mesme triangle	♑	29	37	1	20	B	6
La premiere nebuleuse au front	♑	27	13	0	24	B	*neb.*
La boreale des deux au chaignon du col	♒	2	49	3	25	B	6
L'australe	♒	2	6	0	15	B	6
La premiere au genouïl dextre obscure	♒	1	47	6	58	A	6
La suivante au genouïl senestre	♒	2	28	9	2	A	6
En l'espaule senestre	♒	6	13	8	8	A	6
La plus basse au ventre (ventre	♒	11	24½	6	56	A	5
La suivante boreale des deux proche l'une l'autre soubs le	♒	12	0	6	29	A	6
La plus orientale des trois au milieu du ventre	♒	9	23	4	25	A	6
La plus basse d'icelles	♒	7	31	4	27	A	6
La boreale des trois	♒	7	18	3	1	A	5

Denomination des Estoilles.	Longitude				Latitude			Grandeur.
	S	Deg.	Mi.		Deg.	Mi.		
La premiere des deux au dos	♒	8	21		0	29	A	5
La suivante d'icelles au dos	♒	12	7		1	16½	A	5
La premiere des deux aux flancs	♒	14	25		4	48	A	4
La suivante d'icelles	♒	15	6		4	49	A	5
La premiere des deux luisantes en la queüe	♒	16	14		2	26	A	3
La suivante	♒	18	0		2	29	A	3
La premiere en la queüe superieure	♒	18	14		2	22	B	5
L'australe des restantes en la queüe superieure	♒	20	27		0	14½	A	5
Celle qui la precede au septentrion	♒	20	16		0	10	A	6
La boreale au bout de la queüe	♒	19	54		4	17	B	6

AQVARIVS, *Le* Verseau.

Denomination	S	Deg.	Mi.		Deg.	Mi.		Grandeur
Au chef	♒	22	26½		15	23	B	6
La plus claire en l'espaule dextre	♒	27	49½		10	42	B	3
La plus obscure & australe	♒	26	36½		9	11½	B	5
En l'espaule senestre	♒	17	51		8	42	B	3
Celle au dos soubs l'aisselle	♒	18	38		6	0½	B	5
La suivante & plus basse des trois en la main senestre	♒	10	51		4	50	B	5
La moyenne	♒	7	28½		8	19	B	5
La premiere & luisante	♒	6	12		8	10	B	4
Au coude dextre	♓	1	10		8	17½	B	3
La plus boreale en la main dextre	♓	3	4½		10	31	B	5
La premiere des deux autres australes	♓	3	23		8	52½	B	4
La suivante	♓	4	53		8	10	B	4
La premiere des deux en la hanche dextre	♒	27	45		2	46	B	4
La suivante des mesmes	♒	28	31		2	29½	B	6
En la cuisse dextre	♒	29	53		1	10	A	5
Celle des fesses	♒	23	13		2	0	A	4
L'australe en la jambe dextre, Scheat	♓	3	22		8	10	A	3
La boreale du celle qui est au genouïl	♓	3	5		5	37	A	5
En la hanche senestre	♒	29	40		5	40	A	6
L'australe des deux au genouïl senestre	♒	26	55½		10	48½	A	5
La boreale	♒	29	50		9	57½	A	6
En l'effusion de l'eau la premiere depuis la main	♓	3	52		4	8½	A	4
La suivante australe	♓	6	4		0	19½	A	4
La suivante au premier courbement de l'eau	♓	9	0		1	24	A	6
Celle qui l'accompagne	♓	11	38		1	0	A	5
L'australe au second detour	♓	11	33		2	49	A	5
La premiere & boreale des deux suivantes	♓	10	43		3	58½	A	5
La suivante & australe	♓	11	11		4	10½	A	5
Pres icelle declinant vers le midy	♓	11	14½		4	44	A	5
Apres celle cy la premiere des deux se joignants	♓	14	7		10	59	A	5
La suivante des deux se joignants	♓	14	38		11	33	A	5
La boreale des trois au tiers detour de l'eau	♓	13	3		14	29	A	5
La moyenne au tiers detour de l'eau	♓	13	46		15	16½	A	6
La suivante des trois & australe	♓	14	44		16	23	A	6
La boreale des trois suivantes	♓	7	54½		14	45	A	5
La moyenne d'icelles trois	♓	8	21		15	30	A	5
L'australe de ces trois	♓	9	50		16	31	A	5
La plus haute des trois au dernier detour	♓	4	25		14	25½	A	5
La moyenne	♓	4	2		15	40	A	5
La plus basse, plus prochaine de Famahant	♓	3	17		15	53	A	5
La derniere & l'effusion, Fomahant	♒	28	11½		21	0	A	1

PISCES, *Les* Poissons.

Denomination	S	Deg.	Mi.		Deg.	Mi.		Grandeur
En la bouche du poisson austral	♓	13	2		9	4	B	5
L'australe des deux au derriere la teste	♓	15	50½		7	17½	B	4

La

Denomination des Estoilles.	Longitude S	Deg.	Mi.		Latitude Deg.	Mi.		Grandeur.
La boreale au derriere la teste	♓	17	30½		8	54½	B	6
La premiere des deux au dos	♓	19	42		9	3	B	5
La suivante au dos	♓	21	56½		7	13½	B	5
La premiere au ventre	♓	17	21		4	27	B	5
La suivante au ventre	♓	21	5		3	25	B	5
En la queüe	♓	27	2		6	23½	B	5
Dessus icelle vers levant	♓	28	27		7	27	B	6
La suivante	♈	2	29		5	28	B	6
Au filet austral la premiere des trois luisantes	♈	8	36		2	11	B	4
La moyenne d'icelles	♈	11	58		1	5½	B	4
La suivante	♈	14	19		0	57½	B	4
La premiere & boreale des deux au pliement du filet	♈	12	25		1	31	A	6
La suivante d'icelles vers midy	♈	13	46		4	19½	A	6
La premiere des trois apres le pliement	♈	17	33		3	3	A	5
La moyenne	♈	19	56		4	40½	A	5
La suivante & derniere	♈	21	57½		7	56	A	5
La plus luisante & la liaison des filets	♈	23	47½		9	4½	A	3
Au filet boreal la premiere depuis la liaison	♈	22	12		1	38½	B	5
L'australe des trois apres icelle	♈	21	16		1	51½	B	5
La moyenne & plus luisante en la liaison boreale	♈	21	16		5	21	B	4
La boreale des trois & derniere du filet	♈	21	36½		9	24	B	5
La boreale des deux en la bouche du poisson boreal	♈	23	15		22	0	B	6
L'australe	♈	22	49½		20	43	B	5
La boreale du Triangle au chef	♈	19	22½		20	55	B	6
L'australe du mesme Triangle	♈	18	6½		19	24	B	6
La moyenne & antecedente du Triangle (d'Andromede	♈	17	3½		20	24	B	6
La premiere des trois en l'espine, boreale, puis le coude	♈	17	56½		13	21	B	5
La moyenne	♈	18	2½		12	21½	B	6
La plus basse des trois	♈	18	9		11	21	B	6
La boreale des deux au ventre	♈	23	18		17	26	B	5
La plus australe	♈	20	58½		15	30	B	5
La suivante la moyenne en l'espine australe	♈	19	0		12	27½	B	5
Celle suivant la boreale au ventre vers le septentrion	♈	24	11	*	18	31	B	6
Au derriere la teste du Poisson boreal	♈	21	41	*	23	3	B	6

Secondement des Estoilles vers le Septentrion.

L'OURSE MINEURE, *Cynosure*.

Denomination	S	Deg.	Mi.		Deg.	Mi.		Grandeur
Au bout de la queuë, vulgairement Polaire	♊	23	2½		66	2	B	2
La suivante	♊	25	36		69	50½	B	4
Celle qui est à la croupiere	♋	3	24		73	50	B	4
La plus haute des deux suivantes au □	♋	21	29		75	0	B	4
La plus basse d'icelles	♋	24	52		77	38½	B	5
La plus haute des deux precedentes au □	♌	7	16½		72	51½	B	2
La plus basse d'icelles (de l'ourse mineur	♌	14	41		75	23½	B	3
L'australe des deux informes dessus la luisante du chaignon	♌	2	54		71	23	B	
Celle qui est dessus ceste-cy	♋	27	20½		70	18	B	

Les petites Estoilles informes al'entour ceste Constellation.

Denomination	S	Deg.	Mi.		Deg.	Mi.		Grandeur
La premiere de celles presqu'en ligne droite avec le Pole &	♊	17	17		35	50	B	6
La seconde d'icelles (le chef	♊	17	28		37	20	B	6
La tierce obscure	♊	17	45		40	13	B	6
La quarte	♊	18	3		42	56	B	6
La premiere des informes al'entour de la Polaire	♋	21	38		57	55	B	6

Denomination des Estoilles.	Longitude S	Deg.	Mi.		Latitude Deg.	Mi.		Grandeur.
La seconde d'icelles	♊	21	55		70	42	B	6
La tierce	♊	24	31		69	8	B	6
La quarte	♊	15	7		68	4	B	6
La quinte	♊	7	22		67	13	B	6
La sixiesme	♊	9	57		67	22	B	6
La prochaine de la Polaire	♊	26	30		63	55	B	6
L'OVRSE MAIEVRE, *Helice*.								
Celle du naseau	♋	17	36½		40	2½	B	4
Soubs l'œil senestre	♋	17	10		43	55½	B	4
La joignante soubs icelle	♋	16	8	*	44	22	B	5
Sur l'œil dextre	♋	18	25		47	50½	B	4
Sur l'œil senestre	♋	19	44½		47	44½	B	4
En l'oreille senestre	♋	24	42½		51	36½	B	5
La premiere & plus basse du petit △ du col	♋	23	50		42	30	B	5
La suivante en iceluy triangle	♋	25	2		45	3	B	4
La plus haute au sommet du mesme △	♋	28	0	*	46	21½	B	5
La suivante le triangle au col	♌	0	38		42	36	B	4
La suivante soubs icelle	♌	3	38½		38	15½	B	4
Au genouïl senestre de devant	♌	0	32½		34	34½	B	3
La boreale des deux au pied dextre	♋	25	56		29	15½	B	3
L'australe	♋	27	10		28	38	B	3
Dessoubs le genouïl dextre	♋	27	7		33	30	B	5
En iceluy genouïl dextre	♋	27	26		36	6	B	5
La plus haute des premieres du grand □	♌	9	34		49	40	B	2
La plus basse d'icelles	♌	13	43½		45	3½	B	2
La plus haute des suivantes du □	♌	25	25½		51	37	B	2
La plus basse d'icelles	♌	24	45		47	6½	B	2
La plus haute du pied senestre de derriere	♌	13	56½		29	51½	B	4
La suivante & australe	♌	15	4½		28	45	B	4
Au genouïl du premier des pieds de derriere	♌	22	33		35	14	B	4
La premiere des deux en la patte dextre de derriere	♍	0	55		26	14	B	4
La suivante & plus australe	♍	1	36		24	54	B	4
La premiere de la queuë	♍	3	10		54	18	B	2
La seconde	♍	9	56½		56	22	B	2
La derniere au bout de la queuë	♍	21	12		54	25	B	2
L'informe entre icelle queuë & celle du Lion	♍	17	43½		40	6	B	2
Celle de la fesse	♌	28	10		41	30	B	4
En la patte gauche de derriere (du chef du Lion	♌	21	2		33	1	B	5
L'informe entre la patte de devant de l'Ourse & la premiere	♌	6	17		17	55	B	3
Celle dessus ceste-cy vers levant	♌	8	10		20	42	B	4
Celle qui precede ceste-cy	♌	5	0		20	5	B	4
La suivante des deux devant ceste-cy	♌	1	57		20	51	B	4
La premiere d'icelles	♋	29	42	•	23	41	B	4
La precedente entre le pied posterieur & le Lion	♌	14	12		21	53	B	4
La suivante vers septentrion	♌	18	55		25	4	B	4
Celle qui suit ceste-cy vers midy	♌	19	57		24	59	B	5
La premiere des deux en la base du Trigone	♌	23	22½		21	38	B	5
La suivante	♌	26	9		20	44	B	5
La tierce & boreale au Trigone (chevelure de Berenice	♌	25	19		24	58	B	4
Celle entre la fesse de l'Ourse & la suivante informe dessus la	♍	12	16		40	30	B	5
Les petites Estoilles informes al'entour de ceste Constellation.								
La premiere de celles qui sont entre la derniere & deuxies-	♋	21	29		53	8	B	6
La seconde d'icelles (me de la queuë	♋	23	55		47	14	B	6
La tierce (l'Ourse majeure & la queuë du ♌	♋	19	49		47	30	B	6
La 1e de celles qui sont soubs l'informe entre la queuë de	♌	23	17		46	50	B	6

La

Denomination des Estoilles.	Longitude S	Deg.	Mi.		Latitude Deg.	Mi.		Grandeur.
La seconde d'icelles	♍	3	58		47	55	B	6
La tierce	♍	6	0		48	40	B	6
La quarte	♍	6	30		49	42	B	6
La quinte	♍	6	19		49	42	B	6
La sixiesme	♍	19	5		49	0	B	6
La septieme	♍	18	1		49	27	B	6
La huictieme	♍	25	42		48	11	B	6
La neufvieme	♍	16	2		52	25	B	6
La petit joignant la cuisse	♌	1	41		35	40	B	6

DRACO, *Le* Dragon.

Denomination des Estoilles.	S	Deg.	Mi.		Deg.	Mi.		Grandeur.
Celle de la langue	♏	18	56½		76	17	B	4
En la gueule	♐	4	14½		78	14½	B	4
La premiere des deux luisantes au chef	♐	6	19½		75	21	B	3
Celle qui est en la jouë	♐	19	3		80	21½	B	4
La suivante des luisantes, vulgairement la luisante du chef	♐	22	24		75	3½	B	3
La boreale des trois au premier courbement du col	♑	17	4		81	53	B	5
l'Australe	♑	24	31		77	57	B	5
La moyenne d'icelles	♑	20	33½		79	51½	B	5
La suivante vers levant	♒	9	29		80	53½	B	4
Celle qui est pres le second courbement	♓	28	33		81	51	B	4
La boreale du quarré de la seconde flexure	♈	12	26½		82	49	B	3
La boreale du costé suivant	♈	15	21		78	9½	B	4
l'Australe d'iceluy costé	♈	27	47		79	25	B	3
La premiere du Triangle suivant	♉	15	18		83	5	B	4
Celle qui suit vers midy	♉	19	40½		80	38	B	4
Celle dessus ceste-cy	♈	26	44		80	54	B	4
La suivante de l'autre Triangle	♋	6	34½		83	4½	B	4
l'Australe du mesme	♋	1	28		83	28½	B	4
La premiere & boreale du Triangle	♊	5	31		84	48½	B	4
Celle au recourbement du troisieme noeud	♌	29	44½		81	4½	B	3
La prochaine du Pole du Zodiac	♌	6	26		86	53	B	4
Celle qui la suit	♍	28	21		83	18	B	5
Suivant icelle	♍	28	22		81	41	B	5
Plus pres du Pole, mediocrement luisante	♍	26	51½		84	46	B	3
La quatrieme devant la derniere flexure	♎	7	55		78	32	B	3
La troisieme devant le derniere recourbement	♎	12	28½		74	11½	B	3
La seconde devant le recourbement	♍	29	22		71	4	B	3
La seconde suivant le recourbement	♌	29	17		65	18	B	5
La premiere apres le recourbement	♍	2	10½		66	36	B	2
La penultieme en la queuë	♌	10	26		61	33	B	3
La derniere de la queuë	♌	4	37½		57	7	B	3
Entre l'11 & le bras de Cephée une informe	♈	1	4	*	77	31½	B	5

CEPHEE.

Denomination des Estoilles.	S	Deg.	Mi.		Deg.	Mi.		Grandeur.
En la ceinture	♉	0	13		71	7	B	3
La luisante en l'espaule	♈	7	13		68	54	B	3
Celle de l'espaule senestre	♈	27	53½		62	35	B	4
Celle qui suit en la Couronne vers septentrion	♈	8	29		61	3	B	4
Celle en la Couronne vers midy	♈	7	53½		59	59	B	4
Celle en la Couronne vers levant	♈	13	39		58	46	B	4
l'Australe des deux au recourbement du bras dextre	♓	29	21		71	49	B	4
La boreale	♓	29	54		74	0½	B	4
Celle des espaules	♈	18	46		65	42	B	5
Au pied dextre	♉	27	33		75	27	B	4
Au pied senestre	♈	24	23		64	28	B	3

Denomination des Estoilles.	Longitude S	Deg.	Mi	—	Latitude Deg.	Mi.		Grandeur.
BOOTES, *le* Bouvier.								
La premiere des trois en la main senestre	♍	24	5½		58	53	B	4
La seconde	♍	25	33		58	51	B	4
La tierce	♍	26	59½		50	5	B	4
Au coude senestre	♎	1	18		54	40	B	4
En l'espaule senestre	♎	12	5½		49	33½	B	3
Au chef	♎	18	43½		54	15½	B	3
En l'espaule dextre dessus la Couronne	♎	27	29½		49	1	B	3
En la hanche soubs le bras dextre	♎	22	29½		40	40	B	3
La plus basse des deux se joignanes au dos	♎	18	16½		42	11	B	4
La plus haute d'icelles	♎	17	17½		42	35½	B	4
Celle de la jambe dextre	♎	27	26½		27	57	B	3
La plus haute en la jambe senestre	♎	13	42		28	9	B	3
La moyenne	♎	12	25		26	33	B	4
La plus basse	♎	13	37		25	14½	B	4
En la frange de sa robe : ARCTVRE	♎	18	39½		31	2½	B	1
La plus basse des trois informes aupres du geuouïl dextre	♎	26	13½	*	30	27½	B	4
La moyenne	♎	27	11	*	31	22	B	4
La plus haute	♎	27	52	*	33	52	B	4
La premiere des quatre en la main dextre	♎	28	11		40	14½	B	5
La suivante vers midy	♎	29	40		40	31½	B	5
La boreale	♎	27	53		42	16	B	5
Celle qui suit ceste-cy	♎	29	16		41	55	B	6
La premiere & australe des deux soubs la main en sa massuë	♎	29	34½		45	6	B	5
La suivante	♎	1	26½		46	52	B	5
La plus haute en sa massuë	♎	27	32		53	27½	B	4
L'informe suivant icelle	♍	2	35		54	0	B	4
Petites Estoilles informes al'entour ceste Constellation.								
La premiere des deux dessus la teste de Bootes, en droite ligne	♎	11	49		60	40	B	6
La seconde d'icelles (avec la derniere flexure & chef du ♌	♎	12	33		60	57	B	6
***la* Chevelure *de* BERENICE.**								
A la pointe du premier Triangle & boreal	♍	18	17		28	25	B	3
La plus haute des suivantes deux se joignants	♍	18	42		27	24	B	4
Celle de la pointe australe du petit △	♍	28	15		28	32	B	5
La plus basse des 2 se joignants	♍	18	46		27	20	B	4
Celle qui suit les joignantes	♍	19	19		27	7	B	4
La premiere des deux australes se joignants	♍	18	25		25	51	B	4
L'autre vers levant	♍	18	49		26	7	B	4
Celle qui precede vers midy	♍	18	0		23	30	B	4
La suivante des joignantes	♍	21	10		25	16	B	4
l'Autre des joignantes	♍	20	51		24	56	B	4
La plus basse suivante	♍	22	52		24	0½	B	4
La derniere en l'extension de la Chevelure	♍	28	58½		32	46	B	4
Celle qui la precede de plus pres	♍	27	49		31	42	B	4
Celle qui precede celle-cy	♍	24	17		30	16	B	4
***la* COVRONNE BOREALE.**								
La luisante en la Couronne	♏	6	38½		44	23	B	2
La precedente	♏	3	37		46	8	B	4
Celle qui est sur ceste-cy	♏	3	10½		48	25	B	5
Celle qui suit d'avantage vers septentrion	♏	8	2		50	21	B	6
Celle qui suit la luisante	♏	9	14½		44	33	B	4
La prochaine suivante	♏	11	25		44	52	B	4
Celle qui accompagne ceste-cy	♏	13	32		46	9½	B	4
La derniere de toutes	♏	13	2		48	24	B	6

HERCV-

Denomination des Estoilles.	Longitude S	Deg.	Mi.		Latitude Deg.	Mi.		Grandeur.
HERCVLES L'agenouillé.								
Au chef	♐	10	31		37	23	B	3
En l'espaule dextre	♏	25	27½		42	48	B	3
La penultieme du bras dextre	♏	23	36		40	5½	B	3
La plus basse au bras dextre	♏	20	6½		37	19	B	4
En l'espaule senestre	♐	9	10		47	47	B	3
Au bras senestre	♐	14	22		49	23	B	4
La premiere en la peau du Lion	♐	19	36		51	16½	B	4
La suivante au triangle de la peau	♐	27	19		52	19	B	4
En la base du Triangle vers septentrion	♐	23	57		53	46	B	4
La moyenne de celles qui sont en la peau	♐	23	38		52	47	B	4
Celle qui est en la hanche senestre	♏	26	2		53	10½	B	3
La plus orientale de ceste-cy en la cuisse senestre	♐	2	45½		53	21	B	3
La premiere des trois joignantes en la cuisse	♐	6	21½		59	38	B	4
La moyenne	♐	7	19		60	11½	B	4
La suivante	♐	9	47½		60	13½	B	4
Au genouïl senestre	♐	22	56		60	47	B	3
Celle qui est au gras de la jambe senestre proche le chef du (Dragon	♐	14	17		69	22	B	3
La premiere des trois obscures au pied senestre	♐	7	5½		71	20	B	6
La moyenne d'icelles	♐	11	7		71	13½	B	6
La derniere	♐	18	0		71	5	B	neb.
En la cuisse superieure & dextre	♏	23	8½		60	22½	B	3
La boreale en la mesme cuisse	♏	17	39½		63	14	B	4
Celle qui est au genouïl dextre	♏	8	43½		65	55	B	4
Celle qui est au gras de la jambe superieure	♏	5	57½		63	51	B	4
Celle qui est en la jambe	♏	2	43		64	23	B	4
La premiere en la jambe dextre	♏	16	32	*	62	29½	B	5
En la jambe dextre vers le talon	♏	2	28½		60	15½	B	4
La derniere au pied dextre.	♎	27	6½		57	15½	B	4
LYRA, *La* Harpe.								
La luisante en la Harpe, Wega.	♑	9	43		61	47½	B	1
Celle de dessus la luisante vers septentrion	♑	13	14		62	27	B	5
Sous la luisante vers levant	♑	12	26		60	26	B	5
Celle du milieu de la sortie des cornes	♑	16	10½		59	26	B	4
La boreale des deux joignantes	♑	24	32½		60	46	B	5
L'australe	♑	25	2		59	41	B	5
La boreale des deux premieres en la joincture	♑	13	16½		56	5	B	3
La petite sous icelle	♑	13	3½		55	16	B	6
La boreale des deux suivantes en la joincture	♑	16	11		55	6	B	3
La petite sous icelle	♑	16	20		54	31½	B	6
Celle du milieu du corps	♑	20	52		58	6	B	5
CYGNVS, *Le* Cygne.								
Au bec	♑	25	44		49	2	B	3
Au chef	♑	29	20		50	42	B	5
Au milieu du col	♒	7	33		54	19	B	4
En la poictrine	♒	19	25		57	9½	B	3
En la queuë	♒	29	53½		59	56½	B	2
La premiere & plus luisante au coing de l'aile superieure	♒	10	53		64	28	B	3
L'australe des trois en l'aile superieure	♒	13	21		69	42	B	4
La penultieme de l'aile superieure	♒	12	39½		71	31	B	4
La derniere de l'aile superieure	♒	9	36½		73	50½	B	4
Celle qui est au coing de l'aile inferieure	♒	22	9		49	26	B	3
Au milieu d'icelle	♒	24	18½		51	41¼	B	4
La derniere de l'aile inferieure	♒	27	43		43	44	B	3

La

Denomination des Estoilles.	Longitude				Latitude			Grandeur.
	S	Deg.	Mi.		Deg.	Mi.		
La premiere au pied precedent	♓	0	32		54	59	B	4
Celle qui suit au genouïl de dessous (rieur	♓	5	21½		56	36	B	4
L'australe & precedente des deux joignantes au pied supe-	♒	22	50		63	37	B	4
La suivante d'icelles & la plus boreale	♒	24	34½		64	17½	B	4
La plus basse des deux informes suivantes l'aile dextre	♓	3	3½		50	33	B	4
La plus haute d'icelles	♓	4	53½		51	31	B	4
Au bout de l'aile dextre du Cygne	♓	4	33		38	39	B	4
La plus basse precedente des deux informes entre la Haupe	♑	19	57		66	15	B	4
La plus haute d'icelles (& l'aile superieure du Cygne	♑	24	49½		68	52	B	4

Petites Estoilles informes al'entour de ceste Constellation.

Denomination des Estoilles.	S	Deg.	Mi.		Deg.	Mi.		Grandeur.
La plus basse des trois en l'aile superieure du Cygne	♒	13	31		69	35	B	6
Celle qui est en l'aile inferieure du Cygne	♒	28	44		25	11	B	6
Celle qui est en la cuisse inferieure d'iceluy	♒	25	22		35	35	B	6
La derniere en l'aile inferieure du Cygne	♒	18	15		53	12	B	6
Celle qui est en l'aile superieure du Cygne	♒	13	18		69	42	B	6

CASS'IOPÉE.

Denomination des Estoilles.	S	Deg.	Mi.		Deg.	Mi.		Grandeur.
Au chef.	♈	29	35		44	40½	B	4
En la poictrine, SCHEDIR	♉	2	17½		46	35½	B	3
En la ceinture	♉	4	38		47	5	B	4
En la flexure aux hanches	♉	8	27½		48	46	B	3
Au genouïl	♉	12	21		46	22	B	3
En la jambe	♉	19	13½		47	29	B	3
La derniere au pied	♉	26	30		48	54	B	4
Au bras gauche	♉	6	14½		43	6½	B	4
Au coude gauche	♉	5	16		43	28	B	5
Au coude dextre	♈	24	39		49	24½	B	6
En l'erection du siege	♉	7	6		52	14	B	4
La luisante du siege	♈	29	35½		51	14½	B	3
La derniere du siege	♈	25	34		51	8	B	6
Celle qui est joignant ceste cy vers l'extremité du siege	♈	25	32	*	52	39	B	6
Celle qui est presqu'en ligne droite avec la XI & XVII	♉	19	28	*	52	48	B	6
La derniere de l'escabeau	♉	22	21	*	56	13	B	6
La moyenne de l'escabeau	♉	22	33	*	54	27	B	6
En l'escabeau proche de la plante du pied	♉	21	58	*	52	8½	B	6
Celle qui suit le genouïl	♉	12	57½	*	44	57½	B	6
Celle qui precede le genouïl	♉	10	0	*	45	4½	B	6
Le milieu de nombril	♉	6	52	*	47	31½	B	6
La petite en la chevelure de Cassiopée	♈	29	10	*	45	38	B	6
La suivante des deux boreales en la verge	♈	29	32	*	41	15	B	6
La precedente d'icelles	♈	27	57	*	41	25½	B	6
La penultieme de la verge	♈	26	56	*	39	15½	B	6
La derniere de la verge.	♈	25	54½	*	38	9	B	6

Petites Estoilles informes al'entour de ceste Constellation.

Denomination des Estoilles.	S	Deg.	Mi.		Deg.	Mi.		Grandeur.
La premiere dessus le siege de Cassiopée	♊	1	46		53	16	B	6
La seconde d'icelles	♊	6	12		53	32	B	6
La tierce	♊	0	11		52	4	B	6
La quarte	♊	6	45		49	8	B	6
Celle qui est en la pointe du petit triangle le plus proche du							B	6
La 1e informe pres de l'ourse mineure (Pole du Zodiac	♊	27	19		35	48	B	6
La seconde d'icelles	♋	2	33		34	49	B	6
La tierce	♋	3	0		38	22	B	6
La quarte	♋	0	45		44	10	B	6
La quinte	♋	0	57		45	32	B	6
La sixieme	♊	26	15		45	43	B	
La septieme	♋	0	10		54			

l'Octave

Denomination des Estoilles.	Longitude S	Longitude Deg.	Longitude Mi.		Latitude Deg.	Latitude Mi.		Grandeur.
l'Octave	♊	27	45		56		B	
La neufieme	♋	4	1		59		B	
La dixieme	♊	29	5		59		B	
l'Onzieme	♋	7	54		60		B	
La douzieme	♋	10	14		62		B	
La trezieme	♋	9	37		62		B	
La quatorzieme	♋	20	58		63		B	

PERSEE'.

Denomination des Estoilles.	S	Deg.	Mi.		Deg.	Mi.		Grandeur.
En l'extreme entortillement de la main dextre	♉	18	31½		39	0½	B	6
Au coude dextre	♉	23	9½		37	28½	B	4
En l'espaule dextre	♉	24	26½		34	30	B	3
Celle qui est en l'espaule gauche	♉	19	4½		31	34½	B	4
Celle qui est au sommet de la teste	♉	21	50		34	26½	B	5
Celle qui est au dos	♉	23	33		30	36½	B	4
La resplendissante au costé droict	♉	26	17		30	5	B	2
La plus prochaine suivant en bas	♉	27	4½		27	59	B	5
La petite qui suit celle-cy	♉	28	13½		27	55	B	5
Celle qui est au courbement du costé droict	♉	29	15		27	14	B	3
Celle au coude gauche	♉	22	6		26	4	B	4
Le chef Meduse ou ALGOL	♉	20	37		22	22	B	3
Celle de dessoubs Algol	♉	20	31		20	54	B	5
La precedente icelle	♉	19	18		20	33	B	4
La precedente vers septentrion au mesme chef	♉	18	20		21	35	B	4
Au jarret droict	♊	6	13½		28	22½	B	5
Celle precedent le genoüil droict	♊	4	11½		28	50	B	4
Celle precedent le courbement du genoüil	♊	3	55		26	11	B	5
La moyenne au genoüil droict	♊	5	14		26	39	B	4
Celle de dessoubs le genoüil droict	♊	6	0		24	35	B	6
Celle de la plante du pied droict	♊	8	1		18	56	B	5
Celle de la cuisse gauche	♉	28	11		22	6	B	4
Celle du genoüil gauche	♊	0	8		19	4	B	3
Celle de la jambe gauche	♉	29	23½		14	53½	B	5
Celle du talon gauche	♉	25	33		12	8	B	4
Celle du pied gauche	♉	27	36		11	17½	B	3
l'Informe dessus le chef	♉	26	45	*	42	26	B	5
Celle qui est en la part superieure de la cuisse droicte	♊	2	32		29	31	B	5
l'Informe precedent le chef Meduse	♉	16	16		20	53	B	4

Petites Estoilles informes al'entour ceste Constellation.

Denomination des Estoilles.	S	Deg.	Mi.		Deg.	Mi.		Grandeur.
La premiere de celles qui sont en droicte ligne avec le costé	♊	2	18		45	10	B	6
La seconde d'icelles (du Perseé & l'estoille Polaire	♊	4	2		48	7	B	6
La tierce	♊	4	41		49	27	B	6
La quarte	♊	6	15		53	37	B	6

ERICHTONIVS, *Le* Chartier.

Denomination des Estoilles.	S	Deg.	Mi.		Deg.	Mi.		Grandeur.
La superieure & precedente des deux au chef	♊	23	38		32	15	B	6
l'Inferieure & suivante	♊	24	14		30	50	B	4
La resplendissante en l'espaule gauche, CAPELLA	♊	16	16		22	50½	B	1
La luisante en l'espaule droicte	♊	24	28		21	27½	B	2
Au bras droict	♊	23	59		13	44	B	4
Celle du coude gauche	♊	13	9		20	52	B	4
Le premier Cheureau	♊	13	5½		18	8½	B	4
Le second Cheureau	♊	13	49½		18	11½	B	4
Au pied superieur	♊	11	4½		10	22	B	4
Celle de dessus la luisante en l'espaule droicte	♊	24	25½		27	27	B	5
La boreale des deux au table	♊	16	52½		18	34½	B	6
l'Australe	♊	16	6½		16	59	B	5

Denomination des Estoilles.	Longitude S	Deg.	Mi.		Latitude Deg.	Mi.		Grandeur.
Celle dessoubs ceste-cy vers couchant	♊	14	58		15	21½	B	5
Celle qui la suit	♊	17	9		14	4	B	6
Celle dessoubs les Cheureaux aupres des fesses	♊	12	0		15	3	B	5
La premiere des deux au bras droict	♊	22	12½		15	42½	B	5
La suivante	♊	22	44		15	43	B	5
Celle qui est dessoubs ceste-cy en la jambe droicte	♊	22	35		13	49	B	6
Celle de la jambe senestre	♊	16	39½		11	15	B	5
Au pied droict	♊	18	34		8	51	B	5
La premiere des deux informes aupres du Chartier	♊	10	4½		14	51	B	5
La suivante & australe (tal des ♊	♊	10	31		14	2	B	5
La boreale des informes entre le Chartier & le pied orien-	♊	27	47		6	4	B	4
La seconde	♊	22	58		4	6	B	4
Celle qui est dessoubs ceste-cy vers levant	♊	23	58		2	26	B	4
Celle qui la precede	♊	19	52½		2	28	B	4
La precedente de toutes	♊	21	55		1	6	B	4

Les suivantes appartiennent à l'Ophiuche & son Serpent.

Denomination des Estoilles.	Longitude S	Deg.	Mi.		Latitude Deg.	Mi.		Grandeur.
En la jambe droicte de Ophiuche	♐	14	23		2	12	B	4
La premiere des quatre au pied droict	♐	15	1		2	16	B	3
La suivante	♐	15	43		1	32	B	4
La tierce suivante	♐	16	23		0	20	B	4
l'Autre suivante	♐	17	12		0	29	B	5
Celle qui touche le talon	♐	17	36		0	58	B	5
En la jambe droicte embas	♐	16	50		7	10	A	5
l'Informe hors la jambe	♐	21	45		4	20	A	6
Celle qui suit les deux en la main	♐	0	7		23	34	B	5
Celle de la cuisse d'Ophiuche	♐	15	0		10	18	B	5
La suivante plus australe	♐	19	2		8	5	B	4
Celle qui est vers les deux en la main droicte	♐	20	4		10	40	B	5
La plus boreale	♐	19	5		15	16	B	5

OPHIVCHVS, *Le* Serpentier.

Denomination des Estoilles.	Longitude S	Deg.	Mi.		Latitude Deg.	Mi.		Grandeur.
Au chef	♐	16	50		35	57	B	3
En l'espaule droicte	♐	19	45		28	1	B	3
l'Inferieure & suivante en l'espaule droicte	♐	21	5		26	11	B	3
La premiere en l'espaule gauche	♐	4	59½		32	35½	B	4
La suivante en la mesme espaule	♐	6	16		31	56	B	4
Celle du coude gauche	♐	0	3		23	39½	B	4
La plus boreale en la main gauche	♏	26	44½		17	19	B	3
La suivante & plus australe	♏	27	57		16	30½	B	3
Au coude droict	♐	19	3		15	19	B	4
l'Australe & precedente en la main dextre	♐	24	13½		13	47	B	4
La boreale & suivante en la mesme main	♐	25	14½		15	20	B	5
Au genoüil droit	♐	12	24		7	18	B	3
Celle du genoüil gauche	♐	3	39		11	30	B	3
En la jambe droicte	♐	12	24		7	18½	B	3
La cinquieme informe en la voye laicteé	♐	26	31		33	2½	B	4
Celle de dessus la luisante au col du Serpent	♏	16	48		26	36½	B	4
Celle d'apres la cuisse droicte d'Ophiuche en derriere	♐	14	49		10	21	B	4
l'Australe des deux suivantes	♐	18	57		8	4	B	3
La boreale	♐	19	48		10	35	B	4
Celle de dessus ceste-cy	♐	18	45		15	18	B	4
Celle d'entre la main gauche & genoüil d'Ophiuche	♐	0	57		13	19	B	5
La boreale des informes environ l'espaule droicte d'Ophiu-	♐	24	30		27	55	B	4
La moyenne d'icelles (che vers orient	♐	24	38		26	23	B	4
l'Australe des trois	♐	24	53		24	50	B	4
Celle qui suit les trois	♐	25	58		26	10	B	4

SON

Denomination des Estoilles.	Longitude S	Deg.	Mi.	Latitude Deg.	Mi.		Grandeur.
SON SERPENT.							
La premiere de la gueule	♏	11	35½	38	12	B	5
Celle qui est en la gueule	♏	14	24½	39	6½	B	3
Celle qui est en la temple	♏	17	6½	35	25	B	3
En la sortie du col	♏	14	21½	34	27½	B	3
Celle de l'œil senestre	♏	15	10	37	28½	B	4
Celle des naseaux	♏	16	32	42	37	B	4
La seconde du col dessoubs le chef	♏	12	46½	28	58	B	3
Au moyen moüement du col	♏	16	30	25	35½	B	2
l'Australe des trois	♏	18	46½	24	5½	B	3
Celle qui est au second courbement	♏	20	26½	16	26½	B	4
l'Antepenultieme de la queuë	♐	24	34½	19	57	B	3
La penultieme	♑	0	12½	20	37½	B	3
La derniere	♑	10	10½	26	59	B	3
LA SAGETTE.							
La plus haute & orientale	♒	1	32	39	13	B	4
La moyenne ou precedent ceste-cy	♑	27	55	38	58½	B	5
La petite qui est dessus la moyenne	♑	28	31	39	31	B	6
La plus haute des deux se joignantes en la coche	♑	25	30½	38	53	B	4
La plus basse d'icelles	♑	25	39	38	18	B	4
La plus basse des deux informes dessus la Sagette	♒	0	13	42	43	B	4
La superieure d'icelles informes	♒	1	36	44	2	B	4
La tierce en l'oxygone des mesmes informes	♑	23	57	46	3	B	4
VULTUR, l'Aigle.							
Celle du chef	♑	29	28½	27	8½	B	6
Au col	♑	26	53	26	49½	B	3
La luisante sur les espaules	♑	26	9	29	21½	B	2
La petite dessus la luisante	♑	25	33	30	54½	B	6
Celle de l'espaule gauche	♑	25	26	31	18	B	3
La petite qui suit	♑	26	8½	31	59	B	5
La plus haute & premiere en l'aile inferieure	♑	21	16½	28	46½	B	4
La plus basse & suivante en l'aile	♑	22	14	26	35	B	5
La queuë du vautour	♑	14	15½	36	16½	B	3
l'Informe precedant depres la queuë	♑	12	44	37	40	B	3
La moyenne des informes dessus la queuë	♑	9	12	43	32½	B	4
La suivante dessus la queuë des informes	♑	9	17½	41	5	B	4
ANTINOUS, *Le* Garçon.							
La main gauche	♑	29	21½	18	48	B	3
Le costé droict	♑	20	17½	20	14½	B	3
Le genoüil	♑	19	17½	14	28	B	3
Celle du bras droict	♑	18	1	24	56	B	3
Celle de la poictrine	♑	24	50	21	38	B	3
Au pied droict	♑	11	46	17	41	B	3
l'Informe precedent celle-cy	♑	10	29	16	57	B	4
LE DAUPHIN.							
La luisante en la queuë	♒	8	32	29	8	B	3
Celle qui suit la queuë	♒	9	48	28	52½	B	6
Celle de dessoubs la queuë	♒	9	42	27	34	B	6
l'Australe du premier costé de la lozenge	♒	10	56	31	57½	B	3
La boreale du mesme costé	♒	11	50½	33	5	B	3
l'Australe du costé suivant	♒	13	36½	32	01	B	3
Celle de la teste	♒	13	52½	32	47	B	3
La joignante la premiere du costé precedent de la lozenge	♒	10	17	32	8½	B	5

Celle

Denomination des Estoilles.	Longitude S	Deg.	Mi.		Latitude Deg.	Mi.		Grandeur.
Celle qui precede des deux plus basses que la lozenge	♒	9	18		30	41½	B	6
Celle qui suit d'icelles	♒	10	42		30	41	B	6
LE PETIT CHEVAL.								
La premiere en la teste	♒	17	32½		20	12½	B	4
La seconde de la teste	♒	19	54½		21	6	B	4
La premiere de la bouche	♒	17	54		25	16	B	4
La suivante de la bouche	♒	18	54½		24	52	B	4
PEGASE, ***Le*** **Cheval volant.**								
La bouche de Pegase	♒	26	22		22	7½	B	3
Le chef	♓	1	15½		16	25	B	4
l'Australe au chef	♒	29	45½		15	43	B	5
La plus basse & suivante au crin	♓	13	0		14	30½	B	6
La plus haute & premiere au crin	♓	12	44		15	43½	B	6
La luisante du col	♓	10	39½		17	41	B	3
La suivante au col	♓	12	25		18	29	B	5
La jambe gauche	♓	3	23		36	42½	B	4
Le genoüil gauche	♓	8	50		34	19	B	4
La jambe dextre	♓	14	3½		41	0½	B	4
La premiere des deux au poictral	♓	17	29½		28	49	B	4
La suivante	♓	18	53½		29	24½	B	4
Le genoüil droict	♓	20	10½		35	7½	B	3
Au mesme genoüil vers midy	♓	19	25		34	24½	B	5
La premiere des deux en l'aile	♓	25	33		25	35	B	6
La suivante & australe en l'aile	♓	27	6		24	50½	B	6
La premiere de l'aile, Marchab	♓	17	56½		19	26	B	2
A la sortie de la jambe, Scheat	♓	23	49½		31	7½	B	2
Au bout de l'aile	♈	3	38		12	35	B	2
Au col de Pegaze (celle qui est en droite lig. à l'aile de Pegaze	♓	6	28		20	51	B	4
l'Informe entre la bouche de Pegaze & le pied gauche, &	♒	24	51		33	21	B	4
Celle qui est dessus ceste-cy	♒	28	47		36	11	B	4
Celle qui suit la premiere	♓	15	15½		23	16	B	4
ANDROMEDE.								
Le chef	♈	8	47		25	42	B	2
La plus basse en l'espaule droicte	♈	17	6½		27	6½	B	5
La plus basse en l'espaule gauche	♈	15	25		23	3½	B	4
La plus australe des trois au bras droict	♈	14	58		31	33	B	5
La boreale	♈	15	45½		33	20½	B	4
La moyenne	♈	16	7		32	14½	B	5
l'Australe en la main superieure	♈	10	28		40	56½	B	4
La boreale	♈	11	46		41	44	B	4
l'Obscure en icelle	♈	14	23		42	8	B	5
La plus haute des toutes, en la main boreale	♈	12	47		43	49½	B	4
La premiere & plus haute des deux au bras gauche	♈	15	9		17	48	B	4
Celle du coude gauche	♈	16	53½		15	58	B	5
La plus australe en la ceinture	♈	24	49		25	59½	B	2
La moyenne	♈	24	6½		30	33½	B	4
La boreale	♈	23	36		32	30	B	4
La luisante au pied austral	♉	8	39		27	46½	B	2
La derniere du pied superieur	♉	9	6½	*	36	49½	B	5
La plus luisante & premiere du pied droict	♉	6	52		35	21½	B	4
La plus haute au gras de la jambe gauche	♉	5	6		28	59	B	5
La plus basse	♉	3	23		27	54½	B	5
Celle du genoüil droict	♉	0	56		36	20	B	5
Celle du dernier anneau de la chaine	♓	24	0	*	57	19	B	4
La plus claire & plus haute en l'espaule gauche	♈	16	19½		24	20	B	3

LE

Denomination des Estoilles.	Longitude S	Deg.	Mi.		Latitude Deg.	Mi.		Grandeur.
LE TRIANGLE.								
Au sommet du Triangle	♉	1	19		16	49½	B	4
En la base vers septentrion	♉	6	49½		20	33	B	4
La moyenne	♉	7	59		19	24	B	5
l'Australe en la base	♉	7	58		18	57	B	4

Tiercement des Estoilles en la partie Australe.

Denomination des Estoilles.	Longitude S	Deg.	Mi.		Latitude Deg.	Mi.		Grandeur.
CETI, La Baleine.								
Celle du naseau	♉	9	31		7	50	A	4
La luisante de la jouë de la Baleine	♉	8	47		12	37	A	2
La moyenne en la bouche	♉	3	53½		12	2½	A	3
La premiere des trois de la jouë	♉	2	2		14	32	A	3
Celle de dessoubs l'œil	♉	1	54		5	52	A	4
Celle de dessus l'œil	♉	6	7		5	36	A	4
Au derriere la teste	♈	28	29½		4	19	A	4
La premiere & boreale des precedentes du quarré en la (poictrine	♈	24	9		25	17	A	4
La plus australe d'icelles precedentes	♈	24	31½		28	31	A	4
l'Australe des suivantes en la poictrine	♈	28	11½		28	16½	A	4
La boreale & precedente	♈	27	47½		25	58	A	3
La moyenne au ventre	♈	12	25		25	1	A	4
La plus basse au ventre	♈	13	50		31	4	A	4
La boreale du ventre	♈	16	25½		20	19	A	3
l'Orientale des deux luisantes au dos	♈	10	42½		15	46½	A	3
l'Occidentale d'icelles	♈	6	11½		16	55	A	3
La boreale de la queuë	♓	25	23		10	1	A	3
l'Australe ou luisante de la queuë	♓	26	56		20	47	A	2
l'Informe suivant la luisante de la jouë vers levant	♉	12	45½	*	14	30	A	5
Precedent la boreale du ventre vers midy	♈	15	4½	*	21	55	A	5
Celle qui est en ligne droite avec la III & V de Capricorne	♉	2	49½		9	12½	A	4
ORION.								
La plus haute des trois au chef	♊	18	11½		13	26	A	4
La plus occidentale	♊	18	6½	*	13	54	A	5
La tierce vers levant	♊	18	33½	*	14	4½	A	5
La suivante ou l'espaule luisante	♊	23	12½		16	6	A	2
La fenestre ou l'espaule precedente	♊	15	23		16	53	A	2
La suivante au bras gauche	♊	16	47		17	22	A	5
Celle du bras droict	♊	25	4½		14	51	A	4
Au coude droict	♊	28	30½		11	30	A	6
La plus australe de la main droicte	♊	27	23½		9	15	A	4
La premiere en la main droicte	♊	26	21		8	44	A	4
La prochaine de la plus haute en la main droicte	♊	27	22		7	20½	A	6
La plus haute & derniere de celles de la main	♊	28	8½		7	19	A	6
La premiere des deux en la massuë	♊	23	9		3	12½	A	5
La suivante d'icelles	♊	25	21½		3	21½	A	5
Celle de dessoubs l'espaule droicte vers couchant	♊	18	56½		19	17½	A	5
La suivante des deux obscures sur le dos	♊	17	40		19	36½	A	6
La premiere d'icelles	♊	16	46		19	52½	A	6
Celle des quatre sur le dos qui precede	♊	15	34		20	8½	A	5
La plus boreale des neuf au bouclier	♊	7	53		8	17	A	4
La seconde	♊	8	48		9	7	A	4
La tierce	♊	8	10		11	6	A	6
La quarte	♊	8	0½		12	25½	A	4

Denomination des Estoilles.	Longitude S	Deg.	Mi.		Latitude Deg.	Mi.		Grandeur.
La quinte	♊	6	49		13	31½	A	4
La sixiesme	♊	6	23		15	27	A	4
La septieme	♊	6	33		16	50	A	4
La huictieme	♊	6	58		20	2	A	4
La derniere	♊	7	57		20	55½	A	4
La premiere du baudrier, ou des 3 Rois	♊	16	50½		23	38	A	2
La moyenne	♊	17	54		24	33½	A	2
La derniere	♊	19	6½		25	21½	A	2
Celle de la garde de l'espée	♊	14	37½		25	36½	A	3
La plus haute des trois en l'espée	♊	17	28		28	9½	A	5
La moyenne en l'espée	♊	17	24½		28	45	A	3
l'Australe	♊	17	27½		29	17	A	3
La premiere des deux soubs l'espée	♊	16	20		30	37½	A	4
La suivante des deux soubs l'espée	♊	18	23		30	38	A	5
La luisante au pied senestre, Regel	♊	11	17		31	11½	A	1
Au talon gauche	♊	12	15½		29	53	A	4
Au gras de la jambe gauche	♊	14	2		31	0	A	5
Au genoüil droit	♊	20	49½		33	8	A	3
Celle qui precede la derniere du baudrier vers midy	♊	18	39		26	0½	A	4
Celle qui precede ceste-cy vers le dos	♊	14	34		19	40	A	6
La suivante des deux dessus la garde de l'espée	♊	14	45		24	6	A	6
Celle qui precede ceste-cy	♊	13	59		23	32	A	5
Celle qui est dessus ceste-cy au costé gauche	♊	14	57		21	23	A	5
Celle qui precede ceste-cy dessoubs le bras gauche au bou-(clier	♊	11	58		20	8	A	4
La precedente des deux au costé droict	♊	19	45		21	58	A	5
La suivante	♊	22	25½		21	39	A	5
l'Informe suivant ceste-cy	♊	24	10		22	57	A	5
La plus haute des trois en la main gauche	♊	13	36½		11	45	A	6
La moyenne	♊	11	33½		13	8	A	6
l'Australe	♊	11	0		14	24	A	6
La premiere des dix informes dessus Orion	♊	28	44		29	31	A	4
La suivante	♋	2	43		28	49	A	4
Celle qui est dessus ceste-cy	♋	2	22		28	4	A	5
l'Australe & precedente des trois en ligne droicte dessoubs (les pieds de ♊	♋	1	8		18	47	A	4
La moyenne	♋	2	58		15	56½	A	4
La boreale	♋	4	50		13	15	A	4
Celle qui est dessoubs la ligne droicte vers midy	♋	2	58		18	24	A	5
Celle dessus ceste-cy vers levant	♋	6	36		14	59	A	5
La premiere des deux soubs le petit chien	♋	7	14½		20	33	A	4
La suivante d'icelles	♋	14	0		22	47	A	4

ERIDANVS, *Le* Fleuve.

Denomination des Estoilles.	S	Deg.	Mi.		Deg.	Mi.		Grandeur.
Au commencement du Fleuve, pres le pied gauche d'Orion	♊	9	40		31	35½	A	4
Dessus le pied d'Orion au Fleuve	♊	9	42		27	54½	A	3
La suivante des deux autres	♊	7	39		29	52	A	5
La precedente	♊	5	29½		27	51½	A	5
La suivante des deux plus hautes	♊	3	45½		25	34	A	4
La premiere d'icelles	♊	1	14½		25	11½	A	4
La suivante des quatre depuis l'intervalle	♉	18	18		33	13½	A	3
Celle qui la precede	♉						A	
Celle de vers septentrion ou la troisieme precedente	♉	15	7		28	46½	A	3
Celle qui precede toutes les quatre	♉	12	45		27	47	A	3
La premiere des joignantes à la baleine	♉	3	10		24	34	A	3
Celle qui est entre ceste-cy & la troisieme	♉	5	36		23	58½	A	4
La troisieme qui la suit	♉	8	16		25	59	A	3
La quatrieme suivante	♉	15	23		31	9	A	4
La precedente & inferieure	♉	23	49		30	25	A	5
Celle qui est dessoubs ceste-cy	♉	23	53		27	32	A	4

Celle

Denomination des Estoilles.	Longitude				Latitude			Grandeur.
	S	*Deg.*	*Mi.*		*Deg.*	*Mi.*		
Celle qui suit ceste-cy	♉	24	58		28	9½	A	4
La superieure & orientale	♉	27	46		25	3	A	5
La premiere des deux informes entre Eridan & le Taureau	♉	16	25½		18	26	A	4
La suivante & australe	♉	20	7		22	45	A	4
Lepus, *Le* Lievre.								
La plus haute de l'oreille precedente	♊	10	14½		34	34	A	5
l'Inferieure de la mesme oreille	♊	10	20½		35	54	A	5
La superieure de l'oreille suivante	♊	12	27		35	18	A	6
l'Inferieure de l'oreille suivante	♊	12	14		36	14	A	5
Celle qui est au chef	♊	9	49½		39	4	A	5
La derniere des pieds de devant	♊	6	25½		45	0	A	4
Celle du dos au milieu du corps	♊	15	49½		41	5½	A	3
En l'espaule gauche	♊	14	6½		43	57½	A	3
l'Australe des deux es pieds de derriere	♊	19	21½		45	49½	A	3
La boreale des mesmes	♊	21	36		44	18	A	3
La precedente au dos	♊	20	26½		38	16	A	4
La suivante au dos	♊	23	27½		37	40½	A	4
La derniere en la queuë	♊	26	22	*	38	26	A	4
***Le* Grand Chien.**								
La tresclaire en la gueule, Syrius	♋	8	35½		39	30	A	1
Celle du front vers l'oreille droicte	♋	11	1½		34	50	A	4
Au milieu du front	♋	11	27		36	43	A	5
Celle de dessoubs l'oreille gauche	♋	14	6		38	2½	A	3
Au col	♋	12	3½		39	30½	A	4
En l'espaule droicte des pieds de devant	♋	6	32½		42	12½	A	5
En l'extremité du premier pied	♋	1	42½		41	18½	A	2
Celle du dos	♋	15	30½		46	9½	A	5
La moyenne au poictral	♋	12	36½		46	39½	A	5
Celle du ventre	♋	17	55		48	30½	A	3
Au ventre entre les hanches de derriere	♋	15	21½		51	24½	A	3
Au bas du pied dextre de devant	♋	1	7		51	46½	A	3
Celle de la queuë	♋	24	11½		51	24½	A	3
***Le* Petit Chien. Canicule.**								
Au col	♋	16	39½		13	33½	A	3
En la cuisse, Procyon	♋	20	18½		15	57	A	2
La petite au col dessus la luisante	♋	16	49		12	51	A	6
l'Informe dessus icelle	♋	16	42½		9	46	A	6
Celle qui suit ceste-cy, commun' à la queuë de l'Ecrevisse	♋	20	57½		10	19½	A	5
Argo, *Le* Navire.								
Au haut de la pouppe	♌	5	53½		43	18½	A	3
La supreme de l'ecusson du navire	♌	0	35½		44	58½	A	3
La precedente de l'ecusson	♌	28	0		47	28	A	3
Au voile	♌	4	6½		32	7	A	4
l'Informe vers midy	♌	4	27		38	31	A	4
l'Inferieure & occidentale des trois au más	♌	12	26½		32	56	A	6
Celle dessus ceste-cy	♌	12	51½		30	18	A	4
La plus haute d'icelles	♌	10	1½		24	29	A	4
La premiere des trois au Cygne	♌	29	26		21	39	A	4
La suivante d'icelles	♌	4	20½		22	29½	A	3
l'Informe entre la voile & la voye laictée	♌	23	44		30	30	A	3
Hydra, *La* Hydre.								
La premiere en la teste	♌	5	39½		14	37	A	5
Dessus la premiere vers septentrion	♌	6	46		14	16½	A	4

La

Denomination des Estoilles.	Longitude S	Deg.	Mi.	—	Latitude Deg.	Mi.		Grandeur.
La plus boreale derriere la teste	♌	6	48½		11	8	A	4
Celle qui precede la tierce vers midy	♌	7	22½		11	36	A	5
La plus orientale en la teste	♌	9	0½		11	1	A	4
Celle qui precede au col	♌	11	51½		11	5½	A	6
La suivante en l'estendue du col	♌	14	41½		13	5	A	4
La moyenne au col & precedente des trois au noüement	♌	20	11½		15	0	A	5
La boreale des trois au courbement du col	♌	22	4½		14	17½	A	4
l'Australe au noüement	♌	19	53½		16	46	A	5
La luisante de la Hydre ou le cœur	♌	21	45½		22	24	A	1
Celle qui suit depres le cœur	♌	27	12		26	33½	A	4
Celle qui suit apres celle-cy	♍	0	9		26	12	A	5
La premiere des deux joignantes dessus ceste-cy							A	5
La suivante d'icelles	♍						A	4
La cinquieme depuis le cœur	♍	9	31½		24	38	A	4
Celle qui est en ligne droicte avec ceste-cy & la suivante	♍	12	41½		23	31	A	5
Celle qui precede la Tasse de plus pres	♍	14	51		21	48½	A	4
l'Informe precedent le chef de plus pres	♌	4	45½		12	27	A	4
La boreale des deux soubs la base de la Tasse	♍	23	1½		25	36	A	4
l'Australe d'icelles	♍	23	49		30	17	A	5
Celle de dessoubs la queüe du Corbeau	♎	21	24½		13	43	A	3
La petite qui precede ceste-cy	♎	19	24		14	14	A	6
l'Informe antecedant le chef de la Hydre	♋	28	44		10	19	A	3

CRATER, *La* Tasse.

Denomination des Estoilles.	S	Deg.	Mi.	—	Deg.	Mi.		Grandeur.
Celle de la base de la Tasse	♍	18	13		22	5	A	4
La suivante des deux au milieu	♍	23	43		19	39	A	4
La premiere d'icelles	♍	21	10½		17	25	A	4
La premiere des deux superieures en la Tasse	♍	20	27		13	10	A	4
La suivante d'icelles	♍	23	2		11	17	A	4
La premiere des deux inferieures	♍	28	30		8	16	A	4
La suivante	♎	0	33		16	2	A	4
Au milieu de la Tasse	♍	24	55		14	9	A	5

CORVUS, *Le* Corbeau.

Denomination des Estoilles.	S	Deg.	Mi.	—	Deg.	Mi.		Grandeur.
Celle de l'œil	♎	6	8		19	39	A	4
La premiere des deux superieures au □	♎	5	13		14	25	A	3
La suivante d'icelles	♎	7	55		12	7	A	3
La suivante des inferieures au quarré	♎	11	49		17	59	A	3
Celle du bec	♎	6	38		21	46	A	4
Celle du col	♎	8	14		18	14	A	5
La petite dessus la luisante en l'aile gauche	♎	8	21½		11	28	A	5

CENTAVRVS, *Le* Centaure.

Denomination des Estoilles.	S	Deg.	Mi.	—	Deg.	Mi.		Grandeur.
La plus australe du chef	♏	1	27		21	49	A	5
La plus boreale	♏	0	59		19	8	A	5
La moyenne entre les deux precedentes	♏	0	12		20	51	A	5
La suivante & derniere des quatre	♏	1	3		20	12	A	5

FINIS.

TABLE SEXAGENAIRE,

& de Scruples de Soixantiemes.

	60	59	58	57	56	55	54	53	52	51	50	49	48	47	46	45	44	43	42	41	40	39	38	37	36	35	34	33	32	31	60
	60 0	59 0	58 0	57 0	56 0	55 0	54 0	53 0	52 0	51 0	50 0	49 0	48 0	47 0	46 0	45 0	44 0	43 0	42 0	41 0	40 0	39 0	38 0	37 0	36 0	35 0	34 0	33 0	32 0	31 0	60
		58 1	57 2	56 3	55 4	54 5	53 6	52 7	51 8	50 9	49 10	48 11	47 12	46 13	45 14	44 15	43 16	42 17	41 18	40 19	39 20	38 21	37 22	36 23	35 24	34 25	33 26	32 27	31 28	30 29	59
			56 4	55 6	54 8	53 10	52 12	51 14	50 16	49 18	48 20	47 22	46 24	45 26	44 28	43 30	42 32	41 34	40 36	39 38	38 40	37 42	36 44	35 46	34 48	33 50	32 52	31 54	30 56	29 58	58
	1			54 9	53 12	52 15	51 18	50 21	49 24	48 27	47 30	46 33	45 36	44 39	43 42	42 45	41 48	40 51	39 54	38 57	38 0	37 3	36 6	35 9	34 12	33 15	32 18	31 21	30 24	29 27	57
1	0 1	2			52 16	51 20	50 24	49 28	48 32	47 36	46 40	45 44	44 48	43 52	42 56	42 0	41 4	40 8	39 12	38 16	37 20	36 24	35 28	34 32	33 36	32 40	31 44	30 48	29 52	28 56	56
2	0 2	0 4	3			50 25	49 30	48 35	47 40	46 45	45 50	44 55	44 0	43 5	42 10	41 15	40 20	39 25	38 30	37 35	36 40	35 45	34 50	33 55	33 0	32 5	31 10	30 15	29 20	28 25	55
3	0 3	0 6	0 9	4			48 36	47 42	46 48	45 54	45 0	44 6	43 12	42 18	41 24	40 30	39 36	38 42	37 48	36 54	36 0	35 6	34 12	33 18	32 24	31 30	30 36	29 42	28 48	27 54	54
4	0 4	0 8	0 12	0 16	5			46 49	45 56	45 3	44 10	43 17	42 24	41 31	40 38	39 45	38 52	37 59	37 6	36 13	35 20	34 27	33 34	32 41	31 48	30 55	30 2	29 9	28 16	27 23	53
5	0 5	0 10	0 15	0 20	0 25	6			45 4	44 12	43 20	42 28	41 36	40 44	39 52	39 0	38 8	37 16	36 24	35 32	34 40	33 48	32 56	32 4	31 12	30 20	29 28	28 36	27 44	26 52	52
6	0 6	0 12	0 18	0 24	0 30	0 36	7			43 21	42 30	41 39	40 48	39 57	39 6	38 15	37 24	36 33	35 42	34 51	34 0	33 9	32 18	31 27	30 36	29 45	28 54	28 3	27 12	26 21	51
7	0 7	0 14	0 21	0 28	0 35	0 42	0 49	8			41 40	40 50	40 0	39 10	38 20	37 30	36 40	35 50	35 0	34 10	33 20	32 30	31 40	30 50	30 0	29 10	28 20	27 30	26 40	25 50	50
8	0 8	0 16	0 24	0 32	0 40	0 48	0 56	1 4	9			40 1	39 12	38 23	37 34	36 45	35 56	35 7	34 18	33 29	32 40	31 51	31 2	30 13	29 24	28 35	27 46	26 57	26 8	25 19	49
9	0 9	0 18	0 27	0 36	0 45	0 54	1 3	1 12	1 21	10			38 24	37 36	36 48	36 0	35 12	34 24	33 36	32 48	32 0	31 12	30 24	29 36	28 48	28 0	27 12	26 24	25 36	24 48	48
10	0 10	0 20	0 30	0 40	0 50	1 0	1 10	1 20	1 30	1 40	11			36 49	36 2	35 15	34 28	33 41	32 54	32 7	31 20	30 33	29 46	28 59	28 12	27 25	26 38	25 51	25 4	24 17	47
11	0 11	0 22	0 33	0 44	0 55	1 6	1 17	1 28	1 39	1 50	2 1	12			35 16	34 30	33 44	32 58	32 12	31 26	30 40	29 54	29 8	28 22	27 36	26 50	26 4	25 18	24 32	23 46	46
12	0 12	0 24	0 36	0 48	1 0	1 12	1 24	1 36	1 48	2 0	2 12	2 24	13			33 45	33 0	32 15	31 30	30 45	30 0	29 15	28 30	27 45	27 0	26 15	25 30	24 45	24 0	23 15	45
13	0 13	0 26	0 39	0 52	1 5	1 18	1 31	1 44	1 57	2 10	2 23	2 36	2 49	14			32 16	31 32	30 48	30 4	29 20	28 36	27 52	27 8	26 24	25 40	24 56	24 12	23 28	22 44	44
14	0 14	0 28	0 42	0 56	1 10	1 24	1 38	1 52	2 6	2 20	2 34	2 48	3 2	3 16	15			30 49	30 6	29 23	28 40	27 57	27 14	26 31	25 48	25 5	24 22	23 39	22 56	22 13	43
15	0 15	0 30	0 45	1 0	1 15	1 30	1 45	2 0	2 15	2 30	2 45	3 0	3 15	3 30	3 45	16			29 24	28 42	28 0	27 18	26 36	25 54	25 12	24 30	23 48	23 6	22 24	21 42	42
16	0 16	0 32	0 48	1 4	1 20	1 36	1 52	2 8	2 24	2 40	2 56	3 12	3 28	3 44	4 0	4 16	17			28 1	27 20	26 39	25 58	25 17	24 36	23 55	23 14	22 33	21 52	21 11	41
17	0 17	0 34	0 51	1 8	1 25	1 42	1 59	2 16	2 33	2 50	3 7	3 24	3 41	3 58	4 15	4 32	4 49	18			26 40	26 0	25 20	24 40	24 0	23 20	22 40	22 0	21 20	20 40	40
18	0 18	0 36	0 54	1 12	1 30	1 48	2 6	2 24	2 42	3 0	3 18	3 36	3 54	4 12	4 30	4 48	5 6	5 24	19			25 21	24 42	24 3	23 24	22 45	22 6	21 27	20 48	20 9	39
19	0 19	0 38	0 57	1 16	1 35	1 54	2 13	2 32	2 51	3 10	3 29	3 48	4 7	4 26	4 45	5 4	5 23	5 42	6 1	20			24 4	23 26	22 48	22 10	21 32	20 54	20 16	19 38	38
20	0 20	0 40	1 0	1 20	1 40	2 0	2 20	2 40	3 0	3 20	3 40	4 0	4 20	4 40	5 0	5 20	5 40	6 0	6 20	6 40	21			22 49	22 12	21 35	20 58	20 21	19 44	19 7	37
21	0 21	0 42	1 3	1 24	1 45	2 6	2 27	2 48	3 9	3 30	3 51	4 12	4 33	4 54	5 15	5 36	5 57	6 18	6 39	7 0	7 21	22			21 36	21 0	20 24	19 48	19 12	18 36	36
22	0 22	0 44	1 6	1 28	1 50	2 12	2 34	2 56	3 18	3 40	4 2	4 24	4 46	5 8	5 30	5 52	6 14	6 36	6 58	7 20	7 42	8 4	23			20 25	19 50	19 15	18 40	18 5	35
23	0 23	0 46	1 9	1 32	1 55	2 18	2 41	3 4	3 27	3 50	4 13	4 36	4 59	5 22	5 45	6 8	6 31	6 54	7 17	7 40	8 3	8 26	8 49	24			19 16	18 42	18 8	17 34	34
24	0 24	0 48	1 12	1 36	2 0	2 24	2 48	3 12	3 36	4 0	4 24	4 48	5 12	5 36	6 0	6 24	6 48	7 12	7 36	8 0	8 24	8 48	9 12	9 36	25			18 9	17 36	17 3	33
25	0 25	0 50	1 15	1 40	2 5	2 30	2 55	3 20	3 45	4 10	4 35	5 0	5 25	5 50	6 15	6 40	7 5	7 30	7 55	8 20	8 45	9 10	9 35	10 0	10 25	26			17 4	16 32	32
26	0 26	0 52	1 18	1 44	2 10	2 36	3 2	3 28	3 54	4 20	4 46	5 12	5 38	6 4	6 30	6 56	7 22	7 48	8 14	8 40	9 6	9 32	9 58	10 24	10 50	11 16	27			16 1	31
27	0 27	0 54	1 21	1 48	2 15	2 42	3 9	3 36	4 3	4 30	4 57	5 24	5 51	6 18	6 45	7 12	7 39	8 6	8 33	9 0	9 27	9 54	10 21	10 48	11 15	11 42	12 9	28			
28	0 28	0 56	1 24	1 52	2 20	2 48	3 16	3 44	4 12	4 40	5 8	5 36	6 4	6 32	7 0	7 28	7 56	8 24	8 52	9 20	9 48	10 16	10 44	11 12	11 40	12 8	12 36	13 4	29		
29	0 29	0 58	1 27	1 56	2 25	2 54	3 23	3 52	4 21	4 50	5 19	5 48	6 17	6 46	7 15	7 44	8 13	8 42	9 11	9 40	10 9	10 38	11 7	11 36	12 5	12 34	13 3	13 32	14 1	30	
30	0 30	1 0	1 30	2 0	2 30	3 0	3 30	4 0	4 30	5 0	5 30	6 0	6 30	7 0	7 30	8 0	8 30	9 0	9 30	10 0	10 30	11 0	11 30	12 0	12 30	13 0	13 30	14 0	14 30	15 0	30
31	0 31	1 2	1 33	2 4	2 35	3 6	3 37	4 8	4 39	5 10	5 41	6 12	6 43	7 14	7 45	8 16	8 47	9 18	9 49	10 20	10 51	11 22	11 53	12 24	12 55	13 26	13 57	14 28	14 59	15 30	31
32	0 32	1 4	1 36	2 8	2 40	3 12	3 44	4 16	4 48	5 20	5 52	6 24	6 56	7 28	8 0	8 32	9 4	9 36	10 8	10 40	11 12	11 44	12 16	12 48	13 20	13 52	14 24	14 56	15 28	16 0	32
33	0 33	1 6	1 39	2 12	2 45	3 18	3 51	4 24	4 57	5 30	6 3	6 36	7 9	7 42	8 15	8 48	9 21	9 54	10 27	11 0	11 33	12 6	12 39	13 12	13 45	14 18	14 51	15 24	15 57	16 30	33
34	0 34	1 8	1 42	2 16	2 50	3 24	3 58	4 32	5 6	5 40	6 14	6 48	7 22	7 56	8 30	9 4	9 38	10 12	10 46	11 20	11 54	12 28	13 2	13 36	14 10	14 44	15 18	15 52	16 26	17 0	34
35	0 35	1 10	1 45	2 20	2 55	3 30	4 5	4 40	5 15	5 50	6 25	7 0	7 35	8 10	8 45	9 20	9 55	10 30	11 5	11 40	12 15	12 50	13 25	14 0	14 35	15 10	15 45	16 20	16 55	17 30	35
36	0 36	1 12	1 48	2 24	3 0	3 36	4 12	4 48	5 24	6 0	6 36	7 12	7 48	8 24	9 0	9 36	10 12	10 48	11 24	12 0	12 36	13 12	13 48	14 24	15 0	15 36	16 12	16 48	17 24	18 0	36
37	0 37	1 14	1 51	2 28	3 5	3 42	4 19	4 56	5 33	6 10	6 47	7 24	8 1	8 38	9 15	9 52	10 29	11 6	11 43	12 20	12 57	13 34	14 11	14 48	15 25	16 2	16 39	17 16	17 53	18 30	37
38	0 38	1 16	1 54	2 32	3 10	3 48	4 26	5 4	5 42	6 20	6 58	7 36	8 14	8 52	9 30	10 8	10 46	11 24	12 2	12 40	13 18	13 56	14 34	15 12	15 50	16 28	17 6	17 44	18 22	19 0	38
39	0 39	1 18	1 57	2 36	3 15	3 54	4 33	5 12	5 51	6 30	7 9	7 48	8 27	9 6	9 45	10 24	11 3	11 42	12 21	13 0	13 39	14 18	14 57	15 36	16 15	16 54	17 33	18 12	18 51	19 30	39
40	0 40	1 20	2 0	2 40	3 20	4 0	4 40	5 20	6 0	6 40	7 20	8 0	8 40	9 20	10 0	10 40	11 20	12 0	12 40	13 20	14 0	14 40	15 20	16 0	16 40	17 20	18 0	18 40	19 20	20 0	40
41	0 41	1 22	2 3	2 44	3 25	4 6	4 47	5 28	6 9	6 50	7 31	8 12	8 53	9 34	10 15	10 56	11 37	12 18	12 59	13 40	14 21	15 2	15 43	16 24	17 5	17 46	18 27	19 8	19 49	20 30	41
42	0 42	1 24	2 6	4 48	3 30	4 12	4 54	5 36	6 18	7 0	7 42	8 24	9 6	9 48	10 30	11 12	11 54	12 36	13 18	14 0	14 42	15 24	16 6	16 48	17 30	18 12	18 54	19 36	20 18	21 0	42
43	0 43	1 26	2 9	4 52	3 35	4 18	5 1	5 44	6 27	7 10	7 53	8 36	9 19	10 2	10 45	11 28	12 11	12 54	13 37	14 20	15 3	15 46	16 29	17 12	17 55	18 38	19 21	20 4	20 47	21 30	43
44	0 44	1 28	2 12	4 56	3 40	4 24	5 8	5 52	6 36	7 20	8 4	8 48	9 32	10 16	11 0	11 44	12 28	13 12	13 56	14 40	15 24	16 8	16 52	17 36	18 20	19 4	19 48	20 32	21 16	22 0	44
45	0 45	1 30	2 15	3 0	3 45	4 30	5 15	6 0	6 45	7 30	8 15	9 0	9 45	10 30	11 15	12 0	12 45	13 30	14 15	15 0	15 45	16 30	17 15	18 0	18 45	19 30	20 15	21 0	21 45	22 30	45
46	0 46	1 32	2 18	3 4	3 50	4 36	5 22	6 8	6 54	7 40	8 26	9 12	9 58	10 44	11 30	12 16	13 2	13 48	14 34	15 20	16 6	16 52	17 38	18 24	19 10	19 56	20 42	21 28	22 14	23 0	46
47	0 47	1 34	2 21	3 8	3 55	4 42	5 29	6 16	7 3	7 50	8 37	9 24	10 11	10 58	11 45	12 32	13 19	14 6	14 53	15 40	16 27	17 14	18 1	18 48	19 35	20 22	21 9	21 56	22 43	23 30	47
48	0 48	1 36	2 24	3 12	4 0	4 48	5 36	6 24	7 12	8 0	8 48	9 36	10 24	11 12	12 0	12 48	13 36	14 24	15 12	16 0	16 48	17 36	18 24	19 12	20 0	20 48	21 36	22 24	23 12	24 0	48
49	0 49	1 38	2 27	3 16	4 5	4 54	5 43	6 32	7 21	8 10	8 59	9 48	10 37	11 26	12 15	13 4	13 53	14 42	15 31	16 20	17 9	17 58	18 47	19 36	20 25	21 14	22 3	22 52	23 41	24 30	49
50	0 50	1 40	2 30	3 20	4 10	5 0	5 50	6 40	7 30	8 20	9 10	10 0	10 50	11 40	12 30	13 20	14 10	15 0	15 50	16 40	17 30	18 20	19 10	20 0	20 50	21 40	22 30	23 20	24 10	25 0	50
51	0 51	1 42	2 33	3 24	4 15	5 6	5 57	6 48	7 39	8 30	9 21	10 12	11 3	11 54	12 45	13 36	14 27	15 18	16 9	17 0	17 51	18 42	19 33	20 24	21 15	22 6	22 57	23 48	24 39	25 30	51
52	0 52	1 44	2 36	3 28	4 20	5 12	6 4	6 56	7 48	8 40	9 32	10 24	11 16	12 8	13 0	13 52	14 44	15 36	16 28	17 20	18 12	19 4	19 56	20 48	21 40	22 32	23 24	24 16	25 8	26 0	52
53	0 53	1 46	2 39	3 32	4 25	5 18	6 11	7 4	7 57	8 50	9 43	10 36	11 29	12 22	13 15	14 8	15 1	15 54	16 47	17 40	18 33	19 26	20 19	21 12	22 5	22 58	23 51	24 44	25 37	26 30	53
54	0 54	1 48	2 42	3 36	4 30	5 24	9 18	7 12	8 6	9 0	9 54	10 48	11 42	12 36	13 30	14 24	15 18	16 12	17 6	18 0	18 54	19 48	20 42	11 36	12 30	23 24	24 18	25 12	26 6	27 0	54
55	0 55	1 50	2 45	3 40	4 35	5 30	6 25	7 20	8 15	9 10	10 5	11 0	11 55	12 50	13 45	14 40	15 35	16 30	17 25	18 20	19 15	20 10	21 5	22 0	22 55	23 50	24 45	25 40	26 35	27 30	55
56	0 56	1 52	2 48	3 44	4 40	5 36	6 32	7 28	8 24	9 20	10 16	11 12	12 8	13 4	14 0	14 56	15 52	16 48	17 44	18 40	19 36	20 32	21 28	22 24	23 20	24 16	25 12	26 8	27 4	28 0	56
57	0 57	1 54	2 51	3 48	4 45	5 42	6 39	7 36	8 33	9 30	10 27	11 24	12 21	13 18	14 15	15 12	16 9	17 6	18 3	19 0	19 57	20 54	21 51	22 48	23 45	24 42	25 39	26 36	27 33	28 30	57
58	0 58	1 56	2 54	3 52	4 50	5 48	6 46	7 44	8 42	9 40	10 38	11 36	12 34	13 32	14 30	15 28	16 26	17 24	18 22	19 20	20 18	21 16	22 14	23 12	24 10	25 8	26 6	27 4	28 2	29 0	58
59	0 59	1 58	2 57	3 56	4 55	5 54	6 53	7 52	8 51	9 50	10 49	11 48	12 47	13 46	14 45	15 44	16 43	17 42	18 41	19 40	20 39	21 38	22 37	23 36	24 35	25 34	26 33	27 32	28 31	29 30	59
60	0 0	2 0	3 0	4 0	5 0	6 0	7 0	8 0	9 0	10 0	11 0	12 0	13 0	14 0	15 0	16 0	17 0	18 0	19 0	20 0	21 0	22 0	23 0	24 0	25 0	26 0	27 0	28 0	29 0	30 0	60
	1	2	3	4	5	6	7	8	9	10	11	12	13	14	15	16	17	18	19	20	21	22	23	24	25	26	27	28	29	30	

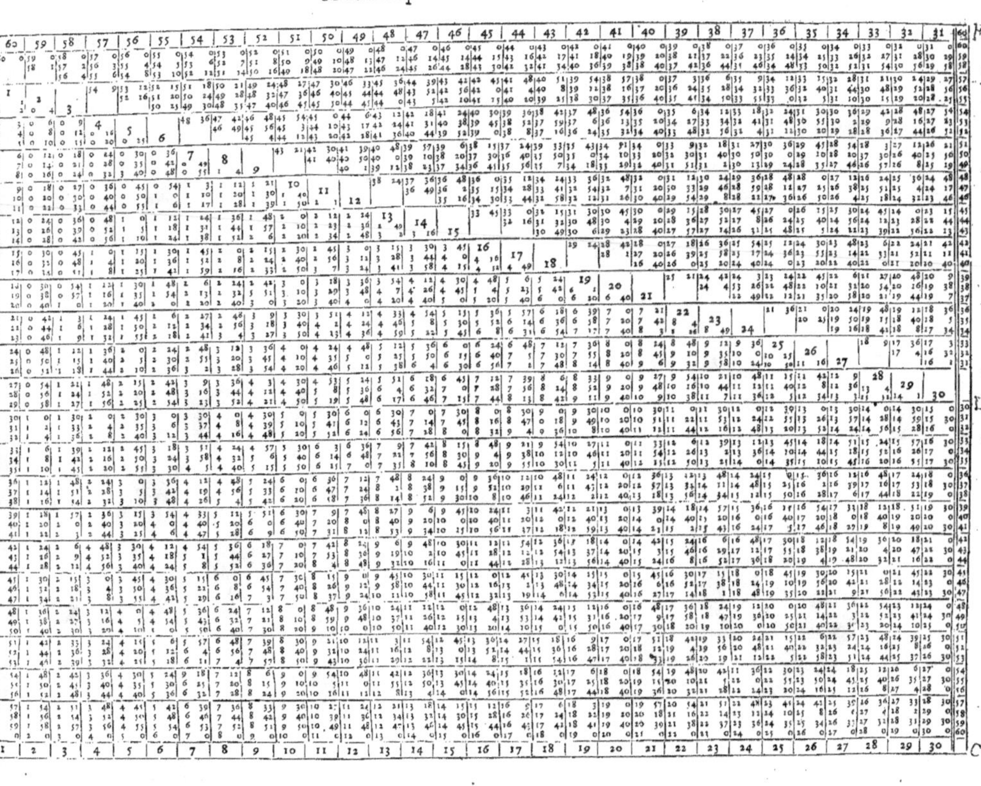

THEORIES
Nouvelles, Vrayes & Propres,
DES
MOVVEMENS CELESTES
DE
PHILIPPE LANSBERGVE.

Ensemble le calcul de chacun des Mouvemens,
Par la Doctrine des TRIANGLES.

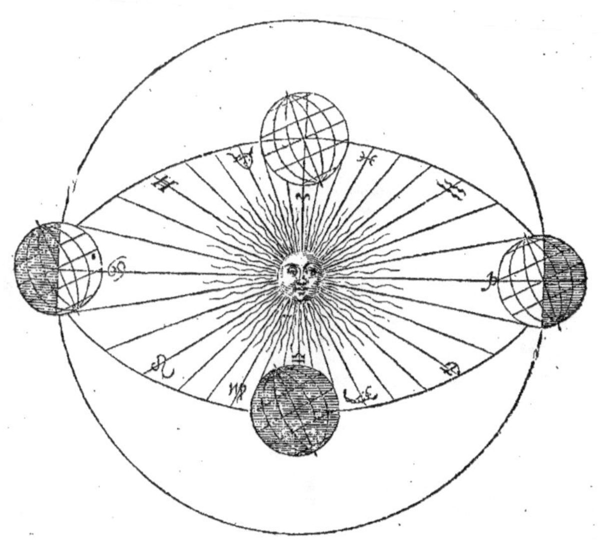

A MIDDELBOVRG EN ZELANDE

Chez, ZACHARIE ROMAN, Marchant Libraire
demeurant sur le Bourg, à la Bible dorée.

cIɔ Iɔc XXXIII.

THEORIES
Nouvelles, vrayes & Propres
DES
Mouvemens Celestes
DE
PHILIPPE LANSBERGVE.

Ensemble le Calcul de chacun des Mouvemens, par la Doctrine des Triangles.

N*OVS avons suffisamment traicté par la grace de DIEV, au livre precedant*, du calcul *des mouvemens Celestes par nos* Tables Astronomiques. *Il nous faut doresnavant demonstrer, comment on peut definir les apparans mouvemens du Ciel, par les égaux donnez, moyennant le calcul des* Triangles. *Car combien que les mouvemens celestes, calculez par nos* Tables, *s'accordent tresbien avec le Ciel, neantmoins ceste diligence desirée au calcul des apparences celestes, ny se trouve ny en nos* Tables, *ni en autres, mais s'obtient seulement par le calcul des* Triangles. *Ie ne feray donc chose inutile, en monstrant en ce livre la maniere de les supputer. Car ainsi on pourra definir curieusement les mouvemens Celestes, toutesfois & quantes qu'il en sera besoing.*

Or le fondement de ce calcul dependant des Theories *de chacun des Mouvemens, il nous faut partant premierement expliquer les* Theories *de chacun des Mouvemens, & puis apres enseigner, comment on demonstre les mouvemens celestes apparans, les égaux estans donnez, par la Doctrine des* Triangles. *Ce que maintenant avec le* bon Dieu *je m'efforce de faire, commençant par la* Theorie *du mouvement du* Soleil, *ou de la* Terre.

 CHAP.

CHAPITRE PREMIER.

Theorie nouvelle, vraye & propre du mouvement du Soleil.

I.

LE Soleil quand à l'apparence, est meu en l'Orbe Eccentrique B C D E, & fait chacun jour de B le moyen Equinoxe Vernal, vers C la Conversion Estivalle, c'est en consequence de Scrup. 59' 8'' 19''' 44'''' 59ᵛ 15ᵛⁱ. Sa maxime Eccentricité au centre de la Terre A est AP, sa moindre AN; celle-la de parties 4216, celle-cy de parties 3490, desquelles le raid de l'Eccentrique M Q en fait 100000.

I I.

Or l'Eccentrique B C D E est balancé par double mouvement reciproque, l'un du couchant au levant, & derechef du levant au couchant, alentour du centre M; l'autre du septentrion au midy, & derechef du midy au septentrion, alentour du centre A. le premier mouvement, se nomme le mouvement des Equinoxes, dautant qu'il change continuellement les Equinoxes. L'autre est appellé le mouvement de l'Obliquité du Zodiac, dautant qu'il fait continuellement varier l'Obliquité du Zodiac.

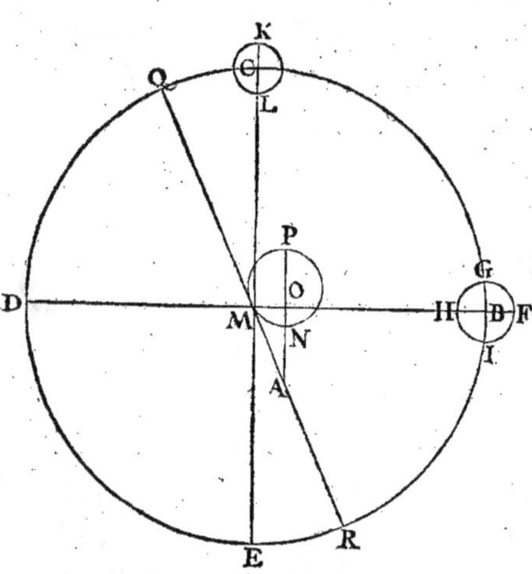

Le mouvement reciproque des Equinoxes, est representé en la figure adjoincte par le petit cercle F G H I, & son diametre G B I. Car le mouvement de l'Anomalie des Equinoxes se fait au petit cercle F G H I, avançant chacun jour de F vers I, c'est, en precedence, Scrup. 2'' 4''' 4'''' 39ᵛ. 3ᵛⁱ.

Mais les Equinoxes sont balancez au diametre G B I. Car l'Ecliptique meuë de I par B en G, transporte le vray Equinoxe Vernal de I en G; & derechef meuë de G par B en I, reduict le vray Equinoxe Vernal de G en I, Or B G ou B I le raid du petit cercle F G H I, est de parties 2160, desquelles M B, raid de l'Ecliptique en contient 100000; ou de deg. 1 14' 16'', desquels le cercle Ecliptique B C D E en contient 360. Auquel intervalle le vray Equinoxe Vernal est transporté de B moyen Equinoxe Vernal en G ou en I, limites extremes de la libration.

Apres, le mouvement de l'Obliquité du Zodiac est representé en la figure adjoincte,

joincte, par le petit cercle KLK, & son diametre KCL, lequelle est arc du Colure des Solstices. Et l'Anomalie de l'Obliquité du Zodiac se fait au petit cercle KLC, avançant journellement de K vers L, c'est en precedence Scrup. 1'' 11''' 0''''. 49^{v}. 19^{vi}. Mais le mouvement de l'Obliquité du Zodiac se faict au diametre KCL, de K en L, & derechef de L en K. Et est le diametre KCL de Scrup. 22', desquelles toutte l'Ecliptique en contient 21600. Car la maxime Obliquité du Zodiac, qui se fait tousjours en K, est de deg. 23 52'; & la moindre se faisant toujours en L, est de degrez 23 30', la difference desquelles est de Scrupules 22'.

III.

Tiercement le centre de l'Eccentrique M avance journellement au petit cercle PMNP, de P. par N en M, c'est en precedence, & fait tel mouvement que l'Anomalie de l'Obliquité du Zodiaque asçavoir de 1' 11'' 0'''. 49^{v} 19^{vi}. Car ces mouvemens conviennent tellement entr'eux, que quand la maxime Obliquité est en K, la maxime Eccentricité du Soleil est en P; & quand la moindre Obliquité est en L, la moindre Eccentricité est aussi en N, & ainsi consequemment. Or PN, diametre du petit cercle PMNP est de parties 726, desquelles MQ raid de l'Eccentrique du Soleil est de 10000; & partant le raid OP ou ON est de parties 363.

Ce mouvement ne change seulement tousjours l'Eccentricité du Soleil, mais aussi son Apogée. Car l'Eccentricité décroit peu à peu de P en N, & croit derechef de N en P. Or l'Eccentricité du Soleil decroissant, l'Apogée apparant suit le moyen, & au contraire la mesme croissant, le moyen Apogée suit l'apparant.

IV.

Posterieurement le moyen Apogée C, se meut d'un tres lent mouvement à l'entour du centre A en consequence des Signes par chacun jour de Scrup. 11'' 5'''' 51^{v} 30^{vi}.

Voila la vraye Theorie du Soleil, accordant exactement par tous siecles avec le Ciel, ainsi que les observations anciennes, & du jourd'huy nous enseignent.

CHAPITRE SECOND.

Comment les mouvemens égaux du Soleil estans donnez, le mouvement apparant est demonstré.

ENtre les observations anciennes, est remarquable celle *d'Albategni*, qu'il eut de l'Equinoxe Autumnal en l'An de Christ 882: de laquelle nous avons produit au livre precedant le calcul par nos Tables, & le repetons maintenant par la doctrine des Triangles, tant afin que leur acord apparoisse, qu'afin que la certitude de nos Tables soit eprouvée par c'est experiment.

Or donc en l'An de Christ 882, le 18e jour de Septembre, à heures apres midy 13 15′ faisans à Goes heures 9 48′, *Albategni* observa le Soleil en la section Autumnale. Voyez *Albategni* au chapitre XXVIII.

Il y à du commencement des ans de Christ jusqu'a ceste observation *d'Albategni* ans Iuliens pleins 881, mois communs 8, jours 17, heures au Meridien Goesien apparemment 9 48′, exactement 9 34′, c'est, Sexagenes de jours 1‴ 29″ 27′, jours 25, Scrupules 24′ 0″. Ausquelles sont deubs ces mouvemens egaux.

	Sex.	*deg.*	′	″
De l'Anomalie des Equinoxes	3	19	40	54.
Le mouvement egal du Soleil	3	1	41	17.
Du Centre du Soleil	1	45	52	40.
De l'Apogée du Soleil	1	21	42	14.

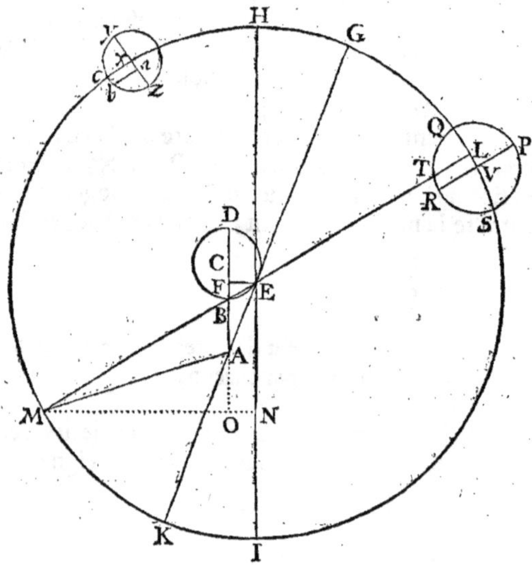

Ces mouvemens estans donnés, soit avant toutes choses descrit la figure du mouvement Solaire, respondante à iceux, en telle maniere.

I

Premierement soit tiré la droicte ABCD de A centre de la Terre, & soit AD la maxime Eccentricité de parties 4216, AB la moindre de parties 3490, desquelles le raid de l'Ecliptique EM, en fait 100000. DB donc difference entre la maxime & la moindre Eccentricité sera de 726. des mesmes parties, & DC ou CB sa moitie de part. 363.

II.

Puis apres soit descrit du centre C à l'intervalle CD le petit cercle de l'Anomalie du centre DEBD, auquel soit nombré le mouvement du centre du Soleil de D vers E, c'est en precedence, & sera l'arc de l'Anomalie du centre DE de deg. 105 53′, & EB le reste du demi-cercle de deg. 74 7′; & son Sinus droict FE de part. 96182, & Sinus verse FB 72633, desquelles DC raid en fait 100000; mais desquelles DC en fait 363, ou AB 3490, fait

fait F E 349, & F B 263; & est partant tout A B F de 3753.

III.

Tiercement on tire du centre E l'Ecliptique G H K I, de laquelle le diametre H E I soit parallele à A D, mais le diametre G E K passe par A centre de la Terre: ainsi sera le moyen Apogée du Soleil en H, & le vray en G. On nombre puis apres de H en L deg. 81 42', desquels le moyen Apogée est distant du moyen Equinoxe, & L sera le poinct du moyen Equinoxe Vernal, & L H l'arc de degrez 81 42'. Davantage soit nombré de L moyen Equinoxe Vernal en consequence, les degrez 181 41' 17", du moyen mouvement du Soleil, & sera le moyen lieu du Soleil en M, & l'arc L H M de deg. 181 41' 17". Or estant l'arc L H de deg. 81 42' 14"; iceluy tiré donc de L H M, demeurera l'arc H M de deg. 99 59' 3": & partant l'arc M I reste du demi-cercle est de deg. 80 0' 57", & son Sinus M N 98485, & le Sinus du complement E N de part. 17337, desquelles le raid de l'Ecliptique E M en fait 100000. Mais tirez N O, c'est F E 349, de M N 98485, & demeurera M O 98136. Item tirez A F 3753 de F O, c'est de E N 17337, & le reste sera A O 13584. Parquoy au Triangle rectangle A O M, est donné l'un & l'autre costé al'entour du droit, A O 13584, & M O 98136, & l'angle A est doncques de deg. 82 7' 9". Car,

Comme A O 13584 à M O 98136; ainsi A O 100000 à M O 722438 tangente de l'angle A de deg. 82 7' 9". La difference d'iceluy & de l'angle M E I, c'est l'arc M I, est l'angle A M E de deg. 2 6' 12" prosthapherese de l'Orbe ablative. Soubstrayez donc deg. 2 6' 12" du moyen mouvement du Soleil de deg. 181 41' 17", & le demeurant sera le vray mouvement du Soleil du moyen Equinoxe de degrez 179 35' 5".

IV.

Quartement soit descrit du centre V le petit cercle de l'Anomalie des Equinoxes P Q R S, auquel soit nombré de P vers T, c'est en precedence, l'Anomalie des Equinoxes de deg. 199 40' 54", & sera l'arc P T de deg. 199 40' 54". Or P R estant demi-cercle l'arc R T excedant le demi-cercle est donc, de deg. 19 40' 54", & son Sinus V L de part. 33679, desquelles V S en est 100000. Mais desquelles V S est 2160, V L en est 727½, asçavoir le Sinus de l'arc V L de Scr. 25' 1", prosthapherese des Equinoxes additive. Adjoutez donc Scrup. 25' 1" au vray mouvement du Soleil du moyen Equinoxe de deg. 179 35' 5": & aurez le vray mouvement du Soleil du vray Equinoxe, de deg. 180 0' 6", lequel differe fort peu de celuy qu'avons trouvé au Precepte VI du Livre Superieur, de deg. 180 0' 50". Le Soleil occupa donc au mesme temps la Section Autumnale, comme à bien observé *Albategni.*

Or voulant aussi cognoistre le lieu du vray Apogée du Soleil, vous l'acquerrez facilement par ceste voye. Au Triangle rectangle E F A sont donnez les deux costés embrassans l'angle droit, A F 3753, & F E 349. L'angle A est donc de deg. 5 19'; car

Comme AF 3753 à FE 349 ; ainsi AF 100000 à FE 9299 tangente de l'angle A de deg. 5 19': autant est aussi l'angle HEG, c'est, l'arc HG. Mais l'arc LH est de deg. 81 42' asçavoir le moyen mouvement de l'Apogée du moyen Equinoxe. Tirez donc de LH, l'arc HG de deg. 5 19', & demeurera l'arc GL de deg. 76 23', vray mouvement du vray Apogée du moyen Equinoxe, & y adjoutée la prosthapherese des Equinoxes de Scrup. 25' 1'', de deg. 76 48' 1'' du vray Equinoxe.

Finalement soit descrit le petit cercle de l'Anomalie de l'obliquité du Zodiac *ybzy*, & nombrez de *y* en *b* l'Anomalie du centre de deg. 105 53', estant la mesme que l'Anomalie de l'Obliquité du Zodiac, & sera l'arc *y b* de deg. 105 53' Mais *y c* est un quadrant de cercle, lequel tiré de l'arc *y b* de deg. 105 53, demeure l'arc *c b* de deg. 15 53'. Son Sinus *xa* est de part. 2737, desquelles le raid *xz* ou *yx* en est 10000. Mais le raid *xz* ou *yx* estant de Scrup. 11', *xa* est alors de Scrup. 3'. Adjoutez donc *xa* de Scrup. 3' à *yx* de Scrup. 11', & *ya* sera de Scrup 14'. Tirez icelle de la maxime Obliquité du Zodiac de deg. 23 52', & demeurera l'Obliquité du Zodiac de deg. 23 38', accordante avec l'observation *d'Albategni*.

Et ainsi avons nous demonstré par raison geometrique, le mouvement apparant du Soleil, ensemble les choses touchantes iceluy ; les moyens mouvemens estans donnez. Ce quil nous faloit faire.

CHAPITRE TROISIEME.

Nouvelle & vraye Theorie du mouvement de la Lune en longitude.

LA Theorie du mouvement Lunaire en longitude differe fort peu de la Theorie du Soleil, tellement que ceste-cy est facilement entendue par celle-la.

I.

Car premierement la Lune est meuë en l'Orbe Eccentrique BCDE, avançant journellement depuis le Soleil en consequence des Signes deg. 12 11' 26'' 41''' 27'''' 30v 10vi. Sa maxime Eccentricité au centre de la Terre A est AP de part. 13340, & la moindre AN de part. 8600, desquelles MK raid de l'Eccentrique en fait 100000.

II.

Secondement l'Eccentrique de la Lune BCDE est balancé par double mouvement reciproque, l'un du couchant au Levant, & derechef du Levant au Couchant al'entour du centre M; l'autre du Septentrion au Midy, & derechef du Midy au Septentrion al'entour du centre A.

Le premier mouvement se fait au petit cecle FGHI, & son diametre GI. Car l'Anomalie de ce mouvement (estant quadruple au moyen mouvement de la Lune du Soleil) se nombre au petit cercle FGHI, de H vers G, c'est, en precedence. Mais la libration se fait

fait au diametre GI, Car l'Orbe de la Lune BCDE balancé de G en I, transporte la Lune de G en I; & derechef balancé de I en G, reduit la Lune de I en G. Or DG ou DI raid du petit cercle FGHI est de part. 7000, desquelles le raid de l'Orbe de la Lune KM en fait 10000: ou de deg. 4 $1'$ $10''$, desquels l'Orbe de la Lune BCDE en est 360. Auquel intervale la Lune est transportée de D en G, ou de D en I, asçavoir aux limites extremes de la libration ou balancement.

L'autre libration de l'Orbe de la Lune se faisant du Septentrion au Midy, & du Midy au Septentrion, ne differe nullement de la libration de l'Obliquité du Zodiac, comme Dieu voulant nous demonstrerons en la Theorie de la latitude de la Lune.

III.

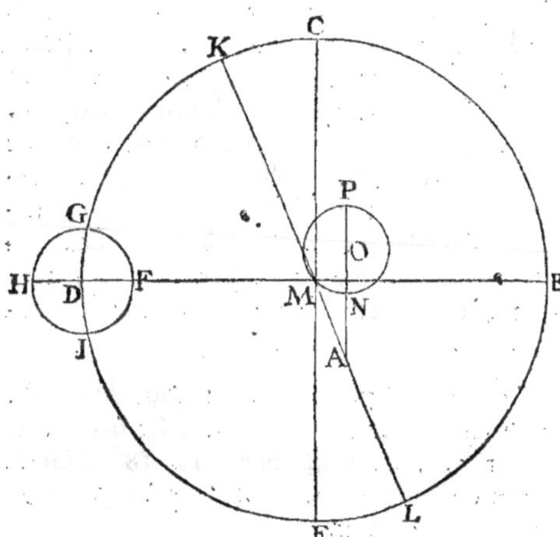

Tiercement M centre de l'Eccentrique de la Lune BCDE, se meut au petit cercle PMNP, de N en P, c'est en consequence, & fait journellement deg. 24 $22'$ $53''$ $22'''$ $55''''$ 0^{v} 20^{vi}; asçavoir le double du moyen mouvement de la Lune du Soleil. Le diametre d'iceluy petit cercle PN est de part. 4740, asçavoir autant qu'est la difference entre la maxime Eccentricité de la Lune AP 13340, & la moindre AN 8600: tellement que OP ou ON raid du petit cercle PMNP est de part. 2370. Ce mouvement change continuellement l'Eccentricité de la Lune, & son Apogée. Car l'Eccentricité de la Lune, decroit peu à peu de P en N, & derechef recroit de N en P. Mais le vray Apogée de la Lune K est meu du moyen C en consequence, le centre de l'Eccentricque M descendant de P en N, & au contraire est meu en precedence, le centre de l'Eccentrique M montant de N en P.

Finalement le moyen Apogée de la Lune C, est transporté journellement en consequence al'entour du centre A, Scrup. 6 $41''$ $3'''$ $57''''$ 56^{v} 24^{vi}.

Voila la vraye Theorie du mouvement de la Lune en longitude, laquelle satisfait à touttes les apparences de la Lune en quelconque temps, ainsi que les observations anciennes & nouvelles enseignent manifestement.

CHAPITRE QUATRIEME.

Comment les mouvemens egaux de la Lune estans donnez, les mouvemens apparans de la Lune se demonstrent.

Entre les nouvelles obſervations, eſt remarquable celle-la que *Ticho Brahe* eut de la Lune en l'an de Chriſt 1587, le 17e jour d'Aouſt, à heures apres midy 19 24', à Vranibourg, la Lune occupant le Meridien. Le vray lieu de la Lune eſtoit alors au degré 27 11' ♊, avec latitude de degrez 5 13' Meridionale, & non au degré 26 23' ♊ comme *Tycho* à fauſſement opiné. Car le Soleil fut ſelon nous au degré 4 10' ♍, & ſon aſcenſion droite de temps 156 3': à laquelle adjoutant temps de l'Equinoctial 291, pour heures 19 24'', provient l'Aſcenſion droite de la Lune de temps 87 3', laquelle avec latitude de degrez 5 13' Meridionale, donne le vray lieu de la Lune en l'Ecliptique au degré 27 11' ♊. Nous avons propoſé d'éprouver aſçavoir ſi des moyens mouvemens de la Lune, le meſme mouvement apparant de la Lune en proviendra, ou non.

Il y à du commencement des ans de Chriſt juſqu'a ceſte obſervation de *Thycho*, ans Iuliens pleins 1586, mois de l'An commun 7, jour 16, heures au Meridien d'Vranibourg apparemment 19 24', exactement 19 18', à Goes heures 18 33'. Faiſans Sexagenes de jours 2''' 40'' 58', jours 34 46' 22''. Auſquelles ſont deubs ces mouvemens egaux.

	Sex.	deg.	'	''
L'Anomalie des Equinoxes	5	47	34	50.
La proſthapherese additive			15	58.
Le moyen mouvement du Soleil	2	35	36	2.
Le moyen mouvement de la Lune du Soleil	4	55	3	1.
La moyenne Anomalie de l'Orbe de la Lune	0	47	4	4.

Soit maintenant deſcrit la figure du mouvement Lunaire, reſpondant aux mouvemens donnez en ceſte maniere.

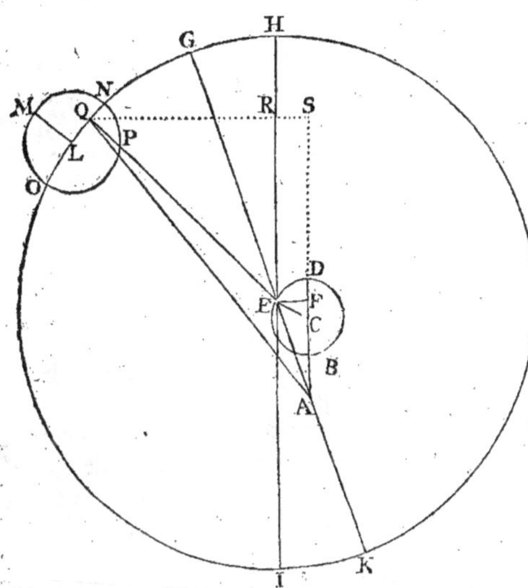

Soit tirée de A centre de la Terre la droicte A B C D, & soit A B la moindre Eccentricité de la Lune de part. 8600, A D la maxime de part. 13340, desquelles le raid de l'Orbe de la Lune E G en est 100000. B D donc leur difference sera 4740, & sa moitie C D ou C B 2370.

Puis soit descrit au centre C, & intervalle C D, le petit cercle de l'Anomalie du centre D E B D, auquel on nombre de B vers D en F, c'est, en consequence, l'Anomalie du Centre de deg. 230 6′: partant B D sera le demi-cercle & l'arc restant D E de deg. 50 6′. Son Sinus E F se donne par le Canon des Sinus de 76716, & le Sinus du complement C F 64145, desquelles C D raid est 100000; mais C D estant 2370, E F est 1818, & C F 1520. Mais A B est de 8600, B C 2370, & C F 1520; partant tout A B C F 12490.

Apres soit compassé l'Orbe de la Lune H G I K H, & par E son centre soyent tirez les diametres H I & G K; desquelles celle-la soit parallele à la droicte A D, celle-cy passe par A centre de la Terre. Le moyen Apogée de la Lune sera donc en H, & le vray en G. Or soit nombré de H moyen Apogée de la Lune en L, la moyenne Anomalie de l'Orbe de la Lune de deg. 47 4′, & l'arc H L sera de deg. 47 4′, mais le lieu de la Lune en L. Tiercement soit descrit du centre L, & intervalle L N de part. 7000, desquelles le raid de l'Orbe de la Lune fait 100000, le petit cercle de l'Anomalie du mouvement reciproque M N O M, auquel on nombre de M vers N, c'est en precedence, l'Anomalie du mouvement reciproque M N P, de deg. 100 12′, asçavoir le double de l'Anomalie du centre, l'arc M N estant quadrant du cercle, le demeurant N P sera de deg. 10 12′; & le Sinus du complement Q L de part. 98420, desquelles L M fait 100000, mais L M estant 7000, Q L est alors 6889, & son arc Q L de deg. 3 57′, prosthapherese ablitiue Parquoy tirez l'arc Q L de deg. 3 57′, de l'arc H L Anomalie de l'Orbe de la Lune de deg. 47 4′, & le demeurant sera l'arc H Q Anomalie de la Lune egalée de deg. 43 7′. Le Sinus d'iceluy Q R est donné par le Canon des Sinus de 68348, & le Sinus du complement R E 72996, desquelles Q E raid de l'Orbe de la Lune fait 100000. Or adjoutez R S c'est E F 1818, à Q R 68348, & sera Q S de 70166. Item adjoutez A F 12490 à F S, c'est R E 72996, & sera A S de 85486. Au Triangle A S Q rectangle en S en S sont donc donnez, deux costez, QS 70166, & AS 85486, & partant l'angle A est de deg. 39 22′ 42″. Car

Comme AS 85486 à QS 70166; ainsi AS 100000 à QS 82078, tangente de l'angle QAS de deg. 39 22′ 42″. La difference d'iceluy & de l'angle QER, de deg. 43 7′, est l'angle AQE, de deg. 3 44′ 18″, prosthapherese de l'Orbe ablative. Soit icelle donc tirée du moyen mouvement de la Lune de deg. 90 39′ 3″, & demeurera le vray mouvement de la Lune du moyen Equinoxe de deg. 86 54′ 45″, & avec la prosthapherese des Equinoxes additive de Scrup. 15′ 58″, de deg. 87 10′ 43″ du vray Equinoxe. Parquoy le vray lieu de la Lune estoit au deg. 27 10′ 43 ♊, consentant avec celuy qu'avons recueilly de l'observation de *Tycho*.

Or desirant aussi de sçavoir le vray lieu de l'Apogée de la Lune, prenez le triangle rectangle AFE, auquel sont donnez deux costez al'entour du droit, AF 12490, & FE 1818, l'angle A est donc de deg. 8 17′. Car

Comme AF 12490 à FE 1818, ainsi AF 100000 à FE 14555, tangente de l'angle EAF de deg. 8 17′. Mais l'angle QAS est trouvé cy dessus de 39 23′ presque. La difference duquel & de l'angle EAF, est l'angle QAG, de deg. 31 6′. Soubstrayez donc iceluy du vray mouvement de la Lune, de Sexag. 1. deg. 27 11′, & le demeurant sera le vray mouvement de l'Apogée de la Lune de Sexag. 0. deg. 56 5′. Le vray Apogée de la Lune estoit donc au deg. 26 5′ ♉. Ce qu'avions à demonstrer.

CHAPITRE CINQVIEME.

Theorie vraye & nouvelle du mouvement de la Lune en Latitude.

L'Orbe de la Lune est incliné à l'Ecliptique d'une inclination non fixe, tout ainsi que l'Ecliptique au cercle Equinoctial. Car és Conjonctions du Soleil & de la Lune, l'Obliquité de l'Orbe Lunaire est tousjours de deg. 5 0′, mais és Quadratures de deg. 5 16′.

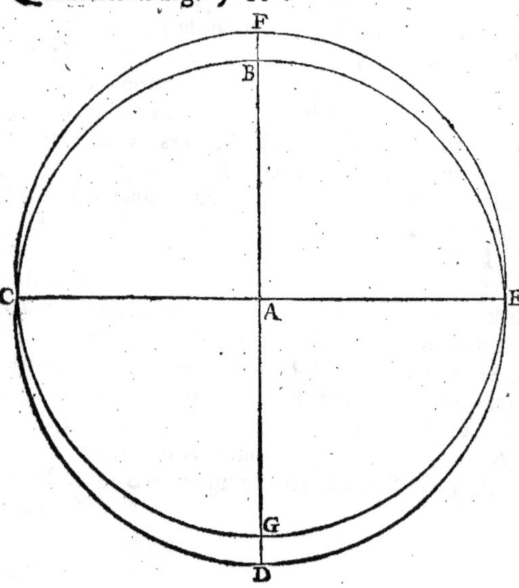

Or la Theorie du mouvement de la Lune en Latitude, es Conjonctions & oppositions est telle.

Soit en la figure adjoincte l'Orbe de la Lune EFCG incliné à l'Ecliptique BCDE de deg. 5 0′. Et soit E le noeud Ascendant vulgairement *Chef du Dragon*, C le noeud Descendant ou *Queuë du Dragon*, F le limite boreal, G le limite austral. Lesquels quatre termes sont transportez journellement en precedence Scrup. 3′ 10″ 38‴ 18⁗ 17v 4vr: mais la Lune parcourt son Orbe EFCG de E de E en F, c'est en consequence des signes en jours 29, heures 12 44' 3''. On peut par ces choses facilement entendre comment la Lune se devoye en Latitude, estant nouvelle ou pleine.

Car la Lune occupant l'un ou l'autre des Noeuds E ou C, elle est destituée du tout de Latitude: dautant quelle occuppe le plan de l'Ecliptique. Mais tenant le Limite F ou G, elle à alors sa maxime Latitude de deg. 5 0', boreale en F mais australe en G. Davantage la Lune montant de E en F, alors sa latitude boreale accroit; mais icelle decroit, quand elle descend de F en C. Au contraire la Lune descendant de C en G, sa latitude australe croit; mais elle décroit descendant de G en E.

La Lune change en ceste maniere sa latitude, quand elle est conjoincte, ou opposée au Soleil. Mais dehors les conjonctions & oppositions, la raison de la latitude de la Lune est un peu autrement. Car l'angle de l'Obliquité de la Lune s'es largit peu a peu depuis les Conjonctions & oppositions, jusqu'aux quadratures; & s'estoircit derechef depuis les quadratures jusqu'aux Conjonctions & oppositions. Dequoy est manifeste que l'Orbe de la Lune est meu par un mouvement reciproque en latitude, tout ainsi que le grand Orbe de la Terre.

Nous avons exprimé au vif en la figure adjoincte, comme cela se fait. Car le cercle BCB est descrit passant par les limites de la maxime & moindre Obliquité de la Lune, sçavoir D & G, item E & F. Or l'arc BE est de deg. 5 0', & l'arc BD de deg. 5 16' & ainsi l'arc ED, difference desdictes Obliquitez est de Scrup. 16', & sa moitie ID ou IE de Scrup. 8': autant est le raid du petit cercle de l'Anomalie de l'Obliquité de l'Orbe Lunaire HEKD Mais icelle Anomalie est egale à l'Anomalie du centre de la Lune, & se nombre de H vers E, c'est en consequence. Et le balancement en latitude de l'Orbe de la Lune se fait au diametre DE. Car l'Orbe de la Lune est balancé de D en E, & aussi reciproquement de E en D; & ainsi se meut continuellement l'Obliquité de l'Orbe de la Lune, & par icelle la latitude de la Lune.

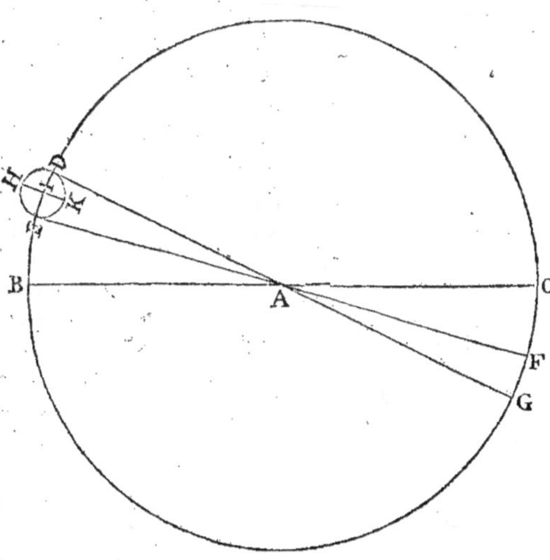

Voila la vraye Theorie du mouvement de la Lune en latitude, s'accordant exactement aux apparences, comme il apparoistra clairement au chapitre suivant.

CHAPITRE SIXIEME.

Comment la latitude apparente de la Lune se demonstre par les mouvemens egaux donnez.

NOus prenons l'Observation superieure de la Lune, en laquelle *Tycho Brahe* trouva par ses instrumens la latitude de la Lune australe de deg. 5 13'. Alors estoit.

	Sex.	*deg.*	'	''.	
L'Anomalie du centre de la Lune de	3	50	6	2.	
Le moyen mouvement de latitude de la Lune	3	0	35	9.	
Or la prosthapherese de l'Orbe à esté trouvée cy dessus de		3	44	18.	à soubstraire:
Le vray mouvement de latitude de la Lune fut donc de	2	56	50	51.	

Il faut par ceux cy demonstrer la vraye latitude de la Lune, au temps donné cy dessus.

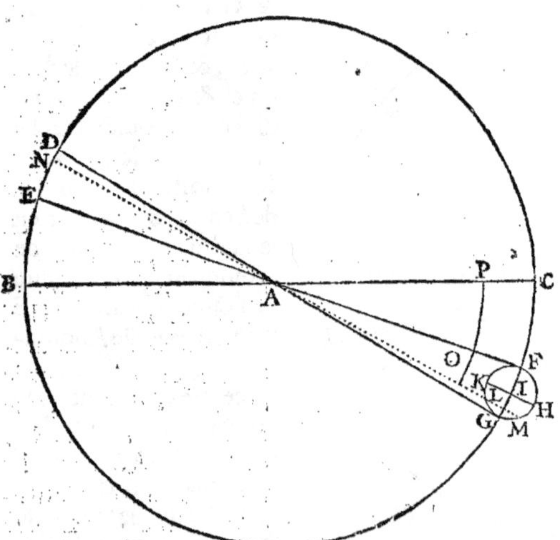

Soit descrit sur le centre A le cercle B C B, passant par les limites de la maxime Obliquité de la Lune D & G, & de la moindre E & F. Soit pareillement BAC diametre de l'Ecliptique, D A G diametre de l'Orbe de la Lune en la maxime Obliquité de deg. 5 16' EAF diametre du mesme Orbe en la moindre Obliquité de deg. 5 0': & partant l'Arc D E ou F G, differencedesdictes Obliquitez de Scrup. 16', & sa moitie I F ou I G de Scrupules 8'. Auquel intervalle & du centre I Soit descrit le petit cercle de l'Anomalie de l'Obliquité de la Lune H F K G, laquelle est totalement la mesme que l'Anomalie du centre de la Lune, de Sexag. 3 deg. 50 6' 2''. Soit icelle nombrée de puis F par K en M, l'arc F M sera donc de deg. 230 6' 2'' dequoy tiré le demi-cercle F G, demeure l'arc G M de deg. 50 6' 2''; son complement est l'arc M H, duquel le Sinus est de parties 64145, desquelles IF en fait 100000; mais I F estant de Scrup. 8, alors L I est de Scr. 5$\frac{1}{10}$. & partant, FIL de Scrup,

Scrup. $13\frac{1}{15}$; & tout l'arc CF L de deg. 5 $13'\frac{1}{16}$. Or le diametre de l'Orbe Lunaire estoit alors N A L; duquel nous nous servons maintenant comme de demicercle. Soit donc nombré au demi-cercle N A L, de N limite boreal en O, le vray mouvement de latitude de la Lune de degrez 176 51', ainsi sera l'arc N O de deg. 176 51'. Duquel tiré l'arc N A de deg. 90, demeure A O de deg. 86 51', la Lune estant autant distante du Noeud descendant A. Puis soit tiré une perpendiculaire de O en P, & O P, sera la latitude australe de la Lune, laquelle se trouve en ceste maniere. Au triangle Spherique rectangle A P O, est donné l'angle A de deg. 5 $13'\frac{1}{16}$, avec la base A O de deg. 86 51'; parquoy le costé O P est de deg 5 13' à peu pres: car

Comme A O 100000 est à O P Sinus de l'angle A 9095; ainsi A O 99849 Sinus de la base, à O P 9081 Sinus du costé O P de deg. 5 13' à peu pres. La latitude de la Lune estoit donc australe de deg. 5 13', telle que *Tycho Brahe* la trouva par ses instrumens.

Desirant aussi de sçavoir, en quel lieu du Zodiac se trouva alors le Noeud ascendant de la Lune, c'est le *Chef du Dragon*, vous l'acquerrez facilement par ceste voye. Adjoutez au vray mouvement de latitude de la Lune de Sexag. 2. deg. 56 51', un quadrant de cercle, c'est Sexag. 1. deg. 30, & aurez le vray mouvement de latitude de la Lune du Noeud ascendant de Sexag. 4. deg. 26 51'. Tirez iceluy du vray mouvement de la Lune de Sexag. 1. deg. 27 11', & le demeurant sera le vray mouvement du *Chef du Dragon* du vray Equinoxe de Sexag. 3. deg. 0 20': c'est, que le *Chef du Dragon* estoit au deg. 0. 20' ♎ & la *Queuë du Dragon* au lieu opposite du Zodiac, asçavoir au deg. 0 20' ♈.

Finalement voulant reduire le lieu de la Lune en son Orbe à l'Ecliptique, prenez le Triangle spherique rectangle A P O, auquel est donné A O la base de deg. 86 51', asçavoir le mouvement de la Lune en son Orbe, avec le costé O P latitude de la Lune de deg. 5 13', parquoy l'autre costé A P mouvement de la Lune en l'Ecliptique est de deg. 86 50' 13'': car

Comme A O 100000 à 99585 Sinus du complement de O P, ainsi la secante de A O 1819826 à la secante de A P 1812277. de deg. 86 50' 13''. La Lune estoit donc plus avancée en son Orbe qu'en l'Ecliptique de Scr. 0' 47'' Ce que nous avions à demonstrer.

CHAPITRE SEPTIEME.

Theorie nouvelle & vraye du mouvement des Estoilles Fixes en Longitude & Latitude.

TOutte la Sphere des Estoilles Fixes se meut uniformément al'entour des Poles du Zodiac du couchant au levant, & avance chacun jour Scrup. 8''' 25'''' 12''''' 32^{vi}. Le mouvement donc des Estoilles Fixes en longitude est vrayement egal; mais ce qu'il apparoit inegal, advient par le mouvement de l'Equinoxe Vernal, duquel les longitudes de fixes se nombrent perpetuellement.

Or touchant les latitudes des estoilles fixes, les obseruations du jourd'huy testifient, icelles estre beaucoup changées depuis *Ptolomée* jusques à nous, principalement environ les Signes Solstitiaux. La cause dequoy ne peut estre autre chose que la mutation de l'Ecliptique depuis *Ptolomée* jusques à nous, par le mouvement reciproque de l'Obliquité du Zodiac. Car veu que les latitudes des fixes se nombrent depuis l'Ecliptique, il est necessaire qu'icelles soyent autant changées, que l'Ecliptique, est changé.

Mais c'est chose digne d'estre considerée, que les latitudes de touttes les fixes, dependent de la latitude, quelles ont euës au commencement des ans de Christ: & partant qu'il faut tirer les latitudes de tous temps du mesme commencement. Laquelle chose n'ayant esté considerée de nos antecesseurs, ils ont esté contraints de poser les latitudes d'aucunes estoilles fixes, autrement que *Ptolomée* & autres plus antiques ont observé. l'Epy de la Vierge en peut servir d'exemple, la latitude de laquelle ayant esté observée par *Tymochare*, *Menelaus* & *Ptolomée* de deg. 2 0' Meridionale, *Tychon Brahe* soustient quelle fut 3' ou 4' Scrupules majeure, en ses *Epistres* page 71. Ce qu'il n'eut sans doubte soustenu, s'il l'eust deduit du commencement des ans de Christ. Or ces choses ne requerans seulement estre dites, ains plustost demonstrées, nous en donnerons la demonstration au chapitre suivant.

CHAPITRE HVITIEME.

Comment la latitude des Estoilles fixes se demonstre à quelconque temps.

SOit en la figure adjoincte le cercle B C D E le colure des Solstices, le demi-cercle F A G la moitie de l'Ecliptique en la maxime Obliquité; le demi-cercle E A C la mesme moitie en la moindre Obliquité: l'arc E F la maxime distance des Ecliptiques vers Septentrion de Scrupules 22'; l'arc C G la maxime distance vers midy de Scrupules 22'; A la section Vernale ou Autumnale; F la conversion d'Esté; G la conversion d'Hyver. Ces choses ainsi construictes, Soit à rechercher la latitude du Roytelet en la maxime Obliquité du Zodiac, estant donnée sa latitude en la moindre Obliquité: ou au contraire en la moindre Obliquité, estant donnée sa latitude en la maxime Obliquité.

Premie-

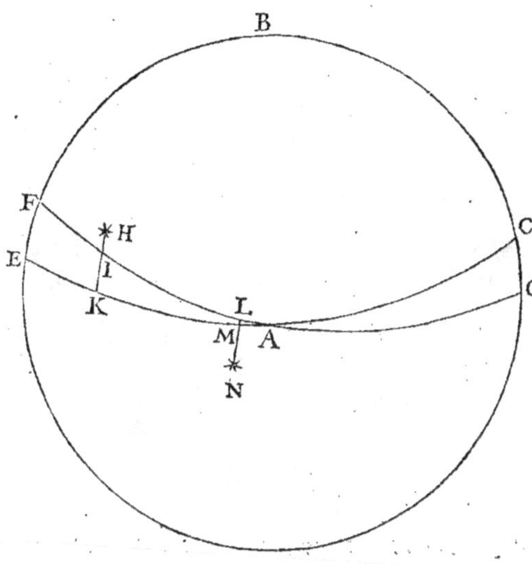

Premierement il appert par nostre Catologue des *Estoilles Fixes* : que le Roytelet fut au commencement des ans de Christ au deg. 1 5′ ♌. Le Roytelet estoit donc distant de la Conversion d'Esté F de deg. 31 5′; & partant l'arc F I, distance du Roytelet de la Conversion d'Esté est de degrés 31 5′, & son complement A I de deg. 58 55′.

Parquoy au triangle Spherique rectangle A K I, est donné la base A I de degrés 58 55′, avec l'angle A de Scr. 22′, partant le costé I K est de Scrup. 19′ à peu pres: car

Comme A I 100000, à I K Sinus de l'angle A 640; ainsi A I 85641 Sinus de la base A I, à I K 548, Sinus de l'arc IK de Scrup. 19′ apeu pres.

Or estant donné la latitude du Roytelet K H en la moindre Obliquité de Scrup. 31′, tiré d'icelle l'arc K I de Scrup. 19′, demeure I H latitude du Roytelet en la maxime Obliquité de Scrup. 12′. Ou bien estant donné I H latitude du Roytelet en la maxime Obliquité de Scrup. 12′, à icelle adjouté l'arc K I de Scr. 19′, se compose la latitude du Roytelet K H en la moindre Obliquité de Scrup. 31′.

Autre exemple en l'Epy de la Vierge. Le lieu d'icelle se trouve au commencement des ans de Christ au deg. 25 3′ ♍; parquoy l'Epy estoit distant de la section Autumnale de deg 4 57′; & partant AL en nostre figure est de deg. 4 57′. Puis soit pris le triangle Spherique rectangle A M L, auquel est donné la base A L de deg. 4 57′, avec l'angle A de Scrup. 22′; le costé M L est donc de Scrup. 2′ à peu pres: car

Comme AL 100000 à ML Sinus de l'angle A 640; ainsi AL 8629, Sinus de la base AL, à ML 55 Sinus du costé ML de Scrup. 2′ apeu pres.

Or estant donné M N latitude de l'Epy de la Vierge en la moindre Obliquité de deg. 1 58′, adjoutez à icelle l'arc M L de Scrup. 2′, & viendra la latitude de l'Epy de la Vierge en la maxime obliquité L N de deg. 2 0′. Ou bien estant donné la latitude de l'Epy de la Vierge L N en la maxime Obliquité, tiré d'icelle l'arc M L de Scrup. 2′, demeure la latitude de l'Epy de la Vierge MN en la moindre Obliquité de deg. 1 58′.

Et ainsi se demonstrent les latitudes des Estoilles Fixes, tant en la maxime, que moindre Obliquité. Mais comment icelles se doivent definir en quelconque autre Obliquité, je le monstreray aussi en peu de mots

Retenant donc la figure ſuperieure, ſoit à rechercher la latitude du Roytelet, au temps que *Albategni* obſerva les lieux des eſtoilles fixes à Aracte en Syrie, aſçavoir ans 1627 apres Nabonnaſſar. L'Obliquité du Zodiac eſtoit alors de deg. 23 38′, ainſi qu'avons monſtré au ſecond Chapitre, 14′ Scrupules moindre que la maxime Obliquité de deg. 23 52′. Parquoy l'angle A au triangle A K I eſt de Scrup. 14′. Mais l'arc A I eſt le meſme que deſſus de deg. 58 55′. Partant au triangle Spherique rectangle A K I, eſt donné la baſe A I de deg. 58 55, avec l'angle A de Scrup. 14′, & conſequemment l'arc I K eſt de Scrup. 12′ à peu pres: car

Comme A I 100000 à I K Sinus de l'angle A 407; ainſi A I 85641 Sinus de la baſe A I à I K 349 à peu prés, Sinus de l'arc I K de Scrup. 12′ à peu pres.

Adjoutez donc l'arc I K de Scrup. 12′, à l'arc I H latitude du Roytelet en la maxime Obliquité de Scrup. 12′, & provient K H latitude du Roytelet en l'Obliquité donnée de Scrup. 24′ boreale. Ce qu'il nous faloit demonſtrer.

CHAPITRE NEVFIEME
Theorie nouvelle & vraye des mouvemens des trois Planetes Superieurs, SATVRNE, IVPITER & MARS, *en longitude.*

I.

LEs trois Planetes Superieurs *Saturne, Jupiter, & Mars*, ſe meuvent chacun en ſon Orbe Eccentrique I F G H entournant le grand Orbe de la Terre L K L, de I vers F, c'eſt en conſequence des Signes. Et *Saturne* avance chacun jour Scrup. 2′ 0″ 35‴ 22'''' 46^{v} 34^{vi}. *Iupiter* Scrup. 4′ 59″ 15‴ 54'''' 46^{v} 23^{vi}. *Mars* Scrup. 31′ 26″ 39‴ 28'''' 13^{v} 20^{vi}. Or la maxime Eccentricité de *Saturne* à A centre du grand Orbe de la Terre eſt A D, de parties 11 40, & la moindre A B 570, deſquelles le raid de l'Eccentrique de *Saturne* en eſt 1000, & A L raid du grand Orbe de la Terre 1007. La maxime Eccentricité de Iupiter A D eſt de part 916, & la moindre A B 458, deſ-

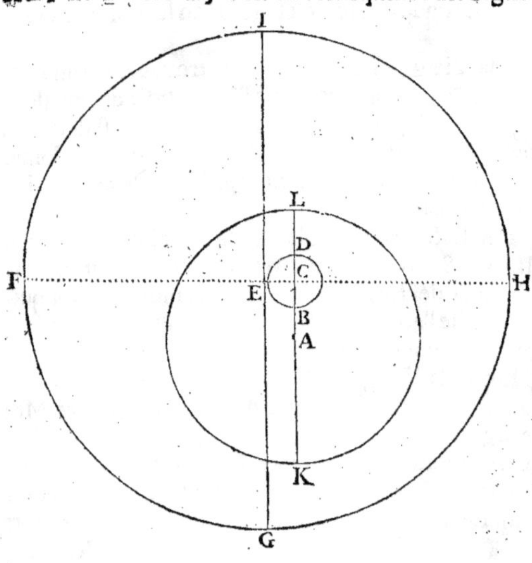

desquelles le demi-diametre de l'Eccentrique de *Iupiter* en est 10000, & AL raid du grand Orbe de la Terre 1852. Finalement la maxime Eccentricité de *Mars* AD est de parties 1740, & la moindre AB 970, desquelles le raid de l'Eccentrique de *Mars* en est 10000, & AL raid du grand Orbe de la Terre 6586. Parquoy BDE diametre du petit cercle BDB es trois superieurs Planetes ' est egal à AB la moindre Eccentricité.

I I.

Or le centre de l'Eccentrique de chacun des Planetes Superieurs E est meu au petit cercle BDE de B vers D c'est en consequence, d'un mouvement double au mouvement du Planete depuis I Apogée de l'Eccentrique. Lequel mouvement fait continuellement changer le lieu de l'Apogée, & l'Eccentricité du Planete.

I I I.

Finalement I moyen Apogée de *Saturne*, est meu en consequence chacun jour Scrup. $12'''$ $53''''$ 18^{v} 50^{vi} De Iupiter Scrup. $9'''$ $53''''$ 41^{v} 3^{vi}. De *Mars* Scrup. $13'''$ $9''''$ 51^{v} 4^{vi}.

Voila la propre Theorie des trois Planetes Superieurs, accordant par tous temps avec le Ciel, comme avec la volontê de Dieu, nous voirons au chapitre suivant.

CHAPITRE DIXIEME.

Comment se demonstre le mouvement apparent de SATVRNE, IVPITER, & MARS, *par les egaux donnez.*

IE me serviray en la demonstration de cecy des mesmes exemples, desquels me suis servi au Livre precedant au Precepte XIII, afin de pouvoir conferer le calcul de nos Tables avec le calcul des triangles. Le premier exemple est de l'observation antique de Saturne, laquelle fut faite à Alexandrie en l'An de Nabonnassar 519, le jour 22 de Tybi, à heures apres midy 6, lesquelles furent à Goes heures 3 40': auquel temps l'estoille de Saturne apparut deux doigts dessoubs l'Epaule australe de la Vierge. A ce temps se recueillent ces mouvemens moyens.

	Sex.	*deg.*	'	".
L'Anomalie des Equinoxes	5	26	40	47.
La prosthapherese des Equinoxes additive			40	47.
Le mouvement egal du Soleil	5	43	19	16.
Le mouvement egal de Saturne	2	32	43	57.
Le mouvement egal de l'Apogée de Saturne	3	46	3	47.
L'Anomalie du Centre	4	46	40	40.
Le double d'iceluy, pour le mouvement du centre	3	33	20	20.

 Par

Par lesquels mouvemens egaux le mouvement apparant de Saturne en longitude se demonstre en ceste maniere.

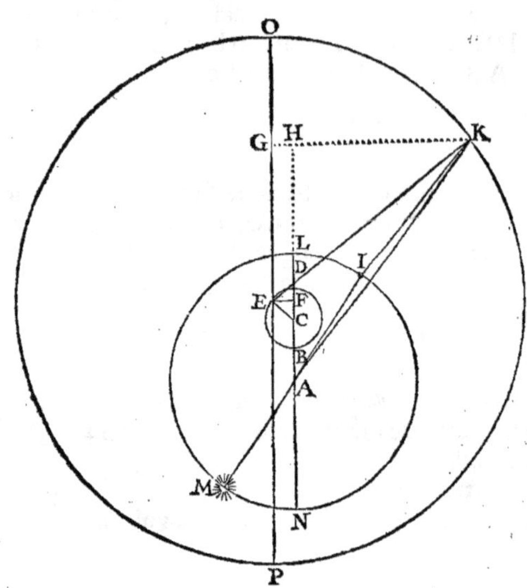

Soit le grand Orbe de la Terre ILMN, son centre A, & diametre LAN, passant par L lieu de l'Apogée de Saturne, & par N lieu du Perigée. La maxime Eccentricité de Saturne soit AD de part. 1140, & la moindre AB de part. 570, & partant CB ou CD, raid du petit cercle BDEB de part. 285, desquelles AL raid du grand Orbe de la Terre en est 1007. Le centre de l'Eccentrique de Saturne OKO, soit en E, & son Apogée en O, Perigée en P, (car son diametre OEP 20000, est parallele au diametre LAN) le lieu de Saturne soit en K, le lieu du Soleil en M, & de la Terre en I.

Ces choses ainsi supposées, soit premierement nombré au petit cercle BDEB le mouvement du centre de deg. 213 20', de B en E: ainsi sera BD demi-cercle, & DE l'excés de deg. 33 20'; & son Sinus EF 5495, & & le Sinus du complement CF de part. 8355, desquelles CE fait 10000. Mais CE estant de part. 285, EF sera de 156, & CF 238. Or AB est 570, BC 285, & CF 238, parquoy AF est 1093.

Secondement soit nombré en l'Eccentrique de Saturne OPKO, l'Anomalie du centre OPK de deg. 286 40', & l'arc KO sera le reste du cercle de deg. 73 20'; & son Sinus KG 9580, & le Sinus du complement GE 2868. Mais tirez de KG 9580, la ligne GH, c'est, EF 156, & le demeurant sera KH 9424. Au contraire, adjoutez à GE, c'est, FH 2868, la droite AF 1093, & aurez AH 3961.

Or donc au triangle rectangle AHK, sont donnez les costez environnans le droit AH 3961, & KH 9424: partant l'angle A est de deg. 67 12'': car

Comme AH 3961 à KH 9424; ainsi AH 10000 à KH 23791, tangente de l'angle A de deg. 67 12'. Mais l'angle HDK est de deg. 73 20', egal à l'angle OEK, c'est à l'arc OK; l'arc donc DKA, difference desdits angles est de deg. 6 8', Prosthapherese du centre additive. Adjoutez donc deg. 6 8', au mouvement egal de Saturne de Sexag. 2. deg. 32 43' 57'', & aurez la longitude centrique de Saturne de Sexag. 2. degrés 38 51' 57''.

Seconde-

Secondement au mesme triangle rectangle A H K, par le costé donné KH 9424, & l'angle A de deg. 67 12', est cogneuë la base KA 10223 : car

Comme KH 9218 Sinus de l'angle A à KA 10000 ; ainsi K H 9424 à KA 10223.

Tiercement soit nombré de L vers M, la distance du moyen Apogée de Saturne, du moyen mouvement du Soleil de deg. 117 15', & l'arc restant du demi-cercle sera M N de deg. 62 45', egal à l'arc I L, distance de la Terre du moyen Apogée de Saturne, c'est langle L A I. Mais l'angle L A K est de deg. 67 12' : parquoy l'angle I A K au triangle obliquangle I A K est de deg. 4 27'.

Or au triangle obliquangle I A K sont donnez les costez A I 1007, & K A 10223, avec l'angle d'iceux comprins de deg. 4 27', partant l'angle K est de deg. 0 29½ : car

Comme 11230 à 9216 ; ainsi 257383 tangente de deg. 87 46½ à 211223 tangente de deg. 87 17' Mais tirez deg. 87 17'. de deg. 87 46½, & demeureront Scrup. 29½ pour l'angle K, prosthapherese de l'Orbe ablative. Tirez donc Scrup. 29½ de la longitude centrique de Saturne de Sexag. 2. deg. 38 51' 57'', & demeurera la vraye longitude de Saturne du moyen Equinoxe de Sexag. 2. deg. 38 22' 27'', & avec la Prosthapherese des Equinoxes de Scrup. 40' 47'', de Sexag. 2. deg. 39 3' 14'' du vray Equinoxe. Partant Saturne estoit au deg. 9 3' 14'' ♍, avec latitude boreale de deg. 2 42', ainsi, qu'avec la faveur de Dieu, nous demonstrerons cy dessous. Mais l'estoille dessoubs l'épaule australe de la Vierge estoit au deg. 9 6' 48'' ♍, avec latitude boreale de deg. 2 43'. La difference donc des longitudes de Saturne & de la fixe de Scrup. 3' 34'' : & la difference des latitudes de Scrup. 1. Parquoy elles estoyent distantes entr'elles de Scrup. 3' 42'', c'est presque de deux doigts, tout ainsi qu'il à esté observé par les Anciens.

Desirant aussi de sçavoir la distance de Saturne du centre de la Terre, vous l'obtiendrez facilement au triangle obliquangle I A K. Car l'angle K est trouvé de Scrupules 29½, & le costé opposite A I est donné de 1007, avec l'angle A de degrez 4 27' ; parquoy le costé opposite I K est de 9105 : car

Comme le Sinus de l'angle K 858, au costé opposite A I 1007 ; ainsi le Sinus de l'angle A 7758, au costé opposite I K 9105. L'estoille de Saturne estoit donc esloignée du centre de la terre part. 9105, desquelles A I raid de l'Orbe de la Terre fait 1007, Ce qu'il nous faloit demonstrer.

I I.

S'ensuit le second exemple en l'estoille de Iupiter, laquelle fut veuë à Alexandrie couvrir l'Asne austral en l'an de Nabonnassar 507, le 17e jour d'Epephi, à heures apres midy 16 40', au Meridien Alexandrin ; au Goesien à heures 14 20'. Auquel temps sont donnez ces mouvemens.

	Sex.	deg.	'	"
L'Anomalie des Equinoxes	5	24	15	53.
La Prosthapherese des Equinoxes additive			43	21.
Le mouvement egal du Soleil	2	39	6	50.
Le mouvement egal de Iupiter	1	22	46	5.
Le mouvement egal de l'Apogée de Iupiter	2	32	21	26.
L'Anomalie du Centre	4	50	24	39.
Le mouvement du Centre	3	40	49	18.

Par lesquels mouvemens egaux, le mouvement apparant de Iupiter en longitude se demonstre en ceste maniere. Ayant premierement descrit une figure, accommodée aux mouvemens Superieurs de Iupiter; soit nombré au petit cercle du centre B D E B, le mouvement du centre B D E de deg. 220 49': & sera B D deg. 180, & l'arc restant D E deg. 40 49'. Le Sinus duquel E F est de part. 6536, & le Sinus du complement C F 7568, desquelles C D fait 10000; mais estant C D 229, E F est alors 149, & C F 173. Mais A B est 458, B C 229, C F 173, Parquoy A F 860.

Puis soit nombré en l'Eccentrique de Iupiter O P K O l'Anomalie du centre de deg. 290 24'½, & sera O P deg. 180, & P K 110 24'. & son restant au demi-cercle l'arc KO deg. 69 35½ Le Sinus d'iceluy KG est de part. 9372, & du complement EG 3487, desquelles E K est 10000. Or tirez de KG 9372, la droite GH, c'est EF 149, & le reste sera KH 9223. Au contraire adjoutez à EG, c'est FH 3487, la droite AF 860, & proviendra A H 4347.

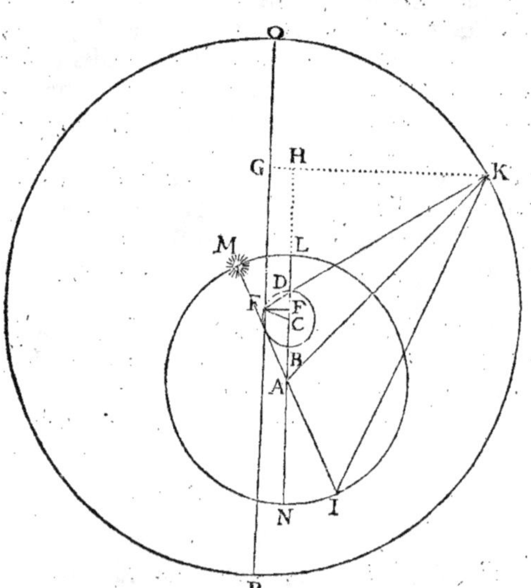

Au triangle rectangle AHK, sont donc donnez les costés alentour du droit, AH 4347, & KH 9224; parquoy l'angle A est de deg. 64 46'. car

Comme AH 4347 à KH 9223, ainsi AH 10000, à KH 21216 tangente de l'angle A de deg. 64 46'. Mais l'angle HDK, est egal à l'arc K O de deg. 69 35'½: partant l'angle A K D difference desdits angles est de deg. 4 49'½, Prosthapherese du centre additive. Adjoutez donc deg. 4 49½', au mouvement egal de Iupiter de Sexag. 1 deg. 22 46' 5", & proviendra la longitude centrique de Jupiter de Sexag. 1. deg. 27 35' 35".

Secondement au mesme triangle rectangle AHK, par l'angle HAK de deg. 64 46'

64 46', & le costé KH 9223, se trouve la base AK 10195: car

Comme HK 9046 Sinus de l'angle A, à AK 10000; ainsi HK 9223 à AK 10195.

Tiercement soit nombré de L en M la distance de l'Apogée egal de Iupiter du moyen lieu du Soleil, de deg. 6 45': & l'angle LAM sera de deg. 6 45', & le lieu du Soleil en M, de la Terre en I. Or l'angle LAK est trouvé cy dessus de deg. 64 46'; parquoy MAK est de deg. 71 31', & son restant du demi-cercle KAI de deg. 108 29'. Au triangle obliquangle KAI sont donc donnez deux costez, AI 1852, & AK 10195, avec langle compris d'iceux de deg. 108 29', parquoy l'angle K est de deg. 9 15'½: car

Comme 12047 à 8343; ainsi 7199 tangente de deg. 35 45'½, à 4985 tangente de deg. 26 30': lesquels degrez tirez de deg. 35 45'½, demeurent pour l'angle AKI deg. 9 15½, prosthapherese de l'Orbe additive. Adioustez donc deg. 9 15'½, à la longitude centrique de Iupiter de Sexag. 1 deg. 27 35' 35'', & proviendra la vraye longitude de Iupiter du moyen Equinoxe de Sexag. 1 deg. 36 51' 5''; & avec la Prosthapherese des Equinoxes de Scr. 43 21'', de Sexag. 1 deg. 37 34' 26'' du vray Equinoxe. Le lieu de Iupiter estoit donc au deg. 7 34' 26'' ♋, avec latitude meridionale de deg. 0 10'. Mais l'Asne austral estoit au deg. 7 31' 32'' ♋, avec latitude australe de deg. 0 10'. La difference donc des longitudes fut de Scrup. 3', & des latitudes nulle; & consequemment les estoilles estoyent distantes l'une de l'autre Scrup. 3' Or le diametre de Iupiter fut de Scr. 3' Parquoy l'estoille de Iupiter couvrit l'Asne austral tout ainsi qu'il fut observé à Alexandrie.

Finalement au triangle obliquangle KAI, se trouve le costé IK 10916, par l'angle donné K de deg. 9 15'½, & le costé opposé AI 1852, avec l'angle A de deg. 108 29': car

Comme AI 1609 Sinus de langle K, au costé opposite AI 1852; ainsi IK 9484 Sinus de l'angle A, au costé opposite IK 10916 distance de Iupiter du centre de la Terre. Ce que nous avions à demonstrer.

III.

Ie viens maintenant au tiers exemple en l'estoille de Mars, laquelle fut veuë à Alexandrie apposée à la boreale au front du Scorpion, en l'an de Nabonassar 476, le iour 20 d'Atyr, à heures apres midy 18 0', au Meridien Alexandrin, au Goesien à heures 15 40'; auquel temps sont deübs ces mouvemens.

	Sex.	*deg.*	'	''
L'Anomalie des Equinoxes	5	17	37	46.
La prosthapherese des Equinoxes additive			50	2.
Le mouvement egal du Soleil	4	52	58	29.
Le mouvement egal de Mars	3	2	32	18.
Le mouvement egal de l'Apogée de Mars	1	43	51	55.
L'Anomalie du Centre	1	18	40	23.
Le mouvement du Centre	2	37	20	46.

Par

Par lesquels mouvemens moyens, le mouvement apparant de Mars se demonstre en ceste maniere. Soit premierement descripte une figure accordante aux mouvemens egaux de Mars; & soit nombré au petit cercle du centre B E D B le mouvement du centre B E de deg. 157 20' 46'' & sera B E un arc de deg. 157 20' 46'', & l'arc restant D E de deg. 22 39' 14'', & le Sinus d'iceluy EF de part. 3852, & le Sinus du complement CF 9228, desquelles CD est 10000: mais CD estant 485, EF, alors est 187, & CF 447½. Davantage estant AB la moindre Eccentricité de Mars de part 970, & B C 485, & CF 447½. A D sera de part. 1902½, desquelles A L est 6586.

Secondement soit nombré depuis O le moyen Apogée de Mars l'Anomalie du centre O K, de deg. 78 40', & son Sinus K G sera de part. 9805, & du complement E G 1965, desquelles E O est 10000. Or adjoutez E G 1965, c'est F H à A F 1902½, & A H sera 3867½. Au contraire tirez H G, c'est E F 187, de K G 9805, & demeurera K H 9618.

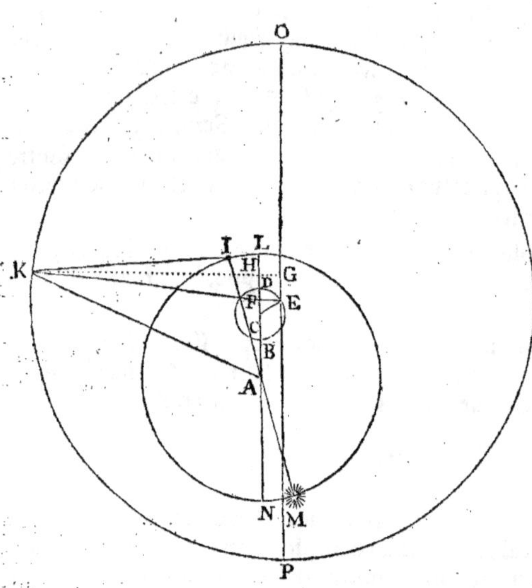

Au triangle rectangle A H K sont donc donnez les costez a l'entour du droit A H 3867½, & KH 9618, & partant l'angle A est de deg. 68 5': car

Comme AH 3867½ à KH 9618 ainsi AH 10000 à KH 24868 tangente de l'angle A de deg. 68 5'. Mais l'angle KFH est de deg. 78 40' asçavoir egal à l'arc OR; la difference donc des angles KAH & KF H, est l'angle AKF de deg. 10 35', prosthapherese du centre ablative. Tirez donc degrez 10 35' du moyen mouvement de Mars de Sex. 3. deg. 2 32' 18'', & le demeurant sera la longitude centrique de Mars de Sexag. 2. deg. 51 57' 18''. Secondement au mesme triangle rectangle A H K, par l'angle donné A de deg. 68 5' & le costé KH 9618, se trouve la base AK 10367: car

Comme KH Sinus de l'angle A 9277 à A K 10000; ainsi K H 9618 à H K 10367.

Tiercement soit nombré depuis L en M, la distance du moyen Apogée de Mars du lieu moyen du Soleil, de Sexag. 3. deg. 9 6' 34'', & l'arc L N M sera de deg. 189 6' 34'', & le lieu du Soleil en M de la Terre en I. Or LN est le demi-cercle, & NM l'excés par dessus le demi-cercle: parquoy l'arc NM est de deg. 9 6' 34'', autant est aussi l'arc I L, ou l'angle IAL.

Mais

Mais tirez l'angle I A L de l'angle K A H de degrez 68 5', & le reste sera l'angle I A K de degrez 58 59'. Au triangle obliquangle I A K sont donc donnez, le costé A I 6586, & K A 10367, avec l'angle A compris d'iceux costez de degrez 58 59'; parquoy l'angle K est de degrez 38 59'½ : car

Comme 16953 à 3781; ainsi la tangente de degrez 60 30'½ 17681 à la tangente 3943 de degrez 21 31'. Or tirez degrez 21 31' de degrez 60 30'½, & demeurera l'angle I K A de degrez 38 59½ prosthapherese de l'Orbe additive. Adjoutez donc degrez 38 59'½, à la longitude centrique de Mars de Sexag. 2 degrez 51 57' 18", & en proviendra le vray lieu de Mars du moyen Equinoxe de Sexag. 3. de degrez 30 56' 48", & avec la prosthapherese des Equinoxes de Scrup. 50' 2" additive, de Sexag. 3. deg. 31 46' 50" du vray Equinoxe. Le lieu apparant de Mars estoit donc au degré 1 46' 50" ♏ avec latitude boreale de degré 1 10'. Mais la boreale au front du Scorpion estoit au degré 1 42' 12" ♏ avec latitude boreale de degré 1 15'. Parquoy la difference des longitudes fut de Scrup. 4' à peu pres, & la difference des latitudes de Scrup. 5 : & consequemment la distance des estoilles de Scrup. 6'. Or le diametre de Mars fut de Scrup. 1' 30"; l'estoille de Mars fut donc apposée à la boreale au front du Scorpion, tout ainsi qu'il fut observé à Alexandrie.

Finalement au triangle obliquangle I A K, par l'angle donné K de deg. 38 59'½, le costé opposé A I 6586, avec l'angle A de degrez 58 59', se trouve le costé opposé K I 8970 : car

Comme A I Sinus de l'angle K 6292 à A I 6586; ainsi K I Sinus de l'angle A 8570, à K I 8970 distance de Mars du centre de la Terre. Ce qu'avions à demonstrer.

CHAPITRE ONZIEME.

Theorie nouvelle & vraye du mouvement de l'estoille de Venus en longitude.

LA Theorie du mouvement de *Venus* en longitude differe aucunement de la Theorie du mouvement des trois Planetes Superieurs, *Saturne*, *Iupiter* & *Mars*.

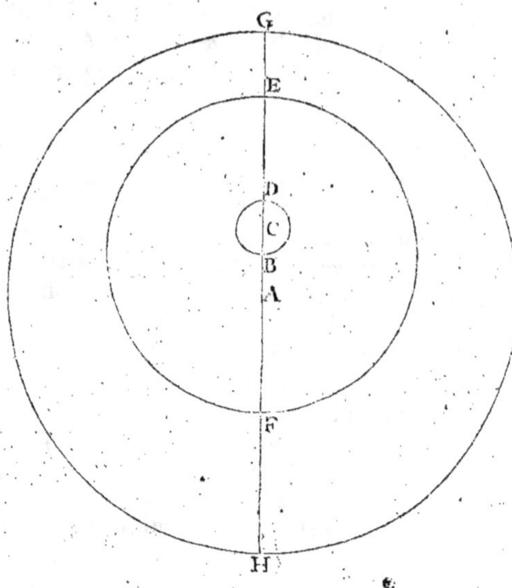

I

Car premierement Venus se meut en l'Orbe Eccentrique E F E en dedans du grand Orbe de la Terre G H G, & avance chacun jour en consequence Scrup. $36'$ $59''$ $29'''$ $29''''$ 11^{v} 6^{vi}. Sa maxime Eccentricité au centre du grand Orbe de la Terre A est AD de part. 349, desquelles le raid de l'Orbe de Venus est 7193, ou bien AG raid du grand Orbe de la Terre 10000. La moindre Eccentricité est AB de 145 des mesmes parties. Tellement que BD diametre du petit cercle D B D est de part. 204, & D C raid du petit cercle de 102.

I I.

Secondement B centre de l'Eccentrique de Venus est porté de B vers D en consequence, par un mouvement double à celuy de la Terre depuis G Apogée de l'Eccentrique. Par lequel mouvement l'Apogée & Eccentricité de Venus sont continuellement changez.

I I I.

Finalement E Apogée de Venus avance par chacun jour en consequence Scr. $14'''$ $5''''$ 59^{v} 30^{vi}.

Voila la vraye Theorie de l'estoille de Venus, avec laquelle l'egalité & l'apparence s'accordent par touttes sortes d'exemples, comme il apparoistra incontinent.

CHAPITRE DOUZIEME.

Comment le mouvement apparant de Venus se demonstre par les egaux donnez.

PRenons icy semblement l'Exemple de l'observation antique de *Venus* faite par *Timochare* à Alexandrie, en l'an de Nabonnassar 476, le jour 17 de Mesori,

Mesori, à heures apres midy 17 au Meridien Alexandrin, au Goesien à heures 14 40′; auquel temps l'estoille de Venus couvrit la precedente des quatres estoilles en l'aile australe de la Vierge. Par nos Tables se donnent à lors ces mouvemens egaux.

	Sex.	deg.	′	″.
L'Anomalie des Equinoxes	5	17	46	56.
La Prosthapherese des Equinoxes additive			49	52.
L'Anomalie egale de l'Orbe de Venus	4	8	10	32.
Le mouvement egal du Soleil	3	16	6	5.
Le mouvement egal de l'Apogée de Venus		46	14	40.
L'Anomalie du Centre	2	29	51	25.
Le mouvement du Centre	4	59	42	50.

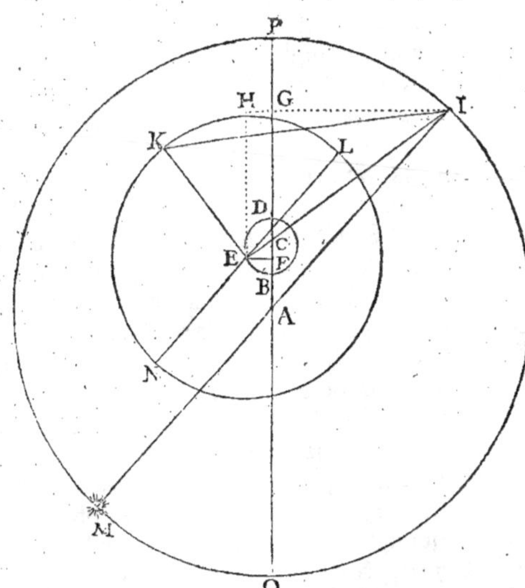

Ceux-cy estans ainsi exposez, soit en la figure adjointe, le grand Orbe de la Terre O P O, descrit sur le centre A; & l'Orbe de Venus N L K N descrit sur le centre E puis le petit cercle du centre B D E B descrit sur le centre C. Finalement soit le lieu du Soleil en M, de la Terre en I de Venus en K, son Apogée en P, Perigée en O.

Puis donc que le mouvement du centre est de deg. 299 42′ 50″, soyent nombrez de B en E degrez 299 42′ 50″, & l'arc E B reste du cercle sera de deg. 60 17′ 10″, & son Sinus E F de part. 8685, & le Sinus verse F B 5043, desquelles C B est 10000. Mais C D estant de part. 102, E F est alors 88½, & F B 51. Or adjoutez A B 145 à F B 51, & A F sera 196.

Secondement soit nombré de P en M la distance du moyen Apogée du moyen lieu du Soleil de Sex. 2. deg. 29 51′, & l'arc PM sera de deg. 149 51′, & le reste du demi-cercle M O deg. 30 9′, auquel est egal I P l'arc de la distance de la Terre de P. Son Sinus I G est de part. 5023, & du complement A G 8647, desquelles le raid du grand Orbe de la Terre A P est 10000. Mais adjoutez H G c'est E F 88½. à I G, & sera I H 5111½. Au contraire soubstrayez A F 196 de A G, & sera F G c'est E H 8451. Au triangle rectangle E H I sont donc donnez, les costez al'entour du droit, I H 5111½, & E H

& EH 8451; & consequemment l'angle E est de deg. 31 10': car

Comme, EH 8451 à IH 5111½; ainsi EH 10000 à IH 6048 tangente de l'angle E de deg. 31 10'. Or l'angle IAG, est trouvé cy dessus de deg. 30 9'; parquoy l'angle EIA difference desdits angles est de deg. 1 1', prosthapherese du centre ablative. Icelle donc tirée du moyen mouvement du Soleil de Sexag. 3. deg. 16 6' 5'', demeure la longitude centrique de Venus de Sexag. 3. deg. 15 5' 5''.

Encore au mesme triangle rectangle EHI, par l'angle donné E de degrez 31 10', & le costé IH 5111½, se donne la base IE 9877: car

Comme IH 5175 Sinus de l'angle E, à IE 10000; ainsi IH 5111½ à IE 9877.

Tiercement soit nombré la moyenne Anomalie de l'Orbe de Sexag. 4 deg. 8 10' 32'' depuis N en K, & sera l'arc NK de deg. 248 10' 32''. Mais l'arc NL est demi-cercle, parquoy l'arc restant LK est de deg. 68 10' 32''; autant est aussi l'angl LEK. Or l'angle IEL est egal à l'angle AIE prosthapherese du centre de deg. 1 1': parquoy l'angle IEK est de deg. 69 11' 32''. Au triangle donc obliquangle IEK sont donnez les deux costez IE 9877 & EK 7193, avec l'angle E d'iceux compris; partant l'angle EIK est de deg. 43 33'½: car

Comme 8535 à 1343; ainsi 14498 tangente de deg. 55 24'¼, à 2281 tangente de deg. 12 51'. Mais tirez deg. 12 51', de deg. 55 24¼, & le demeurant sera deg. 42 33'¼, pour l'angle EIK, prosthapherese de l'Orbe ablative. Soubstrayez donc deg. 42 33'¼, de la longitude centrique de Venus de Sex. 3 deg. 15 5' 5'', & demeurera le vray mouvement de Venus du moyen Equinoxe de Sex. 2 deg. 32 31' 50'', & avec la prosthapherese des Equinoxes de Scr. 49' 52'' additive, de Sex: 2 deg. 33 21' 42'', du vray Equinoxe. L'estoille de Venus estoit donc au deg. 3 21' 42'' ♍: avec latitude boreale de deg. 1 23', comme il sera demonstré cy dessous. Mais le lieu de l'estoille fixe fut au deg. 3 21' ♍, avec latitude boreale de deg. 1 21'. Parquoy la distance des estoilles fut de Scrup. 3' apeu pres, egale au diametre de Venus. Venus couvrit donc l'estoille fixe, tout ainsi que *Timochare* à observé.

Finalement au mesme triangle obliquangle IEK, par l'angle donné I de deg. 42 33'¼, & le costé opposite EK 7193, & l'angle E de deg. 69 11' 32'', se trouve IK distance de Venus du centre de la Terre 9943: car

Comme EK Sinus de l'angle I 6762, à EK 7193; ainsi IK Sinus de l'angle E 9347 à IK 9943 distance de Venus du centre de la Terre. Ce qu'avions à demonstrer.

CHAPITRE TREIZIEME.

Theorie nouvelle & propre du mouvement de l'estoille de Mercure en longitude.

LA Theorie du mouvement de *Mercure* en longitude ne differe seulement de la Theorie des trois Planetes superieurs, mais aussi de la Theorie de Venus.

I. Car

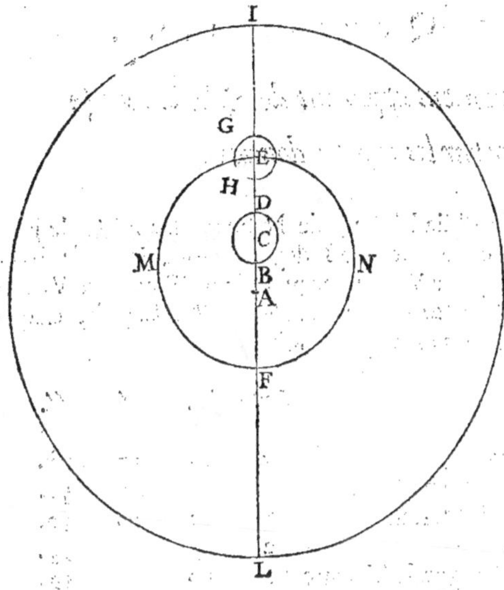

I.

Car premierement E centre de l'Epicycle de Mercure, se meut en l'Orbe Eccentrique EFE, en dedans de l'Orbe de Venus, depuis E vers M, c'est en consequence, & avance par chacun jour deg. 3 6′ 24″ 12‴ 1'''' 8ᵛ 6ᵛⁱ. Sa maxime Eccentricité est AD de part. 947, & la moindre AB 523, desquelles le demi-diametre du grand Orbe de la Terre est 10000, & le moindre demi-diametre de l'Orbe de Mercure 3573.

II.

Secondement l'estoille de Mercure, se meut d'un mouvement reciproque au diametre HG, de part. 380. Mais l'Anomalie du mesme mouvement estant double au mouvement de la Terre depuis l'Apogée I, se fait au petit cercle GHG, & se nombre de H, en G.

III.

Tierçement B centre de l'Orbe de Mercure se meut au petit cercle BDB en consequence, par mouvement egal à l'Anomalie du mouvement reciproque, & se nombre de D en B.

IV.

Finalement le moyen Apogée de Mercure E avance par chacun jour en consequence Scrup. 18″ 51‴ 36ᵛ 20ᵛⁱ.

Or voila les Hypotheses des mouvemens de Mercure, lesquels suffisent à touttes ses apparences, ainsi qu'il sera manifesté par l'observation suivante.

CHAPITRE QUATORZIEME.

Comment le mouvement apparant de Mercure se demonstre par les egaux donnez.

EN l'An 24 de Ptolomée Philadelphe, de Nabonnassar 486, le jour 30 de Pauni, le Soleil occupant le 28 deg. du Lion, *Hipparche* obserua à Alexandrie, l'estoille de Mercure Vespertine precedant l'Epy de la Vierge peu plus de trois degrez. Voyez *Ptolomée* au livre IX de *l'Almageste*, chapitre 7. Or à ce temps se donnent les mouvemens suivants.

	Sex.	*deg.*	′	″
L'Anomalie des Equinoxes	5	19	51	7.
La prosthapherese des Equinoxes additive			47	51.
L'Anomalie egale de l'Orbe de Mercure	1	54	16	52.
Le moyen mouvement du Soleil	2	27	1	53.
Le moyen mouvement de l'Apogée de Mercure	2	59	4	59.
Parquoy l'Anomalie du Centre	5	27	56	54.
Le mouvement du Centre, & l'Anomalie du mouvemenr reciproque	4	55	53	48.

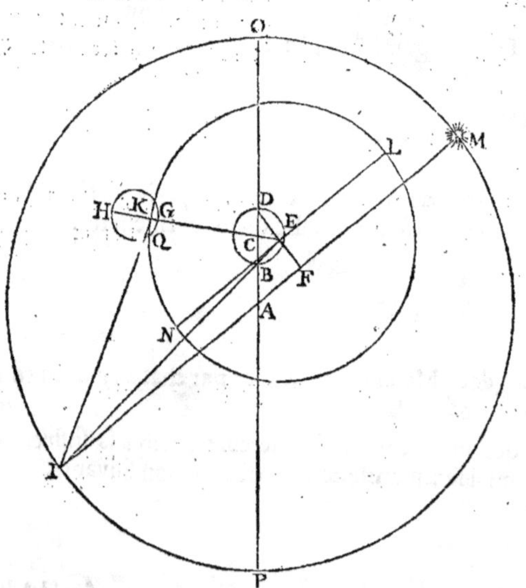

Par lesquels mouvemens il faut demonstrer le vray lieu de Mercure, afin que la Theorie superieure de Mercure soit aussi esprouvée. Soit donc premierement descrit une figure, accordante aux mouvemens donnez, & à la Theorie superieure de Mercure, en ceste maniere :

Soit en la figure adjointe, le grand Orbe de la Terre P O I P, descrit sur le centre A. L'Orbe de Mercure L K N L, descrit sur le centre E. Le petit cercle du mouvement reciproque de Mercure H Q G H. Le petit cercle du centre D B E D. Le lieu du Soleil M, de la

Terre

Terre I, de Mercure K, & son Apogée O, & Perigée P. Ceux-cy estans ainsi supposez soit nombré depuis l'Apogée O jusques au lieu du Soleil M, l'Anomalie du centre de Sexag. 5 deg. 27 57': parquoy la circonference OPM sera de deg. 327 57', & OM reste du cercle deg. 32 3', mesurant l'angle OAM, auquel est egal l'angle DBE. Au triangle rectangle AFD est donc donné la base AD de part. 947, avec l'angle A de deg. 32 3', & son complement D de deg. 57 57'; Parquoy DF est 502½ des mesmes parties, AF 802½: car

Comme AD 10000 à DF Sinus de langle 5307; ainsi AD 947 à DE 502½.

Item comme AD 10000 à AF Sinus de l'angle D 8476; ainsi AD 947 à AF 802½. Mais adjoutez AF 802½ à IA 10000, & sera IF 10802½.

Secondement au triangle rectangle BED est donné la base BD 424, avec l'angle B de deg. 32 3' (asçavoir egal à l'angle DAF) parquoy DE est 225: car

Comme BD 10000 à DE Sinus de l'angle B 5307; ainsi BD 424 à DE 225. Or tirez DE 225 de DF 502½, & le demeurant sera EF 277½.

Tiercement au triangle rectangle EFI sont donnez les costez EF 277½, & IF 10802½, partant l'angle I est de deg. 1 28', & la base IE 10805: car

Comme IF 10802½ à EF 277½; ainsi IF 10000 à EF 256, tangente de l'angle I de deg. 1 28', prosthapherese du centre additive. adjoutez donc deg. 1 28, au moyen mouvement du Soleil de Sex. 2 deg. 27 1' 53'', & en proviendra la longitude centrique de Mercure de Sex. 2 deg. 28 29' 53''.

Davantage au mesme triangle EFI, par le costé donné FI 10802½, & l'angle I deg. 1 28', se trouve la base IE 10805: car

Comme IF 9997 Sinus de l'angle E à IE 10000; ainsi IF 10802½, à IE 10805. Puis soit nombré au petit cercle GHG, l'Anomalie du mouvement reciproque de Sex. 4 deg. 55' 54', & sera la circonference GHQ de deg. 295 54', & le reste du cercle QG de deg. 64 6', & son Sinus verse GK de part. 5632, desquelles le raid du petit cercle est 10000; mais de part. 107, quand le raid du petit cercle est 190. Or adjoutez GK à EG raid du moindre Orbe de Mercure de 3573 des mesmes parties, & sera EGK de part. 3680.

Finalement soit nombré en l'Orbe de Mercure LN, son Anomalie egale de Sexg. 1 deg. 54 17', & sera l'arc LK de deg. 114 17', & le reste du demi-cercle KN de deg. 65 43', mesurant l'angle GEN. Mais l'angle NEI prosthapherese du centre est de deg. 1 28'; parquoy l'angle GEI est de deg. 67 11'. Au triangle obliquangle IEK sont donc donnez, les costez IE 10805 & EK 3680, avec langle E d'iceux compris de deg. 67 11', parquoy l'angle I est de deg. 19 53'½: car

Comme 7242 à 3562; ainsi 15056 tangente de deg. 56 24'½ à 7405, tangente de deg. 36 31': mais la difference de deg. 36 31', & de deg. 56 24'½ est l'angle EIK de deg. 19 53½, prosthapherese de l'Orbe additive. Adjoutez donc deg. 19 53'½, à la longitude centrique de Mercure de Sexag. 2 deg. 28 29' 53'', & en proviendra la vraye longitude de Mercure du moyen Equinoxe de Sex. 2 deg. 48 23' 23'', & avec la prosthapherese des Equinoxes, de Sex. 2 deg. 49 11' 14'', du vray Equinoxe. Mercure estoit donc au deg. 19 11' 14'' ♍. Mais l'Epy de la Vierge estoit au deg. 22 26' 4'' ♍. Parquoy Mercure precedoit l'Epy de la Vierge de deg. 3 15' à peu pres, tout ainsi que *Hipparche* observa. Ce que nous avions à demonstrer.

CHAPITRE QVINZIEME.

Theorie nouvelle & vraye des mouvememens des trois Planetes ſuperieurs en latitude.

NOus avons juſques-icy, avec l'ayde & guide de Dieu, demonſtré les cours que les Planetes font en longitude. Nous demonſtrerons maintenant le mouvement des Planetes en latitude. Car la cognoiſſance de la latitude n'eſt moins neceſſaire, que la longitude; tant pour ce que les digreſſions de ces Aſtres, ne cauſe petite difference environ le lever & Coucher; qu'a cauſe que leurs vrays lieux ne ſe peuvent ſçavoir, devant qu'on ſache leur latitude & longitude. Or nous commencerons à la Theorie des trois Planetes ſuperieurs, *Saturne, Iupiter & Mars*, dautant que leur digreſſion en latitude differe quelque peu de la digreſſion en la latitude de *Venus & Mercure*, ainſi, qu'avec l'ayde de Dieu, nous voirons és ſuivans.

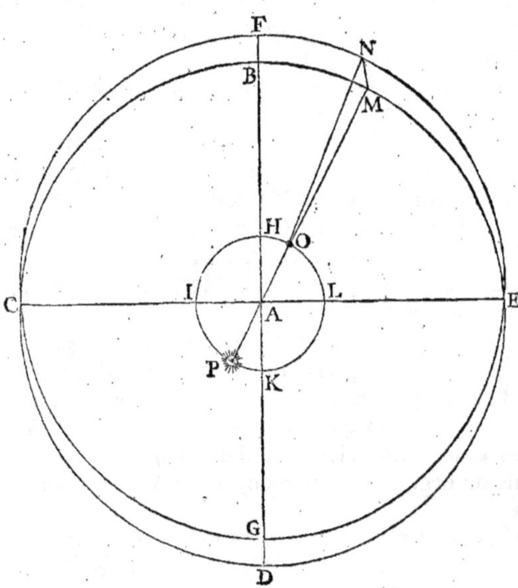

Soit donc en la figure adjointe le grand Orbe F C G E au plan de l'Ecliptique H I K L, auquel ſoit incliné l'Orbe d'un Planete ſuperieur B C D E, d'une inclination fixe F B, de deg. 2 31' en *Saturne*, en *Jupiter* de deg. 1 20', & en *Mars* de deg. 1 50'. De laquelle latitude le limite boreal ſoit B, l'auſtral D, le Neoud aſcendant de la ſection E, le deſcendant C, la ſection commune C A E. Leſquels quatre termes ne ſe changent en *Iupiter*, dautant que le Noeud boreal de *Iupiter* eſt fixe; mais en *Saturne* ils avancent par chacun jour en conſequence Scrup. $11'''$ $0''''$ 24^{v} 20^{vi}, & en Mars Scrup. $6'''$ $34''''$ 31^{v} 14^{vi}.

Par ces hypotheſes eſt facile à entendre comment les trois Planetes Superieurs marchent en latitude. Car on trouve en tous Planetes double eſpace de latitude, reſpondante à leur double inegalité de longitude. La premiere ayant l'angle de viſion en A centre du grand Orbe de la Terre, & s'appelle centrique. L'autre

L'autre estant veuë du globe de la Terre, & est la vraye latitude du Planete. Celle-la se trouve par la distance du Planete de l'un des deux Noeuds & l'inclination de son Orbe. Celle-cy par la latitude centrique du Planete, & sa distance du centre de la Terre. Car posé par exemple le Planete en M, & la Terre en O, & sera alors.

Comme le Sinus EB c'est le raid, au Sinus EM distance du Planete de E, Noeud boreal; ainsi le Sinus BE inclination de l'Orbe du Planete, au Sinus MN latitude centrique du Planete. Encore.

Comme OM distance du Planete du centre de la Terre O, au Sinus MN latitude centrique; ainsi OM raid, à MN Sinus de l'angle NOM, vraye latitude du Planete.

Voila la vraye Theorie des mouvemens des Planetes superieurs en latitude, satisfaisante aux apparences de tous siecles, comme il apparoistra clairement par les exemples suivants.

CHAPITRE SEIZIEME.

Comment les latitudes des trois Planetes superieurs se demonstrent.

QVatre choses sont necessaires, pour demonstrer les latitudes des trois Planetes superieurs. Premierement le mouvement egal du Noeud boreal; secondement la distance du Planete & du moyen lieu du Soleil du Noeud boreal; tiercement la longitude centrique du Planete; finalement la distance du Planete du centre de la Terre. Lesquelles choses estans données, les latitudes des Planetes superieurs se peuvent facilement definir.

Soit le premier exemple en l'estoille de Saturne, la latitude de laquelle fut observée à Alexandrie en l'An de Nabonnassar 519, le jour 22 de Tybi au soir, à peu pres estre la mesme que la latitude de l'estoille fixe en l'epaule australe de la Vierge, laquelle estoit alors de deg. 2 43' boreale. Or alors est donné par nos Tables.

	Sex.	*deg.*	'	''.
Le mouvement egal du Noeud boreal	1	21	0	0.
Le mouvement egal du Soleil	5	43	19	16.

Mais la longitude centrique de Saturne est trouvée cy dessus au chap. 9, de Sexag. 2 deg. 38 51' 57'', & sa distance du centre de la Terre de par. 9105, desquelles le raid de l'Orbe de Saturne est 10000.

Or tirez premierement le mouvement egal du Noeud boreal de Sexag. 1. deg. 21 0' 0'', de la longitude centrique de Saturne de Sexag. 2 deg. 38 51' 57'', & le demeurant sera la distance de Saturne du Noeud boreal, de Sex. 1 deg. 17 51' 57''. Secondement tirez le mouvement egal du Noeud boreal du mouvement egal du Soleil de Sexag. 5 deg. 43 19' 16'', & le demeurant sera la distance du Soleil du Noeud boreal de Sexag. 4 deg. 22 19' 16''.

 Lesquels

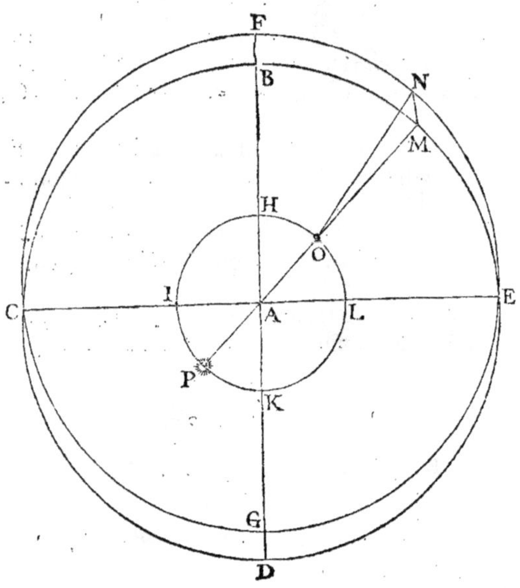

Lesquels estans donnez, & descrit une figure suivant la maniere de la precedente, soit premierement nombré en l'Orbe de Saturne BCDE la distance de Saturne du Noeud boreal, & sera l'arc EM de degrez 77 52', & le lieu de Saturne en M. Or au triangle Spherique rectangle ENM sont donnez, la base EM avec l'angle E inclination de l'Orbe de Saturne de deg. 2 31'. Partant NM est de part. 429: car

Comme le Sinus EB 10000, au Sinus BF 439; ainsi le Sinus EM 9776, au Sinus MN 429.

Secondement soit nombré au grand Orbe de la Terre HIKL, la distance du Soleil du Noeud boreal & sera l'arc LOP de deg. 262 19', & le lieu du Soleil en P, de la Terre en O, & partant l'arc LO de deg. 82 19'. Or de O soit tiré un ligne droite en M, & OM sera la distance de l'Orbe du Planete du centre de la Terre de part. 9105. Parquoy au triangle rectangle ONM, est donné la base OM 9105, & le costé MN 429, partant l'angle O vraye latitude boreale de Saturne de deg. 2 42': car

Comme OM 9105 à MN 429; ainsi OM 10000, à MN 471, Sinus de deg. 2 42', latitude boreale de Saturne: estant à peu prez la mesme que la latitude de la fixe de deg. 2 43'; non autrement qu'il fut observé à Alexandrie.

I I.

Second exemple en l'estoille de Iupiter; la latitude de laquelle fut observée à Alexandrie en l'an 507 de Nabonnassar, le 17 jour d'Epephi, à heures apres midy 16 40', la mesme que la latitude de l'Asne austral, laquelle estoit alors de deg. 0 10' Meridionale. Alors estoit.

	Sex.	deg.	'	''.
Le mouvement egal du Soleil	2	39	6	50.
Le lieu du Noeud boreal de Iupiter	1	35	30	0.

Mais

Mais la longitude centrique de Iupiter est demonstrée cy dessus de Sexag. 1 deg. 27 35′ 35″, & sa distance du centre de la Terre de part. 10916, desquelles le raid de l'Orbe de Iupiter est 10000. Or tiré le lieu du Noeud boreal de Iupiter, premierement de la longitude centrique de Iupiter, puis du mouvement egal du Soleil, demeure la distance de Iupiter du Noeud boreal de deg. 352 6′, & la distance du Soleil du mesme Noeud de deg. 63 37′.

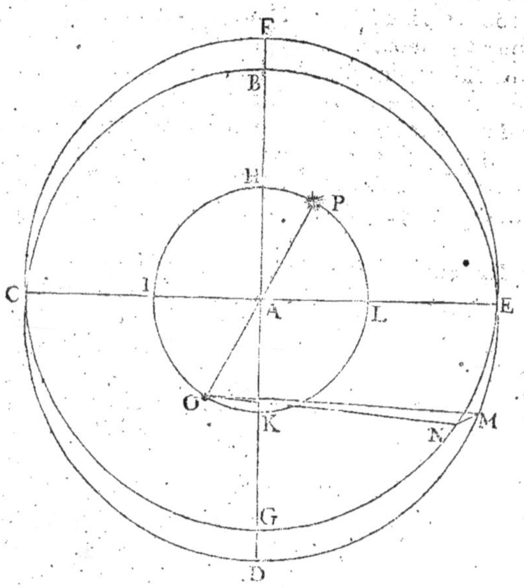

Ceux-cy estans donnez soit nombré en l'Orbe de Iupiter BCDE, de E par B en M la distance de Iupiter du Noeud boreal, & sera la circonference EBM de deg. 352 6′, & le reste du cercle EM de deg. 7. 54′. Or l'inclination de l'Orbe de Iupiter est de deg. 1 20′, & son Sinus DG 233; parquoy MN est 32: car

Comme ED 10000 à DG 233; ainsi EM 1374 à MN 32.

Secondement soit nombré au grand Orbe de la Terre HIKL de L en P, la distance du Soleil du Noeud boreal de Iupiter, & la circonference LP sera de deg. 63 37′, & le lieu du Soleil en P, de la Terre en O, & partant OM distance de Iupiter du centre de la Terre 10916. Parquoy au triangle rectangle ONM, par la base donnée OM 10916, & le costé MN 32, se trouve l'angle MON de deg. 0 10′: car

Comme OM 10916 à MN 32; ainsi OM 10000 à MN 29 Sinus de l'angle MON de deg. 0 10′. La latitude de Iupiter MN estoit donc de deg. 0 10′ Meridionale, la mesme que la latitude de l'Asne austral de deg. 0 10′, exactement accordant avec l'observation des Anciens.

III.

Troisiéme exemple en l'estoille de Mars, la latitude de laquelle fut observée à Alexandrie en l'an de Nabonnassar 476, le 19 jour d'Atyr, à heures apres midy 18 0′, presque la mesme que la latitude de la supreme au front du Scorpion, laquelle estoit alors de degrez 1 15′ boreale. Or au mesme temps est donné:

Sex.

	Sex.	deg.	′	″
Le mouvement egal du Soleil	4	52	58	29.
L'e mouvement du Noeud boreal de Mars		26	28	35.

Mais la longitude centrique de Mars est trouvée cy dessus de Sexag. 2 degrez 51 57′ 18″, & la distance de Mars de la Terre de part. 8970, desquelles le raid de l'Orbe de Mars est 10000. Or la distance de Mars du Noeud boreal se recueille de la longitude centrique & du mouvement du Noeud boreal, de Sexag. 2. deg. 25 28′ 43″: item la distance du Soleil du Noeud boreal se trouve par le moyen mouvement du Soleil, & le mouvement du Noeud boreal, de Sexag. 4 deg. 26 29′ 54″. Soit donc nombré la distance de Mars du Noeud boreal en l'Orbe de Mars BCDE, depuis E Par B en M, & sera l'arc EBM de deg. 145 29′, & CM reste du demi-cercle deg. 34 31′. Mais l'inclination de l'Orbe de Mars est de deg. 1 50′, & son Sinus BF 320; parquoy MN est 181: car

Comme CB 10000 à BF 320; ainsi CM 5666 à MN 181.

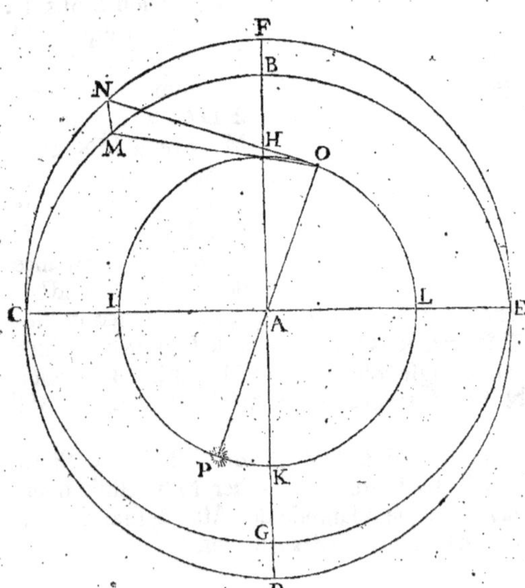

Secondement soit nombré la distance du Soleil du Noeud boreal, au grand Orbe de la Terre de L par H en P, & sera la circonference LHP de degrez 266 30′, & le lieu du Soleil en P, de la Terre en O; & partant OM distance de Mars de la Terre 8970. Parquoy au triangle rectangle ONM est donné la base OM 8970, avec le costé MN 181; l'angle NOM est donc de deg. 1 10′: car

Comme OM 8970 à MN 181; ainsi OM 10000 à MN 202 Sinus de l'angle NOM de deg. 1 10′. Parquoy la latitude de Mars estoit de degré 1 10′ boreale, à peu pres accordante avec la latitude de la supreme au front du Scorpion de degré 1 15′ boreale. Ce que nous avions à demonstrer.

CHAP.

CHAPITRE DIXSEPTIEME.

Theorie vraye & nouvelle des mouvemens des deux Planetes inferieurs en latitude.

SOit l'Orbe de Venus ou Mercure BCDE, incliné à l'Orbe FCGE au plan de l'Ecliptique, d'une inclination fixe BF, laquelle est en Venus de deg. 3 30′, en Mercure de deg. 6 16′. Soit E le Noeud boreal, C l'austral, B le limite boreal, D l'austral. Lesquels quatre termes avancent lentement en consequence, en Venus par chacun jour Scrup. 6‴ 26⁗ 28ᵛ 28ᵛⁱ; en Mercure de Scr. 2‴ 14⁗ 16ᵛ 39ᵛⁱ. Or soit posé la Terre en O, & le Planete en M, ainsi sera la latitude centrique du Planete MN, veuë du centre A; & la vraye latitude MON regardée de O centre de la Terre, tout ainsi qu'es trois superieurs. Voila la vraye Theorie des digressions de Venus & Mercure en latitude, laquelle tant en nostre siecle qu'es siecles antecedans, s'accorde exactement avec le ciel; comme il apparoistra par les exemples suivans.

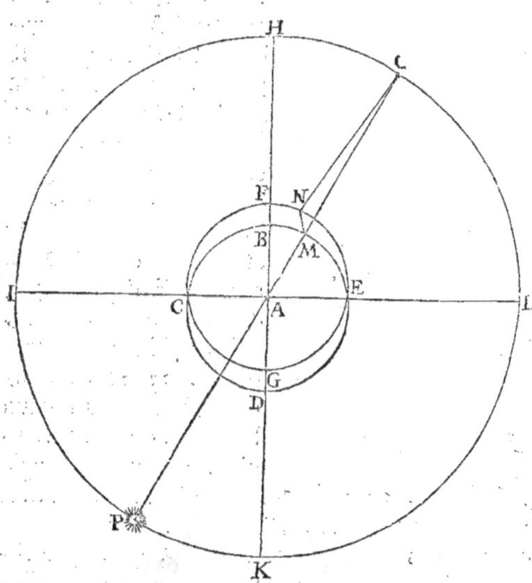

CHAPITRE DIXHVITIEME.

Comment les latitudes de Venus & Mercure se demonstrent.

EN l'an de Nabonnassar 476; le jour 17 de Mesori, l'estoille de Venus matutine couvrit à Alexandrie la precedente des quatre estoilles en l'aile australe de la Vierge. Or la latitude de l'estoille estoit alors de deg. 1 21′ boreale; parquoy Venus eut presque la mesme latitude.

Il faut éprouver si nostre Theorie s'accorde avec ceste observation. Quatre choses sont icy aussi necessaires d'estre cogneuës, le mouvement du Noeud boreal, la longitude centrique du Planete, l'Anomalie egalée de l'Orbe, & la distance du Planete de la Terre. Le mouvement du Noeud boreal estoit de Sex. 0 deg. 50 55′ 16″. La longitude centrique du Planete de Sex. 3 deg. 15 5′ 5″. L'Anomalie egalée de l'Orbe de Sex. 4 degrés 9 11′ 32″. La distance de Venus de la Terre de part. 9943, desquelles le raid de l'Orbe de la Terre est 10000.

Ceux-cy donnez, & ayant descrit une figure suivant la maniere superieure, soit tiré premierement le mouvement du Noeud boreal, de la longitude centrique du Planete & demeurera la distance du Soleil du Noeud boreal de deg. 144 10'. Soit icelle nombrée depuis L par H en P, & sera l'arc LHP de deg. 144 10', & le lieu du Soleil en P, de la Terre en O, & partant l'arc O L, ou son egal QE de deg. 35 50', asçavoir le reste I K O, c'est, L H P au demi-cercle. Puis apres soit nombré l'Anomalie egalée de l'Orbe depuis R par D en M, & sera l'arc RDM de deg. 249 12', & le lieu de Venus en M. Or R D Q est demi-cercle; parquoy Q M excés du demi-cercle est de deg. 69 12'. Mais tirez QE deg. 35 50', de QM deg. 69 12', & l'arc EM restant sera de deg. 33 22', distance de Venus du Noeud boreal. Parquoy au triangle spherique rectangle ENM, est donné la base EM de deg. 33 22', avec l'angle E inclination de l'Orbe de Venus de deg. 3 30'; partant MN est de 335: car

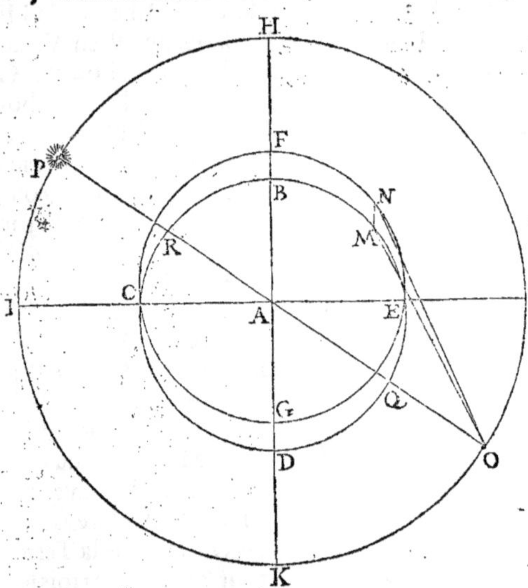

Comme le Sinus du quadrant EB 10000 au Sinus BF 610; ainsi le Sinus de EM 5500 à M N 335. Parquoy M N est part. 335, desquelles AE est 10000, mais AE estant 7193, MN est alors 241: car

Comme 10000 à 335, ainsi 7193 à 241.

Au triangle rectiligne rectangle ONM, est donc donné la base OM, distance de Venus de la Terre 9943, avec le costé MN 241: partant l'angle NOM est de deg. 1 23': car

Comme OM 9943 à MN 241; ainsi O M 10000 à MN 242 Sinus de l'angle N O M de deg. 1 23', latitude boreale de Venus: laquelle est presque la mesme que la latitude de l'estoille fixe de deg. 1 21', ainsi qu'il fut observé par *Timochare*. Ce qui estoit à demonstrer.

I I.

Exemple en Mercure. En l'an de Nabonnassar 484, le 18 jour de Thoth, apparut Mercure matutin separé de la supreme au front du Scorpion vers septentrion, par deux Lunes, c'est, d'environ un degré. Mais la latitude de l'estoille fixe estoit de deg. 1 15': parquoy la latitude de Mercure à peu pres de deg. 2 15'. Alors est donné le mouvement du Noeud austral de Sexag. 3 deg. 37 0' 2'', la longitude centrique du Planete de Sexag. 3 degrés 47 44' 15'', L'A-

15″, L'Anomalie egalée de l'Orbe de Sexag. 3 degrés 33 36′ 46″, & la distance de Mercure de la Terre de part. 7506, desquelles le raid de l'Orbe de Mercure est 3818.

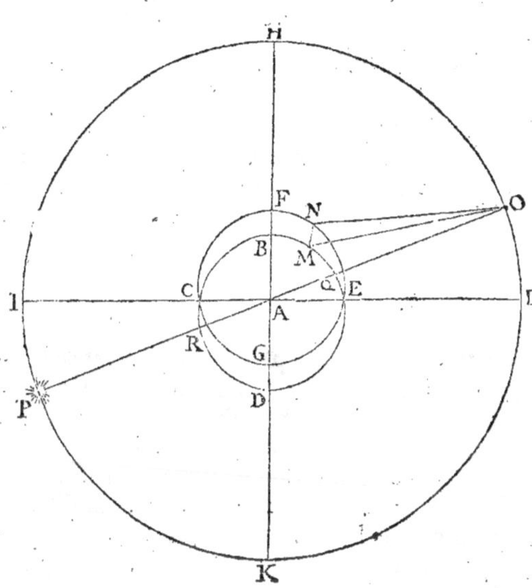

Or tirez le mouvement du Noeud austral de Sex. 3 deg. 37 0′ 2″, de la longitude centrique du Planete de Sexag. 3 deg. 47 44, 15″, & le reste sera la distance du Soleil du Noeud austral de deg. 10 44. Soit icelle nombrée de I en P, ainsi sera l'arc IP de deg. 10 44, & le lieu du Soleil en P, de la Terre en O, & partant OL de deg. 10 44, & l'arc EQ egal à iceluy. Puis soit nombré de R par D en M, l'Anomalie egalée de l'Orbe de deg. 213 37′, & sera l'arc RDM de deg. 213 37′. Mais RDQ est demi-cercle, parquoy QM excés par dessus le demi-cercle est de deg. 33 37′. Or l'arc EQ est demonstré cy dessus de deg. 10 44′, partant EQM, distance de Mercure du Noeud boreal est de deg. 44 21′.

Au triangle Spherique rectangle EMN, est donc donné la base EM deg. 44 21′, avec l'angle de l'inclination de l'Orbe de Mercure de deg. 6 16′; parquoy le costé MN est de 763: car

Comme le Sinus de EB 10000, au Sinus BF 1092 de deg. 6 16′; ainsi le Sinus de EM 6990 de deg. 44 21′, à MN 763. Parquoy MN est de part. 763, desquelles AE raid de l'Orbe de Mercure est 10000; mais le raid de l'Orbe de Mercure estant 3818, MN alors est 291: car

Comme 10000 à 763, ainsi 3818 à 921.

Partant au triangle rectiligne rectangle ONM, est donné la base OM distance du Planete de la Terre 7506, avec le costé MN 291; l'angle MON est consequemment de deg. 2 13′: car

Comme OM 7506 à MN 291; ainsi OM 10000 à MN 387, Sinus de l'angle MON de deg. 2 13′, latitude de Mercure boreale, laquelle est presque la mesme que la latitude observée de deg. 2 15′. Ce qu'avions à demonstrer.

Nous avons jusques icy avec la guide & conduite du bon Dieu, exposé les Theories, de tous les Planetes, & estoilles fixes, tant en longitude, qu'en latitude: pareillement monstré les lieux de chacun, se peuvent supputer en quelconque temps, les mouvemens egaux estans donnez par l'ayde de la Doctrine des Triangles. Nous demonstrerons maintenant, comment les Eclipses solaires, & appulsemens de la Lune aux estoilles fixes, se peuvent computer par la mesme doctrine.

CHAPITRE DIX-NEUFVIEME.

Du Calcul des Eclipses Solaires.

QVant aux Eclipses Solaires, icelles ne peuvent estre commodement calculées, devant savoir ces trois choses, la distance du Soleil du point Vertical, l'Angle parallactic, & la Parallaxe de la Lune du Soleil en longitude & latitude. Parquoy j'enseigneray comme ces trois se pourront commodement trouver.

I.

La distance du Soleil du point Vertical se trouve par le complement de l'elevation du Pole, & la distance du Soleil, tant du Pole, que du cercle Meridien. Par exemple, soit à trouver la distance du Soleil du point Vertical en l'an de Christ 1630, le jour 31 de May, à heures apres midy 7, en la latitude boreale de deg. 52. Auquel temps le Soleil fut selon son vray mouvement au deg. 19 40′ ♊, & sa declination boreale de deg. 22 14′; & partant sa distance du Pole de degrés *67 46*′, & du cercle Meridien de degrés 105. Soit premierement descrit une figure respondante aux hypotheses données, en laquelle BCDB soit le cercle Meridien; le demi-cercle CAD l'Horizon, & son Pole B; le demi-cercle EAF soit l'Equinoctial, & G son Pole; le lieu du Soleil H, & HG sa distance du Pole de deg. *67 46*′, & EI sa distance du Meridien de degrés 105; l'elevation du Pole DG de degrés 52, & son complement BG de degrés 38; finalement BH distance du Soleil du point Vertical lequel on cerche. On prenne le triangle obliquangle BGH, auquel est donné le costé BG de deg. 38 0′, le costé GH de deg. *67 46*′, avec l'angle d'iceux compris BGH de degrés 105: parquoy le costé BH est de degré 81 20′: car

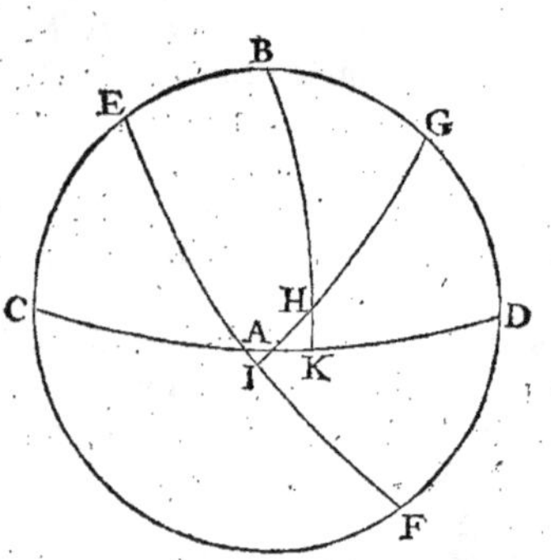

Comme 10000 au Sinus BG *6157*; ainsi le Sinus GH *9256* au quatriéme *5699*. Mais comme 10000 au quatriéme *5699*; ainsi le Sinus verse de l'angle G 12588 à 7174, difference des Sinus verses du troisiéme costé, & de la difference des autres costez. Adjoutez donc le Sinus verse de la difference des costez 1320 à 7174, & aurez le Sinus verse du costé BH 8494, distance du Soleil du point Vertical de deg. 81 20′.

Et ainsi aussi se trouve la distance du Soleil du point Vertical à heures apres midy *6*, de deg. 72 39′; & à heures 8, de deg. 89 14′.

II. Mais

II.

Mais l'angle parallactic se manifeste tant par la distance du Soleil, que du degré culminant de l'Ecliptique du point vertical, & par l'angle du Meridien & de l'Ecliptique.

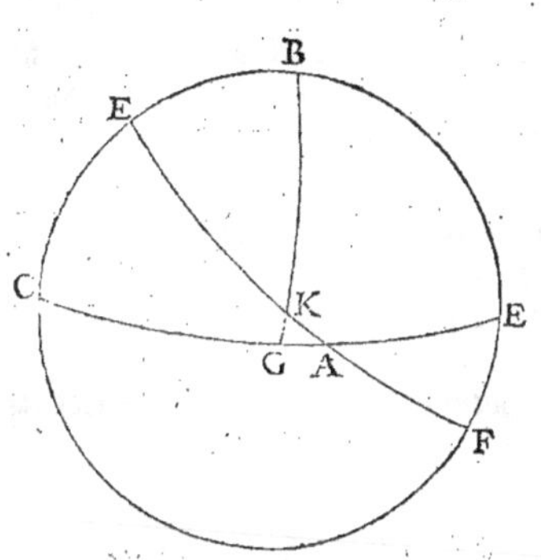

Car soit en la figure adjointe BCDB le cercle Meridien; le demi-cercle CAD la moitie de l'Horizon & son Pole B; le demi-cercle EKF la moitie de l'Ecliptique; BG quadrant du cercle Vertical passant par K centre du Soleil. Alors BK sera la distance du Soleil du point Vertical, EB distance du degré culminant de l'Ecliptique du point Vertical, & BEK l'angle du Meridien & de l'Ecliptique. Lesquels donnez, se cognoist l'angle parallactique BKE.

Par exemple; en l'an de Christ *1630*, le 31 jour de May, à heures apres midy 7 le degré 4 3' ♎ estoit culminant, avec l'angle de deg. *66* 33'. Item le degré culminant estoit distant du point Vertical deg. 53 37': car sa declination estoit de deg. 1 37' australe, & l'elevation de l'Equinoctial de deg. 38 0'. Mais le Soleil estoit distant du point Vertical deg. 81 20', ainsi que nous avons peu auparavant demonstré. Parquoy au triangle obliquangle BEK sont donnez les costez, BK deg. 81 20', & EB deg. 53 37', avec l'angle E de deg. *66* 33': partant l'angle parallactique BKE est de deg. 48 20': car

Comme le Sinus de BK *9886* au Sinus de l'angle E *9174*; ainsi le Sinus EB 8050, au Sinus de l'angle K 7470, de deg. 48 20'. l'angle parallactique estoit donc de deg. 48 20'.

Or en la mesme maniere se demonstre l'angle parallactique, à heures apres midy *6*, de deg. 44 57', & à heures apres midy 8, de deg. 53 17'.

III.

Finalement la Parallaxe de la Lune du Soleil en longitude & latitude, se trouve par l'angle parallactic, & la Parallaxe de la Lune du Soleil en altitude. Car retenant l'exemple superieur, soit icy aussi BCDB le cercle Meridien; CAD la moitie de l'Horizon; EAF la moitie de l'Ecliptique; BL quadrant du cercle Vertical; K vray lieu de la Lune, A lieu de la Lune veu; & partant HK la Parallaxe de la Lune du Soleil en altitude. On cerche IK parallaxe de la Lune du Soleil en longitude, & HI Parallaxe en latitude. Au triangle rectangle HIK, est donné l'angle parallactic K de degrés 48 20', avec la base HK Parallaxe de la Lune du Soleil en altitude, par sa propre table, de Scrupules 56' 8'': Parquoy IK Parallaxe de la Lune en

 longitude

longitude est de Scrup. 37′ 19″, & HI Parallaxe en latitude de Scrup. 41′ 56″: car

Comme HK 10000 à KI 6648 Sinus de l'angle H, complement de l'angle K; ainsi HK de Scrup. 56′ 8″ à IK de Scrup. 37′ 19″. Item

Comme HK 10000 à HI 7470 Sinus de l'angle K; ainsi HK Scr. 56′ 8″ à HI Scrup. 41′ 56″. Parquoy à heures apres midy 7, la Parallaxe de la Lune du Soleil en longitude estoit de Scrup. 37′ 19″, & en latitude de Scrup. 41′ 56″. Mais à heures apres Midy 6, se trouve la Parallaxe de la Lune du Soleil en longitude de Scrup. 38′ 28″, & en latitude de Scr. 38′ 27″. En fin à heures apres Midy 8, se trouve celle-la de Scrup. 33′ 17″, celle-cy de Scrup. 44′ 38″.

Or ainsi se trouvent és Eclipses Solaires, la distance du Soleil du point Vertical, l'angle parallactic, & la Parallaxe de la Lune du Soleil en longitude & en latitude. Lesquels estans donnez, le calcul des Eclipses est facile, pourveu que la methode que j'ay proposée au livre Superieur, au precepte 29 & és ensuivants, soit gardée: laquelle ne m'ennuyray de repeter en ce lieu, afin que l'accord de nos Tables avec le calcul des Triangles soit tant plus manifeste.

En l'an de Christ 1630, le 31 jour de May à la latitude boreale de 25 degrez, sont donnez.

A heures completes apres midy	VI		VII		VIII	
La distance du Soleil du point Vertical de deg.	72	39′	81	20′	89	14′
L'angle Parallactic de deg.	44	57′	48	20′	53	17′
La Parallaxe en altitude de la Lune du Soleil	54′	21″	56′	8″	55′	41″
La Parallaxe de longitude de la Lune du Soleil	38′	28″	37′	19″	33′	17″
La Parallaxe de latitude de la Lune du Soleil	38′	27″	41′	56″	44′	38″

Le vray mouvement horaire de la Lune du Soleil de Scrup. 30′ 51″.
Le mouvement horaire veu de la Lune du Soleil de Scrup. 32′ 2″ entre les 6 & 7 heures.
Le mouvement horaire veu de la Lune du Soleil de Scrup. 34′ 53″, entre les 7 & 8 heures.

La vraye conjonction des Luminaires fut à Dordrect en Holande, à heures apres midy 6 2′. La Parallaxe de la Lune du Soleil estoit à lors de Scrup. 38′ 26″; & le Soleil estoit au quadrant Occidental. Mais la Lune avança apparentement depuis heures 6 2′ jusques à heures 7 0′, Scrup. 31′ 58″ & les Scrup. 6′ 28″ restantes, depuis heures 7 0′, jusqu'a heures 7 13′. Parquoy la copulation des Luminaires fut veuë à Dordrect à heures apres midy 7 13′. Or la Parallaxe de longitude de la Lune du Soleil en longitude se donne alors

alors de Scrup. 36′ 27″, la Parallaxe de la Lune du Soleil en latitude d Scrup. 42′ 31″; la vraye latitude de la Lune boreale de Scrup. 39′ 10″: partant la latitude veuë de la Lune australe de Scr. 3′ 20. Le demi-diametre du Soleil de Scrup. 16′ 50″, le demi-diametre de la Lune de Scrup. 16′ 29′ La somme des demi-diametres de Scr. 33′ 19″. Parquoy Scr. deficientes 29′ 59″; & Doigts ecliptiques 10 43′ à peu pres, peu autrement que nous avons Supputé au livre precedant par nos Tables. Le calcul donc de nos Tables, s'accorde exactement avec le calcul des Triangles, & tous deux avec l'observation de monsieur Hortense.

CHAPITRE VINGTIEME

Du calcul de l'appulsement de la Lune aux Estoilles fixes.

LE calcul de l'appulsement de la Lune aux estoilles fixes, differe fort peu du calcul des Eclipses Solaires, quand la latitude de la Lune est nulle, ou fort petite, comme es Eclipses solaires. Car trois choses sont icy aussi à rechercher, la distance du lieu de la Lune en l'Ecliptique du point Vertical, l'angle Parallactic, & la Parallaxe de la Lune du Soleil en longitude, & latitude: lesquelles choses trouvées, le calcul de l'appulsement de la Lune aux estoilles fixes, se parfait presque sans peine. Soit par exemple l'observation de *Bernard Waltere*, disciple de Mont Royal, faite du Roytelet à Nuremberg en l'an de Christ 1486, le 20 jour d'Octobre, au matin, la hauteur de la Lune avant midy estant de deg. 45. Car il vid la Lune au mesme moment entrant dessus le Roytelet. Cecy fut à heures 17 6′ apres le midy du jour precedent, la Lune estant, selon son vray mouvement au deg. 22 27′ ♌ de son Orbe, & au deg. 22 29′ ♌ de l'Ecliptique; avec latitude boreale de deg. 0 46′.

Or le deg. 19 39′ ♋ estoit alors culminant à Nuremberg avec l'angle de deg. 98 20′. Le degré culminant estoit distant du point Vertical deg. 27 21′ Il y avoit entre le degré culminant & le lieu de la Lune, deg. de l'Ecliptique 32 50′ vers levant. Par lesquels se donne la distance du lieu de la Lune du point Vertical de deg. 44 45′.

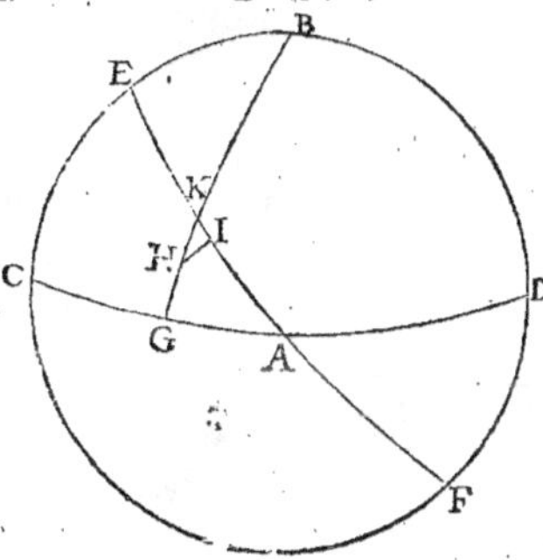

Car soit en la figure adjointe, BCDB le cercle Meridien, CAD le demi-cercle de l'Horison, & B son Pole; EAF le demi-cercle de l'Ecliptique, K le lieu de la Lune, BG quadrant Vertical passant par K lieu de la Lune, & le degré culminant E Alors au triangle obliquangle BEK sera le costé EB de deg. 27 21′, & le costé EK de deg. 32 50′; avec l'angle E de deg. 98 20′; & partant la base BK est de deg. 44 45: car

Comme 10000, au Sinus de EB 4594; ainsi

ainsi le Sinus de E K 5422 au quatrieme 2491.

Mais comme 10000 au quatrieme 2491; ainsi le Sinus verse de l'angle E 11449, à 2852, difference des Sinus verses du costé BK, & de la difference des autres costez. Adjoutez donc à 2852, le Sinus verse de la difference des costez EB & EK 46, & en viendra le Sinus verse de BK 2898, degré 44 45′. Le lieu donc de la Lune estoit alors distant du point Vertical degré 44 45′.

Mais l'angle parallactic estoit de degrés 40 13′. Car au mesme triangle BEK est,

Comme le Sinus de BK 7040, au Sinus de l'angle opposite E 9894; ainsi le Sinus EB 4594 au Sinus de l'angle opposite K 6456 deg. 40 13′.

Finalement la Parallaxe de la Lune en longitude se donne de Scr. 34′ 25″ additive, & la Parallaxe en latitude de Scrup. 29′ 6″ substractive. Car au triangle rectangle HIK, est donné la base HK Parallaxe vertical de la Lune par sa table de Scrup. 45′ 4″, avec l'angle K de deg. 40 13′: parquoy IK Parallaxe de la Lune en longitude est de Scrup. 34′ 25″ additive, & IH Parallaxe de la Lune en latitude de Scrupules 29′ 6″ substractive: car

Comme HK 10000 à IK Sinus de l'angle H, complement de l'angle K 7636; ainsi HK de Scrup. 45′ 4″ à IK Parallaxe en longitude de Scrup. 34′ 25″. Item

Comme HK 10000 à IH Sinus de l'angle K 6456; ainsi HK Scr. 45′ 4″ à HI Parallaxe en latitude de Scrup. 29′ 6″.

Or ces choses ainsi données, tout le calcul de c'est appulsement de la Lune au Roytelet se peut facilement achever. Car premierement le vray lieu de la Lune estant au deg. 22 29′ ♌, adjouté à iceluy la Parallaxe de longitude de Scr. 34′ 25″, provient le lieu veu de la Lune au deg. 23 3′ 25″ ♌. Secondement la vraye latitude de la Lune estant de deg. 0 46′ boreale, tiré d'icelle la Parallaxe de latitude de la Lune de Scrup. 29′ 6″, demeure la latitude de la Lune veuë de Scrup. 16′ 54″ boreale. Mais le Roytelet estoit au deg. 23 13′ 44″ ♌, avec latitude boreale de deg. 0 31′. Parquoy la difference des longitudes du centre de la Lune veuë & du Roytelet estoit de Scrup. 10′ 19″, & la difference des latitudes de Scrup. 14′ 6″. Partant le Roytelet estoit distant du centre de la Lune Scrup. 17′ 28″. Mais le demi-diametre de la Lune estoit de Scrup. 17′ 41″. La Lune commençoit donc à couvrir le Roytelet, comme *Bernard Waltere* veit à Nuremberg.

Et ainsi se supputent les appulsemens de la Lune aux estoilles fixes, quand la latitude de la Lune est petite, comme ès Eclipses Solaires. Mais quand icelle excede 2 ou 3 degrez, l'angle Parallactic se calcule un peu autrement. Car il est alors necessaire de faire conte de la latitude de la Lune, laquelle autrement ne vient en consideration. Ie me contenteray de monstrer la maniere du calcul par un seul exemple, lequel servira de patron à tous autres.

En l'an de Christ 1608, le 12 jour de Feburier, la Lune estant distante du Pole de l'Horizon deg. 50 15′, fut veuë une conjonction visible à Haphre ou Coppenhague en Danemarc de la corne superieure de la Lune avec la plus claire estoilles des Hyade, laquelle est en l'oeil du Taureau. Voyez l'*Astronomie Danique* pag. 126 & 157.

Cecy

Cecy fut à heures apres midy 8 36′; auquel temps le Soleil estoit selon son vray mouvement au deg. 3 36′ ♓, & son ascension droite de temps 335 31′. Le vray lieu de la Lune en l'Ecliptique estoit de deg. 4 53′ 43″ ♊, avec latitude de deg. 5 10′ 19″ australe. La declination de la Lune estoit donc de deg. 16 5′ boreale, & son ascension droite de temps 63 54′.

Mais à Haphre ou Coppenhague en Danemarc estoit alors culminant le deg. 13 21′ 69, avec l'angle de deg. 84 16′. Le degré culminant estoit distant du point Vertical deg. 32 53′. Entre le degré culminant & le lieu de la Lune estoyent deg. 38 27′ vers couchant. Parquoy le lieu de la Lune estoit distant du point Vertical degré 46 15′. Mais le centre de la Lune estoit distant du point Vertical deg. 50 15′. Car la distance de la Lune du Meridien estoit de deg. 40 41′, & du Pole Arctique de deg. 73 55′: par lesquels, avec la hauteur de l'Equinoctial de deg. 34 17′ se donne la distance de la Lune du point Vertical, en la mesme maniere, que la distance du Soleil du point Vertical se donne par la Doctrine du chapitre precedent. Or estant donné la distance tant du lieu que du centre de la Lune du point Vertical, l'angle Parallactic est facile à trouver.

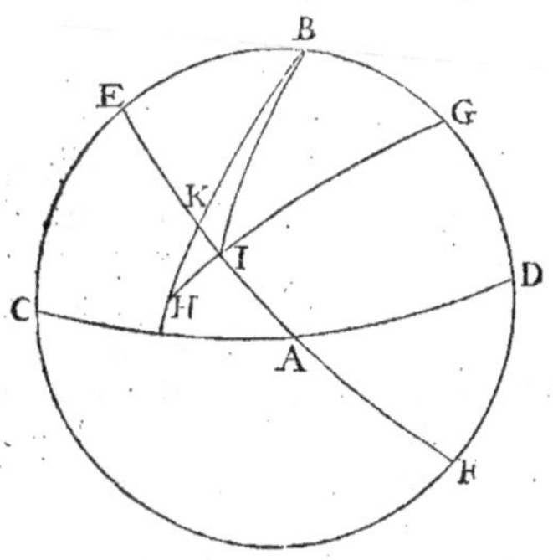

Car soit en la figure adjointe BCDB le cercle Meridien, CAD le demi-cercle de l'Horizon, EAF de l'Ecliptique, le Pole de l'Horizon B, & de l'Ecliptique G, I lieu de la Lune en l'Ecliptique, H la Lune, la latitude australe de la Lune HI deg. 5 10′. BH distance de la Lune du point Vertical deg. 50 15′, BI distance du lieu de la Lune du point Vertical deg. 46 15′. Par lesquels se donne BKE angle Parallactic de la Lune ayant latitude de deg. 52 17′.

Car premierement au triangle obliquangle BHI, sont donnez les trois costez, BH deg. 50 15, BI deg. 46 15′, & HI deg. 5 10′. parquoy l'angle H est de deg. 37 54: car

Comme le raid 10000 au Sinus de BH 7688, ainsi le Sinus de HI 900, au quatriéme 692. Mais comme le quatriéme 692 à 10000, ainsi la difference des Sinus verses du costé IB & de la difference de BH & HI 146, à 2109 Sinus verse de l'angle GH de deg. 37 54′.

Secondement au triangle rectangle HIK, est donné le costé HI deg. 5 10′, avec l'angle H de degrés 37 54′, partant l'angle K est de degrés 52 17′: car

Comme 10000 au Sinus complement de HI 9959; ainsi le Sinus de l'angle H 6143, au Sinus complement de l'angle K 6118 deg. 37 43′. Parquoy l'angle Parallactic HKI est de deg. 52 17′.

Or par c'est angle, & la Parallaxe de la Lune en altitude de Scrup. 45′ 38″, se donne la Parallaxe de la Lune en longitude de Scrup. 27′ 55″ substractive, & en latitude de Scrup. 36′ 6″ additive. Partant ayant soubstrait la Parallaxe de longitude de la Lune de Scrup: 29′ 55″ du vray lieu de la Lune de deg.

4 53′ 43″ ♊, demeure le lieu de la Lune veu de deg. 4 25′ 48″ ♊; & au contraire la Parallaxe de latitude de Scrup. 36′ 6″ estant adjoutée à la vraye latitude de la Lune de deg. 5 10′ 19″ australe, se donne la latitude de la Lune veuë de deg. 5 46′ 25″ australe. Mais l'estoille claire en l'oeil du Taureau estoit, au deg. 4 23′ 48″ ♊, avec latitude australe de deg. 5 30′. Parquoy la difference des longitudes de la Lune & de l'estoille fut de Scrup. 2′ 0″, & la difference des latitudes de Scrup. 16′ 25″; & partant la distance de la Lune de l'estoille de Scrup. 16′ 32″. Or le demi-diametre de la Lune estoit de Scrup. 16′ 25″. Partant il y avoit conjonction visible de la corne supreme de la Lune avec Palilice, ou l'oeil du Taureau, ainsi que *Chrestien Severin longomontan* observa à Coppenhague.

CHAPITRE VINGT'VNIEME.

Theorie des Regressions & Stations des cincq Planetes, SATVRNE, IVPITER, MARS, VENVS, & MERCVRE.

LEs cinq estoilles, *Saturne, Jupiter, Mars, Venus, & Mercure*, sont appellées Planetes, c'est, estoilles errantes, dautant que comme errantes aucunesfois elles vont en avant, aucunefois en arriere, & aucunefois ne se bougent comme si leur cours estoit empesché. Dequoy aussi elles sont vulgairement appellées *Directes*, *Retrogrades*, *& Stationales*. Or le mouvement direct des Planetes est selon la verité, à cause que les Planetes avancent perpetuellement en consequence en leurs Orbes. Mais le mouvement Retrograde, est selon la vision, à cause du mouvement de la Terre, comme nous declarerons maintenant par demonstration oculaire.

Et ce premierement és trois Planetes superieurs, les Orbes desquels entournent le grand Orbe de la Terre. Car soit le cercle B F C G le grand Orbe de la Terre, & son centre A. Le cercle E D E l'Orbe d'un Planete superieur, lequel à cause de sa latitude doit estre incline à B F C G, & à cause de son Eccentricité estre eccentrique au mesme Orbe. Mais pour plus commodement demonstrer, nous les prenons comme s'ils estoyent d'un mesme centre, & sur un mesme plan. Or soit prins le lieu du Planete au signe D, duquel soyent tirées les lignes droites D F & D G, touchantes l'Orbe de la Terre és signes F & G, & soit le commun diametre EBACD. Il est manifeste que la terre estant en C, le vray mouvement du Planete apparoistra en DE

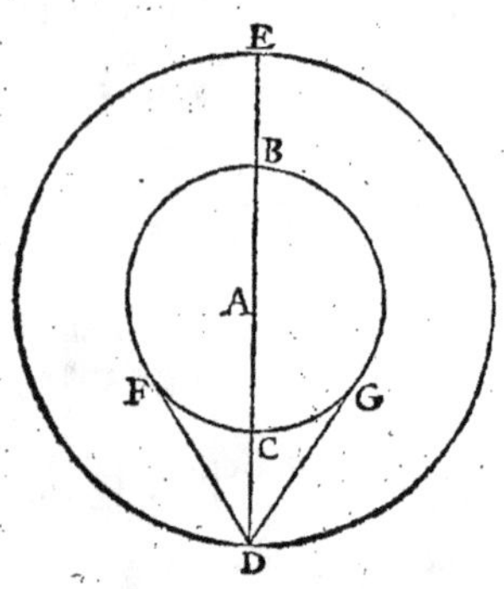

en D E ligne du moyen mouvement du Soleil, & sera illec Acronycte & prochain de la Terre. Mais la Terre estant en B le Planete sera en D E ligne du moyen mouvement du Soleil, mais estant soubs la lumiere, napparoistra nullement, à cause de la conjonction du Soleil & de l'estoille. La Terre parcourt ores son Orbe B F C G, en l'espace d'un an, & le Planete cependant partie de son Orbe, & la Terre sera veuë en son mouvement par la circonference de l'Apogée G B E, adjoindre au mouvement de l'estoille l'angle F D G, mais en la circonference restante F C G en tirer le mesme. Parquoy quand le mouvement de la Terre ablatif est plus grand que le mouvement adjectif de l'estoille, icelle estoille sera veuë destituer, & aller en precedence. Au contraire quand le mouvement ablatif de la Terre, est egal au mouvement adjectif de l'estoille, ce qui se fait environ les Signes F & G, alors l'estoille sera veuë faire station.

Les trois Planetes Superieurs sont en ceste maniere retrogrades & Stationaux. Mais la regression & Station, des deux Planetes inferieurs *Venus & Mercure* se monstre en ceste maniere. Ayant repeté la figure Superieure, soit le grand Orbe de la Terre E D E, l'Orbe de Venus ou Mercure B F C G, leur diametre commun E B A C D, le lieu de la Terre au Signe D, duquel soyent tirées les lignes visueles D F & D G, touchantes l'Orbe du Planete és Signes F & G. Et soit le mouvement de la Terre & du Planete en mesmes parties asçavoir en consequence, mais le mouvement du Planete plus viste que celuy de la Terre. Ceux-cy ainsi supposez, ayant l'oeil posé en D, la Terre D, & toutte la ligne D A E, apparoistra d'estre portée en consequence selon le moyen mouvement du Soleil. Mais le Planete sera veu en son Orbe B F C G se mouvoir comme en son Epycicle, & partant porté en consequence par toutte la circonference de l'Apogée G B F, & par la restante F C G en precedence, & illec adjoindre tout l'angle F D G au moyen mouvement du Soleil, mais icy en tirer le mesme. Parquoy quand le mouvement ablatif du Planete est majeur que le mouvement adjectif de la Terre, ce qui se fait principalement environ Perigée, alors le Planete semble à D de retourner en arriere. Au contraire quand le mouvement ablatif de l'estoille est egal au mouvement adjectif de la Terre, alors l'estoille semble de ne se bouger.

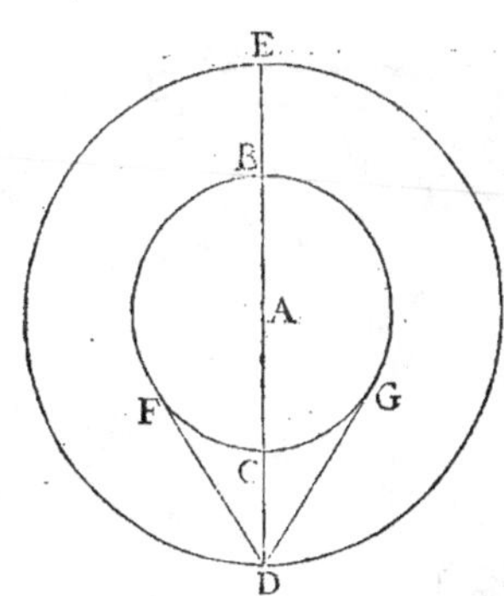

Telle est la vraye Theorie des regressions & stations des cinq Planetes, *Saturne*, *Iupiter*, *Mars*, *Venus*, *& Mercure*, exactement accordante aux apparences. Mais quand au temps, lieux, & circonferences des regressions & stations, iceux sont assez difficiles à demonstrer à cause du variable mouvement des Planetes selon la vision, & l'ambiguité des stations, desquels ne nous releve l'assumption *d'Appollonius Pergeus*. Or la voye tres certaine pour les definir est, s'enquerant premierement des lieux de la Terre & du Planete en longitude, & apres discernant par leur collation, les temps des stations & regressions, en la mesme maniere que nous enquerons la conjonction d'un astre Acronycte, ou bien

bien les Syzygies mutuelles d'aucun des astres, par les nombres des mouvemens cogneus. Laquelle voye les Supputateurs d'Ephemerides suivent.

Voila ce qu'avec le bon Dieu nous avons voulu traiter, du calcul des mouvemens Celestes, tant en ce livre, qu'au precedant. Et comme cecy suffit à nostre projet, ainsi nous nous asseurons qu'il satisfera, au lecteur debonnaire & ingenieux. Nous n'avons rien obmis en tout c'est argument. Et ce qui est le chef d'oeuvre, nous avons enseigné toutte l'Astronomie, qui traitte des mouvemens celestes, tant clairement, qu'on la pourra toutte apprendre par ces Commentaires. Ainsi donques avec le bon Dieu nous mettons fin à ce traité.

FINIS.

TRESOR D'OBSERVATIONS ASTRONOMIQUES

DE

PHILIPPE LANSBERGUE.

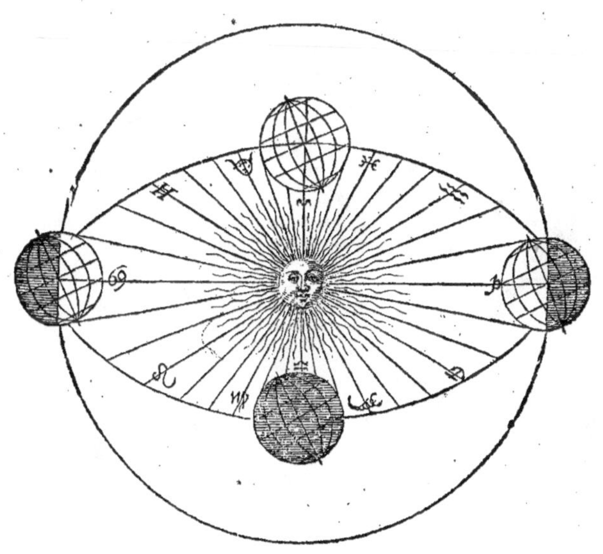

A MIDELBOURG EN ZELANDE

Ches, ZACHARIE ROMAN, Marchant Libraire demeurant ſur le Bourg, a la Bible dorée.

cIↄ Iↄc XXXIII.

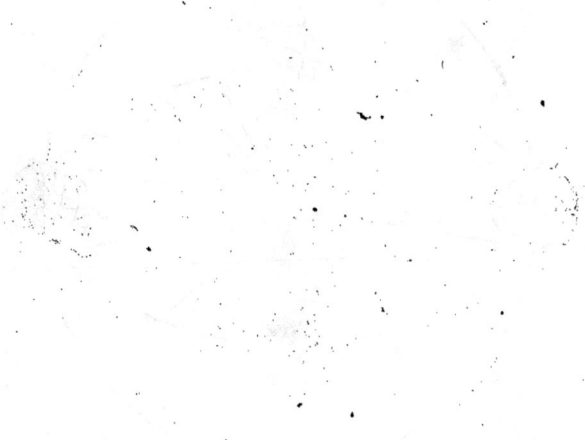

TRESOR D'OBSERVATIONS ASTRONOMIQVES DE PHILIPPE LANSBERGVE.

APRES *avoir expliqué le Calcul des mouvemens celestes, & démonstré les Theories de chacun des mouvemens, le plus prochain est que je monstre, que nostre Calcul & nos Theories s'accordent exactement avec le Ciel. Car de ceçi apparoistra manifestement que nos* Tables *Astronomiques, valent beaucoup mieux que touttes les* Tables, *lesquelles sont jusqu'à ce jour mises en lumiere; asçavoir les* Ptolemaïques, Albategnienes, Alphonsines, Pruteniques, Daniques, *& touttes les dernieres les* Rudolphines, *lesquelles* Iean Keplere *à construites par commandement & aux gages de trois Empereurs. Car nulles d'icelles, ne s'accordent aux anciennes & nouvelles observations: mais les nostres s'accordent totalement avec touttes. Or afin que personne n'en doubte, je descriray maintenant touttes les observations délites de tous siecles, & rameneray chacune au calcul de nos* Tables; *& ainsi je prouveray, y avoir pour certain un admirable consentement de nos* Tables *avec les observations. Mais je commenceray par les observations Solaires, lesquelles sont distinguées en quatre Classes; desquelles la premiere est*, de la distance des Tropiques.

PREMIERE CLASSE

DES

OBSERVATIONS SOLAIRES.

Observations de la distance des Tropiques.

I. OBservation. *Eratosthenes* trouva 108 ans Egyptiens apres la mort d'Alexandre le Grand, de Nabonnassar 532, l'intervalle des Tropiques de parties 11 àpeu pres, desquelles le Meridien fait 83; c'est, deg. 47 42', desquels le cercle est 360. Parquoy l'obliquité du Zodiac estoit de deg. 23 51'. *Ptolomée* au livre 1 chap. XI de *l'Almageste.*

Il y à depuis le commencement des ans de Nabonnassar jusques à ceste observation ans Egyptiens pleins 532; c'est, Sexagenes de jours 53'' 56', jours 20. Ausquelles est deu par nos Tables l'obliquité du Zodiac de deg. 23 50' 54'', respondant à l'obliquité observée de deg. 23 51'.

II. *Hipparche* Rhodien trouva presque la mesme distance des Tropiques; au moins il usa de celle, que *Ptolomée* trouva puis apres de deg. 23 51' 20''. *Ptolomée* au mesme lieu.

Il y à du commencement des ans de Nabonnassar jusqu'a ceste observation ans Egyptiens pleins 601; c'est, Sexag. de jours 1''' 0''. 56', jours 5. Auquels est deu par nos Tables l'obliquité du Zodiac de deg. 23 51' 26'', peu differanté de l'observée de deg. 23 51' 20''.

III. *Ptolomée* observa avec un grand Quadrant descrit en la superficie d'une Parois, la distance des Tropiques de deg. 47, & deux tiers d'une partie majeure, avec trois quarts d'une mineure, c'est de deg. 47 42' 40''. Parquoy l'obliquité du Zodiac estoit de deg. 23 51' 20''. *Ptolomée* au livre 1 chap. XI de *l'Almageste.*

Il y à du commencement des ans de Christ jusqu'a ceste observation de *Ptolomée* ans Iuliens pleins 138, c'est, Sexagenes de jours 14'' 0', jours 4 Ausquels est deu par nos Tables l'obliquité du Zodiac de deg. 23 51' 32'', accordant avec l'observée de deg. 23 51' 20''.

IV. *Albategni*, lequel est aussi appellé *Mahomet d'Aracte*, trouva à Aracte en Syrie la distance des Tropiques de deg. 47 10', & partant l'obliquité apparante du Zodiac de deg. 23 35'. Voyez *Albategni* au chap. IV.

Mais dautant que la hauteur meridiene du Soleil au Solstice hyvernal fut prise audit lieu de deg. 30 24', laquelle apparut à cause de la Refraction deux Scrupules primes majeure que la vraye, il est manifeste que la vraye hauteur du Soleil estoit de deg. 30 22'. Or icelle tirée du complement de l'elevation du Pole de deg. 54 0', demeure la vraye obliquité du Zodiac de deg. 23 38'.

Il y à du commencement des ans de Christ jusqu'a ceste observation ans Iuliens pleins 879, c'est, Sexagenes de jours 1''' 29'' 10', jours 54. Ausquels

quels est deu par nos Tables l'obliquité du Zodiac de deg. 23 38' 4'', accordant avec l'observée.

V. *Arzabel* Espagnol, trouva 190 ans apres *Albategni* l'intervalle des Tropiques, de deg. 47 8'. Partant l'obliquité du Zodiac fut de deg. 23 34'. Voyes *Copernic* au livre III des *Revolutions* chap. 2.

Il y à du commencement des ans de Christ jusqu'a ceste observation *d'Arzabe* ans Iuliens, pleins 1069, c'est, Sexag. de jours 1''' 48'' 27', jours 32. Ausquels se donne par nos Tables l'obliquité du Zodiac de deg. 23 34' 10'', telle que l'observée.

VI. *Almeon Almansor* Arabe, trouva 70 ans depuis *Arzabel*, l'éloignement des Tropiques de deg. 47 6'. Parquoy l'obliquité du Zodiac estoit de deg. 23 33'. Voyez *Alfragan* Difference 5e.

Il y à du commencement des ans de Christ jusqu'a l'observation *d'Almeon*, ans Iuliens pleins 1139, c'est, Sex. de jours 1''' 55'' 33', jours 39. Ausquels est deu par nos Tables l'obliquité du Zodiac de deg. 23 33' 3'', respondant evec l'observée.

VII. *Prophace* Iuif, trouva 68 ans apres *Almeon* la distance des Tropiques de deg. 47 4'. Parquoy l'obliquité du Zodiac estoit de deg. 23 32'. Voyez *Copernic* au livre III des *Revolutions* chapitre 2.

Il y à du commencement des ans de Christ jusqu'a l'observation de *Prophace* Iuif, ans Iuliens pleins 1207, c'est, Sexagenes de jours 2''' 2'' 27' jours 36. Ausquels est deu l'obliquité du Zodiac de deg. 23 32' 0'', accordant avec l'observée.

VIII. *George Purbache*, & *Iean de Mont Royal*, trouverent à Vienne en Austriche, en l'an de Christ 1460, la hauteur Meridiene du Soleil au Solstice d'esté de deg. 65 6', & au Solstice d'hyver de deg. 18 10', & par consequent la distance des Tropiques de deg. 46 56'. Parquoy l'obliquité du Zodiac estoit apparante de deg. 23 28', autant apeu pres la trouva *Nicolas Copernic*. Voyez la 17 proposition du premiere livre de *l'Epitome de Mont-Royal*, & le 2 chapitre du livre II des *Revolutions de Copernic*.

Or dautant qu'en la hauteur de deg. 18 10', la Parallaxe verticale du Soleil est, suivant nos observations de Scrup. 2' 11'' additive, & la Refraction de Scrup. 5' 4'' substractive, la vraye hauteur du Soleil fut consequemment au Solstice d'hyver de deg. 18 7' 7''. Davantage dautant qu'en la hauteur de deg. 65 6', la Parallaxe verticale du Soleil est de Scrupules 0' 58'' additive il est manifeste que la vraye hauteur du Soleil fut au Solstice d'esté de degrés 65 6' 58''. La difference donc des vrayes hauteurs du Soleil est de deg. 46 59' 51'', c'est, à peu prés de deg. 47 0', autant fut alors la distance des Tropiques; & partant la vraye obliquité du Zodiac estoit de deg. 23 30', de laquelle aussi *Mont-Royal* se sert par tout.

Il y à du commencement des ans de Christ jusqu'a ceste observation ans Iuliens pleins 1459, c'est, Sexagenes de jours 2''' 28'' 1', jours 39. Ausquels est deu par nos Tables l'obliquité du Zodiac de deg. 23 30' 2'', la mesme que l'observée.

IX. Nous avons aussi pris en l'an de Christ 1589, à Goes en Zelande, avec

 un grand

un grand Quadrant, la hauteur meridienne du Soleil au Solstice d'esté de deg. 61 58', apparante, & au Solstice d'hyver suivant de degrés 15 2'½. Mais dautant que la Parallaxe du Soleil en la hauteur de degrés 61 58', est suivant nos observations de Scrupules 1' 4'' additive, il est manifeste que la vraye hauteur du Soleil fut au Solstice d'esté de degrés 61 59' 4''. Davantage puis qu'en la hauteur de degrés 15 2'½, la Parallaxe verticale du Soleil est de Scrup. 2' 13'' additive, & la Refraction de Scrupules 6' 0'' substractive, il est necessaire que la vraye hauteur du Soleil fust au Solstice d'hyver de degrés 14 58' 43''. Parquoy la vraye difference des Tropiques fut de deg. 47 0' 21'', & partant l'obliquité du Zodiac de degrés 23 30' 10''½. Autant aussi à peu pres trouverent les *Landgraviens*.

Il y à du commencement des ans de Christ jusqu'a ceste observation ans Iuliens pleins 1588, c'est, Sexagenes de jours 2''' 41'' 6', jours 57. Ausquels est deu par nos Tables l'obliquité du Zodiac de degrés 23 30' 12'' ne differant presque nullement de l'observée.

Or voila les observations de la distance des Tropiques. Par lesquelles il apparoist manifestement, que la maxime obliquité du Zodiac fut au commencement des ans de Christ, & la moindre environ l'an 1500 de Christ. Parquoy l'entiere restitution de l'Anomalie de l'obliquité du Zodiac se fait en ans Egyptiens 3000, & la demie en ans Egyptiens 1500. Partant le mouvement diaire de l'Anomalie de l'obliquité du Zodiac est de Scrup. 0' 1'' 11''' 0'''' 49^{v} 19^{vi}.

Secondement, la difference d'entre la maxime & moindre Obliquité est de Scrupules primes 22'; autant est aussi le diametre du petit cercle de l'Anomalie de l'Obliquité, auquel se fait le balancement des Poles du Zodiac.

SECONDE CLASSE DES OBSERVATIONS SOLAIRES.

Observations des Equinoxes Vernaux.

I. O*Bservation. Hipparche* Rhodien observa en l'an 178 de la mort d'Alexandre, le 27 jour de Mechyr, que l'Armille d'airain, laquelle estoit colloquée à Alexandrie en une gallerie ou voute quarrée, fut environ les cinq heures illuminée egalement. *Ptolomée* au livre III chap. II de *l'Almageste*. Parquoy l'Equinoxe Vernal apparant estoit environ les cinq heures avant midy, c'est, environ la septiéme du matin, comme *Ptolomée* tesmoigne quelque peu apres. Mais le vray Equinoxe fut fait environ le lever du Soleil, une heure à tout le moins avant l'Equinoxe apparant. Car la Parallaxe verticale du Soleil, fait que les Equinoxes Vernaux apparans suivent à Alexandrie les vrays, à tout le moins par l'espace d'une heure ; & les Autumnaux apparans precedent autant les vrays.

Car soit en la figure adjointe A le centre de la Terre, & son demi-diametre AI, le cercle Meridien BCDE, la vraye superficie de l'Horizont EAC, l'apparante LIM; la vraye superficie de l'Equinoctial FAG, l'apparante HIK. Il est manifeste que le centre de l'Instrument avec quoy *Hipparche* observa le Sole Soleil, fut en I superficie de la Terre, & non en A centre de la Terre. Parquoy l'Horizon de l'Instrument s'accordoit avec la superficie LIM, & la superficie de l'Equinoctial de l'Instrument avec la superficie HIK. Or *Hipparche* à estimé qu'il fut vray Equinoxe, quand le Soleil illuminoit d'une part & d'autre l'Equinoctial apparant HIK. Mais le vray Equinoxe advenoit à Alexandrie, non en la superficie HIK, ains en la superficie FAG: le vray Equinoxe estoit partant distant de l'apparant l'arc HF ou KG, Parallaxe verticale du Soleil en la hauteur de degrés 59, au moins d'une Scrupule prime. Mais dautant que la Declination du Soleil accroit ou décroit environ les Equinoxes par chacune heure d'une Scrupule prime, le Soleil chemine l'arc FH ou GK, en l'Horizon d'Alexandrie en l'espace d'une heure. Et ainsi l'Equinoxe Vernal apparant suit le vray à Alexandrie l'espace d'une heure; & au contraire l'Autumnal apparant precede autant le vray. Ce qu'il nous falloit demonstrer.

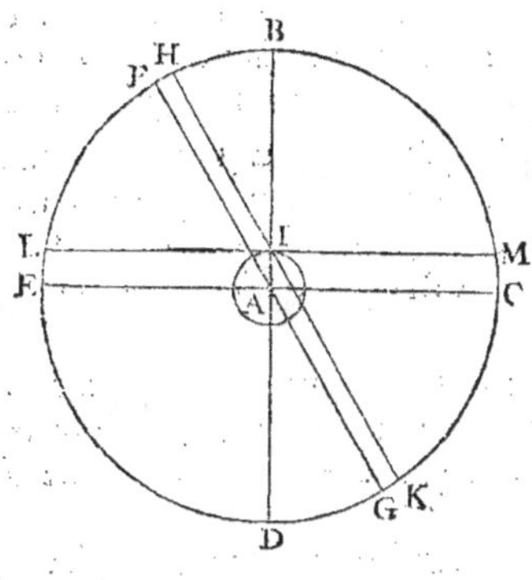

Il y à du commencement dés ans de Nabonnassar jusqu'a ce vray Equinoxe Vernal, ans Egyptiens pleins 601, mois Egyptiens 5 jours 25, heures au Meridien Goesien 15 38′ apparemment, exactement 15 28′. C'est Sexagenes de jours 1‴ 0″. 59′, jours 0, Scrup. 38′ 40″. Ausquels est deu par nos Tables le lieu du Soleil au deg. 0 0′ 0″ ♈.

A cause de la difference des Meridiens doibt estre adjouté à Alexandrie heures 2 20′. Parquoy ce vray Equinoxe Vernal advint à Alexandrie, à heures apres le midy precedant 17 58′, & l'apparant à heures 18 58′, tout ainsi que *Hipparche* observa.

II. *Ptolomée* observa l'Equinoxe Vernal apparant à Alexandrie, en l'an 463 de la mort d'Alexandre le jour 7 de Pachon, à une heure apres midy. *Ptolomée* au mesme lieu. Il y à depuis le commencement dés ans de Christ jusqu'à ce vray Equinoxe Vernal, ans Iuliens pleins 139, moix bissextes deux jours, 20, heures au Meridien Goesien 21 34′ apparemment, exactement heures 21 32′. C'est, Sexagenes de jours 14″ 7′, jours 29, Scrupules 53′ 50″. Ausquels est deu par nos Tables, le lieu du Soleil au degrés 0 0′ 0″ ♈.

Il faut adjouter à Alexandrie pour la difference des Meridiens heures 2 20′. Partant fut ce vray Equinoxe fait à Alexandrie à heures apres le midy precedent 23 54′, c'est, environ le midy du jour 7ᵉ de Pachon: & l'Equinoxe apparant une heure apres, tout ainsi que *Ptolomée* observa.

III. Le tres illustre Prince *Guillaume Lantgrave de Hessen*, grand fauteur de l'Astronomie, prit la hauteur meridiene du Soleil à Cassele en Hesse, en l'an de Christ 1572, le jour 9ᵉ de Mars, de deg. 37 28½′. Et le tres honorable *Paul Heinzel* Consul de la Republique d'Augsbourb, trouva au mesme midy par un tres grand Quadrant, tout proche d'Augbourg, la Declination du Soleil australe de degrés 1 10½′. Voyez les *Exercitations de Tychon* page 75, & 76.

Or d'autant que la Parallaxe Verticale en l'altitude de deg. 37 28½′, est sui-

 vant

vant nos observations de Scrup. 1′ 49″ additive, & la Refraction nulle, ou fort petite, la vraye hauteur du Soleil estoit alors de deg. 37 30′ 19″. Mais la hauteur de l'Equinoctial est à Casselle suivant *Rothman* de deg. 38 41′, & selon *Byrgius & Nous* de deg. 38 40′ ½. Parquoy la Declination du Soleil de deg. 1 10′ 11″ australe, laquelle differe seulement 19 Scrupules secondes de celle que trouva *Hinzel.* Mais le Soleil parcourt environ les Equinoxes l'arc de deg. 1 10′ 11″, en l'espace de deux jours & heures 22 11′. Partant le vray Equinoxe Vernal est fait à Casselle le 9e jour de Mars à heures apres midy 22 11′.

Il y à du commencement des ans de Christ jusqu'a ce vray Equinoxe Vernal ans Iuliens pleins 1571, mois bisextes deux, jours 8, heures au Meridien Goesien 21 52′, exactement 21 55′. C'est, Sexagenes de jours 2‴ 39″ 24′, jours 35, Scrup. 54′ 47″ ½. Ausquels est deu par nos Tables le lieu du Soleil au deg. 0 0′ 0″ ♈.

A cause de la difference des Meridiens doivent estre adjoutées à Casselle Scr. d'heure 19′. Tellement que ce vray Equinoxe advint à Casselle, le 9e jour de Mars, à heures apres midy 22 11′, tout ainsi que le tres Illustre Prince à observé.

IV. Le noble *Tychon Brahe*, observa avec grand cure, le vray Equinoxe Vernal à Vraniburg en l'an de Christ 1586, le dixiéme jour de Mars, à heures apres midy 9 2′. *Clavius en l'Apologie du Calendier Romain.* Es *Exercitations* est toutesfois escript à heures 9 8′.

Il y à du commencement des ans de Christ à c'est Equinoxe ans Iuliens pleins 1585, mois communs deux, jours 8, heures au Meridien Goesien 8 49′ apparemment, exactement heures 8 50′ C'est, Sexagenes de jours 2‴ 40″ 49′, jours 49, Scrupules 22′ 5″. Ausquels est deu par nos Tables le lieu du Soleil au deg. 0 0′ 0″ ♈.

A cause de la difference des Meridiens doibt estre adjouté à Vranibourg Scruples d'heures 45′. Et ainsi c'est Equinoxe debvoit advenir à Vraniburg à heures apres midy 9 34′, demie heure plus tard que *Tychon* produit. Ce qui ne provient d'aucun vice en l'observation *Tychoniene*, mais à cause que la Parallaxe du Soleil prise par iceluy estoit vitieuse. Car *Tychon* la prent en la hauteur de deg. 34, de Scr. 2′ ½ apeu pres, laquelle ne fut suivant nos observations que de Scr. 2′. Par ceste cause il estima le Soleil estre parvenu jusqu'au haut de l'Equateur, quand il estoit encore distant demi Scrupule prime. Le vray Equinoxe n'escheut donc ques à heures 9 2′ apres midy comme *Tychon* à estimé, ains à heures 9 34′, comme nostre calcul enseigne. Car les 32 Scruples secondes, desquelles le Soleil estoit distant de l'Equateur à Vranibourg, sont accomplies en demie heure. Tellement que l'observation de *Tychon* convient merveilleusement bien avec nostre supputation.

V. Nous avons aussi observé le vray Equinoxe Vernal à Goes en l'an de Christ 1589, le 10e jour de Mars à heures apres Midy 2 41′. Car nous avons prins le neufuieme jour de Mars la hauteur meridienne apparante du Soleil de deg. 38 0′ ½. Or la vraye estoit de deg. 38 2′ 19″. Car la Parallaxe du Soleil en altitude estoit de Scrup. 1′ 49″, à adjouter, & la Refraction nulle ou petite : & l'elevation de l'Equinoctial à Goes de deg. 38 29′. Parquoy la Declination australe du Soleil de deg. 0 26′ 41″. Lequel arc le Soleil

leil parfait en un jour & heures 2 41′. Partant le vray Equinoxe Vernal fut à Goes le 10ᵉ jour de Mars à heures 2 41′ apres midy.

Il y à du commencement des ans de Christ jusqu'a c'est Equinoxe Vernal ans Iuliens pleins 1588, mois communs 2, jours 9, heures au Meridien de Goes apparemment 2 35′, exactement 2 36′. Ausquels est deu par nos Tables le lieu du Soleil au degré 0 0′ 0″ ♈, ne differant de l'observation.

VI. Nous avons derechef observé le vray Equinoxe Vernal, en l'an de Christ 1599, le 10ᵉ. jour de Mars, à heures apres midy 13 51′. Car nous prismes à midy la hauteur apparante du Soleil à Goes de deg. 38 13′½. Mais la vraye hauteur estoit de deg. 38 15′ 9″. Car la Parallaxe verticale du Soleil estoit de Scrup. 1′ 49″ additive, & la Refraction nulle ou fort petite. La hauteur de l'Equinoctial à Goes de deg. 38 29′. Et partant la Declination australe du Soleil de deg. 0 13′ 51″. Lequel arc le Soleil accomplit en heures 13 51′. Parquoy le vray Equinoxe Vernal advint à Goes le 10ᵉ jour de Mars, à heures 13 51′ apres Midy.

Il y à du commencement des ans de Christ iusqu'a c'est Equinoxe ans Iuliens pleins 1598, mois communs deux, jours 9, heures au Meridien Goesien 13 50′ apparemment, exactement 13 51′. Faisans Sexagenes de jours 2‴ 42″ 8′ jours 57, Scrup. 34′ 37″½. Ausquels est deu par nos Tables le lieu du Soleil au deg. 0 0′ 0″ ♈, tout ainsi qu'avons observé.

TIERCE CLASSE DES OBSERVATIONS SOLAIRES.

Observations des Equinoxes Autumnaux.

I. OBservation. *Hipparche* observa à Alexandrie l'Equinoxe Autumnal apparant, en l'an 177 de la mort d'Alexandre, le tiers jour intercalaire, en la minuict. *Ptolomée* au livre III de *l'Almageste* chapitre 2. Mais le vray Equinoxe advint à heures 13 apres midy.

Il y à du commencement des ans de Nabonnassar jusqu'a ce vray Equinoxe Autumnal, ans Egyptiens pleins 600, mois 12, jours 2, heures au Meridien Goesien 10 43′ apparemment, exactement 10 20′. Faisans Sexagenes de jours 1‴ 0″ 56′, jours 2, Scrup. 25′ 30″. Ausquels est deu par nos Tables le lieu du Soleil au deg. 0 0′ 0″ ♎.

A cause de la difference des Meridiens doivent estre adjoutées à Alexandrie heures 2 20′. Et ainsi le vray Equinoxe fut fait à Alexandrie à heures apres midy 13 8′: mais l'apparant à heures 12 8′, c'est à minuict, ainsi que *Hipparche* observa.

II. *Ptolomée* considera l'Equinoxe Autumnal apparant à Alexandrie, en l'an III d'Antonin le Pie, le 9ᵉ jour du mois d'Athyr, une heure apres Soleil levant. Voyez *Ptolomée* au mesme lieu. Mais le vray Equinoxe advint à Alexandrie deux heures apres Soleil levant.

Il y à du commencement des ans de Christ jusq'a ce vray Equinoxe, ans Iuliens pleins 138, mois communs 8, jours 24, heures au Meridien Goesien 17 55′ apparemment, exactement 17 35′. C'est Sexagenes de jours 14″

4' jours 31, Scrup. 45' 57''½. Ausquels est deu par nos Tables le lieu du Soleil au deg. 0 0' 0'' ♎.

A cause de la difference des Meridiens se doit adjouter à Alexandrie heures 2 20'. Parquoy le vray Equinoxe fut fait à Alexandrie à heures apres midy 20 15'. Mais l'apparant estoit à heures apres midy 19 15', une heure apres le lever du Soleil.

III. *Ptolomée* considera derechef l'Equinoxe Autumnal apparant à Alexandrie, en l'an XVII de l'Empereur Adrien, le 7ᵉ jour du mois de Athyr, deux heures egales apres midy. *Ptolomée* au livre IV de *l'Almageste* chap. 8. Mais le vray Equinoxe advint à 3 heures apres midy.

Il y à du commencement des ans de Christ jusqu'a ce vray Equinoxe ans Iuliens pleins 131, mois communs 8, jours 25, heures au Meridien Goesien 0 38' apparemment, exactement 0 18'. C'est Sexagenes de jours 13'' 21', jours 55, Scrup. 25'. Ausquels est deu par nos Tables le lieu du Soleil au deg. 0 0' 0'' ♎.

Il faut adjouter à cause de la difference des Meridiens à Alexandrie heures 2 20'. Et ainsi fut ce vray Equinoxe à Alexandrie à heures apres midy 2 58', mais l'apparant à heures apres midy 1 58', c'est deux heures apeu prés, tout ainsi que *Ptolomée* observa.

IV. *Albategni* observa le vray Equinoxe Autumnal à Aracte en Syrie, en l'an de la mort d'Alexandre 1206, 8ᵉ jour de Pachon, quatre heures & deux tiers avant le Soleil couchant. Voyez *Albategni* chap. XXVII.

Il y à du commencement des ans de Christ jusqu'a cest Equinoxe ans Iuliens pleins 881, mois communs 8, heures au Meridien Goesien 9 50' apparemment, exactement 9 36'. C'est Sexagenes de jours 1''' 29'' 27', jours 25, Scruples 24' 0''. Ausquels est deu le lieu du Soleil au deg. 0 0' 0'' ♎.

A cause de la difference des Meridiens doibt on adjouter à Aracte en Syrie heures 3 27'. C'est Equinoxe donc advint à Aracte à heures apres midy 13 17', c'est 4 heures & deux tiers apeu prés avant le lever du Soleil, comme à observé *Albategni*.

V. Nous avons pareillement observé le vray Equinoxe Autumnal à Goes en Zelande, en l'an de Christ 1589, le 12 jour de Septembre, à heures apres midy 18 48'. Car le 13ᵉ jour de Septembre nous prismes la hauteur Meridienne apparante du Soleil de deg. 38 22'. Mais la vraye estoit de deg. 38 23' 48''. Car la Parallaxe d'altitude estoit de Scrup. 1' 48'' additive, & la Refraction nulle ou insensible. La hauteur de l'Equinoctial est à Goes de deg. 38 29'. Parquoy la Declination australe du Soleil de deg. 0 5' 12''; & le vray Equinoxe Autumnal à Goes le 12ᵉ jour de Septembre à heures 18 48' apres midy.

Il y à du commencement des ans de Christ jusqu'a ce vray Equinoxe ans Iuliens pleins 1588, mois communs 8, jours 11, heures au Meridien Goesien 18 50' apparemment, exactement 18 35'. C'est Sexagenes de jours 2''' 41'' 11', jours 11, Scrup. 46' 27'½. Ausquels est deu par nos Tables le lieu du Soleil au deg. 0 0' 0'' ♎, comme avions observé.

VI. Nous avons derechef consideré le vray Equinoxe Autumnal à Goes, en l'an de Christ 1599, le 13ᵉ jour de Septembre, à heures apres midy 6 3'. Car le 13ᵉ jour de Septembre nous prismes la hauteur Meridienne du Soleil

leil de deg. 38 33′¼ suivant l'apparence. Mais la vraye hauteur estoit de deg. 38 35′ 3″. La Parallaxe du Soleil en altitude estant de Scrup. 1′ 48″ additive, & la Refraction insensible. Or la hauteur de l'Equinoctial est à Goes de deg. 38 29′; partant la Declination du Soleil estoit de deg. 0 6′ 3″ boreale, & le vray Equinoxe le 13ᵉ jour de Septembre, à heures 6 3′ apres midy.

Il y à du commencement des ans de Christ jusqu'a c'est Equinoxe ans Iuliens 1598, mois communs 8, jours 12 heures au Meridien Goesien apparemment 6 6′, exactement 5 51′. C'est Sexagenes de jours 2‴ 42″ 12′, jours 3, Scrup. 14′ 38″. Ausquels est deu par nos Tables le lieu du Soleil au deg. 0 0′ 0″ ♎. comme nous avons observé.

QVATRIEME CLASSE DES OBSERVATIONS SOLAIRES.

Observations des Solstices Estivaux.

I. OBservation. *Euctemon* observa le Solstice estival estant Abseunde Magistrat à Athene, le 21ᵉ jour de Phamenoth, au matin. *Ptolomée* au livre III. de *l'Almageste*, chap. 2.

Il y à du commencement des ans de Nabonnassar jusqu'a ce Solstice ans Egyptiens pleins 313, mois 6, jours 19, heures au Meridien Goesien 14 21′ apparemment, exactement 14 1′. C'est Sexagenes de jours 31″ 47′, jours 24, Scrupules 35′ 2″½. Ausquels est deu par nos Tables le lieu du Soleil au deg. 0 0′ 0″ ♋.

A cause de la difference des Meridiens doibt estre adjouté à Alexandrie heures 2 20′. Et ainsi est fait c'est Equinoxe à Alexandrie à heures apres le precedant midy 16 41′, presque le tiers d'une heure avant le lever du Soleil c'est, au matin, ainsi que *Euctemon* à consideré.

II. *Ptolomée* observa le Solstice d'Esté apparant à Alexandrie, en l'an de la mort d'Alexandre 463, le 11ᵉ jour de Mesori, une heure apres minuict. Car *Ptolomée* escrit au livre III, de *l'Almageste* chap. 4, qu'il y à eu entre l'Equinoxe Vernal apparant & le Solstice Estival apparant jours 94, heures 12. Mais l'Equinoxe Vernal apparant est fait en l'an de la mort d'Alexandre 463, le 7ᵉ jour de Pachon, une heure apres midy. Il est donc necessaire que le Solstice Estival apparant fust le 11ᵉ jour de Mesori, une heure apres mi-nuict. Or le vray Solstice advint pres de demi-heure apres l'apparant, pour la cause expesée cy dessus.

Il y à du commencement des ans de Christ jusqu'a ce vray Solstice, ans Iuliens pleins 139, mois communs 5, jours 24, heures au Meridien Goesien apparemment 11 7′, exactement 10 52′. C'est Sexagenes de jours 14″ 9′, jours 4, Scrup. 27′ 19″. Ausquels est deu par nos Tables le lieu du Soleil au deg. 0 0′ 0″ ♋.

A cause de la difference des Meridiens se doibt adjouter à Alexandrie heures 2 20′. Tellement que le vray Solstice est advenu à Alexandrie à heures apres midy

midy 13 27'. Or l'apparant preceda les vray d'environ demi-heure. Partant il advint à Alexandrie une heure apres mi-nuict, ainsi que *Ptolomée* à observé.

III. Nous avons aussi observé le vray Solstice d'esté, avec grand subtilité & cure, à Goes en Zelande, en l'an de Christ 1599, le 11e jour de Iuin, à heures apres midy 16 18'. Voyez nos *Exercitations* du mouvement du Soleil.

Il y à du commencement des ans de Christ jusqu'a ce Solstice ans Iuliens pleins 1598, mois communs 5, jours 11, heures au Meridien Goesien apparemment 16 20', exactement 16 14'. C'est Sexagenes de jours 2''' 42'' 10', jours 30, Scrupules 40' 35''. Ausquels est deu par nos Tables le lieu du Soleil au deg. 0 0' 0'' ♋, comme nous avons observé.

Or Voila les principales observations Solaires, par lesquelles nous avons entierement restitué le mouvement du Soleil. Car nous avons premierement trouvé par les observations precedantes la vraye quantité de l'an Tropique moyen de jours 365, heures 5 48' 57'' 2''' 22'''' 24[v]: & en consequence le moyen mouvement diurne du Soleil, de Scrup. 59' 8'' 19''' 44'''' 59[v] 15[vi].

Secondement que l'Anomalie des Equinoxes accomplit une Revolution en ans Egyptiens 1717, davantage son mouvement diurne de Scrupules 0' 2'' 4''' 4'''' 39[v] 3[vi]: & la maxime difference entre le moyen & vray Equinoxe de deg. 1 14' 16''.

Tiercement que la maxime Eccentricité du Soleil fut environ la manifestation de Iesus Christ en chair, de particules 4216, & la moindre environ l'an de Christ 1500, de partic. 3490, desquelles le raid de l'Orbe du Soleil fait 100000. Par ainsi l'Anomalie du Centre est egale à l'Anomalie de l'Obliquité du Zodiac; & la plus grande difference entre le moyen & vray Apogée est de deg. 5 24'.

Finalement que le moyen apogée avance journellement en consequence des Signes Scr. 0' 0'' 11''' 5'''' 51[v] 30[vi]. La demonstration desquels cerchez en nostre livre des *Exercitations du Mouvement du Soleil.*

CLASSE PREMIERE
DES
OBSERVATIONS LVNAIRES.

Observations des Eclipses Lunaires.

Eclipse I. En l'an premier de *Mardocempade*, lequel est appellé és Lettres Sacrées *Merodach*, le 29e jour du mois de Thoth, fut Eclipse de Lune, le commencement de laquelle fut observé en Babylone, soubs la latitude de deg. 35 0', & longitude de temps 73 30', une heure suffisamment passée apres le lever de la Lune. Voyez *Ptolomée* au livre IV de *l'Almageste* chap. 6.

Il y à du commencement des ans de Nabonassar jusqu'a c'est Eclipse, ans Egyptiens 26, jours 28, heures au Meridien Goesien 6 27' apparemment, exactement 6 21'. C'est Sexagenes de jours 2'' 38', jours 38, Scrup. 15' 52''. Ausquels est deu par nos Tables.

Le

Le vray lieu du Soleil au deg. 22 27′ 9′ ♓.
Le vray lieu de la Lune au deg. 22 26 43 ♍.
La latitude de la Lune boreale croissante de deg. 0 9 50″.

Doigts Ecliptiques 17 52′. Scrupules d'incidence & demi-demeure ensemble 55′ 37″. Le mouvement horaire, de la Lune du Soleil 28′ 53″. Parquoy le temps d'incidence & demi-demeure ensemble de heure 1 55′: & le commencement de l'Eclipse à Goes à heures apres midy 4 32′.

A cause de la difference des Meridiens doibt estre adjouté à Babylone, heures 3 12′. La Lune commença donc à estre obscurcie à heures apres midy 7 44′, c'est heure 1⅓ apres le lever de la Lune, ainsi qu'il à esté observé par les Babyloniens.

II. En l'an second de Mardocempade le 18e jour de Thoth, fut Eclipse de Lune, le milieu de laquelle à esté observé en Babylone à mi-nuict; auquel temps estoit obscurcy du diametre Lunaire vers midy, trois Scrupules, non doigts. *Ptolomée* au livre IV de l'*Almageste* chap. 6.

Il y à du commencement des ans de Nabonnassar jusqu'a c'est Eclipse, ans Egyptiens pleins 27, jours 17, heures au Meridien Goesien 8 38′ apparemment, exactent 8 36′. C'est Sexagenes de jours 2″ 44′, jours 32, Scrup. 21′ 30″. Ausquels est deu par nos Tables.

Le vray lieu du Soleil au deg. 11 35′ 35″ ♓.
Le vray lieu de la Lune au deg. 11 35 42 ♍.
La vraye latitude de la Lune boreale croissante de deg. 0 50′ 54″.

Doigts Ecliptiques 1 15′.

Il faut adjouter à cause de la difference des Meridiens à Babylone heures 3 12′. Parquoy le milieu de l'Eclipse à esté veu en Babylone à heures apres midy 11 50′, c'est, environ la mi-nuict, peu autrement que les Babyloniens ont observé.

III. En l'an second de Mardocempade, le 15e jour de Phamenoth, fut la Lune derechef obscurcie, & commença l'obscurcissement de la Lune en Babylone apres le lever de la Lune. Au milieu de l'Eclipse obscurcy plus de six doigts vers Septentrion. *Ptolomée* au livre IIII de l'*Almageste* chap. 6.

Il y à du commencement dés ans de Nabonnassar jusqu'a ceste pleine-Lune Ecliptique, ans Egyptiens pleins 27, mois 6, jours 14, heures au Meridien Goesien 6 11′ apparemment, exactement heures 5 53′½. C'est, Sexagenes de jours 2″ 47′, jours 29, Scrup. 14′ 43″ 45‴. Ausquels est deu par nos Tables.

Le vray lieu du Soleil au deg. 1 33′ 11″ ♍.
Le vray lieu de la Lune au deg. 1 33 7 ♓.
La vraye latitude australe croissante de la Lune deg. 0 47 23.

Doigts Ecliptiques 5 34′, c'est pres de 6. Scrupules d'incidence 42′ 44″; le mouvement horaire de la Lune du Soleil Scrup. 34′ 2″. Partant le temps d'incidence de heure 1 15′, & le commencement de l'Eclipse à Goes à heures apres midy 4 56′.

A cause de la difference des Meridiens doibt estre adjouté à Babylone heures 3 12′. Parquoy l'obscurcissement de la Lune commença en Babylone à heures 8 8′ apres midy, c'est heure 1⅓ apres le lever de la Lune.

IV. En l'an cinquiéme de Nabopolassar, lequel est nommé és Lettres Sacrées Nebucadnezar, le 27 jour d'Athyr, sur la fin de l'onziéme heure de la nuict, com-

commença la Lune à estre obscurcie en Babylone. Au milieu de l'Eclipse fut obscurcy presque la quatriéme partie du diametre Lunaire vers midy. *Ptolomée* au livre v de *l'Almageste* chap. 14.

Il y à du commencement dés ans de Nabonnassar jusqu'a c'est Eclipse, ans Egyptiens pleins 126, mois deux, jours 26, heures au Meridien de Goes 14 10' apparemment, exactement 13 52'. c'est Sexagenes de jours 21'' 47', jours 56, Scr. 34' 40''. Ausquels est deu par nos Tables.

Le vray lieu du Soleil au	deg. 25	33'	29''	♈.
Le vray lieu de la Lune au	deg. 25	33	26	♎.
La vraye latitude de la Lune boreale decroissante	deg. 0	48	30.	

Doigts Ecliptiques 2 16'. Scrupules d'incidence 24' 13''. Le mouvement horaire de la Lune du Soleil de Scrup. 27' 26''. Partant le temps d'incidence de heure 0 53'. Et le commencement de l'Eclipse à Goes heures 13 17' apres midy.

A cause de la difference des Meridiens doibt estre adjouté à Babylone heures 3 12'. La Lune commença donc à estre obscurcie en Babylone à heures 16 29', c'est environ la fin de l'onziéme heure de la nuict. Car l'onziéme heure de la nuict fut achevée, à heures apres midy 16 37'. Le milieu de l'Eclipse à esté veu en Babylone à heures apres midy 17 22', c'est un peu avant le lever du Soleil. Car le Soleil se levoit à heures 17 32'. Touttes lesquelles choses conviennent exactement avec l'observation des Babyloniens.

V. En l'an septiéme de Cambyse second Monarche des Perses, le 17e jour de Phamenoth, une heure avant la minuict, fut le demi-diametre de la Lune en Babylone obscurcy vers Septentrion. *Ptolomée* au livre v de *l'Almageste* chap. 14.

Il y à du commencement dés ans de Nabonnassar, jusqu'a ceste pleine Lune Ecliptique ans Egyptiens pleins 224, mois 6, jours 16, heures au Meridien Goesien 7 52' apparemment, exactement 7 34'. C'est Sexagenes de jours 22'' 45', jours 56, Scr. 18' 55''. Ausquels est deu par nos Tables.

Le vray lieu du Soleil au	deg. 17	28'	21''	♋.
Le vray lieu de la Lune au	deg. 17	28	20	♑.
La vraye latitude de la Lune australe decroissante	deg. 0	39	8.	

Doigts Ecliptiques 6 2'.

A cause de la difference des Meridiens doibt estre adjouté à Babylone heures 3 12'. Parquoy le milieu de l'Eclipse fut veu en Babylone, à heures apres midy 11 4', c'est une heure avant minuict, totalement comme les Babyloniens observerent.

VI. En l'an vingtiéme de Daire Histaspide, successeur de Cambyse le 28e d'Epephi fut la Lune obscurcie, & le milieu de l'obscurcissement veu en Babylone, à heures egales 6 20' apres le coucher du Soleil, auquel temps fut obscurcy la quatriéme partie du diametre de la Lune vers midy. *Ptolomée* au livre iv de *l'Almageste* chap. 9.

Il y à du commencement dés ans de Nabonnassar jusqu'a c'est Eclipse, ans Egyptiens pleins 245, mois 10, jours 27, heures au Meridien Goesien 8 40' apparemment, exactement 8 14'. C'est Sexagenes de jours 24'' 51', jours 52, Scrup. 20' 35''. Ausquels est deu par nos Tables

Le

Le vray lieu du Soleil au deg. 22 56′ 32″ ♏.
Le vray lieu de la Lune au deg. 22 56 24 ♉.
La vraye latitude de la Lune boreale decroissante deg. 0 47 56.
Doigts Ecliptiques 2 25′.

A cause de la difference des Meridiens doibt estre adjouté à Babylone heures 3 12′. Tellement que le milieu de l'Eclipse est veu en Babylone à heures apres midy 11 52′, c'est heures 6 25′, apres le coucher apparant du Soleil, lequel suivit le vray au moins de Scrup. d'heure 12′.

VII. En l'an 31 de Daire Hystaspe, le 3e jour de Tybi, fut pleine Lune Ecliptique, le milieu de laquelle à esté veu en Babylone une heure avant minuict estant alors obscurci de la Lune vers midy deux doigts. Voyez *Ptolomée* au livre IV de *l'Almageste*, chap. 9, & *l'Epitome de Mont-Royal* au livre IV, Proposition 16.

Il y à du commencement dés ans de Nabonassar jusqu'a ceste pleine Lune ans Egyptiens pleins 256, mois 4, jours 2, heures au Meridien Goesien 7 48′ apparemment, exactement 7 30′. C'est Sexagenes de jours 25″ 59′, jours 22, Scrup. 18′ 45″, Ausquels est deu par nos Tables.

Le vray lieu du Soleil au deg. 29 46′ 59″ ♈.
Le vray lieu de la Lune au deg. 29 47 9 ♎.
La vraye latitude de la Lune boreale decroissante deg. 0 55 3.
Doigts Ecliptique 1 33′.

A cause de la difference des Meridiens doibt estre adjouté à Babylone heures 3 12′. Parquoy le milieu de c'est obscurcissement fut veu en Babylone à heures apres midy 11, c'est, une heure avant mi-nuict. Ce qui convient exactement avec l'observation de Babyloniens.

VIII. En l'an Septiéme de *Ptolomée* Philometor Roy des Egyptiens, le 27e jour de Phamenoth, fut la Lune obscurcie. Or le commencement de l'obscurcissement à esté observé à Alexandrie, au commencement de la huictiéme heure, c'est, heure egale apres mi-nuict 0 54′. La fin à esté observée en la fin de la dixiéme heure de la nuict, c'est, à heures egales apres mi-nuict 3 36′. *Ptolomée* au livre VI de *l'Almageste* chap. 5.

Il y à du commencement dés ans de Nabonassar jusqu'a ceste pleine Lune ans Egyptiens pleins 573, mois 6, jours 26, heures au Meridien Goesien 11 50′ apparemment, exactement 11 26′. C'est, Sexagenes de jours 58″ 9′, jours 11, Scr. 28′ 35″. Ausquels est deu par nos Tables.

Le vray lieu du Soleil au deg. 6 8′ 34″ ♉.
Le vray lieu de la Lune au deg. 6 8 17 ♏.
La vraye latitude de la Lune australe croissante de deg. 0 42 32.

Doigts Ecliptiques 7 13′. Scrupules d'incidence 47′ 41″. Le mouvement horaire de la Lune du Soleil de Scrup. 34′ 6″. Partant le temps d'incidence heure 1 24′ & le commencement de l'Eclipse à Goes à heures apres midy 10 26′. La fin à heures apres midy 13 14′.

A cause de la difference des Meridiens doit estre adjouté à Alexandrie heures 2 20′. Parquoy la Lune commença à estre obscurcie à Alexandrie Scrup. d'heure 46′ apres minuict, & fut entierement restituée à heures apres mi nuict 3 34′; tout ainsi qu'il à esté observé a Alexandrie.

IX. En l'an trente septieme de la tierce Periode Calippique, le 2e jour de Tybi, à esté fait un obscurcissement de Lune, le milieu duquel à esté observé à Rhode, soubs la latitude de deg. 36 0', & longitude de temps 58 0', heure 1 50' avant mi-nuict. Et la Lune fut obscurcie trois doigts vers midy. *Ptolomée* au livre VI de *l'Almageste* chap. 5.

Il y à du commencement dés ans de Nabonnassar jusqu'a c'est Eclipse Lunaire, ans Egyptiens pleins 606, mois 4, jour 1, heures au Meridien Goesien 8 1' apparemment, exactement 8 0'. C'est, Sexagene de jours 1''' 1'', 28', jours 31, Scrup. 20'. Ausquels est deu par nos Tables.

Le vray lieu du Soleil au	deg.	5	11'	34', ♒.
Le vray lieu de la Lune au	deg.	5	11	46 ♌
La vraye latitude de la Lune boreale croissante de	deg.	0	55	32.

Doigts Ecliptiques 2 56'.

A cause de la difference des Meridiens doibt estre adjouté à Rhode heures 2 10'. Parquoy le milieu de l'Eclipse fut veu à Rhodes à heures apres midy 10 11', c'est heure 1 49' avant mi-nuict, tout ainsi qu'il fut illec observé.

X. En l'an neufuiéme de l'Empereur Adrien, le 17e jour de Pachon, fut Eclipse de Lune, le milieu de laquelle à esté observé à Alexandrie à heures apres midy 8 24', & fut obscurcie la sixiéme partie du diametre Lunaire vers midy. *Ptolomée* au livre IIII de *l'Almageste* chap. 9.

Il y à du commencement dés ans de Christ jusqu'a c'est obscurcissement Lunaire ans Iuliens pleins 124, mois communs 4, jours 14, heures au Meridien Goesien 6 31' apparemment, exactement 6 23'. C'est Sexagenes de jours 12'' 36', jours 25, Scr. 15' 57'' ½. Ausquels est deu par nos Tables.

Le vray lieu du Soleil au	deg.	13	32'	35'' ♈.
Le vray lieu de la Lune au	deg.	13	32	26 ♎.
La vraye latitude de la Lune boreale decroissante de	deg.	0	55	9.

Doigts Ecliptiques 1 48'.

A cause de la difference des Meridiens doibt estre adjouté à Alexandrie heures 2 20'. Tellement que le milieu de c'est Eclipse à deu estre veu à Alexandrie à heures apres midy 8 51'. Le texte de *Ptolomée* à heures 8 24', mais le calcul Astronomique enseigne que ce fut à heures 8 50' ou 8 51', comme nostre calcul demonstre. Car *Ptolomée* tesmoigne, que depuis l'Eclipse en l'an 31 de Daire Histaspe, jusqu'a c'est Eclipse, le vray mouvement de latitude de la Lune auroit accomply cercles entiers, ce qui ne peut estre, sans poser c'est Eclipse estre faite à Alexandrie à heures apres midy 8 50'.

XI. En l'an 17 de l'Empereur Adrien, le 20e jour de Pauni, la Lune fut toutte obscurcie, & le milieu de l'Eclipse à esté observé par *Ptolomée* en Alexandrie à heures apres midy 11 15'. *Ptolomée* au livre IV de *l'Almageste* chap. 6.

Il y à du commencement dés ans de Christ jusqu'a c'est obscurcissement Lunaire ans Iuliens pleins 132, mois communs 4, jours 5, heures au Meridien Goesien 8 57' apparemment, exactement 8 39'. C'est, Sexagenes de jours 13'' 25', jours 38, Scrupules 21' 37'' ½. Ausquels est deu par nos Tables.

Le

Le vraye lieu du Soleil au deg. 13 14′ 6″ ♉.
Le vray lieu de la Lune au deg. 13 40 50 ♏.
La vraye latitude de la Lune australe croissante de deg. 0 23 28.
Doigts Ecliptiques 12 26′.

A cause de la difference des Meridiens doibt estre adjouté à Alexandrie heures 2 20′. Parquoy le milieu de l'Eclipse fut veu à Alexandrie à heures apres midy 11 17′, tout ainsi qu'il à esté observé par *Ptolomée.*

XII. En l'an 19 de l'Empereur Adrien, le 2e jour de Choeac, fut Eclipse de Lune, le milieu de laquelle *Ptolomée* observa à Alexandrie une heure avant minuict. Auquel temps le diametre Lunaire fut obscurcy dix doigts vers Septentrion. *Ptolomée* au livre IV de l'*Almageste* chap. 6.

Il y à du commencement dés ans de Christ jusqu'a ceste Eclipse, ans Iuliens pleins 133, mois communs 9, jours 19, heures au Meridien Goesien 8 31′ apparemment, exactement 8 7′. C'est Sexagenes de jours 13″ 34′, jours 30, Scr. 20′ 17″½. Ausquels est deu par nos Tables.

Le vraye lieu du Soleil au deg. 25 6′ 25″ ♒.
Le vray lieu de la Lune au deg. 25 6 35 ♈.
La vraye latitude de la Lune australe croissante de deg. 0 28 58.
Doigts Ecliptiques 10 31′.

A cause de la difference des Meridiens doibt estre adjouté à Alexandrie heures 2 20′. Et ainsi le milieu de l'Eclipse se debvoit voir à Alexandrie heures apres midy 10 51′, c'est une heure avant minuict: peu autrement que *Ptolomée* observa.

XIII. En l'an 20 de l'Eempereur Adrien, le 19 jour de Pharmuthi, fut Eclipse Lunaire, le milieu de laquelle *Ptolomée* observa à Alexandrie, quatre heures apres mi-nuict; & fut alors obscurcy le demi-diametre de la Lune vers Septentrion. *Ptolomée* au livre IV de l'*Almageste* chap. 6.

Il y à du commencement dés ans de Christ jusqu'a c'est obscurcissement Lunaire, ans Iuliens pleins 135, mois bisextils 4, jours 4, heures au Meridien Goesien 13 33′ apparemment, exactement 13 36′. C'est Sexagenes de jours 13″ 42′, jours 52, Scrup. 34′ 0″. Ausquels est deu par nos Tables:

Le vray lieu du Soleil au deg. 14 4′ 47″ ♓.
Le vray lieu de la Lune au deg. 14 4 29 ♍.
La vraye latitude de la Lune australe decroissante deg. 0 46 16.
Doigts Ecliptiques 5 47′, c'est pres de 6.

A cause de la difference des Meridiens doibt estre adjouté à Alexandrie heures 2 20. Et ainsi debvoit estre veuë c'est Eclipse à Alexandrie, à heures 3 53′, c'est presque heures 4 apres minuict, ainsi que *Ptolomée* à observé.

Or voila touttes les Eclipses Lunaires, desquelles *Ptolomée* s'est servy pour constituer le mouvement de la Lune. S'ensuivent maintenant les Eclipses Lunaires observées par *Albategni*, avec lesquelles il à voulu corriger les mouvemens *Ptolomaïques* de la Lune.

XIV. En l'an de la mort d'Alexandre 1206, de Christ 883, le 23e jour du mois de Kemir, ou Iuillet, fut Eclipse de Lune, le milieu de laquelle *Albategni* observa à Aracte en Syrie à heures 8, & peu plus apres midy, & estoit obscurcy vers Septentrion davantage que dix doigts du diametre Lunaire. *Albategni* chap. 30.

 Il y

Il y à du commencement dés ans de Christ jusqu'a c'est Eclipse ans Iuliens pleins 882, mois communs 6, jours 22, heures au Meridien Goesien 4 27', apparemment, exactement 4 23'. C'est Sexagenes de jours 1''' 29'' 32', jours 33, Scrup. 10' 57'' ½. Ausquels est deu par nos Tables.

Le vray lieu, du Soleil au	deg.	3	53'	43''	♌.
Le vray lieu de la Lune au	deg.	3	53	43	♒.
La vraye latitude de la Lune australe croissante	deg.	0	28	8.	

Doigts Ecliptiques 11 35'. Parquoy le diametre de la Lune fut obscurcy plus de 11 doigts. Le calcul Prutenic donne le total obscurcissement de doigts 12 24'. Ce qui ne s'accorde avec l'observation d'*Albategni*.

A cause de la difference des Meridiens doibt estre adjouté à Aracte heures 3 27'. Partant le milieu de c'est Eclipse à esté veu à Aracte heures 7 54' apres midy, c'est environ la huictiéme heure du soir, peu autrement quil à esté observé par *Albategni*.

XV. En l'an du decés d'Alexandre 1224, de Christ 901, le 2e jour du mois de Ab ou Aoust fut pleine-Lune Ecliptique, le milieu de laquelle *Albategni* observa à Anthioche à heures apres midy 15 20', & fut alors toutte la Lune presqu'obscurcie. *Albategni* chap. 30.

Il y à du commencement des ans de Christ jusqu'a c'est Eclipse ans Iuliens pleins 900, mois communs 7, jour 1, heures au Meridien Goesien 11 55' apparemment, exactement 11 52'. C'est, Sexagenes de jours 1''' 31'' 22', jours 18, Scrup. 29' 40''. Ausquels est deu par nos Tables.

Le vray lieu du Soleil au	deg.	14	31'	45'	♌.
Le vray lieu de la Lune au	deg.	14	32	23	♒.
La vraye latitude de la Lune australe croissante	deg.	0	24	27.	

Doigts Ecliptiques 12 51'. Toutte la Lune fut donques obscurcie, mais pour ce quelle n'estoit profondement plongée dans l'Ombre de la Terre, elle sembla à *Albategni* de n'estre du tout obscurcie.

A cause de la difference des Meridiens doit estre adjouté à Antioche heures 3 17'. Parquoy le milieu de l'Eclipse devoit estre veu à Antioche à heures 15 12' apres midy. Ce qui approche fort pres de l'Observation d'*Albategni*.

Nous avons eu jusques icy les Eclipses Lunaires antiques. Maintenant suivent les nouvelles observations; & premierement de *George Purbache*, & *Iean de Mont-Royal*, puis de *Nicolas Copernic*, & d'autres.

XVI. En l'an de Christ 1457, le 3e jour de Septembre, Maistre *George Purbache*, & *Jean de Mont-Royal*, observerent une Eclipse totale Lunaire à Mellic en Austriche, 11 lieuës Germaniques de Vienne vers Occident, & noterent le milieu d'icelle à heures 11 6' apres midy. *Iean de Mont-Royal* au *Torquet*.

Il y à du commencement des ans de Christ jusqu'a c'est obscurcissement Lunaire ans Iuliens pleins 1456, mois communs 8, jours 2, heures au Meridien Goesien 10 11' apparemment, exactement 10 5'. C'est Sexagenes de jours 2''' 27'' 47', jours 29, Scrup. 25' 12'' ½. Ausquels est deu par nos Tables.

Le

Le vray lieu du Soleil au deg. 20 21′ 32″ ♍.
Le vray lieu de la Lune au deg. 20 21 26 ♓.
La vraye latitude de la Lune boreale decroissante
deg. 0 21 4.
Doigts Ecliptiques 14 27′.

A cause de la difference des Meridiens, doibt on adjouter à Mellic en Austrie Scrupules d'heure 55′: Parquoy le milieu de l'Eclipse à esté veu illec à heures apres midy 11 6′; tout ainsi que *George Purbache*, & *Mont-Royal* observerent.

XVII. En l'an de Christ 1462, le 11e jour de Iuin, fut pleine Lune Ecliptique, le milieu de laquelle *Iean de Mont-Royal* observa à Viterbe en Italie, à heures apres midy 14 48′, & estoit l'obscurcissement vers Septentrion de 7 doigts. *Mont-Royal* au *Torquet*.

Il y à du commencement des ans de Christ jusqu'a ceste pleine-Lune Ecliptique ans Iuliens pleins 1461, mois communs 5, jours 10, heures au Meridien Goesien 14 5′ apparemment, exactement 14 0′. C'est Sexagenes de jours 2‴ 28″ 16′, jours 31, Scrup. 35′ 0″. Ausquels est deu par nos Tables.

Le vray lieu du Soleil au deg. 29 33′ 53″ ♊.
Le vray lieu de la Lune au deg. 29 34 15 ♐.
La vraye latitude de la Lune australe croissante deg. 0 38 54.
Doigts Ecliptiques 7 9′.

A cause de la difference des Meridiens doibt estre adjouté à Viterbe Scrup. d'heure 40′. Parquoy le milieu de l'Eclipse debvoit estre veu à Viterbe à heures 14 45′ apres midy, peu autrement que *Mont-Royal* à observé.

XVIII. En l'an de Christ 1500, le 5e jour de Novembre fut Eclipse totale, le milieu de laquelle *Nicolas Copernic* observa à Rome, à heures 14 0′ apres midy. Et y avoit 10 doigts obscurcis vers Septentrion. *Nicolas Copernic* au livre IV des *Revolut.* chap. 14.

Il y à du commencement des ans de Christ jusqu'a c'est obscurcissement Lunaire, ans Iuliens pleins 1499, mois bisextils 10, jours 4, heures au Meridien Goesien 13 27′, exactement 13 7′. C'est Sexagenes de jours 2‴, 32″ 10′, jours 18, Scrup. 52′ 47″ ½. Ausquels est deu par nos Tables.

Le vray lieu du Soleil au deg. 23 38′ 38″ ♏.
Le vray lieu de la Lune au deg. 23 38 38 ♉.
La vraye latitude de la Lune australe decroissante deg. 0 28 50.
Doigts Ecliptiques 10 35′.

A cause de la difference des Meridiens doit estre adjouté à Rome Scrupules d'heure 43′: & pour l'equation de temps en la Lune, doit estre soubstraict du temps apparant Scrup. d'heure 10′. Tellement que le milieu de l'Eclipse debvoit estre veu à Rome à heures 14 0′ apres midy: tout ainsi que *Copernic* à observé. Or nous donnerons cy dessoubs exemples de ceste equation de temps en la Lune.

XIX. En l'an de Christ 1509, le 2e jour de Iuin fut Eclipse Lunaire, le milieu de laquelle *Nicolas Copernic* observa à Cracou heures apres midy 11 45'. Et alors fut obscurcy du Diametre Lunaire prés de huict doigts, environ la section montante. *Copernic* au livre IV des *Revolut.* chap. 13.

Il y à du commencement des ans de Christ jusqu'a c'est Eclipse de Lune ans Iuliens pleins 1508, mois communs 5, jour 1, heures au Meridien Goesien apparemment 10 23', exactement 10 16'. C'est, Sexagenes de jours 2''' 33'' 2', jours 29, Scrup. 25' 40''. Ausquels est deu par nos Tables.

Le vray lieu du Soleil au	deg	21	17'	53'' ♊.
Le vray lieu de la Lune au	deg.	21	19	6 ♐.
La vraye latitude de la Lune boreale croissante	deg.	0	41	34.
Doigts Ecliptiques 7 31'.				

A cause de la difference des Meridiens doibt estre adjouté à Cracou heure 1 22'. Et ainsi le milieu de l'Eclipse debvoit estre veu à Cracou à heures apres midy 11 45', ainsi que *Copernic* observa

XX. En l'an de Christ 1511, le 6e jour d'Octobre fut Eclipse de Lune, de laquelle *Nicolas Copernic* observa le commencement à Frueburg en Prusse à heures apres midy 10 52', & fut aussi toutte obscurcie. *Copernic* au livre IIII des *Revolut.* chap. 5.

Il y à du commencement des ans de Christ jusqu'a ceste pleine-Lune Ecliptique, ans Iuliens pleins 1510, mois communs 9, jours 5, heures au Meridien Goesien 11 8' apparemment, exactement 10 48'. C'est, Sexagenes de jours 2''' 33'' 16', jours 45, Scrupules 27' 0''. Ausquels est deu par nos Tables.

Le vray lieu du Soleil au	deg.	22	40'	59'' ♎.
Le vray lieu de la Lune au	deg.	22	41	37 ♈.
La vraye latitude de la Lune boreale decroissante	deg.	0	27	43.
Doigts Ecliptiques 12 15', & partant la Lune fut entierement obscurcie.				

Scrupules d'incidence & demi-demeure ensemble 57' 49''. Le mouvement horaire de la Lune du Soleil Scrup. 34' 17''. Parquoy le temps d'incidence & demi-demeure ensemble de heure 1 41', & le commencement de l'Eclipse à Goes heures apres midy 9 27'.

A cause de la difference des Meridiens doibt estre adjouté à Frueburg en Prusse heure 1 22'. Parquoy la Lune commença d'estre obscurcie à Frueburg en Prusse heures apres midy 10 49', peu autrement que *Copernic* à observé.

XXI. En l'an de Christ 1522, le 5e jour de Septembre, fut Eclipse de Lune, de laquelle *Nicolas Copernic* observa le commencement à Frueburg en Prusse, à heures apres midy 11 36': & la Lune fut toutte obscurcie. Voyez le livre IIII des *Revolut.* chap. 5.

Il y à du commencement des ans de Christ jusqu'a c'est obscurcissement Lunaire ans Juliens pleins 1521, mois communs 8, jours 4, heures au Meridien Goesien apparemment 12 2', exactement 11 51'. C'est Sexagenes de jours 2''' 34'' 23', jours 12, Scrupules 29' 37''½, Ausquels est deu par nos Tables

Le

Le vray lieu du Soleil au deg. 22 24′ 5″ ♍.
Le vray lieu de la Lune au deg. 22 24 6 ♓.
La vraye latitude de la Lune australe decroissante deg. 0 23 6.
Doigts Ecliptiques 12 54′. Partant la Lune fut toutte obscurcie.

Scrupules d'incidence & demi-demeure ensemble 52′ 27″. Le mouvement horaire de la Lune du Soleil Scrup. 29′ 24″. Parquoy le temps d'incidence & demi-demeure ensemble de heure 1 48′, & le commencement de l'Eclipse à Goes à heures apres midy 10 14′.

A cause de la diversité des Meridiens doibt estre adjouté à Frueburg en Prusse heure 1 22′. La Lune commença donc à estre obscurcie à Frueburg en Prusse sur les heures 11 36′, apres midy, tout ainsi que *Copernic* observa.

XXII. En l'an de Christ 1523, le 25e. jour d'Aoust, fut un obscurcissement total de la Lune, le commencement duquel *Nicolas Copernic* observa à Frueburg en Prusse, à heures 14 48′ apres midy. Au livre IIII des *Revolutions* chap. 5.

Il y à du commencement des ans de Christ jusqu'à c'est obscurcissement Lunaire ans Iuliens pleins 1522, mois communs 7, jours 24, heures au Meridien Goesien apparemment 15 13′, exactement 15 6′. C'est, Sexagenes de jours 2‴ 34″ 29′, jours 6, Scrup. 37′ 45″. Ausquels est deu par nos Tables.

Le vray lieu du Soleil au deg. 11 33′ 10″ ♍.
Le vray lieu de la Lune au deg. 11 33 27 ♓.
Le vraye latitude de la Lune boreale croissante deg. 0 18 14.
Doigts Ecliptiques 14 19′.

Scrupules d'incidence & demi-demeure ensemble 52′ 6″. Le mouvement horaire de la Lune, du Soleil Scrup. 27′ 26″. Parquoy temps d'incidence & demi-demeure ensemble heure 1 52′, & le commencement de l'Eclipse à Goes à heures apres midy 13 21′.

A cause de la difference des Meridiens doibt estre adjouté à Frueburg en Prusse heure 1 22′. L'obscurcissement de la Lune commença ainsi à heures apres midy 14 43′ à Frueburg; ce qui approche pres de l'Observation de *Copernic*.

Nous avons jusques icy touttes les Eclipses, avec lesquelles *Ptolomée*, *Albategni*, & *Copernic*, ont taiché de restituer le mouvement de la Lune. Sensuivent ores les observations nouvelles.

XXIII. En l'an de Christ 1560, le 11e jour de Mars, fut une Eclipse de Lune partiale, le commencement de laquelle fut observé à Louvain par *Corneille Gemme* à heures apres midy 15 40′. Voyez le *Cosmocritice de Corneille Gemme*.

Il y à du commencement des ans de Christ iusqu'a ceste Eclipse ans Iuliens pleins 1559, mois bisextils 2, jours 10, heures au Meridien Goesien 15 58′ apparemment, exactement 15 59′. C'est, Sexagenes de jours 2‴ 38″ 11′, jours 34, Scrup. 39′ 57″. Ausquels est deu par nos Tables.

Le vray lieu du Soleil au	deg.	1	41′	55″ ♈.
Le vray lieu de la Lune au	deg.	1	42	3 ♎.
La vraye latitude de la Lune australe croissante	deg.	0	55	16.

Doigts Ecliptiques 2 58′.

Scrupules d'incidence 32′ 8″. Le mouvement horaire de la Lune du Soleil Scrup. 34′ 16″. Parquoy le temps d'incidence de heure 0 56′, & le commencement de l'Eclipse à Goes à heures apres midy 15 2′.

A cause de la diversité des Meridiens doibt estre adjouté à Louvain Scrup. d'heure 4′, & à cause de l'equation de temps en la Lune, doibt estre adjouté au temps apparant Scrupules d'heure 30′. L'obscurcissement de la Lune commença donc à Louvain à heures apres midy 15 36′ à peu pres comme *Corneille Gemma* à observé.

XXIV. En l'an de Christ 1580, le 31ᵉ jour de Ianvier, fut pleine Lune Ecliptique, de laquelle le noble *Tychon Brahe* observa le milieu à Vranibourg en Danemarc, à heures apres midy 10 9′, la Lune estant toutte obscurcie. Voyez les *Exercitations de Tychon.*

Il y à du commencement dés ans de Christ jusqu'a c'est Eclipse ans Iuliens pleins 1579, jours 30, heures au Meridien Goesien apparemment 9 27′, exactement 9 36′. C'est, Sexagenes de jours 2‴ 40″ 12′, jours 39, Scrup. 24′ 0″. Ausquels est deu par nos Tables.

Le vray lieu du Soleil au	deg.	21	20′	9″ ♒.
Le vray lieu de la Lune au	deg.	21	19	55 ♌.
La vraye latitude de la Lune boreale decroissante	deg.	0	24	57.

Doigts Ecliptiques 11 51′. Partant fut la Lune presque du tout obscurcie.

A cause de la difference des Meridiens doit estre adjouté à Vranibourg Scrup. d'heure 45′. Parquoy le milieu de l'Eclipse à deu estre veu à Vranibourg, à heures apres midy 10 12′: differant fort peu de l'Observation faite au mesme lieu.

XXV. En l'an de Christ 1581, le 15ᵉ jour de Iuillet fut Eclipse de Lune totale, le milieu de laquelle à esté observé à Vranibourg à heures apres midy 16 57′. Voyez les *Exercitations de Tychon.*

Il y à du commencement dés ans de Christ jusqu'a ceste pleine-Lune Ecliptique ans Iuliens pleins 1580, mois communs 6, jours 14, heures au Meridien Goesien 16 29′ apparemment, exactement 16 28′. C'est, Sexagenes de jours 2‴ 40″ 21′, jours 30, Scrupules 41′ 10″. Ausquels est deu par nos Tables.

Le vray lieu du Soleil au	deg.	2	49′	37″ ♌.
Le vray lieu de la Lune au	deg.	2	49	29 ♒.
La vraye latitude de la Lune boreale croissante	deg.	0	24	30.

Doigts Ecliptiques 13 14′.

A cause de la difference des Meridiens doit estre adjouté à Vranibourg Scrup. d'heure 45′: & à cause de l'equation de temps en la Lune, doit estre soubstrait Scrup. d'heure 17′. Parquoy le milieu de l'Eclipse debvoit estre veu à Vranibourg à heures apres midy 16 57′; tout ainsi que les *Tychoniques* observerent.

XXVI.

XXVI. En l'an de Christ 1588, le 2e jour de Mars à esté fait un obscurcissement de Lune total, le milieu duquel à esté observé à Vranibourg à heures 15 2' apres midy. Voyez le premier livre des *Exercitations de Tychon*.

Il y à du commencement dés ans de Christ jusqu'a c'est obscurcissement Lunaire ans Iuliens pleins 1587, mois bissextils deux, jour 1, heures au Meridien Goesien 14 16' apparemment, exactement 14 19'. C'est, Sexagenes de jours 2''' 41'' 1', jours 52, Scrupules 35' 47'' ½. Ausquels est deu par nos Tables.

Le vray lieu du Soleil au	deg. 22	47'	54''	♓.
Le vray lieu de la Lune au	deg. 22	48	8	♍.
La vraye latitude de la Lune boreale croissante	deg. 0	15	25.	
Doigts Ecliptiques 16 8'.				

A cause de la difference des Meridiens doibt estre adjouté à Vranibourg Scr. d'heure 45'. Parquoy le milieu de l'Eclipse fut veu à Vranibourg à heures apres midy 15 1', accordant avec l'observation de *Tychon*.

XXVII. En l'an de Christ 1590, le 7e jour de Iuillet, *Michel Messlin* observa à Tubinge un obscurcissement Lunaire, & vit, le centre du Soleil montant sur l'Horizon, la Lune haute de deux degrez, & obscurcie d'aucuns doigts vers midy: & au contraire le centre de la Lune se couchant avant le milieu de l'Eclipse, il nota le Soleil haut sur l'Horizon de deux degrez. La Refraction fut alors extraordinaire au moins d'un degré, tant au Soleil qu'en la Lune. *Keplere en l'Astronomie optique* page. 136.

Il y à du commencement dés ans de Christ jusqu'a ceste pleine-Lune Ecliptique ans Iuliens pleins 1589, mois communs 6, jours 5, heures au Meridien Goesien 16 8' apparemment, exactes 16 20'. C'est, Sexagenes de jours 8, 2''' 41'' 16', jours 8, Scrup. 40' 58''. Ausquels est deu par nos Tables.

Le vray lieu du Soleil au	deg. 24	2'	9''	♋.
Le vray lieu de la Lune au	deg. 24	2	5	♍.
La vraye latitude de la Lune boreale decroissante	deg. 0	54	21.	
Doigts Ecliptiques 2 49'.				

A cause de la diversité dés Meridiens doibt estre adjouté à Tubinge Scrupules d'heure 22': & à cause de l'equation de temps en la Lune doibt estre soubstrait Scrupules d'heure 12'. Et ainsi le milieu de l'Eclipse à esté veu à Tubinge à heures 4 30' apres mi-nuict.

Or le Soleil se levoit à Tubinge veritablement à heures 4 15' apres mi-nuict, mais apparemment 4 10'. La declination de la Lune estoit alors australe de deg. 20 28', & consequemment la vraye hauteur de la Lune de deg. 1 32', mais la hauteur apparante de pres d'un degré. Car il faut adjouter à cause de la Refraction demi-degré, & soubstraire à cause de la Parallaxe de la Lune deg. 1 2'. Parquoy la Lune fut au lever du Soleil haute d'un degré: mais par accroissement extraordinaire de la Refraction, de deux degrz.

La Lune se levoit à Tubinge apparemment à heures apres mi-nuict 4 20', un sixiéme d'heure avant le milieu de l'Eclipse. Et la vraye hauteur de la Lune estoit

estoit alors de deg. o 39', & l'apparante deg. o 11'. Car à cause de la Refraction doibt on adjouter à la vraye hauteur Scrup. 34', & en tirer pour la Parallaxe deg. 1 2'. Mais la vraye hauteur du Soleil estoit alors de deg. o 36', & l'apparante de deg. 1 o'. Car on doibt adjouter pour la Refraction à la vraye hauteur du Soleil Scrup. 26', & en tirer pour sa Parallaxe Scrup. 2'. Parquoy la Lune se couchant fut le Soleil haut un degré : mais à cause de la grande Refraction deux degrez. Toutte l'observation de *Mestlin* convient doncques exactement avec nostre calcul.

Or nous avons en ceste Eclipse la confirmation, de ce que *Pline* raconte de semblable Eclipse, au livre 11 de *l'Histoire Naturelle*, chap. 13, en telle maniere. *Mais encores, dit il, veu que l'Ombre, qui cause l'Eclipse doit estre sous la Terre au lever du Soleil: d'ou vient ce qu'on à veu une fois Eclipser la Lune au Soleil couchant, ces deux Planetes estans encore en veuë sur la Terre?* Car il signifie qu'en son temps à esté une fois veu en Italie, ce que *Mestlin* & autres en nostre siecle, ont veu plus d'une fois.

XXVIII. En l'an de Christ 1592, le 8e jour de Decembre fut un obscurcissement Lunaire, duquel nous avons noté la fin à Goes à heures 8 o' apres midy. Dix minutes d'heure avant les sept heures, estoit obscurcy vers midy pres de 5 doigts.

Il y à du commencement dés ans de Christ jusqu'a c'est obscurcissement ans Iuliens pleins 1591, mois bisextils 11, jours 7, heures au Meridien Goesien apparemment 6 51', exactement 6 42'. C'est, Sexagenes de jours 2''' 41'' 30', jours 54, Scrup. 16' 45''. Ausquels est deu par nos Tabes.

Le vray lieu du Soleil au	deg.	27	11'	48''	♐.
Le vray lieu de la Lune aú	deg.	27	11	40	♊.
La vraye latitude de la Lune boreale croissante	deg.	o	49	57.	
Doigts Ecliptiques 4 46', c'est pres de 5.					

Scrupules d'incidence 40' 4''. Le mouvement horaire de la Lune du Soleil de Scrupules 34' 16''. Parquoy le temps de repletion de heure 1 10', & la fin de l'Eclipse à Goes à heures apres midy 8 1', non autrement qu'avons observé.

Tychon Brahe escript que le milieu de c'est Eclipse fut à Vranibourg à heures apres midy 7 41', qui seroit à Goes heures apres midy 6 56', approchant fort pres de nostre observation, laquelle fut à heures 6 51'. Mais veu que l'Eclipse n'apparut à Vranibourg, l'annotation de *Tychon* en est partant incertaine.

XXIX. En l'an de Christ 1594, le 18e jour d'Octobre, fut pleine Lune Ecliptique, le commencement de laquelle nous avons observé à Goes, cinq heures & 12 minutes d'heures apres mi-nuict. Au milieu de l'Eclipse furent obscurcis vers Septentrion 9½ doigts.

Il y à du commencement dés ans de Christ jusqu'a ceste pleine Lune Ecliptique, ans Iuliens pleins 1593, mois communs 9, jours 17, heures au Meridien Goesien apparantes 18 48', exactes 18 24'. C'est, Sexagenes de jours 2''' 41'' 42', jours 13, Scrupules 46' o''. Ausquels est deu par nos Tables.

Le

Le vray lieu du Soleil	deg.	5	28′	57″	♏.
Le vray lieu de la Lune	deg.	5	28	57	♉.
La vraye latitude de la Lune australe decroissante	deg.	0	31	59.	

Doigts Ecliptiques 9 21′.

Scrupules d'incidence 46′ 28″. Le mouuement horaire de la Lune du Soleil Scrup. 28′ 50″. Parquoy le temps d'incidence de heure 1 36′: & le commencement de l'Eclipse à Goes à heures apres minuict 5 12′, tout ainsi que nous auons obserué. Mais le milieu fut à heures 18 48′ apres midy, qui sont à Vranibourg heures 19 33′. *Tychon* à heures 19 26′, mais l'Eclipse ne parut audit lieu.

XXX. En l'an de Christ 1595, le 13e jour d'Apuril fut un total obscurcissement de Lune, duquel nous auons obserué le commencement à Goes à heures apres midy 13 40′: le commencement de la demeure à heures apres midy 14 40′: & la fin de la demeure à heure apres midy 16 20′. Parquoy le milieu de l'Eclipse fut à heures apres midy 15 30′. La fin ne fut veuë, dautant que la Lune se coucha estant encore en Eclipse.

Il y à du commencement des ans de Christ jusqu'a cest obscurcissement Lunaire ans Iuliens pleins 1594, mois communs 3, jours 2, heures au Meridien Goesien 15 31′ apparantes, exactes 15 23′. C'est Sexagenes de jours 2‴ 41″ 45′, jours 10, Scrupules 38′ 27″½. Ausquels est deu par nos Tables.

Le vray lieu du Soleil au	deg.	3	21′	35″	♌.
Le vray lieu de la Lune au	deg.	3	21	29	♏.
La vraye latitude de la Lune australe croissante	deg.	0	5	40.	

Doigts Ecliptiques 19 40′.

Scrupules d'incidence & demi-demeure 62′ 45″. Scrupules de demi-demeure 27′ 25″. Le mouuement horaire de la Lune du Soleil Scrup. 33′ 27″. Parquoy le temps d'incidence de heure 1 3′. Le temps de demi-demeure de heure 0 50′. Et consequemment le commencement de l'Eclipse à Goes à heures apres midy 13 38′. Le commencement de la demeure à heures apres midi 14 41′. La fin de la demeure à heures apres midy 16 21′; tout ainsi comme nous auons obserué à Goes.

XXXI. En l'an de Christ 1598, le 10e jour de Feburier fut Eclipse de Lune, le commencement de laquelle nous auons noté à Goes, à heures apres mi-nuict 3 40′. Au milieu de l'Eclipse fut l'obscurcissement de 11½ doigts vers midy.

Il y à du commencement des ans de Christ jusqu'a cest obscurcissement ans Iuliens pleins 1597, mois 1, jours 9, heures au Meridien Goesien 17 23′ apparemment, exactement 17 29. C'est, Sexagenes de jours 2‴ 42″ 2′, jours 24, Scrup. 43′ 42″½. Ausquels est deu par nos Tables.

Le vray lieu du Soleil au	deg.	2	28′	28″	♓.
Le vray lieu de la Lune au	deg.	2	28	9	♍.
La vraye latitude de la Lune boreale decroissante	deg.	0	26	8.	

Doigts Ecliptiques 11 24′.

Scrupules d'incidence 48' 42''. Le mouvement horaire de la Lune du Soleil Scr. 28' 5''. Parquoy le temps d'incidence de heure 1 44', & le commencement de l'Eclipse à Goes à heures apres midy 15 39.

Jean Keplere observa le commencement de l'Eclipse à Grats, apres les 16½ heures apres midy: car il ne peut recognoistre aucun obscurcissement à heures 16½. Adjoutez donc à cause de la diversité des Meridiens à Grats Scrupules d'heure 55' & proviendra le commencement de l'Eclipse à Grats à heures apres midy 16 34', respondant à l'observation de *Keplere*.

Tychon Brahe observa le milieu de l'Eclipse à Vranibourg à heures apres midy 18 7'. Et le Reverend *Iean Rademacher* à Aix, à heures apres midy 17½. Or Vranibourg est Scrup. d'heure 45' plus Orientale que Goes, & Aix Scr. d'heure 7'. Adjoutez donc icelles à heures 17 23' (auquel temps le milieu de l'Eclipse à esté veu à Goes) & viendra le milieu de l'Eclipse à Vranibourg à heures apres midy 18 8', & à Aix à heures 17 30', tout ainsi qu'il à esté observé esdits lieux.

XXXII. En l'an de Christ 1598, le 6e jour d'Aoust fut pleine Lune Ecliptique, le commencement & le milieu de laquelle ne peurent estre veus en nostre Horizon; mais nous avons soigneusement observé la fin à Goes à heures apres midy 8 40'.

Il y à du commencement des ans de Christ jusqu'a ceste Eclipse ans Iuliens pleins 1597, mois communs 7, heures au Meridien Goesien apparantes 6 58', exactes 6 55', C'est, Sexag. de jours 2''' 42'' 6', jours 21, Scr. 17' 17''½. Ausquels est deu par nos Tables.

Le vray lieu du Soleil au	deg.	23	21'	52'' ♌.
Le vray lieu de la Lune au	deg.	23	21	58 ♒.
La vraye latitude de la Lune australe decroissante	deg.	0	24	49.

Doigts Ecliptiques 13 13'.

Scrupules d'incidence & demi-demeure ensemble Scr. 59' 2''. Le mouvement horaire de la Lune du Soleil Scr. 34' 13''. Partant le temps de repletion & demi-demeure ensemble de heure 1 44': & la fin de l'Eclipse à Goes à heures apres midy 8 42', à peine autrement qu'avons observé.

Tychon Brahe observa pareillement ceste Eclipse à Vranibourg, & escript que son milieu y fut à heures apres midy 7 37'. Ce qui approche fort de nostre calcul. Car si on adjoute à cause de la diversité des Meridiens à Vranibourg Scr. d'heure 45', proviendra le milieu de l'Eclipse à Vranibourg à heures apres midy 7 43'.

XXXIII. En l'an de Christ 1601, le 29e jour de Novembre, fut Eclipse de Lune, le milieu de laquelle nous avons observé à Goes, à heures apres midy 6 12': & fut obscurci davantage de 10 doigts du diametre Lunaire vers midy.

Il y à du commencement des ans de Christ jusqu'a c'est obscurcissement ans Iuliens pleins 1600, mois communs 10, jours 28, heures au Meridien Goesien 6 12' apparantes, exactes 5 58. C'est, Sexagenes de jours 2''' 42'' 25', jours 32, Scr. 14' 55''. Ausquels est deu par nos Tables.

Le vray lieu du Soleil au	deg.	17	45'	12'' ♐.
Le vray lieu de la Lune au	deg.	17	45	6 ♊.
La vraye latitude de la Lune boreale decroissante	deg.	0	32	32.

Doigts Ecliptiques 10 37'.

Scrupules

Scrupules d'incidence 55' 13''. Le mouvement horaire de la Lune du Soleil Scr. 34' 15''. Par conſequent le temps d'incidence de heure 1 37': & le commencement de l'Eclipſe à Goes à heures apres midy 4 35'. Le milieu à heures 6 12'. La fin à heures 7 49'.

Iean Keplere à ſemblablement obſervé c'eſt obſcurciſſement à Prague en Boheme, & à noté le commencement environ heures apres midy 5 23'; le milieu environ les 6 53'½. La fin environ heurees 8 34'½. Voyez ſon *Aſtronomie Optique* page 371 & 372. Leſquels accordent excellemment avec noſtre calcul. Car adjoutant à Prague pour la diverſité des Meridiens Scrup. d'heure 44', eſt donné le commencement de l'Eclipſe à Prague à heures apres midy 5 19'; le milieu à heures 6 56'; & la fin à heures 8 33'.

XXXIV. En l'an de Chriſt 1603, le 14ᵉ jour de May fut pleine Lune Ecliptique, de laquelle nous avons obſervé à Goes le milieu à heures apres midy 11 56'. Auquel temps furent obſcurcis 7½ doigts vers midy.

Il y à du commencement dés ans de Chriſt, juſqu'au milieu de c'eſt Eclipſe ans Iuliens pleins 1602, mois communs 4, jours 13, heures au Meridien Goeſien 11 56' apparantes, exactes 11 45'. C'eſt Sexagenes de jours 2''' 42'' 34', jours 23, Scrupules 29' 22''½. Auſquels eſt donné par nos Tables.

Le vray lieu du Soleil au	deg. 3	6'	30''	♊.
Le vray lieu de la Lune au	deg. 3	7	30	♐.
La vraye latitude de la Lune boreale croiſſante	deg. 0	38	2.	

Doigts Ecliptiques 7 28'.

Iean Keplere obſerva pareillement c'eſt Eclipſe à Prague en Boheme; & y trouva le milieu de l'obſcurciſſement environ heures apres midy 12 44'. Car il à ainſi noté à heures 12 44', *les Cornes*, dit il, *eſtoyent en droicte ligne avec Iupiter. Desja eſtoit la plus Occidentale élevée. Signifioit le milieu*. Noſtre calcul s'y accorde. Car adjoutant à Prague pour la diverſité des Meridiens Scrupules d'heure 44'; eſt donné le milieu de l'Eclipſe à Prague à heures apres midy 12 40'. Parquoy *Keplere* à puis apres fauſſement recueilly du commencement & fin vitieuſe de l'Eclipſe, que le milieu d'icelle Eclipſe auroit eſté à heures apres midy 12 30'.

XXXV. En l'an de Chriſt 1603, le 8ᵉ jour de Novembre, fut une Eclipſe de Lune partiale, le milieu de laquelle nous avons obſervé à Goes à heures apres midy 6½, eſtans alors obſcurcis trois doigts vers Septentrion.

Il y à du commencement des ans de Chriſt juſqu'a c'eſt obſcurciſſement ans Iuliens pleins 1602, mois communs 10, jours 7 heures au Meridien Goeſien 6 32', exactes 6 21'. C'eſt, Sexagenes de jours 2''' 42'' 37', jours 21, Scrup. 15' 52''½. Auſquels eſt deu par nos Tables.

Le vray lieu du Soleil au	deg. 25	55'	42''	♏.
Le vray lieu de la Lune au	deg. 25	55	27	♉.
La vraye latitude de la Lune auſtrale croiſſante	deg. 0	49	24.	

Doigts Ecliptiques 3 1'.

Scrupules d'incidence 29' 37''. Le mouvement horaire de la Lune du Soleil Scr. 29' 29''. Parquoy le temps d'incidence de heure 1 0', & le commencement de l'Eclipſe de l'Eclipse à Goes à heures apres midy 5 32'. Le milieu à heures 6 32'. La fin à heures 7 32', à peine autrement qu'avons observé.

Or c'est Eclipse fut aussi observée à Prague par *Jean Keplere*; & le commencement noté à heures apres midy 6 21', & la fin à heures 8 17'. Il à mesuré au milieu de l'Eclipse trois doigts. Ce qui approche tout assez proche de nostre calcul. Car adjoutez à Prague Scrupules d'heure 44', pour la diversité des Meridiens, & aurez le commencement de l'Eclipse à heures apres midy 6 16', & la fin à heures 8 16'.

Mais observez qu'il faut user de double equation de temps en c'est Eclipse, l'une pour l'equation des jours naturels de Scrup. 21' additive, & l'autre pour l'equation de temps en la Lune, de Scrup. 10', substractive.

XXXVI. En l'an de Christ 1605, le 24e jours de Mars fut une Eclipse de Lune, de laquelle nous avons observé le commencement à Goes à heures 6 55' apres midy, & la fin à heures apres midy 10 15'. Au milieu de l'Eclipse furent obscurcis doigts 11½ vers Septentrion.

Il y à du commencement dés ans de Christ jusqu'au milieu de c'est obscurcissement, ans Iuliens pleins 1604, mois communs deux, jours 23, heures au Meridien Goesien 8 35' apparantes, exactes 8 7'. C'est, Sexagenes de jours 2''' 42'' 45', jours 43, Scrup. 26' 17''½. Ausquels est deu par nos Tables:

Le vray lieu du Soleil au	deg.	14	5	43 ♈.
Le vray lieu de la Lune au	deg.	14	5	54 ♎.
La vraye latitude de la Lune australe decroissante	deg.	0	30	1.

Doigts Ecliptiques 11 25'.

Scrupules d'incidence 56' 7''. Le mouvement horaire de la Lune du Soleil Scrup. 33' 55''. Partant le temps d'incidence de heure 1 39'.

Il faut adjouter au temps moyen pour l'equation des jours naturels Scrupules d'heure 4', & pour l'equation de temps en la Lune doibt estre encore adjouté Scrup. 24'. l'Eclipse commença donc à Goes à heures apres midy 6 56', sa vigueur fut à heures apres midy 8 35', & sa fin à heures apres midy 10 14': tout ainsi qu'avons observé.

XXXVII. En l'an de Christ 1605, le 16e jour de Septembre, fut Eclipse partiale de Lune, de laquelle avons observé le milieu à Goes à heures 4 30' apres minuict; & fut l'obscurcissement presque de 8½ doigts vers midy.

Il y à du commencement des ans de Christ jusqu'a ceste Eclipse ans Iuliens pleins 1604, mois communs 8. jours 15, heures au Meridien Goesien apparantes 16 33', exactes 16 20'. C'est Sexagenes de jours 2''' 42'' 48', jours 39, Scrup. 40' 50''. Ausquels est deu par nos Tables.

Le vray lieu du Soleil au	deg.	3	54'	35'' ♎.
Le vray lieu de la Lune au	deg.	3	55	7 ♈.
La vraye latitude de la Lune boreale decroissante	deg.	0	34	24.

Doigts Ecliptiques 8 22'.

A cause de l'equation des jours naturels doibt estre adjouté au temps moyen Scrup. d'heure 18', & pour l'Equation de temps en la Lune, doibt estre soubstrait Scrup. d'heure 5'. Parquoy le milieu de l'Eclipse fut à Goese à heures apres midy 16 33', ainsi qu'avons observé.

XXXVIII.

XXXVIII. En l'an de Christ 1609, le 9e jour de Ianvier, fut une Eclipse partiale de Lune, de laquelle avons observé le commencement à Goes heure 1 5′ apres mi-nuict; la fin heures 3 15′ apres minuict. Au milieu de l'Eclipse furent obscurcis doigts 9′ ½ vers Septentrion.

Il y à du commencement dés ans de Christ jusqu'a c'est obscurcissement Lunaire ans Iuliens pleins 1608, jours 8, heures au Meridien Goesien apparantes 14 40′, exactes 14 45′. C'est, Sexagenes de jours 2‴ 43″ 8′, jours 50, Scrup. 36′ 52″½: Ausquels est deu par nos Tables.

Le vray lieu du Soleil au	deg. 0	15′	31″	♒.
Le vray lieu de la Lune au	deg. 0	15	44	♌.
La vraye latitude de la Lune australe decroissante	deg. 0	31	58.	

Doigts Ecliptiques 9 36′.

Scrupules d'incidence 47′ 54″. Le mouvement de la Lune du Soleil Scr. 29′ 39″. Parquoy le temps d'incidence de heure 1 36′: & le commencement de l'Eclipse à Goes heures apres midy 13 4′: le milieu heures 14 40′: la fin à heures 15 16′; tout ainsi qu'avons observé.

Adrien Metius celebre Methematicien à aussi observé ceste Eclipse, à Franeker en Frise, & trouvé le milieu d'icelle (se servant de la premiere & derniere apparition) à heures 14 42′ apres midy. Ce qui approche assez de nostre calcul. Car adjoutez à Franeker pour la diversité des Meridiens, au plus Scrupules d'heure 7′, & aurez le milieu de l'Eclipse à Franeker à heures apres midy 14 47′. Or la longitude de Franeker est de temps 27 15′, non 30 15′, comme *Metius* à mal recueilly par le calcul d'Eclipse Tychonic. Car encore qu'il soit vray que la longitude de Huene est de temps 36 45′ dés Isles Fortunées, le milieu de ceste Eclipse néchet neantmoins en Huene à heures 15 6′ apres midy, ains à heures 15 25′ Selon nostre observation, & à heures 15 20′ suivant l'Observation de *Metius*. Parquoy le calcul vitieux de *Tychon* à deçeu *Metius*.

Or voila les Eclipses Lunaires, desquelles avons usé en restituant le mouvement de la Lune. Car nous avons trouvé par icelles les mouvemens égaux de la Lune diurnes suivans.

De la Lune du Soleil de	deg. 12	*Scrup.*	11′	26″	41‴	27⁗	30^{v}	10^{vi}.
De l'Anomalie de la Lune	deg. 13	*Scrup.*	3′	53″	57‴	14⁗	33^{v}	1^{vi}.
De Latitude de la Lune	deg. 13	*Scrup.*	13′	45″	39‴	30⁗	46^{v}	29^{vi}.

Davantage la moindre Eccentricité de la Lune de partic. 8600, desquelles le raid de l'Orbe de la Lune fait 100000. Finalement l'inclination de l'Orbe de la Lune au plan de l'Ecliptique de deg. 5 0′ precisément és Oppositions du Soleil & Lune. Car ces choses se peuvent facilement demonstrer par les observations precedantes.

SECONDE CLASSE
DES
OBSERVATIONS LVNAIRES.

Observations des Quadratures du Soleil & de la Lune, esquelles advient la maxime inégalité de la Lune.

OBservation I. En l'an 50, de la tierce Periode Calippique, le 16e jour d'Epephi à heures egales avant midy 6 6', fut observé par *Hipparche* à Rhode, l'intervalle du Soleil & de la Lune en l'Ecliptique de deg. 86 15'. Or la Lune estoit alors distante du Perigée de son Eccentrique degrés 81, auquel lieu advient presque la maxime inegalité de la Lune. Voyez *Ptolomée* au livre v de *l'Almageste* chap. 3.

Il y à du commencement dés ans de Nabonnassar jusqu'a ceste observation ans Egyptiens pleins 619, mois 10, jours 14, heures au Meridien Goesien 15 55' apparantes, exactes 15 37'. C'est Sexagenes de jours 1''' 2'' 50', jours 49, Scrupules 39' 2'' ½. Ausquels est deu par nos Tables.

Le vray lieu du Soleil au deg. 8 18' 31'' ♌.
Le vray lieu de la Lune en son Orbe au deg. 12 5' 1'' ♉. en l'Ecliptique deg. 12 2 52 ♉.

Et par ainsi le Soleil suivoit la Lune de deg. 86 15', tout ainsi que *Hipparche* observa.

A cause de la diversité des Meridiens doibt estre adjouté à Rhode heures 2 10'. Tellement que ceste Situation de la Lune & du Soleil fut veuë à Rhode, à heures egales 6 5' avant midy.

II. En l'an second de l'Empereur Antonin le Pie, le 25e jour de Phamenoth, apres le lever du Soleil, à heures apres mi-nuict 6 45', fut pris par *Ptolomée* avec un instrument Astrolabic à Alexandrie, l'intervalle du Soleil & de la Lune en l'Ecliptique de deg. 99. Or la Lune estoit distante de l'Apogée de son Eccentrique deg. 86, environ lequel lieu se monstre la maxime inegalité de la Lune. *Ptolomée* au livre v de *l'Almageste* chap. 3.

Il y à du commencement dés ans de Nabonnassar jusqu'a ceste observation ans Egyptiens pleins 885, mois 6, jours 29, heures au Meridien Goesien apparantes 16 13', exactes 16 9'. C'est, Sexagenes de jours 1''' 29'' 47', jours 8, Scrup. 40' 22'' ½. Ausquels est deu par nos Tables.

Le vray lieu du Soleil au deg. 18 46' 18'' ♒.
Le vray lieu de la Lune en son Orbe au deg. 9 43 20 ♏, en l'Ecliptique au deg. 9 46 31 ♏.
Precedant le Soleil deg. 99.

A cause

A cause de la difference de Meridiens doibt estre adjouté à Alexandrie heures 2 20′. Par consequent ceste situation du Soleil & de la Lune à esté veu à Alexandrie, à heures 6 33′ apres mi-nuict. *Ptolomée* produict heures 6 45′. Mais dautant que le Soleil ne faisoit que monter sur l'Horizon, il apparut plus haut par la Refraction qu'il n'estoit. Parquoy le temps apparant fut de heures 6 45′, mais le vray de heures 6 33′ apres minuict.

III. En l'an de Christ 1600, le 11ᵉ jour de Mars, à heures égales apres midy 6, nous observasmes la Lune au Meridien Goesien, distante du Soleil en consequence des Signes deg. 89 50′. Car le Soleil estoit au deg. 1 25′ ♈, & la Lune estoit veuë au deg. 1 15′ ♋, environ le nonantiéme degré de l'Ascendant. Parquoy le vray lieu de la Lune estoit le mesme que le veu : & la Lune estoit distante du Perigée de son Eccentrique deg. 82, environ lequel lieu advient la maxime inegalité de la Lune.

Il y à du commencement des ans de Christ jusqu'a c'est observation ans Iuliens pleins 1599, mois bisextils 2, jours 10, heures au Meridien Goesien apparantes & exactes 6. C'est, Sexagenes de jours 2‴ 42″ 15′, jours 4, Scrup. 15′ 0″. Ausquels est deu par nos Tables.

Le vray lieu du Soleil au deg. 1 25′ 10″ ♈.
Le vray lieu de la Lune en son Orbe deg. 1 9′ 30″ ♋, en l'Ecliptique deg. 1 15 0 ♋.
La vraye latitude de la Lune boreale. deg. 2 18 47.

La Declination de la Lune boreale deg. 25 49′. son Ascension droite temps 91 24′. L'ascension droite du Soleil temps 1 18′. La Lune estoit donques à 6 heures apres midy au Meridien Goesien, & suivoit le Soleil de deg. 89 50′, tout ainsi que nous observasmes.

IV. En l'an de Christ 1600, le 26ᵉ jour de Mars, à heures apres midy 17 43′, nous observasmes derechef la Lune au Meridien Goesien, distante du Soleil en precedence des Signes deg. 96 36′. Car le Soleil estoit au deg. 16 39′ ♈, & la Lune estoit veuë au deg. 10 3′ ♐. La Lune estoit pareillement distante de l'Apogée de son Eccentrique deg. 89 à peu prés, environ lequel lieu advient la maxime inegalité de la Lune.

Il y à du commencement des ans de Christ jusqu'a ceste observation ans Iuliens pleins 1599, mois bisextils deux, jours 25, heures au Meridien Goesien 17 43′ apparantes, exactes 17 35′. C'est, Sexagenes de jours 2‴ 42″ 15′, jours 19, Scrup. 43′ 57″½. Ausquels est deu par nos Tables.

Le vray lieu du Soleil au deg. 16 38′ 58″ ♈.
Le vray lieu de la Lune en son Orbe deg. 10 3′ 40″ ♐, mais en l'Ecliptique au deg. 10 7 27 ♐.
La Parallaxe en longitude de la Lune de Scrupules 4′ substractive, ainsi le lieu veu de la Lune au deg. 10 3′ 27″ ♐.
La vraye latitude de la Lune australe de deg. 1 29′ 11″.

L'ascension droite de la Lune de temps 281 4′. L'ascension droite du Soleil de temps 15 19′. Par consequent la Lune estoit precisement au Meridien, & estoit distante du centre Solaire en precedence des Signes deg. 96 36′, tout ainsi que nous observames.

Or il appert par ces obſervations, que la maxime inegalité de la Lune, c'eſt, la maxime difference entre le vray & moyen lieu de la Lune, advient quand la Lune eſt diſtante environ deg. 98, de l'Apogée de ſon Eccentrique. Car la maxime Proſthapherese de la Lune eſt alors de deg. 7 40'; non de deg. 7 28', comme veut *Tychon Brahe*. Dautant que les obſervations precedantes, & beaucoup d'autres, que nous produirons incontinent, demonſtrent evidemment, que la maxime Proſthapherese de la Lune n'eſt moindre de deg. 7 40'.

TIERCE CLASSE DES

OBSERVATIONS LVNAIRES.

Obſervations des demi-Quadratures de Soleil & Lune.

Obſervation I. En l'an 197 de la mort d'Alexandre, le 11e jour de Pharmuth, au commencement de l'heure ſeconde, c'eſt, à heures apres minuict 6 29', *Hipparche* obſerva à Rhode Le Soleil au deg. 7 45' ♉, & la Lune au deg. 21 40' ♓ apparemment, mais veritablement au deg. 21 28' ♓. Le Soleil par conſequent eſtoit diſtant de la Lune ſelon le vray mouvement deg. 46 17'. *Ptolomée* au livre v de *l'Almageſte* chap. 5.

Il y à du commencement des ans de Nabonnaſſar juſqu'a ceſte obſervation ans Egyptiens pleins 620, mois 7, jours 9, heures au Meridien Goeſien 16 12 apparantes, exactes 15 48'. C'eſt, Sexagenes de jours 1''' 2'' 55', jours 19, Scrup. 39' 30''. Auſquels eſt deu par nos Tables

Le vray lieu du Soleil au deg. 7 40' 31'' ♉.
Le vray lieu de la Lune en ſon Orbe au deg. 21 17' 53'' ♓, En l'Ecliptique deg. 21 23 35 ♓.
Le Soleil eſtoit donc diſtant de la Lune en vray mouvement deg. 46 16' 56'', c'eſt preſque deg. 46 17', totalement ainſi que *Hipparche* obſerva.

On doibt adjouter pour la diverſité des Meridiens à Rhode heures 2 10'. Parquoy ceſte obſervation à eſté à Rhode, à heures apres minuict 6 22', à peine autrement que *Hipparche* à obſervé.

II. En l'an de la mort d'Alexandre 197, le 17e jour de Pauni, à heures temporeles apres midy 3 40', egales 4 0' à peu prés, *Hipparche* vit à Rhode le Soleil au deg. 10 54' ♋, & la Lune au deg. 29 ♌ à peu prés. Parquoy l'intervalle du Soleil & de la Lune eſtoit de deg. 48 6'. Voyez *Ptolomée* au livre v de *l'Almageſte* chap. 5.

Il y à du commencement des ans de Nabonnaſſar juſqu'a ceſte obſervation de *Hipparche*, ans Egyptiens pleins 620, mois 9, jours 16, heures au Meridien Goeſien apres midy 1 46' apparantes, exactes 1 20'. C'eſt, Sexagenes

genes de jours 1''' 2'' 56', jours 26, Scrupules 3' 20''. Ausquels est deu par nos Tables.

Le vray lieu du Soleil au deg. 10 36' 32'' ♋.
Le vray lieu de la Lune en son Orbe au deg. 28 35' 59'' ♌, en l'Ecliptique deg. 28 42 38 ♌.
Parquoy la Lune estoit distante du Soleil deg. 48 6'.

On doibt adjouter à Rhode pour la diversité des Meridiens heures 2 10'. Par consequent *Hipparche* eut ceste observation à heures apres midy 3 56', c'est, presqu'a quatre heures, comme il est produict par *Ptolomée*.

Or voila touttes les observations, desquelles *Ptolomée* à usé pour demonstrer le mouvement de la Lune. Lesquelles ne suffisent certes à c'est ouvrage, si ce n'est qu'on se serve pareillement de celles qui sont prinses en tous autres lieux de l'Eccentrique de la Lune. Et le grand *Copernic* les ayant aussi negligées, ce n'est merveille que ses mouvemens Lunaires ne sont assez veritables. Mais ayans prins diligemment egard à iceux, nous n'avons seulement restitué la Theorie Copernique de la Lune, mais aussi par la bonté de Dieu, entierement tout le mouvement Lunaire. La verité dequoy nous demonstrerons clairement, cy dessoubs és observations de la Lune aux estoilles fixes.

QVATRIEME CLASSE DES OBSERVATIONS LVNAIRES.

Observations des demi-diametres de la Lune, de l'Ombre, & du Soleil. Et premierement des Observations des demi-diametres de la Lune.

Observation I. En l'an de Christ 1588, le 2e jour de Mars au vespre, à esté observé à Uranibourg par des Armilles de Declination, la difference des bords de la Lune reïteré par plusieurs fois de Scrup. 33', demi-scrupule prime plus ou moins. *Keplere en l'Astronomie Optique* page 348.

Il y à du commencement dés ans de Christ jusqu'a ceste consideration ans Iuliens pleins 1587, mois bisextils deux, jour un, heures au Meridien Goesien 6. C'est, Sexagenes de jours 2''' 41'' 1', dois 52', Scrup. 15'. Ausquels est deü par nos Tables, l'Anomalie egalée de l'Orbe de la Lune de Sexag. 1. deg. 47 45' 17'': avec laquelle s'obtient du Canon des demi-diametres de la Lune, le demi-diametre de la Lune de Scrup. 16' 40''. Parquoy le diametre estoit de Scrup. 33' 20'', accordant avec l'Observation.

II. En l'an de Christ 1591, le 22e jour de Februier au vespre, fut le diametre Lunaire veu six fois de Scrup. 32', sept fois de Scrup. 33', & six fois de Scrup. 34'. Parquoy le juste diametre de la Lune fut entre Scrup. 32' & Scrup. 34', mais plus proche de Scrupules 33'. *Keplere* en *l'Astronomie Optique* page 348.

Il y à du commencement des ans de Christ à ceste observation ans Iuliens pleins 1590, mois commun 1, jours 21, heures au Meridien Goesien 4. C'est, Sexagenes de jours 2''' 41'' 19', jours 59, Scrup. 10'. Ausquels est deu par nos Tables, l'Anomalie egalée de l'Orbe de la Lune de Sexag. 4, deg. 16 1' 39'': avec laquelle s'obtient du Canon des demi-diametres de la Lune, le demi-diametre de la Lune de Scrup. 16' 39''. Et partant le diametre de la Lune estoit de Scrup. 33' 18'', accordant avec l'observation.

III. En l'an de Christ 1598, le 29ᵉ jour de Mars, à 8 heures du soir, *Jean Keplere*, vit à Grats en Stirie, la Lune conjoincte aux occidendales du quarré des Plejades: & icelles estre trop esloignées l'une de l'autre, pour estre touttes deux à la fois couvertes de la Lune, si elle eut passé sur icelles. Or ces estoilles sont distantes l'une de l'autre au moins Scr. 31'. Parquoy le diametre de la Lune apparut moindre que Scr. 31'. Voyez *Keplere en l'Astronomie Optique* page 347.

Il y à du commencement des ans de Christ jusqu'a ceste observation ans Iuliens pleins 1597, mois communs 2 jours 28, heures au Meridien Goesien 7 45'. C'est Sexagenes de jours 2''' 42'' 3', jours 11, Scrup. 19' 47''½. Ausquels est deu par nos Tables, l'Anomalie egalée de l'Orbe de la Lune de Sexagenes 5 deg. 3 28' 54'': avec laquelle s'obtient du Canon des demi-diametres de la Lune, le demi-diametre de la Lune de Scrup. 15' 22''. Le diametre de la Lune estoit donc de Scrupules 30' 44'', peu moindre que la distance des Occidentales au quarré des Plejades: tout ainsi que *Keplere* observa.

IIII. En l'an de Christ 1598, le 17ᵉ jour de Iuin, au matin entre les 2 & 3 heures, *Iean Keplere* observa à Grats en Stirie, que le diametre de la Lune estoit égal à la distance des deux claires transversales au quarré des Pejades. Or ces estoilles sont esloignées l'une de l'autre au moins Scrupules 32'; & par ainsi le diametre de la Lune fut prochain de ceste distance. Voyez *Keplere* en *l'Astronomie Optique* page. 347.

Il y à du commencement des ans de Christ jusqu'a ceste observation ans Iuliens pleins 1597, mois communs 6, jours 15, heures au Meridien Goesien 13 30'. C'est, Sexagenes de jours 2''' 42'' 5', jours 0, Scrup. 33' 45''. Ausquels est deu par nos Tables, l'Anomalie egalée de l'Orbe de la Lune de Sex. 4. deg. 32 46' 58'': avec quoy s'obtient du Canon des demi-diametres de la Lune, le demi-diametre de la Lune de Scrup. 16' 5''; & partant le diametre de Scrup. 32' 10'', accordant avec l'observation.

Or en ceste observation la Lune estant environ sa longitude moyenne, il est manifeste que le demi-diametre de la Lune est en la moyenne longitude un peu plus grand que Scrup. 16' 5'', asçavoir de Scrup. 16' 18'': desquelles la tangente est de partic. $\frac{474}{100000}$. Parquoy le demi diametre de la Lune Apogée est de Scrup. 15' 0'': & Perigée de Scrup. 17' 49''. Car.

Comme 108600 distance de la Lune Apogée, à 474, ainsi 100000, à 436 tangente du demi-diametre de la Lune Apogée, de Scrup. 15' 0''.

Et comme 91400 distance de la Lune Perigée, à 474, ainsi 100000, à 518 tangente du demi-diametre de la Lune Perigée de Scrup. 17' 49''.

OBSER-

OBSERVATIONS DES DEMIDIAMETRES DE L'OMBRE.

OBservation I. En l'an de Christ 1580, le 31ᵉ jour de Ianvier fut pleine-Lune Ecliptique, le milieu de la quelle fut obſervé par noble homme *Tychon Brahe* à Vranibourg en Danemarc, à heures apres midy 10 9′. Voyez le premier livre des *Exercitations* de *Tychon* page 20.

Or la Lune fut preſque tourte obſcurcie, tellement qu'on ne pouvoit bien diſcerner la petite partie reſtante eſclaicie, de la partie obſcurcie. Et le demi-diametre de la Lune eſtoit de Scrup. 15′ 23″, & ſa latitude boreale de Scrup. 24′ 57″. La ſomme d'iceux eſt de Scrup. 40′ 20″; autant euſt eſté le dimi-diametre de l'Ombre, ſi l'obſcurciſſement euſt eſté preciſement de 12 doigts. Mais dautant qu'il y avoit une petite partie de la lumiere de reſte, il eſt certain que le demi-diametre de l'Ombre n'exceda les 40 Scrupules primes.

Noſtre calcul s'y accorde. Car il y à du commencement dés ans de Chriſt juſqu'a ceſte pleine Lune Ecliptique ans Iuliens pleins 1579, jours 30, heures au Meridien Goeſien 9 27′ apparantes, exactes 9 36′. C'eſt, Sexagenes de jours 2‴ 40″ 12′. jours 39, Scrup. 24′ 0″. Auſquels eſt deu par nos Tables, l'Anomalie egalée de l'Orbe Lunaire de Sexagenes 0, deg. 49 30′ 15″, avec quoy ſe tire du Canon des demi-diametres de la Lune & de l'Ombre, le demi-diametre de la Lune de Scrup. 15′ 23″, & le demi-diametre de l'Ombre de Scrup. 40′ 1″. accordant exactement avec l'obſervation.

II. En l'an de Chriſt 1598, le 10ᵉ Feburier fut Eclipſe de Lune, le milieu de laquelle nous obſervaſmes à Goes à heures apres midy 17 23′; eſtant alors l'obſcurciſſement de 11⅗ doigts vers midi.

Or le demi-diametre de la Lune eſtoit alors de Scrup. 15′ 21″, & la latitude de la Lune boreale de Scrup. 26′ 8″. Parquoy l'aggregat de Scrup. 41′ 29″, ſeroit le demi-diametre de l'Ombre, ſi 12 doigts euſſent eſté entierement obſcurcis. Mais il ſen falut Scrupules 36′ d'un doigt, c'eſt Scrupule 1′ 33″ du diametre Lunaire. Tellement que le demi-diametre de l'Ombre fut de Scrup. 39′ 56″.

Nos Tables Aſtronomiques y accordent. Car il y à du commencement des ans de Chriſt juſqu'a ceſte pleine Lune Ecliptique ans Iuliens pleins 1597, mois un, jours 9, heures au Meridien Goeſien 17 23′ apparantes, exactes heures 17 29′. C'eſt Sexagenes de jours 2‴ 42″ 2′, jours 24, Scrup. 43′ 42″ ½. Auſquels eſt deu par nos Tables, l'Anomalie egalée de l'Orbe Lunaire de Sexag. 0 deg. 46 45′ 26″, avec quoy eſt tiré du Canon des demi-diametres de la Lune & de l'Ombre, le demi-diametre de la Lune de Scrup. 15′ 21″, & le demi-diametre de l'Ombre de Scrup. 39′ 56″, accordant avec l'obſervation.

III. En l'an de Chriſt 1601, le 29ᵉ jour de Novembre fut Eclipſe de Lune, de laquelle nous obſervaſmes le milieu à Goes; à heures apres midy 6 12′, l'obſcurciſſement eſtant de 10⅔ doigts vers midy. *Keplere* obſerva pareillement ſemblable obſcurciſſement à Prague. Car il eſcrit en *l'Aſtronomie Optique* page 372, d'avoir d'avoir veu l'obscurcissement un peu moindre que celuy qui est depinct és Lunaires de *Tychon*, lequel est de doigts 10 56'.

Or la Lune estoit alors presque Perigée, & son demi-diametre de Scrup 17' 49'', & sa latitude boreale de Scrup. 32' 32''. La somme d'iceux est de Scr. 50' 21''; autant eust esté le demi-diametre de l'Ombre, si l'obscurcissement eust esté de 12 doigts precisément. Mais il s'en falut encore $1\frac{4}{5}$ doigts, ceste Scrup. 4' 2'' du diametre de la Lune. Tirez celles-la de Scrup. 50' 21'', & le demeurant sera le demi-diametre de l'Ombre de Scrup. 46' 19''.

Nos Tables Astronomiques le conferment. Car il y à du commencement des ans de Christ jusqu'a ceste observation ans Iuliens pleins 1600, mois communs 10, jours 28, heures au Meridien Goesien 6 12' apparantes, exactes 5 58'. C'est, Sexagenes de jours 2''' 42'' 25', jours 32, Scrup. 14' 55'. Ausquels est deu par nos Tables, la vraye Anomalie de l'Orbe Lunaire, de Sex. 2. deg. 53 18' 59''. Avec laquelle se donne au Canon des demi-diametres de la Lune & de l'Ombre, le demi-diametre de la Lune de Scrup. 17' 49'', & le demi-diametre de l'Ombre de Scrupules 46' 19'', tout ainsi que nous observasmes.

Davantage estant manifeste par ceste observation, que le demi-diametre de l'Ombre est au passage de la Lune Perigée de Scrup. 46' 19''; le demi-diametre de l'Ombre est consequemment au passage de la Lune Apogée de Scrupules 39'. Car la Lune Apogée est distante du centre de la Terre partic. 108600, desquelles le raid de l'Orbe de la Lune est 100000; & la Lune Perigée partic. 91400. Parquoy

Comme 100000 à $1347\frac{3}{10}$ tangente de l'Ombre Perigée, ainsi 91400. à $123\frac{+}{10}$. Et Partant comme 108600 à $123\frac{+}{10}$, ainsi 100000 à 1134 tangente de l'ombre Apogée de Scrup. 39'. Ce qui estoit à demonstrer.

OBSERVATIONS DES DEMI-DIAMETRES DU SOLEIL.

OBservation I. En l'an de Nabonnassar 163, qui fut l'an troisiéme de la 48e Olympiade, le 13e jour de Tybi, le Soleil fut totalement obscurcy environ Sardes en Lydie: aussi en l'Hellespont, & environ l'Hellespont, tellement qu'il n'apparoissoit rien d'iceluy. *Herodote* au livre II & *Pline* au livre II chap. 2. Item *Theon* aux Commentaires sur le chapitre onziéme du livre VI de l'*Almageste de Ptolomée, & Cleomedes au livre* II chap. 3.

La Lune estoit alors presque Perigée, & par ainsi son demi-diametre de Scr. 17' 47'', au moins un Scrupule prime plus grand que le demi-diametre du Soleil, dautant que tout le Soleil en estoit obscurcy avec demeure. Il est donc vraysemblable que le demi-diametre du Soleil estoit de Scr. 16' 47''. Et iceluy en Apogée.

Nos Tables Astronomiques le tesmoignent. Car il y à du commencement des ans de Nabonnassar jusqu'a ceste nouvelle Lune Ecliptique ans Egyptiens 162, mois 4, jours 12, heures au Meridien Sardien 4 38', au Goesien 2. 49'. C'est,

49'. C'est Sexagenes de jours 16' 27'', jours 42, Scrup. 7' 2''½. Ausquels est deu par nos Tables.

La vraye Anomalie de l'Orbe Solaire de Sexag. 0, deg. 0 20' 53''. Le Soleil estoit donc Apogée, & son demi-diametre par le Canon des demi-diametres du Soleil de Scrup. 16' 47'', respondant à l'observation.

La vraye Anomalie de l'Orbe Lunaire de Sexag. 2 deg. 47 33' 35''. La Lune estoit donc presque Perigée, & son demi-diametre se donne par le Canon des demi-diametres de la Lune de Scr. 17' 47'', convenant avec celuy qu'avons deduict cy dessus.

II. En l'an de Christ 1601, le 14e jour de Decembre fut Eclipse Solaire, le milieu de laquelle nous vismes à Goes à heure 1 · 51', apres midy. Or alors apparoissoit tout l'Orbe de la Lune dans l'Orbe du Soleil. Car les bords boreaux des luminaires se couppoient, & formoient angle d'attouchement. Mais le bord austral de la Lune estoit distant du bord austral du Soleil pres de Scr. 6'¾. Parquoy tout le diametre apparant de la Lune, & Scr. 6'¾, estoit egal à tout le diametre du Soleil. Or le vray diametre de la Lune estoit de Scr. 30' 0'', & l'apparant de Scr. 29' 15''. Icelles donc avec Scr. 6'¾, composoient tout le diametre du Soleil de Scr. 36' à peu pres. Mais le Soleil estoit alors en Perigée, & la Lune en Apogée. Partant le demi-diametre du Soleil Perigée estoit de Scr. 17' 59''.

Nostre calcul y consent. Car il y à du commencement des ans de Christ jusqu'a ceste nouvelle Lune Ecliptique ans Iuliens pleins 1600, mois communs 11, jours 13, heures au Meridien Goesien 1 9'. C'est, Sexagenes de jours 2''' 42'' 25', jours 47, Scr. 2' 52''½. Ausquels est deu par nos Tables.

La vraye Anomalie de l'Orbe solaire de Sexag. 2 deg. 56 19' 2''. Le Soleil estoit donc presque Perigée, & son demi-diametre, est donné par le Canon des demi-diametres du Soleil de Scr. 17' 59''. tel que l'observé.

La vraye Anomalie de l'Orbe Lunaire de Sex. 0 deg. 6 46' 45''. La Lune estoit donc quasi Apogée, & son demi-diametre, est donné par le Canon des demi-diametres de la Lune de Scr. 15' 0''. Parquoy le vray diametre de la Lune estoit de Scr. 30' 0'', & l'apparant de Scr. 29' 15'', accordant avec lobservé.

III. En l'an de Christ 1560, le 11e jour d'Aoust, le Soleil demeura bonne espace de temps tout obscurci environ le midy à Conimbrie en Portugal; & furent les tenebres aucunement majeures que les nocturnes, tellement qu'on ne pouvoit presque voir où mettre le pied, & les estoilles apparurent clairement au Ciel. Clave au *Commentaire sur* le chap. IV de *Sacrobosc.*

La Lune estoit alors distante de l'Apogée quasi 44 deg. & par ainsi le diametre de la Lune fut de Scr. 34' 40''. Or il est necessaire que le diametre du Soleil, fust au moins demi Scr. moindre que le diametre de la Lune, pour estre du tout obscurci de la Lune avec demeure. Il est donc convenable que le diametre du Soleil fust alors au moins de Scr. 34' 10''.

Nos Tables Astronomiques y consentent. Car il y à du commencement des ans de Christ, jusqu'a ceste conjonction des Luminaires ans Iuliens pleins 1559, mois bisextils 7, jours 20, heure au Meridien Goesien 0 49'. C'est, Sex. de jours 2''' 38'' 14', jours 17, Scr. 2' 2''½. Ausquels est deu par nos Tables.

L'Anomalie egalée de l'Orbe Solaire de Sex. 1 deg. 4 9' 45''. Avec quoy est donné au Canon des demi-diametres du Soleil, le diametre du Soleil de Scr. 34' 12''; presque demi Scrupule moindre que le diametre Lunaire.

L'Anomalie egalée de l'Orbe Lunaire de Sex. 2 deg. 16 19' 48''. Avec laquelle

 est donné

est donné au Canon des demi-diametres de la Lune, le demi-diametre de la Lune de Scrup. 17′ 20″, & partant son diametre de Scrup. 34′ 40″, presque demi Scrupule majeur que le diametre du Soleil.

IIII. En l'an de Christ 1567, le 9ᵉ d'Apuril, fut observé par *Christophore Clave* à Rome une Eclipse de Soleil centrale environ le midy. Mais la Lune n'obscurcissoit tout le Soleil, mais du Soleil estoit de reste quelque cercle delié, reluisant alentour de la Lune. *Clave au Commentaire* sur le chap. 4 de *Sacrobosc.*

Or la Lune estoit distante de l'Apogée presque 100 degrés, & partant son demi-diametre estoit de Scrup. 16′ 27″. Mais le demi-diametre du Soleil excedoit le demi-diametre de la Lune, au moins deux tiers d'un Scrupule: le demi-diametre du Soleil estoit donc au moins de Scrup. 17′ 7″.

Nos Tables respondent exactement à l'observation. Car il y à du commencement des ans de Christ jusqu'a ceste copulation des Luminaires, ans Iuliens pleins 1566, mois communs 3, jours 7, heures au Meridien Goesien 22 48′. C'est, Sexagenes de jours 2‴ 38″ 54′, jours 38, Scrup. 57′ 0″. Ausquels est deu par nos Table.

L'Anomalie egalée du Soleil de Sexag. 4. deg. 51 6′ 45″. Avec quoy est donné par le Canon des demi-diametres du Soleil, le demi-diametre du Soleil de Scrup. 17′ 9″, accordant avec l'observation.

L'Anomalie egalée de la Lune de Sexag. 1. deg. 39 58′ 8″, avec quoy est donné au Canon des demi-diametres de la Lune, le demi-diametre de la Lune de Scr. 16′ 27″, moindre que le demi-diametre du Soleil de Scr. 0′ 42″.

Or voila les observations des demi-diametres du Soleil, du tout exactes & indubitables. Par lesquelles est entre autres choses manifeste, que le Soleil ne se recule de nous par le demi intervalle de son Eccentricité, mais de toutte l'Eccentricité. Et par consequent que le cercle Equant n'est necessaire au Soleil, alencontre dequoy *Keplere* à opiné. Voyez son *Astronomie Optique* page 330.

CINQVIEME CLASSE

DES

OBSERVATIONS LVNAIRES.

Observations des Parallaxes de la Lune au cercle d'altitude.

O*Bservation* I. En l'an de Christ 1600, le 11ᵉ jour de Mars, à heures 6 apres midy, nous observasmes, à Goes avec un grand Quadrant fait d'airin, la hauteur du limbe supreme de la Lune au Meridien de deg. 64 7′½. Or le demi-diametre de la Lune estoit de Scr. 16′½. Parquoy la hauteur du centre de la Lune estoit de deg. 63 51′. Mais la vraye hauteur du centre de la Lune fut de deg. 64 17′½; & par consequent la Parallaxe d'altitude de la Lune de Scrup. 26′ 30″.

Il y à du commencement des ans de Christ jusqu'a c'est observation ans Iuliens

liens pleins 1599, mois bisextils 2 jours 10, heures au Meridien Goesien 6 apparantes & exactes. C'est, Sexagenes de jours 2''' 42'' 15', jours 4, Scrup. 15'. ausquels est deu par nos Tables.

Le vray lieu du Soleil au deg. 1 24' 21'' ♈.
Le vray lieu de la Lune en son Orbe au
deg. 18' 7'' ♋, en l'Ecliptique au deg. 1 13 57 ♋.
La latitude de la Lune boreale de deg. 2 18' 50'', sa Declination de deg. 25 48' 30'' boreale.

Or adjoutez à l'elevation de l'Equateur à Goes de deg. 38 29', la Declination boreale de la Lune de deg. 25 48' 30'', & proviendra la vraye hauteur du centre de la Lune meridiene de deg. 64 17' ½. Mais par nos Tables est donné la Parallaxe horizontale de la Lune de Scrup. 60' 8'', & la Parallaxe d'altitude de la Lune de Scrup. 26' 31''. Tirez cellecy de la vraye hauteur meridiene de la Lune de deg. 64 17½, & le reste sera la hauteur de la Lune veuë, de deg. 63 50' 59'', differant insensiblement de l'observation.

II. En l'an de Christ 1601, le 29e jour de Novembre, nous observasmes à heures 12' 15'', à Goes la hauteur meridiene de la Lune avec un grand Quadrant de deg. 61 25. Mais la vraye fut de deg. 61 55' ½. Parquoy la Parallaxe d'altitude de la Lune de Scr. 30' 30''. Or nous prismes ceste hauteur par l'ombre de la Lune, ainsi qu'on prent les hauteurs du Soleil par jour. Car la Lune estant Perigée, communiquoit autant de lumiere en terre, qu'on pouvoit facilement discerner l'ombre de la visiere superieure, sur le plan de l'inferieure. Tellement que ceste observation fut fort certaine.

Il y à du commencement des ans de Christ jusqu'a ceste observation ans Iuliens pleins 1600, mois communs 10, jours 28, heures au Meridien Goesien apparantes 12 15', exactes 12 1'. C'est, Sexagenes de jours 2''' 42'' 25', jours 32, Scrup. 30' 2'' ½. Ausquels est deü par nos Tables.

Le vray lieu du Soleil au deg. 18 0' 39'' ♐.
Le vray lieu de la Lune en son Orbe au deg. 21
27' 35'' ♊, en l'Ecliptique au deg. 21 28 12 ♊.
La vraye latitude de la Lune boreale deg. 0 13' 7''. Sa declination deg. 23 26' 30'' boreale.

Mais l'elevation de l'Equinoctial est à Goes de deg. 38 29', laquelle avec la Declination boreale de la Lune de deg. 23 26' ½, compose la vraye hauteur du centre de la Lune meridiene de deg. 61 55' ½. Or par nos Tables est donné la Parallaxe horizontale de la Lune de Scrup. 63' 39'', & la Parallaxe d'altitude de Scrup. 30' 28''; lesquelles tirées de la vraye hauteur meridiene de la Lune de deg. 61 55' ½; demeure la veuë de deg. 61 25' 2'', insensiblement differante de l'observée de deg. 61 25'.

III. En l'an de Christ 1602, le 26e jour de Septembre, nous observasmes à Goes à heures 16 59' apres midy, la hauteur meridiene de la Lune avec un quadrant d'airin de deg. 59 39'. Mais la vraye hauteur fut de deg. 60 12' ½, & partant la Parallaxe d'altitude de la Lune de Scrup. 33' 30''.

Or ceste hauteur fut aussi prise par l'ombre de la Lune. Parquoy ceste observation fut pareillement fort certaine.

Il y à du commencement des ans de Christ jusqu'a c'est observation ans Iuliens pleins 1601, mois communs 8, jours 25, heures au Meridien Goesien apparantes 16 59', exactes 16 40'. C'est, Sex. de jours 2''' 42'' jours 33, Scr. 41' 40''. Ausquels est deu par nos Tables.

Le vray lieu du Soleil au deg. 13 31' 30'' ♎.
Le vray lieu de la Lune en son Orbe au deg. 27 29' 1'' ♊, en l'Ecliptique au deg. 27 24 38 ♊.

La vraye latitude de la Lune australe de deg. 1 44' 52'', sa declination boreale de deg. 21 43' 30''.

Or l'Equinoctial estant esleve à Goes deg. 38 29', provient avec la declination de la Lune de deg. 21 43'½, la vraye hauteur meridiene de la Lune de deg. 60 12'½. Mais par nos Tables est donné la Parallaxe horizontale de la Lune de Scrup. 66' 16'', & la Parallaxe d'altitude de Scr. 33' 30''. Soit icelle tirée de la vraye hauteur meridiene de la Lune de deg. 60 12'½, & demeurera la veuë de deg. 59 39'; ne differant en rien de l'observée.

Or voila les observations des Parallaxes de la Lune au cercle d'altitude; par lesquelles se peut manifestement demonstrer que la Lune Apogée és nouvelle & pleine Lunes est distante du centre de la Terre, 64 10' demi-diametres de la Terre.

CLASSE SIXIEME

DES

OBSERVATIONS LUNAIRES:

Observations des Nouvelle-Lunes Ecliptiques, ou Eclipses du Soleil.

Eclipse I. En l'an 3e de la quarante-huictiéme Olympiade, le denier jour de Targelion unziéme mois des Grecs, quand les Lydiens & Medes conbatoyent avec pareil avantage, advint durant la battaille, que soudainement le jour se changea en nuict. Or la cause de tant soudaine mutation, estoit l'Eclipse du Soleil la maxime de touttes; laquelle *Thales Milesien* avoit predit aux Ioniens devoir advenir en ce temps. *Herodote* au livre II, de la *guerre entre les Lydieus & Medes.* Ausi *Pline* au livre II chap. 2.

Il y à du commencement des ans de Nabonnassar jusqu'a ceste nouvelle Lune Ecliptique ans Egyptiens 162, mois 4, jours 12, heures 2 49' au Meridien Goesien. Ausquels est deu par nos Tables.

Le vray

Le vray lieu du Soleil au	deg. 0	37′	22″	♊.
Le vray lieu de la Lune au	deg. 0	37	1	♊.
Le vray mouvement de latitude de la Lune de Sex. 4	deg. 33	55	19.	

A cause de l'equation des jours naturels, doit estre adjouté au temps moyen Scrup. d'heure 12′, & pour l'equation de temps en la Lune en doit estre tiré Scrup. d'heure 36′. Ainsi la vraye conjonction des Luminaires fut faite à Goes à heures apres midy 2 29′. Mais en Lydie au pres de Sardes, en la latitude de deg. 38, & longitude de temps 59, fut la mesme à heures apres midy 4 39′. La Parallaxe de longitude de la Lune du Soleil estoit alors de Scrup. 50′ 32″. Le vray mouvement horaire de la Lune du Soleil de Scrup. 34′ 11″; le veu entre heure quatre & cinq de Scrup. 28′ 53″, entre cinq & six de Scrup. 31′ 48″, entre six & sept de Scrup. 34′ 22″. Le Soleil occupoit le quadrant occidental. Parquoy la conjonction veuë suivoit la vraye de heure 1 35′, & le milieu de l'Eclipse fut à Sardes en Lydie à heures apres midy 6 15′ Alors est doné.

La Parallaxe en longitude de la Lune du Soleil de Scrup.	55′	0″.
La Parallaxe en latitude de la Lune du Soleil	25	22.
La vraye latitude de la Lune boreale	25	15.
Parquoy la latitude veuë de la Lune australe	0	7.
Le demi-diametre du Soleil	16	47.
Le demi-diametre de la Lune	17	47.
La somme des demi-diametres	34	34.
Les Scrupules deficientes	34	27.

Parquoy doigts Ecliptiques 12 20′.

Tout le Soleil fut donc obscurci avec demeure, & le jour changé en nuict; tout ainsi que *Tales Milesien* avoit predit aux Ioniens.

Or ceste Eclipse de Soleil est la plus grande de touttes celles qui advindrent onques. Car la Lune estoit presque Perigée, & le Soleil estoit Apogée; auquel lieu iceluy est grandemement obscurci de la Lune Perigée. De cecy est ce aussi, que *Hipparche* s'est servi d'icelle au livre *des Grandeurs & intervalles des trois corps du Soleil, de la Lune, & de la Terre.* Car icelle fut fort propre pour les demonstrer; principalement ayant esté observée en divers lieux par les principaux Astronomes. Car *Theon* aux *Commentaires* sur le chap. XI, du livre 6 de *l'Almageste de Ptolomée*, escrit que ceste Eclipse fut justement de tout le Soleil és lieux circonvoisins de l'Hellespont, tellement qu'il n'apparoissoit plus rien d'iceluy. Et *Cleomedes* au livre II chap. 3 tesmoigne, que le Soleil estant tout obscurcy en l'Hellespont, avoit esté observé à Alexandrie, que sauf la cinquiéme partie du diametre le reste fut obscurcy Or qu'ainsi auroit esté, comme il à esté annoté par les Astronomes, nous le comprouverons clairement par nostre calcul.

1. Car premierement, que tout le Soleil auroit esté obscurci en l'Hellespont en la latitude de deg. 40, & longitude de temps 55, est ainsi monstré. Soit adjouté à l'Hellespont à cause de la difference des Meridiens heure 1 58′, & se donne le temps de la vraye conjonction des Luminaires en l'Hellespont à heures

 apres

apres midy 4 23'. Auquel temps est donné doigts Ecliptiques 12 2', & le milieu de l'Eclipse veu à heures apres midy 5 58'. Le Soleil fut donc du tout obscurcy en l'Hellespont, tout ainsi que *Cleomedes & Theon* rapportent.

2. Secondement, à Alexandrie en Egypte, en la latitude de deg. 31, & longitude de temps 59⅓, que sauf la cinquiéme partie du Diametre, & que le reste fut obscurci, se demonstre ainsi. Soit adjouté à Alexandrie à cause de la difference des Meridiens heures 2 20', & proviendra la vraye conjonction des Luminaires à heures apres midy 4 45'. Par lequel temps se donne le temps du milieu de l'Eclipse veu à Alexandrie à heures 6 25', & doigts Ecliptiques 10 12'.

Les Scrupules saufues furent 6' 0'', estans la cinquiéme partie de Scrup. 3 à autant que les Anciens taxerent le diametre du Soleil Apogée. Nostre calcul s'accorde donc exactement avec l'observation des Anciens.

Il est ores manifeste par ce qui est maintenant demonstré, que l'Eclipse solaire qu'a usé Hipparche à demonstrer la grandeur des trois corps, du Soleil de la Lune & de la Terre, & leurs distances entr'eux, est la mesme que *Thales* predit aux Ioniens. Car en celle-cy tombent touttes les apparences, que *Herodote*, *Pline*, *Cleomedes*, & *Theon* noterent en celle-la.

Secondement il appert que nostre calcul Astronomic est du tout indubitable, puis qu'il rapporte exactement, touttes icelles apparences remarquées par les anciens. Lesquelles deux choses sont dignes d'estre observées en ceste Eclipse.

II. En l'an de Christ 1560, le 11e jour d'Aoust environ midy, le Soleil demeura bonne espace de temps obscurcy, à Conimbrie en Portugal, en la latitude de deg. 40, & longitude de temps 10 45'. Les tenebres estoyent aucunement majeures que les nocturnes. Car on ne pouvoit voir ou poser le pied, & les estoilles apparoissoyent clairement au Ciel. Les oyseaux pareillement tomboyent tout soudain par l'horreur de si grand obscurité de l'air en terre. *Clave au Commentaire* sur le chap. 4 de *Sacrobosc*.

Il y à du commencement des ans de Christ jusqu'a ceste conjonction des Luminaires, ans Iuliens pleins 1559, mois de l'an bisextil 7, jours 20, heures au Meridien Goesien 0 49'. Ausquels est deu par nos Tables.

Le vray lieu du Soleil au	deg.	7	57'	53'' ♍.
Le vray lieu de la Lune au	deg.	7	58	4 ♍.
Le vray mouvement de la Lune en latitude Sex. 1. deg.		25	29	22.

A cause de l'equation des jours naturels doit estre adjouté au temps moyen Scr. d'heure 6'. Parquoy la vraye conjonction des Luminaires se fit à Goes à heures apres midy 0 55'. Mais à Conimbre qui est heure 0 59' plus occidentale, se fit la mesme conjonction des Luminaires à heures avant midy 11 56', c'est environ le midy. Or le milieu de l'Eclipse fut veu à heures 11 17' avant midy, & fut de doigts Ecliptiques 12 4'.

Partant le Soleil fut tout obscurci à Conimbrie avec demeure, mais plus breve que *Clave* n'a annoté. Car il escrit que le Soleil fut couvert bonne espace de temps. Question est donc de la cause de la plus longue demeure? Ie responds, que l'obscurcissement apparant fut plus grand à cause du retirement de la lumiere solaire. Car toutes les fois que la Lune contient presque tout le Soleil, la lumiere du Soleil alors se retire & par ainsi le demi-diametre du Soleil apparoit moindre qu'il n'est veritablement au moins Scr. 0' 45''. Ainsi advient il aussi quand la Lune est comprise du Soleil. Car la lumiere du Soleil s'estend alors de tous costez, &

par

par ainsi le demi-diametre de la Lune apparoit moindre que le veritable, au moins Scr. 0′ 45″. Nous donnerons clairs exemples des deux cas en leurs lieux. Or nous avons un remarquable exemple du premier cas en ceste Eclipse. Car la Lune comprenoit tout le Soleil, & estoit aussi veuë d'un majeur angle que le Soleil, parquoy la lumiere du Soleil se retiroit alors & le demi-diametre visuel du Soleil apparoissoit moindre que le vray Scr. 0′ 45″. Iceluy estoit donc de Scr. 16′ 21″, & tout le diametre de Scr. 32′ 42″. Or cestuy avec Scrup. deficientes 34′ 25″, donne doigts Ecliptiques 12 38′. Dequoy se recueille que le Soleil demeura couvert demi-heure, ou au moins un tiers d'heure. Ce qui convient excellemment avec l'annotation de *Clave*.

2. Ceste Eclipse à pareillement esté observé à Bruxelle en Brabant, en la latitude de deg. 51, & longitude de temp. 26 0′. Et sa fin trouvée au mesme lieu, par un Quadrant, la circonference duquel estoit de cinq pieds, à heures 1 48′ à pres midy à peu pres. *Stadie* en *l'Ephemeride* de l'an 1560.

Nostre calcul respond exactement à l'observation. Car il faut adjouter à Bruxelle pour la difference des Meridiens Scr. d'heure 2′. La vraye conjonction advint donc à Bruxelle à heures apres midy 0 57′. La grandeur de doigts Ecliptiques 6 31′. Le milieu veu à heures 0 41′, & la fin à heures 1 47′ apres midy, accordant avec l'observation.

3. Ceste Eclipse fut aussi observée de *Tileman Stella*, & *Paul Fabrice*, à Vienne en Austriche, soubs la latitude de deg. 48 23′, & longitude de temps 38 0′. Et virent le commencement à heure apres midy 0 50′, & la fin à heures apres midy 2 15′, lisez, heures 2 55′. Car l'Eclipse dura deux heures Scrup. 5′. Au milieu de l'Eclipse furent obscurcis vers midy $5\frac{1}{2}$ doigts. *Gerard Mercator* en sa *Chronologie*.

Nostre calcul s'accorde avec l'observation. Car adjouté à Viene pour la difference des Meridiens Scr. d'heure 54′, provient le temps de la vraye conjonction des Luminaires, à Vienne en Austriche, à heure apres midy 1 49′. La grandeur de doigts Ecliptiques 4 58′ c'est presque 5 doigts. Le commencement à heure 0 50′, le milieu à heure 1 57′, & la fin à heures apres midy 2 59′, à peine autrement qu'il fut observé à Vienne.

III. En l'an de Christ 1567, le neufuiéme jour d'Apuril, *Christophore Clave* considera derechef une Eclipse centrale du Soleil, à Rome, soubs la latitude de deg. 42, & longitude de temps 36 15′, environ le midy. Mais la Lune n'obscurcissoit tout le Soleil, comme en l'Eclipse de l'an 1560, mais il y avoit de reste quelque cercle delié reluisant alentour de la Lune. *Christophore Clave* ès *Commentaires* sur le chap. 4. de *Sacrobosc*.

Il y à du commencement des ans de Christ jusqu'a ceste conjonction des Luminaires ans Iuliens pleins 1566, mois communs 3, jours 7, heures au Meridien Goesien 22 48′. Ausquels est deu par nos Tables.

Le vray lieu du Soleil au	deg.	28	42′	28″	♈.
Le vray lieu de la Lune au	deg.	28	42	28	♈.

A cause de l'inegalité des jours naturels doit estre adjouté au temps egal Scr. d'heure 7′. Par ainsi la vraye conjonction des Luminaires fut faite à Goes à heures apres minuict 10 55′; mais à Rome, qui est plus orientale que Goes Scrup. d'heure 43′, à heure apres mi-nuict 11 38′. Ainsi se donne la grandeur du demi-diametre du Soleil de Scr. 17′ 9″, du vray demi-diametre de la Lune de Scr. 16′

 27″, mais

27'', mais l'apparant de Scr. 15' 42'', la difference des demi-diametres de Scr. 1' 27''. Lesquelles Scr. 1' 27'', sont majeures que la latitude veuë de la Lune de Scr. 0' 2''. Parquoy tout le Soleil ne fut obscurci à Rome, mais il apparoissoit un cercle delié du Soleil, qui reluisoit alentour de la Lune. Le milieu de l'Eclipse veu à Rome à heures apres mi-nuict 11 58', c'est presque à midy; tout ainsi que *Clave* remarqua à Rome.

2. *Tychon Brahe* observa aussi c'est Eclipse à Rostich au bord de la Mer Balthique, & trouva son milieu presque sur le midi. *Keplere* en *l'Astronomie Optique*, page. 297.

Nostre calcul convient exactement avec l'observation. Car ayant adjouté à Rostich pour la difference des Meridiens Scr. d'heure 37', est donné la vraye conjonction des Luminaires à Rostich, à heures apres mi-nuict 11 32'. Et le milieu de l'Eclipse veu à heures 11 59' apres mi-nuict, c'est presqu'a midy, tout ainsi que *Tychon* observa. La grandeur de doigts Ecliptiques 8 26'.

Mais *Tychon Brahe* escrit ès *Exercitations*, page 20, que cest Eclipse fut veuë à Vranibourg à midi & lobscurcissement de doigts 6 29' vers midy? Ie responds, que *Tychon* l'escrit voirement, mais qu'il ne l'a nullement observé. Car le milieu de l'Eclipse ne peut estre à Vranibourg à midy, veu qu'il escrit l'avoir veu à Rostich presqu'à midy. Car la difference des meridiens de Rostich & Vranibourg n'est d'un Scrupule d'heure ainsi que *Tychon* pose à tort; ne de deux Scrupules d'heure comme veult *Chrestien Longomontan*; ains de huict Scrupules. Car *Tychon* escrit ès *Epistres Astronomiques* page 72, que l'Eclipse Lunaire qu'il observa luy mesme en l'an de Christ 1584, le 7e jour de Novembre à Vranibourg à heures apres midy 13 8', ou (comme plus au vray il escrit ès *Exercitations* page 20) à heures 13 12'; fut observée par *Henri Brucée*, grand Mathematicien, à Rostich à heures apres midy 13 4'. Les Meridiens d'Vranibourg & Rostich different, suivant leurs observations, Scrup. d'heure 8'. Tellement que le milieu de l'Eclipse solaire à esté veu à Vranibourg, non à midy, ainsi que veult *Tycho*, ains Scr. d'heure 7' apres midy: ce que le calcul *Tychonic* approuvé aussi, lequel donne comme tesmoigne *Keplere* Scrup. d'heure 10 apres midy. Quand à la grandeur de l'obscurcissement, il est certain qu'il fut de plus de doigts 6 29' à Vranibourg. Car le tres docte *Keplere* tesmoigne d'avoir trouvé annoté en un autre papier par *Tychon* doigts 9. Dequoy on peut recueillir, que l'obscurcissement fut majeur que doigts 6 29', & moindre que 9 doigts; & par consequent de doigts 8 26', comme nostre calcul produit.

3. *Corneille Gemme* observa la mesme Eclipse à Louvain, soubs la latitude de deg. 50 50', & longitude de temps 26½; & nota son commencement à heures 10 12' avant midy; & la fin un peu apres heure 0½ apres midy. Au milieu de l'Eclipse furent obscurcis presque 9 doigts vers midy. *Corneille Gemme au Cosmocritic* livre II, page 55.

Nostre calcul respond fort prochainement à l'observation. Car ayant adjouté à Louvain, pour la difference des Meridiens Scrup. d'heure 4', viendra la vraye conjonction à Louvain, à heures apres mi-nuict 10 59'. La grandeur de doigts Ecliptiques 8 36'. Le commencement veu à heures apres mi-nuict 10 12', Le milieu à heure 11 11', & la fin à heure 0 37' apres midy. Ce qui accorde exactement avec l'observation de *Corneille Gemme*.

IV. En

IV. En l'an de Christ 1598, le 25 Feburier avant midy, fut obſervé une Eclipſe de Soleil à Torgau en Miſne, ſoubs la latitude de deg. 51 30', & longitude de temps 35, & eſtoit preſque centrale. Car la Lune ſe voyoit toutte dans le cercle du Soleil, & tout le bord du Soleil apparoiſſoit comme un cercle reluiſant alentour de la Lune. Ainſi obſerva le Docteur *Jeſſen* à Torgau en la court du Prince. *Keplere* ès *Optiques* page 299 & 419.

Il y à du commencement des ans de Chriſt juſqu'a ceſte nouvelle Lune Ecliptique, ans Iuliens pleins 1597, mois commun un, jours 23, heures au Meridien Goeſien 21 44'. Auſquels eſt deu par nos Tables.

Le vray lieu du Soleil au	deg. 16	40'	2''	♓.
Le vray lieu de la Lune au	deg. 16	39	52''	♓.

A cauſe de l'equation des jours naturels doit eſtre ſoubſtrait du temps moyen Scrup. d'heure 5'. Parquoy la vraye conjonction des Luminaires fut à Goes à heures apres mi-nuict 9 39'. Mais à Torgau, qui eſt Scrup. d'heure 38' plus Orientale, à heures 10 17'. Mais le milieu de l'Eclipſe veu à heure apres mi-nuict 10 28'. Le demi-diametre du Soleil Scrup. 17' 34''. Le vray demi-diametre de la Lune Scrup. 17' 12'', l'apparant Scrup. 16' 27''. La difference des demi-diametres de Scrup. 1' 7'', qui eſt majeure que la latitude boreale veuë de Scrup. 0' 58''.

Le Soleil ne fut donc tout obſcurci à Torgau, mais un cercle delié du Soleil apparoiſſant, reluiſoit alentour de la Lune, tout ainſi que le Docteur *Jeſſen* vit à Torgau.

2. Nous obſervames auſſi la meſme Eclipſe à Goes en Zelande, ſoubs la latitude de deg. 51 31', & longitude de temps 25½. & trouvaſmes la maxime obſcuration, deux heures & un tiers ou environ avant midy. Car les tenebres eſtoyent alors tant grandes, qu'il ſembloit preſque eſtre nuict. Nous ne peumes toutes fois prendre la juſte grandeur de l'obſcurciſſement à cauſe du ciel trop nebuleux.

Noſtre calcul convient avec l'obſervation. Car la vraye conjonction des Luminaires fut à Goes à heures 9 39' apres mi-nuict. Le milieu de l'Eclipſe veu à heures apres mi-nuict 9 40', & la grandeur de doigts Ecliptiques 11 15'.

V. En l'an de Chriſt 1601, le 14e jour de Decembre fut Eclipſe de Soleil, le milieu de laquelle nous obſervaſmes à Goes à heure apres midy 1 50'. Or alors eſtoit diſtant le bord auſtral du Soleil du bord auſtrale de la Lune Scrup. 6'¾: & les bords Septentrionaux du Soleil & de la Lune eſtoyent l'un ſur l'autre; tellement que tout l'Orbe de la Lune ſe voyoit dans l'Orbe du Soleil.

Il y à du commencement des ans de Chriſt juſqu'a ceſte conjonction des Luminaires ans Iuliens pleins 1600, mois communs 11, jours 13, heures au Meridien Goeſien 1 9'. Auſquels eſt deu par nos Tables.

Le vray lieu du Soleil au	deg. 2	50'	23''	♑.
Le vray lieu de la Lune au	deg. 2	50	29	♑.

A cauſe de l'equation des jours naturels doit eſtre adjouté au temps moyen Scrup. d'heure 7'. Parquoy la vraye conjonction des Luminaires fut à Goes à heures apres midy 1 16'. Le milieu veu à heure 1 51' apres midy. La latitude

tude de la Lune veuë boreale Scrup. 3′ 47″. Le demi-diametre du Soleil Scrup. 17′ 59″. Le demi-diametre de la Lune vraye Scrup. 15′ 0″, l'apparant 14′ 15″. La difference des demi-diametres Scr. 3′ 44″, egale à la latitude veuë de la Lune.

Tout l'Orbe de la Lune fut donc veu dans l'Orbe du Soleil. Toutesfois le bord boreal du Soleil fut veritablement surpassé de Scrup. 0′ 45″ du diametre Lunaire, qui ne peurent estre remarquées estant le bord de la Lune trop attenué de la lumiere du Soleil. Tirez donc Scrup. 0′ 45″ du vray diametre de la Lune de Scrup. 30′ 0″, & demeureront dans le cercle du Soleil Scrup. 29′ 15″ du diametre de la Lune, Adjoutez à celle-cy la distance des bords austraux de Scrup. 6′ 45″ & aurez le vray diametre du Soleil de Scrup. 36′ 0″. Convenans exactement avec nos nombres.

2. Ceste Eclipse fut aussi observée, par *Jean Keplere* Mathematicien de l'Empereur à Prague en Boheme, soubs la latitude de deg. 50 6′, & longitude de temps 36½. Et trouva en un lieu obscur, le milieu de l'Eclipse, environ heure apres midy 2 53′; & l'obscurcissement plus de 8 doigts. Voyez *l'Astronomie Optique* page 433.

A cause de la difference des Meridiens doit estre adjouté à Prague Scrupules d'heure 44′. Et ainsi la vraye conjonction des Luminaires à esté à Prague à heure 2 0′ apres midy. Le milieu de l'Eclipse à heure 2 52′, Doigts Ecliptiques 8 39′.

Keplere observa au milieu de l'Eclipse la distance des centres de Scrup. 6′ 22″. Tirez icelle du demi-diametre de la Lune de Scrupules 15′ 0″, & demeureront Scr. 8′ 38″. Adjoutez à celles-cy le demi-diametre du Soleil de Scr. 17′ 59″, & aurez Scrup. deficientes 26′ 17″. Parquoy doigts Ecliptiques 8 45′.

Le mesme observa au milieu de l'Eclipse la latitude veuë de la Lune de Scrup. 6′ 19″. Soubstrayez icelle de la somme des demi-diametres de Scr. 32′ 59″, & demeureront Scr. deficientes 26′ 49″. Partant doigts Ecliptiques 6 56′. Lesquels different peu de nos nombres.

3. Ceste Eclipse à esté pareillement observée par les Pescheurs au rivage de Bergue en Norwegue, soubs la latitude de deg. 60 30′, & longitude de temps 27⅓. Iceux virent avec grand admiration que le Soleil comprenoit le corps Lunaire, tellement que tout alentour de la Lune, il en surpassoit egalement 1½ doigt. Voyez *l'Astronomie Danique* partie seconde page 165.

Nostre calcul donne la mesme apparence. Car ayant adjouté pour la difference des Meridiens au rivage de Bergue en Norwegue Scrup. d'heure 8′, se donne au mesme lieu la vraye conjonction des Luminaires à heure apres midy 1 24′. Le milieu de l'Eclipse veu à heure apres midy 1 52′. La latitude boreale de la Lune veuë Scrup. 1′ 29″. Le demi-diametre du Soleil Scrup. 17′ 59″. Le vray demi-diametre de la Lune Scrup. 15′ 0″, le veu Scrup. 14′ 15″. La difference des demi-diametres Scrup. 3′ 44″ estant Scr. 2′ 15″, majeure que la latitude de la Lune veuë.

Parquoy tout le corps de la Lune estoit veu dans le cercle du Soleil, & le Soleil le surpassoit presque de 1½ doigts; tout ainsi qu'il fut remarqué par les Pescheurs au rivage de Bergue en Norwegue.

VI. En

VI. En l'an de Christ 1600, le 30e jour de Iuin fut Eclipse du Soleil, le milieu de laquelle *Iean Keplere* observa dans une chambre obscure à Gragts en Stirie, soubs la latitude de deg. 47 2′, & longitude de temps 39 15′, environ heures apres midy 2 3′: & estoyent alors obscurcy vers midy environ Doigts 7 10′. *Keplere en l'Astronomie Optique* page 430, & 427.

Il y à du commencement des ans de Christ à ceste conjonction des Luminaires ans Iuliens pleins 1599, mois de l'an bisextil 5, jours 29, heures au Meridien Goesien 0 45′. Ausquels est deu par nos Tables.

Le vray lieu du Soleil au	deg.	18	12′	7″	♋.
Le vray lieu de la Lune au	deg.	18	12	27	♋.

A cause de l'equation des jours naturels doit estre adjouté au temps egal Scr. d'heure 2′. Et pour l'equation de temps en la Lune, doit estre soubstrait Scr. d'heure 10′. Parquoy la vray conjonction fut à Goes à heure apres midy 0 37′. mais à Grats, qui est Scrupules d'heure 55′ plus orientale, à heure apres midy 1 32′. Le milieu veu à Grats à heure 2 4′. Doigts Ecliptiques 6 59′.

Jean Keplere observa au milieu de l'Eclipse la distance des centres de Scrupules 13′ 28″. Tirez icelle du demi-diametre de la Lune de. Scrup. 16′ 36″, & demeureront Scrupules 3′ 8″. Adjoutez à ce reste Scrup. 16′ 48″, du demi-diametre du Soleil, & proviendront Scrup. deficientes 19′ 56″. Partant doigts Ecliptiques 7 7′.

Il observa aussi la latitude veuë de la Lune au milieu de l'Eclipse de Scrup. 13′ 23″. Tirez icelle de la somme des demi diametres de Scrup. 33′ 24″, & demeureront Scrup. deficientes 20′ 1″. Parquoy doigts Ecliptiques 7 11′. Lesquels conviennent prochainement à l'Observation de *Keplere*.

Or c'est Eclipse est une de celles, sur lesquelles *Iean Keplere* à voulu poser comme sur la piere angulaire le fondement de ses demonstrations Lunaires. Parquoy puis que ceste-cy, & celles qui sont davantage observées tant de luy, que d'autres Astronomes, accordent excellemment avec nostre calcul, il est manifeste, que les mouvemens tant du Soleil que de la Lune sont par nous entierement restitués.

2. *Tychon Brahe* observa pareillement c'est Eclipse au chasteau de Benatech aupres de Prague; & nota le milieu de l'Eclipse à heure apres midy 1 46′½, & doigts Ecliptiques 5. *Keplere en l'Astronomie Optique* page 427.

Nostre calcul quand au temps convient exactement avec l'observation de *Tychon*. Car ayant adjouté au chasteau de Benatech, qui est distant cinq lieves Germaniques de Prague vers nord-est, Scrup. d'heure 45′, proviendra le moment de la vraye conjonction des Luminaires au chasteau de Benatech, à heure apres midy 1 22′. Le milieu de l'Eclipse veu audit chasteau à heure 1 46′½. Doigts Ecliptiques 6 33′.

Toutesfois *Tychon Brahe* nota seulement 5 doigts? Ie le confesse. Mais il destordit l'observation à ses fausses Hypotheses. Car il est certain que l'obscurcissement fut de plus de 5 doigts: Puis que comme le tres docte *Keplere* recueille à bon droit, si le Soleil, suivant le tesmoignage de *Mestlin*, fut obscurci à Tubinge soubs la latitude de deg. 48 24′, davantage que la moitié, il est necessaire qu'il re qu'il fust obscurci aupres de Prague, soubs la latitude de deg. 50 6' au moins doigts 6 33'.

VII. En l'an de Christ 1605, le 2e jour d'Octobre fut nouvelle Lune Ecliptique, le milieu de laquelle fut remarqué à Middelbourg par le Reverend *Iean Radermacher*, un quart d'heure apres une heure apres midy : & lors estoit obscurci plus de dix doigts du diametre solaire & moins de unze doigts. Le commencement ne se peut observer à cause des nuées, mais la fin à esté observée, environ deux tiers d'heure, apres les deux heures apres midy.

Il y à du commencement des ans de Christ jusqu'a ceste nouvelle Lune Ecliptique ans Iuliens pleins 1604, mois de l'an commun 9, jour 1, heure au Meridien Goesien 1 30'. Ausquels est deu par nos Tables.

Le vraye lieu du Soleil au	deg.	19	7'	14''	♎.
Le vray lieu de la Lune au	deg.	19	7	4	♎.

A cause de l'equation des jours naturels doit estre adjouté au temps moyen Scrup. d'heure 17'; & à cause de l'equation de temps en la Lune, doit en estre tiré Scrup. d'heure 10'. Ainsi la vraye conjonction des Luminaires est faite à Goes à heure apres midy 1 37'; mais à Middelbourg qui en est une Scrupule d'heure Occidentale, à heure apres midy 1 36'. Le milieu de l'Eclipse veu à Middelbourg à heure 1 22' apres midy. Doigts Ecliptiques 10 38'. La fin à heures apres midy 2 36', à Middelbourg : à peine autrement que n'observa Mons. *Rademacher*.

2. Ceste Eclipse à aussi esté observée à Naples en Italie soubs la latitude de deg. 41, & longitude de temps 38 15'; & y fut trouvé que le Soleil fut tout obscurci de la Lune. *Keplere en l'Epitome de l'Astronomie Copernicane* au livre VI page 893.

Nostre calcul s'y accorde. Car ayant adjouté à Naple en Italie, pour la difference des Meridiens Scrup. d'heure 51', viendra le moment de la vraye conjonction à Naple, à heures apres midy 2 28'. Le milieu de l'Eclipse veu à Naple à heures apres midy 2 49'. La latitude veuë de la Lune australe Scrup. 1 47'. Le demi-diametre du Soleil Scr. 17' 29''. Le demi-diametre de la Lune Scr. 17' 26''. La somme des demi-diametres Scr. 34' 55''. Scrupules deficientes 33' 8''.

La Lune comprit donc tout le Soleil. Et par ainsi la Lumiere du Soleil se retira, & partant le Diametre du Soleil apparut moindre que le vray Scrup. 1' 30''. Parquoy le diametre du Soleil estoit de Scrup. 33' 28'', presque egal aux Scrupules deficientes 33' 8''. Le Soleil donc fut tout obscurci à Naple, tout ainsi qu'il fut observé audit lieu.

VIII. En l'an 1608, le 31e jour de Iuillet fut Eclipse du Soleil le milieu de laquelle nous observasmes à Goes un huictiéme d'heure apres les quatre heures apres midy; & alors estoit l'obscurcissement de doigts 2½ vers midy.

Il y à du commencement des ans de Christ jusqu'a ceste nouvelle Lune Ecliptique ans Iuliens pleins 1607, mois de l'an bisextil 6, jours 30, heures au Meridien Goesien 3 45'. Ausquels est deu par nos Tables.

Le vray lieu du Soleil au	deg.	18	1'	25''	♌.
Le vray lieu de la Lune au	deg.	18	1	33	♌.

Il faut

Il faut adjouter pour l'equation des jours naturels au temps moyen Scr. d'heure 2'; & pour l'equation de temps en la Lune, il en faut tirer Scr. d'heure 16'. Parquoy la vraye conjonction des Luminaires fut à Goes, à heures apres midy 3 31'. Le milieu veu à Goes à heures 4 8' apres midy. Doigts Ecliptiques 2 29', à peine autrement qu'observames.

2. Ceste Eclipse à esté aussi observée par *D. Melchior Ioestel* à Witteberg, soubs la latitude de deg. 51 54', & longitude de temps 35 15': & nota au milieu de l'Eclipse presque deux doigts Ecliptiques. Voyez la seconde partie de *l'Astronomie Danique* page 165.

Nostre calcul convient exactement avec l'observation de *Joestel*. Car ayant adjouté à Witteberg pour la difference des Meridiens Scrup. d'heure 39', viendra la vraye conjonction à Witteberg à heures apres midy 4 10'. Le milieu de l'Eclipse audit lieu à heures apres midy 4 47'. Doigts Ecliptiques 1 44', c'est presque deux doigts; tout ainsi que *D. Joestel* observa à Witteberg.

3. Ceste Eclipse à aussi esté observée par *Chrestien Severin Longomontan* à Coppenhague en Danemarc, soubs la latitude de deg. 55 43' & longitude de temps 36 45'. Iceluy s'y estant servi de cinq escoliers fort clair-voyans, escrit n'y avoir peu remarquer aucune apparence d'Eclipse. Toutesfois le calcul Astronomic demonstre que le Soleil y fut alors obscurci doigts 1 8'.

Car ayant adjouté à Coppenhague pour la difference des Meridiens Scrup. d'heure 45', est donné le moment de la vraye conjonction des Luminaires à Coppenhague, à heures apres midy 4 16'. Le milieu de l'Eclipse audit lieu à heures apres midy 4 47'. Doigts Ecliptiques 1 8'. estant merveille de n'avoir esté veu en Dannemarc. *Chrestien Severin* en rapporte la cause à la crassitude de l'air en iceluy lieu. Ceux qui sont expers és choses celestes en peuvent juger.

IX. En l'an de Christ 1621, le 11e jour de May, fut Eclipse de Soleil, le commencement de laquelle nous observames à Middelbourg, au matin environ les sept heures, & la fin trois quintes d'heure apres les 9 heures avant midy. Au milieu furent obscurcis vers Septentrion doigts 11$\frac{1}{5}$.

Il y à du commencement des ans de Christ jusqu'a ceste nouvelle Lune Ecliptique ans Iuliens pleins 1620, mois de l'an commum 4, jours 9, heures au Meridien Goesien 20 46'. Ausquels est deu par nos Tables.

Le vray lieu du Soleil au	deg.	0	16'	53''	♊.
Le vray lieu de la Lune au	deg.	0	16	38	♊.

☞ Pour l'equation des jours naturels doit estre adjouté au temps moyen Scrup. d'heure 12' prochainement. Parquoy la vraye conjonction des Luminaires est fait à Goes à heures apres mi-nuict 8 58': mais à Middelbourg, qui est un Scrupule d'heure plus occidentale, à heures apres mi-nuict 8 57'. Le milieu de l'Eclipse veu à Middelbourg à heures apres mi-nuict 8 16'. Doigts Ecliptiques 11 11'. Le commencement veu à heures 7, la fin à heures 9 35'; tout ainsi que nous observames à Middelbourg.

2. Ceste Eclipse fut aussi observée par *Pierre Gassend Theologue*, à Aix en Provence, soubs la latitude de deg. 43 33′, & longitude de temps 27 0′. Le commencement de l'Eclipse veu à heures apres mi-nuict 7 5′, & la fin à heures 9 32′ apres mi-nuict. Il nota en la maxime obscuration doigts Ecliptiques 9 23′; & les diametres visuels des Luminaires estre égaux. Voyez son *Exercitation Epistolique* page 290.

Nostre calcul convient fort pres avec l'observation de *Gassend*. Car ayant adjouté à Aix en Provence pour la difference des Meridiens Scrup. d'heure 6′, províendra le moment de la vraye conjonction des Luminaires à Aix en Provence, à heures apres mi-nuict 9 4′. Le milieu de l'Eclipse veu audit lieu à heures apres mi-nuict 8 10′. Doigts Ecliptiques 9 29′. Le commencement veu à heures 6 56′, & la fin veuë à heures 9 32′ apres mi-nuict. Lesquels accordent tous presque avec l'observation.

X. En l'an de Christ 1630, le 31e jour de May fut une Eclipse de Soleil, le milieu de laquelle nous observames à Middelbourg un sixiéme d'heure apres les sept heures du soir; estans alors obscurcis vers midy doigts 10⅔:

Il y à du commencement des ans de Christ jusqu'a ceste nouvelle Lune Ecliptique ans Iuliens pleins 1629, mois de l'an commun 4, jours 30, heures au Meridien Goesien 5 50′. Ausquels est deu par nos Tables.

Le lieu du Soleil au	deg.	19	37′	32″	♊.
Le lieu de la Lune au	deg.	19	37	26	♊.

Pour l'equation des jours naturels doit estre adjouté au temps moyen Scrup. d'heure 8′. Partant la vraye conjonction des Luminaires fut à Goes, à heures apres midy 5 58′. Mais à Middelbourg qui est un Scrup. d'heure plus occidentale, à heures apres midy 5 57′. Le milieu veu à Middelbourg à heures apres midy 7 10′. Doigts Ecliptiques 10 42′.

2. Ceste Eclipse fut aussi observée à Dordrect en Hollande soubs la latitude de deg. 51 51′½, & longitude de temps 26 15′, par le diligent observateur des apparences celestes, & nostre coadjuter mons. *Martin hortense*; & nota le milieu en une chambre obscure par le Telescope à heures apres midy 7 16′ à peu pres; & doigts Ecliptiques 10⅓ ou peu plus. Il ne peut observer le commencement à cause des nuages, mais il observa la fin le bord superieur du Soleil estant haut de Scrupules primes 30′, c'est un peu avant le coucher apparant du Soleil.

Nostre calcul s'accorde tres-bien avec l'observation *d'Hortense*. Car adjoûtant pour la difference des Meridiens à Dordrect Scrup. d'heure 4′, vous aurez le milieu de l'Eclipse à Dordrect à heures apres midy 7 14′. & doigts Ecliptiques au mesme moment 10 42′; à peine autrement que n'est l'observation. La fin à heures apres midy 8 16′, c'est un peu avant le coucher apparant du Soleil. Car le vray coucher fut à heures apres midy 8 12′, mais l'apparant à 8 17′, au moins cinq Scrupules d'heure apres le vray. Parquoy toutte l'observation de M. *Martin Hortense* s'accorde exactement avec nostre calcul.

Les Eclipses Solaires qu'avons jusques i'cy descrites, ont esté observées chacune

chacune en divers lieux par divers Astronomes. Mais celles qui suivent maintenant, ont esté observées chacune par un Astronome seulement, en divers lieux & par divers siecles.

XI. En l'an de Christ 237, estans Consuls *Vlpie Crinit & Procul Pontian*, le 12e jour d'Apuril apres midy fut une Eclipse de Soleil, laquelle fut si grande à Rome, qu'on croyoit qu'il fust nuict, & ne se pouvoit rien faire sans les lumieres allumées. *Jule Capitolin.*

Il y à du commencement des ans de Christ à ceste conjonction des Luminaires, ans Iuliens pleins 236, mois de l'an commun trois, jours 11, heures au Meridien Goesien 2 30′. Ausquels est deu par nos Tables.

Le vray lieu du Soleil au	deg.	20	38′	16″	♈.
Le vray lieu de la Lune au	deg.	20	37	48	♈.

Pour l'equation des jours naturels doit estre adjouté au temps moyen Scr. d'heure 12′. La vraye conjonction des Luminaires fut donc à Goes, à heures apres midy 2 42′: mais à Rome qui est Scrup. d'heure 43′ plus orientale, à heures apres midy 3 25′. Le milieu de l'Eclipse veu à Rome à heures 5 2′ apres midy. La latitude veuë de la Lune boreale Scrup. 3′ 43″. Le demi-diametre du Soleil Scrup. 16′ 58″. Le demi-diametre de la Lune Scrup. 17′ 40″. La somme des demi-diametres Scrupules 34′ 38″. Scrupules deficientes 30′ 55″.

La Lune comprit presque tout le Soleil: parquoy la lumiere du Soleil se retira, & son diametre apparut Scrup. 1′ 30″ moindre que le vray. Le diametre du Soleil estoit donc de Scrup. 32′ 26″, lequel avec Scrupules deficientes 30′ 55″ donne doigts Ecliptiques 11 27′.

Or d'autant que le Soleil fut presque tout obscurci de la part superieure environ l'Horizon, la Lune estant presque Perigée, si est il vraysemblable qu'il y eut alors tenebres nocturnes à Rome. Voyez le 7e Corollaire de *Keplere*, des Eclipses Solaires, en *l'Astronomie Optique* page 303. Et ainsi nostre calcul convient excellemment avec l'annotation de *Iule Capitolin*.

Mais *Censorin* est en erreur manifeste, de conferer le Consulat *d'Vlpie Crinit*, & *Procul Pontian* à l'an Iulien 283, qui fut l'an de Christ 238. Car le Consulat *d'Vlpie Crinit & Procul Pontian*, est marqué par ceste Eclipse Solaire laquelle causa presque tenebres nocturnes à Rome. Or icelle n'est advenuë, en l'an Iulien 283, comme veult *Censorin*, ains en l'an Iulien 282, c'est, en l'an de Christ 237. Ce qui apparoistra plus clairement par l'Eclipse de l'an suivant. On doit donc corriger l'erreur de *Censorin*, afin que personne ne doubte du conte des temps.

XII. En l'an de Christ 238, le 2e jour d'Apuril fut faite une Eclipse solaire, le milieu de laquelle fut veu à Rome à heures apres mi-nuict 7 53′.

Il y à du commencement des ans de Christ à ceste nouvelle Lune Ecliptique ans Iuliens pleins 237, mois de l'an commun 3, heures apres le midy precedant, au meridien Goesien 19 49′, apres mi-nuict 7 49′. Ausquels est deu par nos Tables.

Le vray lieu du Soleil au	deg. 10 32′ 18″ ♈.
Le vray lieu de la Lune au	deg. 10 32 46 ♈.

Pour l'equation des jours naturels doit estre adjouté au temps moyen Scrup. d'heure 4′. Parquoy la vraye conjonction des Luminaires fut à Goes à heures apres mi-nuict 7 53′; mais à Rome qui est Scrup. d'heure 43′ plus orientale, à heures apres mi-nuict 8 36′. Le milieu de l'Eclipse veu à Rome à heures apres mi-nuict 8 2′. Doigts Ecliptics. 9 6′.

Les trois quarts du demi-diametre Solaire furent obscurcis, y ayant presqu'un quart de libre. Parquoy c'est obscurcissement ne peut causer tenebres nocturnes; & partant est un autre que celuy qu'a annoté *Jule Capitolin*. Il est donc tres-clair, que le consulat de *Vlpie Crinit* & *Procul Pontian* ne fut en l'an de Christ 238, comme veult *Censorin*, ains en l'an precedent 237, auquel apparut un tel obscurcissement au Soleil.

XIII. En l'an de Christ 334, *Optat* & *Paulin* estans Consuls, le Soleil au milieu du jour estant empesché par les raids de la Lune, denia aux humains sa lumiere resplendissante. *Jule Firmic* livre 1, chap. 2.

Il y à du commencement des ans de Christ jusqu'a ceste nouvelle Lune Ecliptique ans Iuliens pleins 333, mois de l'an commun 6, jours 15, heures au Meridien Goesien 22 42′. Ausquels est deu par nos Tables.

Le vray lieu du Soleil au	deg. 22 48′ 26″ ♋.
Le vray lieu de la Lune au	deg. 22 48 36 ♋.

Pour l'equation des jours naturels doit estre adjouté au temps moyen Scrupules d'heure 9′. Et ainsi la vraye conjonction des Luminaires fut à Goes, à heures apres mi-nuict 10 51′: mais à Rome qui est Scrupules d'heure 43 plus orientale, à heures apres mi-nuict 11 34′. Le milieu de l'Eclipse veu à Rome à heures 11 9′ apres mi-nuict. La latitude de la Lune veuë boreale Scrup. 1′ 58″. Le demi-diametre du Soleil Scrup. 16′ 58″. Le vray demi-diametre de la Lune Scrup. 15′ 43″, l'apparant Scrup. 14′ 58″. La difference des demi-diametres Scrup. 2′ 0″.

Lequel est plus grand que la latitude veuë de la Lune. Par ainsi tout l'orbe de la Lune fut veu dans l'orbe du Soleil: tellement que le Soleil denioit aux humains sa lumiere resplendissante: tout ainsi que *Iule Firmic* à laissé par escript.

XIV. En l'an 1202 des Chaldées, de la mort d'Alexandre 1214, de la naissance de Christ 891, le 8 jour d'Aoust fut Eclipse de Soleil, le milieu de laquelle fut observé par *Albategni* Arabe à Aracte en Syrie, soubs la latitude de deg. 36, & longitude de temps 77 15′, une heure temporele apres midy; & estoit alors l'obscurcissement vers midy des deux tiers & davantage du diametre Solaire. *Albategni* chap. 30.

Il y à du commencement des ans de Christ jusqu'a ceste nouvelle Lune Ecliptique ans Iuliens pleins 890, mois de l'an commun 7, jours 6, heures au Meridien Goesien 21 49′. Ausquels est deu par nos Tables.

Le

Le vray lieu du Soleil au	deg.	19	9′	39″ ♌.
Le vray lieu de la Lune au	deg.	19	9	20 ♌.

Pour l'Equation des jours naturels doit estre adjouté au temps moyen Scrup. d'heure 4′. Parquoy la vraye conjonction des Luminaires fut à Goes à heures apres mi-nuict 9 53′ : mais à Aracte qui est heures 3 27′ plus orientale, à heure 1 20′ apres midy. Le milieu de l'Eclipse veu à Aracte à heure 1. 44′ apres midy. Doigts Ecliptics 9 22′.

Toutesfois *Albategni* à noté un moindre obscurcissement, mais non au temps mesme de la plus grande obscuration, ains un peu auparavant. Car le Soleil à esté le plus obscurci à heure 1 44′ apres midy, mais non une heure temporale apres midy. *Albategni* fut donc déçeu par ne sçavoir le juste temps, auquel le Soleil fut le plus couvert de la Lune.

XV. En l'an des Chaldées 1212, du decés d'Alexandre 1224, de la nativité de Christ 901, le 23e jour du mois de Ianvier fut un obscurcissement Solaire, le milieu duquel advint en Aracte en Syrie, trois heures moins demi-heure, avant le midy; & estoit alors l'obscurcissement d'environ les deux tiers du diametre du Soleil vers septentrion. *Albategni* chap. 30.

Il y à du commencement des ans de Christ, jusqu'a ceste nouvelle Lune Ecliptique, ans Iuliens pleins 900, jours 21, heures au Meridien Goesien 18 51′. Ausquels est deu par nos Tables.

Le vray lieu du Soleil au	deg.	9	4′	17″ ♒.
Le vray lieu de la Lune au	deg.	9	4	45 ♒.

Pour l'equation des jours naturels doit estre soubstrait du temps moyen Scr. d'heure 11′. Parquoy la vraye conjonction des Luminaires fut à Goes à heures 18 40′ apres le midy precedant, ou apres minuict 6 40′; mais à Aracte, qui est heures 3 27′ plus orientale, à heures apres mi-nuict 10 7′. Le milieu de l'Eclipse veu à Aracte à heures 2 15′ avant midy; c'est ainsi qu'il escrit trois heures moins demi-heure avant midy. Doigts Ecliptics 9 40′.

Mais *Albategni* note seulement environ 8 doigts? Ie le confesse; mais il à esté déçeu d'un calcul vicieux. Car il escrit que la latitude veuë de la Lune fut de Scrup. 10′. Tirez donc Scrup. 10′ de la somme des demi-diametres du Soleil & de la Lune de Scrup. 34′ 57″, & demeureront Scrup. deficientes 24′ 57″; lesquelles donnent doigts Ecliptiques 8 25′. Il est donc manifeste que l'obscurcissement fut à Aracte majeur, que n'escrit *Albategni*; & bien de doigts 9 40′, d'autant que la latitude apparante de la Lune estoit de Scrup. 6′ 21″, & non de Scrup. 10′.

XVI. En l'an de Christ 1415, le 7e jour de Iuin, à 6 heures au matin fut veuë une Eclipse de Soleil à Constance, soubs la latitude de deg. 47 30′, & longitude de temps 32 0′: laquelle fut si grande, qu'on voyoit les estoilles au Ciel, comme par nuict; & les oyseaux espouventez de la subite obscurité, tomboyent par tout du haut en terre. *Erasme Rheinholde* és commentaires sur les *Theories de Purbache*, l'ayant tiré de l'Escrivain de *l'Histoire de Pologne*.

Il y à du commencement des ans de Christ jusqu'a ceste nouvelle Lune Ecliptique ans Iuliens pleins 1414, mois de l'an commun 5, jours 5, heures au Meridien Goesien 18 42'. Ausquels est deu par nos Tables.

Le vray lieu du Soleil au	deg.	24	30'	40''	♊.
Le vray lieu de la Lune au	deg.	24	31	6	♊.

Pour l'equation des jours naturels doit estre adjouté au temps moyen Scrup. d'heure 5'. Partant la vraye conjonction des Luminaires fut à Goes, à heures apres mi-nuict 6 47': mais à Constance, qui est Scrup. d'heure 26'. plus orientale, à heures apres mi-nuict 7 13'. Le milieu de l'Eclipse veu à Constance à heures apres mi-nuict 6 5'. La latitude veuë de la Lune australe Scr. 1' 44''. Le demi-diametre du Soleil Scrup. 16' 47''. Le demi-diametre de la Lune Scrup. 17' 40''. La somme des demi-diametres Scr. 34' 27''. Scrup. deficientes 32' 43''.

Or d'autant que la Lune comprit presque tout le Soleil, la lumiere du Soleil se retira, & le diametre apparant du Soleil fut de Scrup. 32' 4'', moindre que le vray de Scrup. 1' 30''. Iceluy donc donne avec Scrupules deficientes 32' 43'', doigts Ecliptiques 12 15'. Tout le Soleil fut donc obscurci à Constance avec demeure, à 6 heures au matin, tout ainsi que l'Escrivain de *l'Histoire de Pologne* à descrit.

XVII. En l'an de Christ 1462, le 21ᵉ jour de Novembre, fut veuë une Eclipse de Soleil à Viterbe environ le midy. Le commencement ne fut observé. Mais le Soleil estant au meridien, estoit haut 26 degrez. L'obscurcissement estoit de doigts Ecliptiques deux. En la fin de l'Eclipse le Soleil avoit la hauteur de deg. 24 36' apres midy. Il sembloit suivant qu'il se pouvoit recueillir par conjecture, que la tierce partie du temps de toutte l'Eclipse, estoit passé depuis le commencement de l'Eclipse jusqu'au moment de la premiere consideration. Car peu auparavant la premiere consideration fut le Soleil veu libre de lobject de la Lune. *Mont-Royal* au *Torquet*.

Il y à du commencement des ans de Christ jusqu'a ceste nouvelle Lune Ecliptique ans Iuliens pleins 1461, mois de l'an commun 10, jours 19, heures au Meridien Goesien 23 32'. Ausquels est deu par nos Tables.

Le vray lieu du Soleil au	deg.	8	41'	37''	♐.
Le vray lieu de la Lune au	deg.	8	42	3	♐.

Pour l'equation des jours naturels doit estre adjouté au temps moyen Scrup. d'heure 16'. Et ainsi fut la vraye conjonction à Goes Scrup. d'heure 12 avant midy: mais à Viterbe qui est plus orientale de Scrupules d'heure 40', à heure apres midy o 28'. Le milieu de l'Eclipse veu à Viterbe à heure apres midy o 15'. Doigts Ecliptiques 2 48'. Le commencement Scrup. d'heure 33' avant midy. La fin à heure 1 3' apres midy, le Soleil estant haut deg. 24½. La declination du Soleil estoit de deg. 21 48' australe, & l'elevation de l'Equinoctial à Viterbe de deg. 47 48'. Parquoy la hauteur meridiene du Soleil estoit de degrés 26 o'. Ce qui accorde justement avec l'observation de *Mont-Royal*.

XVIII. En l'an de Christ 1485, le 16ᵉ jour de Mars, fut une Eclipse de Soleil,

Soleil, le milieu de laquelle fut observée par *Bernard Gualtere* à *Noremberg* à heures apres midy 4 27′. Car il nota le commencement à heures apres midy 3 26′, & la fin à heures apres midy 5 28′. Au milieu de l'Eclipse furent obscurcis vers midy presqu'unze doigts. Voyez les Observations de *Bernard Gualtere*.

Il y à du commencement des ans de Christ jusqu'a ceste nouvelle Lune Ecliptique ans Iuliens pleins 1484, mois de l'an commun 2, jours 15, heures au Meridien Goesien 1 49′. Ausquels est deu par nos Tables.

Le vray lieu du Soleil au	deg.	5 32′	19″	♈.
Le vray lieu de la Lune au	deg.	5 32	8	♈.

Pour l'equation des jours naturels doit estre adjouté au temps moyen un Scrupule d'heure. Et pour l'equation de temps en la Lune doit encore y estre adjouté Scrup. d'heure 30′. Parquoy la vraye conjonction des Luminaires fut à Goes à heures apres midy 2 20′; mais à Nuremberg qui est Scrupules d'heure 33′ plus orientale, à heures apres midy 2 53′. Le milieu de l'Eclipse veu à Nuremberg à heures apres midy 4 25′. Doigts Ecliptiques 10 50′, c'est presque 11, tout ainsi que *Bernard Gualtere* à observé.

XIX. En l'an de Christ 1544, le 24e jour de Ianvier, fut une Eclipse de Soleil, le milieu de laquelle *Gemme Frison* observa à Louvain, soubs la latitude de deg. 50 50′, & longitude de temps 26 30′, à heures 8 53′ plus ou moins avant midy. Or alors fut l'obscurcissement de dix doigts de la partie inferieure, les Tables communes designans la partie superieure. *Gemma Frison* au *baston Astronomic* chap. 18.

Il y à du commencement des ans de Christ jusqu'a ceste nouvelle Lune Ecliptique ans Iuliens pleins 1543, jours 22, heures au Meridien Goesien 20 34′. Ausquels est deu par nos Tables.

Le vray lieu du Soleil au	deg.	13 46′	13″	♒.
Le vray lieu de la Lune au	deg.	13 46	17	♒.

Pour l'equation des jours naturels doit estre tiré du temps moyen Scr. d'heure 9′. Parquoy la vraye conjonction fut à Goes à heures apres minuict 8 25′: mais à Louvain qui est 4 Scrup. d'heure plus orientale à heures apres mi-nuict 8 29′. Le milieu de l'Eclipse veu à Louvain à heures apres mi-nuict 7 58′. Doigts Ecliptiques 11 1′. Autant en vit aussi *Funetius* en Allemagne.

Gemma note toutesfois seulement 10 doigts, mais non au temps de la plus grande observation, ains quand le Soleil avoit desja commencé à se remplir. Car le milieu de l'Eclipse ne fut à Louvain à heures 8 53′ plus ou moins avant midy, comme *Gemma* escrit, ains à heures 7 58′. *Gemma* fut donc déçeu par ne sçavoir le temps auquel le Soleil fut le plus obscurci.

XX. En l'an de Christ 1590, le 21e jour de Iuillet, fut observé par *Michel Mestlin* une Eclipse du Soleil à Tubinge, soubs la latitude de deg. 48 24, & longitude de temps 31 0′; & nota le milieu de l'Eclipse à heures apres mi-nuict 7 44′, ayant laissé entrer le raid du Soleil par les tuilles, en une chambre ample & obscure. *Keplere* en l'*Astronomie Optique* page 360, 406, & 421.

Il y à du commencement des ans de Christ jusqu'a ceste nouvelle Lune Ecliptique ans Iuliens pleins 1589, mois de l'an commun 6, jours 19, heures au Meridien Goesien 21 3'. Ausquels est deu par nos.

Le vray lieu du Soleil au	deg. 7	35'	10"	♌.
Le vray lieu de la Lune au	deg. 7	34	43	♌.

Pour l'equation des jours naturels doit estre tiré du temps moyen un Scrupule d'heure. Et pour l'equation de temps en la Lune, doit encore estre tiré Scrup. d'heure 18'. Parquoy la vraye conjonction des Luminaires fut à Goes, à heures apres mi-nuict 8 44': mais à Tubinge, qui est plus orientale de Scrup. d'heure 22', à heures apres mi-nuict 9 6'. *Ticho* à heures 9 2': *Keplere* recueille de l'observation de *Mestlin* heures 9 8'. Le milieu de l'Eclipse veu à Tubinge à heures apres mi-nuict 7 44'. Doigts Ecliptiques 9 0'; autant en est aussi produit par le calcul de *Keplere*.

XXI. En l'an de Christ 1612, le 19e jour de May fut Eclipse de Soleil, le milieu de laquelle fut veu par *Chrestien Severin* à Coppenhague en Danemarc, soubs la latitude de degrés 55 43', & longitude de temps 36 45', environ heures 11½ avant midy. Il nota le commencement de l'Eclipse, le Soleil estant haut deg. 51 peu plus. La fin estoit selon le calcul *Tychonic* à heure 0 22'⅓ apres midy, mais suivant l'observation de *Chrestien* elle fut plus tard. Au milieu estoyent obscurcis au plus doigts 8 vers Septentrion. Voyez la seconde partie de l'*Astronomie Danique* page 187 & 188.

Il y à du commencement des ans de Christ jusqu'a ceste nouvelle Lune Ecliptique, ans Iuliens pleins 1611, mois de l'an bisextil 4, jours 18, heures au Meridien Goesien 22 27'. Ausquels est deu par nos Tables.

Le vray lieu du Soleil au	deg. 9	7'	10"	♊.
Le vray lieu de la Lune au	deg. 9	7	21	♊.

Pour l'equation des jours naturels doit estre adjouté au temps moyen Scrup. d'heure 10'. Parquoy la vraye conjonction des Luminaires fut à Goes à heures apres mi-nuict 10 37'; mais à Coppenhague qui est Scr. d'heures 45' plus orientale, à heures apres mi-nuict 11 22'. Le milieu de l'Eclipse veu à Coppenhague à heures apres mi-nuict 11 22', c'est soubs l'heure 11½ apres minuict. Doigts Ecliptics 9 26'.

Chrestien a doigts 8 au plus, mais il accommoda l'observation au calcul de son Maistre, qui a doigts 8 2': ce qu'il fit aussi en l'Eclipse de Soleil de l'an de Christ 1608, comme son Maistre mesme en l'Eclipse de l'an 1600. Car il est certain que cest obscurcissement fut de plus de 8 doigts, veu que *Chrestien* confesse que le temps de repletion fut plus long suivant son observation, que suivant le calcul *Tychonic*.

Les Scrupules d'incidence estoyent 32' 46", & le temps d'incidence de heure 1 22'. Parquoy l'Eclipse commença à heures apres mi-nuict 10 0', le Soleil estant haut deg. 49 30'. Le temps de repletion estoit d'heure 1 14'. l'Eclipse finit donc Scrup. d'heure 36' apres midy. Lequel temps est plus long que le *Tychonic*: Toutte l'observarion de *Chrestien Severin*, convient donc justement avec nostre calcul.

Et voila

Et voila ainsi les Observations d'Eclipses Solaires; suivent maintenant les observations d'Appulsemens de la Lune aux Estoilles fixes.

SEPTIEME CLASSE DES OBSERVATIONS LVNAIRES.

Observations des Appulsemens de la Lune aux Estoilles fixes: & premierement aux Plejades.

OBservation I. En l'an quarante-septiéme de la premiere *periode Calippique*, qui estoit l'an 465 de *Nabonnassar*, le 29e jour du mois d'Athyr, en la fin de la troisiéme heure de la nuict, c'est à heures égales 3 20′ avant mi-nuict, fut observé par *Timochare à Alexandrie*, que la partie moyenne de la Lune estoit induite à la troisiéme estoille en la moitié succedante des Pejades, c'est, à l'orientale des Plejades: & l'estoille estoit peu plus boreale que le centre de la Lune. *Ptolomée* au livre VII de *l'Almageste*, chap. 3.

Il y à du commencement des ans de Nabonnassar à ceste observation ans Egyptiens pleins 464, mois 2, jours 8, heures au Meridien Alexandrin apparantes 8 40′ au Goesien heures 6 20′, exactes heures 6 21′. C'est Sexagenes de jours 47′. 3′, jours 48, Scrup. 15 52″½. Ausquels est deu par nos Tables,

Le vray lieu de la plus orientale des Plejades au deg. 28 52′ 57″. ♈.
Sa latitude boreale deg. 3 51′.
Le vray lieu de la Lune en l'Ecliptique au deg. 29 55′ 8″ ♈.
Sa latitude boreale deg. 3 56′ 45″.

Or à Alexandrie estoit culminant à heures apres midy 8 40′, le deg. 20 ♊, avec angle de deg. 94 24′. Le degré culminant estoit distant du point vertical deg. 7 29′. Il y avoit entre le deg. culminant & le lieu de la Lune vers couchant deg. 50 5′. Parquoy le lieu de la Lune estoit distant du point vertical deg. 51 3′. l'Angle Parallactic estoit de deg. 9 34′. La Parallaxe Horizontale de la Lune de Scrup. 59′ 46″. La Parallaxe d'altitude de Scrup. 47′ 0″. La Parallaxe de longitude de Scrup. 46′ 18″ substractive. La Parallaxe de latitude de Scrup. 7′ 49″ substractive. Et ainsi le centre de la Lune estoit parveu au deg. 29 8′ 50″ ♈ avec latitude boreale de deg. 3 48′ 56″. Parquoy la difference des longitudes du centre de la Lune & de l'estoille estoit de Scrup. 15′ 53″, la difference des latitudes de Scrup. 2′ 4″; & par ainsi la distance du centre de la Lune de l'estoille de Scrup. 16′ 1″, presque egale au demi-diametre de la Lune de Scrup. 16′ 36″. Parquoy le bord oriental de la Lune estoit induict à l'orientale des Plejades, & l'estoille estoit quelque peu plus

plus boreale que le centre de la Lune ; tout ainsi que *Timochare* à observé.

II. En l'an 12e de l'Empereur Domitian, le 840e de Nabonnassar, le 2e jour de Tybi, au commencement de la troisiéme heure de la nuict, fut observé par *Agrippa* en *Bithynie*, soubs la latitude de deg. 43, & longitude de temps 65 30′, que la Lune obtenoit la partie succedente & australe des Plejades. *Ptolomée* livre VII chap. 3 de l'*Almageste*.

Il y à du commencement des ans de Christ jusqu'a ceste observation ans Iuliens 91, mois de l'an bisextil 10, jours 28, heures au Meridien *Bithynie* 7 0′ apparantes, au Goesien 4 20′, exactes 4 2′. Ausquels est deu par nos Tables.

Le vray lieu de l'orientale des Plejades au deg. 2 39′ 24″ ♉,
Sa latitude boreale deg. 3 51′.
Le vray lieu de la Lune en l'Ecliptique au deg. 2 25′ 2″ ♉.
Sa latitude boreale vraye deg. 4 59′ 41″.
Le lieu veu de la Lune au deg. 2 39′ 31″ ♉.
Sa latitude veuë boreale deg. 4 21′ 37″.

Parquoy la difference des longitudes du centre de la Lune & de l'Estoillle estoit de Scrup. 0′ 7″. La difference des latitudes de Scrup. 30′ 37″. l'Estoille estoit donc distante du centre de la Lune Scrup. 30′ 37″, mais de la corne australe de la Lune Scrup. 15′ 32″. Car le demi-diametre de la Lune estoit de Scrup. 15′ 5″. Davantage la corne australe de la Lune estoit au milieu entre le centre de la Lune & l'Estoille, & ce en droite ligne. Parquoy la Lune obtenoit de sa corne australe l'orientale des Plejades, tout ainsi qu'*Agrippa* à observé en Bithynie.

III. En l'an de Christ 1487 quand la hauteur meridiene du petit Chien (non de la Lune) estoit de deg. 47, fut observé de *Bernard Gualtere* disciple de *Mont-Royal* à Nuremberg, soubs la hauteur de deg. 49 24′ & longitude de temps 33 45′, que la Lune attouchoit de sa corne australe la plus boreale des *Plejades*. Voyez les Observations de *Bernard Gualtere*.

La declination du petit Chien estoit de deg. 6 22′ boreale, laquelle adjoutée à la hauteur de l'Equateur à Nuremberg de deg. 40 36′, donne la hauteur meridiene du petit Chien de deg. 46 58′, c'est presque de deg. 47, à peine different de l'observée.

L'ascension droite du petit Chien estoit de temps 108 33′; de laquelle estant tirée l'Ascension droite du Soleil de temps 350 20′, demeurera temps 118 13′, desquels le Soleil estoit distant du Meridien. Et ainsi l'observation superieure fut faite à Nuremberg à heures apres midy 7 53′. *Bernard Gualtere* à heures 7 52′.

Il y à du commencement des ans de Christ jusqu'a ceste observation ans Iuliens pleins 1486, mois 1, jours 27, heures au Meridien de Nuremberg apparantes 7 53′, au Goesien heures 7 20′, exactes heures 7 26′. Ausquels est deu par nos Tables.

Le vray lieu de la plus boreale des Plejades au deg. 22 54′ 57″ ♉.
Sa latitude boreale deg. 4 29′.
Le vray lieu de la Lune en l'Ecliptique au deg. 23 31′ 53″ ♉.
Sa vraye latitude boreale deg. 5 14′ 21″.
Le lieu veu de la Lune au deg. 22 46′ 35″ ♉,
Sa latitude veuë deg. 4 44′ 38″.

Partant la difference des longitudes du centre de la Lune & de l'Estoille estoit de Scrup. 8′ 22″. La difference des latitudes de Scrup. 15′ 38″. Parquoy l'estoille estoit distante du centre de la Lune Scrup. 17′ 43″. Mais le demi-diametre de la Lune estoit de Scrup. 18′ 20″. La Lune attouchoit donc de sa corne australe, la plus boreale au quarré des Plejades; tout ainsi que *Bernard Gualtere* vit à Noremberg.

IV. En l'an de Christ 1598, le 29e jour de Mars, durant la 8e heure du soir, fut veu par *Jean Keplere* à Grats soubs la latitude de deg. 47 2′, & longitude de temps 39 15′, la Lune conjointe aux occidentales du quarré des Plejades, tellement que la Lune n'estoit distante de la plus prochaine plus de la sixiéme partie de son diametre. Du bord extreme estoit distante la claire de la troisiéme grandeur, autant qu'estoit la largeur du corps Lunaire. Voyez *l'Astronomie Optique* de *Keplere* page 247.

Il y à du commencement des ans de Christ jusqu'a ceste observation ans Iuliens pleins 1597, mois communs 2, jours 28, heures au Meridien de Gragts apparantes 8 43′, au Goesien 7 48′, exactes 7 45′. Ausquels est deu par nos Tables.

Le vray lieu de la plus occidentale des Plejades au deg. 23 35′ 1″ ♉,
Sa latitude boreale deg. 4 12′.
Le vray lieu de la plus boreale des Plejades au deg. 24 2′ 1″ ♉,
Sa latitude boreale deg. 4 29′.
Le vraye lieu de la luisante des Plejades au deg. 24 23′ 1″ ♉,
Sa latitude boreale deg. 4 6′.
Le vray lieu de la Lune en l'Ecliptique au deg. 24 29′ 20″ ♉,
Sa vraye latitude boreale deg. 5 0′ 29″.
Le lieu veu de la Lune au deg. 23 43′ 16″ ♉,
Sa latitude veuë deg. 4 31′ 57″. Boreale.

La difference donc des longitudes du centre de la Lune & de la plus occidentale des Plejades estoit de Scrup. 8′ 15″, & la difference des latitudes de Scr. 19′ 57″; & par ainsi la distance de l'Estoille du centre de la Lune de Scrup. 21′ 15″, mais du bord extreme de la Lune de Scrup. 5′ 53″. Car le demi-diametre de la Lune estoit de Scrup. 15′ 22″.

La difference des longitudes du centre de la Lune & de la boreale des Plejades estoit de Scrup. 18′ 45″, & la difference des latitudes de Scrup. 2′ 57″. Et par ainsi l'estoille estoit distante du centre de la Lune Scrup. 18′ 58″, mais du plus prochain bord de la Lune Scrup. 3′ 36″, c'est, moins que la sixiéme partie du diametre Lunaire.

La dif-

La difference des longitudes du centre de la Lune & de la luisante des Plejades estoit de Scrup. 39′ 45″, & la difference des latitudes de Scrup. 25′ 57″. Parquoy la luisante des Plejades estoit distante du centre de la Lune Scrup. 47′ 14″; mai du bord extreme de la Lune Scrup. 31′ 52″, c'est de l'intervalle du diametre de la Lune. Car le diametre de la Lune estoit de Scrupules 31′ à peu pres.

Ainsi convient l'observation de *Keplere* exactement avec nostre calcul.

OBSERVATIONS DE LA LVNE à L'OEIL du Taureau Palilice.

OBservation I. En l'an de Christ 1497, la 7ᵉ Ide de Mars, apres Soleil couchant, la Lune estant esloignée du Pole de l'Horizont deg. 84 0′; fut veu par *Nicolas Copernic* à Bologne la grasse, soubs la latitude de deg. 43 54′, & longitude de temps 34½, la plus luisante des Hyades, appliquée à la partie obscure de la Lune, laquelle se cachant aussi tost entre les cornes, estoit plus prochaine de la corne australe, environ du tiers de la largeur ou du diametre de la Lune. *Copernic* au livre IV des *Revolutions* chap. 27.

Cecy advint à heures apres midy 10 45′ presque. Car par la distance de la Lune du point Vertical de deg. 84, & la Declination de la Lune boreale de deg. 16 18′, avec l'elevation du Pole à Bologne de deg. 43 54′, est recueilli la distance de la Lune du Meridien vers couchant, de temps 97 29′. lesquels avec l'ascension droite de la Lune de temps 62 48′, composent l'ascension droite du milieu du Ciel de temps 160 17′. Dequoy tiré l'ascension droite du Soleil de temps 359 5′, demeure la distance du Soleil du Meridien de temps 161 12′, c'est, d'heures égales 10 45′ prochainement, lesquelles furent à Goes heures 10 9′. Car Goes est plus occidentale que Bologne de temps 9.

Il y à du commencement des ans de Christ à ceste observation ans Iuliens pleins 1496, mois de l'an commun 2, jours 8, heures au Meridien de Bologne 10 45′ apparantes, au Goesien heures 10 9′, exactes heures 10 12′. Ausquels est deu par nos Tables.

Le vray lieu de l'Oeil du Taureau au	deg.	3	15′	13″	♊.
Sa latitude australe deg. 5 30′.					
Le vray lieu de la Lune en l'Ecliptique au	deg.	3	51′	43″	♊.
Sa vraye latitude australe deg. 4 48′ 4″.					
Le lieu veu de la Lune au	deg.	3	0′	45″	♊.
Sa latitude veuë deg. 5 21′ 32″ australe.					

Parquoy la difference des longitudes du centre de la Lune & de l'Estoille estoit de Scrup. 14′ 28″. La difference des latitudes de Scrup. 8′ 28″. Et par ainsi l'intervalle du centre de la Lune & de l'Estoille de Scrup. 16′ 35″. Mais le demi-

demi-diametre de la Lune estoit de Scrup. 17' 7''. l'Estoille estoit donc appliquée à la partie tenebreuse de la Lune, & se cachoit aussi tost entre les cornes, & Estoit plus prochaine de la corne australe de Scrup. 8' 28'', c'est, presque du tiers diametre de la Lune; tout ainsi que *Nicolas Copernic* observa à Bologne.

II. En l'an de Christ 1608, le 12ᵉ jour de Feburier, un tiers d'heure apres la septiesme heure du soir, nous visines à Goes soubs la latitude de deg. 51 31', & longitude de temps 25 30', marcher la Lune de sa partie tenebreuse dessus l'oeil du Taureau; & l'Estoille estoit plus boreale que le centre de la Lune presque des trois quarts du demi-diametre Lunaire.

Il y à du commencement des ans de Christ jusqu'a ceste observation, ans Iuliens pleins 1607, mois 1, jours 11, heures au Meridien Goesien apparantes 7 20', exactes 7 25'. Ausquels est deu par nos Tables.

Le vray lieu de l'oeil du Taureau au	deg. 4 23' 48'' ♊,
Sa latitude australe deg. 5 30'.	
Le vray lieu de la Lune en l'Ecliptique au	deg. 4 35' 29'' ♊,
Sa vraye latitude australe deg. 5 10' 43''.	
Le lieu veu de la Lune au	deg. 4 15' 52'' ♊,
Sa latitude veuë deg. 5 43' 9''.	

Par ainsi la difference des longitudes du centre de la Lune & de l'Estoille de Scrup. 7' 56'': & la difference des latitudes de Scrup. 13' 9''. Et partant l'intervalle du centre de la Lune & de l'Estoille de Scrup. 15' 21''. Or le demi-diametre de la Lune estoit de Scrup. 16' 25''. La Lune marchoit donc de sa partie tenebreuse dessus l'Estoille resplendissante en l'oeil du Taureau, & l'Estoille estoit plus basse que la corne supreme de la Lune, presque du quart-demi-diametre de la Lune, tout ainsi que nous visines à Goes.

III. En l'an de Christ 1608, le 12ᵉ jour de Feburier au vespre, la Lune estant distante du pole de l'Horizon deg. 50 15', fut veu à Goppenhague en Danemarc soubs la latitude de deg. 55 43', & longitude de temps 36 45', conjonction de la corne superieure de la Lune avec Palilice. Voyez la seconde partie de *l'Astronomie Danique* page 126 & 157.

Ce-cy advint à heures apres midy 8 36', comme il est escrit en *l'Astronomie Danique*. Car par la vraye distance de la Lune du point Vertical, de deg. 50 15', & la Declination boreale de la Lune de deg. 16 5', avec l'elevation du pole à Coppenhague de deg. 55 43', s'obtient la distance de la Lune du Meridien de temps 40 41', lesquels avec l'ascension droite de la Lune de temps 63 54' composent l'ascension droite du M. du C. de temps 104 35'. Dequoy soubstrait l'ascension droite du Soleil de temps 335 31', demeure la distance du Soleil du Meridien de temps 129 4', c'est, d'heures 8 36', lesquelles furent à Goes heures 7 51', dautant que Coppenhague est plus orientale que Goes temps 11 15'.

Il y à du commencement des ans de Christ jusqu'a ceste observation ans Iuliens pleins 1607, mois un, jours 11, heures au Meridien de Coppenhague 8 36' appa-

 rantes

rantes, au Goesien heures 7 51′, exactes 7 58′. Ausquels est deu par nos Tables.

Le vray lieu de Palilice au	deg.	4	23′	48″	♊,
Sa latitude australe deg. 5 30′.					
Le vray lieu de la Lune en l'Ecliptique au	deg.	4	53′	44″	♊,
Sa vraye latitude australe deg. 5 10′ 19″.					
Le lieu veu de la Lune au	deg.	4	25′	48″	♊,
Sa latitude veuë deg. 5 46′ 24″, australe.					

Par ainsi la difference des longitudes du centre de la Lune & de l'estoille de Scrup. 2′ 0″. La difference des latitudes de Scrup. 16′ 24″. Partant l'Estoille estoit distante du centre de la Lune Scrup. 16′ 31″. Or le demi-diametre de la Lune estoit de Scrup. 16′ 25″. Il y avoit donc visible conjonction de la corne superieure de la Lune avec l'oeil du Taureau, comme *Chrestien Longomontan* à tres bien observé.

OBSERVATIONS DE LA LVNE au Roytelet

Observation I. En l'an second de l'Empereur Antonin, le 9e jour de Pharmuth, à heures egales apres midy 5 48′, le milieu du Ciel estant occupé par le deg. 4 ♊; *Ptolomée* observa avec un instrument Astrolabic à Alexandrie, soubs la latitude de deg. 30 58′, & longitude de temps 60 30′, que l'Estoille royale au coeur du Lion estoit distante du centre de la Lune en consequence des Signes deg. 57 10′: *Ptolomée* au livre VII chap. 2 de l'*Almageste*.

Il y a du commencement des ans de Christ jusqu'a ceste observation ans Iuliens pleins 138, mois 1, jours 22, heures au Meridien Alexandrin 5 48′ apparantes, au Goesien heures 3 28′, exactes 3 34′. Ausquelles est deu par nos Tables.

Le vray lieu du Roytelet au	deg.	2	30′	7″	♌.
Sa latitude deg. 0 12′ boreale					
Le vray lieu de la Lune en l'Ecliptique au	deg.	5	21′	14″	♊,
Sa vraye latitude australe deg. 4 2′ 56″.					
Le lieu de la Lune veu au	deg.	5	20′	32″	♊,

Parquoy le Roytelet suivoit la Lune de deg. 57 10′ presque, tout ainsi que *Ptolomée* observa.

II. En l'an de christ 1478, le 19e jour d'Octobre, à heures 3½ avant le Soleil levant, fut veu à Nuremberg par *Bernard Gualtere* la Lune distante du Roytelet presque demi-degré. Et estoit icelle distance le plus de la part de latitude, que la Lune avoit vers Septentrion. Voyez les observations de *Bernard Gualtere*.

Le

Le soleil estoit alors au deg. 6 ♏, & se levoit par consequent à Nuremberg à heures 7 6′ apres mi-nuict. Mais à cause de la Refraction, le lever apparant du Soleil, antecedoit le vray moins Scrupules d'heure 5′. Tellement que ceste observation de *Bernard Gualtere* fut à Nuremberg à heures apres minuict 3 31′.

Il y à du commencement des ans de Christ jusqu'a ceste observation, ans Iuliens pleins 1477, mois communs 9, jours 18, heures au Meridien de Nuremberg 15 31′ apparantes, au Goesien 14 58′, exactement 14 36′. Ausquels est deu par nos Tables.

Le vray lieu du Roytelet au deg. 23 8′ 41″ ♌.

Sa latitude boreale deg. 0 31′.

Le vray lieu de la Lune en l'Ecliptique au deg. 23 8′ 10″ ♌,

Sa latitude boreale deg. 1 34′ 37″.

Le lieu veu de la Lune au deg. 23 58′ 0″ ♌.

Parquoy la difference des longitudes du centre de la Lune & du Roytelet estoit de Scrup. 49′ 19″. Dequoy ayant tiré le demi-diametre de la Lune de Scrup. 18′ 36″, demeurera la distance du Roytelet du prochain bord de la Lune de Scrupules 30′ 43″, c'est, demi-degré ne differant en rien de l'observation.

Or ce que le mesme *Bernard* note est digne de consideration : *que la distance du Roytelet de la Lune de près d'un demi-degré, estoit le plus de la partie de latitude, que la Lune avoit vers le Septentrion*. Car il ne signifie seulement que la latitude du Roytelet fust alors au moins de demi-degré vers Septentrion ; mais aussi que le Roytelet fust alors vrayement conjoinct avec la Lune en longitude. Car par la doctrine des Eclipses Solaires est cogneu, que la Lune est alors vrayement conjoincte au Soleil en longitude, quand la difference des longitudes veuë, est égale à la Parallaxe de la Lune du Soleil en longitude. Ce qui à pareillement lieu en la Lune & Estoilles fixes. Or en l'observation de *Bernard Gualtere* la difference apparante du centre de la Lune & du Roytelet, de Scrup. 49′ 19″, fut presqu'égale à la Parallaxe de la Lune en longitude de Scrup. 49′ 50″. Il est donc convenable que la Lune & le Roytelet fussent alors vrayement conjoints en longitude ; & par ainsi le Roytelet au deg. 23 8′ 10″ ♌, à peu prés. Car iceluy estoit le vray lieu du Soleil en l'Ecliptique, comme nous avons monstré c'y dessus. Nos Tables Astronomiques enseignent le mesme. Donnans le vray lieu du Roytelet au deg. 23 8′ 41″ ♌ fort peu differant du vray lieu de la Lune au deg. 23 8′ 10″ ♌. Parquoy toutte l'observation de *Bernard Gualtere* accorde exactement avec nostre calcul.

III. En l'an de Christ 1486, le 20e jour d'Octobre, au matin, commença la Lune à couvrir à Nuremberg le Roytelet, sa latitude estant de deg. 45′, avant midy. Voyez les Observations de *Bernard Gualtere*.

Ce-cy fut à heures égales apres le midy precedant 17 6′. Car la declinaison du Roytelet estoit de deg. 14 16′ boreale, son ascension droite de temps 145 45′.

Davantage par la declination boreale du Roytelet de deg. 14 16′, & le complement de l'elevation du Pole à Nuremberg de deg. 40 36′, avec la distance du point Vertical de deg. 45, se recuille la distance du Roytelet du Meridien vers levant de temps 34 28′. Mais icelle tirée de l'Ascension droite du Roytelet de temps 145 45′, demeure l'ascension droite du M. du C. de temps 111 17′: & derechef tiré de celle-cy l'Ascension droite du Soleil de temps 214 44′, demeure temps 256 33′, qui font heures 17 6′, desquelles le Soleil estoit distant du Meridien.

Il y à du commencement des ans de Christ jusqu'a ceste observation ans Iuliens pleins 1485, mois de l'an commun 9, jours 19, heures au Meridien de Noremberg 17 6′ apparantes, au Goesien heures 16 33′, exactes 16 10. Ausquels est deu par nos Tables.

Le vray lieu du Roytelet au	deg. 23	13′	44″	♌,
Sa latitude deg. 0 31′, boreale.				
Le vray lieu de la Lune en l'Ecliptique au	deg. 22	29′	2″	♌,
Sa vraye latitude boreale deg. 0 46′ 10″.				
Le lieu veu de la Lune au	deg. 23	3′	25″	♌,

Sa latitude veuë de. 0 17′ 5″. Parquoy la difference des longitudes du centre de la Lune & du Roytelet estoit de Scrup. 10′ 19″, & la difference des latitudes de Scrup. 13′ 55″. Partant le Roytelet estoit distant du centre de la Lune Scrup. 17′ 19″. Or le demi-diametre de la Lune estoit de Scrup. 17′ 41″. La Lune commençoit donc à couvrir le Roytelet; tout ainsi que *Bernard Gualtere* observa à Nuremberg.

IV. En l'an de Christ 1627, le 18e jour de Feburier, à heures apres midy 5 36′, fut veu à Leyde par le Telescope l'Estoille Royale au cœur du Lion estre distante du bord de la Lune, environ deux doigts Lunaires. Or le centre de la Lune estoit veu plus oriental selon la longitude doigts Lunaires 4, & plus austral doigts 6, ou peu plus. Ainsi observa M. *Martin Hortense*.

Il y à du commencement des ans de Christ jusqu'a ceste observation ans Iuliens pleins 1626, mois 1, jours 17, heures au Meridien Leydien 5 36′, au Goesien 5 33′ exactement 5 39′. C'est, Sexag. de jours 2‴ 44″ 59′ jours 4, Scrup. 14′ 7″ 30‴. Ausquels est deu par nos Tables.

Le vray lieu du Roytelet au	deg. 24	45′	3″	♌,
Sa latitude boreale deg. 0. 31′.				
Le vray lieu de la Lune en l'Ecliptique au	deg. 24	9′	10″	♌,
Sa vraye latitude boreale deg. 0 42′ 57″.				
Le lieu veu de la Lune au	deg. 24	55′	57″	♌,

Sa latitude veuë boreale deg. 0 14′ 16″. Parquoy la difference des longitudes du centre de la Lune & de l'Estoille estoit de Scrup. 10′ 54″. La difference des latitudes de Scrup. 16′ 44″: & par ainsi leur distance de Scrup. 19′ 58″. Le demi-diametre de la Lune estoit de Scrup. 15′ 55″, Le doigt Lunaire de Scrupules 2′ 39″. Le centre de la Lune sembloit plus oriental que le Royle Roytelet 4 doigts à peu prés; & plus austral doigts 6½. l'Estoille estoit donc distante du bord de la Lune deux doigts: tout ainsi qu'il à esté observé par *M. Hortense*.

OBSERVATIONS DE LA LUNE

à l'Epy de la Vierge.

OBservation I. En l'an trente-sixiéme de la premiere *Periode Calippique*, qui estoit l'an 454 de Nabonnassar, le 5e jour du mois de Tybi, au commencement de la troisiéme heure de la nuict, fut observé par *Timochare* à Alexandrie, que la Lune de son bord qui estoit Vernal vers levant, estoit parvenuë à l'Epy de la Vierge; & que l'Epy de la Vierge Separoit le tiers du diametre Lunaire vers Septentrion, lisez midy. Ce-cy advint à heures apres midy 8 ou environ le commencement de la tierce heure de la nuict. Or heures apres midy passées, le deg. 15, de l'Ecrevisse occupant le milieu du Ciel, furent la Lune & l'Epy de la Vierge conjoinctes en longitude. *Ptolomée* au livre VII chap. 3 de *l'Almageste*.

Il y à du commencement des ans de Nabonnassar, jusqu'a ceste conjonction de la Lune & de l'Epy de la Vierge ans Egyptiens pleins 453, mois Egyptiens 4, jours 4, heures au Meridien Alexandrin 8 0' apparantes, au Goesien 5 40', exactes 5 38'. C'est, Sexagenes de jours 45'' 57', jours 49, Scr. 14' 5''. Ausquels est deu par nos Tables.

Le vray lieu de l'Epy de la Vierge au	deg. 22	4'	38''	♍.
Sa latitude australe deg. 2 0'.				
Le vray lieu de la Lune en l'Ecliptique au	deg. 21	13'	31''	♍.
Sa vraye latitude australe deg. 1 47' 43''.				
Le lieu veu de la Lune au	deg. 22	3'	21''	♍.

Sa latitude veuë deg. 1 55' 15'' australe. Parquoy la longitude de la Lune & de l'Epy de la Vierge estoit presque la mesme, mais la Lune estoit plus boreale que l'Epy de la Vierge Scrup. 4' 45'', c'est, environ le tiers demi-diametre de la Lune; car le demi-diametre de la Lune estoit de Scr. 15' 16''. l'Epy de la Vierge separoit donc le tiers du diametre de la Lune vers midy, tout ainsi que *Timochare* observa à Alexandrie.

II. En l'an quarantehuitieme de la premiere *Periode Calippique*, qui estoit l'an de Nabonnassar 466, le 7e jour du mois de Thoth, *Timochare* observa à Alexandrie, que la Lune montant sur l'Horizon, elle touchoit de sa part boreale l'Epy de la Vierge. Ce-cy fut à heures égales apres minuict 2 30': car le deg. 22 ♍ se levoit alors par Refraction, se devant premierement lever à heures apres mi-nuict 2 40'. Voyez *Ptolomée* au livre VII chap. 3 de *l'Almageste*.

Il y à du commencement des ans de Nabonnassar jusqu'a ceste observation

vation ans Egyptiens pleins 465, jours 6, heures au Meridien Alexandrin 14 30, apparantes, au Goesien heures 12 10', exactes 11 40'. C'est, Sexagenes de jours 47'' 8', jours 51, Scr. 29' 10''. Ausquels est deu par nos Tables.

Le vray lieu de l'Epy de la Vierge au deg. 22 12' 21'' ♍,
Sa latitude australe deg. 2 0'.
Le vray lieu de la Lune en l'Ecliptique au deg. 21 21' 35'' ♍,
Sa latitude australe deg. 2 11' 23''.
Le lieu veu de la Lune au deg. 22 26' 47'' ♍,
Sa latitude veuë australe deg. 2 20' 3''. La difference des longitudes du centre de la Lune & de l'Estoille de Scrup. 14' 26'', la difference des latitudes de Scrupules 20' 3''. Et par ainsi la distance de l'Estoille du centre de la Lune Scrup. 24' 41''. Et la distance du bord boreal de la Lune pres de Scrup. 6'. Car le demi-diametre de la Lune estoit de Scrup. 18' 25'' : or la Refraction Horizontale de la Lune estant de Scrup. 36' 50'' (asçavoir autant que son diametre estoit alors) mais la Refraction de l'estoille seulement de Scrup. 30', la Lune sembloit d'estre plus haute que l'Estoille au moins de Scrup. 6'. Ayant donc tiré les Scrup. 6', de la distance du centre de la Lune & de l'Estoille trouvée cy dessus de Scrupules 24' 41'', la Lune touchera de sa partie boreale l'Epy de la Vierge ; tout ainsi qu'il fut observé par *Timochare* à Alexandrie.

III. En l'an premier de l'Empereur Trajan, le 15e jour de Mechir, fut observé à Rome par *Menelaus* Geometre, soubs la latitude de deg. 42, & longitude de temps 36 15', que la Lune couvrit l'Epy de la Vierge à 10 heures de la nuict, d'autant qu'icelle estoille ne se voyoit en nulle part. Mais en la fin de l'heure unziéme de la nuict, il vit icelle estre egalement distante des cornes moins que le diametre de la Lune en precedence du centre Lunaire. *Ptolomée* au livre VII chap. 3 de l'*Almageste*. Or l'heure dixiéme de la nuict à Rome, finissoit à heures égales apres mi-nuict 4 57'. l'Epy de la Vierge estoit donc alors du tout couverte de la Lune. Mais l'heure unziéme de la nuict finissoit à Rome, à heures égales 6 11' apres mi-nuict, & alors *Menelaus* vit l'Epy de la Vierge estre egalement distante des cornes de la Lune en precedence moins que le diametre Lunaire.

Il y à du commencement des ans de Christ jusqu'a la premiere observation de *Menelaus*, ans Iuliens pleins 97, jours 9, heures 16 57'. au Meridien de Rome apparantes, au Goesien heures 16 14', exactes 16 17'. Ausquels est deu par nos Tables.

Le vraye lieu de l'Epy de la Vierge au deg. 26 1' 36'' ♍,
Sa vraye latitude australe deg. 2 0'.
Le vray lieu de la Lune en l'Ecliptique au deg. 25 45' 29'' ♍,
Sa vraye latitude australe deg. 1 22' 15''.
Le lieu veu de la Lune au deg. 25 54' 16'' ♍,
Sa latitude veuë deg. 1 59' 49'' australe. Parquoy la difference des longitudes estoit de Scrup. 7' 20'', & la difference des latitudes Scrup. 0' 11''. Et par ainsi la distance de l'Estoille du centre de la Lune de Scr. 7' 20''.

Or le

Or le demi-diametre de la Lune estoit de Scr. 16′ 4″. Et ainsi la Lune couvroit l'Epy de la Vierge, tellement que *Menelaus* ne la pouvoit voir. Suit maintenant l'autre observation de *Menelaus*.

IV. Icelle fut faite par *Menelaus* à Rome à heures égales 6 11′ apres minuict, c'est, une heure & Scrupules 14′ apres la susdite. Auquel temps est donné.

Le vray lieu de la Lune en l'Ecliptique au deg. 26 25′ 24″ ♍,
Sa vraye latitude deg. 1 18′ 45″ australe.
Le lieu veu de la Lune au deg. 26 21′ 15″ ♍.
Sa latitude veuë deg. 2 1′ 21″ australe. La difference donc des longitudes estoit de Scrup. 19′ 39″, la difference des latitudes Scrup. 1′ 21″. Et par ainsi l'estoille estoit également distante des cornes de la Lune en precedence Scrup. 28′ 4″, moins que le diametre de la Lune, tout ainsi qu'il fut observé à Rome par *Menelaus* Geometre.

OBSERVATIONS DE LA LVNE

à la Supreme au front du Scorpion.

OBservation I. En l'an trente-sixiéme de la premiere *Periode de Calippe*, qui estoit l'an 454 de Nabonnassar; le 16e jour du mois de Phaophi, au commencement de l'heure dixiéme (lisez 9e) de la nuict, fut observé par *Timochare* à Alexandrie, que la Lune touchoit de son bord boreal la supreme au front du Scorpion. Voyez *Ptolomée* au livre VII, chap. 3 de *l'Almageste*, Or *Ptolomée* escrit que cecy advint à heures égales 3 24′ apres mi-nuict, estant deçeu de la longitude vitieuse de l'Estoille. Mais la vraye longitude de l'Estoille convainct, qu'icelle conjonction de la Lune & de l'estoille fixe fut en l'Horizon, à heures égales apres mi-nuict 2 30′.

Il y à du commencement des ans de Nabonnassar jusqu'a ceste observation ans Egyptiens pleins 453, jours 45, heures au Meridien Alexandrin apparantes 14 30′, au Goesien 12 10′, exactes heures 11 48′. C'est, Sexagenes de jours 45″ 56′, jours 30, Scrupules 29′ 30″. Ausquels est deu par nos Tables.

Le vray lieu de la Superieure au front du Scorpion au deg. 1 26′ 29″ ♏.
Sa latitude boreale deg. 1 15′.
Le vray lieu de la Lune en l'Ecliptique au deg. 0 47′ 7″ ♏,
Sa vraye latitude boreale deg 1 16′ 49″.
Le lieu veu de la Lune au deg. 1 38′ 33″ ♏,
Sa latitude boreale veuë deg. 1 7′ 16″. Parquoy la difference des longitudes estoit de Scrup, 12′ 4″, la difference des latitudes Scrup. 7′ 44″: & par consequent la distance de l'Estoille du centre de la Lune de Scrup. 14′ 19″, mais le demi-diametre de la Lune estoit de Scrup. 14′ 33″. La Lune attouchoit

touchoit donc de son bord Septentrional la supreme au front du Scorpion, tout ainsi que *Timochare* vit à Alexandrie.

Or cest chose digne d'observer, que la Refraction de la Lune, en ceste exemple, ne fut plus grand que la Refraction de l'Estoille, ains plustost un peu moindre. Car la Refraction de l'Estoille fut de Scrup. 30′, & le diametre de la Lune de Scrup. 29′ 6″, & par ainsi fut l'Estoille au moins un Scrupule plus haute que le bord de la Lune boreal.

II. En l'an premier de l'Empereur *Trajan*, le 18e jour du mois de Mechir, en la fin de l'onziéme heure de la nuict, la derniere partie des Balances occupant le milieu du ciel, fut observé à Rome par *Menelaus* Geometre, que la boreale au front du Scorpion estoit couverte de la Lune, tellement qu'on ne la pouvoit voir. *Ptolomée* au livre VII chap. 3 de *l'Almageste*.

L'heure unziéme de la nuict finit à Rome à heures égales apres mi-nuict 6 12′. Alors fut donc faite l'observation Superieure de *Menelaus*.

Il y à du commencement des ans de Christ à ceste observation de *Menelaus* ans Iuliens pleins 97, jours 12, heures au Meridien de Rome apparantes 18 12′, au Goesien heures 17 29′, exactes 17 33′. Ausquels est deu par nos Tables.

Le vray lieu de la supreme au front du Scorpion au deg	5	24′	36″	♏.
Sa latitude boreale deg. 1 15′.				
Le vray lieu de la Lune en l'Ecliptique au deg.	5	19′	52″	♏.
Sa vraye latitude boreale deg. 2 11′ 22″.				
Le lieu veu de la Lune au deg.	5	24′	31″	♏.

Sa latitude veuë deg. 1 25′ 26″ boreale. Parquoy la difference des longitudes estoit de Scrup. 0′ 5″, la difference des latitudes Scrup. 10′ 26″. Et par ainsi l'Estoille estoit distante du centre de la Lune Scrup. 10′ 28″. Mais le demi-diametre de la Lune estoit de Scrup. 15′ 20″. Parquoy la Lune couvroit la supreme au front du Scorpion, tellement que *Menelaus* ne la pouvoit voir.

OBSERVATION DE LA LVNE au Coeur du Scorpion.

EN l'an de Christ 1600, le 7e jour d'Aoust au vespre, fut veu par *Iean Keplere* és confins de Stirie & Hongrie, soubs la latitude de deg. 47⅓, & longitude de temps 39 30′, que la Lune entroit sur le Cœur ♏, apparoissant presque le tiers de la portion sur l'Estoille. *Jean Keplere en l'Astronomie Optique* page 217.

Or la Lune entra sur le coeur du Scorpion, à heures apres midy 8 50′, & en sortit à heures 9 40′ apres midy, c'est, une heure avant le coucher de la Lune. Car la Lune alla dessoubs l'Horizon à heures apres midy 10′ 40′.

Il y

Il y à du commencement des ans de Christ jusqu'a ceste entrée de la Lune sur le cœur du Scorpion ans Iuliens pleins 1599, mois de l'an bisextil 7, jours 6, heures aux confins de Stirie & Hongrie 8 50' apparantes, à Goes 7 54', exactes 7 50'. Ausquels est deu par nos Tables.

Le vray lieu du coeur du Scorpion au deg. 4 30' 23'' ♐,
Sa latitude australe deg. 4 26'.
Le vray lieu de la Lune en l'Ecliptique au deg. 4 29' 8'' ♐,
Sa vraye latitude australe deg. 3 42' 4''.
Le lieu veu de la Lune au deg. 4 17' 22'' ♐.
Sa latitude veuë deg. 4 32' 4'' australe. Parquoy la difference des longitudes estoit de Scrup. 13' 1'', la difference des latitudes Scrup. 6' 4''. Et par ainsi la distance de l'Estoille du centre de la Lune Scrup. 14' 23''. Mais le demi-diametre de la Lune estoit de Scrup. 14' 33''. La Lune entroit donc de sa partie boreale sur le cœur du Scorpion, & apparoissoit presque le tiers de la portion sur l'Estoille, tout ainsi que le tres docte *Jean Keplere* vit és confins de Stirie & Hongrie.

I'ay jusques icy deduit les observations de la Lune aux estoilles fixes, par le calcul desquelles apparoist, que nous avons devëment restitué le mouvement de la Lune tant en longitude que latitude. Il en faut croire autant du mouvement des Estoilles fixes, comme on pourra entendre plus au large par les observations suivantes.

OBSERVATIONS DES ESTOILLES FIXES,

Et premierement de la premiere Estoille du Belier.

I. AV commencement de l'an de Christ 1573, fut observé par l'honorabe *Paul Heinzel* Consul d'Augs-Bourg, à Geppingue proche d'Augs-Bourg, la Declination de la premiere Estoille du Belier de deg. 17 11' boreale. *Tychon* au premiere livre des *Exercitations*, page 365. Or la latitude de l'Estoille estoit de deg. 7 5' boreale, & l'obliquité du Zodiac de deg. 23 30'. Parquoy l'Estoille estoit distante de la section vernale de deg. 27 26'. Car

Comme 100000 à 39875, ainsi 99236 à 39572.

Item comme 39572 à 100000, ainsi 21336 à 53916 Sinus verse de la longitude de l'Estoille de la Conversion d'esté, de deg. 62 34'. Parquoy l'Estoille estoit distante de la section vernale deg. 27 16'.

Nos Tables Astronomiques donnent la mesme longitude de l'Estoille. Car à ans de Christ 1572 pleins, cest, Sexagenes de jours 2''' 39'' 29', jours 32, est deu, le vray lieu de la premiere estoille du Belier au degrés 27 26' 7'', ♈.

II. En l'an de Christ 1584 complet, fut observé par *Tychon Brahe* à Vranibourg en Danemarc, la hauteur meridiene de la premiere estoille du Belier de deg. 51 19'. *Tychon* és *Epistres* au *Lantgrave*.

L'Equinoctial est elevé à Vranibourg deg. 34 5′: partant l'Estoille declinoit vers le Nort deg. 17 14′. La latitude de l'Estoille estoit de deg. 7 5′, & l'obliquité du Zodiac deg. 23 30′. Parquoy l'Estoille suivoit la section vernale de deg. 27 34′.

Nos Tables Astronomiques y consentent à peu prés. Car à ans Iuliens pleins 1584, c'est Sexagenes de jours 2‴ 40″ 42′, jous 36, est deu le lieu de la premiere estoille du Belier au deg. 27 33 13″ ♈.

OBSERVATIONS DE PALILICE OV DE LA Claire des Hyades.

OBservation I. En la fin de l'an de Christ 1586, fut observé par *Tychon Brahe* à Vranibourg en Danemarc, la hauteur meridiene de Palilice de deg. 49 42′. *Tychon* ès *Epistres* au *Lantgrave*.

L'Equinoctial est élevé à Vranibourg deg. 34 5′: par consequent l'Estoille declinoit, vers Septentrion deg. 15 37′, ou bien comme nous observames au mesme temps deg. 15 37′½. La latitude de l'Estoille estoit de deg. 5 30′ australe, & l'obliquité du Zodiac de deg. 23 30′. Ainsi estoit l'Estoille au deg. 4 9′ 45″ ♊.

Nos Tables Astronomiques y consentent. Car à ans Iuliens pleins 1586, c'est, Sexagenes de jours 2‴ 40″ 54′, jours 46, est deu le lieu de Palilice au deg. 4 9′ 23″ ♊.

II. Au commencement de l'an de Christ 1589, nous prismes à Goes la hauteur Meridiene de Palilice de deg. 54 6′½. Or l'Equinoctial est elevé à Goes deg. 38 29′, par ainsi la Declination boreale de l'Estoille de deg. 15 37′½. La latitude de l'Estoille de deg. 5 30′ australe, & l'obliquité du Zodiac de deg. 23 30′. Parquoy l'estoille estoit au deg. 4 10′ 45″ ♊.

Nos Tables Astronomiques respondent à l'observation. Car à ans Iuliens pleins 1588, c'est Sexagenes de jours 2‴ 41″ 6′, jours 57, est deu le lieu de Palilice au deg. 4 10′ 34″ ♊.

III. Au commencement de l'an de Christ 1601, nous prismes à Goes la hauteur Meridiene de Palilice de deg. 54 8′. Or l'Equinoctial est elevé à Goes deg. 38 29′; parquoy la declination de l'Estoille de deg. 15 39′ boreale. La latitude de l'estoille estoit de deg. 5 30′ australe, & l'obliquité du Zodiac de deg. 23 30′. Partant l'Estoille au deg. 4 18′ ♊.

Nos Tables Astronomiques le consentent. Car à ans Iuliens pleins 1600, c'est, Sexagenes de jours 2‴ 42′ 20′, jours 0, est deu le lieu de Palilice au deg. 4 17′ 43″ ♊.

OBSER-

OBSERVATIONS DV PETIT CHIEN ou Procyon.

OBservation I. Au commencement de l'an de Christ 1587, fut pris par *Tychon Brahe* à Vranibourg en Danemarc, la hauteur meridiene du petit Chien de deg. 40 18′¾. l'Equateur est elevé à Vranibourg deg. 34 5″: partant la declination boreale de l'estoille de deg. 6 33′¾. La latitude de l'estoille estoit de deg. 15 54′ australe, & l'obliquité du Zodiac de deg. 23 30′, par ainsi l'estoille estoit au deg. 20 15′ ♋.

Nos Tables Astronomiques le consentent. Car à ans Iuliens pleins 1586, c'est, Sexagenes de jours 2‴ 40″ 54′, jours 46, est deu le lieu du petit Chien au deg. 20 15′ 33″ ♋.

II. En la fin de l'an de Christ 1588, nous observames à Goes la hauteur meridiene du petit Chien de deg. 44 42′¼. Sa declination boreale estoit donc de deg. 6 3⅔ car l'Equinoctial est elevé à Goes deg. 38 29′. La latitude de l'estoille estoit de deg. 15 54′ australe, & l'obliquité du Zodiac de deg. 23 30′. l'Estoille estoit donc au deg. 20 16′ ♋.

Nos Tables Astronomiques respondent à l'observation. Car à ans Iuliens pleins 1588, c'est, Sexagenes de jours 2‴ 41″ 6′, jours 57, est deu le lieu du petit Chien au deg. 20 16′ 34″ ♋.

OBSERVATION DV ROYTELET, C'EST, de l'Estoille royale au coeur du Lion.

OBservation I. En l'an cinquantiéme de la tierce Periode Callippique, *Hipparche Rhodien* trouva le Roytelet suivant la Conversion d'esté de deg. 29 50′ Parquoy le lieu de l'estoille estoit au deg. 29′ 50′ ♋. *Ptolomée* au livre VII chap. 3 de *l'Almageste*.

Nos Tables Astronomiques y consentent. Cal il y à du commencement des ans de Nabonnassar à ceste observation ans Egyptiens pleins 618. C'est, Sex. de jours 1‴ 2″ 39′, jours 30. Ausquels est deu le lieu du Roytelet au deg. 29 49′ 4″ ♋. à peine differant de l'observation de *Hipparche*.

II. En l'an second de l'Empereur Antonin le pie, *Ptolomée* observa le Roytelet au deg. 2 30′ ♌. *Ptolomée* au livre VII chap. 2. de *l'Almageste*.

Il y à du commencement des ans de Christ à ceste observation ans Iuliens pleins 138, c'est, Sexagenes de jours 14″ 0′, jours 4. Ausquels est deu par nos Tables le lieu du Roytelet au deg. 2 30′ 4″ ♌, tout ainsi que *Ptolomée* observa.

III. En l'an de Christ 880, *Mahomet* Arabe, surnommé *Albategni*, considera consideralcs lieux des Estoilles fixes à Aracte en Syrie, & trouva icelles depuis le commencement de l'Empire d'Antonin Pie, jusqu'à l'an de son observation estre avancées en consequence deg. 11 50'. Voyez *Albategni* chap. 51. Or le Roytelet estoit au commencement de l'Empire d'Antonin Pie au deg. 2 29' ♌. Par consequent donc le Roytelet fut en l'an de Christ 880 au deg. 14 19' ♌.

Nos Tables Astronomiques s'y accordent. Car à ans Iuliens pleins 879, c'est, Sexagenes de jours 1''' 29'' 10', jours 54, est deu le lieu du Roytelet au deg. 14 18' 46'' ♌.

Nicolas Copernic au livre III *des Revolut.* chap. 2, & *Tychon Brahe* en la premiere partie des *Exercitations* page 253, escrivent qu'*Albategni* auroit observé le Roytelet au deg. 14 5' ♌, mais c'est manifestement al'encontre de l'intention d'*Albategni*. Car il tesmoigne apertement d'avoir adjouté aux lieux des Estoilles fixes au *Catalogue de Ptolomée* deg. 11 50', afin de les accorder aux observations de son temps. Il est donc tres-clair, que le Roytelet estoit 743 ans depuis l'an premier d'Antonin Pie au deg. 14 19' du Lion, & non au deg. 14 5' ♌.

Les Estoilles fixes advancent donc suivant *Albategni*, un degré en 63 ans Egyptiens, & non en 66 ans, comme porte le livre vulgaire d'*Albategni*. Car estans divisez ans Egyptions 743, qui intercedent entre *Ptolomée* & *Albategni*, par 63 ans, proviendra deg 11 50', lesquels *Albategni* attribua au mouvement des Estoilles fixes audit intervalle de temps. Soyons donc asseurez que le Roytelet fut en l'an de Christ 880 au deg. 14 19' du Lion; & non au deg. 14 5' du Lion, comme *Nicolas Copernic* & *Tychon Brahe* posent à tort.

IV. Au commencement de l'an de Christ 1573, fut observé par *Paul Heinzel* Consul d'Augsbourg à Geppingue proche d'Augsbourg, la hauteur meridiene du Roytelet de deg. 55 39'½. Voyez le premier livre des *Exercitations de Tychon*.

Or l'Equinoctial est elevé à Geppinge deg. 41 39'. Parquoy la declination boreale de l'Estoille de deg. 14 0' 30''. La latitude de l'estoille estoit de deg. 0 31' boreale, & l'obliquité du Zodiac de deg. 23 30'. Par ainsi l'estoille au deg. 24 6' 8'' du Lion.

Nos Tables Astronomiques consentent. Car à ans Iuliens pleins 1572, c'est, Sexagenes de jours 2''' 39'' 29', jours 33, est deu la vraye longitude du Roytelet au deg. 24 6' 8'' ♌.

V. En la fin de l'an de Christ 1586, fut observé par *Tychon Brahe* à Vranibourg en Danemarc, la hauteur meridiene du Roytelet de deg. 48 3'. Voyez les *Epistres* de *Tychon* au *Lantgrave*.

Or l'Equinoctial est elevé à Vranibourg deg. 34 5', la declination de l'Estoille de deg. 13 58' boreale. La latitude de l'Estoille de deg. 0 31' boreale, & l'obliquité du Zodiac de deg. 23 30'. Parquoy le lieu de l'Estoille au deg. 24 14' ♌, à peu pres.

Nos Tables Astronomiques l'accordent. Car à ans Iuliens pleins 1586, c'est, Sexagenes de jours 2''' 20'' 54', jours 46, est deu le lieu du Roytelet au deg. 24 14' 23'' ♌.

VI. Nous prismes au commencement de l'an de Christ 1599, à Goes la hauteur meridiene du Roytelet de deg. 52 24'½. La hauteur de l'Equinoctial est à Goes de deg. 38 29'. Partant la declinaison de l'Estoille de deg. 13 55'½

boreale

boreale. La latitude de l'Estoille estoit de deg. 0 31', & l'obliquité du Zodiac de deg. 23 30'. Parquoy l'Estoille estoit au deg. 24 21' ♌.

Nos Tables s'y accordent. Car à ans Iuliens pleins 1598, c'est Sexagenes de jours 2''' 42'' 7', jours 49, est deu le lieu du Roytelet au deg. 24 21' 28'' ♌.

VII. Au commencement de l'an de Christ 1630, fut observé à Middelbourg en Zelande, la hauteur meridiene du Roytelet de deg. 52 16'. Or l'Equinoctial est elevé à Middelbourg deg. 38 29'. Partant la declination du Roytelet boreale de deg. 13 47'. La latitude de l'Estoille estoit de deg. 0 31' boreale, & l'obliquité du Zodiac de deg. 23 30'. Parquoy le Roytelet estoit au deg. 24 47' ♌. Ce que nos Tables approuvent. Car à ans Iuliens pleins 1629, c'est, Sexagenes de jours 2''' 45'' 16', jours 32, est deu le lieu du Roytelet au deg. 24 47' 30'' ♌.

OBSERVATIONS DE L'EPY

DE LA VIERGE.

OBservation I. En l'an second d'Antonin Pie, de Christ 139, fut observé par *Ptolomée* l'Epy de la Vierge au deg. 26 30' ♍. Voyez le *Canon des Estoilles fixes de Ptolomée*, & *Copernic* au livre III des *Revolut.* chap. 2.

Or estant la distance entre le Roytelet & l'Epy de la Vierge de deg. 54 2', & la latitude de cestuy-là de deg. 0 12' boreale, de cestuy-cy de deg. 2 0' meridionale, il est manifeste que la difference des longitudes du Roytelet & de l'Epy de la Vierge fut de deg. 53 58'. Mais le Roytelet estoit au deg. 2 30' ♌, par consequent donc fut l'Epy de la Vierge au deg. 26 28' ♍: comme aussi nos Tables demonstrent. Car à ans Iuliens pleins 138, c'est, Sexagenes de jours 14'' 0', jours 4, est deu le lieu de l'Epy de la Vierge au deg. 26 28' 4'' ♍.

II. En l'an de Christ 1525, fut par *Nicolas Copernic* prise la hauteur Meridiene de l'Epy de la Vierge à Fruburg en Prusse de deg. 27. à peu prés, c'est de deg. 26 59' ½. *Copernic* au livre III des *Revolut.* chap. 2

Or ceste hauteur estoit apparante. Car elle fut à cause de la Refraction moindre de Scrup. 2' 30''. Tellement que la vraye hauteur meridiene de l'Epy estoit de deg. 26 57' Mais l'Equateur est elevé à Fruburg en Prusse suivant l'observation de *Copernic* deg. 35 41'. La declination de l'Epy estoit donc de deg. 8 44' meridionale. La latitude de l'Estoille estoit de deg. 1 58' australe, & l'obliquité du Zodiac de deg. 23 30'. Parquoy l'Estoille estoit au deg. 17 35' ♎.

Nos Tables conferment l'observation. Car à ans Iuliens pleins 1524, c'est, Sexagenes de jours 2''' 34'' 37', jours 21, est deu le lieu de l'Epy au deg. 17 35' ♎.

III. Au commencement de l'an de Christ 1573, le tres honorable *Paul Hinzel* prit à Geppinge la hauteur meridiene de l'Epy de la Vierge de deg. 32 46'. *Tychon* au livre I des *Exercitations* page 365.

Or ceste hauteur estoit pareillement apparante. Car la vraye à cause de la de la Refraction de Scrup. 1½, estoit de deg. 32 44½. Laquelle tirée de l'elevation de l'Equateur à Gespinge de deg. 41 39', demeure la declinaison boreale de deg. 8 54'½. La latitude de l'Estoille estoit de deg. 1 58' australe, & l'obliquité du Zodiac de degré 23 30'. Parquoy l'Estoille estoit au deg. 18' 4' ♎.

Nos Tables l'approuvent. Car à ans Iuliens pleins 1572, c'est, Sexagenes de jours 2'''39''29', jours 33, est deu le lieu de l'Epy de la Vierge au deg. 18 4' 4'' ♎.

IV. En l'an de Christ 1585 complet, fut pris par *Tychon Brahe* à Vranibourg en Danemarc, la hauteur meridiene de l'Epy de la Vierge de deg. 25 8' 55''. Voyez la premiere partie des *Exercitations* page 218.

Or ceste hauteur estoit aussi apparante & non vraye. Car la vraye à cause de la Refraction de Scrup. 2'½, estoit de deg. 25 6'½. La hauteur de l'Equateur est à Vranibourg de deg. 34 5'. Parquoy la declinaison de l'Estoille de deg. 8 58'½ australe. La latitude de l'Estoille estoit de deg. 1 58' australe; & l'obliquité du Zodiac de deg. 23 30'. Par ainsi l'Epy ♍ estoit au deg. 18 12' ♎.

Nos Tables le conferment. Car à ans Iuliens pleins 1585, c'est, Sexagenes de jours 2'''40''48', jours 41, est deu le lieu de l'Epy de la ♍ au deg. 18 11' 48'' ♎.

V. Au commencement de l'an de Christ 1599 nous prismes à Goes la hauteur meridiene de l'Epy de la ♍ de deg. 29 30' apparante. Car la vraye à cause de la Refraction de Scrup. 2', estoit de deg. 29 28'. La hauteur de l'Equinoctial est à Goes de deg. 38 29'. Par ainsi la declinaison de l'Estoille estoit de deg. 9 1' australe. La latitude de l'Estoille estoit de deg. 1 58' australe, & l'obliquité du Zodiac de deg. 23 30'. Parquoy l'Epy estoit au deg. 18 19' ♎.

Nos Tables l'approuvent. Car à ans Iuliens pleins 1598, c'est, Sexagenes de jours 2''' 47'' 7', jours 49, est deu le lieu de l'Epy ♍ au deg. 18 19' 28'' ♎.

VI. Au commencement de l'an de Christ 1630, fut observé à Middelbourg en Zelande, la hauteur meridiene de l'Epy ♍ de deg. 29 20'. Et icelle estoit encore apparante. Car la vraye à cause de la Refraction de Scrup. 2' estoit de deg. 29 18'. L'estoille declinoit donc deg. 9 11' vers midy. La latitude de l'Estoille estoit de deg. 1 58' meridionale, & l'obliquité du Zodiac de deg. 23 30'. Par ainsi l'Epy ♍ estoit au deg. 18 45' ♎.

Nos Tables, Astronomes le tesmoignent. Car à ans Iuliens pleins 1629, c'est, Sexagenes de jours 2''' 45'' 18', jours 2, est deu le lieu de l'Epy ♍ au deg. 18 45' 30'' ♎.

OBSERVATIONS DE LA SUPREME AU FRONT DU SCORPION.

Observation I. En l'an second de l'Empire d'Antonin Pie de Christ 139, *Ptolomée* observa la Supreme au front du Scorpion au deg. 6 20' ♏. Voyez le catologue des *Estoilles fixes de Ptolomée*.

Mais

Mais à cause que la difference des longitudes de l'Epy ♍ & de la plus boreale au front du ♏ est suivant *Tychon* de deg. 39 20', selon nous deg. 39 23': & l'Epy de la Vierge fut en l'an second d'Antonin au deg. 26 28' ♍; il est convenable que la supreme au front ♏ fusse alors au deg. 5 51' ♏. Lequel lieu de l'estoille est pareillement donné par nos Tables. Car à ans Iuliens pleins 138, c'est Sexagenes de jours 14'' 0', jours 4, est deu le lieu de la supreme au front du Scorpion au deg. 5 51' 4'' ♏.

II. *Tychon Brahe* observa en la fin de l'an de Christ 1584, à Vranibourg en Danemarc la hauteur meridiene de la supreme au front du ♏ de deg. 15 33' apparans. Or la vraye hauteur, à cause de la Refraction de Scrup. 5' 50'' fut de deg. 15 27' 10'': laquelle soubstraite de l'elevation de l'Equateur à Vranibourg de deg. 34 5', demeure la Declinaison de l'Estoille de deg. 18 37' 50'' australe. Mais la latitude de l'Estoille estoit de deg. 1 4' boreale, & l'obliquité du Zodiac de degré 23 30'. Parquoy l'Estoille estoit au degré 27 34' ♏.

Ce que nos Tables demonstrent. Car à ans Iuliens pleins 1584, c'est, Sexagenes de jours 2''' 40'' 42', jours 36, est deu le lieu de la Supreme au front ♏ au deg. 27 34' 13'' ♏.

III. Nous observames au commencement de l'an de Christ 1601, à Goes la hauteur meridiene apparante de la supreme au front ♏ de deg. 19 54'. Car la vraye, à cause de la Refraction de Scrup. 4', estoit de deg. 19 50'. Sa declinaison estoit donc de deg. 18 39' australe; car l'Equinoctial est elevé à Goes deg. 38 29'. La latitude de l'Estoille de deg. 1 4' boreale, & l'obliquité du Zodiac de deg. 23 30'. L'Estoille estoit donc au deg. 27 44' ♏.

Ce que nos Tables aussi demonstrent. Car à ans Iuliens pleins 1600, c'est, Sexagenes de jours 2''' 42'' 20', jours 0, est deu le lieu de la supreme au front ♏, au deg. 27 43' 43 ♏.

OBSERVATIONS DE L'ESTOILLE

AU COEVR DU SCORPION.

OBservation I. En l'an second de l'Empereur Antonin, de Christ 139, fut l'Estoille au cœur du ♏ au deg. 12 40' ♏. Voyez le *Catalogue des Estoilles fixes de Ptolomée*.

Mais d'autant que le Cœur du Scorpion, suivant l'observation de *Ptolomée*, suit l'Epy de la Vierge de deg. 46 10': & que l'Epy ♍ fut en l'an second d'Antonin au deg. 26 28' ♍; il est convenable que le cœur du Scorpion fusse alors au deg. 12 38' ♏. Lequel lieu est aussi donné par nos Tables. Car à ans Iuliens pleins 138, c'est Sexagenes de jours 14'' 0', jours 4 est deu le lieu de l'Estoille au cœur ♏ au deg. 12 38' 4'' ♏.

II. En l'an de Christ 1585 complet, fut observé par *Tychon Brahe* à Vranibourg en Danemarc, la Delinaison du cœur du ♏ de deg. 25 23' australe. Voyez la premiere partie des *Exercitations* de *Tychon* pag. 232. Or la hauteur de l'Equateur est à Vranibourg de deg. 34 5'. Et ainsi la hauteur meridiene fut selon

Tychon de deg. 8 42′, & l'apparante de deg. 8 48′, à cause de la Refraction de Scrup. 6′, qu'il attribuë aux estoilles fixes estans en icelle hauteur. Mais suivant nos observations, les estoilles fixes estans en la hauteur de deg. 8 48′, souffrent Refraction de Scrup. 9′½. Parquoy la vraye hauteur du coeur ♏ estoit de deg. 8 38′½, & sa declinaison australe de deg. 25 26′½. Or la latitude de l'Estoille estoit de deg. 4 26′ australe, & l'obliquité du Zodiac de deg. 23 30′. Par ainsi l'Estoille estoit au deg. 4 22′ ♐.

Nos Tables donnent le mesme. Car à ans Iuliens complets 1585, c'est, Sexagenes de jours 2‴ 40″ 48′, jours 41, est deu le lieu de l'Estoille au coeur ♏ au deg. 4 21′ 46″ ♐.

III. En la fin de l'an de Christ 1600, nous prismes à Goes la hauteur meridiene apparante du coeur ♏ de deg. 13 8′. Mais la vraye à cause de la Refraction de Scrup. 6′, estoit de deg. 13 2′. La hauteur de l'Equateur est à Goes de deg. 38 29′. Et par ainsi la declinaison de l'Estoille de deg. 25 27′ australe. La latitude de l'Estoille estoit de deg. 4 26′ australe, & l'obliquité du Zodiac de deg. 23 30′. Parquoy l'Estoille estoit au deg. 4 30′ ♐.

Nos Tables donnent le mesme. Car à ans Iuliens pleins 1600, c'est, Sexagenes de jours 2‴ 42″, 20′, jours 0, est deu le lieu de l'Estoille au coeur ♏ au deg. 4 30′ 43″ ♐.

Nous avons jusqu'ici descrit les *Observations des Estoilles fixes*, tant ancienes que nouvelles Par lesquelles est manifeste, que toutte la Sphere des Estoilles fixes, est meuë alentour des poles du Zodiac, en consequence par chacun jour Scrupules 8‴ 25⁗ 12^{v} 32^{vi}, & accomplit une revolution en 28000 ans.

OBSERVATIONS DES CINQ PLANETES en longitude & latitude; & premierement

Les Observations de l'Estoille de SATVRNE.

OBservation I. En l'an 82 des Chaldées, le cinquiéme jour de Xantique (lisez le quinziéme) au vespre, l'Estoille de Saturne fut veuë deux doigts dessoubs l'épaule australe de la vierge. *Ptolomée* au livre XI chap. 7 de *l'Almageste*.

Il y à du commencement des ans de Nabonnassar jusqu'a ceste observation ans Egyptiens pleins 518, mois 4, jours 21, heures au Meridien Alexandrin 6, au Goesien 3 40′. C'est, Sexagenes de jours 52″ 33′, jours 31, Scrup. 9′ 10″. Ausquels est deu par nos Tables le vray lieu de Saturne au deg. 9 2′ 4″ ♍, & sa latitude deg. 2 45′ boreale.

Mais le lieu de la fixe en l'epaule australe de la Vierge estoit au deg. 9 7′ ♍, & sa latitude de deg. 2 43′ boreale. Par consequent le Planete & la fixe differoyent en longitude de Scrup. 5′, & en latitude de Scrupules 2′: elles estoyent donc distantes entr'elles Scrup. 5′, c'est, deux doigts, tout ainsi qu'il fut observé à Alexandrie.

Ptolomée

Ptolomée parië donc à tort le 5e jour de Xantique avec le 14e jour de Tybi, d'autant que le 14e jour de Tybi fut le 7e jour de Xantique. L'Estoille fixe en l'epaule gauche ♍ est aussi mal placée par *Ptolomée* au deg. 9 30′ ♍; car son vray lieu fut au deg. 9 7′ ♍. Parquoy il ne faut doubter, que l'observation superieure ne soit faite à Alexandrie le 22e jour de Tybi, & non le 14e comme produit *Ptolomée*.

II. En l'an de Christ 138, le 22 de Decembre à heures apres midy 8, *Ptolomée* observa Saturne à Alexandrie au deg. 9 15′ du Verseau. *Ptolomée* au livre XI chap. 6 de *l'Almageste*.

Il y à du commencement des ans de Christ à ceste observation ans Iuliens pleins 137, mois communs 11, jours 21, heures 8 au Meridien Alexandrin, au Goesien 5 40′. C'est, Sexagenes de jours 13″ 59′, jours 54, Scr. 13′ 10″. Ausquels est deu par nos Tables le vray lieu de Saturne au deg. 9 17′ 18″ ♒.

III. En l'an de Christ 1587, le 15e jour de Ianvier, à heures 5 45′ apres midy, fut observé par *Tychon Brahe* à Vranibourg Saturne au deg. 26 24′ ♈, avec latitude de deg. 2 25′ australe. Voyez *les Epistres de Tychon au Landgrave*.

Il y à du commencement des ans de Christ jusqu'a ceste observation ans Iuliens pleins 1586, jours 14, heures au Meridien d'Vranibourg 5 45′, au Goesien 5 0′. C'est Sexagenes de jours 2‴ 40″ 54′, jours 59, Scr. 12′ 30″. Ausquels est deu par nos Tables le lieu de Saturne au deg. 26 25′ 28″ ♈, avec latitude australe de deg. 2 26′.

IV. En l'an de Christ 1593, le 4e jour de Ianvier à heures 9 apres midy, nous observames à Goes l'Estoille de Saturne au deg. 23 12′ ♋, avec latitude australe de deg. 0 2′.

Il y à du commencement des ans de Christ jusques à ceste observation, ans Iuliens pleins 1592, jours 3, heures au Meridien Goesien 9. C'est, Sexagenes de jours 2‴ 41″ 31′, jours 21, Scrup. 22′ 30″. Ausquels est deu par nos Tables, le lieu de Saturne au deg. 23 12′ 28″ ♋, avec latitude de deg. 0 2′ australe.

V. En l'an de Christ 1628, le 23 jour de Iuin, environ la mi-nuict, fut Saturne veu à Gand conjoinct à l'Estoille soubs l'épaule australe de la Vierge, quand à la longitude, mais plus australe d'environ 25′. Ainsi observa *M. Martin Hortense*.

Il y à du commencement des ans de Christ jusqu'a ceste observation ans Iuliens pleins 1627, mois bisextils 5, jours 22, heures au Meridien Gantois, estant pareil au Goesien, 12. C'est, Sexagenes de jours 2‴ 45″ 7′, jours 15, Scrup. 30′. Ausquels est deu par nos Tables le vray lieu de Saturne au deg. 5 3′ 47″ ♎, avec latitude boreale de deg. 2 25′ 0″.

OBSERVATIONS DE L'ESTOILLE DE IUPITER.

O*bservation* I. En l'an 507 de Nabonassar, le 17e jour d'Epephi, l'Estoille de Iupiter couvrit au matin l'Asnon austral. *Ptolomée* au livre XI chap. 3 de *l'Almageste*.

Il y a du commencement des ans de Nabonnassar jusqu'à ceste observation ans Egyptiens 506, mois 10, jours 16, heures au Meridien Alexandrin 16 40', au Goesien 14 20'. C'est, Sexagenes de jours 51'' 23', jours 26, Scrup. 35' 50''. Ausquels est deu par nos Tables, le vray lieu de Iupiter au deg. 7 34' 26'' ♋, avec latitude australe de deg. o 10'.

Or la longitude de l'Asnon austral estoit de Sexag. 1. deg. 37 32' à peu prés, & sa latitude de deg. o 10', australe. Parquoy la difference des longitudes de Iupiter & de l'Estoille fut de Scrup. 2', & la difference des latitudes nulle, & par ainsi l'intervalle de Iupiter & l'Estoille de Scrup. 3' presque. Mais le diametre de Iupiter est de Scrup. 3': Iupiter obscurcit donc de ses raisons l'Asnon austral tellement qu'il ne pouvoit estre veu.

II. En l'an de Christ 139, le 10e jour de Iuillet, fut veu à Alexandrie à heures 17 apres midy, que l'Estoille de Iupiter suivoit Palilice de deg. 33 5' Or Palilice estoit au deg. 12 25' ♉: par consequent le lieu de Iupiter fut au deg. 15 30' ♊. Voyez *Ptolomée* au livre XI chap. 2. de *l'Almageste*.

Ptolomée pose le lieu de Palilice au deg. 12 40' ♉, & recueille ainsi le lieu de Iupiter au deg. 15 45' ♊: mais dautant que le lieu de Palilice fut au deg. 12 25' ♉, il convient que Iupiter fust au deg. 15 30' ♊.

Il y a du commencement des ans de Christ jusques à ceste observation ans Iuliens pleins 138, mois communs 6, jours 9, heures au Meridien Alexandrin 17, au Goesien 14 40'. C'est, Sexagenes de jours 14'' 3', jours 14, Scrupules 36' 40''. Ausquels est deu par nos Tables le vray lieu de Iupiter au deg. 15 29' 38'' ♊.

III. En l'an de Christ 1503, le 8e jour de Septembre, à heures 4 apres mi-nuict à Nuremberg, estoit l'Estoille de Iupiter distante de la 12e estoille en la constellation des ♊, vers septentrion, quasi de deux doigts. La mesme estoille fixe estant observée par les Armilles, fut trouvée n'avoir presqu'e aucune latitude. Voyez les observations de *Bernard Gualtere*.

Il y a du commencement des ans de Christ jusques à ceste observation ans Iuliens pleins 1502, mois communs 8, jours 7, heures au Meridien de Nuremberg 16, au Goesien 15 27'. C'est, Sexagenes de jours 2''' 32'' 27', jours 35, Scrup. 38' 37''. Ausquels est deu par nos Tables le vray lieu de ♃ au deg. 11 56' 3'' ♋ avec latitude australe de deg. o 6'.

La longitude de la fixe fut de Sexag. 1. deg. 42 2', & latitude de deg. o 11' australe. Parquoy la difference des longitudes de l'Estoille fixe & de Iupiter fut de Scrup. 5', autant fut aussi la difference des latitudes. Par ainsi Iupiter estoit distant de la fixe vers Septentrion Scrupules 7', c'est, quasi deux doigts.

IV. En l'an de Christ 1587, le 14e jour de Ianvier, à heures 8 apres midy, fut par *Tychon Brahe* Iupiter observé à Vranibourg au deg. 7 19' ♋, avec latitude de deg. o 8' boreale. Voyez les *Epistres de Tychon au Landgrave*.

Il y a du commencement des ans de Christ à ceste observation ans Iuliens pleins 1586, jours 13, heures au Meridien d'Vranibourg 8 0', au Goesien 7 15'. C'est, Sexagenes de jours 2''' 40'' 54', jours 59, Scrup. 18' 7''. Ausquels est deu par nos Tables le vray lieu de Iupiter au deg. 7 19' 19'' ♋, avec latitude boreale de deg. o 9'.

V. En l'an de Christ 1627, le 25e jour d'Apuril, à heures 11 apres midy,

midy, estoit l'Estoille de Iupiter distante de la Supreme au front du Scorpion presque 5' Scrupules vers couchant. Ainsi observa à Leyden *Martin Hortense* diligent observateur des apparances Celestes.

Il y a du commencement des ans de Christ jusqu'a ceste observation ans Iuliens pleins 1726, mois communs 3, jours 24, heures 11. C'est, Sexagenes de jours 2''' 45'' 0', jours 10, Scrup. 27' 30''. Ausquels est deu par nos Tables le vray lieu de Iupiter au deg. 28 1 47 ♏, avec latitude boreale de deg. 1 3'.

Mais l'Estoille supreme au front du Scorpion estoit au deg. 28' 6' ♏, avec latitude boreale de deg. 1 4'. Iupiter estoit donc distant de la supreme au front ♏ vers couchant quasi de Scrup. 5'.

VI. En l'an de Christ 1629, le 20e jour d'Octobre au vespre, fut l'Estoille de Iupiter veuë à Middelbourg, en droicte ligne avec les deux estoilles en la corne precedente de Capricorne.

Il y a du commencement des ans de Christ jusqu'a ceste observation, ans Iuliens pleins 1628, mois communs 9, jours 19, heures 6. C'est, Sexagenes de jours 2''' 45'' 15', jours 19, Scrupules 15'. Ausquels est deu par nos Tables le vray lieu de Iupiter au deg. 0 16' 58'' ♒, avec latitude australe de deg. 0 44'.

La premiere estoille en la corne precedente fut au deg. 29 36' ♑, avec latitude boreale de deg. 6 58'. La seconde au deg. 29 49' ♑, avec latitude boreale deg. 4 38'. Mais Iupiter fut au deg. 0 17' ♒, avec latitude australe de deg. 0 44'. Il fut donc en droite ligne avec icelles estoilles. car

Comme la difference des latitudes des fixes de deg. 2 20', à la difference des longitudes de deg. 0 13'; ainsi la difference des latitudes de la premiere estoille fixe & de Iupiter de deg. 7 42', à la difference des longitudes de la premiere fixe & de Iupiter de deg. 0 42'. Adjoutez donc Scrup. 42', à la longitude de la premiere estoille fixe de deg. 29 36' ♑, & provindra la longitude de Iupiter au deg. 0 18' ♒.

OBSERVATIONS DE L'ESTOILLE de Mars.

O*bservation* I. En l'an 476 de Nabonnassar, le 20e jour d'Athyr, l'Estoille de Mars fut veuë au matin apposée à la boreale au front du Scorpion *Ptolomée* au livre x chap. 9. de *l'Almageste*.

Il y a du commencement des ans de Nabonnassar jusqu'a ceste observation ans Egyptiens 475, jours 79, heures au Meridien Alexandrin 18 0', au Goesien 15 40'. C'est, Sexagenes de jours 48'' 10', jours 54, Scrup. 39' 10''. Ausquels est deu par nos Tables le vray lieu de Mars au deg. 1 43' 14'' ♏, avec latitude boreale de deg. 1 13'.

L'Estoille supreme au front du Scorpion estoit au deg. 1 42' 12'' ♏ avec latitu-

latitude de deg. 1 15' boreale. Par consequent la difference des longitudes de Mars & de la fixe fut de Scrup. 1'; & la difference des latitudes de Scrup. 2'. L'Estoille de Mars estoit donc apposée à la boreale au front ♏.

II. En l'an de Christ 139, le 30e jour de May, à heures 9 apres midy, fut observé par *Ptolomée* à Alexandrie Mars au deg. 1 36' ♐. *Ptolomée* au livre x chap. 8 de *l'Almageste*.

Il y à du commencement des ans de Christ à ceste observation ans Iuliens pleins 138, mois communs 4, jours 29, heures au Meridien Alexandrin 9, au Goesien 6 40'. C'est, Sexagenes de jours 14'' 2', jours 33, Scrup. 16' 40''. Ausquels est deu par nos Tables le vray lieu de Mars au deg. 1 34' 38'' ♐.

III. En l'an de Christ 1461, le 2e jour de Decembre, au commencement de la nuict, *Iean de Mont-Royal* observa à Rome Mars en droite ligne avec les deux Estoilles au chef du Capricorne. Voyez les observations de *Mont-Royal*.

Il y à du commencement des ans de Christ jusques à ceste observation ans Iuliens pleins 1460, mois communs 11, jour 1, heure au Meridien de Rome 4 43', au Goesien 4 0'. C'est, Sexagenes de jours 2''' 28'' 13', jours 20, Scrup. 10', Ausquels est deu par nos Tables le lieu de Mars au deg. 28 33' 18'' ♍, avec latitude australe de deg. 1 18'.

La premiere estoille en la corne precedente fut au deg. 27 47' ♍, avec latitude boreale de deg. 6 58'. La seconde fut au deg. 28 0' ♍, avec latitude boreale de deg. 4 38'. Mais Mars fut au deg. 28 33' 18'' ♍, avec latitude australe de deg. 1 18'. Il fut donc en droite ligne avec les fixes. Car

Comme la difference des ltitudes des fixes de deg. 2 20', à la difference des longitudes de deg. 0 13'; ainsi la difference des latitudes de Mars & de la premiere estoille fixe de deg. 8 16', à la difference des longitudes de deg. 0 46'. Adjoutez donc Scrup. 46', à la longitude de la premiere estoille fixe au deg. 27 47' ♍, & aurez la vraye longitude de Mars au deg. 28 33' ♍.

IV. En l'an de Christ 1587, le 15e jour de Ianvier, à heures apres midy 15 50', *Tychon Brahe* observa Mars au deg. 4 2' ≏, avec latitude boreale de deg. 3 13'. *Tychon ès Epistres au Landgrave*.

Il y à du commencement des ans de Christ jusques à ceste observation ans Iuliens pleins 1586, jours 14, heures au Meridien d'Vranibourg 15 50', au Goesien 15 5'. C'est, Sexagenes de jours 2''' 40'' 55', jours 0, Scrup. 37' 42''. Ausquels est deu par nos Tables le vray lieu de Mars au deg. 4 5' 22'' ≏ avec latitude boreale de deg. 3 12' 42''. Accordans à peu pres avec l'observation de *Tychon*.

V. En l'an de Christ 1589, le 15e jour d'Apuril, à heures apres midy 12 5', fut Mars observé à Vranibourg au deg. 3 28' 20'' ♏, avec latitude boreale de deg. 1 4'. Voyez le *Commentaire du mouvement de Mars de Keplere*, page 263.

Il y à du commencement des ans de Christ jusqu'a ceste observation, ans Iuliens pleins 1588, mois communs 3, jours 14, heures au Meridien d'Vranibourg 12 5', au Goesien 11 20'. C'est, Sexagenes de jours 2''' 41'' 8', jours 41, Scrup. 28' 20''. Ausquels est deu par nos Tables, le vray lieu de Mars au deg. 3 59' 34'' ♏, avec latitude boreale de deg. 1 4'. Ce qui accorde avec l'observation de *Tychon*.

VI. En l'an de Christ 1591, le 13e jour de May, à heures 14 apres midy, l'Estoille

ſtoille de Mars fut obſervée à Vranibourg au deg. 2 20′ ♉. Voyez *Keplere* au meſme lieu.

Il y à du commencement des ans de Chriſt juſqu'à ceſte obſervation, ans Iuliens pleins 1590, mois communs 4, jours 12, heures 14 0′ au Meridien d'Vranibourg, au Goeſien heures 13 15′. C'eſt Sexagenes de jours 2‴ 41″ 21′, jours 20, Scrup. 33′ 7″½. Auſquels eſt deu par nos Tables, le vray lieu de Mars au deg. 2 8′ 18″ ♉.

VII. En l'an de Chriſt 1595, le 17ᵉ jour d'Octobre, à heures 12 20′ apres midy, Mars fut obſervé au deg. 18 51′ ♉, avec latitude boreale de deg. 0 6′. *Keplere* au meſme lieu.

Il y à du commencement des ans de Chriſt juſqu'a ceſte obſervation ans Iuliens pleins 1594, mois communs 9, jours 26, heures au Meridien d'Vranibourg 12 20′, au Goeſien 11 35′. C'eſt, Sexagenes de jours 2‴ 41″ 48′, jours 27, Scrupules 28′ 57″½. Auſquels eſt deu par nos Tables, le vray lieu de Mars au degré 18 53′ 25″ ♉, avec latitude boreale de quaſi deg. 0 5′.

OBSERVATIONS DE SATVRNE ET MARS.

Obſervation I. En l'an de Chriſt 1477, le 5ᵉ jour de Septembre (liſez le 6ᵉ jour d'Octobre) à 3 heures preſqu'apres mi-nuict, *Bernard Gualtere* obſerva à Nuremberg Saturne & Mars eſtans diſtans entr'eux d'une paume à peu prés, & ayans une meſme latitude. Voyez les *obſervations* de *Bernard Gualtere*.

Il y à du commencement des ans de Chriſt juſqu'a ceſte obſervation ans Iuliens pleins 1476, mois communs 9, jours 5, heures au Meridien de Nuremberg 15, au Goeſien 14 27′. C'eſt, Sexagenes de jours 2‴ 29″ 49′, jours 47, Scrup. 36′ 7″½. Auſquels eſt deu par nos Tables, le lieu de Saturne au deg. 1 18′ 40″ ♍, avec latitude boreale de deg. 1 18′: le lieu de Mars au deg. 1 20′ 52″ ♍, avec latitude boreale de deg. 1 26′.

La difference des longitudes fut de Scrup. 2′, & la difference des latitudes de Scrup. 8′; & par ainſi la diſtance de Saturne & Mars de Scrup. 8′, c'eſt, pres d'une paume.

II. En l'an de Chriſt 1479, le 30ᵉ jour d'Octobre, à 4 heures au matin, fut par *Bernard Gualtere* obſervé à Nuremberg, la diſtance de Saturne vers Septention de Mars eſtre environ d'une degré. Voyez les *Obſervatious de Bernard Gualtere*.

Il y à du commencement des ans de Chriſt juſqu'a ceſte obſervation, ans Iuliens pleins 1478, mois communs 9, jours 28, heures au Meridien de Noremberg 16, au Goeſien 15 27′. C'eſt Sexagenes de jours 2‴ 30″ 2′, jours 20, Scrup. 38′ 37″½. Auſquels eſt deu par nos Tables, le lieu de Saturne au deg. 27 4′ 0″ ♍, avec latitude boreale de deg. 2 1′: le lieu de Mars au deg. 27 55′ 58″ ♍, avec latitude boreale de deg. 1 22′.

La difference des longitudes fut de Scrup. 52', & la difference des latitudes de Scrup. 39: & par consequent Saturne estoit distant de Mars vers septention de deg. 1 5' ainsi qu'observa *Bernard Gualtere.*

OBSERVATION DE IVPITER & MARS.

EN l'an de Christ 1591, le 8 Ianvier au matin, fut veu par *Michel Mestlin & Iean Keplere* à Tubinge, que Iupiter estoit tout eclipsé de Mars. La couleur rougeastre resplendissante de Mars, donnoit à cognoistre que Mars estoit le plus bas. *Keplere en l'Astronomie Optique*, page 305.

Il y à du commencement des ans de Christ jusqu'a ceste observation ans Iuliens pleins 1590, jours 6, heures 18 au Meridien Goesiien. C'est, Sexagenes de jours 2''' 41'' 19', jours 13, Scrup. 45' 0''. Ausquels est deu par nos Tables, le lieu de Iupiter au deg. 13 51' 55'' ♏, avec latitude boreale de deg. 1 8': le lieu de Mars au deg. 13 51' 22'' ♏ avec latitude de deg. 1 10'.

Iupiter & Mars conviennent en longitude, & different Scrup. 2' en latitude. Or le diametre de Iupiter est de Scrup. 2½. Mars peut donc eclipser Iupiter, tout ainsi que *Mestlin & Keplere* ont veu.

Mais *Keplere* escrit que ceste conjonction de Mars & Iupiter fut faite le neufuiéme jour de Ianvier; toutesfois le calcul Astronomic convainct que ce fut le 8e jour.

OBSERVATION DE LA LVNE & DE MARS.

EN l'an de Christ 1632, le 26e jour de Ianvier, à heures 15 30' apres midy au Meridien de Leyden, la hauteur du centre de la Lune apparante estant haute par un Quadrant d'airain de deg. 38 51', vers couchant: fut veu que la Lune pleine estoit conjoincte avec Mars acronycte suivant la longitude; & Mars estoit plus septentrional que le bord boreal de la Lune moins qu'un doigt Lunaire, par le Telescope. Ainsi observa M. *Martin Hortense.*

Il y à du commencement des ans de Christ jusqu'a ceste conjonction ans Iuliens pleins 1631, jours 25, heures 15 30' apparantes au Meridien de Leyden, au Goesien 15 27'; exactes 15 35'. C'est, Sexagenes de jours 2''' 45'' 29', jours 7, Scrupules 38' 57'' 30'''. Ausquels est deu par nos Tables,

La

Le vray lieu de la Lune au deg. 16 42′ 31″ ♌,
Sa latitude boreale deg. 4 58′ 33″.
Le lieu de Mars au deg. 16 24′ 37″ ♌,
Sa latitude boreale deg. 4 33′ 43″.
Le lieu veu de la Lune au deg. 16 26′ 26″ ♌,
Sa latitude veuë deg. 4 16′ 19″ boreale. Parquoy la difference des longitudes du centre de la Lune & de Mars estoit de Scrup. 1 49″. La difference des latitudes Scrup. 17′ 24″; & par ainsi la distance du centre de la Lune & de Mars de Scrup. 17′ 29″. Le demi-diametre de la Lune estoit de Scrup. 16′ 16″, le doigt Lunaire de Scrup. 2′ 42″. Parquoy Mars estoit distant du bord Septentrional de la Lune Scrupule 1′ 13″, c'est, moins qu'un doigt Lunaire.

OBSERVATIONS DE L'ESTOILLE

DE VENVS.

Observation I. En l'an 476 de Nabonnassar, le 17 jour de Mesori, à heures 17 apres midy à Alexandrie, fut observé par *Timochare* que l'Estoille de Venus obscurcissoit la precedente des quatre estoilles qui sont en l'aile gauche de la ♍. au livre x chap. 4 de *l'Almageste*.

Il y a du commencement des ans de Nabonnassar jusqu'a ceste observation, ans Egyptiens pleins 475, mois 11, jours 16, heures au Meridien Alexandrin 17, au Goesien 14 40′. C'est, Sexagenes de jours 48″ 15′, jours 21, Scr. 36′ 40″. Ausquels est deu par nos Tables, le vray lieu de Venus au deg. 3 22′ 12″ ♍, avec latitude boreale de deg. 1 22′.

L'Estoille fixe fut au deg. 3 21′ ♍, avec latitude boreale de deg. 1 20′. La difference donc des longitudes de Venus & de l'Estoille fixe fut de Scrup. 1′, & la difference des latitudes de Scrup. 2′; mais le diametre de Venus fut de Scrup. 3′. Parquoy l'Estoille de Venus couvroit ladite estoille fixe, ainsi que *Timochare* observa.

II. En l'an de Christ 138, le 24e jour de Decembre, à heures apres midy 16 40′, *Ptolomée* observa Venus au deg. 6 30′ ♏. *Ptolomée* au livre x. chap. 4 de *l'Almageste*.

Il y a du commencement des ans de Christ jusqu'a ceste observation ans Iuliens pleins 137, mois communs 11, jours 23, heures au Meridien Alexandrin 16 40′, au Goesien 14 25′. C'est, Sexagenes de jours 13″ 59′, jours 47, Scrup. 36′ 2″ 30‴. Ausquels est deu par nos Tables, le vray lieu de ♀ au deg. 6 30′ 53″ ♏.

III. En l'an de Christ 1494, le 19e jour de Septembre, à 5 heures au matin, fut observé par *Bernard Gualtere* à Nuremberg une conjonction de Venus & de l'Estoille royale au cœur du Lion. Venus estant veuë une paume plus australe que le cœur du Lion, c'est, Scrup. 12′, & Scrup. 10′ plus occidentale.

Parquoy

Parquoy les estoilles estoyent distantes entr'elles de Scrup. 16'. Voyes les *Observations de Bernard Gualtere*.

Il y a du commencement des ans de Christ jusqu'a ceste observation, ans Iuliens pleins 1493, mois communs 8, jours 17, heures au Meridien de Nuremberg 17, au Goesien 16 27'. C'est, Sexagenes de jours 2'' 31'' 32', jours 58, Scrup. 41' 7'' 30'''. Ausquels est deu par nos Tables, le lieu de ♀ au deg. 23 19' 59'' ♌, avec latitude boreale de deg. 0 13'.

Mais le Roytelet fut au deg. 23 19' du Lion, avec latitude boreale de deg. 0 31'. La difference donc des longitudes de Venus & du Roytelet fut de Scr. 1', & des latitudes, de Scrup. 18'. Et par consequent les estoilles estoyent distantes entr'elles de Scrupules 18': à peine autrement qu'observa *Bernard Gualtere*.

IV. En l'an de Christ 1574, le 16e jour de Septembre, au matin à quatre heures, fut veu par *Michel Mestlin* que le cœur du Lion estoit couvert de Venus. *Keplere* en son *Astronomie Optique* page 305.

Il y a du commencement des ans de Christ jusques à ceste observation, ans Iuliens pleins 1573, mois communs 8, jours 14, heures au Meridien de Tubinge 16, au Goesien, 15 38' apparantes, exactes 15 24'. C'est, Sexagenes de jours 2''' 39'' 39', jours 55, Scrup. 38' 30''. Ausquels est deu par nos Tables, le lieu de ♀ au deg. 24 9' 3'' ♌, avec latitude boreale de deg. 0 29'.

Mais le cœur du Lion fut au deg. 24 7' ♌, avec latitude boreale de deg. 0 31'. Par ainsi la difference des longitudes de Venus & du cœur du Lion fut de Scrup. 2', & la difference des latitudes de Scrup. 2': & par ainsi les estoilles estoyent distantes entr'elles presque de Scrup. 3'. Or le diametre de Venus estoit de Scrup. 3'. Parquoy Venus couvrit le Roytelet, comme *Michel Mestlin* vit à Tubinge.

V. En l'an de Christ 1587, le 15e jour de Ianvier, à heures 5 40' apres midy, fut observé à Vranibourg par *Tychon Brahe*, que l'Estoille de Venus estoit au deg. 16 55' ♓, avec latitude boreale de deg. 2 39'. Voyez les *Epistres Tychoniques* page 56.

Il y a du commencement des ans de Christ à ceste observation, ans Iuliens pleins 1586, jours 14, heures au Meridien d'Vranibourg 5 40', au Goesien 3 55'. C'est, Sexagenes de jours 2''' 40'' 55', jours 0, Scrup. 9' 47''. Ausquels est deu par nos Tables: le vray lieu de Venus au deg. 16 57' 39'' ♓ avec latitude boreale de deg. 2 44'; accordans à peu pres avec l'observation *Tychonique*.

VI. En l'an de Christ 1598, le 15e jour de Septembre, à 3 heures au matin, Venus estant à peine levée, fut veu par *Iean Keplere* à Grats en Stirie que Venus couvroit le cœur du Lion. *Keplere en l'Astronomie Optique* page 305.

Il y a du commencement des ans de Christ à ceste observation, ans Iuliens pleins 1597, mois communs 8, jours 13, heures au Meridien de Grats 15, au Goesien 14 5' apparantes, exactes 13 50'. C'est, Sexagenes de jours 2'''. 42'' 6', jours 0, Scrup. 34' 55''. Ausquels est deu par nos Tables: le vray lieu de Venus au degré 24 24' 18'' ♌, avec latitude boreale de deg. 0 33'.

Mais le cœur du Lion estoit au deg. 24 21' ♌, avec latitude boreale de deg.

deg. 0.31′. Parquoy donc la difference des longitudes de Venus & du Roytelet fut de Scrup. 3′, & la difference des latitudes de Scrup. 2′; & par consequent les estoilles estoyent distantes entr'elles Scrup. 3′. Or le diametre de Venus estoit de Scrup. 3′. Parquoy Venus couvrit le Roytelet, tellement qu'on ne le pouvoit voir.

VII. En l'an de Christ 1629, le 17 Decembre, au vespre, à heures 6½ apres midy, à peu pres, l'estoille de Venus estoit passée le cercle de longitude de la precedente en la queuë du Capricorne environ l'espace du quart diametre Lunaire, & plus boreale de tout le diametre de la Lune. Ainsi observa *M. Martin Hortense* à Middelbourg.

Il y a du commencement des ans de Christ jusqu'à cest'observation, ans Iuliens pleins 1628, mois communs 11, jours 16, heures au meridien Goesien 6. 30′. C'est, Sexagenes de jours 2‴ 45″ 16′. jours 17 Scrup. 16′ 15″. Ausquels est deu par nos Tables : le vray lieu de ♀ au deg. 16 42′ 33″. ♒, avec latitude australe de deg. 1 55′ 7″ : le vray lieu de l'estoille fixe au deg. 16 37′. 27″. ♒, avec latitude australe de deg. 12 26′.

Le diametre Lunaire estoit alors de Scrup. 32′. 48″. lesquelles adjoustées à la latitude de Venus, vient la latitude de l'estoille de deg. 2 27′ 55″. australe. Le quart du diametre Lunaire vaut Scrup. 8′. 12″. Pourtant ayant deduit Scrup. 6′ de la longitude de Venus, vient la longitude de l'estoille fixe au deg. 16 36′ ½ ♒.

OBSERVATIONS DE VENVS ET DE LA LVNE.

Observation 1. En l'an de Christ 1529. le 12e. jour de Mars, au soir à 8 heures, *Nicolas Copernic* observa à Frueburg en Prusse, une conjonction de Venus avec le bord tenebreux de la Lune, suivant la moyenne distance des deux cornes. Voyez *Copernic* au liure V. des *Revolut.* chap. 23.

Il y a du commencement des ans de Christ jusqu'à cest'observation, ans Iuliens pleins 1528. moys communs 2, jours 11, heures au meridien de Frueburg 8, au Goesien 6 38′. C'est, Sexagenes de jours 2‴ 35″ 2′, jours 52, Scrup. 16′ 35″. Ausquels est deu par nos Tables.

Le vray lieu de la Lune au deg. 7 58′ 52″. ♉, avec latitude boreale de deg. 17′ 55″.

Le lieu veu de la Lune au deg. 7, 7′ 30″. ♉, avec latitude veuë boreale de deg. 0 33′ 51″.

Le vray lieu de Venus au deg. 7 24′ 59″ ♉, avec latitude boreale de deg. 0 39′ 18″. La difference des longitudes de Venus & de la Lune estoit de Scrup. 17′ 29″, & la difference des latitudes de Scrup. 5′ 27″. Parquoy elles estoyent distantes entr'elles de Scrup. 18′ 13″. Or le demidiametre de la Lune estoit de Scrup. 17′ 42″. Venus attouchoit donc le bord tenebreux de la Lune, environ la moyenne distance des deux cornes : comme il fut bien observé de *Copernic*.

II. En l'an de Christ 1625, le 30e jour de Ianvier, à heures 7 apres midy, Venus fut veuë à Leyden conjoincte avec le bord austral de la Lune. Venus estant distante de la corne australe de la Lune au moins d'un Scruple prime. Ainsi observa *M. Martin Hortense* à Leyden avec le Telescope. La mesme apparence a aussi esté observée à Erbach, Ulme, & Tubinge. Voyez les Tables Rudolphines, pag. 94.

Il y a du commencement des ans de Christ jusqu'à cest'observation, ans Iuliens pleins 1624, jours 29, heures au Meridien de Leyden 7 1', au Goesien 6 58' apparentes, exactes 7 6'. C'est, Sexagenes de jours 2''' 44'' 46', jours 35, Scrup. 17' 45''. Ausquels est deu par nos Tables.

Le vray lieu de la Lune au deg. 25 37' 37'' ♓, avec latitude boreale de deg. 0 1' 1''.

Le lieu veu de la Lune au deg. 24 45' 25'' ♓, avec latitude veuë australe de deg. 0 31' 3''.

Le vray lieu de Venus au deg. 24 44' 47'' ♓, avec latitude australe de deg. 0 52' 0''. La latitude de la corne australe de la Lune de deg. 0 48' 39''. Par consequent la difference des longitudes de la corne australe de la Lune & de Venus estoit de Scrup. 0' 38'', & la difference des latitudes de Scrup. 3' 21''. Or le demi-diametre de Venus estoit de Scrup. 1' 30''. Parquoy le bord extreme de la Lune estoit distant du bord extreme de Venus Scrup. 1' 51'' : tout ainsi qu'il fut observé par *Hortense*.

III. En l'an de Christ 1626, le 12e jour de Decembre au vespre à heures 6 31' à Leyden, estoit Venus distante de la corne australe de la Lune, environ les trois quarts du diametre Lunaire; & luy estoit conjoincte en longitude. De l'Observation de *M. Martin Hortense*.

Il y a du commencement des ans de Christ jusqu'à cest'observation, ans Iuliens pleins 1625, moys de l'an commun 11, jours 11, heures 6 31' au Meridien de Leyden, au Goesien 6 28' apparentes, exactes 6 21'. C'est, Sexagenes de jours 2''' 44'' 57', jours 56, Scrup. 16' 17'' 30'''. Ausquels est deu par nos Tables.

Le vray lieu de la Lune au deg. 18 15' 11'' ♒, avec latitude boreale de deg. 0 8' 6''.

Le vray lieu de Venus au deg. 17 31' 12'' ♒, avec latitude australe de deg. 1 33' 11''.

Le lieu veu de la Lune au deg. 17 31' 50'' ♒, avec latitude veuë australe de deg. 0 36' 23''. Le demi-diametre de la Lune estoit de Scrup. 17' 36''. Partant la latitude de la corne australe de la Lune de Scrup. 53' 59'' australe; ainsi la distance de Venus de la corne australe de la Lune estoit de Scrup. 39'. Les trois quarts du diametre de la Lune estoit de Scrup. 26' 24''. La difference entre le calcul & l'observation est de Scrup. 13', prevenant principalement de la latitude de Venus, le calcul de laquelle n'est du tout correct par la Declination & Reflexion.

OBSER-

OBSERVATIONS DE VENVS ET DE MARS.

EN l'an de Christ 1590, le 3e jour d'Octobre, à cinq heures au matin *Michel Mestlin* vit à Tubinge que Mars estoit tout couvert de Venus, la couleur blanche de Venus demonstrant, que Venus estoit la plus basse. *Keplere en l'Astronomie Optique*, pag. 305.

Il y a du commencement des ans de Christ jusqu'à cest' observation, ans Iuliens pleins 1589, moys communs 9, jour 1, heures au Meridien Goesien 17. C'est, Sexagenes de jours 2‴ 41″ 17′, jours 36, Scrup. 42′ 30″. Ausquels est deu par nos Tables.

Le vray lieu de Mars au deg. 15 36′ 31″ ♍, avec latitude boreale de deg. 1 17′.

Le vray lieu de Venus au deg. 15. 32′ 37″ ♍, avec latitude boreale de deg. 1 20′.

La Parallaxe de Venus en longitude fut de Scrup. 3′ additive, & en latitude de Scrup. 1′½ à soubstraire. Parquoy le lieu veu de Venus fut au deg. 15 35′ 37″ ♍, avec latitude boreale de deg. 1 18′½. La difference donc des longitudes fut d'un Scruple prime, & la difference des latitudes de Scrup. 1′½. Venus couvrit donc Mars. Car le demi-diametre de Venus estoit de Scrup. 1′: tellement que nostre calcul aussi s'accorde avec l'Observation.

OBSERVATIONS DE L'ESTOILLE DE MERCVRE.

OBservation 1. En l'an 21. de *Ptolomée Philadelphe*, de Nabonnassar 484, le 18e jour du moys de Thoth, Mercure apparut separé de la droite ligne passant par la premiere & moyenne Estoille au front du Scorpion, en consequence par un diametre de Lune, c'est, Scrup. 30′, & de la premiere Estoille par deux diametres de Lune vers Septentrion, c'est un degré ou Scrup. 60′ *Ptolomée* au liure IX. de *l'Almageste* chap. 10.

Or la plus boreale au front du Scorpion estoit alors au deg. 1 46′ ♏, avec latitude boreale de deg. 1 15′; parquoy le lieu de Mercure fut au deg. 2 46′ ♏, avec latitude boreale de deg. 2 15′ Car Mercure suivoit la premiere au front du Scorpion de deg. 1. & estoit autant plus boreale qu'icelle fixe.

Il y a du commencement des ans de Nabonnassar, jusqu'à cest' observation de *Hipparche* ans Ægyptiens 483, jours 17, heures au Meridien Alexan-

Alexandrin 17 20', au Goefien 15 0'. C'est, Sexagenes de jours 48'' 58'', jours 32, Scrup. 37' 30''. Ausquels est deu par nos Tables : le vray lieu de Mercure au deg. 2 47' 13'' ♍, avec latitude boreale de deg. 2 13'; accordant avec l'observation de *Hipparche*.

II. En l'an 24. de *Ptolomée Philadelphe*, de Nabonnassar 486, le 30. jour de Pauni, *Hipparche* observa à Alexandrie, que l'Estoille de Mercure Vespertine precedoit l'Epy de la Vierge, d'un peu plus de trois degrez. *Ptolomée* au liure IX. de *l'Almageste*, chap. 7.

Il y a du commencement des ans de Nabonnassar à cest' observation de *Hipparche*, ans Ægyptiens pleins 485, moys Ægyptiens 9, jours 29, heures 8 20' à Alexandrie, à Goes 6 0'. C'est, Sexagenes de jours 49'' 15', jours 24, Scrup. 15' 0'. Ausquels est deu par nos Tables : le vray lieu de Mercure au deg. 19 11' 32'' ♍.

Mais l'Epy de la Vierge estoit au deg. 22 26' ♍ : partant Mercure precedoit l'Epy de la Vierge de deg. 3 14', ainsi que *Hipparche* considera au Ciel.

III. En l'an de Christ 139, le 17e jour de May, à heures 7 30'. apres midy, *Ptolomée* observa à Alexandrie que l'Estoille de Mercure precedoit le centre de la Lune de deg. 1 10'. *Ptolomée* au livre IX. chap. 10. de *l'Almageste*.

Or le vray lieu du centre de la Lune estoit alors au deg. 17 16. ♊ en son Orbe, mais en l'Eclyptique au deg. 17 22'. Mais il estoit veu à Alexandrie au deg. 16 32' ♊. Car la Parallaxe en longitude estoit de Scrup. 50' substractive. Parquoy Mercure estoit veu au deg. 17 42'. ♊.

Il y a du commencement des ans de Christ jusqu'à cest' observation, ans Iuliens pleins 138, moys communs 4. jours 16, heures au Meridien Alexandrin 7 30', au Goefien 5 10'. C'est, Sexagenes de jours 14'' 2', jours 20, Scrup. 12' 55''. Ausquels est deu par nos Tables : le vray lieu de Mercure au deg. 17 42' 28''. ♊.

IV. En l'an de Christ 1491, le 3, jour de Septembre, une heure avant Soleil levant, fut observé par *Bernard Gualtere* à Noremberg, l'Estoille de Mercure par des Armilles au deg. 3 5' ♍, avec latitude boreale de deg. 1 20'. Voyez les Observations de *Bernard Gualtere*.

Or puis que les Armilles furent appareillées à Aldebaron, & son lieu pris au deg. 2 35' ♊, lequel fut vrayement au deg. 3 12' ♊, il s'ensuit que Mercure fust au deg. 3 42' ♍.

Il y a du commencement des ans de Christ jusqu'à cest' observation, ans Iuliens pleins 1490, moys communs 8, jour 1 heures au Meridien de Noremberg 17, au Goefien 16 27'. C'est, Sexagenes de jours 2''' 31'' 14', jours 26, Scrup. 41' 7'' 30'''. Ausquels est deu par nos Tables : le vray lieu de Mercure au deg. 3 38' 35'' ♍, avec latitude boreale de deg. 1 17'.

V. En l'an de Christ 1587, le 14e jour de Ianvier, à heures 5 15' apres midi, Mercure fut observé à Vranibourg au deg. 21 7' ♒, avec latitude boreale de deg. 21'. Voyez les Epistres de *Tychon*, pag. 56.

Il y a

Il y a du commencement des ans de Christ à cette obseruation, ans Iuliens pleins 1586. jours 13, heures 5 15′ à Vnanibourg, à Goes 4 30′. C'est, Sexagenes de jours 2‴ 40″ 54′. jours 59, Scrup. 11′ 15″. Ausquels est deu par nos Tables le vray lieu de Mercure au deg. 21 8′ 53 ♒, avec latitude boreale de deg. 1 31′; mais par le calcul des Triangles la latitude de deg. 1 21′. Ce qui accorde avec l'obseruation de *Tychon*.

VI. En l'an de Christ 1607, le 14 jour d'Avril, au vespre à 8½ heures, estant la hauteur de Venus sur l'Horizon de *Coppenhague* de presque deg. 2, *Chrestien Longomentan* print par le Raid Astronomic, la distance de Mercure de Venus vers Septentrion de deg. 2½. Voyez le livre Second des Theories, page 327.

Or puis que le mesme escrit puis apres, que la difference des estoilles estoit de deg. 1 12′, & la difference des latitudes pareillement de deg. 1 12′, il est notoire, que la distance des estoilles ne fut plus grande que deg. 1 41′: autant à peu pres donnent aussi nos Tables, sçavoir deg. 1 33′.

Il y a du commencement des ans de Christ jusqu'à cette obseruation, ans Iuliens pleins 1606, moys communs 3, jours 13, heures au meridien de Coppenhague 8½, au Goesien 7 45′. C'est, Sexagenes de jours 2‴ 42″ 58′, jours 14, Scrup. 19′ 22″½. Ausquels est deu par nos Tables.

Le vray lieu de Venus au deg. 18 8′ 0″ ♉, avec latitude australe de deg. 0 7′.

Le vray lieu de Mercure au deg. 18 2′ 40″ ♉, avec latitude boreale de deg. 1 26′. La difference des latitudes de deg. 1 33′. Mais la difference des longitudes de deg. 0 5′; parquoy la distance des estoilles de deg. 1 33′; peu moindre que celle que *Chrestien* suppose pour vraye.

VII. En l'an de Christ 1626, le 12ᵉ jour de May, au soir à heures 9 33′ apres midy, Mercure n'estant loing du sixiesme degré de hauteur, il fut veu à Leyden en droite ligne avec l'espaule droite, & la luisante au bras droit du Chartier: obserué par *Martin Hortense*.

Il y a du commencement dés ans de Christ jusqu'à ceste obseruation, ans Iuliens pleins 1625, moys de l'an commun 4, jours 11, heures au meridien de Leyden 9 33, au Goesien 9 30′. C'est, Sexagenes de jours 2″ 44″ 54′, jours 22, Scrup. 23′ 45″. Ausquels est deu par nos Tables: le vray lieu de Mercure au deg. 23 36′ 41″ ♊, avec latitude boreale de deg. 2 25′ 11″.

La ligne droite par lesdites estoilles chéoit au deg. 23 50′ ♊ à peu pres. Parquoy Mercure fut quelque peu plus bas: Mais d'autant que par la Refraction en la hauteur de deg. 6, il apparut environ 15′ Scrup. plus haut qu'il n'estoit, il fut assez proche d'estre veu en droite ligne avec les Estoilles fixes.

OBSERVATIONS DE SATVRNE ET MERCVRE.

EN l'an de Christ 1627, le 5ᵉ jour d'Octobre à 6 heures au matin, *M. Martin Hortense* vit, n'estant guere loing de l'Isle de Goes, que l'Estoille de Mercure estoit distante de Saturne d'environ un degré.

 Il y

Il y a du commencement des ans de Christ jusqu'à cest observation, ans Iuliens pleins 1626, moys de l'an commun 9, jours 3, heures au Meridien Goesien 18, C'est, Sexagénes de jours 2‴ 45″ 2′, jour 52, Scrup. 45′. Ausquels est deu par nos Tables.

Le vray lieu de Saturne au deg. 3 57′ 19″ ♎, avec latitude boreale de deg. 2 6′ 30″.

Le vray lieu de Mercure au deg. 5 3 45″ ♎ avec latitude boreale de deg. 1 53′ 21″. La difference des longitudes de Saturne & Mercure estoit de deg. 1 6′ 26″; & la difference des latitudes de Scrup. 13′ 9″. Parquoy donc Mercure e oit distant de Saturne environ deg. 1 7′; comme observa *M. Hortense.*

Mais voila les Observations des cinq Estoilles Errantes, *Saturne*, *Iupiter*, *Mars*, *Venus*, *& Mercure*, desquelles avons usé entre autres moyens à restituer leurs mouvemens; & par lesquelles avons recueilly les suivans.

PREMIEREMENT

I.

Le moyen mouvement diurne de Saturne *de Scrup.* 2′ 0″ 35‴ 22⁗ 46ᵛ 34ᵛᶦ.
Et de son Apogée de Scrup. 0′ 0″ 12‴ 53⁗ 18ᵛ 50ᵛᶦ.

II.

Le moyen mouvement diurne de Iupiter *de Scrup.* 4′ 59″ 15‴ 54⁗ 46ᵛ 23ᵛᶦ.
Et de son Apogée de Scrup. 0′ 0″ 9‴ 53⁗ 41ᵛ 4ᵛᶦ.

III.

Le moyen mouvement diurne de Mars *de Scrup.* 31′ 26″ 39‴ 28⁗ 13ᵛ 20ᵛᶦ.
Et de son Apogée de Scrup. 0′ 0″ 13‴ 9⁗ 51ᵛ 4ᵛᶦ.

IV.

Le moyen mouvement diurne de Venus *egal au moyen mouvement diurne du* Soleil.
Et de son Apogée de Scrup. 0′ 0″ 14‴ 5⁗ 59ᵛ 30ᵛᶦ.
Et de l'Anomalie de son Orbe de Scrup. 36′ 59″ 29‴ 29⁗ 11ᵛ 6ᵛᶦ.

V.

Le moyen mouvement diurne de Mercure *egal au moyen mouvement diurne du* Soleil.
Et de son Apogée de Scrup. 0′ 0″ 18‴ 51⁗ 36ᵛ 20ᵛᶦ.
Et de l'Anomalie de son Orbe de deg. 3 6′ 24″ 12‴ 1⁗ 8ᵛ 6ᵛᶦ.

SECONDEMENT.

I.

La maxime Eccentricité de *Saturne* de partic. 1140, & la moindre de 570, desquelles

desquelles le raid de l'Orbe de Saturne est 10000. Mais le raid du grand Orbe de la Terre est d'icelles 1007.

II.

La maxime Eccentricité de *Iupiter* de partic. 916, & la moindre de 458. desquelles le raid de l'Orbe de *Iupiter* est 10000. Mais le raid du grand Orbe de la Terre est d'icelles 1852.

III.

La maxime Eccentricité de *Mars* de partic. 1940, & la moindre de 970, desquelles le raid de l'Orbe de *Mars* est 10000. Mais le raid du grand Orbe de la Terre est d'icelles 6586.

IV.

La maxime Eccentricité de *Venus* de part. 350, & la moindre de 145, desquelles le raid de l'Orbe de *Venus* est 7193 : & le raid du grand Orbe de la Terre 10000.

V.

La maxime Eccentricité de *Mercure* de part. 948, & la moindre de 524, desquelles le moindre Orbe de *Mercure* est 3573 ; & le raid du grand Orbe de la Terre 10000.

TIERCEMENT.

I.

Le mouvement moyen diurne du Nœud boreal de Saturne *de Scrup.* 0′ 0″ 11‴ 0'''' 24^{v} 20^{v}.

Et l'inclination de son Orbe de deg. 2. 31′.

II.

Le Nœud de Iupiter *est fixe, & l'inclination de son Orbe de deg.* 1 20′.

III.

Le mouvement diurne du Nœud boreal de Mars *de Scrup.* 0′ 0″ 6‴ 34'''' 31^{v} 14^{vi}.

Et l'inclination de son Orbe de deg. 1 50′.

IV.

Le mouvement moyen diurne du Nœud boreal de Venus *de Scrup.* 0′ 0″ 6‴ 26'''' 28^{v} 28^{vi}.

Et l'inclination de son Orbe de deg. 3 30′.

V.

Le mouvement moyen diurne du Nœud austral de Mercure *de Scrup.* 0′ 0″ 2‴ 14'''' 16^{v} 39^{vi}.

Et l'inclination de son Orbe de deg. 6 16′.

Nous avons recueilly ces choses des susdites Observations des cinq Estoilles Errantes ; lesquelles combien que different aucunement des decrets de *Ptolomée* & *Copernic*, elles sont neantmoins beaucoup plus vrayes. Car le bel accord de nostre calcul avec les Observations

 demon-

demonſtre évidemment, que nous n'avons rien recueilly des Obſervations, ſinon ce qui accorde excellemment avec le Ciel. Parquoy les raiſons du raid de l'Orbe annuel, aux raids des Orbes des cinq Planettes, que j'ay propoſées, ne ſont par nous prinſes & poſées, comme aucuns eſtiment, mais deduites avec tant certaine conſequence, des Obſervations indubitables, qu'elles ne peuvent avec raiſon eſtre miſes en doute. Car elles dépendent de la maxime Proſthapheréſe, tant du Centre, que de l'Orbe és cinq Planettes. Leſquelles ſi quelqu'un varie tant ſoit peu, il contredira auſſi toſt aux Obſervations de tous temps, c'eſt au Ciel meſme.

Or je finiray en ce lieu noſtre Oeuvre Aſtronomique, *enſemble le* Threſor *des Obſervations Celeſtes; & prieray les Lecteurs ſtudieux, que non ſeulement ils le reçoivent de bon cœur, mais qu'ils en jouyſſent tant en leur utilité, que de leurs prochains, & ſingulierement à la gloire de* DIEV. *Car ils gouſteront les excellentes ſuavitez de cette ſcience de jour en jour, &*
Prov.8. 31. *ſe resjouyront journellement en la contemplation des Oeuvres admirables de* DIEV, *avec la Sapience Eternelle de Iehova,* IESVS CHRIST, *fils de* DIEV *unique, & noſtre ſeul Sauveur; qui eſt le vray* DIEV, *qu'il faut louer en tous ſiecles.* AMEN.

FINIS.

INDICE DES PRECEPTES & TABLES DES MOVVEMENS CELESTES, DE PHILIPPE LANSBERGVE.

Indice Des Preceptes.

Hhhh 3 29.

Indice Des Tables.

Canon

Indice Des Theories.

Indice

Du Thresor d'Observations Astronomiqves.

Ob-

FIN.

A LEYDE,

Imprimé par GVILLAVME CHRESTIEN.

Aux deſpens de

ZACHARIE ROMAN, Marchant Libraire à Middelbourg en Zelande.

cIↃ IↃC XXXIII.

Methodus describendi ~~geometrice~~ trigonometrice horologium horizontale

H L A I K C B G M D E F

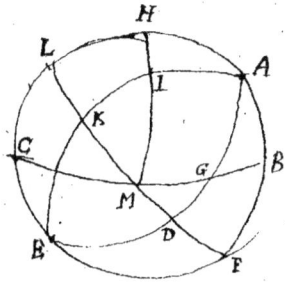

A polus
C horizon
E Circulus horarius hor. 2a. 30 g.
F æquator
G arcus qui quæritur

---

ponitur cognita elevatio poli qua posita sic proceditur

sinus totus quadrantis	A F	1000000	
sinum arcus	A B	984948	45 Grad.
tangens	D F	~~[illegible]~~ 97613	
tangentem	B G	22...12'	

Solis declinationem invenire

1961091
1000000
1954845
1000000
~~954845~~
961091

adde continuo logarithmum $23\frac{1}{2}$ logarithmis singulorum arcuum usque ad 90 et ab additis subtrahe logarithmum sinus totius ~~et~~ quod superest erit logarithmus declinationis quæsitæ

vel per sinus

sinus totus ad arcum datum, ita sinus anguli 23 d. $\frac{1}{2}$ ad sinum declinationis quæsitæ

www.ingramcontent.com/pod-product-compliance
Lightning Source LLC
Chambersburg PA
CBHW052105230326
41599CB00054B/3763